# 城市规划资料集

## 第一分册　　　　总　论

总　主　编　　中国城市规划设计研究院
　　　　　　　建 设 部 城 乡 规 划 司

第一分册主编　同 济 大 学 建 筑 城 规 学 院

中国建筑工业出版社

**图书在版编目（CIP）数据**

城市规划资料集(一)总论／同济大学建筑城规学院主编．
—北京：中国建筑工业出版社，2003
ISBN 978-7-112-05595-1

Ⅰ.总...　Ⅱ.同...　Ⅲ.城市规划，总论－研究资料　Ⅳ.TU984

中国版本图书馆 CIP 数据核字（2002）第 103460 号

责任编辑：王伯扬　陆新之

特约编辑：张　菁

封面设计：冯彝诤

版式设计：彭路路

责任校对：王　莉

**城市规划资料集**
**第一分册　　总　　论**

总　主　编　中国城市规划设计研究院
　　　　　　建 设 部 城 乡 规 划 司
第一分册主编　同济大学建筑城规学院

中国建筑工业出版社出版、发行（北京西郊百万庄）
各地新华书店、建筑书店经销
制版：北京嘉泰利德公司
印刷：北京中科印刷有限公司

开本：880×1230毫米　1/16
印张：25¼　字数：600千字
版次：2005 年 1 月第一版
印次：2014 年 7 月第六次印刷
定价：**160.00** 元
ISBN 978-7-112-05595-1
　　（11213）

# 《城市规划资料集》总编辑委员会名单

**顾问委员会**（以姓氏笔画为序）

仇保兴　叶如棠　齐　康　陈为邦　吴良镛　李德华　邹德慈　郑一军
郑孝燮　周干峙　赵宝江　曹洪涛　储传亨

**总编辑委员会**
**主　任**

王静霞　陈晓丽　唐　凯

**委　员**（以姓氏笔画为序）

马　林　王伯扬　邓述平　左　川　石凤德　石　楠　叶贵勋　白明华
李兵弟　李嘉辉　陈秉钊　邹时萌　余柏椿　杨保军　柯焕章　顾小平
贾建中　黄富厢

**总编辑委员会办公室**

张　菁　谈绪祥　刘金声　陆新之　何冠杰

# 《城市规划资料集》各分册及主编单位名单

第一分册： **总论**（主编单位：同济大学建筑城规学院）

第二分册： **城镇体系规划与城市总体规划**（主编单位：广东省城乡规划设计研究院、中国城市规划设计研究院）

第三分册： **小城镇规划**（主编单位：华中科技大学建筑与城市规划学院、四川省城乡规划设计研究院）

第四分册： **控制性详细规划**（主编单位：江苏省城市规划设计研究院）

第五分册： **城市设计**（主编单位：上海市城市规划设计研究院）

第六分册： **城市公共活动中心**（主编单位：北京市城市规划设计研究院）

第七分册： **城市居住区规划**（主编单位：同济大学建筑城规学院）

第八分册： **城市历史保护与城市更新**（主编单位：清华大学建筑与城市规划研究所）

第九分册： **风景·园林·绿地·旅游**（主编单位：中国城市规划设计研究院）

第十分册： **城市交通与城市道路**（主编单位：建设部城市交通工程技术中心）

第十一分册：**工程规划**（主编单位：沈阳市城市规划设计研究院、中国城市规划设计研究院）

# 城市规划资料集

## 第一分册《总论》编辑委员会名单

主　任：陈秉钊　同济大学建筑城规学院

委　员：孙施文　同济大学建筑城规学院
　　　　唐子来　同济大学建筑城规学院
　　　　张　萍　同济大学建筑城规学院

# 写 在 出 版 之 前

　　人类的文明，社会的进步，促进了城市和镇的发展；城市和镇的发展，又推动了人类的文明、社会的进步，日复一日，年复一年。百年以来，尤其是近二十年，人们意识到人类文明的同时，自然和环境的破坏，资源浪费和枯竭将威胁着人们的生存。人类开始反省，珍惜土地，节约资源，植树造林，防治污染，恢复生态，实施可持续发展。促使人们以科学的规划来构思未来，使得城市和镇的规划重视建筑形态，更注重功能和环境。

　　社会主义的中国，正在全面建设小康社会，加快推进社会主义现代化，城镇化必然快速发展，包含着现代农业和现代服务业的工业化，面临着 13 亿人口的一半以上在城市和镇生活。如何发挥城市规划对未来发展的有效调控是一个十分重要的课题，这里涉及到经济体制、科技进步、文化和社会背景，面对的是以中国特色走自己富强的路。总结近一、二十年来城市规划学科的理论和实践的成果，提供给正在为未来做规划的人们借鉴，从成功的经验和不成功的教训中探索出一些新的思路和方法，描绘出人和自然和谐、文明和环境友好的蓝图，引导人们建设现代的城市和镇，这是编辑出版《城市规划资料集》同志们的意愿。让收录这些已实践的规划资料，对照发展的历史现实，启示城市规划工作者勇于探索，敢于创新，完善我国城市和镇的规划理论和体系，创作更多的范例，誉今人和后人赞美。

2002 年国庆

（汪光焘：建设部部长）

# 前　言

## 一

我国已经步入加速城镇化的阶段，城镇化已经成为推动国民经济社会健康发展的主要动力之一，甚至被称作影响新世纪世界发展的一个重大因素。制定科学合理的城市规划，引导城镇化进程的健康发展，是摆在所有从事城市规划工作人们面前的历史使命，也得到了各级政府和社会各界前所未有的重视和关注。

城市规划是一项政府职能，又是一门科学，它有着强烈的技术特征。改革开放以来，我国的城市规划学科有了长足的进步，无论是理论建设还是方法手段都发生了很大的变化，城市规划的科学性日益加强。另一方面，大量的城市规划实践在为学科理论建设奠定基础的同时，也为城市规划的各项工作提供了宝贵的经验。

现在越来越多的人认识到，城市规划工作是由规划研究、规划编制和规划管理三大部分有机地结合在一起。规划研究是规划工作的基础，规划编制是体现规划目标的主要手段，而规划管理则是规划编制成果和目标得以实现的主要环节。在这三项工作中，都需要参考大量的国内外资料，包括标准、技术方法、实例、参数等，为了满足广大城市规划工作者的这一需求，中国城市规划设计研究院和建设部城乡规划司联合全国规划行业有关单位编著了这套《城市规划资料集》。

## 二

20世纪80年代，曾经由原国家城建总局主编、中国建筑工业出版社出版过一套《城市规划资料集》。这套丛书在我国恢复城市规划工作，促进城市规划学科的科学化进程中起到过重要的作用。

20多年来，我国的城市规划工作发生了很大的变化，这当中既有规划工作外部环境的巨大变迁，也有城市规划体制的不断改革；既有规划工作重点的转移，也有城市规划工作方法和科学技术的进步，城市规划工作者的队伍也日益壮大，所以，需要适时地对已有的经验、教训进行总结，吸收大量新的资料，重新编写一套《城市规划资料集》，以满足和促进学科建设和我国城市规划工作新的发展需要。

另一方面，由于我们正处于一个迅速变革的年代，方方面面的城市问题不断涌现，各种探索仍须不断深化，有些问题一时无法得出一个准确的结论，有些技术性数据也会随着社会、经济、观念等的发展变化而变化。这对本资料集的编写带来一定的难度，特别是城市规划学科本身兼具政策科学与技术科学的特点，一部分数据或者由于学术研究的滞后，或者由于学科性质所决定，主要还是经验性的，强调因地制宜，注意与实际情况相结合，这些都注定这样一套资料集并不可能像《数学手册》那样缜密。同时，由于时间紧迫，本资料集仍难免有疏漏或不够严密之处，希望读者谅解，并恳请读者提出宝贵建议和意见，以便今后补充和修订。

尽管如此，这样一部集中展现国内外规划设计理论、优秀规划设计实例的著作，无疑是我国城市规划行业的一项具有战略意义的基础性工作，它具有一定的学术性、权威性，它的参考价值是无庸置疑的。

## 三

为了编好这部浩瀚的巨著，建设部领导曾多次关心编写工作的进程，主编单位调动了一切可以动员的资源，组成了阵容浩大的编委会，对全书的总体结构、编写体例等进行了多次深入的研究。国内11家规划设计研究院、高等院校担任各分册的主编单位，上百位专家学者承担了具体的资料收集和编写任务。前后历时三年，如今，这套资料集终于呈现在广大读者面前。

整套资料集以丛书形式出版，共分为11个分册，分别是：总论；城镇体系规划与城市总体规划；小城镇规划；控制性详细规划；城市设计；城市公共活动中心；城市居住区规划；城市历史保护与城市更新；风景·园林·绿地·旅游；城市交通与城市道路；工程规划。全书约600万字。

本书既可以作为规划设计人员的基本工具书，也是规划研究和规划管理人员重要的参考资料，还可以作为所有关心城市、支持城市规划工作的广大读者的科普性读物。

在本书问世之际，谨向所有关心、支持本书编写与出版工作的单位和个人表示诚挚的谢意！特别要衷心感谢各位作者和负责审稿的专家，没有他们的辛勤劳动，是不可能有这样一部兼具理论与应用价值的巨著问世的。

主编单位：中国城市规划设计研究院
建设部城乡规划司
2002年9月

# 目　　录

## 第二部分　城市规划体系

## 第三部分　城市规划重要文件、法规资料索引

# 第一部分　城市规划概述

- 城市与城市规划
- 城市规划的发展历程简述
- 现代城市规划的主要理论
- 现代城市规划思想的演变
- 我国城市规划事业的发展历程和主要经验

# 1 城市与城市规划

## 1.1 城市的概念

### 1.1.1 城市的字源学解释

"城市"在中文是由两个字组成:"城,廓也,都邑之地,筑此以资保障也",而市则意味着市场——"日中为市,致天下之民,聚天下之货,交易而退,各得其所"。

在英语中,对应于中文"城市"的词有两个,一是"urban",含义是城市、市政,源自拉丁文"urbs",意为城市的生活。另一个是"city",意为城市、市镇,含义为市民可以享受公民权利,过着一种公共生活的地方。还有一些与此相关的或是延伸的字,如citizenship(公民)、civil(公民的)、civic(市政的)、civilized(文明的)、civilization(文明、文化)等,说明城市是与社会组织行为处于一种高级的状态有关,是安排和适应这种生活的一种工具。

### 1.1.2 相关学科对城市的定义

城市是一个复杂的社会现实,钱学森等人将此描述为"开放的复杂巨系统"。不同学科、从不同侧面对城市本质的概括,深化了我们对城市的认识。

1.1.2.1 "地理学上的城市,是指地处交通方便环境的、覆盖有一定面积的人群和房屋的密集结合体"

(F.Ratzel,转引自于洪俊和宁越敏)。

1.1.2.2 "我们对于城市的定义是:具有相当面积,经济活动和住户集中,以致在私人企业和公共部门产生规模经济的连片地理区域"(Hirsch)。

1.1.2.3 "……按照社会学的传统,城市被定义为具有某些特征的、在地理上有界的社会组织形式。第一、人口相对较大,密集居住,并具有异质性;第二、至少有一些人从事非农业生产,并有一些是专业人员(specialists);第三、城市具有市场功能,并且至少有部分制定规章的权力(partial regulatory power);第四、城市显示了一种相互作用的方式,在其中,个人并非是作为一个完整的人而为人所知,这就意味着至少有一些相互作用是在并不真正相识的人之间发生的,而是通过他们所发挥的作用来进行的;第五、城市要求有一种基于超越家庭或者宗族(tribe)之上的'社会联系',也许是基于合理的法律(rational law)或传统,……"巴尔多(Bardo)和哈特曼(Hartman)(1982)。

1.1.2.4 "城市的法律定义,尽管在不同国家是不一样的,但就其一般性质来说, 必须同时具有三种特性:(1)密集性——大量的人口和高度的密集;(2)经济性——非农业的土地利用,即第二、第三产业等非农业活动的密集;(3)社会性——城市中许多'人与人'之间的社会关系和相互作用明显地不同于乡村。具有这三个性质的地域叫城市"(山因浩之,转引自江美球等人)。

1.1.2.5 "都市有四个特质:(1)较充分地享受他们社会的生活和文明;(2)商业和工业中心——有大规模的货品和劳务,以及各种不同的非农

业职业;(3)有某种程度自治的人口;(4)孕育文化的中心——可孕育世界文明,保持文明的高度形式"(Sirjamaki,转引自于明诚)。

1.1.2.6 "城市是一个以人为主体,以空间与环境利用为基础,以聚集经济效益为特点,以人类社会进步为目的的集约人口、集约经济、集约科学文化的空间地域系统。就城市的本质来说,是历史范畴,是经济实体、政治社会实体、科学文化实体和自然实体的有机统一体"(李铁映)。

1.1.2.7 "城市是经济、政治和人民精神生活的中心,是前进的主要动力"(列宁)。

1.1.2.8 "概括起来,对城市可有如下认识:城市聚集了一定数量的人口;城市以非农业活动为主,是区别于农村的社会组织形式;城市是一定地域中政治、经济、文化等方面具有不同范围中心的职能;城市要求相对聚集,以满足居民生产和生活方面的需要,发挥城市特有功能;城市必须提供必要的物质设施和力求保持良好的生态环境;城市是根据共同的社会目标和各方面的需要而进行协调运转的社会实体;城市有继承传统文化,并加以绵延发展的使命"(吴良镛)。

### 1.1.3 各个国家对城市最小规模的界定

瑞典、丹麦等国家为200人;
南非为500人;
澳大利亚、加拿大等为1000人;
法国、古巴等为2000人;
美国为2500人;
比利时为5000人;
日本是30000人。
我国按不同人口密度地区制定不同的标准。

### 1.1.4 设立城市的相应规定

各个国家在设立城市时，除了有对人口数量的规定外，还有其他方面的要求。

如美国要求通过当地居民的决议，建立地方自治机构，并报县、州立法机构批准（各个州有不同要求）。

在我国，城市主要是按国家的行政建制来设立的。《中华人民共和国城市规划法》规定："……城市，是指国家按行政建制设立的直辖市、市、镇。"

国家标准《城市规划基本术语标准》中对城市的定义是："以非农产业和非农人口集聚为主要特征的居民点。包括按国家行政建制设立的市和镇。"

按照国家的有关法规，我国设立"镇"的条件是满足下述两个条件中的任何一个：县政府的所在地，或者是非农人口2000人以上的乡政府所在地（1984年）。而设"市"的条件是必须同时满足非农人口80000人以上，而且年国民生产总值2亿以上（1986）。

设市的标准根据国发（1993）38号，根据不同地区人口密度条件分三档（≥400人/km²，100～400人/km²，≤100人/km²），用14项指标：①本级政府驻地非农人口（≥12万人、≥10万人、≥8万人）；②有非农户口的从事非农产业人口（≥8万人、≥7万人、≥6万人）；③从事非农产业人口（≥15万、≥12万、≥10万）；④从事非农产业人口占总人口之比（≥30%、≥25%、≥20%）；⑤乡镇以上工业产值（≥15亿元、≥12亿元、≥8亿元）；⑥占工农总产值（≥80%、≥70%、≥60%）；⑦国内生产总值（≥10亿、≥8亿、≥6亿）；⑧三大产业占GDP

（20%），以及自来水普及率、路面铺装率、排水系统等等。

## 1.2 城市化与城市化水平

### 1.2.1 城市化的概念

《辞海》中认为，城市化的定义应该包括两层含义：一是"城市数量增加或城市规模扩大的过程。……表现为城市人口在社会总人口中的比重逐渐上升"；二是"将城市的某些特征向周围的郊区传播扩展，使当地原有的文化模式逐渐改变的过程"。

国家标准《城市规划基本术语标准》中将城市化定义为"人类生产和生活方式由乡村型向城市型转化的历史过程，表现为乡村人口向城市人口转化以及城市不断发展和完善的过程。又称城镇化、都市化。"

### 1.2.2 城市化的历史进程

R·M·诺哲姆(Ray.M.Northam)1979年通过对世界各国城市化过程进行的研究，提出城市化过程可以分为三个阶段：

（1）初期阶段（城市人口占总人口的比重在30%以下）：这一阶段农村人口占绝对优势，生产力水平较低，工业提供的就业机会有限，农业剩余劳动力释放缓慢。因此要经过几十甚至上百年的较长时期才能使城市人口提高到占总人口比重的30%。

（2）中期阶段（城市人口占总人口的比重在30%～70%）：这一阶段也称为城市化快速发展阶段。由于工业基础已经比较雄厚，经济实力明显增强，农业劳动生产力大大提高，工业吸收大批农业人口，城市化的速度显著加快，城市人口可在较短的时间内突破50%进而上升到70%。

（3）后期阶段（城市人口占总人口的比重在70%以上）：这一阶段也称为城市化稳定阶段。这时农村人口的相对数量和绝对数量已经不大，农业现代化过程已基本完成，农村的剩余劳动力已基本上转化为城市人口，城市中工业的发展、技术的进步，一部分工业人口又转向第三产业。

**城市化水平与国民生产总值的关系**　　　　　　表1.2.4-1

| | 城市化水平（%）<br>（1997年数据） | 人均GNP(美元／人)<br>（1998数据） |
|---|---|---|
| 低收入国家 | 28 | 520 |
| 中等收入国家 | 49 | 2950 |
| 下中等收入国家 | 42 | 1710 |
| 上中等收入国家 | 74 | 4860 |
| 中、低收入国家 | 40 | 1250 |
| 东亚和太平洋 | 33 | 990 |
| 欧洲和中亚 | 67 | 2190 |
| 拉美和加勒比海地区 | 74 | 3940 |
| 中东和北非 | 58 | 2050 |
| 南亚 | 27 | 430 |
| 撒哈拉以南非洲 | 32 | 480 |
| 高收入国家 | 76 | 25510 |
| 世界平均 | 46 | 4890 |

资料来源：世界银行1999/2000年世界发展报告。

### 1.2.3　城市化水平的概念

国家标准《城市规划基本术语标准》将城市化水平定义为"衡量城市化发展程度的数量指标，一般用一定地域内城市人口占总人口的比例来表示"。

#### 世界上几个主要国家的城市化水平与人均国民生产总值之间的相关关系

表1.2.4-2

| 国　　家 | 城市化水平（%）（1997年数据） | 人均GNP(美元／人)（1998年数据） |
|---|---|---|
| 澳大利亚 | 85 | 20300 |
| 加拿大 | 77 | 20020 |
| 法　国 | 75 | 24940 |
| 印　度 | 27 | 430 |
| 意大利 | 67 | 20250 |
| 日　本 | 78 | 32380 |
| 韩　国 | 83 | 7970 |
| 荷　兰 | 89 | 24760 |
| 英　国 | 89 | 21400 |
| 美　国 | 77 | 29340 |
| 越　南 | 20 | 330 |

资料来源：根据世界银行1999/2000年世界发展报告整理。

#### 世界主要几个国家的城市化指标和城市人口的分布

表1.2.4-3

| | 城市化水平（%） | | 按城市规模划分的城市人口占城市总人口的百分比 | | |
|---|---|---|---|---|---|
| | 1980年 | 1997年 | 少于75万（1995年） | 75万~300万（1995年） | 多于300万（1995年） |
| 澳大利亚 | 86 | 85 | 32 | 24 | 44 |
| 比利时 | 95 | 97 | 89 | 11 | 0 |
| 巴　西 | 66 | 80 | 56 | 14 | 30 |
| 加拿大 | 76 | 77 | 46 | 20 | 34 |
| 古　巴 | 68 | 77 | 73 | 27 | 0 |
| 法　国 | 73 | 75 | 70 | 8 | 22 |
| 德　国 | 83 | 87 | 49 | 28 | 23 |
| 印　度 | 23 | 27 | 59 | 18 | 23 |
| 意大利 | 67 | 67 | 66 | 15 | 19 |
| 日　本 | 76 | 78 | 50 | 8 | 42 |
| 韩　国 | 57 | 83 | 29 | 28 | 43 |
| 荷　兰 | 88 | 89 | 84 | 16 | 0 |
| 菲律宾 | 37 | 56 | 73 | 3 | 24 |
| 波　兰 | 58 | 64 | 66 | 20 | 14 |
| 俄罗斯 | 70 | 77 | 73 | 14 | 13 |
| 西班牙 | 73 | 77 | 75 | 12 | 14 |
| 英　国 | 89 | 89 | 71 | 15 | 15 |
| 美　国 | 74 | 77 | 44 | 27 | 29 |

资料来源：根据世界银行1999/2000年世界发展报告整理。

### 1.2.4　影响城市化水平的主要因素

城市化水平与经济发展水平显著相关。

### 1.2.5　我国城市化水平的发展

1949年，10.6%
1982年，20.8%
1990年，26.4%
2000年，36.09%

### 1.3　城市规划的概念

国标《城市规划基本术语标准》将城市规划定义为"对一定时期内城市的经济和社会发展、土地利用、空间布局以及各项建设的综合部署、具体安排和实施管理。"

美国国家资源委员会则认为城市规划应该"是一种科学、一种艺术、一种政策活动，它设计并指导空间的和谐发展，以满足社会与经济的需要"。

就整体而言，城市规划的对象是以城市土地使用为主要内容和基础的城市空间系统。城市规划学科领域是：对城市土地使用的综合研究及在土地使用组合基础上的城市空间使用的规划。因此，城市规划通过对城市土地使用的调节，改善城市的物质空间结构和在土地使用中反映出来的社会经济关系，进而改变城市各组成要素在城市发展过程中的相互关系，以达到指导城市发展的目的。

城市规划在其发展的历史中，其内容主要集中在五个方面，即：

①城市和区域的发展战略研究；

②土地使用的配置及城市空间的组合和设计；

③交通运输网络的架构及各项城

市基础设施的综合安排；

④城市政策的设计与实施；

⑤城市发展的时序安排和建设的规划管理。

这五部分内容共同组成了城市规划学科的核心。

## 1.4 城市规划的任务

城市规划是指为了实现一定时期内城市的经济和社会发展目标，确定城市性质、规模和发展方向，合理利用城市土地，城市空间布局和各项建设的综合部署和具体安排。城市规划是城市建设的基本依据，是保证城市土地合理利用和开发经营活动的前提和基础，是实现城市发展目标的重要手段之一。

城市规划的基本任务主要是：①从城市整体利益出发，合理、有序地配置城市空间资源；②通过空间资源配置，提高城市的运作效率，促进经济和社会的发展；③确保城市的经济发展和社会发展与生态环境相协调，增强城市发展的可持续性；④建立各种引导机制和控制规则，确保各项建设活动与城市发展目标相一致；⑤通过信息提供，促进城市房地产市场的有序和健康运作。

## 1.5 城市规划的基本原则

（1）应当满足发展生产、繁荣经济、保护生态环境、改善市容景观，促进科技文教事业发展，加强精神文明建设等要求，统筹兼顾，综合部署，力求取得经济效益、社会效益、环境效益的统一。

（2）应当贯彻城乡结合、有利生产、方便生活的原则，改善投资环境，提高居住质量，优化城市布局结构，适应改革开放需要，促进规模经济持续、稳定、协调发展。

（3）应当满足城市抗震、防火、防爆、防洪、防泥石流等灾害以及防空等要求，特别是可能发生强烈地震和洪水灾害的地区，必须在规划中采取相应的抗震和防洪措施，保障城市安全和社会安定。

（4）应当注意保护优秀历史文化遗产，保护具有重要历史意义、革命纪念意义、科学和艺术价值的文化古迹、风景名胜和历史街区，保持民族传统和地方风貌，充分体现并创造城市各自的特色。

（5）城市规划应当贯彻合理利用土地、节约用地的原则。根据国家和地方有关技术标准、规范以及实际使用要求，合理利用城市土地，提高土地开发经营的综合效益；在合理用地的前提下，应当十分重视节约用地，城市的建设和发展，应当尽量利用荒地、劣地，少占耕地、菜地、园地和林地。

# 2 城市规划的发展历程简述

## 2.1 古代城市规划

### 2.1.1 中国古代的城市规划

考古证实，我国古代最早的城市距今约有3500年的历史。在此之前的夏代（公元前21世纪起）也留下了一些居民点的遗迹。

西周是我国奴隶制社会发展的重要时代，形成了完整的社会等级制度和宗教法礼关系。成书于春秋战国之际的《周礼·考工记》记述了关于周代王城建设的制度："匠人营国，方九里，旁三门。国中九经九纬，经涂九轨。左祖右社，前朝后市，市朝一夫"。这是中国古代城市规划思想最早形成的时代。《周礼·考工记》所依凭的礼制思想在汉代以后占据了统治地位，对此后的中国古代都城的布局和发展起了决定性的影响。从曹魏的邺城、唐长安到元大都和明清北京城，基本上都是按照《周礼·考工记》所描述的城市形制进行建设的。

与此同时，其他思潮对于中国古代城市规划的影响也是不可忽视的。如《管子》中对居民点提出了"高勿近阜而水用足，低勿近水而沟防省"的选址原则，在城市内的布局中也提出了"因天材，就地利，城廓不必中规矩，道路不必中准绳"的自然至上原则。这些思想主要反映在非都城的一般城市的建设中。由于中国封建社会延续近2000年，虽然其间统治者发生许多次重大更迭，甚至如元代、清代由北方少数民族统治，但政治体制基本相承。经济上商业逐步发展，宋朝逐渐放松严格的管制，出现了街市。而以统治者的宫殿、衙门官署为中心的中轴布局则一脉相承，宫殿、寺庙、钟鼓楼是城市天际轮廓的主导因素。

### 2.1.2 西方古代的城市规划

公元前5世纪，古希腊经历了奴隶制的民主政体，形成一系列的城邦。这时出现了被称为希伯达姆（Hippodamus）模式的城市布局。这种布局形态主要是以城市广场为中心，以方格网的道路系统为骨架。

在古罗马时期，罗马城市得到了大规模的发展，城市的公共设施，包括道路、桥梁、输水管以及公共浴池、斗兽场等都有了长足的发展。到了帝国时期，城市建设更是进入了鼎盛时期，城市同时也成了帝王宣传功绩的工具，广场、铜像、凯旋门和纪功柱成为城市空间的核心和焦点。此时，被征服的广大地中海地区的土地上还建造了大量的营寨城，这些营寨城都有一定的规划模式，平面呈方形或长方形，中间为十字形道路，交点附近为露天剧场或斗兽场或官邸建筑形成的中心广场。公元前1世纪的古罗马建筑师维特鲁威（Vitruvius）的著作《建筑十书》是西方保留至今最完整的古典建筑典籍，其中也提出了有关城市选址、城市布局、市政工程等方面的论述。

中世纪时期，西方进入到封建社会，城市处于衰落状态。由于战争不断和封建割据，出现了许多具有防御功能的城堡。在城市中，由于发展缓慢和不断地改造建设而出现了很不规则的街道和广场，教堂在城市中占据了中心位置，教堂的庞大体量和高耸尖塔成为城市空间布局和天际轮廓的主导因素。到中世纪后期，随着手工业和商业的逐渐兴起，一些城市摆脱了封建主的统治成为了自治城市。在这些城市中，城市的公共建筑（如市政厅、关税厅和行业会所）占据了城市空间的主导地位。

14世纪后的文艺复兴是欧洲资本主义的萌芽时期，艺术、技术和科学都得到了飞速发展。在人文主义思想的影响下，欧洲尤其是意大利的城市修建了不少古典风格和构图严谨的广场和街道，以满足城市资产阶级新生时期的发展需要。与此同时，也出现了一系列有关理想城市格局的讨论。

自16世纪后期开始，出现了现代意义上的民族国家，在国王与资产阶级结成联盟反对封建割据和教会势力的过程中走向了中央集权的绝对君权。这些国家的首都成为了政治、经济、文化中心的大城市。其中当时最为强盛的法国首都巴黎的城市改建体现了古典主义思潮的重大影响，轴线放射的街道、宏伟壮观的宫殿花园和规整对称的公共广场便是那个时期的典范。

## 2.2 现代城市规划的产生和早期探索

现代城市规划的发展主要是针对于工业城市的发展及期望解决由此而产生的种种问题，因此，现代城市规划理论也就是在认识工业城市的问题的同时，提出相应的解决方法，并由此构筑现代城市规划的基本框架。

## 2.2.1 现代城市规划的历史渊源

### (1)空想社会主义

近代历史上的空想社会主义源自于 T·莫尔(T.More)的"乌托邦"(Utopia)概念。近代空想社会主义的代表人物 R·欧文(Robert Owen)和 C·傅立叶(Charleo Fourier)等人不仅通过著书立说来宣传、阐述他们对理想社会的信念,同时还通过一些实践来推广和实践这些理想。如1817年,欧文提出了一个"新协和村"——"Village of New Harmony"的方案,其中居民为 300～2000 人,耕地面积为每人 0.4hm² 或略多,在社区的中心安排了公用厨房、食堂、幼儿园、小学及会场、图书馆等,周围是住宅,附近还有工厂和工场。到1825年,欧文用自己的4/5的财产,在美国的印第安那州购买了 12000hm² 土地建设他的新协和村。

### (2)英国关于城市卫生和工人住房的立法

针对于当时出现的肺结核及霍乱等疾病的大面积流行,1833年,英国成立了以 E·查德威克(Edwin Chadwick)为领导的委员会专门调查疾病形成的原因,该委员会于1842年提出了《关于英国工人阶级卫生条件的报告》。1844年,成立了英国皇家工人阶级住房委员会,并于1848年通过了《公共卫生法》。这部法律规定了地方当局对污水排放、垃圾堆集、供水、道路等方面应负的责任。由此开始,英国通过一系列的卫生法规建立起一整套对卫生问题的控制手段。对工人住宅的重视也促成了一系列法规的通过,如1868年的《贫民窟清理法》、1890年的《工人住房法》等,这些法律要求地方政府提供公共住房。而1890年成立的伦敦郡委员会(The London County Council)则依法兴建工人住房。

### (3)巴黎改建

G·E·奥斯曼(George E. Haussman)在1853年开始作为巴黎的行政长官,看到了巴黎存在的供水受到污染、排水系统不足、可以用作公园和墓地的空地严重缺乏,大片破旧肮脏的住房和没有最低限度的交通设施等问题的严重性,通过政府直接参与和组织,对巴黎进行了全面的改建。

### (4)城市美化

1893年在芝加哥举行的博览会为起点的对市政建筑物进行全面改进为标志的城市美化运动(City Beautiful Movement),综合了对城市空间和建筑实施进行美化的各方面思想和实践,在美国城市得到了全面的推广。

### (5)公司城

公司城的建设是资本家为了就近解决在其工厂中工作的工人的居住,从而提高工人的生产能力而由资本家出资建设、管理的小型城镇。这类城镇在19世纪中叶后在西方各国都有众多的实例:G·卡德伯里(George Cadbury)于1879年在伯明翰所建的模范城(Bournville);W·H·利佛(W.H.Lever)于1888年在利物浦附近所建造的城镇阳光港(Port Sunlight)等。

## 2.2.2 现代城市规划的两种基本思想体系

19世纪尤其是其中叶以后所进行的理论探讨和实践,为现代城市规划的形成和发展在理论上、思想上和制度上都进行了充分的准备。在这样的基础上,形成了以 E·霍华德(E.Howard)提出的田园城市和勒·柯布西耶(Le Corbusier)提出的现代城市设想为代表的两种完全不同的城市规划思想体系。这两种城市规划思想体系影响并规定了现代城市规划的发展路径。

霍华德希望通过在大城市周围建设一系列规模较小的城市来吸引大城市中的人口,从而解决大城市的拥挤和不卫生状况。与此相反,勒·柯布西耶则指望通过对大城市结构的重组,在人口进一步集中的基础上,在城市内部解决城市问题。这两种思想界定了此后城市发展的两种基本的指向:城市的分散发展和集中发展,每一种发展方式都在当代城市的发展中得到了体现。同时,这两种规划的思路也显示了两种完全不同的规划思想和规划体系,霍华德的规划奠基于社会改革的理想,直接从空想社会主义的思想出发而建构其体系,因此在其论述的过程中更多地体现出对人文的关怀和对社会经济的关注;勒·柯布西耶则从建筑师的角度出发,对建筑和工程的内容更为关心,并希望从物质空间的改造而来改造整个社会。

# 3 现代城市规划的主要理论

## 3.1 现代城市发展理论

影响城市发展的因素非常多，要认识城市的发展就有必要从对这些要素及其相互关系的认识开始。

### 3.1.1 经济基础理论

城市发展的经济基础理论（Economic Base Theory）是H·霍伊特（H.Hoyt）于1939年提出的。根据这一理论，在城市经济中，所有产业可以划分为两个部分：基础产业（basic industry）和服务性产业（service industry）。前者的生产除少量供应当地消费之外，主要是为城市之外地区的需要而进行的，因此可以为城市带来新的收入；后者的生产主要是满足本城市居民的消费需要，因此仅仅只是在城市内进行收入转移。经济基础理论认为，基础产业是城市经济力量的主体，它的发展是城市发展的关键。

### 3.1.2 增长极理论

增长极理论又称发展极理论，是由F·佩鲁（F.Perroux）于1950年提出的。增长极的概念主要是针对新古典经济学中的经济均衡观点而提出的。他认为，经济空间并不是均衡的，而是存在于极化过程之中。由于各个经济单位的规模、交易能力和经营性质不同，特别是规模的差异，它们的创新能力也是不同的。因此，富于创新的大规模经济单位处于支配地位，而其他经济单位则处于受支配地位。处于支配地位的支配性经济单位具有"推动"效应，推动效应的大小与支配性经济单位产生外部经济的能力相联系。在经济中具有驱动力的产业，它不仅规模较大，具有较高的收入弹性，而且具有广泛的前向、后向联系，因而产生外部经济的能力大。随着时间的推移，推动型单元是不断更替的，从产业的角度看，如历史上纺织工业—钢铁工业—汽车工业—电子工业的更替，就是很好的事例。

增长极是指具有空间集聚特点，在增长中具有推动性工业的集合体。增长极的作用机制主要在于它的支配效应、乘数效应和极化与扩散效应。在这些效应的作用下，集中了大量主导性的和富有创新能力的行业、部门的大中心城市就会带动周围相对落后地区的发展。也就是说，在社会经济的发展过程中，首先积极发展中心城市，然后通过中心城市的增长极作用的发挥而带动周围地区的发展，这不仅是可能的而且是必须的。

### 3.1.3 核心—边缘理论

这是由J·R·弗里德曼（J.R. Friedmann）于1966年提出的理论，该理论的依据是经济发展具有阶段性，区域发展具有不平衡性。这一理论由两部分组成，一是空间经济增长的阶段，一是不同区域类型的划分。

弗里德曼认为，随着一国经济增长周期性地发生，经济空间转换随之出现，这样就产生了区域的不平衡，即产生了经济增长区域—核心区域和经济增长缓慢或停滞衰退的区域—边缘区域。他根据一个国家工业产值在国民生产总值中所占比重的不同，划分出空间经济增长的四个阶段，每个阶段都反映了核心和边缘区域之间关系的变化：(1)前工业阶段，工业产值比重小于10%。此时，经济发展水平的区域不平衡现象不显著；(2)过渡阶段，工业产值比重在10%～25%之间，此时，国内具有区位优势的地区表现出很高的增长速度，从而使核心—边缘的对比开始出现；(3)工业阶段，工业产值比重25%～50%。此时，边缘区域内部相对优越的部分出现了经济增长的高速度，国家规模上的核心—边缘结构逐步转变为多核结构；(4)后工业阶段，工业产值比重开始下降，工业活动逐步由城市向外扩散，特大城市区域内的边缘区域逐渐被特大城市的经济所同化，在职能上相互依存的城市体系产生，即形成大规模城市化区域。

通过对空间经济增长的分析，并根据经济及区位特征，弗里德曼对一些国家进行了区域类型的划分，以揭示区域不平衡的性质和程度。第一种类型是核心区域，第二种类型是向上的过渡区域，它不断受到核心区域的影响，具有向内移民、资源集约使用和经济持续增长等特征。这个区域有可能成为包含有新城市的、附属的或次一级的核心区域。第三种类型是资源型边缘区域，由于资源的发现和开发，经济出现了增长局面。与此同时，新的聚落、新的城市形成。这种区域也有可能发展成为次一级的核心区域。第四种类型是向下的过渡区域，这类区域曾经具有中等城市的发展水平，但由于初级资源的消耗，以及某些工业部门的放弃，与核心区域的联系又不紧密，经济增长放慢，甚至停滞或衰退，趋于萧条。

### 3.1.4　人文生态理论

城市不仅是一个经济系统，也是一个人文系统，因此，城市发展的原因也同样可以从人文生态的层面去探究。

人文生态学就是运用自然生态学的研究思想和方法来集中研究人类社区的规律和特征，是20世纪最早的有系统地研究人类社会中人的社会活动与空间之间关系的学科。人类生态学认为，人类社会发展的许多规律和特征具有与自然生态同样的规律和特征，因此，它的最重要概念主要有两个：一个是竞争，另一个是"统治"（dominance）。

人类的生存需要有一定的物质资源，而这些资源在人类环境中始终是短缺的，因而导致了人与人之间的相互竞争。

在一个完全的市场经济中，工商业倾向于向中心城市集中，一旦它们形成之后，便改变或增强了城市本身与周围地区以及有关居民点的联系，并逐渐实现城市的"统治"，而这种统治力量也是社会性的。

### 3.1.5　可达性理论

A·Z·古腾贝格（A.Z.Guttenberg）于1960年发表论文揭示了交通设施的可达性与城市发展之间的相互关系。所谓可达性（accessibility），就是交通通达的方便程度。

随着城市人口的增长，城市必然地向外扩张。这种扩张往往是城市向外的蔓延，因而降低了城市运行的效率。而这种低效率，在很大程度上是由距离的增加所造成的，因此就需要对城市的结构进行调整，此时所采用的方法主要就是建立新的中心和改进

交通系统。

### 3.1.6　通讯理论

关于城市发展的通讯理论是由B·L·迈耶（B.L.Meier）在1962年出版的《城市发展的通讯理论》（A Communications Theory of Urban Growth）一书中提出的。他认为，城市是一个人类相互作用所构成的系统，而交通与通讯是人类相互作用的媒介。城市的发展主要起源于城市为人们提供面对面交往或交易的机会，但后来，一方面由于通讯技术的不断进步，渐渐使面对面交往的需要减少，另一方面，由于城市交通系统普遍产生拥挤的现象，使通过交通系统进行相互作用的机会受到限制，因此，城市居民逐渐以通讯来替代交通以达到相互作用的目的。在这样的条件下，城市的主要聚集效益在于使居民可以接近信息交换中心以及便利居民互相交往。很显然，城市发展时，通常显示出其通讯率（communication rate）或信息交换率也得到提高，反之亦然。

## 3.2　现代城市发展趋势

现代城市的发展存在着两种主要的趋势，即分散发展和集中发展。而在对城市发展的理论研究中，也主要针对着这两种现象而展开，这在前面介绍的霍华德的田园城市和勒·柯布西耶的现代城市设想中已露端倪。相对而言，城市分散发展更得到理论研究的重视，因此出现了许多带有理论模型意味的比较完整的理论陈述，而有关于城市集中发展的理论研究则主要处于对现象的解释方面，因此还缺少完整的理论陈述。

### 3.2.1　城市分散发展理论

#### 3.2.1.1　从田园城市到新城

田园城市、卫星城和新城的思想都是建立在通过建设小城市来分散大城市的基础之上，但其含义上仍有一些差别，它们应当被看作是同一个概念随着社会经济状况的变化而不断发展深化的结果。

霍华德于1898提出了田园城市的设想，在实际的运用中，分化为两种不同的形式，一种是指农业地区的孤立小城镇，自给自足；另一种是指城市郊区，那里有宽阔的花园。前者的吸引力较弱，也形不成如霍华德所设想的城市群，因此难以发挥其设想的作用。后者显然是与霍华德的意愿相违背的，它只能促进大城市无序地向外蔓延，而且这本身就是霍华德提出田园城市所要解决的问题。在这样的状况下，到20世纪20年代，昂温（Unwin）提出了卫星城理论来继续推行霍华德的思想。建议围绕伦敦周围建立一系列的田园城市，并将伦敦过度密集的人口和就业岗位疏解到附近的田园城市之中去。1924年，在阿姆斯特丹召开的国际城市会议上，提出建设卫星城是防止大城市过大的一个重要方法。卫星城市的定义：卫星城市是一个经济上、社会上、文化上具有现代城市性质的独立城市单位，但同时又是从属于某个大城市的派生产物。1944年，P·阿伯克龙比（P. Abercrombie)完成的大伦敦规划中，规划在伦敦周围建立8个卫星城，以达到疏解伦敦的目的，从而产生了深远的影响。

卫星城的概念强化了与中心城市（又称母城）的依赖关系，在其功能上强调中心城的疏解，因此往往被视为

中心城市某一功能疏解的接受地，由此出现了工业卫星城、科技卫星城甚至卧城等类型，成为中心城市的一部分。经过一段时间的实践，人们发现这些卫星城带来了一些问题，而这些问题的来源就在于对中心城市的依赖，因此开始强调卫星城市的独立性。在这种卫星城中，居住与就业岗位之间相互协调，具有与大城市相近似的文化福利设施配套，可以满足卫星城居民的就地工作和生活需要，从而形成一个职能健全的独立城市。1950年代以后，人们对于这类按规划设计建设的新建城市统称为新城（new towm），一般已不称为卫星城。伦敦周围的卫星城根据其建设时期前后而被称为第一代新城、第二代新城和第三代新城。新城的概念更强调了城市的相对独立性，它基本上是一定区域范围内的中心城市，为其本身周围的地区服务，并且与中心城市发生相互作用，成为城镇体系中的一个组成部分，对涌入大城市的人口起到一定的截流作用。

### 3.2.1.2 有机疏散理论

有机疏散理论（Theory of Organic Decentralization）是E·沙里宁（E.Saarinen）为缓解由于城市过分集中所产生的弊病而提出的关于城市发展及其布局结构的理论。他在1942年出版的《城市：它的发展、衰败和未来》一书详尽地阐述了这一理论。

沙里宁认为，城市与自然界的所有生物一样，都是有机的集合体，因此城市建设所遵循的基本原则也与此相一致，或者说，城市发展的原则是可以从自然界的生物演化中推导出来的。对现代城市出现的衰败原因进行了揭示，从而提出了治理现代城市衰败，促进其发展的对策就是要进行全

面的改建，这种改建应当能够达到这样的目标：①把衰败地区中的各种活动，按照预定方案，转移到适合于这些活动的地方去；②把上述腾出来的地区，按照预定方案，进行整顿，改作其他最适宜的用途；③保护一切老的和新的使用价值。因此，有机疏散就是把大城市目前的那一整块拥挤的区域，分解成为若干个集中单元，并把这些单元组织成为"在活动上相互关联的有功能的集中点"。在这样的意义上，构架起了城市有机疏散的最显著特点，便是原先密集的城区，将分裂成一个一个的集镇，它们彼此之间将用保护性的绿化地带隔离开来。

要达到城市有机疏散的目的，就需要有一系列的手段来推进城市建设的开展，沙里宁在书中详细地探讨了城市发展思想、社会经济状况、土地问题、立法要求、城市居民的参与和教育、城市设计等方面的内容。

### 3.2.1.3 广亩城

F·L·赖特（F.L.Wright）处于美国社会具体的社会经济背景和城市发展的独特环境之中，从人的感觉和文化意蕴中体验着对现代城市环境的不满，和对工业化之前的人与环境相对和谐状态的怀念情绪，他于1932年提出了广亩城市（Broadacre City）的设想。这一设想将城市分散发展的思想发挥到了极点。

在赖特的思想中根深蒂固地存在着一种美国式的个人主义平等思想，他认为现代城市不能适应现代生活的需要，也不能代表和象征现代人类的愿望，是一种反民主的机制，因此这类城市尤其是大城市应该取消。他要创造一种新的、分散的文明形式，它在小汽车大量普及的条件下已成为可能。汽车作为"民主"的驱动方式，成

为他的反城市模型，也就是广亩城市构思方案的支柱。他在1932年出版的《消失中的城市》（The Disappearing City）中写道，未来城市应当是无所不在又无所在的，"这将是一种与古代城市或任何现代城市差异如此之大的城市，以致我们可能根本不会认识到它作为城市而已来临"。在随后出版的《宽阔的田地》（Broadacres）一书中，他正式提出了广亩城市的设想。这是一个把集中的城市重新分布在一个地区性农业的方格网格上的方案。他认为，在汽车和廉价电力遍布各处的时代里，已经没有将一切活动都集中于城市中的需要，而最为需要的是如何从城市中解脱出来，发展一种完全分散的、低密度的生活、居住、就业相互结合在一起的新形式，这就是广亩城市。在这种实质上是反城市的"城市"中，每一户周围都有一英亩（约等于4046.86m²）的土地来生产供自己消费的食物和蔬菜，居住区之间以高速公路相连接，提供方便的汽车交通。沿着这些公路，建设公共设施、加油站等，并将其自然地分布在为整个地区服务的商业中心之内。他写道："美国不需要有人帮助建造广亩城市，它将自己建造自己，并且完全是随意的。"应该看到，美国城市在20世纪60年代以后普遍的向郊区迁移的趋势在相当程度上是赖特广亩城思想的体现。

## 3.2.2 城市集中发展理论

### 3.2.2.1 聚集经济理论

经济活动的聚集，是城市经济的最根本特征之一。K·J·巴顿（K.J.Button）在《城市经济学》（Urban Economics：Theory and Policy）一书中，将聚集经济效益分为10种类

型：①本地市场的潜在规模，居民和工业的大量集中产生了市场经济；②大规模的本地市场也能减少实际生产费用；③在提供某些公共服务事业之前，需要有人口限度标准；④某种工业在地理上集中于一个特定的地区，有助于促进一些辅助性工业的建立，以满足其进口的需要，并为成品的推销与运输提供方便；⑤日趋积累的熟练劳动力汇聚和适应于当地工业发展所需要的一种职业安置制度；⑥有才能的经营家与企业家的聚集也发展起来；⑦在大城市，金融与商业机构条件更为优越；⑧城市的集中能经常提供范围更为广泛的设施；⑨工商业者更乐于集中，因为他们可以面对面地打交道；⑩处于地理上的集中时，能给予企业很大的刺激去进行改革。聚集经济是城市活动集中的主要原因。正如恩格斯在描述当时全世界的商业首都伦敦时所说的那样："这种大规模的集中，250万人这样聚集在一个地方，使这250万人的力量增加了100倍。"在这样的聚集效应的推动下，城市不断地集中，发挥出更大的作用。

G·A·卡利诺（G.A.Carlino）于1979和1982通过实证性研究尝试区分"城市化经济"（urbanization economies）、"地方性经济"（localization economies）和"内部规模经济"（internal economies of scale）对产业聚集的影响。所谓城市化经济就是当城市地区的总产出增加时，不同类型的生产厂家的生产成本下降，而所谓的地方化经济就是当整个工业的全部产出增加时，这一工业中的某一生产过程的生产成本下降。而内部规模经济是指当生产企业本身规模的增加而导致本企业生产成本的下降。经研究他发现，对于产业聚集

的影响而言，内部规模经济并不起作用，它只对企业本身的发展有影响，因此只有从外部规模经济上去寻找解释聚集效益的原因。在两类外部规模经济中，他发现，作为引导城市集中的要素而言，地方性经济不及城市化经济来得重要。也就是说，对于工业的整体而言，城市的规模只有达到一定的程度才具有经济性。当然，聚集就产出而言是经济的，即使是在成本—产出的整体中仍处于经济的时候，而就成本而言也可能是不经济的。这类不经济主要表现在地价或建筑面积租金的昂贵和劳动力价格的提高，以及环境质量的下降等。不过根据卡利诺1982年的研究，城市人口少于330万时，聚集经济性超过不经济性，当人口超过330万时，则聚集不经济性超过经济性。当然，这项研究是针对于制造业而进行的，而且是一般情况下的。

### 3.2.2.2 大都市、巨大城市、大城市带

大都市（Metropolis），也称为大城市区，是指由主要大城市和郊区及附近的城市群组合而成的城市区域，其中，主要大城市发挥着主导经济、社会的作用。对于大都市的概念在不同的国家有不同的认识，一般指人口规模在50万以上的城市地区。由于世界上大城市的人口规模不断增加，因此出现了一些以城市人口规模定义的术语。人口达100万以上的城市，在我国通常称为特大城市，在英语中则称为百万城市（million city）。联合国人类聚居中心在《人类聚居的全球报告》中将400万人及以上的城市称为超级城市（super city）。1960年，全世界400万人以上的城市仅19个，预计到2000将增加到66个，到2025

年将达到135个。该报告中又将人口达800万人以上的城市称为巨大城市（mega-city）。

随着大城市向外急剧扩展和城市密度的提高，在世界上许多国家中出现了空间上连绵成片的城市密集地区，对此有两个术语：一个是城市聚集区（urban agglomeration），一个是大城市带（megalopolis）。联合国人类聚居中心对城市聚集区的定义是：被一群密集的、连续的聚居地所形成的轮廓线包围的人口居住区，它和城市的行政界线不尽相同。在高度城市化地区，一个城市聚集区往往包括一个以上的城市，这样，它的人口也就远远超出中心城市的人口规模。大城市带的概念是由法国地理学家J·戈特曼（J.Gottmann）于1957年提出的，指的是多核心的城市连绵区，人口的下限是2500万人，人口密度为每平方公里至少250人。因此，大城市带是人类创造的宏观尺度最大的一种城市化空间。根据戈特曼的标准，他列出了世界上主要的大城市带，其中以美国东北部大西洋沿岸从波士顿到华盛顿的大城市带最为典型，其他已经成型的大城市带有：日本太平洋沿岸东海道大城市带、英国以伦敦—利物浦为轴线的英格兰大城市带、欧洲西北部大城市带和美国五大湖大城市带。中国的长江三角洲城市密集地区被认为是正在形成中的世界第六个大城市带。

以上有关大城市的几个概念都是从人口规模角度进行定义的，并没有揭示这些城市在当代政治经济生活中的地位和作用，因此人们又使用世界城市、国际城市等概念来定义那些在世界政治经济生活中具备特殊地位的城市。

**3.2.2.3　世界城市或国际城市**

德国诗人歌德在18世纪后叶将罗马和巴黎称为世界城市。P·格迪斯(P.Geddes)于1915年则将当时西方一些国家正在发展中的大城市称为世界城市。1966年,P·霍尔(P.Hall)针对第二次世界大战后世界经济一体化进程,看到并预见到一些世界大城市在世界经济体系中将担负越来越重要的作用,着重对这类城市进行了研究并出版了《世界城市》一书。在书中,他认为世界城市具有以下几个主要特征:

①世界城市通常是政治中心。它不仅是国家和各类政府的所在地,有时也是国际机构的所在地。世界城市通常也是各类专业性组织和工业企业总部的所在地;

②世界城市是商业中心。它们通常拥有大型国际海港、大型国际航空港,并是一国最主要的金融和财政中心;

③世界城市是集合各种专门人才的中心。世界城市中集中了大型医院、大学、科研机构、国家图书馆和博物馆等各项科教文卫设施,它也是新闻出版传播的中心;

④世界城市是巨大的人口中心。世界城市聚集区都拥有数百万乃至上千万人口;

⑤世界城市是文化娱乐中心。

1982年,J·弗里德曼(J.Friedmann)和G·沃尔夫(G.Wolff)发表了一篇题为《世界城市形成:一项研究与行动的议程》(World City Formation:An Agenda for Research and Action)的论文。将世界城市看成是世界经济全球化的产物,提出世界城市是全球经济的控制中心,并提出了世界城市的两项判别标准:

第一、城市与世界经济体系联结的形式与程度,即作为跨国公司总部的区位作用、国际剩余资本投资"安全港"的地位、面向世界市场的商品生产者的重要性、作为意识形态中心的作用等等。

第二、由资本控制所确立的城市的空间支配能力,如金融及市场控制的范围是全球性的,还是国际区域性的,或是国家性的。

J·弗里德曼等依据世界体系理论,认为世界城市只能产生在与世界经济联系密切的核心或半边缘地区,即资本主义先进的工业国和新兴工业化国家或地区。

1986年,J·弗里德曼又发表了《世界城市假说》(The World City Hypothesis)的论文,强调了世界城市的国际功能决定于该城市与世界经济一体化相联系的方式与程度的观点,并提出了世界城市的7个指标:①主要的金融中心;②跨国公司总部所在地;③国际性机构的集中度;④商业部门(第三产业)的高度增长;⑤主要的制造业中心(具有国际意义的加工工业等);⑥世界交通的重要枢纽(尤指港口和国际航空港);⑦城市人口规模达到一定标准。

### 3.2.3　城市分散与集中发展的统一

城市的分散发展和集中发展只是表述了城市发展过程中的不同方面,任何城市的发展都是这两个方面的作用的综合,或者说,是分散与集中相互对抗而形成的暂时平衡状态。

**3.2.3.1　城市的相互作用**

P·哈格特(P.Haggett)于1972年依据物理学热传递的方式将城市相互作用的形式划分为三种类型。第一类,以物质和人的移动为主要特征,如:产品、原材料在生产地和消费地之间的运输,邮件和包裹的输送和人口的移动等。第二类,指城市间进行的各种交易,如城市间的财政交易等。第三类,指信息的流动和新思想、新技术的扩散等。这样,城市间的联系表现为以下三种主要方式:货物和人口的移动;各种交易过程;信息的流动。这些相互作用,都要借助于一系列的交通和通讯设施才能实现,这些交通和通讯设施所组成的网络的多少和方便程度,也就赋予了城市在城市体系中的相对地位。

在揭示城市空间组织中相互作用的特点和规律的城市相互作用模式,深受理论研究者的重视。在众多的理论模式中,引力模式是其中最为简单、使用最为广泛的一种。引力模式是根据牛顿万有引力规律推导出来的。该模式认为,两个城市间的相互作用与这两个城市的质量(可以城市人口规模为代表)成正比,与它们之间的距离平方成反比。引力模式基本上还是猜测性的,理论上仍还是不完备的。

**3.2.3.2　城市与区域的相互作用**

城市是人类进行各种活动的集中场所,通过各种交通和通讯网络,使物质、人口、信息等不断从城市向各地、从各地向城市流动。城市对区域的影响类似于磁铁的场效应,随着距离的增加,城市对周围区域的影响力逐渐减弱,并最终被附近其他城市的影响所取代。每个城市影响的地区大小,取决于城市所能够提供的商品、服务及各种机会的数量和种类。一般地说,这与城市的人口规模成正比。不同规模的城市及其影响的区域组合起来就形成了城市的等级体系(the urban hierarchy)。在组织形式上，位于国家等级体系最高级的是具有国家中心意义的大城市，它们拥有最广阔的腹地；在这些大城市的腹地内包含若干个等级体系中间层次的区域中心城市；在每一个区域中心腹地内，又包含着若干个位于等级体系最低层次的小城市，它们是周围地区的中心。

城市对区域的影响力范围的确定，就是要将城市与区域的相互作用具体化。但是，城市具有各种职能，每一职能的吸引范围都不同，而一个区域总是同时受到两个甚至更多城市的影响。因此要确定城市的影响区的范围仍是一项比较困难的工作。H·L·格林(H.L.Green)于1955年根据铁路通勤人员的流动方向、报纸发行范围、电话呼唤方向、公司和银行负责人的办公地点五项指标来划分纽约和波士顿之间的平均边界，从而确定这两个城市的影响范围，进而可求得两城市间的断裂点(1945年，P.D. converse)。

## 3.3　现代城市空间理论

城市空间组织的目的在于为城市生活提供合适的场所，因此城市空间的意义及其结构反映了城市生活的各个方面。而要对城市空间进行有机的组织，就必然反映了组织者的价值判断和有意识的选择。城市规划内容的主要方面应当是对城市空间进行组织，这种组织的意义在于间接地处理城市中的各类社会经济关系，而且这种间接的处理同时又是城市社会经济关系有序发展的基础。

### 3.3.1　区位理论

区位，是指为某种活动所占据的场所在城市中所处的空间位置。城市是人与各种活动的聚集地，各种活动大多有聚集的现象，占据城市中固定的空间位置，形成区位分布。这些区位（活动场所）加上连接各类活动的交通路线和设施，便形成了城市的空间结构。各种区位理论的目的就是为各项城市活动寻找到最佳区位，即能够获得最大利益的区位。

#### 3.3.1.1　农业区位理论

J·H·杜能(J.H.Thunen)的农业区位理论是区位理论的基础。他通过抽象的方法，假设了一个与世隔绝的孤立城邦来研究如何布局农业才能从每一单位面积土地上获得最大利润的问题。他认为，利润($P$)是由农业生产成本($E$)、农产品市场价格($V$)和把农产品运至市场的运费($T$)三个因素决定的，即 $P=V-(E+T)$。根据他的假设，$V$和$E$均可视作常数，因此如果要使利润最大就必须使运费最小，这就是说，运输费用是决定利润大小的关键。杜能运用公式算出了各种农作物组合的地区分界线，将整个地域按其主导的农作物生产类型划分成6个同心圆的农业区。

#### 3.3.1.2　工业区位理论

工业区位理论是区位研究中数量相对比较集中的内容，在各项工业区位理论中所涉及的变量有多种且各不相同，而且随着时间的推移，工业区位理论越来越具有综合性。这里仅介绍一些主要的工业区位理论。

杜能关于工业区位的主要思想与其在分析农业区位时的思想保持一致。他认为，运输费用是决定利润的决定因素，而运输费用则可视作工业产品的重量和生产地与市场地之间距离的函数。因此，工业生产区位是依照产品重量对它的价值比例来决定

的，这一比例越大，其生产区位就越接近市场地。

韦伯(Alfred Webber)的工业区位理论认为，影响区位的因素有区域因素和聚集因素。前者指运输成本和劳动力成本两项因素，后者指生产区位的集中，包括人口密度、工业复杂性程度等。他的方法是先找出最小运输成本的点，然后再考虑劳动力成本和聚集效益这两项因素。他认为，工业区位的决定应最先考虑运输成本，而运输成本是运输物品的重量和距离的函数。他利用区位三角形来求出最小运输成本的区位。

A·廖施(A.Losch)在区位理论中，第一个引入了需求作为主要的空间变量。他认为，韦伯及其后继者的最小成本区位方法并不正确，最低的生产成本往往并不能带来最大利润。正确的方法应当是找出最大利润的地方，因此需要引入需求和成本这两个空间变量。任何产品总有一个最大的销售范围，并且至少要占有一定范围的市场，这种市场最有利的形状是六边形。市场网络是廖施区位理论的最高表现形式。

W·伊萨德(W.Isard)从制造业出发，组合了杜能、韦伯和廖施的区位理论，并结合现代经济学的思考，希望形成一种统一的、一般化的区位理论。他的基本观点是一般区位理论能以与经济理论中的其他方面同样的方法来发展，可以依据替代方法来分析企业家作决策时如何组合不同生产要素的成本，以此来确定成本最小而效益最佳的地点。

#### 3.3.1.3　中心地理论

中心地理论是由德国地理学家W·克里斯塔勒(W.Christaller)于1933年在一本探讨南部德国的城市

区域空间分布的论著中，通过对城市分布的实际状况进行概括和提炼而提出的。

中心地是指可以向居住在它周围地域（腹地范围）的居民提供各种货物和服务的地方，由中心地提供的货物和服务就称为中心地功能。提供中心地功能的地方必须获得足够的支持以维持它的运营，而这最低支持门槛可用人口规模来定义从而获得空间上的意义。这样，每一个中心地都有它的作用范围。为了使中心地的作用遍及整个空间地域，代表各个中心地实际作用范围的圆必须互相重叠，经过对重叠范围的再划分，便形成了六边形的网络构架。

#### 3.3.1.4 现代区位理论的发展趋势

以上所介绍的区位理论多数是在静态条件下对城市中各类因素的探讨。自20世纪50年代以来，在社会经济结构发生巨大变化的状况下，区位理论的研究发生了重大的变化，从而改变了过去观察问题和分析问题的角度和方法，在吸取了凯恩斯经济理论、地理学和经济学理论的新近发展以及"计量革命"所产生的思想的基础上，对国家范围和区域范围的经济条件和自然条件进行了更为具体的考虑，结合经济规划和经济政策、资本的形成条件、交通通讯方式的变化和社会经济发展的各类要素的组合条件与方式，运用现代数学、计算机技术和决策理论等成果，使区位理论的研究具有更为宏观、动态和综合性的特征，同时也使区位理论的研究从过去只关注市场机制而逐步向市场运作和政府干预、规划调节相结合转变。就整体而言，这些研究的目的已经不在于求得纯粹的理论公式，而在于针对具体地区错综复杂的社会经济因素相互作用下的实际问题的解答，强调解决实际问题的功能。

### 3.3.2 城市土地使用布局结构理论

就城市土地使用而言，由于城市的独特性，城市土地和自然状况的惟一性和固定性，城市土地使用在各个城市中都具有各自的特征。但是它们之间也具有共同的特点和运行的规律，也就是说，在城市内部，各类土地使用之间的配置具有一定的模式。为此，许多学者对此进行了研究，提出了许多理论。根据R·墨非（R. Murphy）的观点，所有这些理论均可归类于同心圆理论、扇形理论和多核心理论之中。

#### 3.3.2.1 同心圆理论（Concentric Zone Theory）

这是由E·W·伯吉斯（E. W. Burgess）于1923提出的。他以芝加哥为例，试图创立一个城市发展和土地使用空间组织方式的模型，并提供了一个图示性的描述（图3.3.2-1）。根据他的理论，城市可以划分成5个同心圆的区域：

居中的圆形区域是中心商务区（Central business district，即CBD），这是整个城市的中心，是城市商业、社会活动、市民生活和公共交通的集中点。在其核心部分集中了办公大楼、财政机构、百货公司、专业商店、旅馆、俱乐部和各类经济、社会、市政和政治生活团体的总部等。

第二环是过渡区（Zone in transition），是中心商务区的外围地区，是衰败了的居住区。过去，这里主要居住的是城市中比较富裕或有一定权威的家庭，由于商业、工业等设

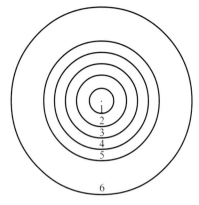

图 3.3.2-1 同心圆理论
1. 中心商务区
2. 过渡区
3. 工人居住区
4. 良好住宅区
5. 通勤区
6. 农村地区

施的侵入，降低了这类家庭在此居住的愿望而向外搬迁，这里就逐渐成为贫民窟或一些较低档的商业服务设施基地，如仓库、典当行、二手货商店、简便的旅馆或饭店等。这个地区也就成为城市中贫困、堕落、犯罪等状况最严重的地区。

第三环是工人居住区（Zone of workingmen's homes），主要是由产业工人（蓝领工人）和低收入的白领工人居住的集合式楼房、单户住宅或较便宜的公寓组成，这些住户主要是从过渡区中迁移而来，以使他们能够较容易地接近不断外迁的就业地点。

第四环是良好住宅区（Zone of better residenses），这里主要居住的是中产阶级，他们通常是小商业主、专业人员、管理人员和政府工作人员等，有独门独院的住宅和高级公寓和旅馆等，以公寓住宅为主。

第五环是通勤区（Commuters zone），主要是一些富裕的、高质量的居住区，上层社会和中上层社会的郊外住宅座落在这里，还有一些小型的卫星城，居住在这里的人大多在中心

商务区工作，上下班往返于两地之间。20世纪60年代以后，在这一区内居住的中产阶级大量上升。

这一理论特别关键的一点是，这些环并不是固定的和静止的，在正常的城市增长的条件下，每一个环通过向外面一个环的侵入而扩展自己的范围，从而揭示了城市扩张的内在机制和过程。

### 3.3.2.2　扇形理论 （Sector Theory）

这是 H·霍伊特 （H.Hoyt） 于1939年提出的理论。他根据美国64个中小城市住房租金分布状况的统计资料，又对纽约、芝加哥、底特律、费城、华盛顿等几个大城市的居住状况进行调查，发现城市住宅的分布有以下9种倾向 （图3.3.2-2）：

①住宅地沿着交通线延伸的现象十分显著；

②高租金住宅在高地、湖岸、海岸、河岸分布较广；

③高房租住宅地存在不断向城市外侧扩展的倾向；

④高级住宅地喜欢聚集在社会领

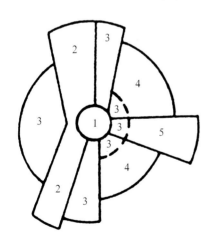

图 3.3.2-2　扇形理论
1.中央商务区
2.批发和轻工业区
3.低收入者居住区
4.中产阶级居住区
5.高收入者居住区

袖等名流人物宅地的周围；

⑤办公楼、银行、商店的移动对高级住宅有吸引作用；

⑥高级住宅地紧密结合交通线路分布；

⑦高房租住宅追随在高级住宅地后面延伸；

⑧高房租的公寓多数建立在市中心附近的住宅地带内；

⑨房地产业者与住宅地的发展关系密切。

在这9种倾向的综合作用下，城市就整体而言是圆形的，城市的核心只有一个，交通线路由市中心向外作放射状分布，随着城市人口的增加，城市将沿交通线路向外扩大，同一使用方式的土地从市中心附近开始逐渐向周围移动，由轴状延伸而形成整体的扇形。也就是说，对于任何的土地使用均是从市中心区既有的同类土地使用的基础上，由内向外扩展，并继续留在同一扇形范围内。

### 3.3.2.3　多核心理论 （Multiple-nuclei Theory）

这是由 C·D·哈里斯 （C.D.Harris） 和 E·L·乌尔曼 （E.L.Ullman） 于1945年提出的理论。他们通过对美国大部分大城市的研究，提出了影响城市中活动分布的四项基本原则 （图3.3.2-3）：

①有些活动要求设施位于城市中为数不多的地区 （如中心商务区要求非常方便的可达性，而工厂需要有大量的水源）；

②有些活动受益于位置的互相接近 （如工厂与工人住宅区）；

③有些活动对其他活动容易产生对抗或有消极影响，这些活动应当避免同时存在 （如富裕者优美的、大片的开阔绿地被布置在与浓烟滚滚的钢

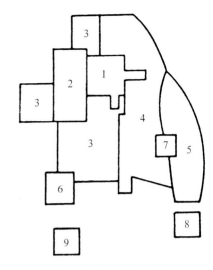

图 3.3.2-3　多核心理论
1.中央商务区
2.批发和轻工业区
3.低收入者居住区
4.中产阶级居住区
5.高收入者居住区
6.重工业区
7.外围商务区
8.郊区居住区
9.郊区工业区

铁厂毗邻的地区）；

④有些活动因负担不起理想场所的费用，而不得不布置在不很合适的地方 （如仓库被布置在冷清的城市边缘地区）。

在这四个因素的相互作用下，再加上历史遗留习惯的影响和局部地区的特征，通过相互协调的功能在特定地点的彼此强化，不相协调的功能在空间上的彼此分离，由此而形成了地域的分化，使一定的地区范围内保持了相对的独特性，具有明确的性质，这些分化了的地区有的形成各自的核心，从而构成了整个城市的多中心。因此，城市并非是由单一中心而是由多个中心构成。

以上三种理论具有较为普遍的适用性，但很显然它们并不能用来全面地解释所有城市的土地使用和空间状况，巴尔多 （Ｂａｒｄｏ） 和哈特曼 （Hartman） （1982） 认为："最合理的

说法是没有哪种单一模式能很好地适用于所有城市，但以上三种理论能够或多或少地在不同的程度上适用于不同的地区。"

### 3.3.3  地租和竞租理论

地租是经济学中的一个重要概念。D·李嘉图（D.Ricardo）首先提出了一般的地租概念，指出地租的含义是任何一块土地经过利用而得到的纯收益。杜能则提出了位置级差地租的概念，马克思对此也有非常详尽的论述，并且将地租的概念与对资本的具体分析结合在一起。这一概念在20世纪得到了较为全面的发展。位置级差地租理论认为，一定位置一定面积土地上的地租的大小取决于生产要素的投入量及投入方式，只有当地租达到最大值时，才能获得最大的经济效果。

地租的概念包括两个因素，即转换收益和经济租金。转换收益是指土地持有者将土地供给不同的活动使用所能获得的最大收益，经济租金代表了高于转换收益的溢价，所以能获得这个溢价是由于存在着竞争以取得稀缺的土地。

在城市中，区位是决定土地租金的重要因素。W·伊萨德（W.Isard）认为，决定城市土地租金的要素主要有：①与中心商务区（CBD）的距离；②顾客到该址的可达性；③竞争者的数目和他们的位置；④降低其他成本的外部效果。现在比较精致而且也是比较重要的地租理论是 W·阿隆索（W.Alonso）于1964年提出的竞租（bid rent）理论。这一理论就是根据各类活动对距市中心不同距离的地点所愿意或所能承担的最高限度租金的相互关系来确定这些活动的位置。所谓竞租，就是人们对不同位置上的土地愿意出的最大数量的价格，它代表了对于特定的土地使用，出价者愿意支付的最大数量的租金以获得那块土地。根据阿隆索的调查，商业由于靠近市中心就具有较高的竞争能力，随后依次为办公楼、工业、居住、农业。根据该理论，在单中心城市的条件下，可以得到城市同心圆布局的结论。

### 3.3.4  邻里单位与居住小区

C·A·佩里（C.A.Perry）于1939年提出的邻里单位（neighborhood unit）理论，其目的是要在汽车交通开始发达的条件下，创造一个适合于居民生活的、舒适安全的和设施完善的居住社区环境。

他认为，邻里单位就是"一个组织家庭生活的社区的计划"，因此这个计划不仅要包括住房，包括它们的环境，而且还要有相应的公共设施，这些设施至少要包括一所小学、零售商店和娱乐设施等。他同时认为，在当时快速汽车交通的时代，环境中的最重要问题是街道的安全，因此，最好的解决办法就是建设道路系统来减少行人和汽车的交织和冲突，并且将汽车交通完全地安排在居住区之外。

根据 C·A·佩里的论述，邻里单位由六个原则组成：

①规模（size）：一个居住单位的开发应当提供满足一所小学的服务人口所需要的住房，它的实际的面积则由它的人口密度所决定。

②边界（boundaries）：邻里单位应当以城市的主要交通干道为边界，这些道路应当足够宽以满足交通通行的需要，避免汽车从居住单位内穿越。

③开放空间（open space）：应当提供小公园和娱乐空间的系统，它们被计划用来满足特定邻里的需要。

④机构用地（institution sites）：学校和其他机构的服务范围应当对应于邻里单位的界限，它们应该适当地围绕着一个中心或公地进行成组布置。

⑤地方商业（local shops）：与服务人口相适应的一个或更多的商业区应当布置在邻里单位的周边，最好是处于交通的交叉处或与临近相邻邻里的商业设施共同组成商业区。

⑥内部道路系统（internal street system）：邻里单位应当提供特别的街道系统，每一条道路都要与它可能承载的交通量相适应，整个街道网要设计得便于单位内的运行同时又能阻止过境交通的使用。

根据这些原则，佩里建立了一个整体的邻里单位概念，并且给出了图解。邻里单位的理论在实践中发挥了重要作用并且得到进一步的深化和发展。其中以美国新泽西州的新城雷德朋（Radburn）最为著名。雷德朋的设计（1928年）针对1920年代不断上升的汽车拥有量和行人／汽车交通事故数量，提出了"大街坊"（superblock）的概念。就是以城市中的主要交通干道为边界来划定生活居住区的范围，形成一个安全的、有序的、宽敞的和拥有较多花园用地的居住环境。由若干栋住宅围成一个花园，住宅面对着这个花园和步行道，背对着尽端式的汽车路，这些汽车道连接着居住区外的交通性干道。在每一个大街坊中都有一个小学校和游戏场地。每个大街坊中，有完整的步行系统，与汽车交通完全分离，这种人行交通与汽车交通完全分离的做法，通常被称作"雷德朋原则"。

居住小区的概念来自于苏联，其基本的原理和设计都源于邻里单位思想。一般而言，居住小区的规模要大于邻里单位，其组织更强调向心性，即主要的公共设施倾向于布置在居住小区的中心部分。若干个居住小区构成居住区，城市就是由若干个居住区组成。

### 3.3.5 行为—空间理论

行为—空间理论主要是通过对空间中所发生的行为的分析来认识城市的空间，也就是将空间与空间中的行为结合在一起进行研究，由此而产生的一组理论。这些理论是在1960年代以后，主要是针对于对物质空间决定论的批判而建立起来的。行为—空间理论从城市中人的活动和活动的需要出发，来探讨城市空间的形成和组织，改变了之前的城市规划中对城市空间的认识及思维方式的途径，促进了城市规划在新的方向上的进一步发展，并且深化了城市规划中对城市空间进行处置的基本含义的认识。

#### 3.3.5.1 K·林奇(K.Lynch)的城市意象

林奇对城市意象的研究改变了城市规划领域内对城市空间分析的传统框架。空间不再仅仅是容纳人类活动的容器，而是一种与人的行为联系在一起的场所，空间以人的认知为前提而发生作用。林奇认为，意象是直接感受和以往经验的记忆两者的产物，它被转译为信息并引导人的行动。人并不是直接对物质环境作出反应，而是根据他对空间环境所产生的意象而采取行动的。因此，不同的观察者对于同一个确定的现实有着明显不同的意象，由此而导致了不同的行为。

意象的要素有三方面：同一性(identity)、结构(structure)和意义(meaning)。一个能够起作用的意象

首先要求有一个客体的可识别性(identification)，这就意味着它可以与其他东西相区别。而同一性并不是要求与其他东西相等，而是在个性和特性上相符合。其次，意象必须包括客体与观察者之间和与其他客体之间具有空间或模式关系。最后，这一客体对于观察者必须具有某种意义，这种意义可以是实际的也可以是感情上的。林奇通过广泛的调查，在运用认知心理学方法的基础上，提出了城市意象的五项基本要素，它们是：路径、边缘、地区、节点和地标。

①路径(path)：是一种渠道，观察者习惯地、偶尔地或潜在地沿着它移动。它们可以是街道、步行道、公共交通线、运河和铁路。

②边缘(edge)：它们是两个面的界限，是连续体中的线性断裂——河岸、铁路、沟渠、开发区的边界、墙体。

③地区(district)：观察者的精神中有进入其"内部"的感受，它因为拥有某些共同的、可分辨的特征而被认识。

④节点(node)：是观察者能够进入的城市中的战略点，是他进进出出的集中焦点。它们基本上是交叉口、交通的转换处、一个十字路口或路径的汇聚点、结构的变换点。

⑤地标(landmark)：地标是另一类的参照点，但是，观察者不能进入它们的内部，它们是外在的。它们通常是相当简单地限定的物质客体：建筑物、招牌、商店或山丘，它们用作一大批可能性中的一个突出的因素。

这五项要素可以帮助我们建构起对城市空间整体的认知，当这些要素相互交织、重叠，它们就提供了对城市空间的认知地图(cognitive map)，或称心理地图(mental map)，行为

者就是根据这样的认知地图而对城市空间进行定位，并依此而采取行动。

#### 3.3.5.2 J·雅各布斯(J.Jacobs)的城市活力论

雅各布斯于1961出版了《美国大城市的生与死》(The Death and Life of Great American Cities)一书。她运用社会使用方法对美国城市空间中的社会生活进行了调查，对当代城市空间的分析提出了许多见解，整体性地摧毁了以勒·柯布西耶为代表的现代建筑运动中建立起来的现代城市空间分析观点。她认为，街道和广场是真正的城市骨架形成的最基本要素，而不是现代建筑运动和理性功能主义城市规划所认为的建筑和道路或公路。因此，城市街道和广场就决定了城市的基本面貌。她说："如果城市的街道看上去是有趣的，那么，城市看上去也是有趣的；如果街道看上去是乏味的，那么城市看上去也是乏味的。"而街道要有趣，就要有生命力，雅各布斯认为街道要有生命力应当具备三个条件：①街道必须是安全的。而要一条街道安全，就必须在公共空间和私人空间之间有明确的界限，必须在属于特定的住房、特定的家庭、特定的商店或其他领域和属于所有人的公共领域之间有明确的界限；②必须保持着不断的观察，被她称之为"街道天然的所有者"的"眼睛"必须在所有时间里都能注视到街道；③街道本身特别是人行道上必须不停地有使用者。这样，街道就能获得并维持有趣味的、生动的和安全的名声，人们就会喜欢去那里看和被人看，街道也就因此而具有它自己的生命。

街道的生命力还来源于街道生活的多样性，街道生活的多样性要求有一定的街道本身的空间形式来保证。

她认为，要做到这一点，就必须遵循如下四个基本规则：①作为整体的地区至少要用于两个基本的功能：生活、工作、购物、进餐等等，而且越多越好。这些功能在类别上应当多种多样，以至于各种各样的人在不同的时间来来往往，按不同的时间表工作，来到同一个地点，同一个街道用于不同的目的，在不同的时间以不同的方式使用同样的设施；②沿着街道的街区不应超过一定的长度。她发现一些大街之间长900英尺(约等于274.32m)左右就显得太长了，并且宁愿看到有一些短的街道与之交叉，这样在不同方向的街道之间就可以更容易进入，并且有较多的转角场所；③不同时代的建筑物共存于她称之为"纹理紧密的混合"之中。由于老建筑物对于街道的经济所显示出来的重要性，因此应当有相当高比例的老建筑物；④街道上要有高度集中的人，包括那些必需的核心，他们生活在那里，工作在那里，并且作为街道的"所有者"而行动。

雅各布斯认为，在拥挤和高密度之间有着微妙的和有趣的不同。因为，如果在一个给定的地区包括了足够的建筑物，有恰当的种类，那么在人们并不感到过分拥挤的情况下，可以达到非常高的密度。在街道之间，将近60%～70%的土地为建筑物覆盖，而余下的土地则被用作小庭院。这些土地使用率确实非常高，但有一定的优势，它们迫使人们走出他们的住房并来到街道上，同时也保证了庭院和后院被看作私人空间。

### 3.3.5.3 C·亚历山大(C. Alexander)的半网格结构

在《城市并非树形》一文中，亚历山大区分了"天然城市"(nature city)和"人造城市"(artificial city)两种不同类型和形态的城市，通过对不同类型的城市的内在性质进行分析，他认为天然城市有着半网格(semi-lettice)结构，而人造城市则具有树形(tree)结构。

他认为，一个有活力的城市应当是而且必然是半网格结构的。城市是生活的容器，生活本身的错综复杂要求城市以较复杂的结构来表达、来容纳这种生活。这就要求人类的思维习惯要发生改变，而这一点对于规划师来说则更为重要，因为对于人类的思维而言，简单的、互不交叠的单元显得更有条理、更容易接受，在面对复杂结构时，人们也"优先趋向用不交叠单元在想象中重新构成这一结构"。但是，"交叠、模棱两可、多重性和半网格的思维并不比呆板的树形缺乏条理性，而是更多。它们代表一个更密集、更紧密、更精细和更复杂的结构观点"，他明确指出："我们必须追寻的是半网格，不是树形。"有人将英国新城密尔顿－凯恩斯规划称为是阿勒沙德半网格结构的实践。

### 3.3.5.4 R·文丘里(R.Venturi)和后现代主义

文丘里的主要思想在《建筑的复杂性与矛盾性》一书的第一章中从认识论的角度进行了全面的表述。他讲道："我喜欢基本要素混杂而不要纯粹，折衷而不要'干净'，扭曲而不要'直率'，含糊而不要'分明'，既反常又无个性，既恼人又'有趣'，宁要平凡的也不要'造作的'，宁可迁就也不要排斥，宁可过多也不要简单，既要旧的又要创新，宁可不一致和不肯定也不要直接和明确的。我主张杂乱而有活力胜过明显的统一。我同意不根据前提的推理并赞成二元论"，"我认

为用意简明不如意义的丰富。既要含蓄的功能也要明确的功能。我喜欢'两者兼顾'超过'非此即彼'，我喜欢黑的和白的或者灰的而不喜欢非黑即白。一座出色的建筑应有多层含意和组合焦点：它的空间及其建筑要素会一箭双雕地既实用又有趣"，"我接受矛盾及其复杂，目的是要使建筑真实有效和充满活力"。

他们的思想主要是通过一些作品，尤其是城市设计作品所体现出来的。就此而论，这些城市设计作品的最主要的特征是追求功能的混合和风格的"优雅"，强调日常生活的趣味，这与现代建筑运动所追求的"功能"、"空间"的纯粹和现代技术的运用，直至后来多少有点反人性的"高技术"和"粗野主义"等具有明显的差别。在后现代的作品中，可以看到复杂的封闭系列，弯曲的通道，小的庭院，人行道上的雨篷，在内外空间之间随意地转换和连续等。它们很少有直角，视线随着前方通常所说的有趣物而转向。在庭院和广场上通常有一些可用作街道剧场、小音乐会或其他展览之用的物体，如舞台、彩色灯光等。这种优雅的空间为一些特定的活动提供了刺激和背景。此外，这些城市设计更强调为行人（步行者）设计，强调城市中人的主体地位。

后现代主义的城市设计确实给一些城市带来了生机，尤其是在一些已经衰败了的城市中心，通过运用后现代手法所进行的城市更新，实现了这些地区的绅士化(gentrification)，促进了中产阶级由郊区向市中心区的回搬，增加了地区居住人口的多样化，在一定程度上提高了城市的土地价格并恢复了城市的活力。后现代思潮的流行还导致了对旧建筑物的重视，提

出"老的东西再次成为新的"(the old is new again)，强调不同建筑之间的对话和文脉的连续，随之出现了对历史性地区和建筑进行保护的运动，出现了所谓的"遗产规划"(heritage planning)，将古建筑和历史性地区视作城市空间的重要构成要素。

### 3.3.5.5 O·纽曼(O.Newman)的防卫空间

纽曼从建筑与犯罪率的关系入手，对建筑和城市空间进行分析。他就此进行了大量的调查研究，1973年出版了《可防卫空间》(Defensible Space)一书。他发现，在建筑物的规模、高度与千人犯罪率之间有一定的关系。两边有房间的中间走廊特别危险，因为它的两边都有房间，在楼外就没有人能看到在其间犯罪的人。他还发现，很多犯罪发生在住宅周围的空地上，而在公共街道上就发生得较少。在这样的基础上，他发展了防卫空间概念。

通过对防卫空间的揭示，纽曼发展了一个空间等级体系，这个体系包括从最公共的(街道)到最私密的(居室内)的空间类型。在这两个极端之间，还有半公共空间和半私密空间。半公共空间是在个人地产之外的，为周围其他居住者或来访者所使用的，半私密空间是属于住户自己使用的但别人也能进入的那种空间。通过这样的划分，他认为可以达到：

(1)加强住户对周围场地的监视；

(2)通过明确区分场地和道路来减少无人照管的公共地区，形成一个公共、半公共和私人地区的等级体系，每一个层次均可成为安全的地区；

(3)增进居民的所有感，从而增进他们对场所安全的责任；

(4)减少公共住房的不佳名声，允

许居民能很好地与周围社区相联系；

(5)减少一个建设项目内的居民之间的代际冲突；

(6)加强对半公共场地以合乎预计的和对社会有利的方式进行使用，并鼓励扩大住户感到有责任的地区。

## 3.4　现代规划方法论

### 3.4.1　综合规划

综合规划（comprehensive planning）的概念是从总体规划(master plan)的基础上发展而来的。总体规划更多地带有蓝图式(blueprint)的终极模式的色彩，自1960年代以后，在系统方法思想的影响下，综合规划出现在城市规划领域中，综合规划包括了城市和区域的社会经济因素，而这些在传统的规划中是并不包含的。

综合规划的理论基础是系统思想及其方法论，综合规划通过对城市系统的各个组成要素及其结构的研究，揭示这些要素的性质、功能以及这些要素之间的相互联系，全面分析城市存在的问题和相应对策，从而在整体上对城市问题提出解决的方案。这些方案具有明确的逻辑结构。

综合规划的特征在于它的综合性、总体性和长期性（Black，1968）：

①综合性意味着规划必须包含城市的所有的地理部分和所有的功能要素；

②总体性意味着规划所提出的政策和计划概括性的，这并不指示出具体的区位或详细的管理；

③长期性意味着规划的关注点要超越于对当前紧迫问题的解答，而更关注于未来二、三十年的问题和可能性的前景。

在这样的前提之下，综合规划还反映出这些特征：

①综合规划集中在物质空间的发展；

②综合规划将物质空间的设计和计划与城市的发展目标和社会、经济的政策结合起来；

③综合规划首先是一项政策手段，其次才是技术手段。

### 3.4.2　连续性城市规划(Continuous City Planning)

连续性城市规划是M·C·布兰奇(Melville C.Branch)于1973年提出来的有关于城市规划过程的理论。他的立论点在于对总体规划所注重的终极状态的批判。他认为，过去关于城市规划的一些观念上的和实际运作中的不恰当认识妨碍了城市规划作用的发挥。

①总体规划被认为是为城市未来20年或者更长时间的发展所作的规划，由地方立法机构所批准，并由各种形式的地方法规来保证实施，而且相应用大量金钱来保证其实现。

②总体规划被认为是一种印刷的出版物，经过相当长的时间后进行一些的修正，或者进行全面的重新编制。

③规划部门很少能够进行选择，或者根本不可能保持它们的基本信息和规划方案是符合现在的情况的。

④直至最近，现代城市规划仍然倾向于独立地发挥作用，并且与政治的和城市管理的过程相分离。

⑤城市规划被认为是只有长期的、总体的和完全包含的，因此区分于并且一点也不与短期的运作和事件相关。

⑥由于城市规划将自己的注意力集中在如此遥远和想象的未来，以至

于不顾及现在的问题或者将现在的问题看成是不足道的,因此,城市规划师有可能避免实际上是困难的关键问题,并降低了它们的重要性程度,其实,有些问题在它们成为危机之前完全是可以得到缓解或解决的,而有些在长期规划出版之后会出现的问题却没有得到预测和讨论。

⑦由于这些原因,职业城市规划师倾向于理想化而不是现实化,被动的而不是建设性的、积极的和持久的。

⑧直到最近几年,城市规划领域还只关注设计和物质空间的要素,而不是关注定量计算、管理、行为科学和科学方法。

布兰奇认为,城市规划所存在的这些问题直接制约了城市规划作用的发挥,而这些问题产生的主要原因在于城市规划对终极状态的过度重视,而忽视了对规划过程的认识。城市规划的进一步发展只有克服这样的问题,才有可能起到重要的作用。因此,布兰奇提出了连续性城市规划的设想。他认为,成功的城市规划应当是统一地考虑总体的和具体的、战略的和战术的、长期的和短期的、操作的和设计的、现在的和终极状态的等等。

连续性城市规划包含两部分的内容特别值得重视。首先,应当明确区分城市中的一些因素需要进行长期的规划,有些因素只要进行中期规划,有些甚至就不要去对其作出预测。而不是对所有的内容都进行统一的以20年为期的规划。如公路、供水干管之类的设施应当规划至将来的50年甚至更长的时间,因为这些因素本身的变化是非常小的。有些要素,如特定地区的土地使用,不要规划得太久远,这类因素的变化相当迅速,时间过长的规划往往会带来很多的矛盾。城市规划应当定期进行修订,有时也需要全面地修订,并且根据需要能够快速地予以修改。除此之外,规划还必须充分地跟上时代的变化情况,只有这样,规划才能在讨论和决定许多不同事务时作为城市和官方的参照。规划应当领先于各种行动而不是在追随这些行动。规划要发挥这样的作用,就需要将长久的相对固定的目标与相对灵活的适应性更强的具体方法、规划(plan)结合在一起。

# 4 现代城市规划思想的演变

要认识城市规划的思想，应当从城市规划理论和实践的形成、完善和发展的过程中去感知，发掘其中起根本性作用的动力因素。这里仅就现代城市规划思想的演变角度，从现代城市规划发展过程中的几项起了重要作用的文献中来予以认识。通过对这些文献的简要阐述，我们可以追踪到城市规划整体的发展脉络，建立起城市规划思想发展的基本框架。

## 4.1 《雅典宪章》（1933年）

在20世纪上半叶，现代城市规划基本上是在建筑学的领域内得到发展的，甚至可以说，现代城市规划的发展是追随着现代建筑运动而展开的。在现代城市规划的发展中起了重要作用的《雅典宪章》也是由现代建筑运动的主要建筑师所制订的，反映的是现代建筑运动对现代城市规划发展的基本认识和思想观点。

《雅典宪章》在思想上认识到城市中广大人民的利益是城市规划的基础，因此它强调"对于从事于城市规划的工作者，人的需要和以人为出发点的价值衡量是一切建设工作成功的关键"，在宪章的内容上正是分析城市活动入手提出了功能分区的思想和具体做法，并要求以人的尺度和需要来估量功能分区的划分和布置，为现代城市规划的发展指明了以人为本的

方向，建立了现代城市规划的基本内涵。但很显然，《雅典宪章》的思想方法是奠基于物质空间决定论的基础之上的。这一思想认为，建筑空间是影响社会变化的工具，"……物质空间结构决定社会行为，这两个因素的关系是单向联系的，在这种关系中，社会行为是因变量……"。这一思想在城市规划中的实质在于通过物质空间变量的控制，就可以形成良好的环境，而这样的环境就能自动地解决城市中的社会、经济、政治问题，促进城市的发展和进步。这一思想是1950年代以前城市规划领域中的主导思想。在这样的思想引导下所形成的城市规划方式主要是物质空间规划（Physical planning）。

《雅典宪章》最为突出的内容就是提出了城市的功能分区。它认为，城市活动可以划分为居住、工作、游憩和交通四大活动，并提出这是城市规划研究和分析的"最基本分类"，并对它们在城市规划中的价值作了进一步的阐述："城市主义的四个主要功能要求各自都有其最适宜发展的条件，以便给生活、工作和文化分类和秩序化。每一主要功能都有其独立性，都被视为可以分配土地和建造的整体，并且所有现代技术的巨大资源都被用于安排和配备它们。"功能分区在当时有着重要的现实意义和历史意义，它主要针对当时大多数城市无计划、无秩序发展过程中出现的问题，尤其是在19世纪快速工业化发展过程中不断扩张发展的大中城市，工业和居住混杂，工业污染严重，土地过度使用，设施不配套，缺乏空旷地，交通拥挤，由此产生了严重的卫生问题、交通问题和居住环境问题等，而功能分区方法的使用确实可以起到缓

解和改善这些问题的作用。另一方面，从城市规划学科的发展过程来看，应该说，《雅典宪章》所提出的功能分区是一种革命。它依据城市活动对城市土地使用进行划分，对传统的城市规划思想和方法进行了重大的改革，突破了之前的城市规划追求图面效果和空间气氛的局限，引导了城市规划向科学的方向发展。

功能分区的做法在城市组织中由来已久，但现代城市功能分区的思想显然是产生于近代理性主义的思想观点，这也是决定现代建筑运动发展路径的思想基础。《雅典宪章》运用了这样的思想方法，从对城市整体的分析入手，对城市活动进行了分解，然后对各项活动及其用地在现实的城市中所存在的问题予以揭示，针对这些问题，提出了各自改进的具体建议，然后期望通过一个简单的模式将这些已分解的部分结合在一起，从而复原成一个完整的城市，这个模式就是功能分区和其间的机械联系。这一点在勒·柯布西耶发表于1920年代和1930年代的一系列规划方案中发挥得最淋漓尽致，并且在他主持的印度新城市昌迪加尔（Chandigarh）以及他指导下的巴西新首都巴西利亚（Brasilia）的规划中，得到了具体的实践。而且这一思想在二次大战后至1960年代的城市恢复与快速发展中占据着主导性的地位，这期间的大部分规划都依据着这样的思想、以此方式得到运用和发展。

现代城市规划从一开始就承继了传统规划对城市的理想状况进行描述的思想，认为城市规划就是要描绘城市未来的蓝图。E·霍华德的田园城市从空想主义的规划方案中提取了内容和形式，通过图解性的方式描述了他心目中的理想城市状态。勒·柯布西

耶则从建筑学的思维习惯出发，将城市看成一种产品的创造，因此也就敢于将巴黎市中心区来一个几乎全部推倒重来的改建规划（Voisin 规划）方案。《雅典宪章》虽然已经认识到影响城市发展的因素是多方面的，但仍然强调"城市规划是一种基于长宽高三度空间……的科学"。该宪章所确立的城市规划工作者的主要工作是"将各种预计作为居住、工作、游憩的不同地区，在位置和面积方面，作一个平衡，同时建立一个联系三者的交通网"；此外就是"订立各种计划，使各区按照它们的需要和有纪律地发展"，"建立居住、工作、游憩各区域间的关系，务使这些地区的日常活动以最经济的时间完成"。从《雅典宪章》中可以看到，城市规划的基本任务就是制订规划方案，而这些规划方案的内容都是关于各功能分区的"平衡状态"和建立"最合适的关系"，它鼓励的是对城市发展终极状态下各类用地关系的描述，并"必须制定必要的法律以保证其实现"。

在《雅典宪章》中，无论是对于城市规划还是对于城市规划者，都赋予了完全理性的特征，因此，尽管认识到城市规划要受到"那个时代的政治社会和经济的影响"，但它仍然强调："必须预见到城市发展在时间上和空间上不同的阶段"，"各种住宅、工作地点和游憩地方应该在一个最合适的关系下分布到整个城市里"。这就要求"每一个城市规划中必须将各种情况下所存在的每种自然的、社会的、经济的和文化的因素配合起来"。在这样的思想指导下，城市规划就需要将城市中的各类因素无一遗漏地考虑到，并揭示各个方面的可能状态和相互关系，然后按照城市规划的原则

将它们组成一个最为完美的规划方案。而要做到这一点，就"必须以专家所作的准确的研究为根据"，规划师在某些方面的知识和作用有所欠缺，就需要"获得各类专家的合作"。

## 4.2 《马丘比丘宪章》（1977年）

1970年代后期，国际建协鉴于当时世界城市化趋势和城市规划过程中出现的新问题，于1977年在秘鲁的利马召开了国际性的学术会议。与会的建筑师、规划师和有关官员以《雅典宪章》为出发点，总结了近半个世纪以来尤其是二次大战后的城市发展和城市规划思想、理论和方法以及演变，评估了城市规划实践的实际效用和产生的问题，展望了城市规划进一步发展的方向，在古文化遗址马丘比丘山上签署了《马丘比丘宪章》。该宪章申明：《雅典宪章》仍然是这个时代的一项基本文件，它提出的一些原理今天仍然有效，但随着时代的进步，城市发展面临着新的环境，而且人类认识对城市规划也提出了新的要求，《雅典宪章》的一些指导思想已不能适应当前形势的发展变化，因此需要进行修正。而《马丘比丘宪章》所提出的，"都是理性派所没有包括的，单凭逻辑所不能分类的种种一切"。

《马丘比丘宪章》强调了人与人之间的相互关系对于城市和城市规划的重要性，并将理解和贯彻这一关系视为城市规划的基本任务。"与《雅典宪章》相反，我们深信人的相互作用与交往是城市存在的基本根据。城市规划……必须反映这一现实"。在考察了当时城市化快速发展和遍布全球的状况之后，要求将城市规划的专业和技术应用到各级人类居住点上，即

邻里、乡镇、城市、都市地区、区域、国家和洲，并以此来指导建设。而这些规划都"必须对人类的各种需求作出解释和反应"，并"应该按照可能的经济条件和文化意义提供与人民要求相适应的服务设施和城市形态"。从人的需要和人之间的相互作用关系出发，《马丘比丘宪章》针对《雅典宪章》和当时城市发展的实际情况，提出了一系列具有指导意义的观点。

《马丘比丘宪章》在对40多年的城市规划理论探索和实践进行总结的基础上，提出《雅典宪章》所崇尚的功能分区"没有考虑城市居民人与人之间的关系，结果是城市患了贫血症，在那些城市里建筑物成了孤立的单元，否认了人类的活动要求流动的、连续的空间这一事实"。《雅典宪章》以后的城市规划基本上都是依据功能分区的思想而展开的，尤其在二次大战后的城市重建和快速发展阶段中按规划建设的许多新城和一系列的城市改造中，由于对纯粹功能分区的强调而导致了许多问题，人们发现经过改建的城市社区竟然不如改建前或一些未改造的地区充满活力，新建的城市则又相当的冷漠、单调，缺乏生气。对于功能分区的批评，认为功能分区并不是一种组织良好城市的方法，从1950年代后期就已经开始，而最早的批评就来自于 CIAM（国际现代建筑会议）的内部，即由小组10（Team 10)提出的。他们认为，城市的形态必须从生活本身的结构中发展起来，城市和建筑空间是人们行为方式的体现。城市的生命力源于城市中的人和他们的活动，城市规划和设计应当为这些活动提供适宜的空间环境。由于过分纯粹的功能分区，使城市生活的各要素相互脱离，彼此分割，破

坏了城市生活的有机性。因此，他们认为勒·柯布西耶的理想城市"是一种高尚的、文雅的、诗意的、有纪律的、机械环境的机械社会，或者说，是具有严格等级的技术社会的优美城市"。1960年代对功能分区的理论清算则以J·雅各布斯充满激情的现实主义评述和C·亚历山大的理论论证为代表。《马丘比丘宪章》接受了这样的观点，提出："在今天，不应当把城市当作一系列的组成部分拼在一起考虑，而必须努力去创造一个综合的、多功能的环境"，并且强调："在1933年，主导思想是把城市和城市的建筑分成若干组成部分，在1977年，目标应当是把已经失掉了它们的相互依赖性和相互关联性，并已经失去其活力和涵意的组成部分重新统一起来。"

《马丘比丘宪章》认为城市是一个动态系统，要求"城市规划师和政策制定人必须把城市看作为在连续发展与变化的过程中的一个结构体系"。1960年代以后，系统思想和系统方法在城市规划中的运用，直接改变了过去将城市规划视作对终极状态进行描述的观点，而更强调城市规划的过程性和动态性。J·B·麦克洛克林（J.B.Mcloughlin）在他的关于系统方法在城市规划中运用的专著中，尤其提出了这样的观点，他说："规划的目的在于影响和利用变化，而不是描绘未来的、静态的图景"，"规划是连续的，因此不存在什么确定的规划"，"规划过程应尽可能与行动过程亦步亦趋，紧密相关"。这一思想在实践的过程中也得到了广泛的认同。英国1968年的《城乡规划法》也具体地体现了这样的思想。该法提出了规划文本的两个阶段性成果，结构规划（structure plan）和地方规划（local plan），将

城市发展的战略和战术、宏观和微观、政策和行动结合在一起，突出了对规划过程及其连续性和动态性的认识，以此弥补原先发展规划的不足。在系统理论和系统方法的刺激下，在城市规划学术界出现了对城市规划过程的全面讨论，出现了许多关于规划过程的方法论意义上的理论探讨。综合理性规划（comprehensive rationality planning）和分离渐进规划（disjointed incrementalism）是两个极端。综合规划基本延续了英国发展规划（development plan）和美国总体规划（master plan）的思路，强调对城市作系统的整体分析，通过研究城市系统的组成要素及其结构，作为规划的依据或指导，将城市的各个组成要素和各个部分组成一个完整的整体，综合性、长期性和总体性是综合规划的基本特点和最基本的要素。分离渐进规划则认为对城市的分析和规划是不可能做到全面而综合的，尤其是在面对城市中多种多样的价值观和未来不确定的情况下，因此只有通过局部的和小范围的改进来处理城市整体的问题。这两种规划的思想和方法都有它们的长处和局限性，因此出现了许多介于这两个极端之间的一系列的思想和方法，用来避免综合规划的过于复杂性、实施结构性变革的困难性和渐进规划的过于保守性、缺乏长远目标所带来的问题。如：M·梅耶森（M.Meyerson)的中期规划(Middle-range Bridge for Comprehensive Planning）、E·爱采尼（E.Etzioni）的混合审视法（Mixed-scanning）、M·布兰奇（M.Branch）的连续性规划（Continuous City Planning）等。《马丘比丘宪章》在对这一系列理论探讨进行总结的基础上作了进一步

的发展，提出"区域和城市规划是个动态过程，不仅要包括规划的制定而且也要包括规划的实施。这一过程应当能适应城市这个有机体的物质和文化的不断变化"。《马丘比丘宪章》同时认为城市发展存在着明显的不确定性，"它的最后形式是很难事先看到或确定下来的"，规划师并非是能预知未来一切的万能之神，而是要通过对未来发展可能性不断搜索来实现比过去略好的城市状况，甚至可以认为，"一位不信奉教条的科学家比那些过时的'万能之神'更受人尊敬"。在这样的意义上，城市规划就是一个不断模拟、实践、反馈、重新模拟这样周而复始的循环过程，只有通过这样不间断的连续过程才能更有效地与城市系统相协同。

自1960年代中期开始，城市规划的公众参与成为城市规划发展的一个重要内容，同时也成为此后城市规划进一步发展的动力。P·达维多夫（P.Davidoff）在1960年代初提出的"规划的选择理论"（A Choise Theory of Planning）和"倡导性规划"（Advocacy Planning）概念，就成为城市规划公众参与的理论基础。P·达维多夫（P.Davidoff）从不同的人和不同的群体具有不同的价值观的多元论思想出发，认为规划不应当以一种价值观来压制其他多种价值观，而应当为多种价值观的体现提供可能，规划师就是要表达这不同的价值判断并为不同的利益团体提供技术帮助。城市规划的公众参与，就是在规划的过程中要让广大的城市市民尤其是受到规划的内容所影响的市民参加规划的编制和讨论，规划部门要听取各种意见并且要将这些意见尽可能地反映在规划决策之中，成为规划行动的组成

部分，而真正全面和完整的公众参与则要求公众能真正参与到规划的决策过程之中。1973年联合国世界环境会议通过的宣言，开宗明义地提出：环境是人民创造的，这就为城市规划中的公众参与提供了政治和思想上的保证。城市规划过程的公众参与现已成为许多国家城市规划立法和制度的重要内容和步骤。《马丘比丘宪章》不仅承认了公众参与对城市规划的极端重要性，而且更进一步地推进其发展。《马丘比丘宪章》提出："城市规划必须建立在各专业设计人、城市居民以及公众和政治领导人之间的系统的不断的互相协作配合的基础上"，并"鼓励建筑使用者创造性地参与设计和施工"。在讨论建筑设计时更为具体地指出："人们必须参与设计的全过程，要使用户成为建筑师工作整体中的一个部门"，并提出了一个全新的概念："人民建筑是没有建筑师的建筑"，充分强调了公众对环境的决定性作用，而且，"只有当一个建筑设计能与人民的习惯、风格自然地融合在一起的时候，这个建筑才能对文化产生最大的影响"。

《马丘比丘宪章》还强调了对自然资源和环境的保护，文物和历史遗产的保存和保护，提出了一些重要的思想和建议。

## 4.3 《华沙宣言》（1981年）

1981年国际建筑师联合会第十四届世界会议通过的《华沙宣言》确立了"建筑—人—环境"作为一个整体的概念，并以此来使人们关注人、建筑和环境之间的密切的相互关系，把建设和发展与社会整体统一起来进行考虑。

《华沙宣言》强调一切的发展和建设都应当考虑人的发展，"经济计划、城市规划、城市设计和建筑设计的共同目标，应当是探索并满足人们的各种需求"，而这种需求是包括了生理的、智能的、精神的、社会的和经济的各种需求，这些需求既是同等重要的，又是必须同时得到满足的。从这样的前提条件出发，无论对于怎样范围和性质的规划和设计，"改进所有人的生活质量应当是每个聚居地建设纲要的目标"。将生活质量作为评判规划的最终标准，建立了一个整体的综合原则，从而改变了《雅典宪章》以来的以要素质量进行评价的缺陷和《马丘比丘宪章》对整体评价的忽视，并以此赋予了规划在具体处理城市问题过程中，针对城市的具体要求和实际状况运用不同方法的灵活性。"人类聚居地的各项政策和建设纲要，必须为可以接受的生活质量规定一个最低标准并力争实施"，建筑师和规划师的基本职责就是要在创造人类生活环境的过程中，为满足这样的要求而负担起他们应当承担的责任。

《华沙宣言》继承了《雅典宪章》和《马丘比丘宪章》中的合理成份并加以综合，提出："规划工作必须结合不断发展中的城市化过程，反映出城市及其周围地区之间实质上的动态统一性，并确立邻里、市区和城市其他构成要素之间的功能联系"。并沿用了《马丘比丘宪章》中的内容甚至是语言，认为"规划是个动态过程，不但包括规划的制定，而且包括规划的实施"，在这样的基础上进行进一步的深化，强调了规划实施过程中的具体工作更在于对规划实施状况的检测，从而"不断检查规划的效果"，这是与《马丘比丘宪章》颁布后理论界

和规划实践者对规划实施过程的进一步认识相关的。人们发现在规划实施的过程中，重要的并不仅仅在于对行动初始状态的控制，关键更在于行动过程中的连续的调节。而对于规划过程的整体，也就是相对于规划的编制和决策以及规划实施的管理而言，对规划后果的研究尤为重要。对规划后果的研究，不仅可以揭示出规划编制和决策中可能存在的问题和需要改进的方面，而且也是规划实施管理决策的依据。因此，在《华沙宣言》中，特别强调道："任何一个范围内的规划，都应包括连续不断的协调，对实施进行监督和评价，并在不同水平上用有关人们的反映进行检查。"只有通过这样的过程，城市规划才有可能在原有的基础上得到全面的发展。

《华沙宣言》同样强调了城市规划过程中公众参与对于城市规划工作成功的重要性，提出："市民参与城市发展过程，应当认作是一项基本权利。"规划师和规划部门并不能去限制这种权利的运用，而是应当通过其发挥而成为城市规划过程中的有用工具。通过广大市民的参与，可以"充分反映多方面的需求和权利"，从而使城市规划能够实现为人类发展服务的职责。另一方面，只有公众参与了规划的编制和决策过程，公众才会对规划的实施具有责任感，才会真正地执行规划并将规划的实施作为其行为活动开展的决策依据。因此，《华沙宣言》对此进一步提出，为了达到规划的目的，"规划工作和建筑设计，应当建立在设计人员同有关学科的科学家、城市居民，以及社区和政界领导系统地不断地相互配合和共同协作的基础上"。

《华沙宣言》在强调人和社会的

发展以及规划和建筑学科作用和职责的同时，尤为关注环境的建设和发展，强调对城市综合环境的认识，并且将环境意识视为考虑人和建筑的一项重要的因素。全球普遍工业化所带来的环境污染和环境恶化、生态失衡等问题，自1960年代开始，引起了人们对环境问题的严重关注，继之在全球兴起了环境保护主义浪潮，并将环境保护作为社会进一步发展的必要手段。在城市规划领域，从对景观美学的重视开始，将郊区或乡村特征引入到城市之中来改善城市的环境质量，到对提供绿化用地和空间以及对发展建设的控制和资源的合理使用，并通过对自然系统的管理来保证城市经济社会发展的延续，对环境的适当保护始终是城市规划发展过程中的重要内容，也是城市规划发展的重要思想基础。在对环境问题普遍重视的1980年代，《华沙宣言》顺应了这样的历史潮流，并且进一步强调了对环境进行保护的思想在城市规划发展过程中的重要意义。针对于城市规划和建筑学对物质环境的重视，该宣言首先沿用了《马丘比丘宪章》中的观点，提出"规划和建筑设计，应努力创造一个整体的多功能的环境，把每座建筑当作一个连续统一体的一项要素，能同其他要素对话，以完善其自身的形象"，目的在于营造一项维护个人、家庭和社会一致的生活居住环境，使各类聚居地中的居民能够真正地体验到一个连续的、有机的生活环境。这个环境并不是孤立的和自我完善的，而是与更为广大的自然环境结合在一起的，因此应当重视这些聚居地"与自然界和谐的平衡发展"。而且从生活质量作为一个总目标的角度出发，在《华沙宣言》中，环境的意义还要广泛得多，

"重要的历史、宗教和考古区，有特殊价值的自然区，应该为子孙后代妥为保护，并且要同现代生活和发展结合起来。一切对塑造社会面貌和民族特征有重大意义的东西，必须保护起来"。《华沙宣言》的保护观仍然是建立在对发展的控制之上的，认为"必须确立有效的方法，影响和控制环境开发的过程，并在每一个水平和阶段上保证平衡"，并要求城市政府"必须采取措施，防止环境继续恶化，并依照可以接受的公共卫生和福利标准，使环境恢复基本的完整"。

## 4.4 《环境与发展宣言》和《21世纪议程》（1992年）

1992年在巴西里约热内卢召开的世界环境与发展大会通过的《环境与发展宣言》（以下简称《宣言》）和《21世纪议程》（以下简称《议程》）确立了可持续发展（sustainable development）的概念，并将其作为人类社会发展的战略。应该说，《宣言》和《议程》并不是由规划界或建筑界所提出的，而是由社会和政治界人士提出来的，是作为一种社会整体发展的基本框架。而作为影响人类社会未来发展重要建制之一的城市规划，也同样受到其多方面、多层次的作用，而且城市规划也理应是城市实施这一重要战略的手段和工具。因此，在近几年之中，有关可持续发展的讨论和在实践中的运用得到了广泛的展开。而且，我们还可以看到，《宣言》和《议程》的主要内容，尤其是可持续发展概念已经涵盖了我们上面所提及的宪章和宣言的主要内容。

关于可持续发展的概念，现在得到国际社会较为普遍接受和认可的定义是指"既满足当代人的需要，又不

损害子孙后代满足其需求能力的发展"。可持续发展的概念源自于由于经济的发展而造成的对环境的破坏，使人们在经济建设的同时注意到对环境的保护，但过去仅仅强调经济行为对导致的环境的恶化及由此而产生的对建设进行控制的环境保护观念，经过几十年的实践所取得的效果并不理想，而且人们已经普遍感受到生态的压力对经济发展所带来的重大影响，因此，从一般地考虑环境保护转移到强调把环境问题和发展问题结合起来，从而形成了可持续发展概念的完整意义。里约热内卢的会议更将可持续发展的概念和理论推向了行动。这一会议以可持续发展作为指导思想，从经济发展到环境保护，从政治平等到消除贫富两极分化，进行了全面的探讨，将可持续发展作为人类下一世纪进一步发展的基本战略。

在会议同时通过的、更具操作性的《议程》中明确提出："……可持续发展包含了社会、经济和环境的因素……"，并要求各国政府"做到在寻求发展时统筹考虑经济、社会和环境问题，确保经济上有效益，社会上做到公正和负责任，又有益于环境保护"，而并不仅仅把发展的内容限定在只涉及到自然环境或生态等方面的可持续发展。《宣言》和《议程》首先确认，社会和人的发展是可持续发展的核心。由于各国的发展阶段不同，发展的具体目标也各不相同，但发展的内涵却应当是一致的，即改善人类的生活质量，提高人类的健康水平，创造一个保证人们平等、自由、教育、人权和免受暴力的社会环境，因此，人类"应享有以与自然相和谐的方式，过健康而富有生产成果的生活的权利"。作为社会可持续发展的基础

是经济的可持续发展。可持续发展鼓励经济增长而不是以环境保护的名义取消经济增长，因为经济发展是国家实力和社会财富的体现。因此，《宣言》强调"为了公平地满足今世后代在发展与环境方面的需要，求取发展的权利必须实现"。但可持续发展不仅重视经济增长的数量，更追求经济发展的质量，这就要求改变传统的生产模式和消费模式，提高经济活动中的效益、节约资源和减少污染，并且"应当减少和消除不能持续的生产和消费方式"。对于可持续发展来说，生态和环境的承载能力是一项很重要的衡量指标。发展应当同时保护好并改善地球的生态环境，保证以可持续的方式使用可再生资源，使人类的发展控制在地球的承载能力之内。"为了实现可持续的发展，环境保护工作应是发展进程的一个整体组成部分，不能脱离这一进程来考虑"。

针对许多国家的决策体系中存在的问题，《议程》特别强调在制定政策、规划和实施管理时，应当将经济、社会和环境因素综合在一起，而不能分裂开来，"既考虑环境，又考虑发展"，并应当"把重点放在各方面的相互作用以及共同作用上"。要改进规划和管理体系，"在进行规划时，既要灵活又要全面，同时兼顾各方面的目标，并随需要之变化而进行调整"，要

"将政策手段（法律／规章制度和经济手段）用作规划和管理的工具，在决策中揉进效率标准，并应定期检查和调整这些手段，以确保其继续有效"，同时建立起"一体化的环境与经济制度"，在规划和实施的过程中有可能充分运用法律、市场和政府的协同作用来实现可持续的发展。

《议程》在关于"促进稳定的人类居住区的发展"的章节中，提出了八个方面的内容：

①为所有人提供足够的住房；

②改善人类住区的管理，其中尤其强调了城市管理，并要求通过种种手段采取有创新的城市规划解决环境和社会问题；

③促进可持续土地使用的规划和管理；

④促进供水、下水、排水和固体废物管理等环境基础设施的统一建设，并认为"城市开发的可持续性通常由供水和空气质量，并由下水和废物管理等环境基础设施状况等参数界定"；

⑤在人类居住中推广可循环的能源和运输系统；

⑥加强多灾地区的人类居住规划和管理；

⑦促进可持久的建筑工业活动行动的依据；

⑧鼓励开发人力资源和增强人类住区开发的能力。

根据中国人居的理论和实践的研究，吴良镛先生在《人居环境科学导论》中，借鉴了希腊建筑师C·A·佐克西亚季斯（C.A.Doxiadis）所提出的"人类聚居学"的思想，强调把乡村、城镇、城市等在内的所有人类住区作为一个整体，从人类住区的"元素"（自然、人、社会、房屋、网络）进行广义的系统研究。指出"把城市规划提高到环境保护的高度，这与自然科学和环境工程上的保护是一致的，但城市规划以人为中心，或称之为人居环境，这比环保工程复杂得多了。……城市规划是具体地也是整体地落实可持续发展国策、环保国策的重要途径。"

随着可持续发展战略在各个国家和城市得到普遍的认同，并作为政府的主导性纲领而达到贯彻，城市规划领域中相关的研究和实践也在不断地推进。从城市产业结构的调整到城市生态环境的保护，从城市土地使用的合理化到社区空间和环境的组织，从城市公共领域的架构到社会公正，从交通、能源政策的改进到基础设施的完善等等方面，都在可持续发展的框架下进行了重新的整合。有些国家和城市还制定了相应的行动纲领和指导手册，从而将20世纪的城市规划进行了完整的总结，并为21世纪城市规划的发展奠定了基础。

# 5 我国城市规划事业的发展历程和主要经验

## 5.1 国民经济恢复时期 (1949—1952年)

在建国前夕，1949年2月毛泽东就指出："从现在起，开始了城市到乡村并由城市领导乡村的时期，党的工作重心由乡村移到了城市，""必须用极大的努力去学会管理城市和建设城市（中共七届二中全会）。"

1949年10月，中华人民共和国成立，标志着旧中国半封建半殖民地制度的覆灭和社会主义新制度的诞生。从此城市规划和建设进入了一个崭新的历史时期。

新中国成立之初，城市面临着医治战争创伤，消除旧社会腐朽恶习，建设新的社会秩序，恢复生产，安定人民生活等重要问题，百业待兴。为了适应城市经济的恢复和发展，城市建设工作提上了议事日程。当时，主要是整治城市环境，改善劳动人民居住条件，改造臭水沟、棚户区，整修道路，增设城市公共交通和给、排水设施等。同时，增加建制市，建立城市建设管理机构，加强城市的统一管理。

1951年2月，中共中央在《政治局扩大会议决议要点》中指出："在城市建设计划中，应贯彻为生产、为工人阶级服务的观点。"明确规定了城市建设的基本方针。当年，主管全国基本建设和城市建设工作的中央财政经济委员会还发布了《基本建设工作程序暂行办法》，对基本建设的范围、组织机构、设计施工，以及计划的编制与批准等都作了明文规定。

1952年9月，为使城市建设工作适应国家经济由恢复向发展的转变，为大规模经济建设作好准备，中央财政经济委员会召开了新中国建国以来第一次城市建设座谈会，提出城市建设要根据国家长期计划，分别在不同城市，有计划、有步骤地进行新建或改造，加强规划设计工作，加强统一领导，克服盲目性。会议决定：第一、从中央到地方建立和健全城市建设管理机构，统一管理城市建设工作；第二、开展城市规划工作，要求制定城市远景发展的总体规划，在城市总体规划的指导下，有条不紊地建设城市。城市规划的内容要求，参照草拟的《中华人民共和国编制城市规划设计与修建设计程序（初稿）》进行。会后，中央财政经济委员会计划局基本建设处会同建筑工程部城建处组成了工作组，到各地检查，促进了重点城市的城市规划和城市建设工作的开展。从此，中国的城市建设工作开始了统一领导、按规划进行建设的新时期。

## 5.2 第一个五年计划时期 (1953—1957年)

经过3年国民经济恢复，自1953年起，我国进入第一个五年计划时期，第一次由国家组织有计划的大规模经济建设。城市建设事业作为国民经济的重要组成部分，为保证社会与经济的发展，服务于生产建设和人民生活，也由历史上无计划、分散建设进入一个有计划、有步骤建设的新时期。

"一五"时期，国家的基本任务是，集中主要力量进行以156个重点建设项目为中心的、由694个建设单位组成的工业建设，以建立社会主义工业化的初步基础。随着社会主义工业建设的迅速发展，在中国辽阔的国土上，出现了许多新兴工业城市、新的工业区和工人镇。由于国家财力有限，城市建设资金主要用于重点城市和某些新工业区的建设。大多数城市的旧城区建设，只能按照"充分利用、逐步改造"的方针，充分利用原有房屋和市政公用设施，进行维修养护和局部的改建和扩建。

这一时期的城市规划和建设工作，一是加强和健全城市建设机构，加强对城市规划和建设工作的领导。1953年3月，建工部城市建设局主管全国的城市建设工作。1953年5月，中共中央发出通知，要求建立和健全各大区财委的城市建设局（处）及工业建设比重比较大的城市的建设委员会。1956年，国务院撤销城市建设总局，成立国家城建部，内设城市规划局等城市建设方面的职能局，分别负责城建方面的政策研究及城市规划设计等业务工作的领导。

二是加强城市规划和建设方针政策研究和规范的制定。1953年6月，周恩来总理指示："城市建设上要反对分散主义的思想"，"我们的建设应当是根据工业发展的需要有重点有步骤地进行。"1954年6月，建工部在北京召开了第一次城市建设会议。会议着重研究了城市建设的方针任务、组织机构和管理制度，明确了城市建设必须贯彻国家过渡时期的总路线和总任务，为国家社会主义工业化、为生产、为劳动人民服务。并按照国家统一计划，采取与工业建设相适应的"重点建设、稳步前进"的方针。1955年6月，国务院颁布设置市、镇建制的决定。1956年，国家建委颁发的《城市规划编制暂行办法》，这是新中国第一部重要的城市规划立法。该《办法》分7章44条，包括城市、规划基础资料、规划设计阶段、总体规划和详细规划等方面的内容以及设计文件及协议的编订办法。这一时期，国务院还颁布了《国家基本建设征用土地办法》。

三是根据工业建设的需要，开展联合选择厂址工作，并组织编制城市规划。1953年9月中共中央指示："重要的工业城市规划必须加紧进行，对于工业建设比重较大的城市更应迅速组织力量，加强城市规划设计工作，争取尽可能迅速地拟定城市总体规划草案，报中央审查。"1954年6月第一次全国城市建设会议决定，完全新建的城市与建设项目较多的扩建城市，应在1954年完成城市总体规划设计，其中新建工业特别多的城市还应完成详细规划设计。"一五"期间全国共计有150多个城市编制了规划。到1957年，国家先后批准了西安、兰州、太原、洛阳、包头、成都、郑州、哈尔滨、吉林、沈阳、抚顺等15个城市的总体规划和部分详细规划，使城市建设能够按照规划，有计划按比例地进行。加强生产设施和生活设施配套建设，是"一五"时期新工业城市建设的一个显著特点。

百业待兴，如火如荼，在短短的几年内建立了机构，制定了政策、规章、条例、制度和定额指标，组织了规划编制和审批，创建了中国的城市规划体制，可以说，这是中国城市规划的第一个春天。

## 5.3 "大跃进"和调整时期（1958—1965年）

从1958年开始，进入"二五"计划时期。1958年5月，中共第八届全国代表大会第二次会议确定了"鼓足干劲、力争上游、多快好省地建设社会主义的总路线"。会后，迅速掀起了"大跃进"运动和人民公社化运动，高指标、瞎指挥、浮夸风和"共产风"等"左倾"错误严重地泛滥起来。在"大跃进"高潮中，许多省、自治区对省会和部分大中城市在"一五"期间编制的城市总体规划重新进行修订。这次修订是根据工业"大跃进"的指标进行的。城市规模过大、建设标准过高，城市人口迅速膨胀，住房和市政公用设施紧张。同时，征用了大量土地，造成很大的浪费，城市发展失控，打乱了城市布局，恶化了城市环境。对于这些问题，本应该让各城市认真总结经验教训，通过修改规划，实事求是地予以补救，但在1960年11月召开的第九次全国计划会议上，却草率地宣布了"三年不搞城市规划"。这一决策是一个重大失误，不仅对"大跃进"中形成的不切实际的城市规划无以补救，而且导致各地纷纷撤销规划机构，大量精简规划人员，使城市建设失去了规划的指导，造成了难以弥补的损失。

1961年1月，中共中央提出了"调整、巩固、充实、提高"的"八字"方针，作出了调整城市工业项目、压缩城市人口、撤销不够条件的市镇建制，以及加强城市建设设施的养护维修等一系列重大决策。经过几年调整，城市设施的运转有所好转，城市建设中的其他紧张问题也有所缓解。

在国民经济调整时期，1962年10月中共中央国务院联合发布《关于当前城市工作若干问题的批示》，规定今后凡是人口在10万人以下的城镇，没有必要设立市建制。今后一个长时期内，对于城市，特别是大城市人口的增长，应当严加控制。计划中新建的工厂，应当尽可能分散在中小城市。1962年和1963年，中共中央和国务院召开了两次城市工作会议，在周恩来总理亲自主持下，比较全面地研究了调整期间城市经济工作。1962年国务院颁发的《关于编制和审批基本建设设计任务书的规定(草案)》，强调指出"厂址的确定，对工业布局和城市的发展有深远的影响"，必须进行调查研究，提出比较方案。1964年国务院发布了关于严格禁止楼堂馆所建设的规定，严格控制国家基本建设规模。

经过几年调整，城市建设刚有一些起色，但"左"的指导思想对城市建设在决策上产生的错误，并未得到纠正，甚至在某些方面还有进一步的发展。1964年和1965年，城市建设工作又连续遭受了几次挫折。这主要表现在：一是不建集中的城市。1964年2月全国开展"学大庆"运动之后，机械地将"工农结合、城乡结合、有利生产、方便生活"作为城市建设方针，城市房屋搞"干打垒"，以为这就是"城乡结合"和"工农结合"。随后提出的"三线"建设方针，要沿海一些重要企业往内地搬，各省、市也各自搞"小三线"。林彪又提出把"靠山、分散、进洞"不建城市的思想，作为经济建设的惟一依据。二是1964年"设计革命"在"左的思想指导下开展起来，除批判设计工作存在贪大求全，片面追求建筑高标准外，还批判城市规划只考虑远景，不照顾现实，规模过大，占地过多，标准过高，求新过急的'四过'。"各地纷纷压规模、降标准，又走向另一极端，同样给城市建设造成危害。1965年3月开始城市建设资金急剧减少，使城市建设陷入无米之炊的困境。这些"左"的方针政策给全国城市合理布局，工业生产和人民生活的提高，城市规划和建设的健康发展，带来了极为严重的负面影响。

## 5.4 "文化大革命"时期（1966—1976年）

1966年5月开始的"文化大革命"，无政府主义大肆泛滥，城市规划和建设受到的冲击，开始了一场历史性的浩劫。

1966年下半年至1971年，是城市建设遭到破坏最严重的时期。"文化大革命"一开始，国家主管城市规划和建设的工作机构即停止了工作，各城市也纷纷撤销城市规划和建设管理机构，下放工作人员，地市建设档案资料大量销毁，使城市建设和城市管理造成极为混乱的无政府状态。这一时期，由于城市建设处于无人管理的状态，到处呈现了乱拆乱建、乱挤乱占的局面。特别是在破"四旧"的运动中，园林、文物遭到大规模破坏，私人住房被挤占。

"文化大革命"后期，在周恩来和邓小平同志主持工作期间，对各方面进行了整顿，城市规划工作有所转机。1972年5月30日，国务院批转国家计委、建委、财政部《关于加强基本建设管理的几项意见》，其中规定"城市的改建和扩建，要做好规划"，重新肯定了城市规划的地位。1973年9月国家建委城建局在合肥市召开了部分省市城市规划座谈会，讨论了当时城市规划工作面临的形势和任务，并对《关于加强城市规划工作的意见》、《关于编制与审批城市规划工作的暂行规定》、《城市规划居住区用地控制指标》等几个文件草案进行了讨论。这次会议对全国恢复和开展城市规划工作是一次有力的推动。1974年，国家建委下发《关于城市规划编制和审批意见》和《城市规划居住区用地控制指标》试行，终于使十几年来被废止的城市规划有了一个编制和审批的依据。但出于"四人帮"的干扰和破坏，加之地方城市规划机构没有恢复，许多下发的文件并未得到真正执行，城市规划工作仍未摆脱困境。总之，"文革"10年，城市规划工作遭受空前浩劫，造成了许多难以挽救的损失和后遗症。在这期间，唐山地震，在重建唐山市以及上海的金山石化基地和四川攀枝花钢铁基地上，城市规划排除干扰，作出了贡献。

## 5.5 拨乱反正、改革开放与大发展时期（1977年— ）

粉碎"四人帮"，结束了"文化大革命"的十年动乱，中国进入了一个新的历史发展时期。

1978年12月中共十一届三中全会作出了把党的工作重点转移到社会主义现代化建设上来的战略决策，以这次会议为标志，我国进入了改革开放的新阶段。城市规划工作经历长期的动乱，开始了拨乱反正，恢复城市规划、重建建设管理体制的时期。

1978年，针对"文化大革命"对城市建设各方面造成的严重破坏，同年3月国务院召开了第三次城市工作会议，中共中央批准下发执行会议制定的《关于加强城市建设工作的意见》，针对城市规划和建设制定了一系列方针政策，解决了几个关键问题：一是强调了城市在国民经济发展中的重要地位和作用，要求城市适应国家经济发展的需要，并指出要控制大城市规模，多搞小城镇，城市建设要为实现新时期的总任务作出贡献；二是强调了城市规划工作的重要性，要求全国各城市，包括新建城镇，都要根据国民经济发展计划和各地区的具体条件，认真编制和修订城市的总体规划、近期规划和详细规划，以适应城市建设和发展的需要；明确"城市规划一经批准，必须认真执行，不得随意改变"，并对规划的审批程序作出了规定；三是解决了城市维护和建设资金来源。为缓和城市住房的紧张状况，在对城市现有住房加强维修养护的同时，要新建一批住宅。这次会议对城市规划工作的恢复和发展起到了重要的作用。1979年3月，国务院成立城市建设总局。一些主要城市的城市规划管理机构也相继恢复和建立。国家建委和城建总局在总结城市规划历史经验教训的基础上，经过调查研究，开始酝酿起草《中华人民共和国城市规划法》。

1980年10月国家建委召开全国城市规划工作会议，会议要求城市规划工作要有一个新的发展。同年12月国务院批转《全国城市规划会议纪要》（以下称《纪要》）下发全国实施。《纪要》第一次提出要尽快建立我国的城市规划法制，改变只有人治，没有法治的局面。也第一次提出"城市市长的主要职责，是把城市规划、建设和管理好"。《纪要》对城市规划的"龙头"地位、城市发展的指导方针、规划编制的内容、方法和规划管理等内容都作了重要阐述。这次会议系统地总结了城市规划的历史经验，批判了不要城市规划和忽视城市建设的错误，端正了城市规划思想，达到了拨乱反正的目的，在城市规划事业的发展历程中，占有重要的地位。

全国城市规划工作会议之后，为适应编制城市规划的需要，国家建委于1980年12月正式颁发了《城市规划编制审批暂行办法》和《城市规划定额指标暂行规定》两个部门规章。这两个规章的颁行，为城市规划的编制和审批提供了法律和技术的依据。1980年颁发的《城市规划编制审批暂行办法》与1956年制定的《城市规划编制暂行办法》相比，在城市规划的理论和方法上都有很大变化，反映了中国城市规划和管理工作的发展。首先，对城市规划的概念有所发展，总体规划已不被认为是最终的设计蓝图，而是城市发展战略；其次，明确规定了城市政府制订规划的责任，界定了城市政府和规划设计部门的关系；第三，强调了城市规划审批的重要性，提高了审批的层次，把审批权限提高到国家和省、自治区两级。还规定了送审之前要征求有关部门和人民群众的意见，要提请同级人民代表大会及其常委会审议通过；第四，强调了城市环境问题的重要性，加强了对环境质量的调查分析；第五，在处理有关部门的关系方面，强调了政府协调的作用，放弃了1950年代签订协议的办法。《城市规划定额指标暂行规定》是在城市规划设计研究部门在广泛调查研究的基础上提出的，它对详细规划需要的各类用地、人口和公共建筑面积的定额，以及总体规划所需的城市分类、不同类型城市的人口的构成比例、城市生活居住用地主要

项目的指标、城市干道的分类等都作了规定。全国各地城市在这两个规章的指导下，开展了城市总体规划的编制工作。我国的城市建设普遍进入按照规划进行建设的新阶段。

1984年国务院颁发了《城市规划条例》(以下称《条例》)。这是新中国建国以来，城市规划专业领域第一部基本法规，是对建国30年来城市规划工作正反两方面经验的总结，标志着我国的城市规划步入法制管理的轨道。

《条例》共分7章55条，从城市分类标准，到城市规划的任务、基本原则，从城市规划的编制和审批程序，到实施管理与有关部门的责任和义务，都作了较详细的规定。《条例》深刻地反映了我国城市规划工作的新变化、新发展。首先，根据经济体制的转变，明确提出城市规划的任务不仅是组织、驾驭土地和空间的手段，也具有"综合布置城市经济、文化、公共事业"的调整社会经济和生活的重要职能，从而跳出了城市规划是"国民经济计划的继续和具体化"的框子，使城市规划真正起到参与决策、综合指导的职能，推动经济社会的全面发展。其次，确立了集中统一的规划管理体制，保证了规划的正确实施。第三，首次将规划管理摆上重要位置。改变了过去"重规划，轻管理"的倾向，对"城市土地使用的规划管理"、"城市各项建设的规划管理"和不服从规划管理的"处罚"作出了规定。实践证明，科学的规划只有靠有效的管理才能实现它的价值。1987年10月，建设部在山东省威海市召开了全国首次城市规划管理工作会议，充分讨论确定了规划管理中的若干问题。

1988年建设部在吉林召开了第一

次全国城市规划法规体系研讨会，提出建立我国包括有关法律、行政法规、部门规章、地方性法规和地方规章在内的城市规划法规体系。这次会议对推动我国城市规划立法工作，为城市规划立法工作作了准备。事实上，在《条例》颁布实施后，许多省、市、自治区相继制定和颁发了相应的条例、细则或管理办法。例如北京市发布了《北京市城市建设规划管理暂行办法》、天津市发布了《天津市城市建设规划管理暂行办法》、上海市发布了《上海市城市建设规划管理条例》、湖北省颁发了《湖北省城市建设管理条例(试行)》、湖北省沙市发布了《沙市城市规划管理实施细则》等，这些法规文件的制定，有效地保证了在我国经济体制改革时期，城市建设按规划有序进行。

回顾这一阶段的城市规划法制建设工作，针对"文化大革命"造成的破坏，拨乱反正，恢复城市规划管理机构，总结城市规划历史经验教训，提出了尽快建立城市规划法制。《城市规划条例》的颁布实施和城市规划法规体系研讨会的召开，进一步推动了城市规划法制建设。

1989年12月26日，全国人大常委会通过了《中华人民共和国城市规划法》(以下称《城市规划法》)并于1990年4月1日开始施行。该法完整地提出了城市发展方针、城市规划的基本原则、城市规划制定和实施的制度，以及法律责任等。其中"城市规划区"的概念、"一书二证"的法律规定，对城市的有序发展和建立起到了重要规范作用。《城市规划法》的颁布和实施，标志着中国城市规划正式步入了法制化的道路。

1991年9月，建设部召开全国城

市规划工作会议。会议总结了改革开放十年来城市规划工作的经验，提出了1990年代城市规划工作的总体思路。会议提出"城市规划是一项战略性、综合性强的工作，是国家指导和管理城市的重要手段。实践证明，制定科学合理的城市规划，并严格按照规划实施，可以取得好的经济效益、社会效益和环境效益"。提出了1990年代城市规划工作的"城乡建设协调发展、完善总体规划、推广应用新技术、增强法制观念"等八项任务。要求在城市建设中进一步明确城市规划的"龙头"地位。

1992年至1993年间，由于全国经济建设的过热现象，出现了"房地产热"和"开发区热"，带来了某些城市发展宏观失控的现象，据1996年不完全统计，全国各级各类开发区4200多个。开发区占地过多，相当一批开发区实行所谓"封闭运行"，脱离所在城市规划的管理，肢解城市总体规划，严重干扰了城市的正常发展，对城市规划工作造成了冲击。"房地产热"带来了经济泡沫，积压了大量资金，在少数问题严重的地方造成遗留至今的大量问题。在这个过程中城市规划部门做了大量工作。1992年12月以第22号建设部令发布了《城市国有土地使用权出让转让规划管理办法》。在这一时期还全面推行了控制性详细规划的编制和实践，对城市房地产开发发挥了一定调控作用，但总的来看，城市规划对房地产开发的调控职能远未得到应有的认识和重视，其应有的调控作用没有很好发挥。改革开放以来，由于房地产市场的建立和发展，激活了城市建设经济，为城市建设提供了大量资金，但1990年代初，这一过程又使我们深切地认识到缺乏

政府调控的市场机制和房地产资本所具有的巨大破坏力。

1996年5月，《国务院关于加强城市规划工作的通知》发布，《通知》总结了前一阶段的经验并指出"城市规划工作的基本任务，是统筹安排城市各类用地及空间资源，综合部署各项建设，实现经济和社会的可持续发展"。《通知》明确规定要"切实发挥城市规划对城市土地及空间资源的调控作用，促进城市经济和社会协调发展"。这是在社会主义市场经济条件下国家给城市规划的新的定位，具有重要的意义。

20世纪80至90年代，我国城市规划科学技术在改革中得到新的发展。城市规划加强了经济、社会问题的综合研究，并采用区域的、宏观的方法研究城市的发展和布局。1980年代起便先后开展了全国城镇布局规划和上海经济区、长江流域沿岸、陇海兰新沿线地区等跨省区的城镇布局规划。进入1990年代后，省域、市域、县域城镇体系规划也广泛开展。各城市一般都滚动开展了两轮城市总体规划的编制工作。大中城市普遍开展了分区规划。控制性详细规划得到全面推广。法定图则、城市设计等多种类型的规划设计在一些城市开始实践。城市规划教育和科技工作得到长足发展。遥感技术和计算机技术在城市规划中广泛应用。城市规划设计水平和工作效率不断提高。众多的规划设计成果获得建设部和省级科技进步奖，深圳市城市总体规划1999年获得国际建协阿伯克龙比爵士奖；北京菊儿胡同新四合院住宅改建规划和唐山、沈阳、大连、成都等城市的规划建设成就获得联合国人居奖；珠海、深圳、昆明、绵阳、中山等城市由于人居环境

改善，获得联合国人居中心颁发的最佳范例奖或优秀范例奖。历史文化名城的保护工作也有很大的进展，全国确定了99个国家级历史文化名城和82个省级历史文化名城。

1999年12月，建设部召开全国城乡规划工作会议。国务院领导要求城乡规划工作应把握十个方面的问题：统筹规划，综合布局；合理和节约利用土地和水资源；保护和改善城市生态环境；妥善处理城镇建设和区域发展的关系；促进产业结构调整和城市功能的提高；正确引导小城镇和村庄的发展建设；切实保护历史文化遗产；加强风景名胜的保护；精心塑造富有特色的城市形象；把城乡规划工作纳入法制化轨道。提出必须尊重规律、尊重历史、尊重科学、尊重实践、尊重专家。强调"城乡规划要围绕经济和社会发展规划，科学地确定城乡建设的布局和发展规模、合理配置资源。在城市规划区内、村庄和集镇规划区内，各种资源的利用要服从和符合城市规划、村庄和集镇规划"。会后，国务院下发《国务院办公厅关于加强和改进城乡规划工作的通知》，强调要"充分认识城乡规划的重要性，进一步明确城乡规划工作的基本原则"，重申"城市人民政府的主要职责是抓好城市的规划、建设和管理，地方人民政府的主要领导，特别是市长、县长，要对城乡规划负总责"，要求"把城乡规划工作经费纳入财政预算，切实予以保证"。

2000年3月，九届全国人大四次会议上，通过了《国民经济和社会发展第十个五年计划纲要》。明确提出："实施城镇化战略，促进城乡共同进步"，"走符合我国国情，大中小城市和小城镇协调发展的多样化城镇化道

路"，"加强城镇规划、设计、建设及综合管理"，"有重点地发展小城镇"，"消除城镇化体制和政策障碍"。国家的上述决策，为今后我国城市化的健康发展指出了明确的方向，也为我国城市规划提出了新的艰巨任务。

2000年6月，中共中央、国务院发布了《关于促进小城镇健康发展的若干意见》，指出"当前加快城镇化进程的时机和条件已经成熟。抓住机遇，适时引导小城镇健康发展，应当作为当前和今后较长时期农村改革与发展的一项重要任务"。这说明经过改革开放20年来经济的大发展，党中央把加快城镇化进程作为促进我国现代化事业的重要战略部署。

城市规划为改革开放20年来我国城市经济社会的有序健康发展发挥了重要的指导作用。截止到1999年底，全国设立城市667个，建制镇19244个，市镇总人口3.8亿人，城市化水平30.9%，城市化的进程不仅促进了经济的发展，也为逐步实现城市现代化奠定了良好的基础，城市经济社会迅猛发展，城市面貌发生了巨大变化。以住宅建设为例，1981至1999年，全国城镇年住宅竣工面积由1.16亿m²增长到5.59亿m²，增长近4倍；城市人均居住面积由1981年的4.1m²增长到1999年的9.18m²。城市市政公用、通信、电力等基础设施有了巨大的增长，城市功能不断增强，环境不断改善，城市规划统筹安排了大量的建设。这期间，我国的城镇有了很大的发展。目前全国建制镇都编制了规划。特别是广大小城镇的规划建设，集中了100多万家乡镇企业，建成各类批发市场5万多个，吸纳农村富余劳动力6000多万人。应该说，城市规划为改革开放事业和经济的持续快速发展，为全国城市的大规模建设与发展做出了重大贡献。

## 主要参考书目

1　程里尧. Team10的城市设计思想. 世界建筑，1987(3)

2　郭彦弘. 城市规划概论. 中国建筑工业出版社，1992

3　江美球，刘荣芳，蔡渝平. 城市学. 科学普及出版社，1988

4　李德华. 田园城市. 见：中国大百科全书(建筑、园林、城市规划). 中国大百科全书出版社，1988

5　李铁映. 城市问题研究. 中国展望出版社，1986

6　钱学森，于景元，戴汝为. 一个科学新领域——开放的复杂巨系统及其方法. 自然(第13卷第1期)，1990

7　清华大学建筑与城市规划研究所. 城市规划理论、方法、实践. 地震出版社，1992

8　沈玉麟. 外国城市建设史. 中国建筑工业出版社，1989

9　宋丁. 城市学. 山西人民出版社，1988

10　同济大学等编. 外国近现代建筑史. 中国建筑工业出版社，1982

11　王建国. 现代城市设计理论和方法. 东南大学出版社，1991

12　吴良镛. 城市. 见：中国大百科全书(建筑、园林、城市规划). 中国大百科全书出版社，1988

13　于洪俊，宁越敏. 城市地理概论. 安徽科学技术出版社，1983

14　于明诚. 都市计画概要. 詹氏书局，1988

15　奥斯特罗夫斯基. 现代城市建设. 冯文炯等译. 中国建筑工业出版社，1975

16　C·亚历山大 (C.Alexander). A City is Not a Tree. 严小婴译. 城市并非树形. 《建筑师》(24)，1985

17　巴尔多(Bardo)和哈特曼(Hartman)，Bardo J.W.& Hartman，Urban Sociology：A Systematic Introduction，F.E.Peacock，1982

18　M.Batty. & B.Hutchinson (eds.). Systems Analysis in Policymaking and Planning. Plenum，1983

19　W.Bor. The Making of Cities. 倪文彦译. 城市发展过程. 中国建筑工业出版社，1981

20　L.S.Bourne(ed.). Internal Structrue of the City (2nd ed.). Oxford University Press，1982

21　I.Bracken. Urban Planning Methods：Research and Policy Analysis. Methuen，1981

22　M.C.Branch(ed.). Urban Planning Theory. Dowden. Hutchinson & Ross，1975

23　G.Broadbent. Emerging Concepts in Urban Space Design. Van Nostrand Reinhold，1990

24 K.J.巴顿(K.J.Button). Urban Economics:Theory And Policy. 上海社会科学院部门经济研究所城市经济研究室译. 城市经济学. 商务印书馆, 1986

25 F.S.Chapin. Jr &,E.J. Kaiser. Urban Land Use Planning(3rd ed.). University of Illinois Press

26 R.T.Ely. & E.W Morehous. Elements of Land Economics. 滕维藻译. 土地经济学原理. 商务印书馆, 1982

27 A.Faludi(ed.). A Reader in Planning Theory. Pergamon, 1975

28 K.Fox. Metropolitan America:Urban Life and Urban Policy in the United States. 1940~1980. the University Press of Mississippi, 1986

29 P.Hall(P·霍尔). Urban and Regional Planning. 邹德慈和金经元译. 城市和区域规划. 中国建筑工业出版社, 1985

30 P.Hall. Citis of Tomorrow:An Intellectural History of Urban Planning and Design in Twentieth Century. Basil Blackwell, 1988

31 T.A.Hartshorn. Interpreting the City:An Urban Geography(2nd ed.). John Willey & Sons, 1992

32 W.Z.Hirsch. Urban Economics. 刘世庆等译. 城市经济学. 中国社会科学出版社, 1990

33 G.Hodge. Planning Canadian Communities. Methum, 1986

34 E.Howard (E·霍华德). Tomorrow:A Peaceful Path to Real Reform. 邹德慈和金经元译. 明日的田园城市. 中国城市规划设计研究院情报所, 1987

35 J.Jacobs (J·雅各布斯). The Death and Life of Great American Cities. Random, 1961

36 K.Lynch (K·林奇). Image of the City. The MIT Press, 1960

37 McHarg,I.L.(I·麦克哈格). Design with Nature. 芮经纬译. 设计结合自然. 中国建筑工业出版社, 1992

38 J.B.McLoughlin(J·B·麦克洛克林). Urban and Regional Planning:A Systems Approach. 王凤武译. 系统方法在城市和区域规划中的应用. 中国建筑工业出版社, 1988

39 B.L.Meier. A Communications Theory of Urban Growth. The MIT Press, 1962

40 L.Mumford. The Culture of Cities. Harcourt Brace Tovanovich, 1938

41 L·芒福德 (L.Mumford). The City in History. 倪文彦和宋俊岭译. 城市发展史:起源、演进和前景. 中国建筑工业出版社, 1989

42 E.Relph. The Modern Urban Landscape. Croom Helm, 1987

43 E.Saarineen (E·沙里宁). The City:Its Growth,Its Decay,Its Future. 顾启源译. 城市:它的发展、衰败与未来. 中国建筑工业出版社, 1986

44 曹洪涛,储传亨主编. 当代中国的城市建设. 中国社会科学出版社, 1990

# 第二部分 城市规划体系

- 城市规划的制度框架
- 城市规划的技术方法
- 城市规划的编制阶段

# 1 城市规划的制度框架

在18世纪，主要西方国家相继完成了工业革命。作为与新的经济基础相适应的上层建筑，形成了现代的政府行政管理体系。到了19世纪末和20世纪初，面对工业化导致快速城市化进程中出现的各种城市问题，城市规划逐渐成为政府行政管理的一项职能。二次世界大战以后，西方各国的城市规划体系趋于完善。与政府行政管理的其他职能相似，城市规划的制度框架包括规划法规体系、规划行政体系和规划运作体系（又可以分为规划编制和规划实施两个部分）。其中，规划法规体系是现代城市规划制度的核心，为规划行政体系和规划运作体系提供法定依据和法定程序（参见《城市规划原理》，全国城市规划执业制度管理委员会，2000年）。

## 1.1 城市规划的法规体系

### 1.1.1 国家法律体系的构成

法制是现代社会的重要标志之一。根据立法主体和法律效力划分，一个国家的法律体系是由宪法、各种法律、行政法规和规章、地方性法规和规章四个基本层面构成。上一层面法律是下一层面法律的依据，下一层面法律是上一层面法律的细化或实施措施。

宪法是国家的根本大法，具有最高法律效力，是各项立法的依据，但宪法的实施又需要各种法律来加以具体化。宪法和各项法律都是由国家立法机构制定的。其中，行政法是以宪法为依据来调整行政关系的法律规范的总称，《城市规划法》属于行政法的范畴。

行政法规是中央政府制定的规范性文件的总称；行政规章又称行政部门规章，是中央政府的行政主管部门制定的规范性文件的总称。

地方性法规是地方立法机构所制定的规范性文件的总称；地方性规章是地方政府所制定的规范性文件的总称。

### 1.1.2 城市规划法规体系的构成

城市规划的法规体系包括主干法及其配套法规和相关法，在有些国家还可能制定专项法（见图1.1.2）。

#### 1.1.2.1 主干法

主干法是城市规划法规体系的核心，由国家或地方的立法机构制定。城市规划主干法的基本内容包括三个方面，即明确城市规划行政主管部门及其权力和义务、规划编制的内容和程序、规划实施的内容和程序。除此以外，城市规划主干法还可能涉及各种其他的权力和义务，如赔偿、处罚和上诉等。

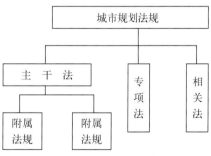

资料来源：《城市规划原理》（全国城市规划执业制度管理委员会，2000年）

图 1.1.2 城市规划法规体系的基本构成

#### 1.1.2.2 配套法规

尽管各国和各地的城市规划主干法的详略程度有所不同，但都具有纲领性和原则性的特征，以确保普遍的适用性和长期的稳定性，不可能对于各个实施细节都作出具体规定，因而需要制定相应的配套法规来明确规划主干法的有关条款的实施细则。

#### 1.1.2.3 专项法

城市规划的专项法是针对规划中的特定议题的立法。由于主干法应当具有普遍的适用性和长期的稳定性，而这些特定议题往往具有空间上和时间上的特定性，不宜纳入主干法的范畴。以英国为例，1946年的《新城法》、1949年的《国家公园法》、1978年的《内城法》等都是针对特定议题的专项立法，为规划行政、规划编制或开发控制等方面的某些特殊措施提供法定依据。如新城、国家公园和内城开发区都由特定的机构来负责，规划编制和开发控制的法定程序也与常规不同。

#### 1.1.2.4 相关法

由于城市物质环境的管理包含多个方面和涉及多个行政部门，城市规划只是其中的一部分。各个行政管理部门的设置及其职能需要相应的立法来提供法定依据和法定程序，这些相关法律之间相互联系和相互协调，构成了以城市物质环境为管理对象的更为广泛的行政法规体系。如在我国，《中华人民共和国土地管理法》、《中华人民共和国环境保护法》、《中华人民共和国房地产管理法》和《中华人民共和国文物保护法》等都是规划相关法。

### 1.1.3 国外的城市规划法规体系

早在19世纪末和20世纪初，西方发达国家就开始了城市规划立法。

这些国家的城市规划法规经历了不断地演进，每一部新的城市规划主干法标志着城市规划进入了一个新的历史时期，体现着规划行政和规划运作方面的重大变革，以适应不同历史时期的政治、经济、社会和技术背景。因此，城市规划法规的演进标志着城市规划体系的不断完善过程。

英国是世界上最早进行城市规划立法的国家之一。自从1909年以来，先后颁布过20多部城市规划法。比如，1947年的《城乡规划法》奠定了英国现代城市规划体系的基础，1968年的《城乡规划法》建立了由结构规划和地方规划构成的规划编制体系。根据英国的规划法律全书，英国规划法规体系包括主干法及其配套法规、专项法和相关法（见表1.1.3）。

由于历史原因，直到1960年，德国才颁布了《联邦建设法》作为第一部全国性的城市规划法，在1971年颁布了《城市建设促进法》，又在1987年将上述两部法律汇总成为《联邦建设法典》。德国是一个联邦制国家，各个州也有规划立法权，但不能违背联邦的规划法。作为大陆法系的代表性国家，尽管德国的规划法采取法典形式，仍然需要制定配套法规和专项法，才能构成完整的规划法规体系。

美国也是一个联邦制国家，采取联邦与各州分权而治的政体，各州政府对于地方的影响比联邦政府相对要强。美国的国家宪法没有涉及地方政府，地方政府是由各州的立法来建制的，其权力和义务（包括城市规划）是由州立法赋予的。因此，地方的规划法规是建立在州立法的框架之内。各州通过规划授权法明确地方政府的规划职能。尽管各州的地方政府的规划职能有所差别，在大多数的美国城

市，区划条例是最为重要的地方性规划法规。

1868年的明治维新以后，日本越来越多地受到西方国家的影响。1888年，东京颁布了城市规划条例。1919年，日本颁布了第一部城市规划法，并在中央政府和地方政府中设置了城市规划部门，初步形成了日本的城市规划体系。1968年，日本颁布了新的城市规划法，使城市规划更为地方化和民主化。日本现行的规划法规体系还包括了一大批专项法和相关法。

**英国规划法规的现行体系** 表1.1.3

| 主 干 法 | 《城乡规划法》（1990年） |
|---|---|
| 从属法规 | 《城乡规划（用途类别）条例》（1987年）<br>《城乡规划（环境影响评价）条例》（1988年）<br>《城乡规划（发展规划）条例》（1991年）<br>《城乡规划（听证程序）条例》（1992年）<br>《城乡规划上诉（监察员决定）（听证程序）条例》（1997年）<br>《城乡规划（一般许可开发）条例》（1995年）<br>《城乡规划（一般开发程序）条例》（1995年）<br>《城乡规划（环境评价和许可开发）条例》（1995年）<br>《城乡规划（建筑物拆除）条令》（1995年） |
| 专 项 法 | 《规划（历史保护建筑和地区）法》（1990年） |
| 相 关 法 | 《环境法》（1995年）<br>《保护（自然栖息地）条例》（1994年） |

资料来源：Statutes on Planning Law (Moore and Hughes, 1995)

### 1.1.4 我国的城市规划法规体系

由于各种原因，我国城市规划的第一部国家法律《中华人民共和国城市规划法》是从1990年4月1日开始生效的，这标志着我国城市规划进入一个新的历史时期，城市规划法规体系从此基本形成。

与政府行政管理的其他职能领域相似，我国城市规划法规体系也是由法律、行政法规和规章、地方性法规和规章三个层面构成的。

#### 1.1.4.1 城市规划法规的纵向构成

我国幅员辽阔，中央政府下辖23个省、5个自治区、4个直辖市和香港、澳门两个特别行政区。由于各地情况

很不相同，国家的各项法律不可能规范到各地的具体情况。因此，以国家立法为指导，各地制定相应的地方法规来规范各种行政管理行为。我国的省、自治区和直辖市，省、自治区人民政府所在地的市，经国务院批准的较大市的人民代表大会及其常务委员会和政府分别有权制定地方性法规和规章。

在国家层面，城市规划法是由全国人民代表大会及其常务委员会制定的，国务院及其城市规划行政主管部门分别制定城市规划的行政法规和规章；在地方层面，各省、自治区、直辖市和其他指定城市的人民代表大会及其常务委员会和地方政府分别制定城市规划的地方性法规和规章（见表1.1.4.1）。

## 我国和上海的现行主要规划法规一览表　　　表1.1.4.1

| 法　律　等　级 | | 法　律　名　称 |
|---|---|---|
| 中央立法 | 法　律 | 中华人民共和国城市规划法（1990年） |
| | 行政法规 | 村庄和集镇规划建设管理条例（1993年） |
| | | 风景名胜区管理暂行条例（1985年） |
| | 部门规章 | 城市规划编制办法（1991年） |
| | | 城镇体系规划编制审批办法（1994年） |
| | | 城市国有土地使用权出让转让规划管理办法（1992年） |
| | | 建设项目选址规划管理办法（1991年） |
| | | 城建监察规定（1992年） |
| | | 城市地下空间开发利用管理规定（2001年） |
| | | 停车场建设和管理暂行规定（1989年） |
| | | 城市规划编制单位资质管理规定（2001年） |
| | | 城市规划编制办法实施细则（1995年） |
| | | 建制镇规划建设管理办法（1995年） |
| | | 历史文化名城保护规划编制要求（1994年） |
| 上海的地方立法 | 地方性法规 | 上海市城市规划条例（1995年） |
| | 地方性规章 | 上海市城市规划管理技术规定（土地使用　建筑管理)(1994年) |
| | | 上海市管线工程规划管理办法（1988年） |
| | | 上海市城乡规划、建设用地、建筑执照审批程序的暂行规定（1986年） |
| | | 上海市整治违章搭建和违章建筑的若干规定（1993年） |
| | | 上海市优秀近代建筑保护管理办法（1991年） |
| | | 关于上海浦东新区规划建设管理暂行办法（1990年） |

资料来源：中央立法参考《城市规划管理与法规》和《城市规划法规文件汇编》（全国城市规划执业制度管理委员会，2000年）

### 1.1.4.2　城市规划法规体系的横向构成

无论是在国家层面还是地方层面，城市规划法规体系的横向构成包括主干法及其配套法规和相关法。

《中国人民共和国城市规划法》作为国家层面的规划主干法，包含六章、四十条，涉及规划行政、规划编制、规划实施以及其他方面的法律规定（见表1.1.4.2-1）。依据《中华人民共和国城市规划法》，各个地方的城市规划条例的基本构成与国家层面的城市规划法是相似的，但具体内容和程序则会更加适合地方情况。

我国《城市规划法》的配套法规包括国务院制定的行政法规和建设部作为国家的城市规划行政主管部门制定的部门规章（见表1.1.4.2-2）。各个地方人民代表大会及其常务委员会制定的城市规划条例作为该地方的城市规划主干法，是为了确保国家的《城市规划法》在本地的具体实施。各

## 《中华人民共和国城市规划法》的基本框架　　　表1.1.4.2-1

| 法律章节 | 章节名称 | 章　节　主　要　内　容 |
|---|---|---|
| 第一章 | 总　则 | 主要阐明了立法的目的和本法的适用范围；规定了有关城市规划、建设和发展的基本方针；明确了国家和地方的管理体制和外部关系协调的要求 |
| 第二章 | 城市规划 | 主要明确了各级人民政府组织编制城镇体系规划和城市规划的职责；阐明了编制城市规划应当遵循的基本原则、阶段划分和主要内容；规定了编制、调整、修订城市规划的审批程序 |
| 第三章 | 城市新区开发 | 主要阐明了在实施城市规划过程中，新区开发和旧区改建应当遵循和旧区改建的基本原则以及建设项目选址、定点和各项建设合理布局的基本要求 |
| 第四章 | 城市规划的实施 | 主要确立了城市规划行政主管部门对城市规划区内土地利用和各项建设实行统一的规划管理的基本原则；明确实行"两证一书"制度，规定了对各项建设工程从可行性研究、选址定点、设计审查、放线验收、竣工验收全过程进行规划管理和监督的基本程序 |
| 第五章 | 法律责任 | 阐明了违反本法规定的单位和个人应承担的法律责任；对违法占地和违法建设的处理以及对有关当事人员的处罚规定，执行行政处罚的法律程序；同时对城市规划行政主管部门工作人员渎职行为的处罚也作出了法律规定 |
| 第六章 | 附　则 | 阐明了国务院城市规划行政主管部门和省、自治区、直辖市人大常委会为贯彻执行城市规划法可以制定实施条例和实施办法，并规定了法开始施行的具体时间 |

资料来源：参见《中华人民共和国城市规划法》解说，1990年

**我国现行主要的规划配套法一览表**　　表1.1.4.2-2

| 法　律　名　称 | 法律等级 |
| --- | --- |
| 城市规划编制办法（1991年） | 部门规章 |
| 城镇体系规划编制审批办法（1994年） | 部门规章 |
| 城市国有土地使用权出让转让规划管理办法（1992年） | 部门规章 |
| 建设项目选址规划管理办法（1991年） | 部门规章 |
| 村庄和集镇规划建设管理条例（1993年） | 行政法规 |
| 风景名胜区管理暂行条例（1985年） | 行政法规 |
| 城建监察规定（1992年） | 部门规章 |
| 城市地下空间开发利用管理规定（2001年） | 部门规章 |
| 停车场建设和管理暂行规定（1989年） | 部门规章 |
| 城市规划编制单位资质管理规定（2001年） | 部门规章 |
| 城市规划编制办法实施细则（1995年） | 部门规章 |
| 建制镇规划建设管理办法（1995年） | 部门规章 |
| 历史文化名城保护规划编制要求（1994年） | 部门规章 |
| 城市抗震防灾规划编制工作暂行规定（1985年） | 部门规章 |
| 城市抗震防灾规划编制工作补充规定（1987年） | 部门规章 |
| 城市消防规划建设管理规定（1989年） | 部门规章 |

资料来源：参考《城市规划管理与法规》和《城市规划法规文件汇编》（全国城市规划执业制度管理委员会，2000年）

**我国现行的主要规划技术规范一览表**　　表1.1.4.2-3

| 规　范　名　称 |
| --- |
| 《城市用地分类与规划建设用地标准》（GBJ137—90） |
| 《城市居住区规划设计规范》（GB50180—93） |
| 《城市道路交通规划设计规范》（GB50220—95） |
| 《城市工程管线综合规划规范》（GB50289—98） |
| 《城市防洪工程设计规范》（CJJ50—92） |
| 《建筑设计防火规范》（GBJ16—87）（1997年版） |
| 《城市给水工程规划规范》（GB50282—98） |
| 《城市电力规划规范》（GB50293—1999） |
| 《城市热力网设计规范》（CJJ34—90） |
| 《城镇燃气设计规范》（GB50028—93） |
| 《建筑抗震设计规范》（GBJ11—89） |
| 《构筑物抗震设计规范》（GB50191—93） |
| 《村镇规划标准》（GB50188—93） |
| 《防洪标准》（GB50201—94） |
| 《高层民用建筑设计防火规范》（GB50045—95） |
| 《城市道路和建筑物无障碍设计规范》（JGJ50—2001） |
| 《城市用地竖向规划规范》（CJJ83—99） |
| 《城市排水工程规划规范》（GB50318—2000） |
| 《乡镇集贸市场规划设计规范》（CJJ/T87—2000） |
| 《城市道路绿化规划与设计规范》（CJJ75—97） |
| 《风景名胜区规划规范》（GB50298—1999） |
| 《城市环境卫生设施设置标准》（CJJ27—89） |

资料来源：参考《城市规划管理与法规》和《城市规划法规文件汇编》（全国城市规划执业制度管理委员会，2000年）

个地方政府制定的地方性规章则是地方城市规划条例的配套法规。

城市规划是政策性和技术性都很强的政府行政管理职能，除了以法律及其配套法规来调节行政关系以外，还需要制定一系列技术标准和规范（见表1.1.4.2-3）。根据《城市规划法》解说（1990年）第六十条的规定，国务院的城市规划行政主管部门有权制定国家的城市规划技术标准和规范。同样，各个地方的城市规划行政管理部门也可以制定地方的城市规划技术标准和规范。

我国的城市规划相关法包括一般的和特定的两种类型（见表1.1.4.2-4）。一般相关法是指行政法范畴的通用法律，如行政复议法、行政诉讼法、行政处罚法和国家赔偿法。这些行政通法是城市规划和所有其他行政管理部门的相关法律，它们规定了调节行政关系的一般原则。特定相关法包括与城市物质环境的公共管理相关的其他政府行政部门所依据的法律。由于城市规划的综合性，城市规划部门需要与相关的政府行政管理部门保持协调一致。

| 法 规 名 称 | 法律等级 |
|---|---|
| 《中华人民共和国土地管理法》(1999年) | 法　律 |
| 《中华人民共和国环境保护法》(1989年) | 法　律 |
| 《中华人民共和国文物保护法》(2002年) | 法　律 |
| 《中华人民共和国房地产管理法》(1995年) | 法　律 |
| 《中华人民共和国水法》(2002年) | 法　律 |
| 《中华人民共和国军事设施保护法》(1990年) | 法　律 |
| 《中华人民共和国人民防空法》(1997年) | 法　律 |
| 《中华人民共和国广告法》(1995年) | 法　律 |
| 《中华人民共和国城镇国有土地使用权出让和转让暂行条例》(1990年) | 行政法规 |
| 《城市绿化条例》(1992年) | 行政法规 |
| 《中华人民共和国建筑法》(1998年) | 法　律 |
| 《中华人民共和国森林法》(1984年) | 法　律 |
| 《中华人民共和国公路法》(1997年) | 法　律 |
| 《城市道路管理条例》(1996年) | 行政法规 |
| 《基本农田保护条例》(1999年) | 行政法规 |
| 《中华人民共和国水污染防治法》(1984年) | 法　律 |
| 《中华人民共和国大气污染防治法》(1987年) | 法　律 |
| 《中华人民共和国水土保持法》(1991年) | 法　律 |
| 《中华人民共和国保守国家秘密法》(1989年) | 法　律 |
| 《中华人民共和国行政诉讼法》(1989年) | 法　律 |
| 《中华人民共和国行政复议法》(1999年) | 法　律 |
| 《中华人民共和国行政处罚法》(1996年) | 法　律 |
| 《中华人民共和国国家赔偿法》(1994年) | 法　律 |

我国现行的主要规划相关法规一览表　　表1.1.4.2—4

资料来源：参考《城市规划管理与法规》和《城市规划法规文件汇编》(全国城市规划执业制度管理委员会，2000年)

## 1.2　城市规划的行政体系

城市规划的行政体系涉及各级规划行政管理机构的设置及其在规划制定和规划实施两个阶段的权力和义务。

### 1.2.1　国外的城市规划行政体制

各国的城市规划行政体制可以分为两种基本类型，分别是中央集权体制和地方自治体制。当然，大部分国家的规划行政体制都是介于上述两者之间的。

英国政府的行政管理实行中央政府、郡政府和区政府三级体系。英国的城市规划行政体制具有明显的中央集权特征。尽管规划编制和规划实施是地方政府的职能，中央政府仍然可

以进行有效的干预。除了审批郡政府的结构规划和受理规划上诉（包括对于建设项目审批和违法建设处罚的上诉）以外，中央政府还有权以"抽审"方式来直接干预区级规划行政部门的地方规划编制和开发项目审批。

美国和德国都是联邦制国家，政府行政管理分为联邦、州和地方三个层面，但两个国家也存在明显差异。美国国会没有规划立法权，联邦政府也不享有规划行政管理职能；地方政府的规划职能是由州的立法授权的，因而各州的地方政府的规划行政体制之间的差异较大，具有以州为主体的地方自治特征。德国的联邦政府享有规划立法权，虽然各州也有规划立法权，但必须与联邦的规划立法相一致。

日本的行政管理体制与英国类似，分为中央政府，都道府县和区市

町村三个层面。但日本的中央政府对于地方政府的城市规划的影响是以立法和财政为主，并不直接干预地方政府的规划编制和开发控制。

### 1.2.2　我国的城市规划行政体系

根据我国的《城市规划法》，建设部作为国务院的城市规划行政主管部门主管全国的城市规划工作，县级以上地方政府的城市规划行政主管部门主管相应行政区域内的城市规划工作。各级城市规划行政主管部门的职能主要体现在规划制定（包括编制和审批两个环节）和规划实施两个阶段。

#### 1.2.2.1　规划制定阶段的行政体制

（1）规划编制

全国城镇体系规划由国务院城市规划行政主管部门组织编制，省域城镇体系规划由省或自治区人民政府组织编制，市域城镇体系规划由城市人民政府或地区行署、自治州、盟人民政府组织编制，县域城镇体系规划由县或自治县、旗、自治旗人民政府组织编制，跨行政区域的城镇体系规划由有关地区的共同上一级人民政府的城市规划行政主管部门组织编制。

城市人民政府组织编制城市规划，县级人民政府组织编制县级以上人民政府所在地镇的城市规划。

（2）规划审批

全国城镇体系规划由国务院城市规划行政主管部门报国务院审批；省域城镇体系规划由省或自治区人民政府报经国务院同意后，由国务院城市规划行政主管部门批复；市域和县域城镇体系规划纳入城市和县级人民政府所在地镇的总体规划，依据《城市规划法》实行分级审批；跨行政区域

的城镇体系规划报有关地区的共同上一级人民政府审批。

直辖市的城市总体规划由直辖市人民政府报国务院审批。省和自治区人民政府所在地城市、城市人口在100万以上的城市和国务院指定的其他城市的总体规划，由省和自治区人民政府审查后，报国务院审批。

上述规定以外的城市和县级人民政府所在地镇的总体规划，报省、自治区、直辖市人民政府审批，其中市管辖的县级人民政府所在地镇的总体规划，报市人民政府审批。上述规定以外的其他建制镇的总体规划，报县级人民政府审批。

城市人民政府和县级人民政府在向上级人民政府报请审批总体规划前，须经同级人民代表大会或者其常务委员会审查同意。

城市总体规划的局部调整，报同级人民代表大会常务委员会和原批准机构备案；涉及城市性质、规模、发展方向和总体布局的重大变更，须经同级人民代表大会或者其常务委员会审查同意后，报原批准机构审批。

城市的分区规划和详细规划由城市人民政府审批。编制分区规划的城市的详细规划，除重要的详细规划由城市人民政府审批外，由城市规划行政主管部门审批。

单独编制的各级城市的人防建设规划和历史文化名城保护规划的审批还涉及到相关的政府主管部门，如人民防空管理机构和文物管理机构。单独编制的其他专业规划经当地城市规划行政主管部门综合协调后，报城市人民政府审批。

### 1.2.2.2　规划实施阶段的行政体制

在规划实施阶段，城市规划行政主管部门的职责涉及四个方面，分别是土地使用和建设工程的审批、竣工验收和监督检查、违法建设的处罚、行政复议。

《城市规划法》授权各地的城市规划行政主管部门对于城市规划区内的土地使用和建设工程进行审批，各地城市规划的行政主管部门可以参加城市规划区内重要建设工程的竣工验收，并且有权对城市规划区内的建设工程是否符合规划要求进行监督检查。

对于违法建设，各地规划行政主管部门依法进行处罚。如果当事方对于行政处罚决定不服，可以在规定期限内向上一级规划行政主管部门申请行政复议，或直接向人民法院提出起诉。

因此，规划实施主要是当地的城市规划行政主管部门的事务，上级规划行政主管部门只是受理行政复议。

## 1.3　城市规划的运作体系

城市规划的运作体系包括规划编制和规划实施（在许多国家又分别称为发展规划和开发控制）两个阶段。

### 1.3.1　城市规划编制体制

各国的规划编制体制虽然有所不同，但都可以分为两个基本层面，分别是城市发展规划和开发控制规划。城市发展规划是制定城市发展的中长期目标，以及在土地利用、交通管理、设施配置和环境保护等方面的相应策略，为城市的各个地区的开发控制规划提供指导框架。开发控制规划作为规划实施的法定依据，规划编制的内容和程序都必须遵循相应的规划法规，因而在许多国家又称为法定规划。

#### 1.3.1.1　国外的城市规划编制体制

如前所述，各个国家的规划编制体制都有城市发展规划和开发控制规划两个基本层面，如英国的结构规划和地方规划、德国的城市土地利用规划和分区建造规划、美国的综合规划和区划条例、日本的地域界划和土地使用分区管制。除此以外，有些国家还有更上层面和更大地域范围的发展规划，往往是为城市发展规划提供依据的区域性规划，如德国的国家空间秩序规划、州域规划和区域规划；而有些国家则有更下层面和更小地域范围的开发控制规划，作为对于一般的开发控制规划的细化和补充，适用于城市中的重要和特殊地区，如日本的街区规划范围往往只有数公顷，针对街区的特定情况，对于土地使用分区管制的规定进行细化，并且在必要情况下可以修改土地使用分区规划的有些规定，以增强街区发展的整体性和独特性。

#### 1.3.1.2　我国的城市规划编制体制

我国对应于城市发展规划和开发控制规划的分别是城市总体规划（包括大、中城市的分区规划）和控制性详细规划。各个层面的区域城镇体系规划为城市总体规划提供依据，而修建性详细规划只是作为特定情况下（如建设计划已经落实的重要地区）的开发控制依据。

### 1.3.2　城市规划实施体制

各国的情况不同，规划实施（或称为开发控制）的运作方式也有差异，但可以分为通则式和判例式两种基本类型。判例式开发控制的主要特征是作为规划实施依据的开发控制规划是比较原则的,规划部门在审理开发申请个案时,享有较大的自由裁量权,可以附加开发控制规划以外的具体条件,甚至在必要情况下可以修改开发控制规划的有些规定。判例式开发控制具有灵活性和针对性,但难免在确定性和客观性方面比较欠缺。通则式开发控制的主要特征是开发控制规划的各项规定比较具体,规划部门在审理开发申请个案时,以开发控制规划作为惟一依据,几乎不享有自由裁量权。由于各项规定都是事先就已明确的,通则式开发控制具有确定性和客观性,但在灵活性和适应性方面比较欠缺。

#### 1.3.2.1 国外的城市规划实施体制

美国和德国都采取通则式开发控制。美国的区划条例和德国的分区建造规划包括具体的和详尽的规划控制要求,并且作为规划审批的惟一依据,只要开发申请个案符合这些规定,就肯定能够获得规划许可。在英国,地方规划只是开发控制的主要依据,规划部门有权在审理开发申请个案时,附加特定的规划条件,并在必要情况下可以修改地方规划的有些规定。

由于通则式和判例式开发控制各有利弊,各国都试图在两者之间寻求更为完善的运作方式,往往采取由两个层面构成的开发控制体系。在第一层面上,针对整个城市发展地区,制定一般的开发控制规划,进行通则式管理;在第二层面上,划定城市中的各类重点地区,制定特殊的开发控制规划,进行判例式管理。

美国的一些城市在常规区划的基础上,对于特殊地区(如历史保护地区和景观突出地区)或特殊项目(如较大规模的开发项目),设置了城市设计评审的个案审理环节,以提高城市的景观环境品质。英国曾经设置简化规划地区,进行通则式开发控制的试验。日本在土地使用分区管制作为通则式开发控制的基础上,划定各类重点地区,制定街区规划,提出更为具体的和详尽的规划要求,并且可以对于土地使用分区管制进行必要的修改。

#### 1.3.2.2 我国的城市规划实施体制

在我国,控制性详细规划是开发控制的直接依据,在尚未编制控制性详细规划的地区,则往往以城市规划管理技术规定或类似的地方性规章作为依据。但是,我国的开发控制采取审批方式,规划部门可以在控制性详细规划或规划管理技术规定之外,针对特定的开发申请个案,提出更为具体的规划设计条件。因此,我国的控制性详细规划作为开发控制的直接依据,在内容上与美国的区划条例相似,但我国的开发控制方式则与英国相似。

我国的规划审批程序包括建设项目选址意见书、建设用地规划许可证和建设工程规划许可证三个环节,通常称为"一书两证"。

(1)建设项目选址管理

根据《城市规划法》第三十条,城市规划区内建设项目的选址和布局必须符合城市规划,建设项目在设计任务书报请批准时,必须附有城市规划行政主管部门的选址意见书。

(2)建设用地管理

根据《城市规划法》第三十一条,在城市规划区内进行建设需要申请用地的建设项目,必须向城市规划行政主管部门申请定点,由城市规划部门核定其用地位置和界限,提供规划设计条件。城市规划部门还将审核建设项目的规划方案是否符合规划设计要求,可能提出修改意见或者核发建设用地规划许可证。建设项目在取得建设用地规划许可证后,方可向地方人民政府的土地管理部门申请用地。

(3)建设工程管理

根据《城市规划法》第三十二条,在城市规划区内,新建、扩建和改建的建筑物、构筑物、道路、管线和其他工程设施必须向城市规划行政主管部门提出申请。城市规划部门将审核建设项目的设计方案是否符合规划设计要求,可能提出修改意见或者核发建设工程规划许可证。建设项目在取得建设工程规划许可证和其他有关批准文件后,方可申请办理开工手续。

# 2 城市规划的技术方法

城市规划过程大致可以划分为调查和分析发展条件、制定和评价行动方案、监督和检讨实施效果三个基本阶段。城市规划过程中采用的各种方法可以分为调查、分析、预测和评价四种类型（参见《城市规划原理》，全国城市规划执业制度管理委员会，2000年）。这些方法在其他公共政策领域中也是广泛应用的。

## 2.1 城市规划的调查方法

任何理性的决策过程都是建立在相关信息的基础上，城市规划也是如此。城市规划的调查工作就是收集与城市发展条件有关的信息，可以分为经济、社会和环境（包括自然环境和人工环境）三个基本领域，每个领域的信息又具有时间（不同阶段）和空间（不同地域）的属性。城市规划过程中的不同阶段对于各个领域的信息要求是不同的。

城市规划的调查方法与调查目的和对象有关，可以分为文献方法、问卷方法、访谈方法和观察方法四种基本类型。各种调查方法都有适用性和局限性。

### 2.1.1 文献方法

城市规划中的大量调查多采用文献方法。与城市规划相关的主要文献来源包括统计资料（如国家和地方的经济、社会和环境等方面的统计年鉴）、普查资料（如人口普查、房屋普查和产业普查等）、文件资料（如政府的有关文件、上一层面或前一阶段的规划文件）和档案资料（如地方志和专项志）。当然，城市规划的文献来源还包括各种相关的出版物。

### 2.1.2 问卷方法

问卷方式可以了解个人、企业和社会团体对于规划政策和规划方案的选择意愿、效果评价和改善建议，也可以收集从文献资料中无法获得的动态性和特定性的信息，如居民对于交通设施或其他公共设施的需求。对问卷通常要经过统计分析以获得有价值的信息。

### 2.1.3 访谈方法

与问卷方法相似，访谈方法适用于态度和行为的调查。访谈的方式可以是直接访谈或者电话访谈，也可以是单独访谈或者集体访谈（如针对规划议题的公众评议会或听证会）。在建成环境的使用行为调查中，还经常采用情景访谈，即在现场进行采访。由于访谈方法的成本较高，因而它只适用于那些只有通过访谈才能获得有效信息的调查工作，往往是需要通过对话在小范围内进行深入调查的特定案例或特定议题。

### 2.1.4 观察方法

观察是城市规划中经常采用的调查方法，特别适用于建成环境领域的现场调查工作，比如对于城市土地使用状况的现场踏勘和对于交通流量分布状况的现场记录等。

## 2.2 城市规划的分析方法

研究方法可以分为演绎法和归纳法两种基本类型。演绎法是范式性的分析方法，它以明确地阐明必要条件开始，进而进行逻辑推理，然后得出结论，因而是从一般到特殊的分析方法。归纳法是经验性的分析方法，它从实际证据来认识事物的性质，通过分析一定数量的同类事件进行归纳推理，从而得出关于此类事件的结论，因而是从特殊到一般的分析方法。

研究中的分析方法可以分为定性分析和定量分析两种基本类型。定量分析对于事物的状态和过程进行描述，而定性分析则对于状态和过程的因果机制进行解释。

对于调查得到的数据进行定量的分析，从中揭示调查对象的各种特征，为规划政策和规划方案的制定提供有价值的信息。许多统计分析方法可以用于城市规划领域的数据分析。

### 2.2.1 状态分析

对于调查数据进行统计分析，可以揭示调查对象的各种状态特征，其中最为重要的统计变量包括平均值、频率和离散系数。

#### 2.2.1.1 平均值

平均值定义为所有样本数据之和除以样本总数。平均值是调查对象的整体状态特征，可以用来对不同对象的整体状态进行比较，或者对同一对象在不同时期的整体状态进行比较，从而获得调查对象的比较信息。比如，一个城市的平均居住水平与其他城市进行横向比较，或者同一城市在不同时期中平均居住水平进行纵向比较。平均值的计算公式是

$$\overline{X} = \frac{1}{n}\sum_{i=1}^{n} x_i$$

#### 2.2.1.2 频率

频率是指一组数据中不同数值的

样本的出现次数相对于样本总数的比重，可以用来表示调查对象的状态构成特征，比如居住调查中某一居住水平的家庭占样本总数的比重。即使两个调查对象的平均值相同，它们的状态构成也会不同，要求制定相应的规划政策或方案。频率的计算公式是

频率＝某一数值（或区间值）的样本数／样本总数×100%

#### 2.2.1.3　离散系数

离散程度是指一组数据中所有样本数据相对于平均值的离散状况，离散系数是表达离散程度的统计变量。例如两个小区人均居住建筑面积一样，但可能其中一个小区基本都在平均值上下，而另一小区可能一些家庭居住建筑面积很高，而另一些家庭则很低。离散度则能反映这种苦乐不均离散的程度，数学上称标准差或均方差。

标准差（S）定义为一组数据对于其平均数的偏差平方的算术平均数的平方根，计算公式是

$$S = \sqrt{\frac{\sum (x_i - \overline{x})^2}{n}}$$

一组数据的离散系数越高，说明状态分布的不均匀性越大。同样，即使两个调查对象的平均值相同，离散状况可能不同，也要求制定相应的规划政策或方案。离散系数的定义是标准差与平均数的比值用百分比来表示，计算公式是

$$CV = S / \overline{X} \times 100\%$$

### 2.2.2　空间分析

城市规划的核心任务就是城市发展资源的空间配置，经常需要对于空间现象进行分析，包括空间分布和空间作用两种类型。

城市物质要素的空间分布有点状分布，如学校、医院等，有线状分布，如道路网，有面状分布，如不同区的人口分布等。可分别采用离散程度测度、网络测度、位商、罗伦兹曲线等测度分析方法。测度空间分布的方法可用来分析调查对象的空间分布变化以及与其他相关对象的空间分布之间的关系。

规划政策或规划方案涉及城市发展资源的空间分布，因此产生的影响也具有空间属性。比如一个新超级市场的建设会对附近其他超级市场产生影响，这些都反映了城市构成要素之间的空间作用，可以用城市空间引力模型进行分析。

### 2.2.3　相关分析

根据定性分析，可以知道城市中的各种要素之间存在着相关关系，如居住人口分布与公共设施分布之间的相关关系，土地开发强度与交通可达性之间的相关关系等。相关系数可以定量测定各个对象之间的相关程度，以验证定性分析的结论。

## 2.3　城市规划的预测和评价方法

### 2.3.1　城市规划的预测方法

规划就是对于未来发展进行合理安排。城市规划建立在对未来发展前景的预测基础上，对于各种发展资源进行空间配置，使之能够满足未来的经济和社会发展需求。因此，城市规划的一项重要工作就是对于规划期内各个阶段的经济和社会发展进行预测，作为资源空间配置的依据。

城市人口规模的预测是城市发展前景研究的一项核心内容，它影响到各种发展资源的配置。城市人口规模预测的常规方法包括综合平衡方法、劳动平衡法、带眷系数法和回归分析法等，适用于不同的情况。

需要指出的是，由于回归分析是以过去一段时期中自变量和因变量之间的相关关系为依据，来推测未来状态，因而是一种趋势外推的预测方法。一旦这种相关关系发生变化（如某些自变量的作用强化或者弱化），则会影响到预测结果的准确性。因此，采用回归分析法的外推年限不宜过远，应当每隔一段时间进行拟合验证。

### 2.3.2　城市规划的评价方法

一般的评价程序包括：（1）针对评价对象，确定评价的目标和准则；（2）选择评价因子，并且赋予相应的重要度（或称为权重）；（3）对于各个评价因子可能达到目标的程度进行判断和评分；（4）根据各个因子的评分和权重，得到总体评价结果（见表2.3.2）。

城市规划中的评价工作可分为两种基本类型，即发展条件或发展资源

| | 矩　阵　评　分　表 | | | | 表2.3.2 |
|---|---|---|---|---|---|
| 评价因子 j ＼ 备选方案 i | 评价因子 j | | | | 总体评价结果 |
| | 1 | 2 | 3 | 4 | |
| | 权重 W | | | | |
| | $W_1$ | $W_2$ | $W_3$ | $W_4$ | |
| 1 | $A_{11}$ | $A_{12}$ | $A_{13}$ | $A_{14}$ | $\sum\limits_{j=1}^{4} W_j \cdot A_{ij}$ |
| 2 | $A_{21}$ | $A_{22}$ | $A_{23}$ | $A_{24}$ | |
| 3 | $A_{31}$ | $A_{32}$ | $A_{33}$ | $A_{34}$ | |

的评价（如城市用地的适用性评价）和规划政策或规划方案的评价（如城市用地布局方案或建设项目选址方案的评价）。

与社会科学的其他领域相似，城市规划的政策或方案的评价也面临一些难以避免的困难。首先，城市规划政策或方案的评价往往是多目标的，这些目标（如经济效率和社会公正）之间往往又是相互冲突的；第二，确定评价因子的权重往往带有主观性，取决于不同的价值判断；第三，有些因子的评价标准往往是定性的而不是定量的，增加了对于评价因子进行综合评分和对于评价结果进行选择的难度。

针对城市规划的评价特点，已经产生了一些常用的评价方法，如成本—收益分析、规划平衡表和达成目标矩阵等。同时，通用的评价方法也在不断改善，以解决评价中所遇到的困难。为了提高评价过程中专家意见的客观性，美国兰德公司提出了特尔斐方法。针对评价中许多难以精确量化的问题，应用模糊数学原理，形成了模糊评定法。针对多目标和多因子评价的复杂状态，应用系统工程学的原理，形成了层次分析法。

# 3 城市规划的编制阶段

根据我国的《城市规划法》，城市规划编制分为总体规划和详细规划两个主要阶段，每个主要阶段又分为几个层面（见表3）。上一层面规划是下一层面规划的指导依据，下一层面规划是上一层面规划的实施措施。

## 3.1 城市总体规划的编制阶段

总体规划应当与国土规划、各类区域规划和土地利用总体规划以及区域城镇体系规划相协调。总体规划分为城市总体规划纲要、市域或县域城镇体系规划及城市总体规划和各项专业规划三个阶段。根据实际需要，大城市和中等城市可以在总体规划的基础上编制分区规划。

### 3.1.1 城市总体规划纲要的任务和内容

城市总体规划纲要的任务是：研究和确定城市总体规划的重大原则，并作为编制城市总体规划的依据。

城市总体规划纲要应当包括下列内容：

（1）论证城市国民经济和社会发展条件，原则确定规划期内城市发展目标；

（2）论证城市在区域发展中的地位，原则确定市(县)域城镇体系的结构与布局；

（3）原则确定城市性质、规模和总体布局，选择城市发展用地，提出城市规划区范围的初步意见；

（4）研究、分析和确定城市能源、交通、供水等城市基础设施开发建设的重大原则问题，以及实施城市规划的重要原则。

### 3.1.2 城镇体系规划的编制

城镇体系规划应当同相应区域的国民经济和社会发展长远计划、国土规划、区域规划及上一层次的城镇体系规划相协调。

城镇体系规划的任务是：综合评价城镇发展条件、制订区域城镇发展战略、预测区域人口增长和城市化水平；拟定各相关城镇的发展方向与规模、协调城镇发展与产业配置的时空关系，明确城镇等级、职能、空间结构；统筹安排区域基础设施、社会设施和生态环境、历史文化保护和建设，以引导和控制区域城镇的合理发展与布局、指导城市总体规划的编制。

区域城镇体系规划一般应当包括下列内容：

（1）综合评价区域与城市的发展和开发建设条件；

（2）预测区域人口增长，确定城市化目标；

（3）确定本区域的城镇发展战略，划分城市经济区；

（4）提出城镇体系的功能结构和城镇分工；

（5）确定城镇体系的等级和规模结构；

（6）确定城镇体系的空间布局；

（7）统筹安排区域基础设施和社会设施；

（8）确定保护区域生态环境、自然和人文景观以及历史文化遗产的原则和措施；

（9）确定各个时期重点发展的城镇，提出近期重点发展城镇的规划建议；

（10）提出实施规划的政策和措施。

**我国城市规划编制的主要阶段及其层面**　　　　　　　　表3

| 阶段 | 层面 | 备注 |
|---|---|---|
| 城市总体规划 | 总体规划纲要 | 确定总体规划重大原则：发展目标，区域中地位，市(县)域城镇体系结构与布局，城市性质、规模、总体布局、发展用地、规划范围、重大基础设施及措施 |
| | 市(县)域城镇体系规划 | 预测城镇化水平；区域基础设施网络和生态，历史文化保护与建设；城镇职能、等级、空间结构 |
| | 总体规划 | 确定城市性质、规模和空间形态，各项建设用地，基础设施，近远期建设的关系 |
| | 专项规划 | 包括道路交通规划、给水工程规划、排水工程规划、供电工程规划、通信工程规划、供热工程规划、燃气工程规划、园林绿地规划(文物古迹和风景名胜规划)、环境卫生设施规划、环境保护规划、防洪规划、地下空间开发利用及人防规划。此外，七度以上地震设防城市应编制抗震防灾规划，各级历史文化名城应编制历史文化名城保护规划 |
| | 分区规划 | 对于大、中等城市根据总体规划进行用地、人口、公共设施、基础设施分区深化 |
| 详细规划 | 控制性详细规划 | 细化各类建设用地界线，确定各项建设控制、引导指标及基础设施系统、道路控制标高等 |
| | 修建性详细规划 | 适用于建设计划已经明确的重要地区。进行空间布局、景观规划设计及道路、绿地、工程管线、竖向设计 |

资料来源：根据《城市规划编制办法》(1991年)和《城市规划编制办法实施细则》(1995年)进行归纳而成

### 3.1.3　城市总体规划的任务和内容

城市总体规划的主要任务是：综合研究和确定城市性质、规模和空间发展形态，统筹安排城市各项建设用地，合理配置城市各项基础设施，处理好远期发展与近期建设的关系，指导城市合理发展。

城市总体规划应当包括下列内容：

(1)市域或县域城镇体系规划(详见城镇体系规划的编制)；

(2)确定城市性质和城市发展方向，划定城市规划区范围；

(3)提出规划期内城市人口及用地发展规模，确定城市建设与发展用地的空间布局、功能分区、市中心和区中心的位置；

(4)确定城市对外交通系统的布局以及主要交通设施(包括铁路站场、港口、机场和长途汽车站场)的布局，确定城市主次干道系统的走向、断面和重要交叉口形式，确定主要停车场的规模和位置，在特大城市还应考虑大容量快速交通线路；

(5)综合协调并确定各种城市基础设施(包括供水、排水、防洪、供电、通信、燃气、供热、消防、环卫等设施)的发展目标和总体布局；

(6)确定城市河湖水系的治理目标和总体布局，分配沿海和沿江岸线；

(7)确定城市绿地系统的发展目标和总体布局；

(8)确定城市环境保护目标，提出防治污染措施；

(9)根据城市防灾要求，提出人防建设、抗震防灾规划目标和总体布局；

(10)确定需要保护的风景名胜、文物古迹和历史街区，划定保护和控制范围，提出保护措施，历史文化名城要编制专门的保护规划；

(11)确定城市旧区改建和用地调整的原则、方法和步骤，提出改善旧城区生产和生活环境的措施；

(12)综合协调市区与近郊区的各项建设，统筹安排近郊区的居住用地，公共服务设施、乡镇企业、基础设施和农田用地(包括菜场、园地、牧草地和副食品基地)，划定需要保留和控制的生态绿地；

(13)进行综合技术经济论证，提出规划实施步骤、措施和方法的建议；

(14)编制近期建设规划，确定近期建设目标、内容和实施步骤。

### 3.1.4　专项规划的任务和内容

城市总体规划阶段的各项专业包括道路交通规划、给水工程规划、排水工程规划、供电工程规划、通信工程规划、供热工程规划、燃气工程规划、园林绿地、文物古迹和风景名胜规划、环境卫生设施规划、环境保护规划、防洪规划、地下空间开发利用及人防规划。此外，七度以上地震设防城市应编制抗震防灾规划，各级历史文化名城应编制历史文化名城保护规划。

#### 3.1.4.1　道路交通规划的主要内容

(1)对外交通：铁路站、线、场用地范围，港口的码头、货场和疏港交通用地，航空港及交通联结，市际公路、快速公路与城市交通的联系，长途客运枢纽站的用地，城市交通与市际交通的衔接；

(2)城市客运与货运：确定城市客运交通和公交线路、站场分布；自行车交通，地铁和轻轨线路可行性研究

和建设安排，客运换乘枢纽，货运网络和货源点布局，货运站场和枢纽用地范围；

(3)道路系统：各项交通预测数据的分析和评价，主次干道系统的布局，重要桥梁、立体交叉、快速干道、主要广场、停车场的位置，自行车和行人专用道路系统。

#### 3.1.4.2　给水工程规划的主要内容

(1)确定用水量标准，估算生产、生活和市政用水总量；

(2)分析水资源供求平衡，选择水源地，确定供水能力、取水方式、净水方案和水厂制水能力；

(3)布置输水管网和配水干管，确定加压站的位置和数量；

(4)制定水源地防护措施。

#### 3.1.4.3　排水工程规划的主要内容(包括雨水工程与污水工程，必要时可以分别编制)

(1)确定排水制度；

(2)划分排水区域，估算雨水和污水总量，制定各个区域的污水排放标准；

(3)布置排水管网，确定主要泵站及位置；

(4)确定污水处理厂的位置、规模、处理等级和综合利用措施。

#### 3.1.4.4　供电工程规划的主要内容

(1)确定用电量指标、估算用电总负荷、最大用电负荷和分区负荷密度；

(2)选择供电电源；

(3)确定各个等级的变电站位置和容量，输配电系统的电压等级和敷设方式；

(4)制定高压走廊的用地范围和防护要求。

#### 3.1.4.5　通信工程规划的主要

内容

（1）制定各类通讯设施的标准和发展规模（包括长途电话、市内电话、电报、电视台、无线电台及部门通讯设施）；

（2）制定邮政设施的标准、服务范围、发展目标，确定主要局所网点的布局；

（3）确定通讯线路的布置、用地范围和敷设方式；

（4）确定通讯设施的布局和用地范围，划定收发讯区和微波通道的保护范围。

3.1.4.6　供热工程规划的主要内容

（1）估算供热负荷，确定供热方式；

（2）划分供热区域范围、布置热电厂；

（3）确定热力网系统和敷设方式；

（4）连片集中供热规划。

3.1.4.7　燃气工程规划的主要内容

（1）估算燃气消耗水平，选择气源，确定气源结构；

（2）确定燃气供应规模；

（3）确定输配系统供气方式、管网压力等级、管网系统，确定调压站、灌瓶站、贮存站等工程设施的布局。

3.1.4.8　环境卫生设施规划的主要内容

（1）制定环境卫生设施的配置原则和标准；

（2）估算生活废弃物总量，确定垃圾收集方式、堆放及处理、消纳场地的分布和规模；

（3）确定公共厕所的布局原则和数量。

3.1.4.9　防灾工程规划的主要内容

城市防灾工程包括消防、人防、抗震和防洪等方面的内容。根据各种灾害发生的可能性，选择相应的防灾工程标准，并确定各类防灾设施的分布和规模。

（1）消防工程规划：选择建筑设计的消防标准，确定消防设施（指消防站和消防栓）的分布和规模。

（2）人防工程规划：选择人防工程的建设标准，确定人防设施的分布和规模。

（3）防洪工程规划：选择防洪工程的建设标准，确定防洪和排涝设施（如防洪堤、排洪或截洪闸、防洪闸和排水泵站等）的分布和规模。

（4）抗震工程规划：选择抗震工程的建设标准，确定抗震设施（主要指疏散通道和疏散场地）的分布和规模。

3.1.4.10　环境保护规划的主要内容

（1）制定环境质量的规划目标，确定各种污染物的排放标准；

（2）划定环境分区及其质量标准；

（3）提出环境保护和污染治理的措施。

3.1.4.11　园林绿地、文物古迹和风景名胜规划的主要内容（必要时可以分别编制）

由于文物古迹和风景名胜往往是绿化品质较高的地区，园林绿地、文物古迹和风景名胜都具有游憩功能，因此可以统一规划。在文物古迹较为丰富和风景名胜较为突出的城市，可以分别编制专项规划。

（1）制定城市绿地的规划目标（如城市绿化覆盖率，建成区的绿地率，人均公共绿地面积和各类城市建设用地的绿地率等指标）；

（2）确定城市绿地系统的构成和空间结构；

（3）确定各类公共绿地、防护绿地和生产绿地的分布和范围；

（4）划定文物古迹、历史街区和风景名胜的保护范围，提出相应的控制要求。

3.1.4.12　地下空间开发利用及人防规划的主要内容（必要时可以分别编制）

（1）分析城市的战略地位；

（2）制定地下空间开发利用和人防工程建设的原则和重点；

（3）确定城市总体防护布局；

（4）确定人防工程规划布局；

（5）确定交通、基础设施的防空和防灾规划；

（6）确定贮备设施的布局。

3.1.4.13　历史文化名城保护规划的主要内容

（1）概述历史文化名城及其遗存的价值；

（2）提出保护原则和重点；

（3）制定总体规划层面的保护措施，包括控制人口规模、占据文物古迹和风景名胜的单位的搬迁、调整古城的功能和改善布局，以及古城的规划格局、空间形态和视线通廊等的保护措施；

（4）确定文物古迹保护项目，划定保护范围和建设控制地带，提出保护要求；

（5）确定需要保护的历史街区，划定范围并提出整治要求；

（6）提出重要历史文化遗产的整修、利用和展示的规划意见；

（7）制定规划实施的管理措施。

### 3.1.5　分区规划的任务和内容

分区规划期限应与总体规划相一致，分区界域应综合考虑总体规划结构、行政区域和自然地物。

分区规划的主要任务是：在总体规划的基础上，对于各个地区的土地使用、人口分布、公共设施和基础设施的配置作出深入一步的安排，以便为详细规划提供更为明确的依据。

分区规划应当包括下列内容：

（1）原则规定分区内土地使用性质、居住人口分布、建筑及用地容量的控制指标；

（2）确定市、区、居住区级公共中心的分布和用地范围；

（3）确定城市主、次干道的红线位置、断面、控制点坐标和标高，确定支路的走向和宽度，确定主要交叉口、广场、停车场的位置和控制范围；

（4）确定绿地、河湖水面、供电高压线走廊、对外交通设施、风景名胜用地界线，确定文物古迹和历史街区的保护范围、提出空间形态的保护要求；

（5）确定工程干管的位置、走向、管径和服务范围，以及主要工程设施的位置和用地范围。

## 3.2　详细规划的编制阶段

详细规划分为控制性详细规划和修建性详细规划两个编制阶段。

### 3.2.1　控制性详细规划的任务和内容

控制性详细规划的任务是：以总体规划或者分区规划为依据，详细规定建设用地的各项控制指标和其他规划要求，作为规划管理的依据，并指导修建性详细规划。

控制性详细规划应当包括下列内容：

（1）详细规定所规划范围内各类不同使用性质用地的界线，规定各类用地内适建、不适建或者有条件允许建设的建筑类型；

（2）规定各地块的建筑高度、建筑密度、容积率、绿地率等控制指标，规定交通出入口方位、停车泊位、建筑后退红线距离、建筑间距等要求；

（3）提出各地块的建筑体量、体形和色彩等要求；

（4）规定各级支路的红线位置、控制点坐标和标高；

（5）根据规划容量，确定工程管线的走向、管径和工程设施的用地界线；

（6）制定相应的土地使用及建筑管理规定。

### 3.2.2　修建性详细规划的任务和内容

修建性详细规划的任务是：以控制性详细规划为依据，对于建设计划已经明确的城市重要地区，往往也是在功能上、形态上和景观上都需要进行整合的地区（如城市公共中心和居住小区），进行具体安排和规划设计，用以指导各项建筑和工程设施的设计和施工。

修建性详细规划应当包括下列内容：

（1）建设条件分析及综合技术经济论证；

（2）做出建筑、道路和绿地等的空间布局和景观规划设计，总平面图设计；

（3）道路交通规划设计；

（4）绿地系统规划设计；

（5）工程管线规划设计；

（6）竖向规划设计；

（7）估算工程量、拆迁量和总造价，分析投资效益。

## 3.3　城市设计的编制

随着公众对于城市环境品质的日益关注，为了塑造城市的空间形象和景观风貌，使之具有整体性和独特性，城市设计成为各阶段城市规划编制的组成部分（参见《中华人民共和国城市规划法》解说，1990年）。

由于自然环境条件和建成环境特征不同，各个城市的整体城市设计也会有所侧重，但核心内容是城市空间形态，包括高度分区和天际轮廓、公共开放空间体系，具有重要景观意义的轴线网络和节点分布，还要划定具有独特景观风貌的地区，以便编制更为详细的地区城市设计。

以整体城市设计为依据，可以编制专项的和局部的城市设计。专项城市设计是针对城市空间形态和景观风貌的重要方面，制定更为专门的城市设计原则，比如城市高度分区、公共开放空间、街道景观、街道小品设计、广告招牌或城市照明等方面。局部城市设计是针对具有重要或独特景观品质的地区，制定更为详细的城市设计原则，比如具有传统风貌的街区、具有重要景观价值的滨水地区和城市中心地区等。

城市设计和城市规划之间的协同关系存在两种方式。一种方式是在城市规划的各个编制阶段（如总体规划、分区规划和控制性详细规划)中，都包含城市设计内容。另一种方式是城市设计作为相对独立的规划编制内容，包括总体城市设计、专项城市设计和局部城市设计。同一层面的城市规划和城市设计之间保持协调关系，并且都是作为下一层面的城市规划和城市设计的指导依据，尽管各个层面的城市规划和城市设计的地域范围可能并不完全一致。

# 第三部分  城市规划重要文件、法规资料索引

- 城镇建设战略与政策
- 城市规划编制与审批
- 城市规划实施与管理
- 城市用地分类、标准与计算
- 历史文化名城保护规划
- 村镇规划
- 道路交通规划
- 风景名胜区规划
- 城市绿地系统规划
- 市政工程规划
- 居住区规划与建筑工程防火
- 城市环境保护

# 1 城镇建设战略与政策

## 1.1 城镇化战略

### 《中共中央十六大会议报告》（节选）

(2002 年 11 月 8 日)

四、经济建设和经济体制改革

(二)全面繁荣农村经济，加快城镇化进程。统筹城乡经济社会发展，建设现代农业，发展农村经济，增加农民收入，是全面建设小康社会的重大任务。加强农业基础地位，推进农业和农村经济结构调整，保护和提高粮食综合生产能力，健全农产品质量安全体系，增强农业的市场竞争力。积极推进农业产业化经营，提高农民进入市场的组织化程度和农业综合效益。发展农产品加工业，壮大县域经济。开拓农村市场，搞活农产品流通，健全农产品市场体系。

农村富余劳动力向非农产业和城镇转移，是工业化和现代化的必然趋势。要逐步提高城镇化水平，坚持大中小城市和小城镇协调发展，走中国特色的城镇化道路。发展小城镇要以现有的县城和有条件的建制镇为基础，科学规划，合理布局，同发展乡镇企业和农村服务业结合起来。消除不利于城镇化发展的体制和政策障碍，引导农村劳动力合理有序流动。

坚持党在农村的基本政策，长期稳定并不断完善以家庭承包经营为基础、统分结合的双层经营体制。有条件的地方可按照依法、自愿、有偿的原则进行土地承包经营权流转，逐步发展规模经营。尊重农户的市场主体地位，推动农村经营体制创新。增强集体经济实力。建立健全农业社会化服务体系。加大对农业的投入和支持，加快农业科技进步和农村基础设施建设。改善农村金融服务。继续推进农村税费改革，减轻农民负担，保护农民利益。

(三)积极推进西部大开发，促进区域经济协调发展。实施西部大开发战略，关系全国发展的大局，关系民族团结和边疆稳定。要打好基础，扎实推进，重点抓好基础设施和生态环境建设，争取十年内取得突破性进展。积极发展有特色的优势产业，推进重点地带开发。发展科技教育，培养和用好各类人才。国家要在投资项目、税收政策和财政转移支付等方面加大对西部地区的支持，逐步建立长期稳定的西部开发资金渠道。着力改善投资环境，引导外资和国内资本参与西部开发。西部地区要进一步解放思想，增强自我发展能力，在改革开放中走出一条加快发展的新路。

中部地区要加大结构调整力度，推进农业产业化，改造传统产业，培育新的经济增长点，加快工业化和城镇化进程。东部地区要加快产业结构升级，发展现代农业，发展高新技术产业和高附加值加工制造业，进一步发展外向型经济。鼓励经济特区和上海浦东新区在制度创新和扩大开放等方面走在前列。支持东北地区等老工业基地加快调整和改造，支持以资源开采为主的城市和地区发展持续产业，支持革命老区和少数民族地区加快发展，国家要加大对粮食主产区的扶持。加强东、中、西部经济交流和合作，实现优势互补和共同发展，形成若干各具特色的经济区和经济带。

(八)千方百计扩大就业，不断改善人民生活。就业是民生之本。扩大就业是我国当前和今后长时期重大而艰巨的任务。国家实行促进就业的长期战略和政策。各级党委和政府必须把改善创业环境和增加就业岗位作为重要职责。广开就业门路，积极发展劳动密集型产业。对提供新就业岗位和吸纳下岗失业人员再就业的企业给予政策支持。引导全社会转变就业观念，推行灵活多样的就业形式，鼓励自谋职业和自主创业。完善就业培训和服务体系，提高劳动者就业技能。依法加强劳动用工管理，保障劳动者的合法权益。高度重视安全生产，保护国家财产和人民生命的安全。

发展经济的根本目的是提高全国人民的生活水平和质量。要随着经济发展不断增加城乡居民收入，拓宽消费领域，优化消费结构，满足人们多样化的物质文化需求。加强公共服务设施建设，改善生活环境，发展社区服务，方便群众生活。建立适应新形势要求的卫生服务体系和医疗保健体系，着力改善农村医疗卫生状况，提高城乡居民的医疗保健水平。发展残疾人事业。继续大力推进扶贫开发，巩固扶贫成果，尽快使尚未脱贫的农村人口解决温饱问题，并逐步过上小康生活。

胜利完成经济建设和经济体制改革的各项任务，对加快推进社会主义现代化具有决定性意义。只要全党和全国各族人民同心同德，艰苦奋斗，我们就一定能够建立完善的社会主义市场经济体制，在新世纪新阶段继续保持国民经济持续快速健康发展。

### 《中华人民共和国国民经济和社会发展第十个五年计划纲要》(节选)

(2001 年 3 月 15 日第九届全国人民代表大会第四次会议批准)

第九章　实施城镇化战略，促进城乡共同进步

提高城镇化水平，转移农村人口，有利于农民增收致富，可以为经济发展提供广阔的市场和持久的动力，是优化城乡经济结构，促进国民经济良性循环和社会协调发展的重大措施。随着农业生产力水平的提高和工业化进程的加快，我国推进城镇化的条件已渐成熟，要不失时机地实施城镇化战略。

第一节　形成合理的城镇体系

推进城镇化要遵循客观规律，与经济发展水平和市场发育程度相适应，循序渐进，走符合我国国情、大中小城市和小城镇协调发展的多样化城镇化道路，逐步形成合理的城镇体系。有重点地发展小城镇，积极发展中小城市，完善区域性中心城市功能，发挥大城市的辐射带动作用，引导城镇密集区有序发展。防止盲目扩大城市规模。要大力发展城镇经济，提高城镇吸纳就业的能力。加强城镇基础设施建设，健全城镇居住、公共服务和社区服务等功能。以创造良好的人居环境为中心，加强城镇生态建设和污染综合治理，改善城镇环境。加强城镇规划、设计、建设及综合管理，形成各具特色的城市风格，全面提高城镇管理水平。

第二节　有重点地发展小城镇

发展小城镇是推进我国城镇化的重要途径。小城镇建设要合理布局，科学规划，体现特色，规模适度，注重实效。要把发展重点放到县城和部分基础条件好、发展潜力大的建制镇，使之尽快完善功能，集聚人口，发挥农村地域性经济、文化中心的作用。发展小城镇的关键在于繁荣小城镇经济，把引导农村各类企业合理集聚、完善农村市场体系、发展农业产业化经营和社会化服务等与小城镇建设结合起来。

第三节　消除城镇化的体制和政策障碍

打破城乡分割体制，逐步建立市场经济体制下的新型城乡关系。改革城镇户籍制度，形成城乡人口有序流动的机制。取消对农村劳动力进入城镇就业的不合理限制，引导农村富余劳动力在城乡、地区间的有序流动。改革完善城镇用地制度，调整土地利用结构，盘活土地存量，在保护耕地和保障农民合法权益的前提下，妥善解决城镇建设用地。广辟投融资渠道，建立城镇建设投融资新体制，形成投资主体多元化格局。在政府引导下主要通过发挥市场机制作用建设小城镇，鼓励企业和城乡居民投资。科学制定设市、设镇标准，尽快形成符合市场经济体制和城镇化要求的行政管理体制。加强政策协调，改进城镇化的宏观管理。

# 1.2 促进小城镇健康发展政策

《中共中央　国务院关于促进小城镇健康发展的若干意见》

（中发［2000］11号）

2000年6月13日

党的十五届三中全会通过的《中共中央关于农业和农村工作若干重大问题的决定》指出："发展小城镇，是带动农村经济和社会发展的一个大战略"。当前，各地积极贯彻落实中央精神，小城镇的发展形势总的是好的。但也存在着一些不容忽视的问题：一是有些地方缺乏长远、科学的规划，小城镇布局不合理；有些地方存在不顾客观条件和经济社会发展规律，盲目攀比、盲目扩张的倾向；多数小城镇基础设施不配套，影响城镇整体功能的发挥；小城镇自身管理体制不适应社会主义市场经济的要求。为促进小城镇健康发展，特提出如下意见：

一、充分认识发展小城镇的重大战略意义

对农业和农村经济结构进行战略性调整，全面提高农业和农村经济的整体素质和效益，增加农民收入，提高农民生活水平，是当前和今后一个时期我国农业和农村工作的首要任务。发展小城镇，可以加快农业富余劳动力的转移，是提高农业劳动生产率和综合经济效益的重要途径，可以促进乡镇企业适当集中和结构调整，带动农村第三产业特别是服务业的迅速发展，为农民创造更多的就业岗位。这对解决现阶段农村一系列深层次矛盾，优化农业和农村经济结构，增加农民收入，具有十分重要的作用。

扩大国内需求，开拓国内市场特别是农村市场，是我国经济发展的基本立足点和长期战略方针，发展小城镇，可以有效带动农村基础设施建设和房地产业的发展，扩大投资需求尤其是吸引民间投资，可以明显提高农民消费的商品化程度，扩大对住宅、农产品、耐用消费品和服务业的需求。这不仅有利于缓解当前国内需求不足和农产品阶段性过剩状况，而且也为整个工业和服务业的长远发展拓展新的市场空间。

加快我国城镇化进程，实现城镇化与工业化协调发展，小城镇占有重要的地位。发展小城镇，可以吸纳众多的农村人口，降低农村人口盲目涌入大中城市的风险和成本，缓解现有大中城市的就业压力，走出一条适合我国国情的大中小城市和小城镇协调发展的城镇化道路。

发展小城镇，是实现我国农村现代化的必由之路。农村人口进城定居，有利于广大农民逐步改变传统的生活方式和思想观念；有利于从整体上提高我国人口素质，缩小工农差别和城乡差别；有利于实现城乡经济社会协调发展，全面提高广大农民的物质文化生活水平。

当前，加快城镇化进程的时机和条件已经成熟。抓住机遇，适时引导小城镇健康发展，应当作为当前和今后较长时期农村改革与发展的一项重要任务。

二、发展小城镇必须坚持的指导原则

发展小城镇要以党的十五届三中全会确定的基本方针为指导，遵循以下原则。

——尊重规律，循序渐进。小城镇是经济社会发展到一定阶段的产物，必须尊重客观规律，尊重农民意愿，量力而行。要优先发展已经具有一定规模、基础条件较好的小城镇，防止不顾客观条件，一哄而起，遍地开花，搞低水平分散建设。不允许以小城镇建设为名，乱集资、乱摊派，加重农民和企业负担。

——因地制宜，科学规划。我国幅员辽阔，经济发展不平衡，发展小城镇的条件也各不相同。各地要从实际出发，根据当地经济发展水平、区位特点和资源条件，搞好小城镇的规划和布局，突出重点，注重实效，防止不切实际，盲目攀比。

——深化改革，创新机制。小城镇建设和管理要按照社会主义市场经济的要求，改革创新，广泛开辟投融资渠道，促进基础设施建设和公益事业发展，走出一条在政府引导下，主要通过市场机制建设小城镇的路子。要转变政府职能，从根本上降低管理成本，提高管理效率。

——统筹兼顾，协调发展。发展小城镇，不能削弱农业的基础地位。要利用小城镇连接城乡的区位优势，促进农村劳动力、资金、技术等生产要素优化配置，推动一、二、三产业协调发展。要坚持物质文明和精神文明一起抓，在搞好小城镇经济建设的同时大力推进教育、科技、文化、卫生以及环保等事业的发展，实现城市经济社会和生态环境的可持续发展。

城镇化水平的提高是一个渐进的过程。发展小城镇既要积极，又要稳妥。力争经过10年左右的努力，将一部分基础较好的小城镇建设成为规模适度、规划科学、功能健全、环境整洁、具有较强辐射能力的农村区域性经济文化中心，其中少数具备条件的小城镇要发展成为带动能力更强的小城市，使全国城镇化水平有一个明显的提高。

三、发展小城镇要统一规划和合理布局

各级政府要按照统一规划、合理布局的要求，抓紧编制小城镇发展规划，并将其列入国民经济和社会发展计划。重点发展现有基础较好的建制镇，搞好规划，逐步发展。在大城市周边地区，要按照产业和人口的合理分布，适当发展一批卫星城镇。在沿海发达地区，要适应经济发展较快的要求，完善城镇功能，提高城镇建设水平，更多地吸纳农村人口。在中西部地区，应结合西部大开发战略，重点支持区位优势和发展潜力比较明显的小城镇加快发展。要严格限制新建制镇的审批。

在小城镇的规划中，要注重经济社会和环境的全面发展，合理确定人口规模与用地规模，既要坚持建设标准，又要防止贪大求洋和乱铺摊子。规划的编制要严格执行有关法律法规，切实做好与土地利用总体规划以及交通网络、环境保护、社会发展等各方面规划的衔接的协调。规划的调整要按法定程序办理。小城镇建设要各具特色，切忌千篇一律，特别要注意保护文物古迹以及具有民族和地方特点的文化自然景观。

四、积极培育小城镇的经济基础

充满活力的经济是小城镇繁荣和发展的基础。要根据小城镇的特点，以市场为导向，以产业为依托，大力发展特色经济，着力培育各类农业产业化经营的龙头企业，形成农副产品的生产、加工和销售基地。要发挥小城镇功能和连接大城市的区位优势，兴办各种服务行业，因地制宜地发展各类综合性或专业性商品批发市场。要充分利用风景名胜及人文景观，发展观光旅游业。

要通过完善基础设施建设，加强服务，减轻企业负担等措施，吸引乡镇企业进镇。要鼓励农村新办企业向镇区集中。要抓住国有企业战略改组的机遇，吸引技术、人才和相关产业向小城镇转移。鼓励大中城市的工商企业到小城镇开展产品开发、商业连锁、物资配送、旧货调剂、农副产品批发等经营活动。鼓励商业保险机构拓宽服务范围，到小城镇开展各类商业保险业务。

五、充分运用市场机制搞好小城镇建设

各地要制定相应的优惠政策，吸引企业、个人及外商以多种方式参与小城镇基础设施的投资、建设和经营，多渠道投资小城镇教育、文化、卫生等公用事业，走出一条在政府引导下主要依靠社会资金建设小城镇的路子。对有收益的基础设施，可合理确定服务价格，实行有偿使用。鼓励相邻的小城镇共建、共享某些基础设施，提高投资效益。

金融机构要拓宽服务领域，积极参与和支持小城镇建设。国有商业银行要采取多种形式，增加对小城镇建设的贷款数额，逐步开展对稳定收入的进镇农民在购房、购车和其他消费方面的信贷业务。

为促进小城镇健康发展，国家要在农村电网改造、公路、广播电视、通讯等基础设施建设方面给予支持。地方各级政府要根据自身财力状况，重点支持小城镇镇区道路、供排水、环境整治、信息网络等公用设施和公益事业建设。要严格建设项目审批程序,严禁以小城镇建设为名,铺张浪费,大搞楼堂馆所。

**六、妥善解决小城镇建设用地**

发展小城镇要统一规划,集中用地,做到集约用地和保护耕地。要通过挖潜,改造旧镇区,积极开展迁村并点,土地整理,开发利用荒地和废弃地,解决小城镇的建设用地。要采用严格保护耕地的措施,防止乱占耕地。

小城镇建设用地要纳入省(自治区、直辖市)、市(地)、县(市)土地利用总体规划和土地利用年度计划。对重点小城镇的建设用地指标,由省级土地管理部门优先安排。对以迁村并点和土地整理等方式进行小城镇建设的,可在建设用地计划中予以适当支持。要严格限制分散建房的宅基地审批,鼓励农民进镇购房或按规划集中建房,节约的宅基地可用于小城镇建设用地。

小城镇建设用地,除法律规定可以划拨的以外,一律实行有偿使用。小城镇现有建设用地的有偿使用收益,留给镇财政,统一用于小城镇的开发和建设。小城镇新增建设用地的有偿使用收益,要优先用于重点小城镇补充耕地,实现耕地占补平衡。

**七、改革小城镇户籍宣传制度**

为鼓励农民进入小城镇,从2000年起,凡在县级市市区、县人民政府驻地镇及县以下小城镇有合法固定住所、稳定职业或生活来源的农民,均可根据本人意愿转为城镇户口,并在子女入学、参军、就业等方面享受与城镇居民同等待遇,不得实行歧视性政策。对在小城镇落户的农民,各地区、各部门不得收取城镇增容费或其他类似费用。

要积极探索适合小城镇特点的社会保障制度。对进镇落户的农民,可根据本人意愿,保留其承包土地的经营权,也允许依法有偿转让。农村集体经济组织要严格承包合同管理,防止进镇农民的耕地撂荒和非法改变用途。对进镇农户的宅基地,要适时置换出来,防止闲置浪费。

小城镇户籍制度改革,要高度重视进镇人口的就业问题。各省、自治区、直辖市人民政府要按照国家有关规定和当地实际情况,制定小城镇户籍制度改革的具体办法。

**八、完善小城镇政府的经济和社会管理职能**

要积极探索适合小城镇特点的新型城镇管理体制,大力精减人员,把小城镇政府建成职能明确、结构合理、精干高效的政府。镇政府要集中精力管理公共行政和公益性事业,创造良好的投资环境和社会环境,避免包揽具体经济事务。在规定的机构编制限额内,镇政府可根据实际需要设置机构和配备人员,不要求上下对口。小城镇政府的行政开支要严格实行预决算制度,不得向社会摊派。

理顺县、镇两级财政关系,完善小城镇的财政管理体制。具备条件的小城镇,应按照有关法律的要求,设立独立的一级财税机构和镇级金库,做到"一级政府,一级财政"。根据财权与事权相统一和调动县(市)、镇两个积极性的原则,明确小城镇政府的事权和财权,合理划分收支范围,逐步建立稳定、规范、有利于小城镇长远发展的分税制财政体制。对尚不具备实行分税制条件的小城镇,要在协调县(市)、镇两级财政关系的基础上,合理确定小城镇的收支基数,对重点发展的小城镇,在实行分税制财政体制之前,其地方财政超收部分的全部或大部分留与镇级财政。

**九、搞好小城镇的民主法制建设和精神文明建设**

在小城镇的建设和管理中,要加强民主和法制建设,健全民主监督机制,依法行政。根据户籍管理制度改革的新特点,搞好小城镇的社会治安综合治理,依法严厉打击各种刑事犯罪行为,严厉打击邪教和利用宗教形式进行的非法活动,建立良好的社会秩序。

要大力提高镇区居民和进镇农民的思想道德水平和科学文化素质,采用各种行之有效的形式,宣传有中国特色社会主义理论和党的各项方针、政策,普及科学文化知识,教育和引导农民移风易俗，破除迷信，革除陋习，逐步形成适应城镇要求的生活方式和生育观念，用社会主义精神文明占领小城镇的思想文化阵地。

进一步加强小城镇的干部队伍建设。结合机构改革，选调一批政治素质高、年富力强、懂经济、会管理的同志，充实到小城镇的领导岗位。加强对镇政府主要负责人的培训，提高他们的民主法制观、政策水平和管理能力。

十、加强对发展小城镇工作的领导

发展小城镇的规划和组织实施工作主要由地方负责。各省、自治区、直辖市党委和人民政府，要根据本意见的精神，认真研究制定促进小城镇健康发展的具体政策措施，分级负责，扎实做好工作。

中央和国务院各有关部门要通力协作，各司其职，加强对发展小城镇的政策指导和协调。要选择一些基础好、具有较大发展潜力的建制镇作为试点，做好服务工作。使这些小城镇在规划布局、体制创新、城镇建设、可持续发展和精神文明建设等方面，为其他小城镇提供示范和经验。

## 建设部关于贯彻《中共中央、国务院关于促进小城镇健康发展的若干意见》的通知
### (建村 [2000] 191号)

各省、自治区、直辖市建委(建设厅)，计划单列市建委，新疆生产建设兵团建设局：

中共中央2000年6月13日下发的中发(2000)11号文件，即中共中央、国务院《关于促进小城镇健康发展的若干意见》(以下简称《意见》)，是促进我国小城镇健康发展的纲领性文件。《意见》对进一步搞好小城镇建设工作做出了全面部署，必将推动全国小城镇快速健康发展。为认真贯彻落实《意见》精神，切实搞好小城镇建设工作，特作如下通知：

一、认真学习领会《意见》精神，深化认识，增强责任感

《意见》全面、深刻地分析了当前小城镇发展的形势和存在的主要问题，阐述了发展小城镇的重大战略意义、指导原则和政策措施，为促进小城镇健康发展指明了方向。各级建设行政主管部门要认真组织学习，全面深刻领会《意见》精神，进一步提高对发展小城镇重大战略意义的认识，增强历史责任感和紧迫感。要充分认识搞好小城镇规划建设管理，促进小城镇健康发展，是建设部门的重要职责和重要任务。要按照《意见》的要求，认真分析本地区小城镇发展的情况，针对存在的问题，尽快提出符合本地实际的具体措施，并认真组织实施。

二、进一步明确小城镇规划建设管理工作的指导思想、指导原则和发展目标

根据《意见》精神，当前和"十五"期间，全国小城镇规划建设管理工作总的指导思想是，以邓小平理论为指导，认真贯彻党的十五届三中全会和《意见》精神，以促进国民经济和社会发展为目标，以提高水平和效益为中心，因地制宜，突出重点，以点带面，积极稳妥地推进小城镇建设。

小城镇规划建设管理工作的指导原则是：第一，因地制宜，突出重点，注重实效，量力而行。从本地经济社会发展的实际情况出发，尊重经济社会发展规律和农民意愿，科学规划，合理布局，逐步实施，重点支持具有发展优势的小城镇。避免一哄而起，遍地开花。第二、以促进经济社会发展为目标。通过加快小城镇建设，推动农村一、二、三产业协调发展。第三，充分运用市场机制。转变"等""靠""要"的思想观念，走政府引导下、依靠市场机制建设小城镇的路子。第四，坚持可持续发展战略。保护资源和生态环境，加强环境污染的治理，努力改善小城镇环境。特别是要把合理用地、节约用地、保护耕地置于首位。第五，坚持以提高质量和水平为中心。从单纯追求数量增长转变到提高质量和水平上来。科学决策，精心指导，严格管理。

当前和"十五"期间，小城镇规划建设管理工作的主要任务和发展目标是：优化小城镇发展布局；加强基础设施和公共设施建设，完善小城镇功能；大力改善住区环境；把15%的建制镇建设成

为规模适度、经济繁荣、布局合理、设施配套、功能健全、环境整洁、具有较强辐射能力的农村区域性经济文化中心，其中少数具备条件的小城镇发展成为带动能力更强的小城市。小城镇的自来水普及率达到90%以上，道路铺装率达到80%以上；电力、电讯建设基本满足小城镇发展需要；人均公共绿地达到3.5平方米。

各地要根据《意见》精神，结合本地区的具体情况，尽快明确本地区当前和"十五"期间或更长时期的小城镇规划建设管理工作的指导思想和原则，确定主要任务和发展目标。

三、科学规划，合理布局，努力提高小城镇的规划水平

各级建设行政主管部门要按照《意见》要求，切实加强规划工作的组织和管理。各级领导特别是县(市)长、乡镇长，要进一步增强规划意识，加大规划编制经费的投入，保证编制规划的需要。

各地要按照《意见》提出的小城镇发展总体布局要求，结合省域城镇体系规划的编制，尽快明确本地区小城镇发展的思路和空间格局，确定中心镇的选取标准和数量。

各地要迅速组织力量，按照《城镇体系规划编制和审批办法》和《县域城镇体系规划编制要点》，对县(市)域城镇体系规划编制情况进行一次全面检查。没有编制城镇体系规划的县(市)，要尽快组织编制；规划深度达不到要求的，要调整完善；规划已经不适应发展需要的，要重新编制。发达地区必须在2001年底前完成，其他地区原则上应在2002年底前完成。

在县(市)域城镇体系规划的指导下，严格按照《村镇规划编制办法》和《村镇规划标准》，认真搞好小城镇规划编制和调整完善工作，力争2001年底前完成。要严把小城镇规划审批关，规划报批前要组织专家评审，加强技术指导，确保规划质量。

四、突出重点，积极推进中心镇建设

小城镇建设工作的重点是抓好中心镇的建设。各级建设行政主管部门要依据当地经济社会发展规划，科学确定一批具有区位优势、产业优势、规模优势的中心镇，置于优先发展建设的地位。中心镇的数量不宜太多，一般每县(市)1～2个为宜。各地要把中心镇的发展建设作为主要任务，切实抓好，从领导班子配备建设，到建设管理机构设置以及各项扶持政策上给以必要的倾斜，以适应小城镇建设发展的需要。

中心镇建设，首要任务是认真做好规划，科学确定镇的性质、规模和发展方向，明确功能分区，统筹布置好各项建设。中心镇规划的编制和调整完善工作，应在被确定为中心镇之后一年内完成，并由乙级以上资质等级的规划单位编制，以确保规划设计水平。要依据经过批准的总体规划，对需要开发建设的地区编制详细规划，详细规划要经过县级建设行政主管部门批准后实施。没有编制详细规划的，不得安排和批准各项建设。要认真做好重点地段、重点建筑的规划和设计。

中心镇建设要着力其规模的扩大和功能的完善，以充分发挥其规模聚集效益。要根据实际需要，结合行政区划调整，扩大规模，增强其辐射能力。对所辖分散、零乱的村庄，要根据有利生产，方便生活，群众自愿的原则，进行迁村并点的试验工作。要优化、配套基础设施和公共设施的建设，提高设施建设的品位和档次；积极引导乡镇企业向工业小区集中、住宅向居住小区集中。中心镇所辖村庄新建工厂原则上停止规划审批，停止镇区居民分散建住宅宅基地的规划审批。要加大综合开发、配套建设的力度。

全面提高中心镇的建设质量和水平。中心镇的工程合格率要保证达到100%。要控制分散建设，大力推进统一组织、综合建设和综合开发的建设方式。要切实加强小城镇的规划设计、施工和房地产开发力量。各个县(市)要尽快创造条件，成立具有丁级以上资质的规划设计单位。中心镇一般要有具有一定资质的施工企业和房地产开发企业。

五、充分运用市场机制，认真抓好基础设施、公共设施的建设

要加大对小城镇基础设施和公共设施的资金投入。在小城镇收取的城市维护建设税，要按有关规定全额返还，不得克扣、截留和挪用。其他城市维护建设税也要根据实际情况确定一定比例，用于小城镇基础设施和公共设施建设。

要充分运用市场机制，打破行业、区域和所有制界限，采取股份合作或股份制、租赁制、独资、合资经营等多种形式，鼓励单位和个人投资经营。要制定优惠政策，扩大招商引资，多渠道筹集小城镇基础设施和公共设施建设资金。小城镇公用事业的建设与管理，除必须由政府管理的(如水质、水价等)以外，都要放开经营，允许公平竞争，实行合理计价，有偿使用。地方政府要制定具体办法，依法维护投资人、受益人的合法权益。

要重点解决好供水、供电、道路和通讯等设施的配套建设，努力提高设施的现代化水平。要注意安排好文化、娱乐、广播电视、体育场馆、学校、医院和市场等社会服务设施的建设，为农村精神文明建设创造良好的条件。基础设施和公共设施建设要提倡和鼓励区域内共建共享，避免重复建设和资源、财力的浪费。

六、认真抓好试点和示范镇建设

各级建设行政主管部门要继续抓好不同形式、不同内容、不同层次的试点，积累经验，分类指导。全国小城镇建设试点镇工作主要委托各省、自治区、直辖市建设行政主管部门具体抓。各地要根据试点工作方案的要求，进一步完善工作措施，认真抓好，及时总结推广经验。建设部将于明年适当时候召开试点工作经验交流会，推动全国试点工作的健康发展。

根据《意见》要求和国务院领导同志的指示精神，建设部将重点抓好乡村城市化试点和小城镇示范镇的建设，并在规划编制、供水等设施建设方面给予一定的技术、政策、资金上的支持。试点县(市)和示范镇要尽快提出切实可行的工作实施方案，经省、自治区、直辖市建设部门同意后，报建设部审批。实施方案应主要包括2000～2005年发展目标、任务和工作措施。要建立健全相关工作制度，如联系汇报制度、档案制度及技术培训制度等，定期研究解决工作中的重大问题，切实加强管理。建设部将通过座谈讨论、现场交流、组织培训及考察交流等形式，加强地方间的相互学习和促进。

引入激励机制，对试点和示范镇实行动态管理，定期进行检查考评，对不适宜作为试点或示范的将取消其试点、示范资格。

七、健全机构，壮大队伍，依法管理

要建立健全各级村镇建设管理机构。各级建设行政主管部门都应当设置专门的机构或配备专门的人员从事村镇建设管理工作，特别要加强乡镇一级村镇建设管理机构的建设。要建立健全村镇建设社会化服务体系，为村镇建设提供技术服务，并根据村镇建设管理部门的委托承担部分村镇建设管理职能。

要加强村镇建设管理人员、技术人员的培训。尽快制定培训计划，分期、分批对小城镇的镇长、建设助理员、部分技术人员，尤其是中心镇、示范镇建设管理和技术人员进行培训，并进行严格考核。应适当组织对县(市)长的培训。要继续推行村镇建设助理员持证上岗制度，有计划地录用一定数量的大中专毕业生到村镇建设管理部门和技术服务机构工作。

要逐步完善小城镇建设的法规，修订完善小城镇建设的技术标准、规范，规范管理制度和程序。要加强建设法规知识的普及，逐步提高小城镇干部、居民的法律意识，增强遵纪守法的自觉性。要严格办事程序，积极推进依法行政。县级建设行政主管部门和小城镇政府要公开建设审批的办理条件和程序，增强服务意识，提高办事效率。加强执法力度，及时查处违法建设行为。

要规范规划设计和建筑市场，逐步建立备案和市场准入制度。地方建设行政主管部门和小城镇政府要组织对进入小城镇的规划设计和施工队伍进行监督审查，严禁无证、越级承担规划设计和施工任务。对不符合规划要求的建设项目，不得办理规划批准手续。对于建筑设计、施工力量不符合有关规定的，不得办理开工批准手续。要推行专家评审规划制度和规划公示制度，有条件的地方要成立工程质量监督站，以确保规划设计和工程质量。

在促进小城镇健康发展的进程中，各级建设行政主管部门要不断加强调查研究，积极探索和试验，主动协助政府，加强与相关部门协调，制定和完善相关配套政策，为小城镇的健康发展创造良好的政策环境。

各地要将贯彻落实中发(2000)11号文件和本通知的情况，及时上报建设部村镇建设指导委员会办公室。

二〇〇〇年八月三十日

# 1.3　资源和环境政策

## 《中共中央十六大会议报告》（节选）

（2002年11月8日）

四、经济建设和经济体制改革

（一）走新型工业化道路，大力实施科教兴国战略和可持续发展战略。实现工业化仍然是我国现代化进程中艰巨的历史性任务。信息化是我国加快实现工业化和现代化的必然选择。坚持以信息化带动工业化，以工业化促进信息化，走出一条科技含量高、经济效益好、资源消耗低、环境污染少、人力资源优势得到充分发挥的新型工业化路子。

推进产业结构优化升级，形成以高新技术产业为先导、基础产业和制造业为支撑、服务业全面发展的产业格局。优先发展信息产业，在经济和社会领域广泛应用信息技术。积极发展对经济增长有突破性重大带动作用的高新技术产业。用高新技术和先进适用技术改造传统产业，大力振兴装备制造业。继续加强基础设施建设。加快发展现代服务业，提高第三产业在国民经济中的比重。正确处理发展高新技术产业和传统产业、资金技术密集型产业和劳动密集型产业、虚拟经济和实体经济的关系。

走新型工业化道路，必须发挥科学技术作为第一生产力的重要作用，注重依靠科技进步和提高劳动者素质，改善经济增长质量和效益。加强基础研究和高技术研究，推进关键技术创新和系统集成，实现技术跨越式发展。鼓励科技创新，在关键领域和若干科技发展前沿掌握核心技术和拥有一批自主知识产权。深化科技和教育体制改革，加强科技教育同经济的结合，完善科技服务体系，加速科技成果向现实生产力转化。推进国家创新体系建设。发挥风险投资的作用，形成促进科技创新和创业的资本运作和人才汇集机制。完善知识产权保护制度。必须把可持续发展放在十分突出的地位，坚持计划生育、保护环境和保护资源的基本国策。稳定低生育水平。合理开发和节约使用各种自然资源。抓紧解决部分地区水资源短缺问题，兴建南水北调工程。实施海洋开发，搞好国土资源综合整治。树立全民环保意识，搞好生态保护和建设。

## 《中华人民共和国国民经济和社会发展第十个五年计划纲要》（节选）

（2001年3月15日第九届全国人民代表大会第四次会议批准）

第十四章　节约保护资源，实现永续利用

坚持资源开发与节约并举，把节约放在首位，依法保护和合理使用资源，提高资源利用率，实现永续利用。

第一节 重视水资源的可持续利用

坚持开源节流并重，把节水放在突出位置。以提高用水效率为核心，全面推行各种节水技术和措施，发展节水型产业，建立节水型社会。城市建设和工农业布局要充分考虑水资源的承受能力。加大农业节水力度，减少灌溉用水损失，2005年灌溉用水有效利用系数达到0.45。按水资源分布调整工业布局，加快企业节水技术改造，2005年工业用水重复利用率达到60%。强化城市节水工作，强制淘汰浪费水的器具和设备，推广节水器具和设备。加强节水技术、设备的研究开发和节水设施的建设。加强规划与管理，搞好江河全流域水资源的合理配置，协调生活、生产和生态用水。加强江河源头的水源保护。积极开展人工增雨、污水处理回用、海水淡化。合理利用地下水资源，严格控制超采。多渠道开源，建设一批骨干水源工程，"十五"期间全国新增供水能力400亿立方米。加大水的管理体制改革力度，建立合理的水资源管理体制和水价形成机制。广泛开展节水宣传教育，提高全民节水意识。

第二节 保护土地、森林、草原、海洋和矿产资源

坚持保护耕地的基本国策，实施土地利用总体规划，统筹安排各类建设用地，合理控制新增建设用地规模。加大城乡和工矿用地的整理、复垦力度。根据工业区、城镇密集区、专业化农产品生产基地、生态保护区等不同的土地需求，合理调整土地利用结构。强化森林防火、病虫害防治和采伐管理，完善林业行政执法管理体系和设施。加强草原保护，禁止乱采滥垦，严格实行草场禁牧期、禁牧区和轮牧制度，防止超载过牧。加大海洋资源调查、开发、保护和管理力度，加强海洋利用技术的研究开发，发展海洋产业。加强海域利用和管理，维护国家海洋权益。加强矿产资源勘探，严格整顿矿业秩序，对重要矿产资源实行强制性保护。深化矿产资源使用制度改革，规范和发展矿业权市场。推进资源综合利用技术研究开发，加强废旧物资回收利用，加快废弃物处理的产业化，促进废弃物转化为可用资源。

第十五章 加强生态建设，保护和治理环境

要把改善生态、保护环境作为经济发展和提高人民生活质量的重要内容，加强生态建设，遏制生态恶化，加大环境保护和治理力度，提高城乡环境质量。

第一节 加强生态建设

组织实施重点地区生态环境建设综合治理工程，长江上游、黄河上中游和东北内蒙古等地区的天然林保护工程，以及退耕还林还草工程。加强以京津风沙源和水源为重点的治理与保护，建设环京津生态圈。在过牧地区实行退牧，封地育草，实施"三化"草地治理工程。加快小流域治理，减少水土流失。推进黔桂滇岩溶地区石漠化综合治理。加快矿山生态恢复与治理。继续建设"三北"、沿海、珠江等防护林体系，加速营造速生丰产林和工业原料林。加快"绿色通道"建设，大力开展植树种草和城市绿化。加强自然保护区建设。保护珍稀、濒危生物资源和湿地资源，实施野生动物及其栖息地保护建设工程，恢复生态功能和生物多样性。"十五"期间，新增治理水土流失面积2500万公顷，治理"三化"草地面积1650万公顷。

第二节 保护和治理环境

强化环境污染综合治理，使城乡特别是大中城市环境质量得到明显改善。抓紧治理水污染源，巩固"三河"、"三湖"水污染治理成果，启动长江上游、三峡库区、黄河中游和松花江流域水污染综合治理工程。加快城市污水处理设施建设，所有城市都要建设污水处理设施，2005年城市污水集中处理率达到45%。加强近岸海域水质保护，研究预防、控制和治理赤潮，抓好渤海环境综合整治和管理。加强大气污染防治，实施"两控区"和重点城市大气污染控制工程，2005年"两控区"二氧化硫排放量比2000年减少20%。推行垃圾无害化与危险废弃物集中处理。推行清洁生产，抓好重点行业的污染防治，控制和治理工业污染源，依法关闭污染严重、危害人民健康的企业。加强噪音

污染治理。积极开展农村环境保护工作，防治不合理使用化肥、农药、农膜和超标污灌带来的化学污染及其他面源污染，保护农村饮用水水源。加强环境保护关键技术和工艺设备的研究开发，加快发展环保产业。完善环境标准和法规，修改不合理的污染物排放标准，健全环境监测体系，加强环境保护执法和监督。全国推行污水和垃圾处理收费制度。开展全民环保教育，提高全民环保意识，推行绿色消费方式。

加强防御各种灾害的安全网建设，建立灾害预报预防、灾情监测和紧急救援体系，提高防灾减灾能力。加强气象、地震、测绘等工作，提高服务能力和水平。积极参与全球环境与发展事务，履行义务，实行有利于减缓全球气候变化的政策措施。

## 1.4  加强土地管理切实保护耕地的方针政策

《中共中央、国务院关于进一步加强土地管理切实保护耕地的通知》

(中发 [1997] 11 号)

土地是十分宝贵的资源和资产。我国耕地人均数量少，总体质量水平低，后备资源也不富裕。保护耕地就是保护我们的生命线。但近年来，一些地方乱占耕地、违法批地、浪费土地的问题没有从根本上解决，耕地面积锐减，土地资产流失，不仅严重影响了粮食生产和农业发展，也影响了整个国民经济的发展和社会的稳定。对于土地管理特别是耕地保护这个事关全国大局和中华民族子孙后代的大问题，党中央、国务院高度重视，经过多次研究认为，从我国国情出发，我国的土地管理特别是耕地保护措施必须是十分严格的，必须认真贯彻"十分珍惜和合理利用每寸土地，切实保护耕地"的基本国策，必须采取治本之策，扭转在人口继续增加情况下耕地大量减少的失衡趋势。为此，特通知如下：

一、加强土地的宏观管理

各省、自治区、直辖市必须严格按照耕地总量动态平衡的要求，做到本地耕地总量只能增加，不能减少，并努力提高耕地质量。各级人民政府要按照提高土地利用率，占用耕地与开发、复垦挂钩的原则，以保护耕地为重点，严格控制占用耕地，统筹安排各业用地的要求，认真做好土地利用总体规划的编制、修订和实施工作。不符合上述原则和要求的土地利用总体规划，都要重新修订。土地利用总体规划的编制和修订要经过科学论证，严密测算，切实可行；土地利用总体规划一经批准，就具有法定效力，并纳入国民经济和社会发展五年计划和年度计划，严格执行。在修订的土地利用总体规划批准前，原则上不得批准新占耕地。

实行占用耕地与开发、复垦挂钩政策。要严格控制各类建设占地，特别要控制占用耕地、林地，少占好地，充分利用现有建设用地和废弃地等。农业内部结构调整也要充分开发利用非耕地。除改善生态环境需要外，不得占用耕地发展林果业和挖塘养鱼。非农业建设确需占用耕地的，必须开发、复垦不少于所占面积且符合质量标准的耕地。开发耕地所需资金作为建设用地成本列入建设项目总投资，耕地复垦所需资金列入生产成本或建设项目总投资。

占用耕地进行非农业建设，逐步实行由建设单位按照当地政府的要求，将所占耕地地表的耕作层用于重新造地。在国家统一规划指导下，按照谁开发耕地谁受益的原则，以保护和改善生态环境为前提，鼓励耕地后备资源不足的地区与耕地后备资源较丰富的地区进行开垦荒地、农业综合开发等方面的合作。各地要大力总结和推广节约用地以及挖掘土地潜力的经验。

加强土地利用计划的管理。各级人民政府要根据国民经济与社会发展规划、国家产业政策和土地利用总体规划的要求，按照国民经济和社会发展计划的编报程序，制定包括耕地保护、各类建设用地征用、土地使用权出让、耕地开发复垦等项指标在内的年度土地利用计划，加强土地利用的总量控制。各项建设用地必须符合土地利用总体规划和城市总体规划，并纳入年度土地利用计划。年度土地利用计划实行指令性计划管理，一经下达，必须严格执行，不得突破。

严格贯彻执行《基本农田保护条例》。各地人民政府要以土地利用现状调查的实有耕地面积为基数，按照《基本农田保护条例》规定划定基本农田保护区，建立严格的基本农田保护制度，并落实到地块，明确责任，严格管理。要建立基本农田保护区耕地地力保养和环境保护制度，有效地保护好基本农田。

积极推进土地整理，搞好土地建设。各地要大力总结和推广土地整理的经验，按照土地利用总体规划的要求，通过对田、水、路、林、村进行综合整治，搞好土地建设，提高耕地质量，增加有效耕地面积，改善农业生产条件和环境。

二、进一步严格建设用地的审批管理

对农地和非农地实行严格的用途管制。自本通知下发之日起，冻结非农业建设项目占用耕地一年，确实需要占用耕地的，报国务院审批。解决城镇中低收入家庭住房困难户住房和安居工程以及经国家批准的重点建设项目用地，仍按原规定报批。

各项建设用地都必须严格按照法定权限和程序报批。在建设项目可行性研究报告评审阶段，土地管理部门就要对项目用地进行预审。凡不符合土地利用总体规划的、城市内的建设项目不符合城市总体规划的、未纳入年度土地利用计划的、以及不符合土地管理法规和建设用地有关规定的建设项目，都不得批准用地，项目不得开工建设。

三、严格控制城市建设用地规模

城市规划、建设和管理必须严格执行《中华人民共和国城市规划法》和《国务院关于加强城市规划工作的通知》(国发〔1996〕18号)等有关法律、法规，严格控制大城市的用地规模，特别要严格控制中等城市和小城市用地。对城市建设规划规模过大的，要坚决压缩到标准控制规模以内。自本通知下发之日起，冻结县改市的审批。

城市建设用地应充分挖掘现有潜力，尽可能利用非耕地和提高土地利用率。城市的建设和发展要严格按照经批准的城市总体规划，从实际出发，量力而行，分步实施。城市建设总体规划要与土地利用总体规划相衔接，用地规模不得突破土地利用总体规划。

对城市总体规划进行局部调整或作重大变动，必须在得到审批机关认可后进行，并按照《国务院关于加强城市规划工作的通知》要求备案或报批。对各类城市的建设用地，要在城市规划中实行规定标准管理，从我国国情出发，统筹安排，确定人均占地标准，具体落实到每个城镇，不得突破。大城市的城市建设用地和人口规模，到2000年应控制在经批准的总体规划的近期规划范围内，不得再扩大。要加强对用地的集中统一管理，不得下放规划管理权和用地审批权。

四、加强农村集体土地的管理

要结合划定基本农田保护区，制定好村镇建设规划。村镇建设要集中紧凑、合理布局，尽可能利用荒坡地、废弃地，不占好地。在有条件的地方，要通过村镇改造将适宜耕种的土地调整出来复垦、还耕。

农村居民的住宅建设要符合村镇建设规划。有条件的地方，提倡相对集中建设公寓式楼房。农村居民建住宅要严格按照所在的省、自治区、直辖市规定的标准，依法取得宅基地。农村居民每户只能有一处不超过标准的宅基地，多出的宅基地，要依法收归集体所有。

严禁耕地撂荒。对于不再从事农业生产、不履行土地承包合同而弃耕的土地，要按规定收回承包权。鼓励采取多种形式进行集约化经营。

积极推行殡葬改革，移风易俗，提倡火葬。土葬不得占用耕地。山区农村可集中划定公共墓地。平原地区的农村，提倡建骨灰堂、集中存放骨灰。要在做好深入细致的思想工作、取得当事人支持与配合的前提下，对占用耕地、林地形成的坟地，采取迁移、深葬等办法妥善处理，以不影响耕种或复垦还耕、还林。

发展乡镇企业要尽量不占或少占耕地、节约使用土地。乡镇企业用地，要按照经批准的村镇建设规划的要求，合理布局，适当集中，依法办理用地审批手续。大力推广新型墙体材料，限制粘土砖生产，严禁占用耕地建砖瓦窑。已经占用耕地建砖瓦窑的，要限制调整、复耕。

除国家征用外，集体土地使用权不得出让，不得用于经营性房地产开发，也不得转让、出租用于非农业建设。用于非农业建设的集体土地，因与本集体外的单位和个人以土地入股等形式兴办企业，或向本集体以外的单位和个人转让、出租、抵押附着物，而发生土地使用权交易的，应依法严格审批，要注意保护农民利益。

集体所有的各种荒地，不得以拍卖、租赁使用权等方式进行非农业建设。

五、加强对国有土地资产的管理

严格控制征用耕地出让土地使用权。禁止征用耕地、林地和宜农荒地出让土地使用权用于高尔夫球场、仿古城、游乐宫、高级别墅区等高档房地产开发建设以及兴建各种祠堂、寺庙、教堂。

国有土地使用权有偿出让，主要采取公开招标拍卖的方式，鼓励公平竞争。建立土地基准地价和标定地价评估的公布制度。国有土地使用权拍卖底价须在科学估价的基础上，依照国家产业政策确定。成交价格应向社会公布。

涉及国防安全、军事禁区、国家重点保护区域等的国有土地使用权出让和外商投资进行成片土地开发的项目，一律报国务院审批。禁止对外出让整个岛屿的土地使用权。

国家对原以划拨方式取得国有土地使用权用于非农业经营的，除法律规定可以继续实行划拨外，逐步实行有偿有限期使用办法。国有企业改制为有限责任公司或股份有限公司涉及的原划拨土地使用权，必须经过地价评估，依法实行有偿使用。国有企业改组涉及的原划拨土地使用权，按国家有关规定办理。旧城区改造涉及的原划拨土地使用权，可由政府依法收回，除按法律规定的范围实行划拨外，其余一律依法实行有偿有限期使用。

规范土地使用权转让市场，严禁炒买炒卖"地皮"等非法交易。以出让方式取得的国有土地使用权，未按法律规定的期限和条件开发、利用的，其土地使用权不得转让。非法转让的，应依法处罚，没收其非法所得，直至终止其土地使用权。国有土地使用权转让，必须依法进行土地权属变更登记，未经登记的，属于非法转让，要依法查处。

今后，原有建设用地的土地收益全部留给地方，专款用于城市基础设施建设和土地开发、中低产田改造；农地转为非农建设用地的土地收益，全部上缴中央，原则用于耕地开发，具体办法国务院另行规定。国有土地使用权出让等有关土地收益全部纳入财政预算管理，各级人民政府及其财政、审计部门要加强对土地收益的监督管理，防止资产流失。

六、加强土地管理的执法监督检查

要在总结一些地方进行土地执法监察试点经验的基础上，建立和完善土地执法监察制度，强化土地管理的执法监督工作。

各省、自治区、直辖市人民政府要组织力量，对辖区内1991年以来各类建设（包括各类开发区建设）以及农村宅基地用地情况进行全面的清查，对发现的问题，要依法处理。清查工作要在1997年10月底之前完成，并向党中央、国务院报告清查查处情况。

清查的主要内容包括：(1)凡未经国务院或省级人民政府批准的各类开发区一律撤除，并立即停止一切非农业建设活动，限期复垦还耕；对已经国务院或省级人民政府批准的各类开发区未按计划进行开发的土地，要依法处理。(2)全面清理整顿经营性房地产开发项目(包括高尔夫球场等)用地。对未按审批权限依法办理审批手续的用地，要逐个依法清理检查。对未按照合同规定期限进行开发的土地，也要依法清理检查，属于农田的，必须限期恢复农业用途。(3)依法全面清查土地使用权转让、出租、抵押等交易行为。对于非法炒买炒卖"地皮"牟取暴利的行为，要依法从严惩处。(4)全面清理整顿乡镇企业、村镇建设、农村宅基地等占用的土地，特别是要全面清理整顿占用的耕地。

国务院责成国家土地管理局、建设部、监察部会同有关部门，组织联合执法检查组，对各地的土地清查工作情况进行执法监察，并提出相应的监察建议。土地执法监察要形成制度，对发现的问题要从严查处。违反土地利用总体规划、破坏耕地的，国家工作人员滥用职权违法批地、严重渎职的，要依法追究刑事责任。

土地管理部门要抓紧建立全国土地管理动态信息系统，采用现代技术手段，加强对全国土地利用状况的动态监测。

七、加强对土地管理工作的组织领导

土地问题涉及全民族的根本利益，必须服从国家的统一管理。国家管理土地的职能只能加强，不能削弱。要进一步改革和完善土地管理体制，加强土地管理的法制建设。

各级党委、人民政府都要高度重视土地管理特别是耕地保护工作，支持土地管理部门依法行政。各级土地管理部门要切实履行职责，严格执法，依法管好土地。要将加强土地管理、切实保护耕地、合理利用土地资源工作情况，作为考核地方各级党委和人民政府及其负责人工作的重要内容，实施监督、监察，并接受社会的监督。

要加强全民的土地国情国策的宣传教育。重点是教育广大干部特别是领导干部增强土地忧患意识，提高保护耕地的自觉性。在干部教育中要增加土地国情国策的内容。发展经济要以保护耕地为前提，办一切事业都要十分珍惜和合理利用每寸土地。

各省、自治区、直辖市党委、人民政府，要认真学习和传达本通知精神，并研究贯彻落实的具体措施，在今年6月底前向党中央、国务院作出报告。国务院责成国家土地管理局会同监察部等有关部门监督检查本通知的贯彻执行情况。

# 1.5 加强和改进城乡规划工作的方针

**《国务院办公厅关于加强和改进城乡规划工作的通知》**

(国办发 [2000] 25号)

各省、自治区、直辖市人民政府，国务院各部委、各直属机构：

为了实现党的十五大提出的我国跨世纪发展战略目标，促进城乡经济、社会和环境协调发展，进一步提高城乡规划工作水平，经国务院同意，现就加强和改进城乡规划工作有关问题通知如下：

一、充分认识城乡规划的重要性，进一步明确城乡规划工作的基本原则

(一)城乡规划是政府指导和调控城乡建设和发展的基本手段，是关系我国社会主义现代化建设事业全局的重要工作。加强城乡规划工作，对于实现城乡经济、社会和环境发展具有重要意义。改革开放以来，我国的城乡规划工作取得显著成绩，人居环境得到明确改善，城乡面貌发生巨大变化。但是，目前仍存在一些不容忽视的问题：有些地方不顾城乡建设和发展的客观规律，有法不依，执法不严，随意违反城乡规划，盲目建设，导致土地资源浪费和城乡建设布局失调；相当多的城镇没有制定切合实际的详细规划，随意批租土地进行建设；小城镇和乡村的规划与管理薄弱，不少地方

建设混乱；规划实施缺乏监督机制，违法建设屡禁不止。当前，社会主义市场经济体制正在逐步建立和完善，经济结构正在进行战略性调整，城镇化进程逐步加快。各地区、各部门要充分认识城乡规划的重要性，高度重视城乡规划工作，切实发展城乡规划对城乡土地和空间资源利用的指导和调控作用，促进城乡经济、社会和环境协调发展。

(二)城乡规划工作，必须遵循城乡建设和发展的客观规律，立足国情，面对现实，面向未来，因地制宜，统筹兼顾，综合部署；必须坚持以经济建设为中心，科学确定城市和村镇的性质、发展方向、规模和布局，统筹安排各项基础设施建设；必须坚持可持续发展战略，合理和节约利用土地资源，正确处理近期建设与长远发展、局部利益与整体利益、经济发展与环境保护、现代化建设与历史文化保护等关系；必须坚持依法管理，逐步实现城乡规划的法制化。

二、切实加强和改进规划编制工作，严格规范审批和修改程序

(一)抓紧城镇体系规划编制工作。省域城镇体系规划是指导本省(自治区)城镇发展的依据。编制省域城镇体系规划，要从区域整体出发，妥善处理城镇建设和区域发展的关系，综合评价本行政区域城镇的发展条件，统筹安排区域基础设施，避免重复建设，限制不符合区域整体利益和长远利益的开发活动，引导城镇合理布局和城乡协调发展，并为城市总体规划和县域城镇体系规划的编制提供依据。各省、自治区省域城镇体系规划的编制工作原则上要在2002年底前完成。建设部要会同有关部门严格按照《省域城镇体系规划审查办法》做好审查工作。

(二)重点编制好县域(包括县级市，下同)城镇体系规划。县域城镇体系规划要在省域城镇体系规划指导下，合理确定城镇的数量和布局，明确发展重点，选定中心镇，统筹安排城乡居民点与基础设施的建设，严格控制国道、省道两侧的建设，尽快改变村镇建设散乱状况，促进小城镇健康发展。县域城镇体系规划报省级人民政府审批，经济比较发达地区应在2001年底前完成，其他地区原则上应在2002年底前完成。建设部要通过试点，加强对县域城镇体系规划编制与审批工作的指导。

(三)改进城市规划的编制工作，加强制定城市详细规划。对须报国务院审批的城市总体规划，要严格按照《城市总体规划审查工作规则》进行审查，充分发挥有关部门和专家的作用，确保规划质量，提高工作效率。由国务院审批总体规划的城市必须在2000年底前完成本期规划的修编工作。地方人民政府要参照上述审查规则，进一步规范规划的审查、报批工作，严格把关，切实提高规划的法定地位。设市城市要按照批准的总体规划，抓紧制定城市详细规划，特别是要认真做好重点开发建设地区、重点保护地区和重要地段详细规划的制定工作。在城市规划编制和实施过程中，要根据本城市的功能和特点，开展城市设计，把民族传统、地方特色和时代精神有机结合起来，精心塑造富有特色的城市形象。

(四)加强小城镇和村庄规划的编制工作。小城镇和村庄的规划要在县域城镇体系规划指导下，合理确定规模，统筹配置基础设施和公共建筑。集中规划乡镇企业建设用地。小城镇和村庄规划要注意同经济发展和居民生活水平相适应，因地制宜，紧凑布局，节约用地，保护环境，注重实效。中心镇规划要达到详细规划深度。小城镇和村庄的规划须报县级人民政府批准。

(五)认真编制和完善历史文化名城保护规划。历史文化名城保护规划，要在充分研究城市发展历史和传统风貌基础上，正确处理现代化建设与历史文化保护的关系，明确保护原则和工作重点，划定历史街区和文物古迹保护范围及建设控制地带，制定严格的保护措施和控制要求，并纳入城市总体规划。

(六)科学编制风景名胜区规划。风景名胜区规划必须认真贯彻严格保护、永续利用的方针。要根据国家有关规定和风景名胜区的特点，按照生态保护和环境容量的要求，严格控制开发利用活动。在风景名胜区景区内不准规划建设宾馆、招待所、各类培训中心及休、疗养院所。各地区、各部门

不得以任何名义和方式出让或变相出让风景名胜资源及其景区土地，不准在风景名胜区内设立各类开发区、度假区等；擅自进行开发建设的，要坚决予以纠正。国家重点风景名胜区内的重大建设项目规划和近期建设详细规划，由省级主管部门审查，报建设部批准后，方可实施。国家重点风景名胜区尚未编制规划的，应在2002年底前完成规划编制工作。

(七)地方人民政府在修改规划时，凡涉及城市总体规划中确定的性质、规模、发展方向、布局等主要内容的，必须报原审批机关审批。

三、加强城乡规划实施的监督管理，推进城乡规划法制化

(一)坚持把城乡规划作为城乡建设和管理的基本依据。城市规划区、村庄和集镇规划区内的一切建设用地和建设活动必须遵守批准的规划。要充分发挥详细规划对于优化城市土地资源配置和利用的调控作用。凡建设项目所在地段没有编制详细规划或者建设项目不符合详细规划的，不得办理规划许可证。擅自修改规划、违反规划的，要依法从严查处。

(二)统一组织实施城乡规划。省域和县域城镇体系规划分别由省级和县级人民政府统一组织实施，各有关部门要密切配合，加强协调，采取有效措施，确保城镇体系规划的顺利实施。城市规划由城市人民政府统一组织实施。市一级规划管理权不得下放，擅自下放的要立即纠正。城市行政区域内的各类开发区和旅游度假区的规划建设，都要纳入城市的统一规划管理。

(三)严格规划许可制度。城市规划区内的各项建设要依法办理建设项目选址意见书、建设用地规划许可证和建设工程规划许可证。村庄和集镇规划区内的各项建设要依法办理建设项目选址意见书，并按照有关规定取得开工许可，未取得规划许可证件，不得批准用地和进行建设。

(四)坚持建设项目选址意见审查制度。国家审批的大中型建设项目选址，由项目所在地的市、县人民政府城乡规划行政主管部门提出审查意见，报省、自治区、直辖市及计划单列市人民政府城乡规划行政主管部门核发建设项目选址意见书，并报建设部备案。对于不符合规划要求的，建设部要予以纠正。

(五)加强建设工程实施过程中的规划管理。城乡规划行政主管部门要加强对规划实施的经常性管理，对建设工程性质变更和新建、改建、扩建中违反规划要求的，应及时查处、限期纠正。工程竣工后，城乡规划行政主管部门未出具认可文件的，有关部门不得发给房屋产权证明等有关文件。

(六)建立健全城乡规划的监督检查制度。各级人民政府要对其审批规划的实施情况进行监督检查，认真查处和纠正各种违法违规行为。地方人民政府特别是城市人民政府每年要对规划实施情况，向同级人民代表大会常务委员会作出报告，同时报上级城乡规划行政主管部门备案。建设部要着重对经国务院批准的省域城镇体系规划、城市总体规划、国家重点风景名胜区规划的实施情况进行检查，查处违反规划的行为。

(七)加强城乡规划的法制建设。建设部要会同有关部门抓紧城乡规划法规制定的修改工作，加快制定和修订城乡规划技术标准和规范，进一步完善城乡规划法规体系；各地人民政府特别是城市人民政府要结合本地实际，制定和完善地方城乡规划法，把城乡规划工作逐步纳入标准化、规范化、法制化轨道。

四、加强城乡规划工作的领导

(一)城乡规划工作是各级人民政府的重要职责。各级人民政府要把城乡规划纳入国民经济和社会发展规划，把城乡规划工作列入政府重要议事日程，及时协调解决城乡规划中的矛盾和问题。城市人民政府的主要职责是抓好城市的规划、建设和管理。地方人民政府的主要领导，特别是市长、县长，要对城乡规划负总责。对城乡规划工作领导或监管不力，造成重大失误的，要追究主要领导和有关责任人的责任。

(二)健全管理机构，加强队伍建设。各级人民政府要稳定城乡规划管理机构和专业队伍，要根

据规划编制和研究工作需要，配备相应的专业技术人员；要把城乡规划工作经费纳入财政预算，切实予以保证。城乡规划行政主管部门要加强自身队伍建设，不断提高工作人员的政治素质和业务素质。要积极开展基础理论研究和政策研究，充分利用现代技术和手段，提高城乡规划工作水平。要做到政务公开，依法行政，自觉接受社会和公众的监督。城乡规划行政主管部门的工作人员要敢于坚持原则，不怕得罪人，对玩忽职守、滥用职权、徇私舞弊的，由其所在单位或者上级主管部门给予行政处分；构成犯罪的，要依法追究刑事责任。

（三）加强教育、培训和宣传工作，大力普及城乡规划知识。各级领导要带头学习城乡规划知识。国家行政学院、地方行政学院要把城乡规划列为国家公务员必修课。要加强对市长、分管副市长、县长、分管副县长和乡镇长的培训，并对其掌握城乡规划知识的情况进行严格考核。建设部要进一步办好市长培训班。要向社会各界普及城乡规划知识，电视、广播、报刊等新闻媒体要加强宣传，提高全民的规划意识。

（四）各地区、各部门要积极支持城乡规划行政主管部门的工作，各级领导要以身作则，维护规划的权威性。

加强和改进城乡规划工作是一项功在当代、利在千秋的大事。各级人民政府及其城乡规划行政主管部门一定要加强领导，狠抓落实。国务院责成建设部会同监察部督促检查本通知的贯彻执行情况。每年向国务院作出书面报告。

## 《国务院关于加强城乡规划监督管理的通知》
### （国发〔2002〕13号）

各省、自治区、直辖市人民政府，国务院各部委、各直属机构：

改革开放以来，我国城乡建设发展很快，城乡面貌发生显著变化。但近年来，在城市规划和建设中出现了一些不容忽视的问题，一些地方不顾当地经济发展水平和实际需要，盲目扩大城市建设规模；在城市建设中互相攀比，急功近利，贪大求洋，搞脱离实际、劳民伤财的所谓"形象工程"、"政绩工程"；对历史文化名城和风景名胜区重开发、轻保护；在建设管理方面违反城乡规划管理有关规定，擅自批准开发建设等。这些问题严重影响了城乡建设的健康发展。城乡规划和建设是社会主义现代化建设的重要组成部分，关系到国民经济持续快速健康发展的全局。为进一步强化城乡规划对城乡建设的引导和调控作用，健全城乡规划建设的监督管理制度，促进城乡建设健康有序发展，现就有关问题通知如下：

一、端正城乡建设指导思想，明确城乡建设和发展重点

城乡规划建设是一项长期而艰巨的任务，各地一定要认真贯彻江泽民同志"三个代表"重要思想，坚持以经济建设为中心，坚持为最广大人民群众服务，实施可持续发展战略；要实事求是，讲求实效，量力而行，逐步推进。

当前城市建设的重点，是面向中低收入家庭的住房建设、危旧房改造和城市生活污水、垃圾处理等必要的市政基础设施建设以及文化设施建设，改善人居环境，完善城市综合服务功能。要充分考虑财力、物力的可能，从不同地区的经济、社会发展水平和资源、环境、文化条件出发，确定合理的建设规模和发展速度，提高城乡建设投资的社会效益。要坚持走内涵与外延相结合、以内涵为主的发展道路，严格控制土地供应总量，优化用地结构和城市布局，促进经济结构的合理调整，注重保护并改善生态环境和人文环境。

发展小城镇，首先要做好规划，要以现有布局为基础，重点发展县城和规模较大的建制镇，防止遍地开花。地方各级人民政府要积极支持与小城镇发展密切相关的区域基础设施建设，为小城镇

发展创造良好的区域条件和投资环境。

二、大力加强对城乡规划的综合调控

城乡规划是政府指导、调控城乡建设和发展的基本手段。各类专门性规划必须服从城乡规划的统一要求，体现城乡规划的基本原则。区域重大基础设施建设，必须符合省域城镇体系规划确定的布局和原则。市一级规划的行政管理权不得下放，擅自下放的要立即纠正。行政区划调整的城市，应当及时修编城市总体规划和近期建设规划。

城市规划由城市人民政府统一组织实施。在城市规划和建设中，要坚持建设项目选址意见审查制度。各类重大项目的选址，都必须依据经批准的省域城镇体系规划和城市总体规划。因特殊情况，选址与省域城镇体系规划和城市总体规划不一致的，必须经专门论证；如论证后认为确需按所选地址建设的，必须先按法定程序调整规划，并将建设项目纳入规划中，一并报规划原批准机关审定。要严格控制设立各类开发区以及大学城、科技园、度假区等，城市规划区及其边缘地带的各类开发区以及大学城、科技园、度假区等的规划建设，必须纳入城市的统一规划和管理。要发挥规划对资源，特别是对水资源、土地资源的配置作用，注意对环境和生态的保护。建设部、国土资源部等有关部门，要按照《中共中央关于做好农户承包地使用权流转工作的通知》(中发〔2001〕18号)精神，研究制定加强城乡结合部规划建设和土地管理的具体政策措施。

三、严格控制建设项目的建设规模和占地规模

各地区在当前城市规划和建设中，要严格依照城市总体规划，确定具体的建设项目。要严格控制建设项目规模，坚决纠正贪大浮夸、盲目扩大城市占地规模和建设规模，特别是占用基本农田的不良倾向。特别要严格控制超高层建筑、超大广场和别墅等建设项目，不得超过规定标准建设办公楼。各级政府在审批城乡规划时，以及各级计划部门在审批建设项目时，要严格掌握尺度。凡拖欠公务员、教师、离退休人员工资，不能及时发放最低生活保障金的城市，不得用财政资金新上脱离实际的各类楼堂馆所和不求效益的基础设施项目。

城市规划区内的建设项目，都必须严格执行《中华人民共和国城市规划法》。各项建设的用地必须控制在国家批准的用地标准和年度土地利用计划的范围内。凡不符合上述要求的近期建设规划，必须重新修订。城市建设项目报计划部门审批前，必须首先由规划部门就项目选址提出审查意见；没有规划部门的"建设用地规划许可证"，土地部门不得提供土地；没有规划部门的"建设工程规划许可证"，有关商业银行不得提供建设资金贷款。

四、严格执行城乡规划和风景名胜区规划编制和调整程序

地方各级人民政府必须加强对各类规划制定的组织和领导，按照政务公开、民主决策的原则，履行组织编制城乡规划和风景名胜区规划的职能。规划方案应通过媒体广泛征求专家和群众意见。规划审批前，必须组织论证。审批城乡规划，必须严格执行有关法律、法规规定的程序。

总体规划和详细规划，必须明确规定强制性内容。任何单位和个人都不得擅自调整已经批准的城市总体规划和详细规划的强制性内容。确需调整的，必须先对原规划的实施情况进行总结，就调整的必要性进行论证，并提出专题报告，经上级政府认定后方可编制调整方案；调整后的总体规划和详细规划，必须按照规定的程序重新审批。调整规划的非强制性内容，应当由规划编制单位对规划的实施情况进行总结，提出调整的技术依据，并报规划原审批机关备案。

各地要高度重视历史文化名城保护工作，抓紧编制保护规划，划定历史文化保护区界线，明确保护规则，并纳入城市总体规划。历史文化保护区要依据总体规划确定的保护原则制定控制性详细规划。城市建设必须与历史文化名城的整体风貌相协调。在历史文化保护区范围内严禁随意拆建，不得破坏原有的风貌和环境，各项建设必须充分论证，并报历史文化名城审批机关备案。

风景名胜资源是不可再生的国家资源,严禁以任何名义和方式出让或变相出让风景名胜区资源及其景区土地,也不得在风景名胜区内设立各类开发区、度假区等。要按照"严格保护、统一管理、合理开发、永续利用"的原则,认真组织编制风景名胜区规划,并严格按规划实施。规划未经批准的,一律不得进行各类项目建设。在各级风景名胜区内应严格限制建设各类建筑物、构筑物。确需建设保护性基础设施的,必须依据风景名胜区规划编制专门的建设方案,组织论证,进行环境影响评价,并严格依据法定程序审批。要正确处理风景名胜资源保护与开发利用的关系,切实解决当前存在的破坏性开发建设等问题。

五、健全机构,加强培训,明确责任

各级人民政府要健全城乡规划管理机构,把城乡规划编制和管理经费纳入公共财政预算,切实予以保证。设区城市的市辖区原则上不设区级规划管理机构,如确有必要,可由市级规划部门在市辖区设置派出机构。

要加强城乡规划知识培训工作,重点是教育广大干部特别是领导干部要增强城市规划意识,依法行政。全国设市城市市长和分管城市建设工作的副市长,都应当分期、分批参加中组部、建设部和中国科协举办的市长研究班、专题班。未参加过培训的市长要优先安排。各省(区、市)也应当建立相应的培训制度,各级城乡规划行政主管部门的领导更要加强学习,不断更新城乡规划业务知识,提高管理水平。

城乡规划工作是各级人民政府的重要职责。市长、县长要对城乡规划的实施负行政领导责任。各地区、各部门都要维护城乡规划的严肃性,严格执行已经批准的城乡规划和风景名胜区规划。对于地方人民政府及有关行政主管部门违反规定调整规划、违反规划批准使用土地和项目建设的行政行为,除应予以纠正外,还应按照干部管理权限和有关规定对直接责任人给予行政处分。对于造成严重损失和不良影响的,除追究直接责任人责任外,还应追究有关领导的责任,必要时可给予负有责任的主管领导撤职以下行政处分;触犯刑律的,依法移交司法机关查处。城乡规划行政主管部门工作人员受到降级以上处分者和触犯刑律者,不得再从事城乡规划行政管理工作,其中已取得城市规划师执业资格者,取消其注册城市规划师执业资格。对因地方人民政府有关部门违法行政行为而给建设单位(业主)和个人造成损失的,地方人民政府要依法承担赔偿责任。

对建设单位、个人未取得建设用地规划许可证、建设工程规划许可证进行用地和项目建设,以及擅自改变规划用地性质、建设项目或扩大建设规模的,城市规划行政主管部门要采取措施坚决制止,并依法给予处罚;触犯刑律的,依法移交司法机关查处。

六、加强城乡规划管理监督检查

要加强和完善城乡规划的法制建设,建立和完善城乡规划管理监督制度,形成完善的行政检查、行政纠正和行政责任追究机制,强化对城乡规划实施情况的督查工作。

建设部要对国务院审批的城市总体规划、国家重点风景名胜区总体规划的实施情况进行经常性的监督检查,要会同国家文物局对国家历史文化名城保护规划实施情况进行监督检查;对检查中发现的问题要及时纠正,对有关责任人要追究行政责任,并向国务院报告。要抓紧建立全国城乡规划和风景名胜区规划管理动态信息系统,采用现代技术手段,加强对全国城乡规划建设情况的动态监测。

各省(区、市)人民政府也要采取相应措施,对本行政区域内的城乡规划实施情况进行严格监督。地方各级人民政府都要采取切实有效的措施,充实监督检查力量,强化城乡规划行政主管部门的监督检查职能,支持规划管理部门依法行政。要建立规划公示制度,经法定程序批准的总体规划和详细规划要依法向社会公布。城市人民政府应当每年向同级人民代表大会或其常务委员会报告城乡规划实施情况。要加强社会监督和舆论监督,建立违法案件举报制度,充分发挥宣传舆论工具的作用,增强全民的参与意识和监督意识。

　　近期,建设部要会同监察部、国土资源部等有关部门,组织联合检查组,对地方的城乡规划和风景名胜区规划检查工作情况进行监督。对严重违反城乡规划、破坏环境、铺张浪费和弄虚作假的,要公开曝光。对规划管理混乱、自然和历史文化遗产破坏严重的历史文化名城和风景名胜区,要给予公开警告直至取消相应名称。各省(区、市)人民政府要按照本通知要求,对本行政区域内城乡规划和风景名胜区规划执行情况进行一次全面检查。对发现的问题,要依法处理。检查工作要在2002年10月底之前完成,并将检查结果及查处情况向国务院报告。

中华人民共和国国务院

二○○二年五月十五日

## 《国务院关于加强城市规划工作的通知》

(国发 [1996] 18 号)

各省、自治区、直辖市人民政府,国务院各部委、各直属机构:

　　《中华人民共和国城市规划法》(以下简称《城市规划法》)公布实施以来,城市规划工作开始走上法制轨道。但一些地方有法不依,执法不严,随意调整城市规划,盲目扩大城市规模,擅自设立开发区、招商城,下放规划管理权等问题比较突出,不仅破坏了规划布局和环境,削弱了城市规划的调控作用,还造成宝贵土地资源的浪费,助长了不正之风。为此,必须进一步加强城市规划工作,现就有关问题通知如下:

　　一、充分认识城市规划的重要性,加强对城市规划工作的领导。城市建设和发展,对建立社会主义市场经济体制,促进经济和社会协调发展关系重大。城市规划是指导城市合理发展,建设和管理城市的重要依据和手段,应进一步加强城市规划工作。城市建设和发展要严格按照经批准的城市总体规划,量力而行,逐步实施。对城市总体规划进行局部调整或重大变更的,必须依法报原审批机关备案或审批。各地人民政府及其主要负责人要充分认识城市规划工作的重要性,认真贯彻执行《城市规划法》,并加强对城市规划工作的领导,带头执行城市规划,切实维护城市规划的严肃性。城市人民政府应当集中精力抓好城市的规划、建设和管理,正确处理好局部与整体、近期建设与远景发展、城市建设与保护耕地、经济建设与环境保护的关系,切实发挥城市规划对城市土地及空间资源的调控作用,促进城市经济和社会协调发展。城市规划应由城市人民政府集中统一管理,不得下放规划管理权;要坚决执行《城市规划法》规定的"一书二证"(选址意见书、建设用地规划许可证、建设工程规划许可证)制度,使城市的各项建设活动,按照经批准的城市总体规划协调、健康、有序地进行。

　　二、切实节约和合理利用土地,严格控制城市规模。城市规划工作的基本任务,是统筹安排城市各类用地及空间资源,综合部署各项建设,实现经济和社会的可持续发展。城市规划要体现应有的整体性和战略性,重点加强和改善城市基础设施,促进经济、社会、环境效益的统一,以适应经济与社会发展的需要;要切实体现量力而行的思想,注重现实性和可行性。节约和合理利用土地及空间资源是我国城市规划工作的基本原则,应贯彻于城市规划、建设和管理的始终。各地正在进行的城市总体规划的修订工作,要以《城市规划法》等法律法规,以及国家和地区的经济和社会发展"九五"计划和2010年远景发展规划为依据,从我国人多地少、耕地资源更少的国情出发,实事求是地确定城市总体发展目标、方向和规模。根据严格控制大城市规模、合理发展中等城市和小城市的方针,大城市的城市建设用地和人口规模,到2000年应控制在已经批准的城市总体规划的近期建设规划规定范围内,不得扩大;非农业人口100万以上的大城市的城市建设用地规模,原则上不得再扩大。城市建设用地应充分挖掘现有用地潜力、利用非耕地和提高土地利用率。城市总体规划应与土地利用总体规划等相协调,切实保护和节约土地资源。城市总体规划要确定分阶段城市人口和用地规模控制目标,不得突破。要提高规划设计和建设管理水平,切实搞好近期建设规划,抓紧编制控制性详细规划,经批准后严格执行,任何单位和个人不得改变。城市辖区内的各类开发区规划和建设,都要纳入城市的统一规划和管理。为了加强对城市规划的管理工作,依据《城市规划法》的有关规定,国务院指定非农业人口50万以上的大城市的城市总体规划,由省、自治区人民政府审查同意后,报国务院审批。各地人民政府在审批其他城市总体规划时,设市城市的建设用地和人口规模,须先报经建设部商国家计委、国家土地局核定;建制镇和其他乡镇的建设用地和人口规模,须先报经所在省、自治区、直辖市建设行政主管部门商计划、土地部门核定;要按照《城市规划法》和本通知要求进行认真审核。对不符合上述要求的,必须重新修订,在修订的城市总体规划未经批准前,该城市不得扩大现行城市总体规划规定的城市建设用地和人口规模。

三、加大执法力度,保障城市规划的实施。《城市规划法》是城市规划和建设的基本法律,各地区、各部门、各单位及个人,在城市规划区内进行各项规划和建设活动都必须遵守《城市规划法》。为促进《城市规划法》的贯彻落实,今年要在全国内进一步开展《城市规划法》执法检查,严肃查处各种违法行为。今后,要把《城市规划法》执法检查形成制度,每年进行一次,保障城市规划的顺利实施。对擅自下放城市规划管理权,超前突破城市建设用地规模控制目标,或在城市人口和用地规模上弄虚作假的,要严肃查处和纠正。对未依法报请审批机关备案或审批,调整城市总体规划,扩大城市规模的,要立即自行纠正,否则要通报批评并限期纠正。对未经国务院和省、自治区、直辖市人民政府批准,擅自设立的各类开发区,以及可能危及城市安全、严重破坏城市布局和环境的违法占地和违法建设项目,该撤销的要坚决撤销,该拆除的要坚决拆除。对滥占、闲置城市用地的,依照《城市规划法》、《中华人民共和国土地管理法》和《中华人民共和国城市房地产管理法》的规定从严查处。对一些违反《城市规划法》的大案要案,要进行公开处理,对有关直接责任人和负责人要依法追究其责任。《城市规划法》执法检查工作,由各省、自治区、直辖市及各城市按上述要求认真进行,同时责成建设部会同监察部等国务院有关部门组织联合检查组进行抽查和指导。

国务院

一九九六年五月八日

### 建设部关于贯彻落实《国务院办公厅关于加强和改进城乡规划工作的通知》的通知

(建规〔2000〕76号)

各省、自治区、直辖市建委(建设厅),直辖市、副省级市规划局(规划委员会),新疆生产建设兵团建设局:

《国务院办公厅关于加强和改进城乡规划工作的通知》(国办发〔2000〕25号,以下简称《通知》)进一步强调了城乡规划的重要性和城乡规划工作应当遵循的基本原则,明确提出了当前和今后一个时期城乡规划工作的基本任务和具体要求。为了认真贯彻落实《通知》的精神,特通知如下:

一、要认真组织城乡规划系统的广大干部深入学习、深刻领会温家宝副总理在全国城乡规划工作会议上的讲话和《通知》的精神,切实提高对城乡规划重要性的认识,增强规划系统广大干部的责任心和使命感。要结合《城市规划法》与《村庄和集镇规划建设管理条例》的执法检查,广泛深入地向全社会宣传城乡规划的重要意义和法规知识,提高全民的规划意识。宣传工作要根据当地实际、注重实效,不搞形式主义,不做表面文章。要抓住正反两个方面的事例,教育干部群众。

二、要抓住地方政府机构改革的机遇,力争建立健全高效、精干的城乡规划管理机构。要采取有力措施,稳定专业技术队伍。要加强规划的集中统一管理,市一级的规划管理权不得下放,擅自下放的要立即纠正。有条件的地方，经商政府有关部门同意后，可聘请规划督察员，强化规划管理。已经取消规划收费但尚未解决工作经费的地方，要认真测算城乡规划工作必需的经费，主动与财政部门联系，报所在人民政府，争取从今年开始把城乡规划工作经费纳入财政预算。

三、要采取多种方式有计划地开展培训，提高领导干部和规划管理人员的素质。各地要主动与地方行政学院联系，尽早把城乡规划列为县市领导必修课；要妥善安排合格的教师和切合实际的教材，争取用三到五年时间对城乡规划管理部门主要领导进行业务轮训。要有针对性地开展城乡规划科学研究，利用社会各有关方面力量，根据本地需要，分别轻重缓急，不断提高城乡规划的理论水平和技术能力。

四、要抓紧做好城镇体系规划、城市规划、村镇规划等各项规划的编制与审批工作，根据《通知》提出的时间要求和实际工作进度，制订切实的编制与审批工作计划。尚未完成编制工作的，要加快步伐；已经完成编制工作的，要抓紧报批；已经批准的，要着手制订实施办法。有关省市要优先组织力量，做好由国务院审批的城市总体规划的修编工作。西部地区各省、自治区、直辖市要抓住国家西部大开发的机遇，因地制宜搞好城乡规划工作；要加快省域城镇体系规划编制工作进度，努力为西部大开发服务。

五、建立城市总体规划修改的认定制度和备案制度。今后各地拟对经过批准的城市总体规划进行局部调整或进行重新修编时，应向审批机关提出书面申请，并对原规划的实施情况、调整或修编的内容、范围和理由进行说明，由审批机关作出认定。未经认定，不得修改规划。经认定属于局部调整的规划需报审批机关备案；经认定属于修编的规划必须重新报批。对由国务院审批的城市总体规划进行修改，要由市政府提出书面申请，经省建设行政主管部门同意后，报我部认定。

六、要组织大中城市的技术力量帮助地方政府搞好县(市)域城镇体系规划工作，提高村镇规划的整体水平，切实改变小城镇和村庄建设散乱的状况。村镇规划要按《村镇规划编制办法》(试行)的要求，在县(市)域城镇体系规划的指导下，加强与土地利用、环境保护等相关规划的协调。村镇规划的编制任务必须由具备相应资质等级的规划设计单位承担，中心镇的规划应由乙级以上资质等级的规划单位编制。

七、进一步完善建设项目选址意见书分级管理制度。各省、自治区、直辖市要根据《城市规划法》及建设部、国家计委《建设项目选址规划管理办法》(建规〔1991〕583号)的规定，制定实施细则，进一步完善建设项目选址意见书的分级管理制度。对拟安排在城市规划区内的建设项目，各级城乡规划行政主管部门要积极与计划部门配合，主动参与可行性研究等前期工作，认真做好项目的选址。今年，我部将对建设项目选址意见书管理制度的落实情况进行抽查，对未依法取得项目选址意见书的土地使用和建设行为进行纠正并予以通报。

八、加强对城市规划区内建设用地的规划管理。各省、自治区、直辖市要根据《城市规划法》的规定，进一步完善建设用地规划许可证的管理制度。城市人民政府城市规划行政主管部门对出让、转让的国有土地，要依法核发建设用地规划许可证。对确需改变规划确定的土地使用性质和建设内容的，要报原规划审批机关审批。对未经审批擅自改变土地使用性质和建设内容的，要依法查处；对有关的建设项目，建设行政主管部门不得办理施工许可手续。

九、要加强对建设项目规划审批后的跟踪监督和管理。对违反规划许可证规定的建设项目，要依法予以处理。工程竣工后，规划部门应及时对其规划许可证执行的情况进行检查。对于检查合格的，要及时出具认可文件；对于不合格的，要责令纠正。规划部门未出具认可文件的，有关部门不得发给房屋产权证明等文件。

十、要根据新形势的需要抓紧制定和修订城乡规划地方法规，完善规划实施的监督制约机制，推进城乡规划依法行政。要继续推行窗口服务制度，建立规范、高效的行政运转机制；要尽快实行政务公开制度，公开办事依据、办事程序和办事结果，自觉接受公众和社会舆论的监督。要继续开展城乡规划执法检查，严格执法，严肃查处各类违法建设。今年，要重点检查各类开发区、旅游度假区、城乡结合部、风景名胜区和重点历史街区的规划管理情况。

《通知》的发布是我国城乡规划工作中的一件大事，对于搞好当前和今后一个时期的城乡规划工作具有极为重要的推动作用。各地要抓住这一有利时机，积极开拓，扎扎实实把《通知》的各项要求落到实处。各地在工作中遇到的重要情况和问题要及时反映，并在每年年底将本地区贯彻落实《通知》的情况书面报告我部。我部将会同监察部对各地《通知》的贯彻落实情况进行督促检查，并向国务院作出年度报告。

二〇〇〇年四月七日

### 建设部等九部委关于贯彻落实《国务院关于加强城乡规划监督管理的通知》的通知

(建规〔2002〕204号)

各省、自治区、直辖市建设厅、规划委(局)、园林局、编委办公室、计委、财政厅(局)、监察厅(局)、国土资源厅(局)、文化厅(局)、旅游局、文物局：

《国务院关于加强城乡规划监督管理的通知》(国发〔2002〕13号，以下简称《通知》)，对城乡规划建设工作提出了明确要求，各地区、各有关部门必须从实践"三个代表"重要思想的高度，认真贯彻落实《通知》精神，切实端正城乡规划建设指导思想，充分发挥城乡规划的综合调控作用，促进城乡经济社会的健康发展。各省(区)建设行政主管部门、城市规划行政主管部门(以下统称城乡规划部门)和城市园林行政主管部门要会同有关部门，把贯彻落实《通知》和《国务院办公厅关于加强和改进城乡规划工作的通知》(国办发〔2000〕25号)(以下简称国办发〔2000〕25号文件)精神作为当前和今后一段时期的重要工作抓紧抓好。现就有关问题通知如下：

一、抓紧编制和调整近期建设规划

近期建设规划是实施城市总体规划的近期安排，是近期建设项目安排的依据。各地要对照《通知》要求，依据批准的城市总体规划、国民经济和社会发展五年计划纲要，考虑本地区资源、环境和财力条件，对总体规划实施情况进行检查，调整或编制到2005年的近期建设规划，要与五年计划纲要起止年限相适应。合理确定近期城市重点发展区域和用地布局，重点加强生态环境建设，安排城市基础设施、公共服务设施、经济适用房、危旧房改造的用地，制定保障实施的相关措施。近期建设规划应注意与土地利用总体规划相衔接，严格控制占地规模，不得占用基本农田。各项建设用地必须控制在国家批准的用地标准和年度土地利用计划的范围内，严禁安排国家明令禁止项目的用地。自2003年7月1日起，凡未按要求编制和调整近期建设规划的，停止新申请建设项目的选址，项目不符合近期建设规划要求的，城乡规划部门不得核发选址意见书，计划部门不得批准建设项目建议书，国土资源行政主管部门不得受理建设用地申请。

近期建设规划应当先组织专家进行充分论证，征求同级人民代表大会常务委员会意见，由地方人民政府批准，报上级政府的城乡规划部门备案，国务院审批总体规划的城市，报建设部备案。

二、明确城乡规划强制性内容

强制性内容涉及区域协调发展、资源利用、环境保护、风景名胜资源保护、自然与文化遗产保护，公众利益和公共安全等方面，是正确处理好城市可持续发展的重要保证。城镇体系规划、城市总体规划已经批准的，要补充完善强制性内容。新编制的规划，特别是详细规划和近期建设规划，必须明确强制性内容。规划确定的强制性内容要向社会公布。

省域城镇体系规划中的强制性内容包括：城市发展用地规模与布局；区域重大基础设施布局；需要严格保护的区域和控制开发的区域及控制指标；毗邻城市的城市取水口、污水排放口的位置和控制范围；区域性公共设施的布局。

城市总体规划中的强制性内容包括：铁路、港口、机场等基础设施的位置；城市建设用地范围和用地布局；城市绿地系统、河湖水系，城市水厂规模和布局及水源保护区范围，城市污水处理厂规模和布局，城市的高压线走廊、微波通道和收发信区保护范围，城市主、次干道的道路走向和宽度，公共交通枢纽和大型社会停车场用地布局，科技、文化、教育、卫生等公共服务设施的布局，历史文化名城格局与风貌保护、建筑高度等控制指标，历史文化保护区和文物保护单位以及重要的地下文物埋藏区的具体位置、界线和保护准则，城市防洪标准、防洪堤走向，防震疏散、救援通道和场地，消防站布局，重要人防设施布局，地质灾害防护等。

详细规划中的强制性内容包括：规划地段各个地块的土地使用性质、建设量控制指标、允许建设高度，绿地范围，停车设施、公共服务设施和基础设施的具体位置，历史文化保护区内及涉及文物保护单位附近建、构筑物控制指标，基础设施和公共服务设施建设的具体要求。

规划的强制性内容不得随意调整，变更规划的强制性内容，组织论证，必须就调整的必要性提出专题报告，进行公示，经上级政府认定后方可组织和调整方案，重新按规定程序审批。调整方案批准后应报上级城乡规划部门备案。

三、严格建设项目选址与用地的审批程序

各类重大建设项目，必须符合土地利用总体规划、省域城镇体系规划和城市总体规划。尚未完成省域城镇体系规划编制的各省、自治区，要按照国办发〔2000〕25号文件要求，在今年年底前完成编制省域城镇体系规划。因特殊情况，选址与省域城镇体系规划和城市总体规划不一致的，必须经专门论证；如论证后认为确需按所选地址建设的，必须先按法定程序调整规划，并将建设项目纳入规划中，一并报规划原批准机关审定。

依据省域城镇体系规划对区域重大基础设施和区域性重大项目选址，由项目所在地的市、县人民政府城乡规划部门提出审查意见，报省、自治区、直辖市及计划单列市人民政府城乡规划部门核发建设项目选址意见书，其中国家批准的项目应报建设部备案。涉及世界文化遗产、文物保护单位和地下文物埋藏区的项目，经相应的文物行政主管部门会审同意。对于不符合规划要求的，建设部要予以纠正。在项目可行性报告中，必须附有城乡规划部门核发的选址意见书。计划部门批准建设项目，建设地址必须符合选址意见书。不得以政府文件、会议纪要等形式取代选址程序。各省、自治区、直辖市城乡规划部门会同计划等部门要依照国办发〔2000〕25号文件和建设部、国家计委《建设项目选址规划管理办法》(建规〔1991〕583号)，制定各类重大项目选址审查管理规定。

各地区、各部门要严格执行《土地管理法》规定的建设项目用地预审制度。建设项目可行性研究阶段，建设单位应当依法向有关政府国土资源行政主管部门提出建设项目用地预审申请。凡未依法进行建设项目用地预审或未通过预审的，有关部门不得批准建设项目可行性研究报告，国土资源行政主管部门不得受理用地申请。

四、认真做好历史文化名城保护工作

历史文化名城保护规划是城市总体规划的重要组成部分。各地城乡规划部门要会同文物行政主管部门制定历史文化名城保护规划和历史文化保护区规划。历史文化名城保护规划要确定名城保护的总体目标和名城保护重点，划定历史文化保护区、文物保护单位和重要的地下文物埋藏区的范围、建设控制地区，提出规划分期实施和管理的措施。历史文化保护区保护规划应当明确保护原则，规定保护区内建、构筑物的高度、地下深度、体量、外观形象等控制指标，制定保护和整治措施。尚未完成历史文化名城和历史文化保护区保护规划编制的，必须在今年年底前完成。

各地要按照文化遗产保护优先的原则，切实做好城市文化遗产的保护工作。历史文化保护区保护规划一经批准，应当报同级人民代表大会常务委员会备案。在历史文化保护区内建设活动，必须就其必要性进行论证；其中拆除旧建筑和建设新建筑的，应当进行公示，听取公众意见，按程序审批，批准后报历史文化名城批准机关备案。

五、加强风景名胜区的规划监督管理

风景名胜资源归国家所有，各级政府及其管理机构要严格履行管理职责。建设部和省级城乡规划部门、直辖市园林部门应当加强对风景名胜资源保护管理的监督。风景名胜区应当设立管理机构，在所属人民政府的领导下主持风景名胜区的管理工作。设在风景名胜区内的所有单位，除各自业务受上级主管部门领导外，都必须服从管理机构对风景名胜区的统一规划和管理。不得将景区规划管理和监督的职责交由企业承担。

要加快风景名胜区规划的编制工作。国家重点风景名胜区尚未完成规划编制的，要按国办〔2000〕25号文件的规定在今年底前完成编制；1990年底以前编制的，要组织重新修编；今年国务院公布的第四批国家重点风景名胜区，要在2003年6月底前编制完成总体规划。省市级风景名胜区的规划编制工作也要抓紧进行。风景名胜区规划中要划定核心保护区(包括生态保护区、自然景观保护区和史迹保护区)保护范围，制定专项保护规划，确定保护重点和保护措施。核心保护区内严格禁止与资源保护无关的各种工程建设。风景名胜区规划与当地土地利用总体规划应协调一致。风景名胜区规划未经批准的，一律不得进行工程建设。

严格控制风景名胜区建设项目。要按照经批准的风景名胜区总体规划、建设项目规划和近期建设详细规划要求确定各类设施的选址和规模。符合规划要求的建设项目，要按照规定的批准权限审批。国家重点风景名胜区内的重大建设项目规划由省级城乡规划部门审查，报建设部审批，凡涉及文物保护单位的，应按《文物保护法》规定的程序报批。总体规划中未明确的重大建设项目，确需建设的，必须调整规划，按规定程序报批。对未经批准擅自新开工建设的项目要责令停工并依法拆除。

各地要对风景名胜区内的设施进行全面检查，对不符合总体规划、未按规定程序报批的项目，要登记造册，做出计划，限期拆除。省级城乡规划部门要于年底前将清理检查结果报建设部。

六、提高镇规划建设管理水平

做好规划是镇发展的基本条件。镇的规划要符合城镇体系布局，规划建设指标必须符合国家规定，防止套用大城市的规划方法和标准。严禁高能耗、高污染企业向镇转移，各镇不得为国家明确强制退出和限制建设的各类企业安排用地。严格规划审批管理制度，重点镇的规划要逐步实行省级备案核准制度。重点镇要着重建设好基础设施，特别是供水、排水和道路，营造好的人居环境。要高度重视移民建镇的建设。对受资源环境限制和确定退耕还林、退耕还湖需要搬迁的村镇，要认真选择安置地点，不断完善功能，切实改善移民的生活条件，确保农民的利益。要建立和完善规划实施的监督机制。较大公共设施项目必须符合规划，严格建设项目审批程序。乡镇政府投资建设项目应当公示资金来源，严肃查处不切实际的"形象工程"。要严格按规划管理公路两侧的房屋建设，特别是商业服务用房建设。要分类指导不同地区、不同类型镇的建设，抓好试点及示范。要建立健全规划管理机制，配备合格人员。规划编制和管理所需经费按照现行财政体制划分，由地方财政统筹安排。

七、切实加强城乡结合部规划管理

城乡结合部是指规划确定为建设用地，国有土地和集体所有用地混杂地区；以及规划确定为农业用地，在国有建设用地包含之中的地区。要依据土地利用总体规划和城市总体规划编制城乡结合部详细规划和近期建设规划，复核审定各地块的性质和使用条件。着重解决好集体土地使用权随意流转、使用性质任意变更以及管理权限不清、建设混乱等突出问题，尽快改变城乡结合部建设布局混乱，土地利用效率低，基础设施严重短缺，环境恶化的状况。城乡规划部门和国土资源行政主管部门要对城乡结合部规划建设和土地利用实施有效的监督管理，重点查处未经规划许可或违反规划许可条件进行建设的行为。防止以土地流转为名擅自改变用途。各地要对本地区城乡结合部土地使用权流转和规划建设情况进行全面清查，总结经验，研究制定对策和措施。建设部和国土资源部要依照国务院《通知》的要求，研究加强城乡结合部规划建设和土地管理的政策措施，切实做好城乡结合部管理工作。

八、加强规划集中统一管理

各地要根据《通知》规定，健全、规范城乡规划管理机构。设区城市的市辖区原则上不设区级规划管理机构，如确有必要，可由设区的市规划部门在市辖区设置派出机构。城市各类开发区以及大学城、科技园、度假区的规划等必须符合城镇体系规划和城市总体规划，由市城乡规划部门统一管理。市一级规划的行政管理权擅自下放的要立即纠正。省级城乡规划部门要会同有关部门对市、县行使规划管理权限的情况进行检查，对未按要求纠正的要进行督办，并向省级人民政府、建设部和中央有关部门报告。

城市规划区与风景名胜区重叠地区，风景名胜区规划与城市总体规划必须相一致。各项建设项目的审批，必须符合风景名胜区和城市总体规划管理的有关规定，征求城市园林部门意见，由城乡规划部门会同有关部门统一管理。其他风景名胜区，由省(区)城乡规划部门、直辖市园林行政主管部门与所在市人民政府确定的派出机构，并会同相关业务部门，统一规划管理。

九、建立健全规划实施的监督机制

城乡规划管理应当受同级人大、上级城乡规划部门的监督，以及公众和新闻舆论的监督。城乡规划实施情况每年应当向同级人民代表大会常务委员会报告。下级城乡规划部门应当就城乡规划的实施情况和管理工作，向上级城乡规划部门提出报告。城乡规划部门要将批准的城乡规划、各类建设项目以及重大案件的处理结果及时向社会公布，应当逐步将旧城改造等建设项目规划审批结果向社会公布，批准开发企业建设住宅项目规划必须向社会公布。国家级和省级风景名胜区规划实施情况，依据管理权限，应当每年向建设部和省(区)城乡规划部门提出报告。城乡规划部门、城市园林部门可以聘请监督人员，及时发现违反城乡规划和风景名胜区规划的情况，并设立举报电话和电子信箱等，受理社会公众对违法建设案件的举报。

对城乡规划监督的重点是：规划强制性内容的执行，调整规划的程序，重大建设项目选址，近期建设规划的制定和实施，历史文化名城保护规划和风景名胜区规划的执行，历史文化保护区和风景名胜区范围内的建设，各类违法建设行为的查处情况。

加快建立全国城乡规划和风景名胜区规划管理动态信息系统。建设部应在2003年年底前实现对直辖市、省会城市等大城市、国家重点风景名胜区特别是其核心景区的各类开发活动和规划实施情况的动态监测。省(区)城乡规划部门、直辖市园林部门也要建立相应的动态管理信息系统。

十、规范城乡规划管理的行政行为

各级城乡规划部门、城市园林部门的机构设置要适应依法行政、统一管理和强化监督的需要。领导干部应当有相应管理经历，工作人员要具备专业职称、职业条件。要健全各项规章制度，建立严格的岗位责任制，强化对行政行为的监督。规划管理机构不健全、不能有效履行管理和监督职能的，应当尽快整改。要切实保障城乡规划和风景名胜区规划编制和管理的资金，城乡规划部门、城市园林部门要将组织编制和管理的经费，纳入年度财政预算。财政部门应加强对经费使用的监督管理。

各级地方人民政府及其城乡规划部门、城市园林部门要严格执行《城市规划法》、《文物保护法》、《环境保护法》、《土地管理法》及《风景名胜区管理暂行条例》等法律法规，认真遵守经过审批具有法律效力的各项规划，确保规划依法实施。各级城乡规划部门要提高工作效率，明确建设项目规划审批规则和审批时限，加强建设项目规划审批后的监督管理，及时查处违法建设的行为。要进一步严格规章制度，城乡规划和风景名胜区规划编制、调整、审批的程序、权限、责任和时限，对涉及规划强制性内容执行、建设项目"一书两证"核发、违法建设查处等关键环节，要做出明确具体的规定。要建章立制，强化对行政行为的监督，切实规范和约束城乡规划部门和工作人员的行政行为。

要建立有效的监督制约工作机制，规划的编制与实施管理应当分开。规划的编制和调整，应由具有国家规定的规划设计资质的单位承担，管理部门不再直接编制和调整规划。规划设计单位要严格执行国家规定的标准规范，不得迎合业主不符合标准规范的要求。改变规划管理部门既编制、调整又组织实施规划，纠正规划管理权缺乏监督制约，自由裁量权过大的状况。

十一、建立行政纠正和行政责任追究制度

对城乡规划管理中违反法定程序和技术规范审批规划，违反规划批准建设，违反近期建设规划批准建设，违反省域城镇体系规划和城市总体规划批准重大项目选址、违反法定程序调整规划强制性内容批准建设、违反历史文化名城保护规划、违反风景名胜区规划和违反文物保护规划批准建设等行为，上级城乡规划部门和城市园林部门要及时责成责任部门纠正；对于造成后果的，应当依法追究直接责任人和主管领导的责任；对于造成严重影响和重大损失的，还要追究主要领导的责任。触犯刑律的，要移交司法机关依法查处。

城乡规划部门、城市园林部门对违反城乡规划和风景名胜区规划案件要及时查处，对违法建设不依法查处的，要追究责任。上级部门要对下级部门违法案件的查处情况进行监督，督促其限期处理，并报告结果。对不履行规定审批程序的，默许违法建设行为的，以及对下级部门监管不力的，也要追究相应的责任。

十二、提高人员素质和规划管理水平

各级城乡规划部门、城市园林部门要加强队伍建设，提高队伍素质。要建立健全培训制度，加强职位教育和岗位培训，要不断更新业务知识，切实提高管理水平。建设部将按照国务院的要求，组织编写城乡规划、历史文化名城保护、风景名胜区保护等教材，提供市长、城乡规划和风景名胜区管理机构等领导干部培训使用，以及安排好课程教育。国家重点风景名胜区的主要管理人员，都应当参加建设部与有关部门组织的培训班，掌握必要的专业知识。各省、自治区、直辖市也要建立相应的培训制度，城乡规划部门、城市园林部门应当会同有关部门组织好对所辖县级市的市长，以及县长、乡镇长的培训。要大力做好宣传工作，充分发挥电视、广播、报刊等新闻媒体的作用，向社会各界普及规划建设知识，增强全民的参与意识和监督意识。

各地要尽快结合本地的实际情况，研究制定贯彻落实《通知》的意见和具体措施，针对存在问题，组织检查和整改。要将贯彻落实的工作分解到各职能部门，提出具体要求，规定时间进度，明确检查计划，要精心组织，保证检查和整改的落实。建设部会同国家计委、监察部、国土资源部、国家文物局等部门对各地贯彻落实情况进行监督和指导，并将于今年三季度末进行重点检查，向国务院做出专题报告。

二〇〇二年八月七日

**关于印发《近期建设规划工作暂行办法》、《城市规划强制性内容暂行规定》的通知**
(建规 [2002] 218 号)

各省、自治区建设厅，直辖市建委、规划局：

《国务院关于加强城乡规划监督管理的通知)(国发[2002]13号，以下简称《通知》，从端正城市建设指导思想，明确近期城市建设重点，加强规划规范性的高度，突出强调了近期建设规划工作和城市规划强制性内容的重要性。建设部、中央编办、国家计委、财政部、监察部、国土资源部、文化部、国家旅游局、国家文物局《关于贯彻落实<国务院关于加强城乡规划监督管理的通知>的通知》（建规〔2002〕204号，以下简称"贯彻《通知》的通知"），将认真做好近期建设规划工作，尽快明确城市规划强制性内容，作为全面落实《通知》要求的重要组成部分，提出了严格的时限要求。为了促进近期建设规划工作，规范城市规划强制性内容，现将《近期建设规划工作暂行办法》（以下简称《办法》）、《城市规划强制性内容暂行规定》（以下简称《规定》）印发你们。

各地应当按照《通知》和"贯彻《通知》的通知"的要求，依据《办法》和《规定》，切实抓紧组织制定近期建设规划和明确城市规划强制性内容工作。省、自治区建设厅负责对已经批准的省域城镇体系规划进行整理，明确强制性内容；设市城市人民政府应当抓紧组织制定到2005年的近期建设规划；城市人民政府城乡规划行政主管部门负责对已经批准的总体规划和详细规划进行整理，明确强制性内容。

请各地将执行《办法》和《规定》过程中的经验和问题，及时反馈我部城乡规划司。

附件：1. 近期建设规划工作暂行办法
　　　　2. 城市规划强制性内容暂行规定

中华人民共和国建设部

二○○二年八月二十九日

附件一：近期建设规划工作暂行办法

第一条　近期建设规划是落实城市总体规划的重要步骤，是城市近期建设项目安排的依据。为了切实做好近期建设规划的制定和实施，根据《国务院关于加强城乡规划监督管理的通知》的规定，制定本办法。

第二条　制定和实施近期建设规划，应当符合本办法的规定。

第三条　近期建设规划的基本任务是：明确近期内实施城市总体规划的发展重点和建设时序；确定城市近期发展方向、规模和空间布局，自然遗产与历史文化遗产保护措施；提出城市重要基础设施和公共设施、城市生态环境建设安排的意见。

第四条　设市城市人民政府负责组织制定近期建设规划。

第五条　编制近期建设规划，必须遵循下述原则：

（一）处理好近期建设与长远发展，经济发展与资源环境条件的关系，注重生态环境与历史文化遗产的保护，实施可持续发展战略。

（二）与城市国民经济和社会发展计划相协调，符合资源、环境、财力的实际条件，并能适应市场经济发展的要求。

（三）坚持为最广大人民群众服务，维护公共利益，完善城市综合服务功能，改善人居环境。

（四）严格依据城市总体规划，不得违背总体规划的强制性内容。

第六条　近期建设规划的期限为五年，原则上与城市国民经济和社会发展计划的年限一致。其中当前编制的近期建设规划期限到2005年。

城市人民政府依据近期建设规划，可以制定年度的规划实施方案，并组织实施。

第七条　近期建设规划必须具备的强制性内容包括：

（一）确定城市近期建设重点和发展规模。

（二）依据城市近期建设重点和发展规模，确定城市近期发展区域。对规划年限内的城市建设用地总量、空间分布和实施时序等进行具体安排，并制定控制和引导城市发展的规定。

（三）根据城市近期建设重点，提出对历史文化名城、历史文化保护区、风景名胜区等相应的保护措施。

第八条 近期建设规划必须具备的指导性内容包括：

（一）根据城市建设近期重点，提出机场、铁路、港口、高速公路等对外交通设施，城市主干道、轨道交通、大型停车场等城市交通设施，自来水厂、污水处理厂、变电站、垃圾处理厂、以及相应的管网等市政公用设施的选址、规模和实施时序的意见。

（二）根据城市近期建设重点，提出文化、教育、体育等重要公共服务设施的选址和实施时序。

（三）提出城市河湖水系、城市绿化、城市广场等的治理和建设意见。

（四）提出近期城市环境综合治理措施。

城市人民政府可以根据本地区的实际，决定增加近期建设规划中的指导性内容。

第九条 近期建设规划成果包括规划文本，以及必要的图纸和说明。

第十条 近期建设规划编制完成后，由城乡规划行政主管部门负责组织专家进行论证并报城市人民政府。

城市人民政府批准近期建设规划前，必须征求同级人民代表大会常务委员会意见。

批准后的近期建设规划应当报总体规划审批机关备案，其中国务院审批总体规划的城市，报建设部备案

第十一条 城市人民政府应当通过一定的传媒和固定的展示方式，将批准后的近期建设规划向社会公布。

第十二条 近期建设规划一经批准，任何单位和个人不得擅自变更。

城市人民政府调整近期建设规划，涉及强制性内容的，必须按照本办法第十条规定的程序进行。

调整后的近期建设规划，应当重新向社会公布。

第十三条 城乡规划行政主管部门向规划设计单位和建设单位提供规划设计条件，审查建设项目，核发建设项目选址意见书、建设用地规划许可证、建设工程规划许可证，必须符合近期建设规划。

第十四条 城市人民政府应当建立行政检查制度和社会监督机制，加强对近期建设规划实施的监管，保证规划的实施。

第十五条 本办法自印发之日起执行。


附件二：城市规划强制性内容暂行规定

第一条 根据《国务院关于加强城乡规划监督管理的通知》，制定本规定。

第二条 本规定所称强制性内容，是指省域城镇体系规划、城市总体规划、城市详细规划中涉及区域协调发展、资源利用、环境保护、风景名胜资源管理、自然与文化遗产保护、公众利益和公共安全等方面的内容。

城市规划强制性内容是对城市规划实施进行监督检查的基本依据。

第三条 城市规划强制性内容是省域城镇体系规划、城市总体规划和详细规划的必备内容，应当在图纸上有准确标明，在文本上有明确、规范的表述，并应当提出相应的管理措施。

第四条 编制省域城镇体系规划、城市总体规划和详细规划，必须明确强制性内容。

第五条 省域城镇体系规划的强制性内容包括：

（一）省域内必须控制开发的区域。包括：自然保护区、退耕还林（草）地区、大型湖泊、水源保护区、分滞洪地区，以及其它生态敏感区。

（二）省域内的区域性重大基础设施的布局。包括：高速公路、干线公路、铁路、港口、机场、

区域性电厂和高压输电网、天然气门站、天然气主干管、区域性防洪、滞洪骨干工程、水利枢纽工程、区域引水工程等。

（三）涉及相邻城市的重大基础设施布局。包括：城市取水口、城市污水排放口、城市垃圾处理场等。

第六条　城市总体规划的强制性内容包括：

（一）市域内必须控制开发的地域。包括：风景名胜区，湿地、水源保护区等生态敏感区，基本农田保护区，地下矿产资源分布地区。

（二）城市建设用地。包括：规划期限内城市建设用地的发展规模、发展方向，根据建设用地评价确定的土地使用限制性规定；城市各类园林和绿地的具体布局。

（三）城市基础设施和公共服务设施。包括：城市主干道的走向、城市轨道交通的线路走向、大型停车场布局；城市取水口及其保护区范围、给水和排水主管网的布局；电厂位置、大型变电站位置、燃气储气罐站位置；文化、教育、卫生、体育、垃圾和污水处理等公共服务设施的布局。

（四）历史文化名城保护。包括：历史文化名城保护规划确定的具体控制指标和规定；历史文化保护区、历史建筑群、重要地下文物埋藏区的具体位置和界线。

（五）城市防灾工程。包括：城市防洪标准、防洪堤走向；城市抗震与消防疏散通道；城市人防设施布局；地质灾害防护规定。

（六）近期建设规划。包括：城市近期建设重点和发展规模；近期建设用地的具体位置和范围；近期内保护历史文化遗产和风景资源的具体措施。

第七条　城市详细规划的强制性内容包括：

（一）规划地段各个地块的土地主要用途；

（二）规划地段各个地块允许的建设总量；

（三）对特定地区地段规划允许的建设高度；

（四）规划地段各个地块的绿化率、公共绿地面积规定；

（五）规划地段基础设施和公共服务设施配套建设的规定；

（六）历史文化保护区内重点保护地段的建设控制指标和规定，建设控制地区的建设控制指标。

第八条　城乡规划行政主管部门提供规划设计条件，审查建设项目，不得违背城市规划强制性内容。

第九条　调整省域城镇体系规划强制性内容的，省（自治区）人民政府必须组织论证，就调整的必要性向规划审批机关提出专题报告，经审查批准后方可进行调整。

调整后的省域城镇体系规划按照《城镇体系规划编制审批办法》规定的程序重新审批。

第十条　调整城市总体规划强制性内容的，城市人民政府必须组织论证，就调整的必要性向原规划审批机关提出专题报告，经审查批准后方可进行调整。

调整后的总体规划，必须依据《城市规划法》规定的程序重新审批。

第十一条　调整详细规划强制性内容的，城乡规划行政主管部门必须就调整的必要性组织论证，其中直接涉及公众权益的，应当进行公示。调整后的详细规划必须依法重新审批后方可执行。

历史文化保护区详细规划强制性内容原则上不得调整。因保护工作的特殊要求确需调整的，必须组织专家进行论证，并依法重新组织编制和审批。

第十二条　违反城市规划强制性内容进行建设的，应当按照严重影响城市规划的行为，依法进行查处。

城市人民政府及其行政主管部门擅自调整城市规划强制性内容，必须承担相应的行政责任。

第十三条　本规定自印发之日起执行。

# 2　城市规划编制与审批

## 2.1　编制的主要原则和阶段划分

### 2.1.1　编制的主要原则

——《中华人民共和国城市规划法》解说

十七、编制城市规划应当遵循的主要原则

1.城市规划应当满足发展生产、繁荣经济、保护生态环境，改善市容景观，促进科技文教事业发展，加强精神文明建设等要求，统筹兼顾，综合部署，力求取得经济效益、社会效益、环境效益的统一。

2.城市规划应当贯彻城乡结合、促进流通、有利生产、方便生活的原则，改善投资环境，提高居住质量，优化城市布局结构，适应改革开放需要，促进国民经济持续、稳定、协调发展。

3.城市规划应当满足城市防火、抗爆、防震、防洪、防泥石流以及治安、交通管理和人民防空建设等要求，特别是在可能发生强烈地震和洪水灾害的地区，必须在规划中采取相应的抗震和防洪措施，保障城市安全和社会安定。

4.城市规划应当注意保护优秀历史文化遗产，保护具有重要历史意义、革命纪念意义、科学和艺术价值的文物古迹、风景名胜和传统街区，保持民族传统和地方风貌，充分体现城市各自的特色。

5.城市规划应当贯彻合理用地、节约用地的原则。根据国家和地方有关技术标准、规范以及实际使用要求，合理利用城市土地，提高土地开发经营的综合效益；在合理用地的前提下，应当十分重视节约用地，城市的建设和发展，应当尽量利用荒地、劣地、少占耕地、菜地、园地和林地。

### 2.1.2　编制的阶段划分

——《中华人民共和国城市规划法》(1989年12月26日第七届全国人民代表大会常务委员会第十一次会议通过)

第十八条　编制城市规划一般分总体规划和详细规划两个阶段进行。大城市、中等城市为了进一步控制和确定不同地段的土地用途、范围和容量，协调各项基础设施和公共设施的建设，在总体规划基础上，可以编制分区规划。

——《中华人民共和国城市规划法》解说

二十、编制城市规划的阶段划分

编制城市规划一般分总体规划和详细规划两个阶段进行。在正式编制总体规划前，可以由城市人民政府组织制定城市规划纲要，对总体规划需要确定的主要目标、方向和内容提出原则性意见，作为总体规划的依据。根据城市的实际情况和工作需要，大城市和中等城市可以在总体规划基础上编制分区规划，进一步控制和确定不同地段的土地的用途、范围和容量，协调各项基础设施和公共设施的建设。详细规划根据不同的需要、任务、目标和深度要求，可分为控制性详细规划和修建性详细规划两种类型。

## 2.1.3 编制规划应具备的基础资料

——《中华人民共和国城市规划法》(1989年12月26日第七届全国人民代表大会常务委员会第十一次会议通过)

第十七条 编制城市规划应当具备勘察、测量及其他必要的基础资料。

——《中华人民共和国城市规划法》解说

十九、编制城市规划应当具备的基础资料

编制城市规划应当具备勘察、测量以及有关城市和区域经济社会发展、自然环境、资源条件、历史和现代情况等基础资料,这是科学、合理地制定城市规划的基本保证。特别是城市勘察和城市测量,是编制城市规划前期一项十分重要的基础工作。城市勘测资料是城市用地选择、用地和环境评价、城市防灾规划、确定城市布局以及具体落实各项用地和各项建设的重要依据。

1.城市勘察资料是指与城市规划和建设有关的地质资料。主要包括工程地质,即城市所在地区的地质构造,地面土层物理状况,城市规划区内不同地段的地基承载力以及滑坡、崩塌等基础资料;地震地质,该城市所在地区断裂带的分布及活动情况,城市规划区内地震烈度区划等基础资料;水文地质,即城市所在地区地下水的存在形式、储量、水质、开采及补给条件等基础资料。我国的许多城市,特别是北方地区城市,地下水往往是城市的重要水源。勘明地下水资源,对于城市选址、预测城市发展规模、确定城市的产业结构等都具有重要意义。

2.城市测量资料。主要包括城市平面控制网和高程控制网、城市地下工程及地下管网等专业测量图以及编制城市规划必备的各种比例尺的地形图等。

3.气象资料。主要包括温度、湿度、降水、蒸发、风向、风速、日照、冰冻等基础资料。

4.水文资料。主要包括江河湖海水位、流量、流速、水量、洪水淹没界线等。大河两岸城市应收集流域情况、流域规划、河道整治规划、现有防洪设施。山区城市应收集山洪、泥石流等基础资料。

5.城市历史资料。主要包括城市的历史沿革、城址变迁、市区扩展以及城市规划历史等基础资料。

6.经济与社会发展资料。主要包括城市国民经济和社会发展现状及长远规划、国土规划、区域规划等有关资料。

7.城市人口资料。主要包括现状及历年城乡常住人口、暂住人口、人口的年龄构成、自然增长、机械增长、职工带眷系数等。

8.市域自然资源资料。主要包括矿产资源、水资源、燃料动力资源、农副产品资源的分布、数量、开采利用价值等。

9.城市土地利用资料。主要包括现状及历年城市土地利用分类统计、城市用地增长状况、规划区内各类用地分布状况等。

10.工矿企事业单位的现状及规划资料。主要包括用地面积、建筑面积、产品产量、产值、职工人数、用水量、用电量、运输量及污染情况等。

11.交通运输资料。主要包括对外交通运输和市内交通的现状(用地、职工人数、客货运量、流向、对周围地区环境的影响以及城市道路、交通设施等)。

12.各类仓储资料。主要包括用地、货物状况及使用要求的现状及发展预测。

13.城市行政、经济、社会、科技、文教、卫生、商业、金融、涉外等机构以及人民团体的现状和规划资料。主要包括发展规划、用地面积和职工人数等。

14.建筑物现状资料。主要包括现有主要公共建筑的分布状况、用地面积、建筑面积、建筑质量等，现有居住区的情况以及住房建筑面积、居住面积、建筑层数、建筑密度、建筑质量等。

15.工程设施资料。主要包括市政工程、公用事业现状资料，包括场站及其设施的位置与规模，管网系统及其容量，防洪工程等。

16.城市园林、绿地、风景区、文物古迹、优秀近代建筑等资料。

17.城市人防设施及其他地下建筑物、构筑物等资料。

18.城市环境资料。主要包括环境监测成果，各厂矿、单位排放污染物的数量及危害情况，城市垃圾的数量及分布，其他影响城市环境质量的有害因素的环境资料。

### 2.1.4　城市规划与国民经济社会发展计划的关系

——《中华人民共和国城市规划法》(1989年12月26日第七届全国人民代表大会常务委员会第十一次会议通过)

第六条　城市规划的编制应当依据国民经济和社会发展规划以及当地的自然环境、资源条件、历史情况、现状特点，统筹兼顾，综合部署。

——《城镇体系规划编制审批办法》(1994年8月15日建设部令第36号发布)

城市规划确定的城市基础设施建设项目，应当按照国家基本建设程序的规定纳入国民经济和社会发展计划，按计划分步实施。

——《中华人民共和国城市规划法》解说

十一、城市规划与国民经济社会发展计划的关系

城市规划与经济社会发展计划相结合，是保证实施规划和落实计划的前提，规划与计划脱钩的情况必须避免。编制城市规划特别是总体规划，应当以国民经济和社会发展规划以及城市发展战略为重要依据，计划确定的建设项目，其选址和布局又必须符合城市规划的要求；同时，城市规划确定的基础设施和公共设施建设项目，应当分期分批，按照基本建设程序纳入国民经济和社会发展计划，以保证城市规划的实施。

## 2.2　城镇体系规划

### 2.2.1　城镇体系规划的作用

——《中华人民共和国城市规划法》(1989年12月26日第七届全国人民代表大会常务委员会第十一次会议通过)

第十一条　国务院城市规划行政主管部门和省、自治区、直辖市人民政府应当分别组织编制全国和省、自治区、直辖市的城镇体系规划，用以指导城市规划的编制。

——《中华人民共和国城市规划法》解说

十八、全国和省城城镇体系规划

编制城镇体系规划是城市规划工作序列中不可缺少的重要环节。

随着我国经济和社会的稳步发展，会有越来越多的人口转向第二、第三产业，转向城市，也就是说，在我国的工业化、现代化过程中，城市化水平将不断提高。在新的历史条件下，根据"严格控制大城市规模，合理发展中等城市和小城市"的方针，拟定符合我国国情、符合各省、自治区、直

辖市实际的城市化进程和目标,逐步形成合理的城镇体系,是引导生产力和人口合理分布,落实我国经济、社会发展战略的一项重要基础工作。城市的发展不是孤立的,在很大程度上受周围城市以及区域发展的影响和制约。因此,城镇体系规划不仅是指导城市规划编制的重要依据,也是国家设置市、镇建制和调整、变更行政区划的重要参考。

此外,城镇体系规划还是正确引导、合理控制各项城市基础设施和公共设施的规模与标准,避免重复建设,盲目发展的重要手段。

## 2.2.2 城镇体系的定义

——《城镇体系规划编制审批办法》(1994 年 8 月 15 日建设部令第 36 号发布)

第二条 城镇体系是指一定区域范围内在经济社会和空间发展上具有有机联系的城镇群体。

## 2.2.3 城镇体系规划的任务、层次及期限

——《城镇体系规划编制审批办法》(1994 年 8 月 15 日建设部令第 36 号发布)

第三条 城镇体系规划的任务是:综合评价城镇发展条件;制订区域城镇发展战略;预测区域人口增长和城市化水平;拟定各相关城镇的发展方向与规模;协调城镇发展与产业配置的时空关系;统筹安排区域基础设施和社会设施;引导和控制区域城镇的合理发展与布局;指导城市总体规划的编制。

第四条 城镇体系规划一般分为全国城镇体系规划,省域(或自治区域)城镇体系规划,市域(包括直辖市、市和有中心城市依托的地区、自治州、盟域)城镇体系规划,县域(包括县、自治县、旗域)城镇体系规划 4 个基本层次。

城镇体系规划区域范围一般按行政区划划定。根据国家和地方发展的需要,可以编制跨行政地域的城镇体系规划。

第六条 城镇体系规划的期限一般为 20 年。

——建设部关于印发《县域城镇体系规划编制要点》(试行)的通知(建村 [2000] 74 号)

第五条 县域城镇体系规划的期限一般为 15 至 20 年,近期规划的期限一般为 5 年。

## 2.2.4 各级城镇体系规划的组织编制

——《中华人民共和国城市规划法》(1989 年 12 月 26 日第七届全国人民代表大会常务委员会第十一次会议通过)

第十一条 国务院城市规划行政主管部门和省、自治区、直辖市人民政府应当分别组织编制全国和省、自治区、直辖市的城镇体系规划,用以指导城市规划的编制。

——《城镇体系规划编制审批办法》(1994 年 8 月 15 日建设部令第 36 号发布)

第七条 全国城镇体系规划,由国务院城市规划行政主管部门组织编制。

省域城镇体系规划,由省或自治区人民政府组织编制。

市域城镇体系规划,由城市人民政府或地区行署、自治州、盟人民政府组织编制。

县域城镇体系规划,由县或自治县、旗、自治旗人民政府组织编制。

跨行政区域的城镇体系规划,由有关地区的共同上一级人民政府城市规划行政主管部门组织编制。

## 2.2.5　各级城镇体系规划的审批

——《城镇体系规划编制审批办法》(1994 年 8 月 15 日建设部令第 36 号发布)

第十条　城镇体系规划上报审批前应进行技术经济论证，并征求有关单位的意见。

第十一条　全国城镇体系规划，由国务院城市规划行政主管部门报国务院审批。

省域城镇体系规划，由省或自治区人民政府报经国务院同意后，由国务院城市规划行政主管部门批复。

市域、县域城镇体系规划纳入城市和县级人民政府驻地镇的总体规划，依据《中华人民共和国城市规划法》实行分级审批。

跨行政区域的城镇体系规划，报有关地区的共同上一级人民政府审批。

## 2.2.6　省域城镇体系规划审批的重点

——建设部关于印发《省域城镇体系规划审查办法》的通知(建规〔1998〕145 号)

二、规划审查的重点

(一)是否与国家社会经济发展目标和方针政策相符。

(二)是否符合全国城市发展政策。

(三)是否与国土规划、土地利用总体规划等国家其他的相关规划相协调。

(四)规划方案和规划指标是否符合地方实际、是否符合城市发展的特点、是否可行。

(五)是否有效协调各城市在城市规模、发展方向以及基础设施布局等方面的矛盾，有利于城乡之间、产业之间的协调发展，避免重复建设。

(六)是否体现了国家关于可持续发展的战略要求，充分考虑水、土地资源和环境的制约因素，提出的规划控制指标是否符合控制人口和保护耕地的方针。

(七)是否与周边省(区、市)的发展相协调。

(八)是否达到了建设部制定的《城镇体系规划编制审批办法》规定的基本要求。

## 2.2.7　省域城镇体系规划审批的程序

——建设部关于印发《省域城镇体系规划审查办法》的通知(建规〔1998〕145 号)

三、规划审查报批程序

(一)前期工作

省(自治区)人民政府在组织编制规划时，首先要组织编制规划大纲，建设部要加强指导。建设部在充分听取省(自治区)有关方面及专家意见的基础上，提出对规划大纲的初步审查意见。

(二)上报要求

省(自治区)人民政府有关部门根据规划大纲和建设部制定的《编制办法》组织编制规划，经省(自治区)人民政府审查同意后，由省(自治区)人民政府报国务院审查。

规划上报材料包括：规划文本、报告、图纸以及省(自治区)有关部门的意见、技术评审意见和省(自治区)人民政府的审查意见。

(三)征求有关意见

建设部接国务院交办批件后，征求该省(自治区)周边省(区、市)和国务院有关部门的意见。国务院有关部门包括：国家发展计划委、国家经贸委、民政部、国土资源部、铁道部、交通部、信息产业部、水利部、农业部、国家环保总局、中国民航总局、国家林业局、国家旅游局等。国务院有关部门就与本部门职能相关的内容提出书面意见，并在规定的时间(自建设部发文之日起4周，特殊情况，经协商可适当延期)内将书面意见反馈建设部。逾期按无意见处理。工作周期6周。

(四)协调意见

由建设部组织召开协调审查会，讨论、协调周边省(区、市)和国务院各有关部门的意见。会议由省(自治区)规划编制主管(或牵头)部门、国务院有关部门共同参加。工作周期4周。

(五)报批

建设部依据协调意见，起草审查意见和批复代拟搞，与国务院有关部门的书面意见一并报国务院。工作周期2周。

在规划审查过程中，如有关部门意见有重大分歧，建设部认为有必要对该规划进行进一步修改完善的，可建议国务院将规划退回报文的省(自治区)人民政府，请其按要求修改完善后，另行上报。

通常情况下，规划审查报批工作周期不超过3个月。

## 2.2.8　城镇体系规划的内容

——《城镇体系规划编制审批办法》(1994年8月15日建设部令第36号发布)

第十三条　城镇体系规划一般应当包括下列内容：

1.综合评价区域与城市的发展和开发建设条件；

2.预测区域人口增长，确定城市化目标；

3.确定本区域的城镇发展战略，划分城市经济区；

4.提出城镇体系的功能结构和城镇分工；

5.确定城镇体系的等级和规模结构；

6.确定城镇体系的空间布局；

7.统筹安排区域基础设施、社会设施；

8.确定保护区域生态环境、自然和人文景观以及历史文化遗产的原则和措施；

9.确定各时期重点发展的城镇，提出近期重点发展城镇的规划建议；

10.提出实施规划的政策和措施。

第十四条　跨行政区域城镇体系规划的内容和深度，由组织编制机关参照本《办法》第十二条、第十三条规定，根据规划区域的实际情况确定。

第十二条　全国城镇体系规划涉及的城镇应包括设市城市和重要的县城。

省域(或自治区区域)城镇体系规划涉及的城镇应包括市、县城和其他重要的建制镇、独立工矿区。

市域城镇体系规划涉及的城镇应包括建制镇和独立工矿区。

县域城镇体系规划涉及的城镇应包括建制镇、独立工矿区和集镇。

## 2.2.9　县域城镇体系规划的内容

——建设部关于印发《县域城镇体系规划编制要点》(试行)的通知(建村 [2000] 74号)

第七条　县域城镇体系规划应当包括下列内容：

1.分析全县基本情况，综合评价县域的发展条件；

2.明确产业发展的空间布局；

3.预测县域人口，提出城镇化战略及目标；

4.制定城乡居民点布局规划，选定重点发展的中心镇；

5.协调用地及其他空间资源的利用；

6.统筹安排区域性基础设施和社会服务设施;

7.制定专项规划,提出各项建设的限制性要求;

8.制定近期发展规划,确定分阶段实施规划的目标及重点;

9.提出实施规划的政策建议。

第八条　县情分析与发展条件综合评价的主要内容是:区位分析;自然条件与自然资源评价;经济基础及发展前景分析;社会与科技发展分析;生态环境分析;提出县域发展的优势条件与制约因素。

第九条　产业发展空间规划的主要内容是:根据经济发展总体战略规划提出的目标,明确产业结构、发展方向和重点,提出空间布局方案;有条件的可划分经济区。

第十条　县域人口预测与城镇化发展规划的主要内容是:预测规划期末和分时段县域总人口及其构成情况,制定城镇化发展目标,确定城镇化发展战略和道路,提出人口空间转移的方向和目标。

第十一条　城乡居民点布局规划的主要内容是:预测城乡、城镇之间人口分布状况,合理确定城镇功能和空间布局结构,选取重点发展的中心镇,提出城乡居民点集中建设、协调发展的总体方案;有条件的提出中心村和其他村庄布局的指导原则。

第十二条　用地及空间协调规划的主要内容是:划分用地功能类型,标示各类用地的空间范围。根据生态环境保护、节约和合理利用土地、防灾减灾等要求,提出不同类型土地及空间资源有效利用的限制性和引导性措施。

第十三条　区域性基础设施与社会服务设施统筹安排的主要内容是:提出分级配置各类设施的原则,确定各级居民点配置设施的类型和标准;根据设施特点,分析能够县域共享或局部共享的设施类型,提出各类设施的共建、共享方案,避免重复建设。

第十四条　专项规划应当包括下列内容:

1.交通网络规划。在区域大交通网络规划的指导下,根据本地区社会经济发展的要求,预测运输需求,提出交通运输网布局方案以及重大交通工程项目的布局,协调各种交通运输方式与城乡居民点的关系,重点是公路网和水运网。

2.给排水、电力、电信工程设施规划。根据水源条件和用水需求预测,确定水资源综合开发利用的措施和合理分配用水的方案,统筹安排水厂,选择供水方式和管网布局;根据污水量预测和地形条件,统筹布置污水管网、排放口及处理设施。以大区域供电系统为基础,结合县域电源和电网现状、用电量和用电负荷结构,根据社会经济发展和人民生活用电量需求,统筹安排电网、变电站等电力供应设施。在全国或区域电信发展战略指导下,按照县域社会经济现代化的需要,结合电信现状,预测业务量,统筹安排局所设置和电信网络。

3.教科文卫等社会服务设施规划。根据对不同层次上学人口数量的预测,统筹安排和调整各类学校的规模和布点;根据卫生保健的发展需求,预测所需医疗卫生人员数量,统筹布局医疗网点;根据精神文明建设的要求,统筹布局文化、体育活动场所,安排休疗养等福利设施。

4.环境保护与防灾规划。综合评价环境质量,分析存在的问题,预测环境变化的趋势,制定县域环境保护的目标,提出环境保护与治理的对策。根据需要,划定自然保护区、生态敏感区和风景名胜区等环境功能分区,明确各区的控制标准。结合当地特点,深入分析各类灾害的形势以及发展趋势,对防洪、防震、消防、人防等设施的现状情况进行评价,选择主要灾害类型提出防治措施。

5.其他专项规划。根据实际情况,有选择地编制广播电视、供热供气、科技发展、水利、风景旅游、文物古迹保护、园林绿化等规划。

第十五条　近期发展规划的主要内容是:确定5年内具体发展目标、建设项目,并进行投资估算、建设用地预测，作为建设项目可行性研究及立项的重要依据。

　　第十六条　实施规划的政策建议，主要应包括与城乡建设密切相关的土地、户籍、行政区划和社会保障等内容。

## 2.2.10　城镇体系规划的成果文件和主要图纸

——《城镇体系规划编制审批办法》(1994年8月15日建设部令第36号发布)

　　第十五条　城镇体系规划的成果包括城镇体系规划文件和主要图纸。

　　1.城镇体系规划文件包括规划文本和附件。

　　规划文本是对规划的目标、原则和内容提出规定性和指导性要求的文件。

　　附件是对规划文本的具体解释，包括综合规划报告、专题规划报告和基础资料汇编。

　　2.城镇体系规划主要图纸：

　　(1)城镇现状建设和发展条件综合评价图；

　　(2)城镇体系规划图；

　　(3)区域社会及工程基础设施配置图；

　　(4)重点地区城镇发展规划示意图。

　　图纸比例：全国用1：250万，省域用1：100万～1：50万，市域、县域用1：50万～1：10万。重点地区城镇发展规划示意图用1：5万～1：1万。

## 2.2.11　县域城镇体系规划的成果文件和图纸

——建设部关于印发《县域城镇体系规划编制要点》(试行)的通知(建村〔2000〕74号)

　　第十七条　县域城镇体系规划成果应当包括规划文件和规划图件两部分。

　　规划文件包括规划文本和规划说明书。规划文本是对规划的目标、原则和内容提出规定性和指导性要求的文件，必须内容简明、文字精炼、用词准确。规划说明书是对规划文本的具体解释，应附有关专题报告和基础资料汇编。

　　规划图件是规划成果的重要组成部分，与规划文本具有同等效力。规划图件至少应当包括(除重点地区规划图外，图纸比例一般为1：5～1：10万)：

　　1.县域综合现状图；

　　2.县域人口与城镇布局规划图；

　　3.县域综合交通规划图；

　　4.县域基础设施和社会服务设施规划图；

　　5.县域环境保护与防灾规划图；

　　6.近期建设和发展规划图；

　　7.重点地区规划图。

## 附录　《关于加强省域城镇体系规划实施工作的通知》

(建规〔2003〕43号)

各省、自治区建设厅：

　　省域城镇体系规划是省、自治区人民政府协调省域内各城镇发展，保护和利用各类自然资源和人文资源，综合安排基础设施和公共设施建设的依据。制定和实施省域城镇体系规划是加强区域发展宏观调控、引导和协调区域城镇合理布局，促进大中小城市和小城镇协调发展，积极有序地推进城镇化的前提和保障，是实现建设小康社会目标的基本要求。为贯彻《国务院关于加强城乡规划监督管理的通知》（国发［2002］13号，以下简称13号文件）和国务院九部门《关于贯彻落实〈国务院关于加强城乡规划监督管理的通知〉的通知》（建规［2002］204号，以下简称204号文件）提出的"大力加强对城乡规划的综合调控"的要求，做好省域城镇体系规划的制定和实施工作，现通知如下：

一、省、自治区建设行政主管部门是制定省域城镇体系规划的重要职能部门。各省、自治区建设行政主管部门要认真贯彻13号文件的精神，在省、自治区人民政府的直接领导下，认真做好省域城镇体系规划的制定工作。要把制定规划与综合调控区域城乡发展的具体任务紧密结合起来，把保护各类自然资源和人文资源，合理布局基础设施作为规划的重点。目前尚未编制完成省域城镇体系规划的省、自治区，必须在2003年6月30日以前完成规划编制工作。2003年9月30日以后，省域城镇体系规划未经批准的省、自治区，不得进行省、自治区内的城市总体规划和县域城镇体系规划的修编，不得新上各类开发区、大学城、科技园区和度假园区。

二、规划要从全局出发，按城乡一体，协调发展的原则，认真确定城镇化和城镇发展战略，确定区域基础设施和社会设施的空间布局，确定需要严格保护和控制开发的地区，明确控制的标准和措施，确定重点发展的小城镇，提出保障规划实施的政策和措施。要按照204号文件和《城市规划强制性内容暂行规定》（建规［2002］218号）的要求，明确省域城镇体系规划的强制性内容，提高规划的可操作性。

三、要做好省域城镇体系规划的深化工作。省域城镇体系规划已经批准或编制工作已完成的省、自治区要抓紧开展跨市（县）城镇密集地区的城镇发展和布局规划，划定需要严格保护的区域和控制开发的区域及控制指标，落实和深化省域城镇体系规划的各项内容，综合安排城市取水口、排污口、垃圾处理场、天然气门站和管网、电网、城市之间综合交通网、物流中心等基础设施建设。要编制区域绿地规划、区域供水规划、区域排水和污水处理规划、城市间轨道交通规划等具体指导区域性基础设施和公共设施项目建设的专项规划。

四、要进一步发挥省域城镇体系规划的综合调控作用。各类专门性规划，各市、县制定的城市总体规划和县域城镇体系规划必须服从省域城镇体系规划的统一要求。区域重大基础设施和公共设施的建设，各类开发区，以及大学城、科技园、度假园区的设立和扩大，必须符合省域城镇体系规划。省内行政区划调整要符合省域城镇体系规划。各省、自治区建设行政主管部门要依据省域城镇体系规划，认真审查省、自治区内的城市总体规划和县域城镇体系规划。如确因经济社会发展需要，城市总体规划和县域城镇体系规划与省域城镇体系规划不一致的，要按13号文件规定修改和调整省域城镇体系规划。

五、要加强城镇体系规划实施的有关法规和政策制定，推进依法行政。规划已经国务院批复的省、自治区要抓紧制定省域城镇体系规划实施办法，明确实施省域城镇体系规划的目标和责任，明确规划实施管理的具体内容和标准，规范管理程序。要严格执行建设项目选址意见书分级审查制度。规划确定的重大建设项目和规划确定的需要严格保护限制开发的区域，以及各类开发区、大学城、科技园、度假园区的设立，由各省、自治区建设行政主管部门核发项目选址意见书。上述项目，未取得由省、自治区建设行政主管部门核发项目选址意见书，地方城市规划部门不得核发建设用地规划许可证和建设工程规划许可证。如因特殊情况，项目选址与省域城镇体系规划不一致的，要按13号文件规定修改或调整规划。

六、省域城镇体系规划的编制和实施是省、自治区人民政府的重要职责。各省、自治区建设行政主管部门要在省委、省政府直接领导下，认真贯彻落实国务院对规划的批复，制定各层次的深化规划和实施办法。要建立由省政府直接领导，有关部门共同参加的规划协调机构，负责审议省、自治区内各类资源保护与开发利用，区域重大基础设施建设，各类开发区设立和扩大等关系省域城镇体系规划实施的重大事项，加强省政府各部门在实施规划方面的协同和配合。

七、要建立规划实施效果的监督检查制度。省建设行政主管部门每年要向省人大、省政府汇报省域城镇体系规划实施的情况，并报建设部备案。建设部将把对省域城镇体系规划实施情况的监督检查作为城乡规划检查工作的重要内容。对违反省域城镇体系规划的行政行为，要追究行政责任。

八、省、自治区建设行政主管部门要充实加强实施省域城镇体系规划的管理力量；要建立健全实施省域城镇体系规划的技术支撑机构，协助主管部门做好省域城镇体系规划深化，相关政策研究，对省、自治区内城市总体规划和县域城镇体系规划的审查及项目选址意见书审核等日常管理工作；要积极开展省域城镇体系规划编制和实施工作的政策和技术培训；要建立省域城镇体系规划信息系统，加强对区域城镇发展、空间资源保护与利用情况的动态监控。

中华人民共和国建设部

二〇〇三年二月二十八日

# 2.3 总体规划

## 2.3.1 城市总体规划与国土规划、区域规划的关系

—— 《中华人民共和国城市规划法》(1989 年 12 月 26 日第七届全国人民代表大会常务委员会第十一次会议通过)

第七条 城市总体规划应当和国土规划、区域规划、江河流域规划、土地利用总体规划相协调。

—— 《中华人民共和国城市规划法》解说

十二、城市总体规划与国土规划、区域规划的关系

国土规划、区域规划、城市总体规划是在不同层次、涉及不同地域范围的发展规划。国土规划、区域规划、城市总体规划组成一个完整的规划系列，国土规划和区域规划应当是城市总体规划的重要依据。而全国和区域性的江河流域、土地利用等专业规划则是国土和区域规划的重要组成部分，城市土地利用规划又是城市总体规划的重要组成部分。

我国的国土规划、区域规划以及江河流域规划、区域性土地利用总体规划等工作起步较晚，目前正在有计划、有重点地逐步展开，还没有法定的审批程序和审批成果。而全国绝大多数城市总体规划已经各级政府按法定程序审批，并在不断完善和深化，在实际工作中存在着相互联系和交叉的情况，因此本法原则确定应当相互协调的关系是必要的。

## 2.3.2 总体规划应收集的基础资料

—— 《城市规划编制办法实施细则》(1995 年建设部发布)

第五条 编制总体规划需收集的基础资料一般包括以下各项：

(一)市(县)域基础资料

1.市(县)域的地形图，图纸比例为 1/50000～1/200000；

2.自然条件：包括气象、水文、地貌、地质、自然灾害、生态环境等；

3.资源条件；

4.主要产业及工矿企业(包括乡镇企业)状况;

5.主要城镇的分布、历史沿革、性质、人口和用地规模、经济发展水平;

6.区域基础设施状况;

7.主要风景名胜、文物古迹、自然保护区的分布和开发利用条件;

8.三废污染状况;

9.土地开发利用情况;

10.国民生产总值、工农业总产值、国民收入和财政状况;

11.有关经济社会发展计划、发展战略、区域规划等方面的情况。

(二)城市基础资料

1.近期绘制的城市地形图,图纸比例为1/5000~1/25000;

2.城市自然条件及历史资料

(1)气象资料;

(2)水文资料;

(3)地质和地震资料,包括地质质量的总体验证和重要地质灾害的评估;

(4)城市历史资料:包括城市的历史沿革、城址变迁、市区扩展、历次城市规划的成果资料等。

3.城市经济社会发展资料

(1)经济发展资料:包括历年国民生产总值、财政收入、固定资产投资、产业结构及产值构成等;

(2)城市人口资料:包括现状非农业人口、流动人口及其中暂住人口数量,人口的年龄构成、劳动构成、城市人口的自然增长和机械增长情况等;

(3)城市土地利用资料:城市规划发展用地范围内的土地利用现状,城市用地的综合评价;

(4)工矿企业的现状及发展资料;

(5)对外交通运输现状及发展资料;

(6)各类商场、市场现状和发展资料;

(7)各类仓库、货场现状和发展资料;

(8)高等院校及中等专业学校现状和发展资料;

(9)科研信息机构现状和发展资料;

(10)行政、社会团体、经济、金融等机构现状和发展资料;

(11)体育、文化、卫生设施现状和发展资料。

4.城市建筑及公用设施资料

(1)住宅建筑面积、建筑质量、居住水平、居住环境质量;

(2)各项公共服务设施的规模、用地面积、建筑面积、建筑质量和分布状况;

(3)市政、公用工程设施和管网资料,公共交通以及客货运量、流向等资料;

(4)园林、绿地、风景名胜、文物古迹、历史地段等方面的资料;

(5)人防设施、各类防灾设施及其他地下构筑物等的资料。

5.城市环境及其他资料

(1)环境监测成果资料;

(2)三废排放的数量和危害情况,城市垃圾数量、分布及处理情况;

(3)其他影响城市环境的有害因素(易燃、易爆、放射、噪声、恶臭、震动)的分布及危害情况;

(4)地方病以及其他有害居民健康的环境资料。

(三)必要时,需收集城市相邻地区的有关资料。

### 2.3.3　总体规划的期限和内容

—— 《城市规划编制办法》(1991 年 9 月 3 日建设部令第 14 号发布)

第十五条　城市总体规划的期限一般为二十年,同时应当对城市远景发展作出轮廓性的规划安排。近期建设规划是总体规划的一个组成部分,应当对城市近期的发展布局和主要建设项目作出安排。近期建设规划期限一般为五年。

建制镇总体规划的期限可以为十年至二十年,近期建设规划可以为三年至五年。

第十六条　城市总体规划应当包括下列内容:

(一)设市城市应当编制市域城镇体系规划,县(自治县、旗)人民政府所在地的镇应当编制县域城镇体系规划。市域和县域城镇体系规划的内容包括:分析区域发展条件和制约因素,提出区域城镇发展战略,确定资源开发、产业配置和保护生态环境、历史文化遗产的综合目标;预测区域城镇化水平,调整现有城镇体系的规模结构、职能分工和空间布局,确定重点发展的城镇;原则确定区域交通、通讯、能源、供水、排水、防洪等设施的布局;提出实施规划的措施和有关技术经济政策的建议;

(二)确定城市性质和发展方向,划定城市规划区范围;

(三)提出规划期内城市人口及用地发展规模,确定城市建设与发展用地的空间布局、功能分区,以及市中心、区中心位置;

(四)确定城市对外交通系统的布局以及车站、铁路枢纽、港口、机场等主要交通设施的规模、位置,确定城市主、次干道系统的走向、断面、主要交叉口形式,确定主要广场、停车场的位置、容量;

(五)综合协调并确定城市供水、排水、防洪、供电、通讯、燃气、供热、消防、环卫等设施的发展目标和总体布局;

(六)确定城市河湖水系的治理目标和总体布局,分配沿海、沿江岸线;

(七)确定城市园林绿地系统的发展目标及总体布局;

(八)确定城市环境保护目标,提出防治污染措施;

(九)根据城市防灾要求,提出人防建设、抗震防灾规划目标和总体布局;

(十)确定需要保护的风景名胜、文物古迹、传统街区,划定保护和控制范围,提出保护措施,历史文化名城要编制专门的保护规划;

(十一)确定旧区改建、用地调整的原则、方法和步骤,提出改善旧城区生产、生活环境的要求和措施;

(十二)综合协调市区与近郊区村庄、集镇的各项建设,统筹安排近郊区村庄、集镇的居住用地、公共服务设施、乡镇企业、基础设施和菜地、园地、牧草地、副食品基地,划定需要保留和控制的绿色空间;

(十三)进行综合技术经济论证,提出规划实施步骤、措施和方法的建议;

(十四)编制近期建设规划,确定近期建设目标、内容和实施部署。

建制镇总体规划的内容可以根据其规模和实际需要适当简化。

### 2.3.4　总体规划的成果文本和主要图纸

—— 《城市规划编制办法实施细则》(1995 年建设部发布)

第七条　总体规划的成果包括以下各项:

(一)城市总体规划文本

1.前言：说明本次规划编制的依据；

2.城市规划基本对策概述；

3.市(县)域城镇发展

(1)城镇发展战略及总体目标；

(2)预测城市化水平；

(3)城镇职能分工、发展规模等级、空间布局，重点发展城镇；

(4)区域性交通设施、基础设施、环境保护、风景旅游区的总体布局；

(5)有关城镇发展的技术政策。

4.城市性质，城市规模期限，城市规划区范围，城市发展方针与战略，城市人口现状及发展规模；

5.城市土地利用和空间布局

(1)确定人均用地和其他有关技术经济指标,注明现状建成区面积,确定规划建设用地范围和面积，列出用地平衡表；

(2)城市各类用地的布局，不同区位土地使用原则及地价等级的划分，市、区级中心及主要公共服务设施的布局；

(3)重要地段的高度控制，文物古迹、历史地段、风景名胜的保护，城市风貌和特色；

(4)旧区改建原则，用地结构调整及环境综合整治；

(5)郊区主要乡镇企业、村镇居民点以及农地和副食基地的布局,禁止建设的绿色空间控制范围。

6.城市环境质量建议指标，改善或保护环境的措施；

7.各项专业规划(见本书2.3.5)

8．3～5年内的近期建设规划、包括基础设施建设、土地开发投放、住宅建设等；

9.实施规划的措施。

(二)城市总体规划的主要图纸

1.市(县)域城镇分布现状图。图纸比例为1/50000～1/200000。标明行政区划、城镇分布、交通网络、主要基础设施、主要风景旅游资源。

2.城市现状图。图纸比例为大中城市1/10000或1/25000，小城市可用1/5000。图纸应标明以下内容。

(1)按《城市用地分类与规划建设用地标准》(GBJ137—90)分类画出城市现状各类用地的范围(以大类为主、中类为辅)；

(2)城市主次干道，重要对外交通、市政公用设施的位置；

(3)商务中心区及市、区级中心的位置；

(4)需要保护的风景名胜、文物古迹、历史地段范围；

(5)经济技术开发区、高新技术开发区、出口加工区、保税区等的范围；

(6)园林绿化系统和河、湖水面；

(7)主要地名和主要街道名称；

(8)表现风向、风速、污染系数的风玫瑰。

3.新建城市和城市新发展地区应绘制城市用地工程地质评价图。图纸比例同现状图,图纸应标明以下内容：

(1)不同工程地质条件和地面坡度的范围、界线、参数；

(2)潜在地质灾害(滑坡、崩塌、溶洞、泥石流、地下采空、地面沉降及各种不良性特殊地基土等)空间分布、强度划分;

(3)活动性地下断裂带位置,地震烈度及灾害异常区;

(4)按防洪标准频率绘制的洪水淹没线;

(5)地下矿藏、地下文物埋藏范围;

(6)城市土地质量的综合评价,确定适宜性区划(包括适宜修建、不适宜修建和采取工程措施方能修建地区的范围)。提出土地的工程控制要求。

4.市(县)域城镇体系规划图。图纸比例同现状图,标明行政区划、城镇体系总体布局、交通网络及重要基础设施规划布局、主要文物古迹、风景名胜及旅游区布局。

5.城市总体规划图。表现规划建设用地范围内的各项规划内容,图纸比例同现状图。

6.郊区规划图。图纸比例为1/25000～1/50000,图纸应标明以下内容:

(1)城市规划区范围、界线;

(2)村镇居民点、公共服务设施、乡镇企业等各项建设用地布局和控制范围;

(3)对外交通用地及需与城市隔离的市政公用设施、水源地、危险品库、火葬场、墓地、垃圾处理消纳地等用地的布局和控制范围;

(4)农田、菜地、林地、园地、副食品基地和禁止建设的绿色空间的布局和控制范围。

7.近期建设规划图。

8.各项专业规划图。

(三)附件

## 2.3.5　总体规划阶段的各项专业规划的文本和图纸

—— 《城市规划编制办法实施细则》(1995年建设部发布)

第八条　城市总体规划中的专业规划应包括第九条至第十九条所列各项。七度以上地震设防城市应编制抗震防灾规划。各项专业规划要相互协调,文本和图纸要符合本章的规定。单独编制的各项专业规划要符合该专业规划的有关技术规定。

第九条　道路交通规划

(一)文本内容

1.对外交通

(1)铁路站、线、场用地范围;

(2)江、海、河港口码头、货场及疏港交通用地范围;

(3)航空港用地范围及交通联结;

(4)市际公路、快速公路与城市交通的联系,长途客运枢纽站的用地范围;

(5)城市交通与市际交通的衔接。

2.城市客运与货运

(1)公共客运交通和公交线路、站场分布;

(2)自行车交通;

(3)地铁、轻轨线路可行性研究和建设安排;

(4)客运换乘枢纽;

(5)货运网络和货源点布局;

(6)货运站场和枢纽用地范围。

3.道路系统

(1)各项交通预测数据的分析、评价；

(2)主次干道系统的布局，重要桥梁、立体交叉、快速干道、主要广场、停车场位置；

(3)自行车、行人专用道路系统。

(二)图纸内容

1.分类标绘客运、货运、自行车、步行道路的走向；

2.主次干道走向、红线宽度、重要交叉口形式；

3.重要广场、停车场、公交停车场的位置和范围；

4.铁路线路及站场、公路及货场、机场、港口、长途汽车站等对外交通设施的位置和用地范围。

第十条　给水工程规划

(一)文本内容

1.用水量标准，生产、生活、市政用水总量估算；

2.水资源供需平衡，水源地选择，供水能力，取水方式，净水方案，水厂制水能力；

3.输水管网及配水干管布置，加压站位置和数量；

4.水源地防护措施。

(二)图纸内容

1.水源及水源井、泵房、水厂、贮水池位置，供水能力；

2.给水分区和规划供水量；

3.输配水干管走向、管径，主要加压站、高位水池规模及位置。

第十一条　排水工程规划(含雨水工程与污水工程，必要时也可分开编制)。

(一)文本内容

1.排水制度；

2.划分排水区域，估算雨水、污水总量，制定不同地区污水排放标准；

3.排水管、渠系统规划布局，确定主要泵站及位置；

4.污水处理厂布局、规模、处理等级以及综合利用的措施；

(二)图纸内容

1.排水分区界线，汇水总面积，规划排放总量；

2.排水管渠干线位置、走向、管径和出口位置；

3.排水泵站和其他排水构筑物规模位置；

4.污水处理厂位置、用地范围。

第十二条　供电工程规划

(一)文本内容

1.用电量指标，总用电负荷，最大用电负荷、分区负荷密度；

2.供电电源选择；

3.变电站位置、变电等级、容量，输配电系统电压等级、敷设方式；

4.高压走廊用地范围、防护要求。

(二)图纸内容

1.供电电源位置、供电能力；

2.变电站位置、名称、容量、电压等级；

3.供电线路走向、电压等级、敷设方式；

4.高压走廊用地范围、电压等级。

第十三条 电信工程规划

(一)文本内容

1.各项通讯设施的标准和发展规模(包括长途电话、市内电话、电报、电视台、无线电台及部门通讯设施);

2.邮政设施标准、服务范围、发展目标,主要局所网点布置;

3.通讯线路布置、用地范围、敷设方式;

4.通讯设施布局和用地范围,收发讯区和微波通道的保护范围。

(二)图纸内容

1.各种通讯设施位置,通讯线路走向和敷设方式;

2.主要邮政设施布局;

3.收发讯区、微波通道等保护范围。

第十四条 供热工程规划

(一)文本内容

1.估算供热负荷、确定供热方式;

2.划分供热区域范围、布置热电厂;

3.热力网系统、敷设方式;

4.联片集中供热规划。

(二)图纸内容

1.供热热源位置、供热量;

2.供热分区、热负荷;

3.供热干管走向、管径、敷设方式。

第十五条 燃气工程规划

(一)文本内容

1.估算燃气消耗水平,选择气源,确定气源结构;

2.确定燃气供应规模;

3.确定输配系统供气方式、管网压力等级、管网系统,确定调压站、灌瓶站、贮存站等工程设施布置。

(二)图纸内容

1.气源位置、供气能力、储气设备容量;

2.输配干管走向、压力、管径;

3.调压站、贮存站位置和容量。

第十六条 园林绿化、文物古迹及风景名胜规划(必要时可分别编制)

(一)文本内容

1.公共绿地指标;

2.市、区级公共绿地布置;

3.防护绿地、生产绿地位置范围;

4.主要林荫道布置;

5.文物古迹、历史地段、风景名胜区保护范围、保护控制要求。

(二)图纸内容

1.市、区级公共绿地(公园、动物园、植物园、陵园、大于2000m² 的街头、居住区级绿地、滨河绿地、主要林荫道)用地范围;

2.苗圃、花圃、专业植物等绿地范围;

3.防护林带、林地范围;

4.文物古迹、历史地段、风景名胜区位置和保护范围;

5.河湖水系范围。

第十七条 环境卫生设施规划

(一)文本内容

1.环境卫生设施设置原则和标准;

2.生活废弃物总量,垃圾收集方式、堆放及处理,消纳场所的规模及布局;

3.公共厕所布局原则、数量。

(二)图纸应标明主要环卫设施的布局和用地范围,可和环境保护规划图合并。

第十八条 环境保护规划

(一)文本内容

1.环境质量的规划目标和有关污染物排放标准;

2.环境污染的防护、治理措施。

(二)图纸

1.环境质量现状评价图:标明主要污染源分布、污染物质扩散范围、主要污染排放单位名称、排放浓烟、有害物质指数;

2.环境保护规划图:规划环境标准和环境分区质量要求,治理污染的措施。

第十九条 防洪规划

(一)文本内容

1.城市需设防地区(防江河洪水、防山洪、防海潮、防泥石流)范围,设防等级、防洪标准;

2.防洪区段安全泄洪量;

3.设防方案,防洪堤坝走向,排洪设施位置和规模;

4.防洪设施与城市道路、公路、桥梁交叉方式;

5.排涝防渍的措施。

(二)图纸内容

1.各类防洪工程设施(水库、堤坝闸门、泵站、泄洪道等)位置、走向;

2.防洪设防地区范围、洪水流向;

3.排洪设施位置、规模。

## 2.3.6 总体规划纲要的任务、内容和成果

—— 《城市规划编制办法》(1991年9月3日建设部令第14号发布)

第十一条 城市总体规划纲要的主要任务是:研究确定城市总体规划的重大原则,并作为编制城市总体规划的依据。

第十二条 城市总体规划纲要应当包括下列内容:

(一)论证城市国民经济和社会发展条件,原则确定规划期内城市发展目标;

(二)论证城市在区域发展中的地位,原则确定市(县)域城镇体系的结构与布局;

(三)原则确定城市性质、规模、总体布局,选择城市发展用地,提出城市规划区范围的初步意见;

(四)研究分析确定城市能源、交通、供水等城市基础设施开发建设的重大原则问题，以及实施城市规划的重要措施。

**—— 《城市规划编制办法实施细则》**(1995 年建设部发布)

第六条　在编制城市总体规划之前，大、中城市可根据实际需要编制总体规划纲要，总体规划纲要的成果为：

(一)文字说明

1.简述城市自然、历史、现状特点；

2.分析论证城市在区域发展中的地位和作用、经济社会发展的目标、发展优势与制约因素，初步划出城市规划区范围；

3.原则确定规划期内的城市发展目标、城市性质，初步预测人口规模、用地规模；

4.提出城市用地发展方向和布局的初步方案；

5.对城市能源、水源、交通、基础设施、防灾、环境保护、重点建设等主要问题提出原则规划意见；

6.提出制订和实施城市规划重要措施的意见。

(二)图纸

1.区域城镇关系示意图：图纸比例为1/500000～1/1000000，标明相邻城镇位置、行政区划、重要交通设施、重要工矿和风景名胜区。

2.城市现状示意图：图纸比例1/25000～1/50000，标明城市主要建设用地范围、主要干道以及重要的基础设施。

3.城市规划示意图：图纸比例1/25000～1/50000，标明城市规划区和城市规划建设用地大致范围，标注各类主要建设用地、规划主要干道、河湖水面、重要的对外交通设施。

4.其他必要的分析图纸。

## 2.3.7　总体规划的审批和调整

**—— 《中华人民共和国城市规划法》**(1989 年 12 月 26 日第七届全国人民代表大会常务委员会第十一次会议通过)

第二十一条　城市规划实行分级审批。

直辖市的城市总体规划，由直辖市人民政府报国务院审批。

省和自治区人民政府所在地城市、城市人口在一百万以上的城市及国务院指定的其他城市的总体规划，由省、自治区人民政府审查同意后，报国务院审批。

本条第二款和第三款规定以外的设市城市和县级人民政府所在地镇的总体规划，报省、自治区、直辖市人民政府审批，其中市管辖的县级人民政府所在地镇的总体规划，报市人民政府审批。

首款规定以外的其他建制镇的总体规划，报县级人民政府审批。

城市人民政府和县级人民政府在向上级人民政府报请审批城市总体规划前，须经同级人民代表大会或者其常务委员会审查同意。

**—— 《中华人民共和国城市规划法》解说**

二十七、城市规划的审批(节选)

城市总体规划的审批：

直辖市的城市总体规划,由直辖市人民政府报国务院审批。

省和自治区人民政府所在地城市、百万人口以上的大城市和国务院指定城市的总体规划,由所在地省、自治区人民政府审查同意后,报国务院审批。其他设市城市的总体规划,报省、自治区人民政府审批。县人民政府所在地镇的总体规划,报省、自治区、直辖市人民政府审批,其中市管辖的县人民政府所在地镇的总体规划,报所在地市人民政府审批。其他建制镇的总体规划,报县(市)人民政府审批。

城市人民政府和县人民政府在向上级人民政府报请审批城市总体规划前,须经同级人民代表大会或者其常务委员会审查同意。

——《中华人民共和国城市规划法》(1989年12月26日第七届全国人民代表大会常务委员会第十一次会议通过)

第二十二条 城市人民政府可以根据本市经济和社会发展需要,对城市总体规划进行局部调整,报同级人民代表大会常务委员会和原批准机关备案;但涉及城市性质、规模、发展方向和总体布局重大变更的,须经同级人民代表大会或者其常务委员会审查同意后报原批准机关审批。

——《中华人民共和国城市规划法》解说

二十八、城市总体规划的调整和修改

城市总体规划经批准后,应当严格执行,不得擅自改变。但是,实施城市总体规划是一个较长的过程,在城市发展进程中总会不断产生新的情况,出现新的问题,提出新的要求。作为指导城市建设与发展的城市总体规划,也不可能是静止的,一成不变的。也就是说,经过批准的城市总体规划,在实施的过程中,出现某些不能适应城市经济与社会发展的要求的情况,需要进行适当调整和修改,是正常的。事实上,近几年来随着城市改革、开放的深入发展,不少城市的总体规划已不能适应形势的要求,有关调整和修改工作已经提到日程上来。为了使这一工作能够按法定的程序进行,以保证总体规划具有法律效力,《城市规划法》第二十二条对总体规划的局部调整和重大变更作出了明确规定。

城市总体规划的局部调整,是城市人民政府根据城市经济建设和社会发展情况,按照实际需要对已经批准的总体规划作局部性变更。例如由于城市人口规模的变更需要适当扩大城市用地,某些用地的功能或道路宽度、走向等在不违背总体布局基本原则的前提下进行调整,对近期建设规划的内容和开发程序的调整等。局部调整的决定由城市人民政府作出,并报同级人民代表大会常务委员会和原批准机关备案。

总体规划的修改,是指城市人民政府在实施总体规划的过程中,发现总体规划的某些基本原则和框架已经不能适应城市经济建设和社会发展的要求,必须作出重大变更。例如由于产业结构的重大调整或经济社会发展方向的重大变化造成城市性质的重大变更;由于城市机场、港口、铁路枢纽、大型工业等项目的调整或城市人口规模大幅度增长,造成城市空间发展方向和总体布局的重大变更等。修改总体规划由城市人民政府组织进行,并须经同级人民代表大会或其常务委员会审查同意后,报原批准机关审批。

### 2.3.8 总体规划的审查及审查的组织形式

——国务院办公厅关于批准建设部《城市总体规划审查工作规则》的通知(国办函[1999]31号)

审查的组织形式:

总体规划审查工作由建设部牵头负责。建立以建设部牵头，由国家计委、国家经贸委、科技部、公安部、国土资源部、铁道部、交通部、水利部、国家计生委、环保总局、民航总局、旅游局、文物局和总参作战部等部门组成的城市总体规划部际联席会议(以下简称部际联席会议)，按本规则做好有关工作，部际联席会议的具体工作办法，由建设部商部际联席会议组成部门另行制定。

### 2.3.9　总体规划审查的主要依据

——国务院办公厅关于批准建设部《城市总体规划审查工作规则》的通知(国办函[1999]31号)

审查的主要依据：

(一)党和国家的有关方针政策；

(二)《中华人民共和国城市规划法》及建设部制定的《城市规划编制办法》和相关的法律、法规、标准规范；

(三)国家国民经济和社会发展规划，以及国务院批准的其他与总体规划相关的规划；

(四)全国城镇体系规划和省域城镇体系规划；

(五)当地经济、社会和自然的历史情况、现状特点和发展条件。

### 2.3.10　总体规划审查的重点内容

——国务院办公厅关于批准建设部《城市总体规划审查工作规则》的通知(国办函[1999]31号)

审查的重点内容：

(一)性质。城市性质是否明确；是否经过充分论证；是否科学、实际；是否符合国家对该城市职能的要求；是否与全国和省域城镇体系规划相一致。

(二)发展目标。城市发展目标是否明确；是否从当地实际出发，实事求是；是否有利于促进经济的繁荣和社会的全面进步；是否有利于可持续发展；是否符合国家国民经济和社会发展规划并与国家产业政策相协调。

(三)规模。人口规模的确定是否充分考虑了当地经济发展水平，以及土地、水等自然资源和环境条件的制约因素；是否经过科学测算并经专题论证。

城市实际居住人口的计算口径包括在规划建成区内居住登记的常住人口(含非农业人口和农业人口)和居住1年以上的暂住人口。

用地规模的确定是否坚持了国家节约和合理利用土地及空间资源的原则；是否符合国家严格控制大城市规模、合理发展中等城市和小城市的方针；是否符合国家《城市用地分类与规划建设用地标准》；是否在一定行政区域内做到耕地总量的动态平衡。

(四)空间布局和功能分区。城市空间布局是否科学合理、功能分区是否明确；是否有利于提高环境质量、生活质量和景观艺术水平；是否有利于保护历史文化遗产、城市传统风貌、地方特色和自然景观。

(五)交通。城市交通规划的发展目标是否明确；体系和布局是否合理；是否符合管理现代化的需要；城市对外交通系统的布局是否与城市交通系统及城市长远发展相协调。

(六)基础设施建设和环境保护。城市基础设施的发展目标是否明确并相互协调；是否合理配置并正确处理好远期与近期建设的关系。

城市环境保护规划目标是否明确；是否符合国家的环境保护政策、法规及标准；是否有利于城市及周围地区环境的综合保护。

(七)协调发展。总体规划编制是否做到统筹兼顾、综合部署；是否与国土规划、区域规划、江河流域规划、土地利用总体规划以及国防建设等相协调。

(八)实施。总体规划实施的政策措施和技术规定是否明确;是否具有可操作性。

(九)是否达到了建设部制定的《城市规划编制办法》规定的基本要求。

(十)国务院要求的其他审查事项。

### 2.3.11 总体规划审查的程序与时限

**——国务院办公厅关于批准建设部《城市总体规划审查工作规则》的通知**(国办函[1999]31号)

审查的程序与时限:

(一)前期工作

建设部要加强总体规划编制前期工作的指导,并根据实际工作需要适时组织部际联席会议有关组成部门对总体规划编制工作进行必要的协调和指导。

有关城市人民政府在拟修编或调整总体规划之前,应就原总体规划执行情况,修编或调整的理由、范围,书面报告建设部,由建设部作出应属修编或调整的认定。

总体规划纲要和文本初步成果完成后,建设部要会同有关省(自治区、直辖市)城市规划主管部门组织专家组按本规则规定的审查重点并结合当地具体情况进行调查和检查复核,提出审查意见。有关城市人民政府应按专家组的审查意见,进一步对总体规划纲要和文本进行修改完善。

(二)申报工作

有关城市人民政府根据有关的法律、法规组织编制城市总体规划,报经省、自治区人民政府审查同意后,由省、自治区人民政府报国务院审批。直辖市的城市总体规划由直辖市人民政府报国务院审批。

各省、自治区、直辖市人民政府及有关城市人民政府要加强总体规划编制和审查工作的组织领导,并参照本规则制定相应的审查办法,充分发挥专家和相关部门的作用,切实把好总体规划上报国务院审批前的审查关。

总体规划申报材料包括:总体规划(含规划文本、附件、图纸)以及专家评审意见、省(自治区、直辖市)有关部门和军事部门的协调意见和省(自治区、直辖市)人民政府的审查意见。

(三)审查工作

建设部接国务院交办文件后,首先对申报的有关材料进行初步审核,对有关材料不齐全或内容不符合要求的,建设部可将其退回,补充完善后由有关省、自治区、直辖市人民政府另行上报。对有关材料基本符合要求的,应及时将有关材料分送部际联席会议组成部门征求意见。各部门应就与其管理职能相关的内容提出书面意见,并在材料送达之日起5周内将书面意见反馈建设部。逾期按无意见处理。

建设部负责综合部际联席会议组成部门的意见并及时反馈给有关地方人民政府。有关地方人民政府应根据有关部门的意见,对总体规划及有关材料进行相应修改,不能采纳的,应作出必要的说明,并在材料送达之日起3周内将修改后的总体规划及有关材料和说明报建设部。

建设部在做好前期工作的基地上,组织召开部际联席会议,协调有关部门和地方的意见,并对拟批复总体规划的城市的性质、布局、规模等主要内容进行审议。会议由部际联席会议组成部门、有关地方人民政府的代表及有关专家参加。工作周期一般为3周。

建设部应预先向部际联席会议组成部门书面函告总体规划审查工作的进度和计划。

(四)报批工作

有关城市人民政府要根据部际联席会议的意见,对总体规划及有关材料抓紧进行修改完善后报建设部。

建设部根据部际联席会议审议的意见，起草审查意见和批复代拟稿，与部际联席会议纪要、修改完善后的总体规划及有关材料一并报国务院。工作周期一般为 3 周。

在总体规划审查过程中，有关方面意见如有重大分歧，经协商仍不能取得一致意见的，由建设部列出各方理据并提出处理意见报国务院。

通常情况下，总体规划审查报批工作周期不超过 5 个月。

# 2.4　分区规划

## 2.4.1　分区范围的划分和应收集的基础资料

——《城市规划编制办法实施细则》(1995 年建设部发布)

第二十三条　分区范围的界线划分，宜根据总体规划的组团布局，结合城市的区、街道等行政区划，以及河流、道路等自然地物确定。

第二十五条　分区规划需收集以下基础资料：

(一)总体规划对本分区的要求；

(二)分区人口现状；

(三)分区土地利用现状；

(四)分区居住、公建、工业、仓储、市政公用设施、绿地、水面等现状及发展要求；

(五)分区道路交通现状及发展要求；

(六)分区主要工程设施及管网现状。

## 2.4.2　分区规划的期限和任务

——《城市规划编制办法实施细则》(1995 年建设部发布)

第二十四条　分区规划的规划期限应和总体规划一致。

——《城市规划编制办法》(1991 年 9 月 3 日建设部令第 14 号发布)

第十八条　编制分区规划的主要任务是：在总体规划的基础上，对城市土地利用、人口分布和公共设施、城市基础设施的配置作出进一步的安排，以便与详细规划更好地衔接。

## 2.4.3　分区规划的主要内容

——《城市规划编制办法》(1991 年 9 月 3 日建设部令第 14 号发布)

第十九条　分区规划应当包括下列内容：

(一)原则规定分区内土地使用性质、居住人口分布、建筑及用地的容量控制指标；

(二)确定市、区、居住区级公共设施的分布及其用地范围；

(三)确定城市主、次干道的红线位置、断面、控制点坐标和标高，确定支路的走向、宽度以及主要交叉口、广场、停车场位置和控制范围；

(四)确定绿地系统、河湖水面、供电高压线走廊、对外交通设施、风景名胜的用地界线和文物古迹、传统街区的保护范围，提出空间形态的保护要求；

(五)确定工程干管的位置、走向、管径、服务范围以及主要工程设施的位置和用地范围。

## 2.4.4 分区规划的成果文本和图纸

—— 《城市规划编制办法》(1991 年 9 月 3 日建设部令第 14 号发布)

第二十条 分区规划文件及主要图纸

(一)分区规划文件包括规划文本和附件,规划说明及基础资料收入附件;

(二)分区规划图纸包括:规划分区位置图、分区现状图、分区土地利用及建筑容量规划图、各项专业规划图、图纸比例为 1/5000。

—— 《城市规划编制办法实施细则》(1995 年建设部发布)

第二十六条 分区规划文本的内容

(一)总则:编制规划的依据和原则;

(二)分区土地利用原则及不同使用性质地段的划分;

(三)分区内各片人口容量、建筑高度、容积率等控制指标,列出用地平衡表;

(四)道路(包括主、次干道)规划红线位置及控制点坐标、标高;

(五)绿地、河湖水面、高压走廊、文物古迹、历史地段的保护管理要求;

(六)工程管网及主要市政公用设施的规划要求。

第二十七条 分区规划图纸

(一)规划分区位置图 比例尺不限,表现各分区在城市中的位置;

(二)分区现状图 图纸比例为 1/5000,内容为:

1.分类标绘土地利用现状,深度以《城市用地分类与规划建设用地标准》中的中类为主,小类为辅;

2.市级、区级及居住区级中心区位置、范围;

3.重要地名、街道名称及主要单位名称。

(三)分区土地利用规划图 图纸比例为 1/5000,内容为:

1.规划的各类用地界线,深度同现状图;

2.规划的市级、区级及居住区级中心的位置和用地范围;

3.绿地、河湖水面、高压走廊、文物古迹、历史地段的用地界线和保护范围;

4.重要地名、街道名称。

(四)分区建筑容量规划图。标明建筑高度、容积率等控制指标及分区界线;

(五)道路广场规划图

1.规划主、次干道和支路的走向、红线、断面,主要控制点坐标、标高;

2.主要道路交叉口形式和用地范围;

3.主要广场、停车场位置和用地范围。

(六)各项工程管网规划图。根据需要分专业标明现状与规划的工程管线位置、走向、管径、服务范围,各期主要工程设施的位置和用地范围。

## 2.4.5 分区规划的组织编制和审批

—— 《中华人民共和国城市规划法》(1989 年 12 月 26 日第七届全国人民代表大会常务委员会第十一次会议通过)

第十二条 城市人民政府负责组织编制城市规划。县级人民政府所在地镇的城市规划,由县级人民政府负责组织编制。

—— 《中华人民共和国城市规划法》解说

二十七、城市规划的审批(节选)

城市分区规划经当地城市规划主管部门审核后,报城市人民政府审批。

# 2.5　详细规划

## 2.5.1　详细规划的主要任务

—— 《城市规划编制办法》(1991年9月3日建设部令第14号发布)

第二十一条　详细规划的主要任务是:以总体规划或者分区规划为依据,详细规定建设用地的各项控制指标和其他规划管理要求,或者直接对建设作出具体的安排和规划设计。

详细规划分为控制性详细规划和修建性详细规划。

第二十二条　根据城市规划的深化和管理的需要,一般应当编制控制性详细规划,以控制建设用地性质、使用强度和空间环境,作为城市规划管理的依据,并指导修建性详细规划的编制。

## 2.5.2　详细规划的组织编制和审批

—— 《中华人民共和国城市规划法》(1989年12月26日第七届全国人民代表大会常务委员会第十一次会议通过)

第十二条　城市人民政府负责组织编制城市规划。县级人民政府所在地镇的城市规划,由县级人民政府负责组织编制。

第二十一条　城市详细规划由城市人民政府审批;编制分区规划和城市的详细规划,除重要的详细规划由城市人民政府审批外,由城市人民政府城市规划行政主管部门审批。

## 2.5.3　控制性详细规划的内容和应收集的基础资料

—— 《城市规划编制办法》(1991年9月3日建设部令第14号发布)

第二十三条　控制性详细规划应当包括下列内容:

(一)详细规定所规划范围内各类不同使用性质用地的界线,规定各类用地内适建,不适建或者有条件地允许建设的建筑类型;

(二)规定各地块建筑高度、建筑密度、容积率、绿地率等控制指标;规定交通出入口方位、停车泊位、建筑后退红线距离、建筑间距等要求;

(三)提出各地块的建筑体量、体型、色彩等要求;

(四)确定各级支路的红线位置、控制点坐标和标高;

(五)根据规划容量,确定工程管线的走向、管径和工程设施的用地界线;

(六)制定相应的土地使用与建筑管理规定。

—— 《城市规划编制办法实施细则》(1995年建设部发布)

第二十八条　控制性详细规划需收集以下基础资料:

(一)总体规划或分区规划对本规划地段的规划要求,相邻地段已批准的规划资料;

(二)土地利用现状,用地分类至小类;

(三)人口分布现状;

(四)建筑物现状,包括房屋用途、产权、建筑面积、层数、建筑质量、保留建筑等;

(五)公共设施规模、分布；

(六)工程设施及管网现状；

(七)土地经济分析资料，包括地价等级、土地级差效益、有偿使用状况、开发方式等；

(八)所在城市及地区历史文化传统、建筑特色等资料。

### 2.5.4　修建性详细规划的内容和应收集的基础资料

—— 《城市规划编制办法》(1991年9月3日建设部令第14号发布)

第二十六条　修建性详细规划应当包括下列内容：

(一)建设条件分析及综合技术经济论证；

(二)作出建筑、道路和绿地等的空间布局和景观规划设计，布置总平面图；

(三)道路交通规划设计；

(四)绿地系统规划设计；

(五)工程管线规划设计；

(六)竖向规划设计；

(七)估算工程量、拆迁量和总造价，分析投资效益。

—— 《城市规划编制办法实施细则》(1995年建设部发布)

第三十一条　修建性详细规划需收集的基础资料,除控制性详细规划的基础资料外,还应增加：

(一)控制性详细规划对本规划地段的要求；

(二)工程地质、水文地质等资料；

(三)各类建设工程造价等资料。

### 2.5.5　控制性详细规划的成果文本和图纸

—— 《城市规划编制办法实施细则》(1995年建设部发布)

第二十九条　控制性详细规划文本的内容要求

(一)总则：制定规划的依据和原则，主管部门和管理权限；

(二)土地使用和建筑规划管理通则：

1.各种使用性质用地的适建要求；

2.建筑间距的规定；

3.建筑物后退道路红线距离的规定；

4.相邻地段的建筑规定；

5.容积率奖励和补偿规定；

6.市政公用设施、交通设施的配置和管理要求；

7.有关名词解释；

8.其他有关通用的规定。

(三)地块划分以及各地块的使用性质、规划控制原则、规划设计要点；

(四)各地块控制指标一览表；

控制指标分为规定性和指导性两类。前者是必须遵照执行的，后者是参照执行的。

1.规定性指标一般为以下各项：

(1)用地性质；

(2)建筑密度(建筑基底总面积／地块面积);

(3)建筑控制高度;

(4)容积率(建筑总面积／地块面积);

(5)绿地率(绿地总面积／地块面积);

(6)交通出入口方位;

(7)停车泊位及其他需要配置的公共设施。

2.指导性指标一般为以下各项:

(1)人口容量(人／公顷);

(2)建筑形式、体量、风格要求;

(3)建筑色彩要求;

(4)其他环境要求。

第三十条 控制性详细规划图纸的内容要求

(一)位置图。图纸比例不限;

(二)用地现状图。图纸比例为1／1000～1／2000,分类画出各类用地范围(分至小类),标绘建筑物现状、人口分布现状,市政公共设施现状,必要时可分别绘制;

(三)土地使用规划图。图纸比例同现状图,画出规划各类使用性质用地的范围;

(四)地块划分编号图。图纸比例1／5000,标明地块划分界线及编号(和文本中控制指标相对应);

(五)各地块控制性详细规划图。图纸比例1／1000～1／2000,图纸标绘以下内容:

1.规划各地块的界线,标注主要指标;

2.规划保留建筑;

3.公共设施位置;

4.道路(包括主、次干道、支路)走向、线型、断面,主要控制点坐标、标高;

5.停车场和其他交通设施用地界线;

必要时4、5两项可单独绘制。

(六)各项工程管线规划图。标绘各类工程管网平面位置、管径、控制点坐标和标高。

## 2.5.6 修建性详细规划的成果

—— 《城市规划编制办法实施细则》(1995年建设部发布)

第三十二条 修建性详细规划的成果

(一)规划说明书

1.现状条件分析;

2.规划原则和总体构思;

3.用地布局;

4.空间组织和景观特色要求;

5.道路和绿地系统规划;

6.各项专业工程规划及管网综合;

7.竖向规划;

8.主要技术经济指标,一般应包括以下各项:

1)总用地面积;

2)总建筑面积;

3)住宅建筑总面积，平均层数；

4)容积率、建筑密度；

5)住宅建筑容积率，建筑密度；

6)绿地率。

9.工程量及投资估算。

(二)图纸

1.规划地段位置图。标明规划地段在城市的位置以及和周围地区的关系；

2.规划地段现状图。图纸比例为1/500~1/2000，标明自然地形地貌、道路、绿化、工程管线及各类用地和建筑的范围、性质、层数、质量等；

3.规划总平面图。比例尺同上，图上应标明规划建筑、绿地、道路、广场、停车场、河湖水面的位置和范围；

4.道路交通规划图。比例尺同上，图上应标明道路的红线位置、横断面，道路交叉点坐标、标高、停车场用地界线；

5.竖向规划图。比例尺同上，图上标明道路交叉点、变坡点控制高程，室外地坪规划标高；

6.单项或综合工程管网规划图。比例尺同上，图上应标明各类市政公用设施管线的平面位置、管径、主要控制点标高，以及有关设施和构筑物位置；

7.表达规划设计意图的模型或鸟瞰图。

# 2.6 城市规划编制单位的资质管理

## 2.6.1 一般规定

—— 《城市规划编制单位资质管理规定》(2001年1月23日建设部令第84号发布)

第二条 从事城市规划编制的单位，应当取得《城市规划编制资质证书》(以下简称《资质证书》)。

城市规划编制单位应当在《资质证书》规定的业务范围内承担城市规划编制业务。

第三条 委托编制规划，应当选择具有相应资质的城市规划编制单位。

第四条 国务院城市规划行政主管部门负责全国城市规划编制单位的资质管理工作。

县级以上地方人民政府城市规划行政主管部门负责本行政区域内城市规划编制单位的资质管理工作。

## 2.6.2 资质等级与标准

—— 《城市规划编制单位资质管理规定》(2001年1月23日建设部令第84号发布)

第五条 城市规划编制单位资质分为甲、乙、丙三级。

第六条 甲级城市规划编制单位标准：

(一)具备承担各种城市规划编制任务的能力；

(二)具有高级技术职称的人员占全部专业技术人员的比例不低于20%，其中高级城市规划师不少于4人，具有其他专业高级技术职称的不少于4人(建筑、道路交通、给排水专业各不少于1人)；具有中级技术职称的城市规划专业人员不少于8人，其他专业(建筑、道路交通、园林绿化、给排水、电力、通讯、燃气、环保等)的人员不少于15人；

(三)达到国务院城市规划行政主管部门规定的技术装备及应用水平考核标准；

(四)有健全的技术、质量、经营、财务管理制度并得到有效执行；

(五)注册资金不少于80万元;

(六)有固定的工作场所,人均建筑面积不少于10平方米。

第八条  乙级城市规划编制单位资质标准:

(一)具备相应的承担城市规划编制任务的能力;

(二)具有高级技术职称的人员占全部专业技术人员的比例不低于15%,其中高级城市规划师不少于2人,高级建筑师不少于1人,高级工程师不少于1人;具有中级技术职称的城市规划专业人员不少于5人,其他专业(建筑、道路交通、园林绿化、给排水、电力、通讯、燃气、环保等)人员不少于10人;

(三)达到省、自治区、直辖市城市规划行政主管部门规定的技术装备及应用水平考核标准;

(四)有健全的技术、质量、经营、财务、管理制度并得到有效执行;

(五)注册资金不少于50万元;

(六)有固定工作场所,人均建筑面积不少于10平方米。

第十条  丙级城市规划编制单位资质标准:

(一)具备相应的承担城市规划编制任务的能力;

(二)专业技术人员不少于20人,其中城市规划师不少于2人,建筑、道路交通、园林绿化、给排水等专业具有中级技术职称的人员不少于5人;

(三)有健全的技术、质量、财务、行政管理制度并得到有效执行;

(四)达到省、自治区、直辖市人民政府城市规划行政主管部门规定的技术装备及应用水平考核标准;

(五)注册资金不少于20万元;

(六)有固定的工作场所,人均建筑面积不少于10平方米。

### 2.6.3  不同资质等级的编制单位承担任务的范围

—— 《城市规划编制单位资质管理规定》(2001年1月23日建设部令第84号发布)

第七条  甲级城市规划编制单位承担城市规划编制任务的范围不受限制。

第九条  乙级城市规划编制单位可以在全国承担下列任务:

(一)20万人口以下城市总体规划和各种专项规划和编制(修订或者调整);

(二)详细规划的编制;

(三)研究拟定大型工程项目规划选址意见书。

第十一条  丙级城市规划编制单位可以在本省、自治区、直辖市承担下列任务:

(一)建制镇总体规划编制和修订;

(二)20万人口以下城市的详细规划的编制;

(三)20万人口以下城市的各种专项规划的编制;

(四)中、小型建设工程项目规划选址的可行性研究。

### 2.6.4  资质申请与审批

—— 《城市规划编制单位资质管理规定》(2001年1月23日建设部令第84号发布)

第十二条  工程勘察设计单位、科研机构、高等院校及其他非以城市规划为主业的单位,符合本规定资质标准的,均可申请城市规划编制资质。其中高等院校、科研单位的城市规划编制机构中专职从事城市规划编制的人员不得低于技术人员总数的60%。

第十三条  申请城市规划编制资质的单位,应当提出申请,填写《资质证书》申请表。

申请甲级资质的，由省、自治区、直辖市人民政府城市规划行政主管部门初审，国务院城市规划行政主管部门审批，核发《资质证书》。

申请乙级、丙级资质的，由所在地市、县人民政府城市规划行政主管部门初审，省、自治区、直辖市人民政府城市规划行政主管部门审批，核发《资质证书》，并报国务院城市规划行政主管部门备案。

第十四条　新设立的城市规划编制单位，在具备相应的技术人员、技术装备和注册资金时，可以申请暂定资质等级，暂定等级有效期2年。有效期满后，发证部门根据其业务情况，确定其资质等级。

第十五条　乙、丙级城市规划编制单位，取得《资质证书》至少满3年并符合城市规划编制资质分级标准的有关要求时，方可申请高一级的城市规划编制资质。

第十六条　城市规划编制单位撤销或者更名，应当在批准之日起30日内到发证部门办理《资质证书》注销或者变更手续。

城市规划编制单位合并或者分立，应当在批准之日起30日内重新申请办理《资质证书》。

第十七条　城市规划编制单位遗失《资质证书》，应当在报刊上声明作废，向发证部门提出补发申请。

第十八条　《资质证书》有效期为6年，期满3个月前，城市规划编制单位应当向发证部门提出换证申请。

第十九条　《资质证书》分为正本和副本，正本和副本具有同等法律效力。《资质证书》由国务院城市规划行政主管部门统一印制。

### 2.6.5　监督管理

—— 《城市规划编制单位资质管理规定》(2001年1月23日建设部令第84号发布)

第二十条　甲、乙级城市规划编制单位跨省、自治区、直辖市承担规划编制任务时，取得城市总体规划任务的，向任务所在地的省、自治区、直辖市人民政府城市规划行政主管部门备案；取得其他城市规划编制任务的，向任务所在地的市、县人民政府城市规划行政主管部门备案。

第二十一条　甲、乙级城市规划编制单位跨省、自治区、直辖市设立的分支机构中，凡属独立法人性质的机构，应当按照本规定申请《资质证书》。非独立法人的机构，不得以分支机构名义承揽业务。

第二十二条　两个以上城市规划编制单位合作编制城市规划时，有关规划编制单位应当按照第二十条的规定共同向任务所在地相应的主管部门备案。

第二十三条　禁止转包城市规划编制任务。

禁止无《资质证书》的单位和个人以任何名义承接城市规划编制任务。

第二十四条　发证部门或其委托的机构对城市规划编制单位实行资质年检制度。

城市规划编制未按照规定进行年检或者资质年检不合格的，发证部门可以责令其限期办理或者限期整改，逾期不办理或者逾期整改不合格的，发证部门可以公告收回其《资质证书》。

第二十五条　城市规划编制单位编制城市规划及所提交的规划编制成果，应当符合国家有关城市规划的法律、法规和规章，符合与城市规划编制有关的标准、规范。

第二十六条　城市规划编制单位提交的城市规划编制成果，应当在文件扉页注明单位资质等级和证书编号。

第二十七条　县级以上城市人民政府城市规划行政主管部门，对城市规划编制单位提交的不符合质量要求的规划编制最终成果，应当责令有关规划编制单位按照要求进行修改或者重新编制。

# 3　城市规划实施与管理

## 3.1　建设项目选址

### 3.1.1　建设项目选址意见书

—— 《中华人民共和国城市规划法》(1989年12月26日第七届全国人民代表大会常务委员会第十一次会议通过)

第三十条　城市规划区内的建设，工程的选址和布局必须符合城市规划。设计任务书报请批准时，必须附有城市规划行政主管部门的选址意见书。

### 3.1.2　主管部门及规划管理

—— 《建设项目选址规划管理办法》(1991年8月23日建设部、国家计委发布)

第三条　县级以上人民政府城市规划行政主管部门负责本行政区域内建设项目选址和布局的规划管理工作。

第四条　城市规划行政主管部门应当了解建设项目建议书阶段的选址工作。各级人民政府计划行政主管部门在审批项目建议书时，对拟安排在城市规划区内的建设项目，要征求同级人民政府城市规划行政主管部门的意见。

第五条　城市规划行政主管部门应当参加建设项目设计任务书阶段的选址工作，对确定安排在城市规划区内的建设项目从城市规划方面提出选址意见书。设计任务书报请批准时，必须附有城市规划行政主管部门的选址意见书。

### 3.1.3　建设项目选址意见书的内容

—— 《建设项目选址规划管理办法》(1991年8月23日建设部、国家计委发布)

第六条　建设项目选址意见书应当包括下列内容：

(一)建设项目的基本情况

主要是建设项目名称、性质，用地与建设规模，供水与能源的需求量，采取的运输方式与运输量，以及废水、废气、废渣的排放方式和排放量。

(二)建设项目规划选址的主要依据

1.经批准的项目建议书；

2.建设项目与城市规划布局的协调；

3.建设项目与城市交通、通讯、能源、市政、防灾规划的衔接与协调；

4.建设项目配套的生活设施与城市生活居住及公共设施规划的衔接与协调；

5.建设项目对于城市环境可能造成的污染影响，以及与城市环境保护规划和风景名胜、文物古迹保护规划的协调。

(三)建设项目选址、用地范围和具体规划要求。

附：建设项目选址意见书样本

中华人民共和国

# 建设项目选址意见书

中华人民共和国建设部制

---

建设项目选址意见书　　　　　　　　　　　　编号：　字第　号

　　根据《中华人民共和国城市规划法》第三十条和《建设项目选址规划管理办法》的规定，特制定本建设项目选址意见书，作为审批建设项目设计任务书(可行性研究报告)的法定附件。

| 建设项目<br>基本情况 | 建设项目名称 | |
| --- | --- | --- |
| | 建设单位名称 | |
| | 建设项目依据 | |
| | 建 设 规 模 | |
| | 建设单位拟选位置 | |
| 城市规划行<br>政主管部门<br>选址意见 | | |

| 城<br>市<br>规<br>划<br>行<br>政<br>主<br>管<br>部<br>门<br>选<br>址<br>意<br>见 | |
| --- | --- |
| 附<br>件<br>附<br>图<br>名<br>称 | |

### 3.1.4　建设项目选址意见书的核发

——《建设项目选址规划管理办法》(1991 年 8 月 23 日建设部、国家计委发布)

第七条　建设项目选址意见书,按建设项目计划审批权限实行分级规划管理。

县人民政府计划行政主管部门审批的建设项目,由县人民政府城市规划行政主管部门核发选址意见书;

地级、县级市人民政府计划行政主管部门审批的建设项目,由该市人民政府城市规划行政主管部门核发选址意见书;

直辖市、计划单列市人民政府计划行政主管部门审批的建设项目,由直辖市、计划单列市人民政府城市规划行政主管部门核发选址意见书;

省、自治区人民政府计划行政主管部门审批的建设项目,由项目所在地县、市人民政府城市规划行政主管部门提出审查意见,报省、自治区人民政府城市规划行政主管部门核发选址意见书;

中央各部门、公司审批的小型和限额以下的建设项目,由项目所在地县、市人民政府城市规划行政主管部门核发选址意见书;

国家审批的大中型和限额以上的建设项目,由项目所在地县、市人民政府城市规划行政主管部门提出审查意见,报省、自治区、直辖市、计划单列市人民政府城市规划行政主管部门核发选址意见书,并报国务院城市规划行政主管部门备案。

### 3.1.5　申请建设项目选址意见书的程序

——《建设部关于统一印发建设项目选址意见书的通知》(1992 年 1 月 16 日建设部发布)

1.凡计划在城市规划区内进行建设,需要编制设计任务书(可行性研究报告)的,建设单位必须向当地市、县人民政府城市规划行政主管部门提出选址申请。

2.建设单位填写建设项目选址申请表后,城市规划行政主管部门根据《建设项目选址规划管理办法》第七条规定,分级核发建设项目选址意见书。

3.按规定应由上级城市规划行政主管部门核发选址意见书的建设项目,市、县城市规划行政主管部门应对建设单位的选址报告进行审核,并提出选址意见,报上级城市规划行政主管部门核发建设项目选址意见书。

## 3.2　建设用地规划管理

### 3.2.1　基本内容

——《中华人民共和国城市规划法》解说

三十八、城市用地规划管理的基本内容

城市用地规划管理的基本内容是依据城市规划确定的不同地段的土地使用性质和总体布局,决定建设工程可以使用哪些土地,不可以使用哪些土地,以及在满足建设项目功能和使用要求的前提下,如何经济、合理地使用土地。城市规划行政主管部门对城市用地进行统一的规划管理,实行严格的规划控制是实施城市规划的基本保证。

1.建设单位或者个人在申请用地以前,首先要向城市规划行政主管部门申请定点。只有根据规划要求,明确了可以使用哪一块土地、土地的具体位置和范围,才具备申请征用划拨土地,取得土地使用权的基本条件。因此,确定建设用地的位置和范围是申请用地必不可少的前期工作。申请定点应当具备必要的批准文件,主要是纳入国家或地方计划的批准文件,或按规定需要主管部门批准建设的文件。

2.城市规划行政主管部门应当根据建设工程的性质、规模、使用要求和外部关系,综合研究其与周围环境的协调,现状条件的制约,地形和工程、水文地质状况,征用土地的具体条件,以及市政、交通、园林绿化、环境保护、日照通风、防洪、消防、人防、抗震等方面的技术要求,提出建设用地方案,具体确定建设用地的位置和范围,划出规划红线,并提供有关规划设计条件,作为进行总平面设计的重要依据。

3.城市规划行政主管部门需要审查总平面设计,确认其符合规划要求,方可核发建设用地规划许可证。

### 3.2.2 建设用地规划许可证

——《中华人民共和国城市规划法》(1989年12月26日第七届全国人民代表大会常务委员会第十一次会议通过)

第三十一条 在城市规划区内进行建设需要申请用地的,必须持国家批准建设项目的有关文件,向城市规划行政主管部门申请定点,由城市规划行政主管部门核定其用地位置和界限,提供规划设计条件,核发建设用地规划许可证。建设单位或者个人在取得建设用地规划许可证后,方可向县级以上地方人民政府土地管理部门申请用地,经县级以上人民政府审查批准后,由土地管理部门划拨土地。

### 3.2.3 建设用地规划许可证的申请程序和内容

——《建设部关于统一实行建设用地规划许可证和建设工程规划许可证的通知》(1992年1月16日建设部发布)

(一)申请建设用地规划许可证的一般程序:

1.凡在城市规划区内进行建设需要申请用地的,必须持国家批准建设项目的有关文件,向城市规划行政主管部门提出定点申请;

2.城市规划行政主管部门根据用地项目的性质、规模等,按照城市规划的要求,初步选定用地项目的具体位置和界限;

3.根据需要,征求有关行政主管部门对用地位置和界限的具体意见;

4.城市规划行政主管部门根据城市规划的要求向用地单位提供规划设计条件;

5.审核用地单位提供的规划设计总图;

6.核发建设用地规划许可证。

建设用地规划许可证和建设工程规划许可证,设市城市由市人民政府城市规划行政主管部门核发;县人民政府所在地镇和其他建制镇,由县人民政府城市规划行政主管部门核发。

(二)建设用地规划许可证应当包括标有建设用地具体界限的附图和明确具体规划要求的附件。附图和附件是建设用地规划许可证的配套证件,具有同等的法律效力。附图和附件由发证单位根据法律、法规规定和实际情况制定。

附:建设用地规划许可证样本

# 中华人民共和国

# 建设用地规划许可证

编号

　　根据《中华人民共和国城市规划法》第三十一条规定，经审核，本用地项目符合城市规划要求，准予办理征用划拨土地手续。

特发此证

发证机关

日　　期

| 用 地 单 位 | |
|---|---|
| 用地项目名称 | |
| 用 地 位 置 | |
| 用 地 面 积 | |
| 附图及附件名称 | |

**遵守事项：**

一、本证是城市规划区内，经城市规划行政主管部门审核，许可用地的法律凭证。

二、凡未取得本证，而取得建设用地批准文件、占用土地的，批准文件无效。

三、未经发证机关审核同意，本证的有关规定不得变更。

四、本证自核发之日起，有效期为六个月，逾期未使用，本证自行失效。

### 3.2.4 临时建设和临时用地的定义和规划管理

**——《中华人民共和国城市规划法》解说**

四十四、关于临时建设和临时用地（节选）

临时建设是指必须限期拆除、结构简易、临时性的建筑物、构筑物、道路、管线或其他设施；临时用地是指由于建设工程施工、堆料或其他原因，需要临时使用并限期收回的土地。批准临时建设和临时用地的使用期限，一般均不超过两年。

**——《中华人民共和国城市规划法》(1989年12月26日第七届全国人民代表大会常务委员会第十一次会议通过)**

第三十三条  在城市规划区内进行临时建设，必须在批准的使用期限内拆除。临时建设和临时用地的具体规划管理办法由省、自治区、直辖市人民政府制定。

禁止在批准临时使用的土地上建设永久性建筑物、构筑物和其他设施。

### 3.2.5 城市用地的调整

**——《中华人民共和国城市规划法》解说**

四十五、关于城市用地的调整

为了适应国民经济和社会发展的需要，城市人民政府可以根据城市规划对城市用地进行调整。用地调整主要有以下三种形式：

1.在土地所有权和土地使用权不变的情况下，改变土地的使用性质。

2.在土地所有权不变的情况下，改变土地使用权及使用性质。

3.对早征晚用、多征少用、征而不用的土地，现状不合理和存在大量浪费的建设用地，进行局部调整，合理利用，使之符合城市规划要求。

用地调整是城市人民政府从国民经济和城市发展的大局出发，保证城市规划实施所采取的必要措施。因此，《城市规划法》第三十四条规定："任何单位和个人必须服从城市人民政府根据城市规划作出的调整用地决定。"城市的各个单位和个人应当以大局为重，局部利益服从全局利益，单位和个人暂时利益服从城市发展的长远利益，自觉遵守城市人民政府根据城市规划所作出的调整用地的决定，不得拒绝或拖延执行。

### 3.2.6 对改变城市地形地貌活动的规划管理

**——《中华人民共和国城市规划法》解说**

四十七、关于改变地形地貌的活动

在城市建设发展过程中，一些建设工程需要大量的填土、弃土，建材生产需要大量挖取砂石、土方，城市还有大量的基建碴土、工业废渣、生活垃圾等需要堆弃。在城市规划区内擅自进行改变地形、地貌的活动，有可能堵塞防洪河道、破坏园林绿化、文物古迹、市政工程设施、地下管线设施以及人防设施等，影响城市环境和安全以及城市居民的生产和生活，影响城市规划法的实施。因此，《城市规划法》第三十六条规定："在城市规划区内进行挖取砂石、土方等活动，须经有关主管部门批准，不得破坏城市环境，影响城市规划的实施。"这就要求，任何单位和个人在城市规划区内进行改变地形、地貌的活动必须征得城市规划行政主管部门的同意，按照城市规划管理的有关规定事先报告，提出申请，经过批准后，方可进行。

### 3.2.7　不得占用道路、绿地等进行建设的管理规定

——《中华人民共和国城市规划法》解说

四十六、关于不得占用道路、绿地等进行建设的规定

　　《城市规划法》第三十五条规定："任何单位和个人不得占用道路、广场、绿地、高压供电走廊和压占地下管线进行建设。"

　　城市规划确定的城市道路、广场、园林绿地(包括水面)、高压供电走廊及各种地下管线是保持城市功能正常运转,为城市人民提供生产、生活的方便条件和适宜环境必不可少的重要的公共设施,高压供电、地下管线还有特殊的安全运行和正常维护要求。为了维护城市整体和人民群众的公共利益,对这些设施必须严加保护,任何单位和个人不得占用来进行其他的建设活动。否则,将会影响城市经济、社会活动的正常进行和生态环境,特别是影响城市设施的正常运行,甚至带来灾难性后果。因此,《城市规划法》第三十五条的规定是完全必要的,必须严格遵守。违反此条规定进行建设,属于严重影响城市规划实施的违法行为,一般都应予以拆除。

# 3.3　建设工程规划管理

## 3.3.1　基本内容

——《中华人民共和国城市规划法》解说

四十一、建设工程规划管理的主要内容

　　能否对城市各项建设工程实施有效的规划管理,是保证城市规划顺利实施的关键。因此,依法对建设工程实行统一的规划管理,是城市规划行政主管部门的重要行政职能之一,也是城市规划管理日常业务中最大量和主要的工作,建设工程规划管理的主要内容包括以下几方面:

　　1.建筑管理:建筑管理的主要内容是按照城市规划要求对各项建筑工程(包括各类建筑物、构筑物)的性质、规模、位置、标高、高度、体量、体型、朝向、间距、建筑密度、容积率、建筑色彩和风格等进行审查和规划控制。

　　2.道路管理。道路管理的主要内容是按照城市规划要求对各类道路的走向、座标和标高、道路宽度、道路等级、交叉口设计、横断面设计,道路附属设施等进行审查和规划控制。

　　3.管线管理。管线管理的主要内容是按照城市规划要求对各项管线工程(包括地下埋设和地上架设的给水、雨水、污水、电力、通讯、燃气、热力及其他管线)的性质;断面、走向、座标、标高;架埋方式、架设高度、埋置深度、管线相互间的水平距离与垂直距离及交叉点的处理等进行审查和规划控制。管线管理要充分考虑不同性质和类型管线各自的技术规范要求,以及管线与地面建筑物、构筑物、道路、行道树和地下各类建设工程的关系,进行综合协调。

　　4.审定设计方案。城市规划行政主管部门对于建设工程的初步设计方案进行审查,并确认其符合规划设计要点的要求后,建设单位就可以进行建设工程的施工图设计。

　　5.核发建设工程规划许可证件。在核发建设工程规划许可证件前,城市规划行政主管部门应对建设工程施工图进行审查,建设单位在取得建设工程规划许可证件后,方可申请办理开工手续。

　　6.放线、验线制度。为了确保建设单位能够按照建设许可证的规定组织施工,建设工程的座标、标高准确无误,城市规划行政主管部门应派专门人员或认可的勘测单位到施工现场进行放线,建设工程经城市规划行政主管部门验线后,方可正式破土动工。

### 3.3.2　建设工程的规划审批程序

**—— 《中华人民共和国城市规划法》解说**

四十二、建设工程的规划审批程序

按照一定的审批程序，对城市各项建设工程实施规划管理，是使有关建设活动有秩序地进行的基本保证。在这方面，我国各级城市规划行政主管部门经过多年的实践，已经取得了比较成熟的经验，《城市规划法》的有关规定总结了这些经验并使之规范化。具体地说，建设工程规划审批的法定程序是：

1.建设申请。有关建设单位或个人持法律规定的有关文件向城市规划行政主管部门提出申请建设的要求。

2.建设申请的审查。城市规划行政主管部门对建设申请进行审查，确定有关建设工程的性质、规模等是否符合城市规划的布局和发展要求；对于建设工程涉及相关行政主管部门业务的(如交通、环保、防疫、消防、人防、文物保护等)，则应根据实际情况和需要，征求有关行政主管部门的意见，并进行综合协调；在现有居住区内插建房屋，还应特别注意其四邻的正当权益。

3.提出规划设计要点。在建设申请进行审查后，城市规划行政主管部门应根据建设工程所在地区详细规划的要求，提出具体的规划设计要点，作为进行工程设计的重要依据。

4.其他各项建设工程的管理，城市规划行政主管部门都要根据工程的性质和使用功能，按照城市规划要求，确定需要审查和实行规划控制的内容。

在对城市建设工程实施规划管理的具体工作中，城市规划行政主管部门要注意在规划管理审批程序的各个环节，对不同建设项目提出具体的规划要求，并通过核发建设工程规划许可证件，使这些规划要求具有法律的约束力。

### 3.3.3　建设工程规划许可证的作用

**—— 《中华人民共和国城市规划法》解说**

四十三、关于建设工程规划许可证件（节选）

建设工程规划许可证件是有关建设工程符合城市规划要求的法律凭证，建设工程规划许可证件的作用，一是确认有关建设活动的合法地位，保证有关建设单位和个人的合法权益；二是作为建设活动进行过程中接受监督检查时的法定依据，城市规划管理工作人员要根据建设工程规划许可证件规定的建设内容和要求进行监督检查，并将其作为处罚违法建设活动的法律依据；三是作为城市规划行政主管部门有关城市建设活动的重要历史资料和城市建设档案的重要内容。

**—— 《中华人民共和国城市规划法》**(1989 年 12 月 26 日第七届全国人民代表大会常务委员会第十一次会议通过)

第三十二条　在城市规划区内新建、扩建和改建建筑物、构筑物、道路、管线和其他工程设施，必须持有关批准文件向城市规划行政主管部门提出申请，由城市规划行政主管部门根据城市规划提出的规划设计要求，核发建设工程规划许可证件。建设单位或者个人在取得建设工程规划许可证件和其他有关批准文件后，方可申请办理开工手续。

### 3.3.4　建设工程规划许可证的申请程序和内容

**—— 《建设部关于统一实行建设用地规划许可证和建设工程规划许可证的通知》**(1992 年 1 月 16 日建设部发布)

申请建设工程规划许可证的一般程序：

1.凡在城市规划区内新建、扩建和改建建筑物、构筑物、道路、管线和其他工程设施的单位与个人，必须持有关批准文件向城市规划行政管理部门提出建设申请；

2.城市规划行政主管部门根据城市规划提出建设工程规划设计要求；

3.城市规划行政主管部门征求并综合协调有关行政主管部门对建设工程设计方案的意见，审定建设工程初步设计方案；

4.城市规划行政主管部门审核建设单位或个人提供的工程施工图后，核发建设工程规划许可证。

建设工程规划许可证所包括的附图和附件，按照建筑物、构筑物、道路、管线以及个人建房等不同要求，由发证单位根据法律、法规规定和实际情况制定。附图和附件是建设工程规划许可证的配套证件，具有同等法律效力。

附：建设工程规划许可证的样本

---

## 中华人民共和国

# 建设工程规划许可证

编号

　　根据《中华人民共和国城市规划法》第三十二条规定，经审核，本建设工程符合城市规划要求，准予建设。

　　特发此证

发证机关

日　　期

---

| 建 设 单 位 | |
|---|---|
| 建设项目名称 | |
| 建 设 位 置 | |
| 建 设 规 模 | |
| 附图及附件名称 | |

遵守事项：

一、本证是城市规划区内，经城市规划行政主管部门审定，许可建设各类工程的法律凭证。

二、凡未取得本证或不按本证规定进行建设，均属违法建设。

三、未经发证机关许可，本证的各项规定均不得随意变更。

四、建设工程施工期间，根据城市规划行政主管部门的要求，建设单位有义务随时将本证提交查验。

五、本证自核发之日起，必须在六个月内，按规定进行建设，逾期本证自行失效。

### 3.3.5　建设工程的竣工验收及主要内容

—— 《中华人民共和国城市规划法》(1989 年 12 月 26 日第七届全国人民代表大会常务委员会第十一次会议通过)

第三十七条　城市规划行政主管部门有权对城市规划区内的建设工程是否符合规划要求进行检查。被检查者应当如实提供情况和必要的资料,检查者有责任为被检查者保守技术秘密和业务秘密。

第三十八条　城市规划行政主管部门可以参加城市规划区内重要建设工程的竣工验收,城市规划区内的建设工程,建设单位应当在竣工验收后六个月内向城市规划行政主管部门报送有关竣工资料。

—— 《中华人民共和国城市规划法》解说

四十九、建设工程的竣工验收

城市规划行政主管部门参加建设工程的竣工验收,主要是监督检查该建设工程是否符合规划设计要求,具体包括:

1.平面布局。监督检查该建设工程的用地范围、位置、坐标、平面形式、建筑间距、管线走向及管位、出入口布置、与周围建筑物或构筑物等的平面关系等是否符合城市规划设计要求。

2.空间布局。监督检查该建设工程的地下设施与地面设施的关系、层数、建筑密度、容积率、建筑高度、与周围建筑物或构筑物等的空间关系等是否符合城市规划设计要求。

3.建筑造型。监督检查建筑物或构筑物的建筑造型形式、风格、色彩、体量、与周围环境的协调等是否符合城市规划设计要求。

4.工程标准与质量。监督检查该建设工程有关技术经济指标、建设标准和工程质量是否符合规划设计要求。如医院的床位数、停车场的车位数、工程结构形式与工程施工质量等是否符合城市规划设计要求。

5.室外设施。监督检查室外工程设施,如道路、踏步、绿化、花台、围墙、大门、停车场、雕塑、水池等是否按照规划要求施工的。并检查其所有的施工用临时建筑是否按规定的期限拆除,并清理现场。

### 3.3.6　建设竣工资料的报送

—— 《中华人民共和国城市规划法》解说

五十、建设竣工资料的报送

《城市规划法》第三十八条规定:"建设单位应当在竣工验收后六个月内向城市规划行政主管部门报送有关竣工资料。"竣工资料包括该工程的审批文件(影印件)和该建设工程竣工时的总平面图、各层平面图、立面图、剖面图、设备图、基础图和城市规划行政主管部门指定需要的其他图纸。竣工资料是城市规划行政主管部门进行具体的规划管理过程中需要查阅的重要历史资料,因而任何建设单位和个人都必须依法执行。各级城市规划行政主管部门在制定城市规划实施管理办法时,应当对竣工资料的要求及违反规定的处罚等作出具体规定。

# 3.4　国有土地使用权出让转让的规划管理

## 3.4.1　国有土地的定义

—— 《中华人民共和国土地管理法实施条例》(1998 年 12 月 27 日国务院令第 256 号发布)

第三条　下列土地属于全民所有即国家所有:

(一)城市市区的土地;

(二)农村和城市郊区中依法没收、征用、征收、征购、收归国有的土地(依法划定或者确定为集体所有的除外);

(三)国家未确定为集体所有的林地、草地、山岭、荒地、滩涂、河滩地以及其他土地。

### 3.4.2 土地使用权出让和土地使用权转让的定义

**——《中华人民共和国城镇国有土地使用权出让和转让暂行条例》**(1990年5月19日国务院令第55号发布)

第八条 土地使用权出让是指国家以土地所有者的身份将土地使用权在一定年限内让与土地使用者,并由土地使用者向国家支付土地使用权出让金的行为。

土地使用权出让应当签订出让合同。

第十九条 土地使用权转让是指土地使用者将土地使用权再转移的行为,包括出售、交换和赠予。未按土地使用权出让合同规定的期限和条件投资开发、利用土地的,土地使用权不得转让。

### 3.4.3 国有土地使用权出让的最高年限和出让方式

**——《中华人民共和国城镇国有土地使用权出让和转让暂行条例》**(1990年5月19日国务院令第55号发布)

第十二条 土地使用权出让最高年限按下列用途确定:

(一)居住用地七十年;

(二)工业用地五十年;

(三)教育、科技、文化、卫生、体育用地五十年;

(四)商业、旅游、娱乐用地四十年;

(五)综合或者其他用地五十年。

第十三条 土地使用权出让可以采取下列方式:

(一)协议;

(二)招标;

(三)拍卖。

依照前款规定方式出让土地使用权的具体程序和步骤,由省、自治区、直辖市人民政府规定。

### 3.4.4 国有土地使用权转让的使用年限和转让范围

**——《中华人民共和国城镇国有土地使用权出让和转让暂行条例》**(1990年5月19日国务院令第55号发布)

第二十二条 土地使用者通过转让方式取得的土地使用权,其使用年限为土地使用权出让合同规定的使用年限减去原土地使用者已使用年限后的剩余年限。

第二十三条 土地使用权转让时,其地上建筑物、其他附着物所有权随之转让。

第二十四条 地上建筑物、其他附着物的所有人或者共有人、享有该建筑物、附着物使用范围内的土地使用权。土地使用者转让地上建筑物、其他附着物所有权时,其使用范围内的土地使用权随之转让,但地上建筑物、其他附着物作为动产转让的除外。

### 3.4.5 国有土地使用权出让转让规划管理的主管部门

——《城市国有土地使用权出让转让规划管理办法》(1992年12月4日建设部令第22号发布)

第三条 国务院城市规划行政主管部门负责全国城市国有土地使用权出让、转让规划管理的指导工作。

省、自治区、直辖市人民政府城市规划行政主管部门负责本省、自治区、直辖市行政区域内城市国有土地使用权出让、转让规划管理的指导工作。

直辖市、市和县人民政府城市规划行政主管部门负责城市规划区内城市国有土地使用权出让、转让的规划管理工作。

### 3.4.6 国有土地使用权出让规划和计划

——《城市国有土地使用权出让转让规划管理办法》(1992年12月4日建设部令第22号发布)

第四条 城市国有土地使用权出让的投放量应当与城市土地资源、经济社会发展和市场需求相适应。土地使用权出让、转让应当与建设项目相结合。城市规划行政主管部门和有关部门要根据城市规划实施的步骤和要求,编制城市国有土地使用权出让规划和计划,包括地块数量、用地面积、地块位置、出让步骤等,保证城市国有土地使用权的出让有规划、有步骤、有计划地进行。

### 3.4.7 出让地块的规划设计条件和附图

——《城市国有土地使用权出让转让规划管理办法》(1992年12月4日建设部令第22号发布)

第五条 出让城市国有土地使用权,出让前应当制定控制性详细规划。

出让的地块,必须具有城市规划行政主管部门提出的规划设计条件及附图。

第六条 规划设计条件应当包括:地块面积、土地使用性质、容积率、建筑密度、建筑高度、停车泊位、主要出入口、绿地比例、须配置的公共设施、工程设施、建筑界线、开发期限以及其他要求。

附图应当包括:地块区位和现状,地块坐标、标高,道路红线坐标、标高,出入口位置,建筑界线以及地块周围地区环境与基础设施条件。

第七条 城市国有土地使用权出让、转让合同必须附具规划设计条件及附图。

规划设计条件及附图,出让方和受让方不得擅自变更。在出让、转让过程中确需变更的,必须经城市规划行政主管部门批准。

### 3.4.8 出让地块规划设计条件的调整

——《城市国有土地使用权出让转让规划管理办法》(1992年12月4日建设部令第22号发布)

第十条 通过出让获得的土地使用权再转让时,受让方应当遵守原出让合同附具的规划设计条件,并由受让方向城市规划行政主管部门办理登记手续。

受让方如需改变原规划设计条件,应当先经城市规划行政主管部门批准。

### 3.4.9 办理出让土地使用权属证明的程序

——《城市国有土地使用权出让转让规划管理办法》(1992年12月4日建设部令第22号发布)

第九条 已取得土地出让合同的,受让方应当持出让合同依法向城市规划行政主管部门申请建设用地规划许可证。在取得建设用地规划许可证后,方可办理土地使用权属证明。

### 3.4.10 出让地块的容积率补偿和收益上交

——《城市国有土地使用权出让转让规划管理办法》(1992年12月4日建设部令第22号发布)

第十一条 受让方在符合规划设计条件外为公众提供公共使用空间或设施的,经城市规划行政主管部门批准后,可给予适当提高容积率的补偿。

受让方经城市规划行政主管部门批准变更规划设计条件而获得的收益,应当按规定比例上交城市政府。

### 3.4.11 监督管理

——《城市国有土地使用权出让转让规划管理办法》(1992年12月4日建设部令第22号发布)

第十二条 城市规划行政主管部门有权对城市国有土地使用权出让、转让过程是否符合城市规划进行监督检查。

第十三条 凡持未附具城市规划行政主管部门提供规划设计条件及附图的出让、转让合同,或擅自变更的,城市规划行政主管部门不予办理建设用地规划许可证。

凡未取得或擅自变更建设用地规划许可证而办理土地使用权属证明的,土地权属证明无效。

第十四条 各级人民政府城市规划行政主管部门,应当对本行政区域内的城市国有土地使用权出让、转让规划管理情况逐项登记,定期汇总。

第十五条 城市规划行政主管部门应当深化城市土地利用规划,加强规划管理工作。城市规划行政主管部门必须提高办事效率,对申领规划设计条件及附图、建设用地规划许可证的,应当在规定的期限内完成。

## 附录 《关于加强国有土地使用权出让规划管理工作》的通知

(建规 [2002] 270号)

各省、自治区建设厅,直辖市规划局(规委):

随着土地有偿使用制度改革的深入,国家相继实行了国有土地使用权出让制度、土地收购储备制度、经营性土地使用权招标拍卖和挂牌出让制度,土地供给的市场化程度日益提高。土地供给方式发生的深刻变化,对城乡规划管理工作提出了新的更高的要求。按照《国务院关于加强城乡规划监督管理的通知》和建设部等九部委《关于贯彻落实<国务院关于加强城乡规划监督管理的通知>的通知》要求,为适应土地使用制度改革的需要,切实加强和改进国有土地使用权出让的规划管理,现就有关问题通知如下:

一、充分认识实施土地收购储备制度、经营性土地招标拍卖和挂牌出让制度的重要意义

实施土地收购储备制度、经营性土地使用权招标拍卖和挂牌出让制度,是国家为加强国有土地资产管理,规范国有土地使用权出让行为,建立公开、公平、公正的土地使用制度,防止国有土地资产流失而采取的重大改革措施,有利于在严格控制供应总量的条件下,充分发挥市场配置土地资源的基础性作用,优化城市土地资源配置、充分实现土地资产价值,提高土地资源利用效率,对城市发展建设也将产生重要影响。各级城乡规划行政主管部门要充分认识实施这些制度的重要意义,认真学习和研究土地收购储备、经营性土地使用权招标拍卖和挂牌出让的知识和经验;要适应土地供给制度改革的新情况,研究加强和改进城乡规划工作,充分发挥城乡规划对土地资源配置的调控能力;要切实履行城乡规划管理职能,积极参与、协助政府搞好土地收购储备和经营性土地使用权招标拍卖和挂牌出让工作,保障城乡发展建设健康有序进行。

二、切实加强对土地收购储备、国有土地使用权出让的综合调控和指导

各地要认真抓紧编制和调整近期建设规划，保证土地收购储备、国有土地使用权出让工作依据城市规划、有计划地进行。

要充分发挥城乡规划的综合调控作用，加强对土地收购储备、国有土地使用权出让的综合调控和指导。城市规划行政主管部门要根据城市发展建设的需要和城市近期建设规划，就近期建设用地位置与数量及时向城市政府提出土地的收购储备建议，协助政府制定土地收购储备年度计划，做好土地收购储备工作。要积极参与做好国有土地使用权出让年度计划制定工作。制定国有土地使用权出让年度计划，要依据近期建设规划、土地利用年度计划、建设项目的批准计划，结合当前经济社会发展要求和市场需求情况，科学确定出让地块数量、用地面积、地块位置、出让步骤等。自2003年7月1日起，凡未按要求编制和调整近期建设规划的，不得出让国有土地使用权。

要依据城市总体规划加快编制控制性详细规划，提高控制性详细规划的覆盖率，以适应土地供给市场化情况下的规划管理工作的需要；城市中心地区、旧城改造地区、近期发展地区、储备的土地、下一年度建设用地和拟出让的用地要优先编制控制性详细规划；控制性详细规划要明确规划地段内各地块的使用性质、容积率、建筑密度、建筑高度、绿地率、必须配置的公共设施等控制指标和要求。

三、严格规范土地收购、国有土地使用权出让规划管理程序

要加强对土地收购的规划指导工作，以利于收购的土地能够按照城市规划确定的用途使用。城市规划行政主管部门应当对拟收购土地进行规划审查，出具拟收购土地的选址意见书，供进行土地收购的单位办理征地、拆迁等土地整理活动需要的相关手续。不符合近期建设规划、控制性详细规划规定用途的土地，不予核发选址意见书，并书面告知理由。

要加强国有土地使用权出让前后的规划管理，明确规划监督管理程序。国有土地使用权出让前，出让地块必须具备由城市规划行政主管部门依据控制性详细规划出具的拟出让地块的规划设计条件和附图。规划设计条件必须明确出让地块的面积、土地使用性质、容积率、建筑密度、建筑高度、停车泊位、主要出入口、绿地比例、必须配置的公共设施和市政基础设施、建筑界线、开发期限等要求。附图要明确标明地块区位与现状，地块坐标、标高，道路红线坐标、标高，出入口位置，建筑界线以及地块周围地区的环境与基础设施条件。国有土地使用权招标拍卖和挂牌时，必须准确标明出让地块的规划设计条件。国有土地出让成交签订《国有土地使用权出让合同》时，必须将规划设计条件与附图作为《国有土地使用权出让合同》的重要内容和组成部分。没有城市规划行政主管部门出具的规划设计条件，国有土地使用权不得出让。

国有土地使用权出让的受让方在签订《国有土地使用权出让合同》后，应当持《国有土地使用权出让合同》向市、县人民政府城乡规划行政主管部门申请发给建设项目选址意见书和建设用地规划许可证。城乡规划行政主管部门对《国有土地使用权出让合同》中规定的规划设计条件核验无误后，同时发给建设项目选址意见书和建设用地规划许可证。经核验，《国有土地使用权出让合同》中规定的规划设计条件与出具的出让地块规划设计条件不一致的，不予核发建设项目选址意见书和建设用地规划许可证，并告知土地管理部门予以纠正。

四、切实加强已出让使用权土地使用的监督管理

各地城乡规划行政主管部门要切实加强出让使用权土地使用的规划跟踪管理，加强受让人在土地开发建设中执行规划情况的监督检查，建立健全相应的监督管理制度。受让人取得国有土地使用权后，必须按照《国有土地使用权出让合同》和建设用地规划许可证规定的规划设计条件进行开发

建设，一般不得改变规划设计条件；如因特殊原因，确需改变规划设计条件的，应当向城乡规划行政主管部门提出改变规划设计条件的申请，经批准后方可实施。城乡规划行政主管部门依法定程序修改控制性详细规划，并批准变更建设用地规划设计条件的，应当告知土地管理部门；依法应当补交土地出让金的，受让人应当依据有关规定予以补交。

受让人需要转让国有土地使用权的，必须符合国家关于已出让土地转让的规定和《国有土地使用权出让合同》的约定。转让国有土地使用权时，不得改变规定的规划设计条件。以转让方式取得建设用地后，转让的受让人应当持《国有土地使用权转让合同》、转让地块原建设用地规划许可证向城乡规划行政主管部门申请换发建设用地规划许可证。

各级城乡规划行政主管部门要适应土地供给制度改革的新形势，结合本地区的特点，积极探索建立和完善土地收购储备、招标拍卖和挂牌出让土地使用权的规划管理制度；转变思想观念和工作作风，树立服务意识，提高办事效率，切实加强和改进国有土地使用权出让的规划管理。

中华人民共和国建设部

二〇〇二年十二月二十六日

# 3.5 城市规划实施的监督检查

## 3.5.1 作用和基本内容

—— 《中华人民共和国城市规划法》解说

四十八、城市规划实施监督检查的基本内容

监督检查贯穿于城市规划实施的全过程，它是城市规划实施管理工作的重要组成部分。在《城市规划法》中，明确规定了实施城市规划监督检查的具体内容。具体地说，它包括：

1. 对建设活动的监督检查

2. 行政监督与检查

3. 立法机构的监督检查

4. 社会监督

## 3.5.2 对建设活动监督检查的内容

—— 《中华人民共和国城市规划法》解说

四十八、城市规划实施监督检查的基本内容（节选）

(1) 城市规划行政主管部门对于在城市规划区使用土地和进行各项建设的申请，都要严格验证其申报条件(包括各类文件和图纸)是否符合法定要求，有无弄虚作假的情况等。对于不符合要求的申请，就要及时退回，不予受理。

(2) 建设单位或个人在领取建设用地规划许可证并办理土地的征用或划拨手续后，城市规划行政主管部门要进行复验，若有关用地的坐标、面积等与建设用地规划许可证规定不符，城市规划行政主管部门应责令其改正或重新补办手续，否则对其建设工程不予审批。

(3) 建设单位或个人在领取建设工程规划许可证件并放线后，要自觉接受城市规划行政主管部门的检查，即履行验线手续，若其坐标、标高、平面布局形式等与建设工程规划许可证件的规定不符，城市规划行政主管部门就应责令其改正，否则有关建设工程不得继续施工，并可给予必要的处罚。

(4) 建设单位或个人在施工过程中，城市规划行政主管部门有权对其建设活动(其中包括在城市规划区内挖取砂石、土方等活动)进行现场检查。被检查者要如实提供情况和必要的资料。如果发现违法占地和违法建设活动，城市规划行政主管部门要及时给予必要的行政处罚。在检查过程中，城市规划行政主管部门有责任为被检查者保守技术秘密和业务秘密。

(5)城市规划行政主管部门应当参加城市规划区内对城市规划有重要影响的建设工程的竣工验收，检查建设工程的平面布置、空间布局、立面造型、使用功能等是否符合规划设计要求。如果发现不符，就视情况提出补救措施，或给予必要的行政处罚。

### 3.5.3 行政监督与检查的内容

—— 《中华人民共和国城市规划法》解说

四十八、城市规划实施监督检查的基本内容（节选）

(1)各级人民政府及其城市规划行政主管部门有责任对管辖范围内城市的总体规划的实施情况进行定期或不定期的监督检查，以便将经验和问题及时反馈，为正确执行或完善城市总体规划提供依据。

(2)国家和省、自治区城市规划行政主管部门有责任对各级城市的城市规划行政主管部门的城市规划管理执法情况进行定期或不定期的监督检查，以便及时总结经验，纠正和解决可能出现的各种偏差。

(3)各级城市规划行政主管部门有责任对内部机构和工作人员的执法情况进行监督检查，防止玩忽职守、滥用职权、徇私舞弊等违法行为和各种不正之风的发生。

### 3.5.4 立法机构监督检查的内容

—— 《中华人民共和国城市规划法》解说

四十八、城市规划实施监督检查的基本内容（节选）

(1)城市人民政府在向上级人民政府报请审批已经编制完成或修改后的城市总体规划前，必须报经同级人民代表大会或其常务委员会审查同意。对于审查中提出的问题和意见，城市人民政府有责任给予明确的解释或作出相应的修改与完善。

(2)城市人民代表大会或其常务委员会有权对城市规划的实施情况进行定期或不定期的检查，就实施城市规划的进展情况，城市规划实施管理的执法情况提出批评和意见，并督促城市人民政府加以改进或完善。城市人民政府则有义务在任期内全面检查城市规划的实施情况，并向同级人民代表大会或其常务委员会提出工作报告。

### 3.5.5 社会监督的内容

—— 《中华人民共和国城市规划法》解说

四十八、城市规划实施监督检查的基本内容（节选）

(1)城市规划行政主管部门有责任将城市规划实施管理过程中的各个环节予以公开，接受社会对于其执法的监督。

(2)城市中一切单位和个人对于违反城市规划的行为和随意侵犯其基本权利的行为，有监督、检举和控告的权力。城市规划行政主管部门应当制定具体办法，保障公民的监督权，并及时对检举和控告涉及的有关违法行为进行落实和查处。

(3)城市中一切单位和个人对于城市规划行政主管部门及其工作人员执法过程中的各种违法行为，有监督、检举和控告的权力。各级城市规划行政主管部门有责任制定切实有效的制度，随时听取意见和检举、控告，并对有关的违法行为作出公开的处理。

# 3.6 法律责任

## 3.6.1 违法建设行为的行政责任

**——《中华人民共和国城市规划法》解说**

五十一、关于违法建设行为的行政责任

行政责任是《城市规划法》法律责任的一个重要组成部分，它是因违法行为所产生的一种行政法律后果。在城市规划区占用土地和进行建设的一切单位、单位的有关责任人员以及居民，只要违反《城市规划法》有关规定，构成违法行为的，就必须承担行政责任。它的具体形式是由法律规定的国家行政机关给有关责任者以行政处罚或行政处分。

1.行政处罚

行政处罚构成城市规划行政责任的主要内容。它是城市规划行政主管部门实施规划管理，确保城市规划顺利实施的最主要和最常用的法律手段，因而有必要正确理解行政处罚的具体措施，并在此基础上做好执法工作。在《城市规划法》法律责任一章中对于违法建设活动规定的行政处罚措施包括：

(1)责令停止建设

责令停止建设是指城市规划行政主管部门在进行规划管理监督检查的过程中，发现并经确认是违法建设活动的，就应及时发出违法建设活动通知，责令有关当事人立即停止违法建设活动。一般地讲，城市规划行政主管部门随后还应对违法建设活动的性质和后果作出判断，决定并罚措施。

(2)限期拆除或者没收

限期拆除是指经城市规划行政主管部门确认，有关的违法建设如果不进行清除，就会对城市规划管理和城市规划的顺利实施构成严重影响的，由城市规划行政主管部门通知有关当事人，在规定的期限内无条件拆除全部的或部分的违法建筑物、构筑物和其他设施。对于拒不服从城市人民政府根据城市规划作出的拆迁安排，给城市建设造成严重影响的，也必须做出限期拆除的决定。

没收是指经城市规划行政主管部门确认，有关的违法建设活动性质严重，影响恶劣，必须给予严厉处罚，但已形成的建筑物、构筑物或其他设施还可以在不影响城市规划的前提下加以利用的，由城市规划行政主管部门决定无偿收取使用权和所有权。没收后产权属城市人民政府，由城市人民政府按照城市规划要求另行安排使用。

(3)责令限期改正

责令限期改正是指经城市规划行政主管部门认定，有关违法建设活动虽然对于城市规划实施构成影响，但还可以采取改正措施进行补救的，由城市规划行政主管部门通知有关当事人，责令其在规定的期限内采取规定的改正措施。

(4)罚款

罚款是从经济上对于违法建设活动进行惩戒的行政处罚手段。具体是由城市规划行政主管部门根据违法建设活动的情节后果，判罚有关当事人和责任者以规定范围内的数额不等的款项，罚款是一种并罚的行政处罚措施，城市规划行政主管部门应该根据违法建设活动的性质、后果，在作出其他处罚的同时，决定罚款，要注意防止滥用手段，或以罚款代替其他应得处罚的不良倾向。

《城市规划法》的第三十九条还专门规定了违反城市建设用地审批程序，违法占用城市规划区内土地的处罚，包括规定有关当事人违法取得的用地批准文件无效，县级以上人民政府收回违法占用的土地等。

《城市规划法》所规定的行政处罚，是一个完整的、连续的执法过程，因此一切违法建设活动的当事人都必须严格服从城市规划行政主管部门的处罚决定，绝不允许以任何借口继续进行违法建设活动，否则城市规划行政主管部门就应依法采取措施强行制止，并要从重给予行政处罚。

《城市规划法》明确规定，行政处罚的执行必须由县级以上地方人民政府城市规划行政主管部门负责，这就要求市、县人民政府的城市规划行政主管部门加强规划管理与执法机构的建设，对于所辖行政区域内的县以下建制镇，可以根据具体情况采取派出机构或其他切实有效的措施，加强城市规划实施的监督检查，及时依法严肃处理各类违法占地与违法建设活动。

2.行政处分

这是行政责任的另一组成部分。建设单位从事违法建设活动，给城市规划的顺利实施和国家财产造成损失，其有关责任人员必须承担相应的行政法律责任。因此城市规划行政主管部门在执行行政处罚的同时，有责任要求并督促有关单位或其上级主管机关，对违法建设活动的直接责任者给予必要的行政处分。

### 3.6.2　违法建设行为的刑事责任

——《中华人民共和国城市规划法》解说

五十二、关于违法建设行为的刑事责任

在城市规划的实施过程中，由于违法建设行为而造成严重危害，威胁居民生命安全，使国家财产遭受重大损失，已经构成触犯刑律的，对于有关责任人员要追究刑事责任。刑事责任的适用，对保障城市规划行政主管部门的正常工作秩序，确保城市各项建设能够按照规划顺利进行，具有十分重要的意义。

我国刑法规定，确定犯罪必须要具备四个犯罪要件，这就是：

1.犯罪主体。指达到法定责任年龄，具有责任能力，实施危害社会行为的自然人。《城市规划法》中的犯罪主体是：由于玩忽职守或故意违反法律规定，造成违法建设活动，或以暴力、威胁方法阻碍城市规划管理工作人员依法执行公务，造成城市规划实施受到严重影响，国家财产受到重大损失的建设单位的直接责任人员以及其他公民。

2.犯罪的主观。指行为人对自己的危害行为和后果所持的故意或过失的心理态度。违反《城市规划法》构成犯罪的行为人既有玩忽职守一类的过失，也有妨碍公务一类的过失故意。

3.犯罪客体。指犯罪行为所侵害的社会关系。违反《城市规划法》构成的犯罪行为侵害的客体主要是指城市规划行政主管部门的正常行政管理工作。

4.犯罪的客观。指犯罪行为和其所造成的危害后果。

根据城市规划工作的任务和性质，与城市规划实施有关的犯罪主要有：渎职罪、妨害公务罪等。对于这些犯罪，只要符合《城市规划法》法律责任一章的规定，具备了刑法中规定的四个犯罪要件，城市规划行政主管部门就应提请司法部门追究有关责任人员的刑事责任。

### 3.6.3　违法占地行为及处罚

——《中华人民共和国城市规划法》(1989年12月26日第七届全国人民代表大会常务委员会第十一次会议通过)

第三十九条　在城市规划区内，未取得建设用地规划许可证而取得建设用地批准文件、占用土地的，批准文件无效，占用的土地由县级以上人民政府责令退回。

**——《中华人民共和国城市规划法》解说**

五十四、违法占地行为的处罚

城市规划区范围内的土地一般都十分紧张和珍贵，一旦失去规划控制和管理，就会严重影响城市规划的实施和城市建设的综合效益，造成土地浪费。因此，《城市规划法》第三十九条专门规定了对于违法占用土地的处罚措施。各级城市规划行政主管部门，都必须重视和加强对于城市规划区内土地的规划管理，及时依法严肃处理违法占用城市土地行为。

根据各类不同的违法占用城市土地的行为，城市规划行政主管部门可以采取不同的处罚方式。

1. 城市中一切单位或个人，在未经任何申请或批准的情况下就擅自占用城市规划区内土地进行建设或从事挖取砂石、土方等活动的，一经检查发现，城市规划行政主管部门就应责令有关当事人立即停止违法活动；对于违法占用的土地，要依法提请县级以上人民政府收回；对于违法占用土地上已经形成的各种建筑物、构筑物和其他设施，要根据具体情况处以限期拆除或没收的处罚；对于破坏城市原有地形地貌和环境的，要责令有关当事人限期恢复原状。

2. 对未向城市规划行政主管部门提出申请，未取得建设用地规划许可证的违法占用的土地，要责令有关当事人停止违法活动，提请县级以上人民政府收回；对于申请建设的，一律不予审批；对于擅自建设已经形成的建筑物、构筑物和其他设施，要根据具体情况处以限期拆除或没收的处罚；同时城市规划行政主管部门还可以提请城市人民政府追究有关违法批准机关直接责任人员的行政责任。

3. 建设用地规划许可证所确定的有关建设用地的位置、面积、范围等要求具有法律效力，在征用、划拨用地的具体过程中，如果确需对建设用地规划许可证的要求做出局部调整的，必须按照一定的程序，经过城市规划行政主管部门的审查批准并办理必要手续，有关土地的使用方为有效。凡未经城市规划行政主管部门批准就擅自改变建设用地规划许可证要求的，城市规划行政主管部门必须责令有关当事人采取改正措施；在未改正前，对其建设申请一律不予审批。

4. 未经城市规划行政主管部门审查批准，就擅自改变已经确定的土地使用性质的，城市规划行政主管部门应责令有关当事人限期纠正；对于已经形成的各类建筑物、构筑物或其他设施，按违法建设进行处罚。

5. 无理拒不服从城市人民政府调整用地决定，影响城市规划实施的，城市规划行政主管部门就应当责令有关当事人限期执行决定。

### 3.6.4 违法建设行为及处罚

**——《中华人民共和国城市规划法》**(1989 年 12 月 26 日第七届全国人民代表大会常务委员会第十一次会议通过)

第四十条 在城市规划区内，未取得建设工程规划许可证件或者违反建设工程规划许可证件的规定进行建设，严重影响城市规划的，由县级以上地方人民政府城市规划行政主管部门责令停止建设，限期拆除或者没收违法建筑物、构筑物或者其他设施；影响城市规划，尚可采取改正措施的，由县级以上地方人民政府城市规划行政主管部门责令限期改正，并处罚款。

**——《中华人民共和国城市规划法》解说**

五十五、违法建设行为的处罚

长期以来，由于我国城市规划管理法制不健全，执法不严格，城市中的违法建设活动涉及面广，数量大，情况复杂，而且往往是禁而不止。依据《城市规划法》对于城市规划区内各类违法建设活动进行处罚，不仅是保障城市规划顺利实施的需要，也是依法治城，为城市的发展提供一个良好的建设环境与建设秩序的需要。

根据违法建设的性质、影响的不同，城市规划行政主管部门应采取不同的行政处罚手段。

1. 未向城市规划行政主管部门提出申请，或者未取得建设工程规划许可证件或临时建设工程规划许可证件就擅自在城市规划区内进行建设活动的，城市规划行政主管部门应责令有关当事人立即停止建设；对于已经形成的各类违法建筑物、构筑物或其他设施，应根据具体情况处以限期拆除或没收的处罚，如果影响城市规划但尚可采取改正措施的，也可以责令有关当事人限期改正，并处以罚款。

2. 擅自改变建设工程规划许可证件的规定进行建设的，一经发现，城市规划行政主管部门可责令有关当事人停止建设；对于已经形成的各类违法建筑物、构筑物和其他设施，如果对于城市规划的实施有影响但尚可采取改正措施的，应责令有关当事人限期改正，并处以罚款，如果影响严重，就必须处以限期全部或部分拆除的处罚。

3. 未经城市规划行政主管部门批准，擅自改变建筑物或构筑物已经确定的使用性质的，一经发现，城市规划行政主管部门应责令有关当事人限期采取规定的改正措施并处以罚款，如果违法行为性质恶劣并已严重影响城市规划的实施，就应处以没收的处罚。

4. 批准临时建设而进行永久性、半永久性建设的，城市规划行政主管部门应即责令有关当事人停止施工，对于已经形成的违法建筑物、构筑物和其他设施，应处以限期拆除的处罚。

对于进行违法建设活动单位的直接责任人员，城市规划行政主管部门还应依法要求其所在单位或者上级主管机关给予必要的行政处分。

### 3.6.5　城市规划行政主管部门工作人员的法律责任

—— 《中华人民共和国城市规划法》(1989 年 12 月 26 日第七届全国人民代表大会常务委员会第十一次会议通过)

第四十三条　城市规划行政主管部门工作人员玩忽职守、滥用职权、徇私舞弊的，由其所在单位或者上级主管机关给予行政处分；构成犯罪的，依法追究刑事责任。

—— 《中华人民共和国城市规划法》解说

五十八、城市规划行政主管部门工作人员的法律责任

城市规划行政主管部门的工作人员必须按照民主的原则、法定的程序和严格的工作制度进行执法工作。如果不能秉公执法，给城市规划工作造成损失，同样要承担相应的法律责任。《城市规划法》第四十三条为此作出了专门的规定。

在城市规划管理工作中，有关工作人员以权谋私，违反法律规定的审批程序、擅自行事，或者由于玩忽职守，致使城市规划的实施与管理工作受到影响和损失的，一经所在单位发现，就应给予必要的行政处分；上级行政主管部门对所属下级部门执法工作进行监督检查时所发现的比较严重的，以及难以在本单位解决的违法渎职行为，可以由上级行政主管部门会同有关城市人民政府作出行政处分决定。如果有关工作人员由于玩忽职守或徇私舞弊、滥用职权，性质和影响恶劣，致使城市规划工作受到严重影响，国家财产受到重大损失，其行为后果已经构成触犯刑律，就应由司法部门依法追究刑事责任。

城市规划行政主管部门是城市人民政府的职能部门，代表政府行使行政执法权。作为它的工作人员，必须认识到，能否严肃、认真、准确地执行法律赋予的权力，关系到城市规划能否顺利实施，城市规划管理工作能否顺利进行，直接影响政府在人民群众中的形象。因此，各级城市规划行政主

管部门的工作人员，都要认真学习和掌握本法和其他有关法律，从思想上牢固树立起法制观念和服务观念，自觉地加强精神文明建设，在规划管理工作中做到公正、廉洁、热情、无私，同时严格依法办事并严肃执法。各级城市规划行政主管部门要把搞好廉政建设工作作为一项重要工作切实抓好，通过制定完善的公开化工作制度和严格的工作纪律，建立有效的群众监督、举报制度，促使工作人员能够自觉严明纪律、严肃执法，真正做到有法必依、执法必严、违法必究。

## 3.6.6　行政复议和行政诉讼的规定

——《中华人民共和国城市规划法》(1989 年 12 月 26 日第七届全国人民代表大会常务委员会第十一次会议通过)

　　第四十二条　当事人对行政处罚决定不服的，可以在接到处罚通知之日起十五日内，向作出处罚决定的机关的上一级机关申请复议；对复议决定不服的，可以在接到复议决定之日起十五日内，向人民法院起诉。当事人也可以在接到处罚通知之日起十五日内，直接向人民法院起诉。当事人逾期不申请复议、也不向人民法院起诉、又不履行处罚决定的，由作出处罚决定的机关申请人民法院强制执行。

——《中华人民共和国城市规划法》解说

五十七、关于行政复议工作

　　行政复议工作是行政诉讼程序中的一个重要环节。复议的含义是指当事人可以在接到行政处罚决定后的一定期限内，向作出处罚决定机关的上一级主管部门提出申诉，要求对于有关处罚决定进行重新研究。它的目的是为当事人提供一种受理和解决都比较便捷的法定申诉方式，从而在相当程度上减少向人民法院起诉的可能性；复议的结果，一是当事人接受复议裁决；二是当事人对复议裁决仍然不服，还可以在一定期限内向人民法院提起诉讼。

　　《城市规划法》法律责任中规定了复议工作，这对城市规划行政主管部门来说，还是一项新的任务。但是必须看到，随着《行政诉讼法》的颁布和实施，我国的行政诉讼制度将会日趋完善，单位或个人对于行政处罚决定不服而申请复议的案件将会逐步增加，这就要求城市规划行政主管部门从制度上和组织上做好必要的准备。一是要求省、自治区、直辖市、省会城市和国务院确定为较大的市，在制定实施《城市规划法》的地方性法规和规章时，要注意根据本地区、本城市的实际情况，制定受理和进行复议工作的具体程序与办法；二是要求各级城市规划行政主管部门要制定对所属下级部门执法情况进行定期监督检查的工作制度，以便及时发现和纠正在执法工作中可能出现的偏差，并严肃处理违法失职行为。同时，要求各地城市规划行政主管部门根据各自的城市规划管理工作实际状况和执法的要求，加强规划管理监督检查机构的建设，充实既熟悉业务又懂法律的工作人员，保证复议工作的高质量、高效率。

# 4 城市用地分类、标准与计算

## 4.1 用地分类

### 4.1.1 城市用地分类

—— 《城市用地分类与规划建设用地标准》(GBJ137—90)

第2.0.1条 城市用地分类采用大类、中类和小类三个层次的分类体系，共分10大类，46中类，73小类。

第2.0.2条 城市用地应按土地使用的主要性质进行划分和归类。

第2.0.3条 使用本分类时，可根据工作性质、工作内容及工作深度的不同要求，采用本分类的全部或部分类别，但不得增设任何新的类别。

第2.0.4条 城市用地分类应采用字母数字混合型代号，大类应采用英文字母表示，中类和小类应各采用一位阿拉伯数字表示。城市用地分类代号可用于城市规划的图纸和文件。

第2.0.5条 城市用地分类和代号必须符合表2.0.5的规定：

城市用地分类和代号                    表2.0.5

| 类别代号 大类 | 类别代号 中类 | 类别代号 小类 | 类别名称 | 范围 |
|---|---|---|---|---|
| R | | | 居住用地 | 居住小区、居住街坊、居住组团和单位生活区等各种类型的成片或零星的用地 |
| | R1 | | 一类居住用地 | 市政公用设施齐全、布局完整、环境良好、以低层住宅为主的用地 |
| | | R11 | 住宅用地 | 住宅建筑用地 |
| | | R12 | 公共服务设施用地 | 居住小区及小区级以下的公共设施和服务设施用地。如托儿所、幼儿园、小学、中学、粮店、菜店、副食店、服务站、储蓄所、邮政所、居委会、派出所等用地 |
| | | R13 | 道路用地 | 居住小区及小区级以下的小区路、组团路或小街、小巷、小胡同及停车场等用地 |
| | | R14 | 绿地 | 居住小区及小区级以下的小游园等用地 |
| | R2 | | 二类居住用地 | 市政公用设施齐全、布局完整、环境较好、以多、中、高层住宅为主的用地 |
| | | R21 | 住宅用地 | 住宅建筑用地 |
| | | R22 | 公共服务设施用地 | 居住小区及小区级以下的公共设施和服务设施用地。如托儿所、幼儿园、小学、中学、粮店、菜店、副食店、服务站、储蓄所、邮政所、居委会、派出所等用地 |
| | | R23 | 道路用地 | 居住小区及小区级以下的小区路、组团路或小街、小巷、小胡同及停车场等用地 |
| | | R24 | 绿地 | 居住小区及小区级以下的小游园等用地 |
| | R3 | | 三类居住用地 | 市政公用设施比较齐全、布局不完整、环境一般，或住宅与工业等用地有混合交叉的用地 |
| | | R31 | 住宅用地 | 住宅建筑用地 |
| | | R32 | 公共服务设施用地 | 居住小区及小区级以下的公共设施和服务设施用地。如托儿所、幼儿园、小学、中学、粮店、菜店、副食店、服务站、储蓄所、邮政所、居委会、派出所等用地 |
| | | R33 | 道路用地 | 居住小区及小区级以下的小区路、组团路或小街、小巷、小胡同及停车场等用地 |
| | | R34 | 绿地 | 居住小区及小区级以下的小游园等用地 |
| | R4 | | 四类居住用地 | 以简陋住宅为主的用地 |
| | | R41 | 住宅用地 | 住宅建筑用地 |
| | | R42 | 公共服务设施用地 | 居住小区及小区级以下的公共设施和服务设施用地。如托儿所、幼儿园、小学、中学、粮店、菜店、副食店、服务站、储蓄所、邮政所、居委会、派出所等用地 |
| | | R43 | 道路用地 | 居住小区及小区级以下的小区路、组团路或小街、小巷、小胡同及停车场等用地 |
| | | R44 | 绿地 | 居住小区及小区级以下的小游园等用地 |

续表

| 类别代号 大类 | 中类 | 小类 | 类别名称 | 范围 |
|---|---|---|---|---|
| C | | | 公共设施用地 | 居住区及居住区级以上的行政、经济、文化、教育、卫生、体育以及科研设计等机构和设施的用地，不包括居住用地中的公共服务设施用地 |
| | C1 | | 行政办公用地 | 行政、党派和团体等机构用地 |
| | | C11 | 市属办公用地 | 市属机关，如人大、政协、人民政府、法院、检察院、各党派和团体，以及企事业管理机构等办公用地 |
| | | C12 | 非市属办公用地 | 在本市的非市属机关及企事业管理机构等行政办公用地 |
| | C2 | | 商业金融业用地 | 商业、金融业、服务业、旅馆业和市场等用地 |
| | | C21 | 商业用地 | 综合百货商店、商场和经营各种食品、服装、纺织品、医药、日暖和杂货、五金交电、文化体育、工艺美术等专业零售批发商店及其附属的小型工场、车间和仓库用地 |
| | | C22 | 金融保险业用地 | 银行及分理处、信用社、信托投资公司、证券交易所和保险公司，以及外国驻本市的金融和保险机构等用地 |
| | | C23 | 贸易咨询用地 | 各种贸易公司、商社及其咨询机构等用地 |
| | | C24 | 服务业用地 | 饮食、照相、理发、浴室、洗染、日用修理和交通售票等用地 |
| | | C25 | 旅馆业用地 | 旅馆、招待所、度假村及其附属设施等用地 |
| | | C26 | 市场用地 | 独立地段的农贸市场、小商品市场、工业品市场和综合市场等用地 |
| | C3 | | 文化娱乐用地 | 新闻出版、文化艺术团体、广播电视、图书展览、游乐等设施用地 |
| | | C31 | 新闻出版用地 | 各种通讯社、报社和出版社等用地 |
| | | C32 | 文化艺术团体用地 | 各种文化艺术团体等用地 |
| | | C33 | 广播电视用地 | 各级广播电台、电视台和转播电、差转台等用地 |
| | | C34 | 图书展览用地 | 公共图书馆、博物馆、科技馆、展览馆和纪念馆等用地 |
| | | C35 | 影剧院用地 | 电影院、剧场、音乐厅、杂技场等演出场所，包括各单位对外营业的同类用地 |
| | | C36 | 游乐用地 | 独立地段的游乐场、舞厅、俱乐部、文化宫、青少年宫、老年活动中心等用地 |
| | C4 | | 体育用地 | 体育场馆和体育训练基地等用地，不包括学校等单位内的体育用地 |
| | | C41 | 体育场馆用地 | 室内外体育运动用地，如体育场馆、游泳场馆、各类球场、溜冰场、赛马场、跳伞场、摩托车场、射击场以及水上运动的陆域部分等用地，包括附属的业余体校用地 |
| | | C42 | 体育训练用地 | 为各类体育运动专设的训练基地用地 |
| | C5 | | 医疗卫生用地 | 医疗、保健、卫生、防疫、康复和急救设施等用地 |
| | | C51 | 医院用地 | 综合医院和各类专科医院等用地，如妇幼保健院、儿童医院、精神病院、肿瘤医院等 |
| | | C52 | 卫生防疫用地 | 卫生防疫站、专科防治所、检验中心、急救中心和血库等用地 |
| | | C53 | 休疗养用地 | 休养所和疗养院等用地，不包括以居住为主的干休所用地，该用地应归入居住用地(R) |
| | C6 | | 教育科研设计用地 | 高等院校、中等专业学校、科学研究和勘测设计机构等用地。不包括中学、小学和幼托用地，该用地应归入居住用地(R) |
| | | C61 | 高等学校用地 | 大学、学院、专科学校和独立地段的研究生院等用地，包括军事院校用地 |
| | | C62 | 中等专业学校用地 | 中等专业学校、技工学校、职业学校等用地，不包括附属于普通中学内的职业高中用地 |
| | | C63 | 成人与业余学校用地 | 独立地段的电视大学、夜大学、教育学院、党校、干校、业余学校和培训中心等用地 |
| | | C64 | 特殊学校用地 | 聋、哑、盲人学校及工读学校等用地 |
| | | C65 | 科研设计用地 | 科学研究、勘测设计、观察测试、科技信息和科技咨询等机构用地，不包括附设于其他单位内的研究室和设计室等用地 |
| | C7 | | 文物古迹用地 | 具有保护价值的古遗址、古墓葬、古建筑、革命遗址等用地，不包括已作其它用途的文物古迹用地，该用地应分别归入相应的用地类别 |
| | C9 | | 其它公共设施用地 | 除以上之外的公共设施用地，如宗教活动场所、社会福利院等用地 |
| M | | | 工业用地 | 工矿企业的生产车间、库房及附属设施等用地。包括专用的铁路、码头和道路等用地。不包括露天矿用地，该用地应归入水域和其他用地(E) |
| | M1 | | 一类工业用地 | 对居住和公共设施等环境基本无干扰和污染的工业用地，如电子工业、缝纫工业、工艺品制造工业等用地 |
| | M2 | | 二类工业用地 | 对居住和公共设施等环境有一定干扰和污染的工业用地，如食品工业、医药制造工业、纺织工业等用地 |
| | M3 | | 三类工业用地 | 对居住和公共设施等环境有严重干扰和污染的工业用地，如采掘工业、冶金工业、大中型机械制造工业、化学工业、造纸工业、制革工业、建材工业等用地 |

续表

| 类别代号 | | | 类 别 名 称 | 范　　　　　围 |
|---|---|---|---|---|
| 大类 | 中类 | 小类 | | |
| W | | | 仓储用地 | 仓储企业的库房、堆场和包装加工车间及其附属设施等用地 |
| | W1 | | 普通仓库用地 | 以库房建筑为主的储存一般货物的普通仓库用地 |
| | W2 | | 危险品仓库用地 | 存放易燃、易爆和剧毒等危险品的专用仓库用地 |
| | W3 | | 堆场用地 | 露天堆放货物为主的仓库用地 |
| T | | | 对外交通用地 | 铁路、公路、管道运输、港口和机场等城市对外交通运输及其附属设施等用地 |
| | T1 | | 铁路用地 | 铁路站场和线路等用地 |
| | T2 | | 公路用地 | 高速公路和一、二、三级公路线路及长途客运站等用地，不包括村镇公路用地，该用地归入水域和其他用地(E) |
| | | T21 | 高速公路用地 | 高速公路用地 |
| | | T22 | 一、二、三级公路用地 | 一级、二级和三级公路用地 |
| | | T23 | 长途客运站用地 | 长途客运站用地 |
| | T3 | | 管道运输用地 | 运输煤炭、石油和天然气等地面管道运输用地 |
| | T4 | | 港口用地 | 海港和河港的陆域部分，包括码头作业区、辅助生产区和客运站等用地 |
| | | T41 | 海港用地 | 海港港口用地 |
| | | T42 | 河港用地 | 河港港口用地 |
| | T5 | | 机场用地 | 民用及军民合用的机场用地，包括飞行区、航站区等用地，不包括净空控制范围用地 |
| S | | | 道路广场用地 | 市级、区级和居住区级的道路、广场和停车场等用地 |
| | S1 | | 道路用地 | 主干路、次干路和支路用地，包括其交叉路口用地；不包括居住用地、工业用地等内部的道路用地 |
| | | S11 | 主干路用地 | 快速干路和主干路用地 |
| | | S12 | 次干路用地 | 次干路用地 |
| | | S13 | 支路用地 | 主次干路间的联系道路用地 |
| | | S19 | 其他道路用地 | 除主次干路和支路外的道路用地，如步行街、自行车专用道等用地 |
| | S2 | | 广场用地 | 公共活动广场用地，不包括单位内的广场用地 |
| | | S21 | 交通广场用地 | 交通集散为主的广场用地 |
| | | S22 | 游憩集会广场用地 | 游憩、纪念和集会等为主的广场用地 |
| | S3 | | 社会停车场库用地 | 公共使用的停车场和停车库用地，不包括其他各类用地配建的停车场库用地 |
| | | S31 | 机动车停车场库用地 | 机动车停车场库用地 |
| | | S32 | 非机动车停车场库用地 | 非机动车停车场库用地 |
| U | | | 市政公用设施用地 | 市级、区级和居住区级的市政公用设施用地，包括其建筑物、构筑物及管理维修设施等用地 |
| | U1 | | 供应设施用地 | 供水、供电、供燃气和供热等设施用地 |
| | | U11 | 供水用地 | 独立地段的水厂及其附属构筑物用地，包括泵房和调压站等用地 |
| | | U12 | 供电用地 | 变电站所、高压塔基等用地。不包括电厂用地，该用地应归入工业用地(M)。高压走廊下规定的控制范围内的用地，应按其地面实际用途归类 |
| | | U13 | 供燃气用地 | 储气站、调压站、罐装站和地面输气管廊等用地，不包括煤气厂用地，该用地应归入工业用地(M) |
| | | U14 | 供热用地 | 大型锅炉房，调压、调温站和地面输热管廊等用地 |
| | U2 | | 交通设施用地 | 公共交通和货运交通等设施用地 |
| | | U21 | 公共交通用地 | 公共汽车、出租汽车、有轨电车、无轨电车、轻轨和地下铁道(地面部分)的停车场、保养场、车辆段和首末站等用地，以及轮渡(陆上部分)用地 |
| | | U22 | 货运交通用地 | 货运公司车队的站场等用地 |
| | | U29 | 其他交通设施用地 | 除以上之外的交通设施用地，如交通指挥中心、交通队、教练场、加油站、汽车维修站等用地 |
| | U3 | | 邮电设施用地 | 邮政、电信和电话等设施用地 |
| | U4 | | 环境卫生设施用地 | 环境卫生设施用地 |
| | | U41 | 雨水、污水处理用地 | 雨水、污水泵站、排涝站、处理厂，地面专用排水管廊等用地，不包括排水河渠用地，该用地应归入水域和其他用地(E) |
| | | U42 | 粪便垃圾处理用地 | 粪便、垃圾的收集、转运、堆放、处理等设施用地 |
| | U5 | | 施工与维修设施用地 | 房屋建筑、设备安装、市政工程、绿化和地下构筑物等施工及养护维修设施等用地 |
| | U6 | | 殡葬设施用地 | 殡仪馆、火葬场、骨灰存放处和墓地等设施用地 |
| | U9 | | 其他市政公用设施用地 | 除以上之外的市政公用设施用地；如消防、防洪等用地 |

| 类别代号 | | | 类别名称 | 范　围 |
|---|---|---|---|---|
| 大类 | 中类 | 小类 | | |
| G | | | 绿地 | 市级、区级和居住区级的公共绿地及生产防护绿地，不包括专用绿地、园地和林地 |
| | G1 | | 公共绿地 | 向公众开放，有一定游憩设施的绿化用地，包括其范围内的水域 |
| | | G11 | 公园 | 综合性公园、纪念性公园、儿童公园、动物园、植物园、古典园林、风景名胜公园和居住区小公园等用地 |
| | | G12 | 街头绿地 | 沿道路、河湖、海岸和城墙等，设有一定游憩设施或起装饰性作用的绿化用地 |
| | G2 | | 生产防护绿地 | 园林生产绿地和防护绿地 |
| | | G21 | 园林生产绿地 | 提供苗木、草皮和花卉的圃地 |
| | | G22 | 防护绿地 | 用于隔离、卫生和安全的防护林带及绿地 |
| D | | | 特殊用地 | 特殊性质的用地 |
| | D1 | | 军事用地 | 直接用于军事目的的军事设施用地，如指挥机关、营区、训练场、试验场、军用机场、港口、码头、军用洞库、仓库，军用通信、侦察、导航、观测台站等用地，不包括部队家属生活区等用地 |
| | D2 | | 外事用地 | 外国驻华使馆、领事馆及其生活设施等用地 |
| | D3 | | 保安用地 | 监狱、拘留所、劳改场所和安全保卫部门等用地。不包括公安局和公安分局，该用地应归入公共设施用地(C) |
| E | | | 水域和其他用地 | 除以上各大类用地之外的用地 |
| | E1 | | 水域 | 江、河、湖、海、水库、苇地、滩涂和渠道等水域，不包括公共绿地及单位内的水域 |
| | E2 | | 耕地 | 种植各种农作物的土地 |
| | | E21 | 菜地 | 种植蔬菜为主的耕地，包括温室、塑料大棚等用地 |
| | | E22 | 灌溉水田 | 有水源保证和灌溉设施，在一般年景能正常灌溉，用以种植水稻、莲藕、席草等水生作物的耕地 |
| | | E29 | 其他耕地 | 除以上之外的耕地 |
| | E3 | | 园地 | 果园、桑园、茶园、橡胶园等园地 |
| | E4 | | 林地 | 生长乔木、竹类、灌木、沿海红树林等林木的土地 |
| | E5 | | 牧草地 | 生长各种牧草的土地 |
| | E6 | | 村镇建设用地 | 集镇、村庄等农村居住点生产和生活的各类建设用地 |
| | | E61 | 村镇居住地 | 以农村住宅为主的用地，包括住宅、公共服务设施和道路等用地 |
| | | E62 | 村镇企业用地 | 村镇企业及其附属设施用地 |
| | | E63 | 村镇公路用地 | 村镇与城市、村镇与村镇之间的公路用地 |
| | | E69 | 村镇其他用地 | 村镇其他用地 |
| | E7 | | 弃置地 | 由于各种原因未使用或尚不能使用的土地，如裸岩、石砾地、陡坡地、塌陷地、盐碱地、沙荒地、沼泽地、废窑坑等 |
| | E8 | | 露天矿用地 | 各种矿藏的露天开采用地 |

## 4.1.2　居住区用地分类

—— 《城市居住区规划设计规范》(GB50180—93)(2002年版)

3.0.1　居住区规划总用地，应包括居住区用地和其他用地两类。

2.0.4　居住区用地(R)

住宅用地、公建用地、道路用地和公共绿地等四项用地的总称。

2.0.5　住宅用地(R01)

住宅建筑基底占地及其四周合理间距内的用地(含宅间绿地和宅间小路等)的总称。

2.0.6　公共服务设施用地(R02)

一般称公建用地，是与居住人口规模相对应配建的、为居民服务和使用的各类设施的用地，应包括建筑基底占地及其所属场院、绿地和配建停车场等。

2.0.7　道路用地(R03)

居住区道路、小区路、组团路及非公建配建的居民汽车地面停放场地。

**2.0.12  公共绿地(R04)**

满足规定的日照要求、适合于安排游憩活动设施的、供居民共享的集中绿地,包括居住区公园、小游园和组团绿地及其他块状带状绿地等。

**2.0.14  其他用地(E)**

规范范围内除居住区用地以外的各种用地,应包括非直接为本区居民配建的道路用地、其他单位用地、保留的自然村或不可建设用地等。

## 4.1.3  村镇用地分类

**——《村镇规划标准》(GB50188—93)**

3.1.1  村镇用地应按土地使用的主要性质划分为:居住建筑用地、公共建筑用地、生产建筑用地、仓储用地、对外交通用地、道路广场用地、公用工程设施用地、绿化用地、水域和其他用地9大类、28小类。

3.1.2  村镇用地的类别应采用字母与数字结合的代号,适用于规划文件的编制和村镇用地的统计工作。

3.1.3  村镇用地的分类和代号应符合表3.1.3的规定。

**村镇用地的分类和代号**　　　　　　　　　　　　　表3.1.3

| 类别代号(大类) | 类别代号(小类) | 类别名称 | 范围 |
|---|---|---|---|
| R |  | 居住建筑用地 | 各类居住建筑及其间距和内部小路、场地、绿化等用地;不包括路面宽度等于和大于3.5m的道路用地 |
|  | R1 | 村民住宅用地 | 村民户独家使用的住房和附属设施及其户间间距用地、进户小路用地;不包括自留地及其他生产性用地 |
|  | R2 | 居民住宅用地 | 居民户的住宅、庭院及其间距用地 |
|  | R3 | 其他居住用地 | 属于R1、R2以外的居住用地,如单身宿舍、敬老院等用地 |
| C |  | 公共建筑用地 | 各类公共建筑物及其附属设施、内部道路、场地、绿化等用地 |
|  | C1 | 行政管理用地 | 政府、团体、经济贸易管理机构等用地 |
|  | C2 | 教育机构用地 | 幼儿园、托儿所、小学、中学及各类高、中级专业学校、成人学校等用地 |
|  | C3 | 文体科技用地 | 文化图书、科技、展览、娱乐、体育、文物、宗教等用地 |
|  | C4 | 医疗保健用地 | 医疗、防疫、保健、休养和疗养等机构用地 |
|  | C5 | 商业金融用地 | 各类商业服务业的店铺,银行、信用、保险等机构,及其附属设施用地 |
|  | C6 | 集贸设施用地 | 集市贸易的专用建筑和场地;不包括临时占用街道、广场等设摊用地 |
| M |  | 生产建筑用地 | 独立设置的各种所有制的生产性建筑及其设施和内部道路、场地、绿化等用地 |
|  | M1 | 一类工业用地 | 对居住和公共环境基本无干扰和污染的工业,如缝纫、电子、工艺品等工业用地 |
|  | M2 | 二类工业用地 | 对居住和公共环境有一定干扰和污染的工业,如纺织、食品、小型机械等工业用地 |
|  | M3 | 三类工业用地 | 对居住和公共环境有严重干扰和污染的工业,如采矿、冶金、化学、造纸、制革、建材、大中型机械制造等工业用地 |
|  | M4 | 农业生产设施用地 | 各类农业建筑,如打谷场、饲养场、农机站、育秧房、兽医站等及其附属设施用地;不包括农林种植地、牧草地、养殖水域 |
| W |  | 仓储用地 | 物资的中转仓库、专业收购和储存建筑及其附属道路、场地、绿化等用地 |
|  | W1 | 普通仓储用地 | 存放一般物品的仓储用地 |
|  | W2 | 危险品仓储用地 | 存放易燃、易爆、剧毒等危险品的仓储用地 |
| T |  | 对外交通用地 | 村镇对外交通的各种设施用地 |
|  | T1 | 公路交通用地 | 公路站场及规划范围内的路段、附属设施等用地 |
|  | T2 | 其他交通用地 | 铁路、水运及其他对外交通的路段和设施等用地 |
| S |  | 道路广场用地 | 规划范围内的道路、广场、停车场等设施用地 |
|  | S1 | 道路用地 | 规划范围内宽度等于和大于3.5m以上的各种道路及交叉口等用地 |
|  | S2 | 广场用地 | 公共活动广场、停车场用地;不包括各类用地内部的场地 |

| 类别代号 | | 类 别 名 称 | 范　　　　　　　　围 |
|---|---|---|---|
| 大类 | 小类 | | |
| U | | 公用工程设施用地 | 各类公用工程和环卫设施用地，包括其建筑物、构筑物及管理、维修设施等用地 |
| | U1 | 公用工程用地 | 给水、排水、供电、邮电、供气、供热、殡葬、防灾和能源等工程设施用地 |
| | U2 | 环卫设施用地 | 公厕、垃圾站、粪便和垃圾处理设施等用地 |
| G | | 绿化用地 | 各类公共绿地，生产防护绿地；不包括各类用地内部的绿地 |
| | G1 | 公共绿地 | 面向公众、有一定游憩设施的绿地，如公园、街巷中的绿地、路旁或临水宽度等于和大于5m的绿地 |
| | G2 | 生产防护绿地 | 提供苗木、草皮、花卉的圃地，以及用于安全、卫生、防风等的防护林带和绿地 |
| E | | 水域和其他用地 | 规划范围内的水域、农林种植地、牧草地、闲置地和特殊用地 |
| | E1 | 水域 | 江河、湖泊、水库、沟渠、池塘、滩涂等水域；不包括公园绿地中的水面 |
| | E2 | 农林种植地 | 以生产为目的的农林种植地，如农田、菜地、园地、林地等 |
| | E3 | 牧草地 | 生长各种牧草的土地 |
| | E4 | 闲置地 | 尚未使用的土地 |
| | E5 | 特殊用地 | 军事、外事、保安等设施用地；不包括部队家属生活区、公安消防机构等用地 |

### 4.1.4　风景区用地分类

——《风景名胜区规划规范》(GB50298—1999)

4.8.7　风景区的用地分类应按土地使用的主导性质进行划分，应符合表4.8.7的规定。

**风景区用地分类表**　　　　　　　　　　　　　　　表4.8.7

| 类 别 代 号 | | | 类 别 名 称 | 范　　　　　　　围 | 规划限定 |
|---|---|---|---|---|---|
| 大类 | 中类 | 小类 | | | |
| 甲 | | | 风景游赏用地 | 游览欣赏对象集中区的用地。向游人开放 | ▲ |
| | 甲1 | | 风景点建设用地 | 各级风景结构单元(如景物、景点、景群、园院、景区等)的用地 | ▲ |
| | 甲2 | | 风景保护用地 | 独立于景点以外的自然景观、史迹、生态等保护区用地 | ▲ |
| | 甲3 | | 风景恢复用地 | 独立于景点以外的需要重点恢复、培育、涵养和保持的对象用地 | ▲ |
| | 甲4 | | 野外游憩用地 | 独立于景点之外，人工设施较少的大型自然露天游憩场所 | ▲ |
| | 甲5 | | 其他观光用地 | 独立于上述四类用地之外的风景游赏用地。如宗教、风景林地等 | △ |
| 乙 | | | 游览设施用地 | 直接为游人服务而又独立于景点之外的旅行游览接待服务设施用地 | ▲ |
| | 乙1 | | 旅游点建设用地 | 独立设置的各级旅游基地(如部、点、村、镇、城等)的用地 | ▲ |
| | 乙2 | | 游娱文体用地 | 独立于旅游点外的游戏娱乐、文化体育、艺术表演用地 | ▲ |
| | 乙3 | | 休养保健用地 | 独立设置的避暑避寒、休养、疗养、医疗、保健、康复等用地 | ▲ |
| | 乙4 | | 购物商贸用地 | 独立设置的商贸、金融保险、集贸市场、食宿服务等设施用地 | △ |
| | 乙5 | | 其他游览设施用地 | 上述四类之外，独立设置的游览设施用地，如公共浴场等 | △ |
| 丙 | | | 居民社会用地 | 间接为游人服务而又独立设置的居民社会、生产管理等用地 | △ |
| | 丙1 | | 居民点建设用地 | 独立设置的各级居民点(如组、点、村、镇、城等)的用地 | △ |
| | 丙2 | | 管理机构用地 | 独立设置的风景区管理机构、行政机构用地 | ▲ |
| | 丙3 | | 科技教育用地 | 独立地段的科技教育用地。如观测科研、广播、职教等用地 | △ |
| | 丙4 | | 工副业生产用地 | 为风景区服务而独立设置的各种工副业及附属设施用地 | △ |
| | 丙5 | | 其他居民社会用地 | 如殡葬设施等 | ○ |
| 丁 | | | 交通与工程用地 | 风景区自身需求的对外、内部交通通讯与独立的基础工程用地 | ▲ |
| | 丁1 | | 对外交通通讯用地 | 风景区入口同外部沟通的交通用地。位于风景区外缘 | ▲ |
| | 丁2 | | 内部交通通讯用地 | 独立于风景点、旅游点、居民点之外的风景区内部联系交通 | ▲ |
| | 丁3 | | 供应工程用地 | 独立设置的水、电、气、热等工程及其附属设施用地 | △ |
| | 丁4 | | 环境工程用地 | 独立设置的环保、环卫、水保、垃圾、污物处理设施用地 | △ |
| | 丁5 | | 其他工程用地 | 如防洪水利、消防防灾、工程施工、养护管理设施等工程用地 | △ |
| 戊 | | | 林地 | 生长乔木、竹类、灌木、沿海红树林等林木的土地，风景林不包括在内 | △ |
| | 戊1 | | 成林地 | 有林地，郁闭度大于30%的林地 | △ |
| | 戊2 | | 灌木林 | 覆盖度大于40%的灌木林地 | △ |
| | 戊3 | | 竹林 | 生长竹类的林地 | △ |
| | 戊4 | | 苗圃 | 固定的育苗地 | △ |
| | 戊5 | | 其他林地 | 如迹地、未成林造林地、郁闭度小于30%的林地 | ○ |

| 类别代号 | | | 类别名称 | 范围 | 规划限定 |
|---|---|---|---|---|---|
| 大类 | 中类 | 小类 | | | |
| 己 | | | 园地 | 种植以采集果、叶、根、茎为主的集约经营的多年生作物 | △ |
| | 己1 | | 果园 | 种植果树的园地 | △ |
| | 己2 | | 桑园 | 种植桑树的园地 | △ |
| | 己3 | | 茶园 | 种植茶园的园地 | ○ |
| | 己4 | | 胶园 | 种植橡胶树的园地 | △ |
| | 己5 | | 其他园地 | 如花圃苗圃、热作园地及其他多年生作物园地 | ○ |
| 庚 | | | 耕地 | 种植农作物的土地 | ○ |
| | 庚1 | | 菜地 | 种植蔬菜为主的耕地 | ○ |
| | 庚2 | | 旱地 | 无灌溉设施、靠降水生长作物的耕地 | ○ |
| | 庚3 | | 水田 | 种植水生作物的耕地 | ○ |
| | 庚4 | | 水浇地 | 指水田菜地以外，一般年景能正常灌溉的耕地 | ○ |
| | 庚5 | | 其他耕地 | 如季节性、一次性使用的耕地、望天田等 | ○ |
| 辛 | | | 草地 | 生长各种草本植物为主的土地 | △ |
| | 辛1 | | 天然牧草地 | 用于放牧或割草的草地、花草地 | ○ |
| | 辛2 | | 改良牧草地 | 采用灌排水、施肥、松耙、补植进行改良的草地 | ○ |
| | 辛3 | | 人工牧草地 | 人工种植牧草的草地 | ○ |
| | 辛4 | | 人工草地 | 人工种植铺装的草地、草坪、花草地 | △ |
| | 辛5 | | 其他草地 | 如荒草地、杂草地 | △ |
| 壬 | | | 水域 | 未列入各景点或单位的水域 | △ |
| | 壬1 | | 江、河 | | △ |
| | 壬2 | | 湖泊、水库 | 包括坑塘 | △ |
| | 壬3 | | 海域 | 海湾 | △ |
| | 壬4 | | 滩涂 | 包括沼泽、水中苇地 | △ |
| | 壬5 | | 其他水域用地 | 冰川及永久积雪地、沟渠水工建筑地 | △ |
| 癸 | | | 滞留用地 | 非风景区需求，但滞留在风景区内的各项用地 | × |
| | 癸1 | | 滞留工厂仓储用地 | | × |
| | 癸2 | | 滞留事业单位用地 | | × |
| | 癸3 | | 滞留交通工程用地 | | × |
| | 癸4 | | 未利用地 | 因各种原因尚未使用的土地 | ○ |
| | 癸5 | | 其他滞留用地 | | × |

规划限定说明：应该设置▲；可以设置△；可保留不宜新置○；禁止设置×。

### 4.1.5　土地利用总体规划中的土地分类

——《中华人民共和国土地管理法实施条例》(1998年12月27日国务院令第256号发布)

　　第十条　依照《土地管理法》规定，土地利用总体规划应当将土地划分为农用地、建设用地和未利用地。

　　县级和乡(镇)土地利用总体规划应当根据需要，划定基本农田保护区、土地开垦区、建设用地区和禁止开垦区等；其中，乡(镇)土地利用总体规划还应当根据土地使用条件，确定每一块土地的用途。

　　土地分类和划定土地利用区的具体办法，由国务院土地行政主管部门会同国务院有关部门制定。

# 4.2　用地标准

## 4.2.1　城市规划建设用地标准的原则和分类

——《城市用地分类与规划建设用地标准》(GBJ137—90)

　　第4.0.1条　编制和修订城市总体规划应以本标准作为城市建设用地(以下简称建设用地)的远

期规划控制标准。城市建设用地应包括分类中的居住用地、公共设施用地、工业用地、仓储用地、对外交通用地、道路广场用地、市政公用设施用地、绿地和特殊用地九大类用地，不应包括水域和其他用地。

第4.0.2条　在计算建设用地标准时，人口计算范围必须与用地计算范围相一致，人口数宜以非农业人口数为准。

第4.0.3条　规划建设用地标准应包括规划人均建设用地指标、规划人均单项建设用地指标和规划建设用地结构三部分。

## 4.2.2　城市的规划人均建设用地指标

—— 《城市用地分类与规划建设用地标准》(GBJ137—90)

第4.1.1条　规划人均建设用地指标的分级应符合表4.1.1的规定。

规划人均建设用地指标分级　　　　　　　　　　　　表4.1.1

| 指　标　级　别 | 用　地　指　标(m²/人) |
| --- | --- |
| I | 60.1～75.0 |
| II | 75.1～90.0 |
| III | 90.1～105.0 |
| IV | 105.1～120.0 |

第4.1.2条　新建城市的规划人均建设用地指标宜在第III级内确定；当城市的发展用地偏紧时，可在第II级内确定。

第4.1.3条　现有城市的规划人均建设用地指标，应根据现状人均建设用地水平，按表第4.1.3的规定确定。所采用的规划人均建设用地指标应同时符合表中指标级别和允许调整幅度双因子的限制要求。调整幅度是指规划人均建设用地比现状人均建设用地增加或减少的数值。

第4.1.4条　首都和经济特区城市的规划人均建设用地指标宜在第IV级内确定；当经济特区城市的发展用地偏紧时，可在第III级内确定。

第4.1.5条　边远地区和少数民族地区中地多人少的城市，可根据实际情况确定规划人均建设用地指标，但不得大于150.0m²/人。

现有城市的规划人均建设用地指标　　　　　　　　　　　　表4.1.3

| 现状人均建设用地水平(m²/人) | 允　许　采　用　的　规　划　指　标 | | 允许调整幅度(m²/人) |
| --- | --- | --- | --- |
| | 指　标　级　别 | 规划人均建设用地指标(m²/人) | |
| ≤60.0 | I | 60.1～75.0 | +0.1～+25.0 |
| 60.1～75.0 | I | 60.1～75.0 | >0 |
| | II | 75.1～90.0 | +0.1～+20.0 |
| 75.1～90.0 | II | 75.1～90.0 | 不限 |
| | III | 90.0～105.0 | +0.1～+15.0 |
| 90.1～105.0 | II | 75.1～90.0 | -15.0～0 |
| | III | 90.0～105.0 | 不限 |
| | IV | 105.0～120.0 | +0.1～+15.0 |
| 105.1～120.0 | III | 90.0～105.0 | -20.0～0 |
| | IV | 105.0～120.0 | 不限 |
| >120.0 | III | 90.0～105.0 | <0 |
| | IV | 105.1～120.0 | <0 |

## 4.2.3 城市的规划人均单项建设用地指标

—— 《城市用地分类与规划建设用地标准》(GBJ137 — 90)

第4.2.1条 编制和修订城市总体规划时，居住、工业、道路广场和绿地四大类主要用地的规划人均单项用地指标应符合表第4.2.1的规定。

规划人均单项建设用地指标      表4.2.1

| 类 别 名 称 | 用 地 指 标 (m²/人) |
| --- | --- |
| 居 住 用 地 | 18.0~28.0 |
| 工 业 用 地 | 10.0~25.0 |
| 道 路 广 场 用 地 | 7.0~15.0 |
| 绿 地 | ≥9.0 |
| 其中：公共绿地 | ≥7.0 |

第4.2.2条 规划人均建设用地指标为第Ⅰ级，有条件建造部分中高层住宅的大中城市，其规划人均居住用地指标可适当降低，但不得少于16.0m²/人。

第4.2.3条 大城市的规划人均工业用地指标宜采用下限；设有大中型工业项目的中小工矿城市，其规划人均工业用地指标可适当提高，但不宜大于30.0m²/人。

第4.2.4条 规划人均建设用地指标为第Ⅰ级的城市，其规划人均公共绿地指标可适当降低，但不得小于5.0m²/人。

第4.2.5条 其他各大类建设用地的规划指标可根据城市具体情况确定。

## 4.2.4 城市的规划建设用地结构

—— 《城市用地分类与规划建设用地标准》(GBJ137 — 90)

第4.3.1条 编制和修订城市总体规划时，居住、工业、道路广场和绿地四大类主要用地占建设用地的比例应符合表第4.3.1的规定。

规划建设用地结构      表4.3.1

| 类 别 名 称 | 占 建 设 用 地 的 比 例 (%) |
| --- | --- |
| 居 住 用 地 | 20~32 |
| 工 业 用 地 | 15~25 |
| 道 路 广 场 用 地 | 8~15 |
| 绿 地 | 8~15 |

第4.3.2条 大城市工业用地占建设用地的比例宜取规定的下限；设有大中型工业项目的中小工矿城市，其工业用地占建设用地的比例可大于25%，但不宜超过30%。

第4.3.3条 规划人均建设用地指标为第Ⅳ级的小城市，其道路广场用地占建设用地的比例宜取下限。

第4.3.4条 风景旅游城市及绿化条件较好的城市，其绿地占建设用地比例可大于15%。

第4.3.5条 居住、工业、道路广场和绿地四大类用地总和占建设用地比例宜为60%~75%。

第4.3.6条 其他各大类用地占建设用地的比例可根据城市具体情况确定。

## 4.2.5 居住区的用地构成指标

—— 《城市居住区规划设计规范》(GBJ50180 — 93)(2002年版)

3.0.2 居住区用地构成中，各项用地面积和所占比例应符合下列规定：

3.0.2.1 参与居住区用地平衡的用地应为构成居住区用地的四项用地，其他用地不参与平衡；

3.0.2.2 居住区内各项用地所占比例的平衡控制指标，应符合表3.0.2规定。

居住区用地平衡控制指标(%)                                    表3.0.2

| 用 地 构 成 | 居 住 区 | 小 区 | 组 团 |
|---|---|---|---|
| 1.住宅用地(R01) | 50～60 | 55～65 | 70～80 |
| 2.公建用地(R02) | 15～25 | 12～22 | 6～12 |
| 3.道路用地(R03) | 10～18 | 9～17 | 7～15 |
| 4.公共绿地(R04) | 7.5～18 | 5～15 | 3～6 |
| 居住区用地(R) | 100 | 100 | 100 |

## 4.2.6 居住区的人均用地控制指标

—— 《城市居住区规划设计规范》(GB50180—93)(2002年版)

3.0.3 人均居住区用地控制指标，应符合表3.0.3规定。

人均居住区用地控制指标($m^2$/人)                              表3.0.3

| 居 住 规 模 | 层 数 | 建 筑 气 候 区 划 | | |
|---|---|---|---|---|
| | | I、II、VI、VII | III、V | IV |
| 居 住 区 | 低层 | 33～47 | 30～43 | 28～40 |
| | 多层 | 20～28 | 19～27 | 18～25 |
| | 多层、高层 | 17～26 | 17～26 | 17～26 |
| 小 区 | 低层 | 30～43 | 28～40 | 26～37 |
| | 多层 | 20～28 | 19～26 | 18～25 |
| | 中高层 | 17～24 | 15～22 | 14～20 |
| | 高层 | 10～15 | 10～15 | 10～15 |
| 组 团 | 低层 | 25～35 | 23～32 | 21～30 |
| | 多层 | 16～23 | 15～22 | 14～20 |
| | 中高层 | 14～20 | 13～18 | 12～16 |
| | 高层 | 8～11 | 8～11 | 8～11 |

注：本表各项指标按每户3.2人计算。

## 4.2.7 村镇规划建设用地标准的原则和分类

—— 《村镇规划标准》(GB50188—93)

4.1.1 村镇建设用地应包括村镇用地分类中的居住建筑用地、公共建筑用地、生产建筑用地、仓储用地、对外交通用地、道路广场用地、公用工程设施用地和绿化用地8大类之和。

4.1.2 村镇规划的建设用地标准应包括人均建设用地指标、建设用地构成比例和建设用地选择三部分。

4.1.3 村镇人均建设用地指标应为规范范围内的建设用地面积除以常住人口数量的平均数值。人口统计应与用地统计的范围相一致。

## 4.2.8 村镇的人均建设用地指标

—— 《村镇规划标准》(GB50188—93)

4.2.1 人均建设用地指标应按表4.2.1的规定分为五级。

4.2.2 新建村镇的规划，其人均建设用地指标宜按表4.2.1中第三级确定，当发展用地偏紧时，可按第二级确定。

4.2.3 对已有的村镇进行规划时，其人均建设用地指标应以现状建设用地的人均水平为基础，根据人均建设用地指标级别和允许调整幅度确定，并应符合表4.2.3及本条各款的规定。

4.2.3.1 第一级用地指标可用于用地紧张地区的村庄；集镇不得选用。

4.2.3.2 地多人少的边远地区的村镇，应根据所在省、自治区政府规定的建设用地指标确定。

人均建设用地指标分级 表4.2.1

| 级 别 | 一 | 二 | 三 | 四 | 五 |
|---|---|---|---|---|---|
| 人均建设用地指标 (m²/人) | > 50 ≤ 60 | > 60 ≤ 80 | > 80 ≤ 100 | > 100 ≤ 120 | > 120 ≤ 150 |

人均建设用地指标 表4.2.3

| 现状人均建设用地水平(m²/人) | 人均建设用地指标级别 | 允许调整幅度(m²/人) |
|---|---|---|
| ≤ 50 | 一、二 | 应增5~20 |
| 50.1~60 | 一、二 | 可增0~15 |
| 60.1~80 | 二、三 | 可增0~10 |
| 80.1~100 | 二、三、四 | 可增、减0~10 |
| 100.1~120 | 三、四 | 可减0~15 |
| 120.1~150 | 四、五 | 可减0~20 |
| > 150 | 五 | 应减至150以内 |

注：允许调整幅度是指规划人均建设用地指标对现状人均建设用地水平的增减数值。

## 4.2.9 村镇的建设用地构成指标

—— 《村镇规划标准》(GB50188—93)

4.3.1 村镇规划中的居住建筑、公共建筑、道路广场及绿化用地中公共绿地四类用地占建设用地的比例宜符合表4.3.1的规定。

4.3.2 通勤人口和流动人口较多的中心镇，其公共建筑用地所占比例宜选取规定幅度内的较大值。

4.3.3 邻近旅游区及现状绿地较多的村镇，其公共绿地所占比例可大于6%。

建设用地构成比例 表4.3.1

| 类别代号 | 用地类别 | 占建设用地比例(%) | | |
|---|---|---|---|---|
| | | 中心镇 | 一般镇 | 中心村 |
| R | 居住建筑用地 | 30~50 | 35~55 | 55~70 |
| C | 公共建筑用地 | 12~20 | 10~18 | 6~12 |
| S | 道路广场用地 | 11~19 | 10~17 | 9~16 |
| G1 | 公共绿地 | 2~6 | 2~6 | 2~4 |
| | 四类用地之和 | 65~85 | 67~87 | 72~92 |

### 附录A 城市总体规划用地汇总表

| 序号 | 类别名称 | | 面积(万m²) | 占城市总体规划用地比例(%) |
|---|---|---|---|---|
| 1 | 城市总体规划用地 | | | 100.0 |
| 2 | 城市建设用地 | | | |
| 3 | 水域和其他用地 | | | |
| | 其中 | 水 域 | | |
| | | 耕 地 | | |
| | | 园 地 | | |
| | | 林 地 | | |
| | | 牧草地 | | |
| | | 村镇建设用地 | | |
| | | 弃置地 | | |
| | | 露天矿用地 | | |

备注：＿＿＿年规划非农业人口＿＿＿万人
＿＿＿年现状非农业人口＿＿＿万人

### 附录B 城市建设用地平衡表

| 序号 | 用地代号 | 用地名称 | | 面积(万m²) | | 占城市建设用地(%) | | 人均(m²/人) | |
|---|---|---|---|---|---|---|---|---|---|
| | | | | 现状 | 规划 | 现状 | 规划 | 现状 | 规划 |
| 1 | R | 居住用地 | | | | | | | |
| 2 | C | 公共设施用地 | | | | | | | |
| | | 其中 | 非市属办公用地 | | | | | | |
| | | | 教育科研设计用地 | | | | | | |
| | | | …… | | | | | | |
| 3 | M | 工业用地 | | | | | | | |
| 4 | W | 仓储用地 | | | | | | | |
| 5 | T | 对外交通用地 | | | | | | | |
| 6 | S | 道路广场用地 | | | | | | | |
| 7 | U | 市政公用设施用地 | | | | | | | |
| 8 | G | 绿地 | | | | | | | |
| | | 其中：公共绿地 | | | | | | | |
| 9 | D | 特殊用地 | | | | | | | |
| 合计 | | 城市建设用地 | | | | 100.0 | 100.0 | | |

备注：＿＿＿年规划非农业人口＿＿＿万人
＿＿＿年现状非农业人口＿＿＿万人

### 附录C 居住区用地平衡表

| | 用地 | 面积(公顷) | 所占比例(%) | 人均面积(m²/人) |
|---|---|---|---|---|
| | 一、居住区用地(R) | ▲ | 100 | ▲ |
| 1 | 住宅用地(R01) | ▲ | ▲ | ▲ |
| 2 | 公建用地(R02) | ▲ | ▲ | ▲ |
| 3 | 道路用地(R03) | ▲ | ▲ | ▲ |
| 4 | 公共绿地(R04) | ▲ | ▲ | ▲ |
| | 二、其他用地(E) | △ | — | — |
| | 居住区规划总用地 | △ | — | — |

注："▲"为参与居住区用地平衡的项目。

## 附录D  村 庄 用 地 计 算 表

| 分类代号 | 用 地 名 称 | 现状 年 | | | 现状 年 | | |
|---|---|---|---|---|---|---|---|
| | | 面积(ha) | 比例(%) | 人均(m²/人) | 面积(ha) | 比例(%) | 人均(m²/人) |
| R | | | | | | | |
| C | | | | | | | |
| M | | | | | | | |
| W | | | | | | | |
| T | | | | | | | |
| S | | | | | | | |
| U | | | | | | | |
| G | | | | | | | |
| | 村 庄 建 设 用 地 | | 100 | | | 100 | |
| E | | | | | | | |
| | 村 庄 规 划 范 围 用 地 | | | | | | |

注：村庄人口规模现状_____人，规划_____人

## 附录E  集 镇 用 地 计 算 表

| 分类代码 | 用 地 名 称 | 现状 年 | | | 规划 年 | | |
|---|---|---|---|---|---|---|---|
| | | 面积(ha) | 比例(%) | 人均(m²/人) | 面积(ha) | 比例(%) | 人均(m²/人) |
| R | | | | | | | |
| R1 | | | | | | | |
| R2 | | | | | | | |
| R3 | | | | | | | |
| C | | | | | | | |
| C1 | | | | | | | |
| C2 | | | | | | | |
| C3 | | | | | | | |
| C4 | | | | | | | |
| C5 | | | | | | | |
| C6 | | | | | | | |
| M | | | | | | | |
| M1 | | | | | | | |
| M2 | | | | | | | |
| M3 | | | | | | | |
| M4 | | | | | | | |
| W | | | | | | | |
| W1 | | | | | | | |
| W2 | | | | | | | |
| T | | | | | | | |
| T1 | | | | | | | |
| T2 | | | | | | | |
| S | | | | | | | |
| S1 | | | | | | | |
| S2 | | | | | | | |
| U | | | | | | | |
| U1 | | | | | | | |
| U2 | | | | | | | |
| G | | | | | | | |
| G1 | | | | | | | |
| G2 | | | | | | | |
| | 集 镇 建 设 用 地 | | 100 | | | 100 | |
| E | | | | | | | |
| E1 | | | | | | | |
| E2 | | | | | | | |
| E3 | | | | | | | |
| E4 | | | | | | | |
| E5 | | | | | | | |
| | 集 镇 规 划 范 围 用 地 | | | | | | |

注：集镇人口规模现状_____人，规划_____人

## 附录F 风景区用地平衡表

| 序号 | 用地代号 | 用 地 名 称 | 面积(km²) | 占总用地(%) 现状 | 占总用地(%) 规划 | 人均(m²/人) 现状 | 人均(m²/人) 规划 | 备注 |
|------|---------|------------|-----------|---------|---------|---------|---------|------|
| 00 | 合计 | 风景区规划用地 | | 100 | 100 | | | |
| 01 | 甲 | 风景游赏用地 | | | | | | |
| 02 | 乙 | 游览设施用地 | | | | | | |
| 03 | 丙 | 居民社会用地 | | | | | | |
| 04 | 丁 | 交通与工程用地 | | | | | | |
| 05 | 戊 | 林 地 | | | | | | |
| 06 | 己 | 园 地 | | | | | | |
| 07 | 庚 | 耕 地 | | | | | | |
| 08 | 辛 | 草 地 | | | | | | |
| 09 | 壬 | 水 域 | | | | | | |
| 10 | 癸 | 滞留用地 | | | | | | |
| 备 注 | _____年，现状总人口 ___ 万人。其中：(1)游人___(2)职工___(3)居民___ <br> _____年，规划总人口 ___ 万人。其中：(1)游人___(2)职工___(3)居民___ | | | | | | | |

# 4.3 用地计算

## 4.3.1 城市用地计算的原则

—— 《城市用地分类与规划建设用地标准》(GBJ137—90)

第3.0.1条 在计算城市现状和规划的用地时，应统一以城市总体规划用地的范围为界进行汇总统计。

第3.0.2条 分片布局的城市应先按第3.0.1条的规定分片计算用地，再进行汇总。

第3.0.3条 城市用地应按平面投影面积计算。每块用地只计算一次，不得重复计算。

第3.0.4条 城市总体规划用地应采用一万分之一五千分之一比例尺的图纸进行分类计算，分区规划用地应采用五千分之一或二千分之一比例尺的图纸进行分类计算。现状和规划的用地计算应采用同一比例尺的图纸。

第3.0.5条 城市用地的计量单位应为万平方米(公顷)。数字统计精确度应根据图纸比例尺确定：一万分之一图纸应取正整数，五千分之一图纸应取小数点后一位数，二千分之一图纸应取小数点后两位数。

## 4.3.2 居住区总用地范围的确定

—— 《城市居住区规划设计规范》(GB50180—93)(2002年版)

11.0.2.1 规划总用地范围应按下列规定确定：

(1)当规划总用地周界为城市道路、居住区(级)道路、小区路或自然分界线时，用地范围划至道路中心线或自然分界线；

(2)当规划总用地与其他用地相邻，用地范围划至双方用地的交界处。

## 4.3.3 居住区底层架空建筑用地面积的确定

—— 《城市居住区规划设计规范》(GB50180—93)(2002年版)

11.0.2.3 底层架空建筑用地面积的确定，应按底层及上部建筑的使用性质及其各占该幢建筑总建筑的比例分摊用地面积，并分别计入有关用地内。

### 4.3.4 居住区住宅公建综合性建筑用地面积的确定

——《城市居住区规划设计规范》(GB50180——93)(2002 年版)

11.0.2.2 底层公建住宅或住宅公建综合楼用地面积应按下列规定确定:

(1)按住宅和公建各占该幢建筑总面积的比例分摊用地,并分别计入住宅用地和公建用地;

(2)底层公建突出于上部住宅或占有专用场院或因公建需要后退红线的用地,均应计入公建用地。

### 4.3.5 居住区绿地面积的确定

——《城市居住区规划设计规范》(GB50180——93)(2002 年版)

11.0.2.4 绿地面积应按下列规定确定:

(1)宅旁(宅间)绿地面积计算的起止界应符合附图1的规定;绿地边界对宅间路、组团路和小区路算到路边,当小区路设有人行便道时算到便道边,沿居住区路、城市道路则算到红线;距房屋墙脚1.5m;对其他围墙、院墙算到墙脚;

(2)道路绿地面积计算,以道路红线内规划的绿地面积为准进行计算;

(3)院落式组团绿地面积计算起止界应符合附图2的规定:绿地边界距宅间路、组团路和小区路路边1m;当小区路有人行便道时,算到人行便道边;临城市道路、居住区级道路时算到道路红线;距房屋墙脚1.5m;

(4)开敞型院落组团绿地,应至少有一个面面向小区路,或向建筑控制线宽度不小于10m的组团级主路敞开,并向其开设绿地的主要出入口和满足附图3的规定;

(5)其他块状、带状公共绿地面积计算的起止界同院落式组团绿地。沿屋住区(级)道路、城市道路的公共绿地算到红线。

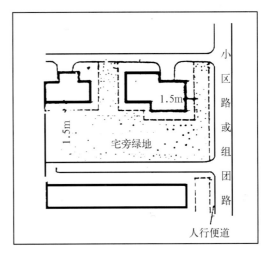

附图 1 宅旁(宅间)绿地面积计算起止界示意图

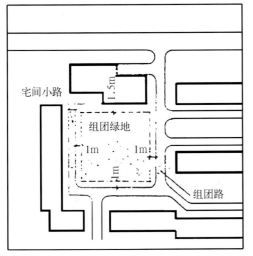

附图 2 院落式组团绿地面积计算起止界示意图

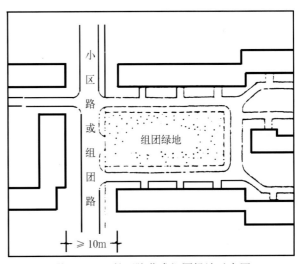

附图 3 开敞型院落式组团绿地示意图

### 4.3.6 居住区道路用地面积的确定

—— 《城市居住区规划设计规范》(GB50180—93)(2002 年版)

11.0.2.5 居住区用地内道路用地面积应按下列规定确定：

(1)按与居住人口规模相对应的同级道路及其以下各级道路计算用地面积，外围道路不计入；

(2)居住区（级）道路，按红线宽度计算；

(3)小区路、组团路，按路面宽度计算。当小区路设有人行便道时，人行便道计入道路用地面积；

(4)居民汽车停放场地，按实际占地面积计算；

(5)宅间小路不计入道路用地面积。

### 4.3.7 居住区其他用地面积的确定

—— 《城市居住区规划设计规范》(GB50180—93)(2002 年版)

11.0.2.6 其他用地面积应按下列规定确定：

(1)规划用地外围的道路算至外围道路的中心线；

(2)规划用地范围内的其他用地，按实际占用面积计算。

### 4.3.8 村镇规划建设用地计算的原则

—— 《村镇规划标准》(GB50188—93)

3.2.1 村镇的现状和规划用地，应统一按规划范围进行计算。

3.2.2 分片布局的村镇，应分片计算用地，再进行汇总。

3.2.3 村镇用地应按平面投影面积计算，村镇用地的计算单位为公顷(ha)。

3.2.4 用地面积计算的精确度，应按图纸比例尺确定。1:10000、1:25000 的图纸应取值到个位数；1:5000 的图纸应取值到小数点后一位；1:1000、1:2000 的图纸应取值到小数点后两位。

# 5　历史文化名城保护规划

## 5.1　历史文化名城

### 5.1.1　定义和保护方针

——《中华人民共和国文物保护法》(2002 年 10 月 28 日第九届全国人民代表大会常务委员会第三十次会议通过)

第十四条　保存文物特别丰富并且具有重大历史价值或者革命纪念意义的城市,由国务院核定公布为历史文化名城。

——《国务院批转建设部、国家文物局(关于审批第三批国家历史文化名城和加强保护管理的请示)的通知》(1994 年 1 月 4 日)

认真贯彻"保护为主、抢救第一"的方针,切实做好历史文化名城的保护、建设工作。要加强文物古迹的管理、搞好修缮。文物古迹尚未定级的要抓紧定级,并明确划定保护范围和建设控制地带。在涉及文物古迹的地方进行建设和改造,要处理好与保护抢救的关系,建设项目要经过充分论证,并严格按照《中华人民共和国文物保护法》和建设部、国家计委《关于印发〈建设项目选址规划管理办法〉的通知》(建规〔1991〕583 号)等规定履行审批手续。今后审定国家历史文化名城,要按照条件从严审批,严格控制新增的数量。对于不按规划和法规进行保护、失去历史文化名城条件的城市,应撤销其国家历史文化名城的名称;对于确实符合条件的城市,也可增定为国家历史文化名城。

### 5.1.2　审定历史文化名城的主要原则

——《国务院批转城乡建设环境保护部、文化部(关于请公布第二批国家历史文化名城名单报告)的通知》(1986 年 12 月 8 日)

第一,不但要看城市的历史,还要着重看当前是否保存有较为丰富、完好的文物古迹和具有重大的历史、科学、艺术价值。

第二,历史文化名城和文物保护单位是有区别的。作为历史文化名城的现状格局和风貌应保留着历史特色,并具有一定的代表城市传统风貌的街区。

第三,文物古迹主要分布在城市市区或郊区,保护和合理使用这些历史文化遗产对该城市的性质、布局、建设方针有重要影响。

### 5.1.3　历史文化保护区

——《国务院批转城乡建设环境保护部、文化部(关于请公布第二批国家历史文化名城名单报告)的通知》(1986 年 12 月 8 日)

对一些文物古迹比较集中,或能较完整地体现出某一历史时期的传统风貌和民族地方特色的街区、建筑群、小镇、村寨等,也应予以保护。各省、自治区、直辖市或市、县人民政府可根据它们的历史、科学、艺术价值,核定公布为当地各级"历史文化保护区"。对"历史文化保护区"的保护措施可参照文物保护单位的作法,着重保护整体风貌、特色。

## 附录：国家第一批、第二批、第三批历史文化名城

**第一批国家历史文化名城(1982年)(24个)**

北京　承德　大同　南京　苏州　扬州　杭州　绍兴　泉州　景德镇　曲阜　洛阳

开封　江陵　长沙　广州　桂林　成都　遵义　昆明　大理　拉萨　西安　延安

**北　京**

　　燕、蓟重镇、辽的陪都，金、元、明、清的故都，地上地下文物保存非常丰富，为世界闻名的历史文化古城。有天安门、人民英雄纪念碑、毛主席纪念堂、故宫、北海、天坛、颐和园、十三陵、万里长城和中国猿人遗址等重要革命和历史文物。

**承　德**

　　位于河北省北部。古代属幽燕地区，清代为直隶承德府。现在除保存古长城外，还有避暑山庄（又称承德离宫或热河行宫）、外八庙等大量具有历史艺术价值的古建筑。

**大　同**

　　位于晋北大同盆地。古称平城，是北魏初期的国都，辽、金陪都，有公元四五三至四九五年北魏时期开凿的云岗石窟。古建筑很多，如上下华严寺、善化寺、九龙壁等。

**南　京**

　　为东吴、东晋、南朝、明朝等建都的历史名城，素有虎踞龙盘之称。文物古迹很多，有石头城、南朝陵墓、石刻和明孝陵、明故宫遗址、太平天国天王府、孙中山临时大总统办公处、中山陵等。

**苏　州**

　　春秋时为吴国都城，隋、唐为苏州治所，宋代为平江府。历来是商业手工业繁盛的江南水乡城市，与杭州齐名，并称"苏杭"。保存着许多著名的古代园林，集中了我国宋、元、明、清建造的园林艺术精华。

**扬　州**

　　春秋吴王夫差开始在这里筑"邗城"，隋明开凿大运河以后，更成为南北交通的要冲，工商业发达，文化繁荣，是历史上闻名的商业城市和中外友好往来的港口。有唐城遗址、史公祠、平山堂、瘦西湖、何园、个园等文物古迹。

**杭　州**

　　我国古都之一，秦置钱塘县，隋为杭州治，五代时是吴越国都，南宋时以此为行都，是世界著名的游览城市。西湖风景秀丽，名胜古迹很多，如灵隐寺、岳庙、六和塔等。

**绍　兴**

　　春秋时为越国都城。有著名的兰亭、清末秋瑾烈士故居、近代鲁迅故居和周恩来同志祖居等，是江南水乡风光城市。

**泉　州**

　　位于福建省晋江下游北岸。唐时设州。南宋和元朝曾为我国最大的对外贸易港口，为著名的侨乡。现存名胜古迹很多，著名的有清净寺、开元寺、洛阳桥、九日山摩崖石刻、清源山等。

**景德镇**

　　位于江西省东北部，是古代的瓷都，保存很多古代窑址、明代民居以及宋塔等古建筑。现在是以生产瓷器为主的工业城市。

**曲　阜**

　　位于山东省中部偏南。春秋战国时为鲁国都城，秦置鲁县，隋改曲阜。有孔子故里，孔府、孔

庙、孔林和鲁国故城遗址。

洛　阳

为我国著名的九朝故都。名胜古迹以市南龙门石窟最有名。城东白马寺是我国第一座佛寺。还有汉魏故城遗址、西周王城、隋唐故城遗址、关林以及大量的古墓葬。

开　封

古称汴梁。五代后周、北宋均建都于此，称东京，为著名古都之一。文物古迹有铁塔、繁塔、龙亭、禹王台、大相国寺和北宋汴梁城遗址等。

江　陵

位于湖北省中部偏南。春秋楚国都城郢都在此。汉置江陵县，唐为江陵府，清为荆州府治。现存有楚纪南城遗址、明代城垣和大量古墓群等。

长　沙

秦置长沙郡，辖今湖南东部，隋改今后，唐天宝年间曾改为潭州，明改为长沙府。有毛泽东同志早期从事革命活动的中国共产党湘区委员会旧址(清水塘)、湖南第一师范学校、爱晚亭、船山学社等。还有麓山寺、岳麓书院、马王堆西汉古墓等古迹。

广　州

秦为南海郡郡治所在，五代十国时为南汉都城，一直是我国对外交通贸易的港口和城市。近代反帝反封建斗争迭起，是第一次国内革命战争的策源地。有光孝寺、南海神庙、六榕寺花塔、镇海楼、三元里平英团旧址、广州公社旧址等文物古迹。

桂　林

历史上是广西政治、文化中心和军事重镇。秦始皇时在此开凿了著名的水利工程——灵渠。漓江流经市中，还有独秀峰、叠彩山、七星岩、月牙山、芦笛岩等，山清水秀，素有"桂林山水甲天下"之称。

成　都

秦汉以后，一直是西南的政治、经济和文化中心。名胜古迹很多，著名的有杜甫草堂、武侯祠、王建墓、望江楼、青羊宫等等。

遵　义

位于川、黔交通线上，向为黔北重镇。1935年1月，中国工农红军长征途中，在此召开了中国共产党中央政治局扩大会议，确立了毛泽东同志在全党的领导地位，在中国共产党历史上具有伟大意义。城内和周围有遵义会议会址、毛泽东同志旧居、红军坟、娄山关等等。

昆　明

汉代为建伶、谷昌县地，唐为益宁县，元置昆明县，为中庆路治所。有汉、彝、回、苗、白、傣等民族。有滇池、西山、翠湖、园通山、金殿、大观楼、黑龙潭等文物古迹。

大　理

位于云南省大理白族自治州中部，洱海之滨。为南诏及宋代大理国都城所在地，又是我国与东南亚诸古国文化交流、通商贸易的重要门户。现保存的南诏太和城遗址、大理三塔、南诏德化碑等，是体现云南与中原地区文化密切关系的重要文物。

拉　萨

位于雅鲁藏布江支流拉萨河北岸，从公元七世纪初，就是西藏地区的政治经济中心，是座历史悠久的古城。市内尚保存着宏伟的布达拉宫、大昭寺和罗布林卡园林等重要古建筑。

西　安

位于关中平原渭河南岸，原名长安。周、秦、汉、西晋、前赵、前秦、后秦、西魏、北周、隋、唐都建都于此，是世界闻名的历史古城。遗存有大量地上地下文物，如西周的丰、镐，秦阿房宫，汉长安城，唐大明宫遗址、大雁塔、小雁塔以及明钟楼、鼓楼、碑林等。周围还有秦俑博物馆、古咸阳城、半坡遗址等。

延　安

在陕北延河之滨。城区有宝塔山、凤凰山和清凉山对峙，是我国革命圣地。1937～1947年，中国共产党中央和毛泽东同志在此领导全国革命。解放后建有革命纪念馆。

## 第二批国家历史文化名城(1986年)(38个)

上海　　天津　　沈阳　　武汉　　南昌　　重庆　　保定　　平遥　　呼和浩特　　镇江　　常熟　　徐州

淮安　　宁波　　歙县　　寿县　　亳州　　福州　　漳州　　济南　　安阳　　南阳　　商丘(县)　　襄樊

潮州　　阆中　　宜宾　　自贡　　镇远　　丽江　　日喀则　　韩城　　榆林　　武威　　张掖　　敦煌

银川　　喀什

上　海

上海是我国近代科技、文化的中心和国际港口城市。古代这里为海滨村镇，唐天宝十年(751年)设华亭县，宋设上海镇，元置上海县。上海具有光荣的革命历史，是中国共产党的诞生地，近、现代许多重要历史事件和历史人物的活动都发生在这里，如小刀会起义、五卅运动、上海工人三次武装起义、松沪抗战等。现存革命遗址有中共一大会址、孙中山故居、鲁迅墓、宋庆龄墓、龙华革命烈士纪念地等。文物古迹有龙华塔、松江方塔、豫园、秋霞浦、唐经幢等。上海近代的各式外国风格建筑在建筑史上也具有重要价值。

天　津

天津是我国北方重要的港口贸易城市、交通枢纽。从金、元时起，由于漕运兴盛促进商业繁荣而发展起来。明代在此设卫建城，进一步奠定了古城的基础。保存的文物古迹有大后宫、文庙、广东会馆等。革命遗址有大沽口炮台、望海楼遗址、义和团吕祖堂坛口遗址、觉悟社、平津战役前线指挥部等。传统文化艺术有泥人张彩塑、杨柳青年画、天津曲艺等。现存的过去各国租界地的外国式建筑和清末民国初年的别墅式建筑和街道，如同一个近代"建筑博物馆"，很有特色。

沈　阳

位于辽宁省中部，汉代建候城，辽、金时为沈州，明代在金、元旧城址上重建沈阳中卫城，1625年清太祖努尔哈赤迁都沈阳，扩建城池，增筑外城，是清入关前的政治中心。沈阳故宫是除北京故宫外，保存最完整的宫殿建筑群。城北的北陵(昭陵)和城东北的东陵(福陵)是皇太极和努尔哈赤的陵墓。其他文物古迹还有抗美援朝烈士陵园、周恩来同志少年读书处，以及永安石桥、塔山山城和一些寺观等。

武　汉

位于长江的中游，武昌、汉口、汉阳三镇相联，水陆交通便利，号称九省通衢。武汉历史悠久，自商周、春秋、战国以来即为重要的古城镇，宋、元、明、清以来就是全国重要名镇之一。武汉还是革命的城市，辛亥革命武昌起义、"二七"罢工、"八七"会议等都发生在这里。现存的革命遗址、名胜古迹，有武昌起义军政府旧址，二七罢工旧址，八七会议会址，向警予、施洋烈士墓及胜象宝塔、洪山宝塔、归元寺、黄鹤楼、东湖风景名胜区等。

南　昌

位于江西省北部，赣江下游，为江西省的省会，全省政治、经济、文化的中心。南昌水陆交通发达，形势险要，自古有襟三江而带五湖之称。汉代在此设了豫章郡治，隋为洪州治，唐、五代至明、清一直是历史名城。南昌还是革命的英雄城市。1927年8月1日，周恩来、朱德、贺龙等在中共前敌委员会领导下，组织了南昌起义，打响了反对反动统治的第一枪，开创了中国共产党领导的武装斗争和创建人民军队的新纪元，现存的革命遗址和名胜古迹有"八一南昌起义"总指挥部旧址和纪念馆、纪念塔、革命烈士纪念堂、方志敏烈士墓及青云谱、百花洲等。

重 庆

位于长江与嘉陵江汇合之处，水陆交通发达。战国时候，重庆为巴国国都，称江州。其后两千多年一直为重要的城市，留下的文物古迹有巴蔓子墓、船棺、岩墓、汉阙等。在近代史上，重庆也占有重要的地位。辛亥革命时期为同盟会的重要根据地之一，抗日战争时期，以周恩来同志为首的中共南方局驻在这里。现存有曾家岩、红岩村八路军办事处旧址，新华日报社旧址及白公馆烈士牺牲纪念地等。还有南温泉、北温泉、缙云山等名胜古迹。

保 定

位于河北省中部，西周属燕，至战国中期为燕国辖地，北魏建县，唐至明为州、路、府治，清为直隶省省会。今旧城始建于宋，明增筑，尚存部分城墙。保定不仅是历代军事重镇，还是一座著名的文化古城。自宋设州学，清末、民国初年曾为北京的文化辅助城市。革命纪念地有保定师范学校、育德中学、协生印书局、石家花园等。文物古迹有大慈阁、古莲花池、钟楼直属总督署、慈禧行宫、清真西寺等。

平 遥

位于山西省中部，城始建于周宣王时期。现在保存完整的城池，为明洪武初年重修，城墙高12米左右，周长6.4公里，有垛口、马面、敌楼、角楼、瓮城等。城内街道、商店、衙署等比较完整地保持着传统格局和风貌，楼阁式的沿街建筑、四合院民居以及市楼、文庙、清虚观等古建筑都很有特色。城北的镇国寺万佛殿和殿内塑像是五代遗物，雕塑和壁画十分精美。城西南的双林寺，殿宇规整，寺内彩塑也有很高艺术价值。

呼和浩特

"呼和浩特"蒙语意为青色的城，自古就是北方少数民族与汉族经济文化交往地。现老城为明代所建、清初在其东北建新城。呼和浩特有许多喇嘛寺庙，著名的有大召、席力图召、乌素图召等。此外，还有金刚宝座塔、清真大寺、将军衙署旧址、昭君墓、万部华严经塔、清公主府等名胜古迹。

镇 江

春秋时称朱方、谷阳，秦称丹徒，三国时孙权筑京城后称京口，北宋始称镇江，为府治。沿长江有著名的京口三山，金山有金山寺、慈寿塔、"天下第一泉"等；焦山有定慧寺和"瘗鹤铭"等著名碑刻；北固山有甘露寺及宋铸铁塔等，南朝梁武帝称之为"天下第一江山"。市内文物古迹有元代石塔，石塔附近还保持着古街道风貌，还有清代的抗英炮台和纪念辛亥革命先烈的伯先公园，南郊风景区有招隐寺等。

常 熟

商末称勾吴，西晋建海虞县，南朝梁时称常熟，自唐以后为县治所在。古城布局独特，城内有琴川河，西北隅有虞山伸入，人称"十里青山半入城"。现虞山上保存有明代城墙遗迹，城内街道基本保持明、清格局。文物古迹有商代仲雍墓、春秋言子墓、南朝梁昭明太子读书台、南齐兴福寺、宋代方塔、元代大画家黄公望墓等。虞山风景秀丽，有剑门奇石、维摩寺、辛峰亭等名胜。

徐 州

尧封彭祖于此，称大彭氏国，春秋有彭城邑，战国时为宋都，项羽亦曾在此建都，三国时为徐州州治，清代为府治，自古兵家必争，是有名的军事战略要地。文物古迹有汉代戏马台遗址，兴化寺、大土若、淮海战役烈士陵园，还有汉墓多处，出土有汉画象石、兵马俑、银镂玉衣等。所辖沛县有元代摹刻刘邦"大风歌"碑。南郊有云龙山、云龙湖风景区。

淮　安

位于江苏省北部，秦汉设县，隋、唐至清历为州、郡治，元、明以来，漕运、商业发达，为运河要邑。城池始建于晋，元、明增筑，三城联立，至今格局未变，尚保留有部分城墙遗迹。文物古迹有周恩来同志故居、青莲岗古文化遗址、文通塔、金代铜钟、关天培祠及墓、镇淮楼、韩侯祠、勺湖园、漂母祠、吴承恩故居、梁红玉祠等。

宁　波

位于浙江省东部，早在7000年前已有相当发达的河姆渡原始文化，秦时设鄮县，自唐以后历为州、路、府治，并为重要港口，近代为"五口通商"的口岸之一。文物古迹有保国寺、天童寺、阿育王寺、天封塔，我国现存最早的私人藏书楼天一阁，还有明代的甲第世家、清代大型民居等。宁波是我国烧制青瓷最早的地方之一，古代造船及海外贸易发达，宋代已有整套涉外机构，目前尚有遗迹可寻。

歙　县

位于安徽省南部，秦代设县，自唐至清历为州、府、郡治。城池始建于明，现保存有南、北谯楼及部分城垣。城内有大量明、清住宅及庭园，一些街巷还基本保持着明、清时代风格。文物古迹有许多牌坊、李太白楼、长庆寺砖塔、棠越村牌坊群、新安碑园、明代古桥等。歙县人文荟萃，有许多名人遗迹，还有歙砚、徽墨等传统工艺品。

寿　县

位于安徽省中部，古称寿春，春秋为蔡侯重邑，后历代多为州、府治。城墙始建于宋，兼有防洪功能，经明、清修整，至今保存完好。文物古迹有报恩寺、范公(仲淹)祠、孔庙等，附近出土许多战国墓葬。城郊有八公山、淝水、是著名的"淝水之战"的古战场。

亳　州

位于安徽省西北部，曾称亳县。亳，因商汤王立都而得名，以老子之故乡，曹操、华佗之故里而传闻中外。北周时即名亳州，涡河绕流城东北，古代水运较发达，商贾云集，会馆林立，曾为商埠，是我国古代四大药材基地之一。亳州一些老街依然保持着明清建筑的浓厚风貌。现存的文物古建筑有商汤王陵、曹操家族墓群、华佗故居、文峰塔、明王台、花戏楼和古地道等。

福　州

秦代设闽中郡，后一直为福建的政治中心，宋末，明末两次做为临时京都。福州汉代即有海外贸易，宋代为全国造船业中心，近代是"五口通商"口岸之一。城池始于汉代的治城，晋、唐、五代、宋几次扩大，奠定了现在市区三山鼎立、两塔对峙的格局。市区文物古迹有宋代华林寺大殿、崇福寺、乌塔、白塔、戚公祠、开元寺等，郊区鼓山有涌泉寺及历代摩崖石刻，还有王审知墓、林则徐祠堂和墓、林祥谦陵园等。市区三坊七巷保存有大量明、清民居。

漳　州

位于福建省东南部，战国属越，晋设县，自唐以后历为州、郡治所。宋末已有漳人去台湾，是台湾同胞及海外侨胞的祖居地之一。文物古迹有唐代咸通经幢、南山寺、文庙、陈元光墓、芝山红楼革命纪念地等。周围有明建仿宋古城赵家堡、明代铜山古城、清代军事城堡诒安堡、宋代石桥和云洞岩摩崖石刻等。

济　南

战国时为历下城，自晋以来历为州、府、郡治所。市区有风景优美的大明湖和趵突泉、黑虎泉、珍珠泉、五龙潭四大泉群，泉水串流于小巷、民居之间，构成独特的泉城风貌。文物古迹有城子崖龙山文化遗址，孝堂山汉代郭氏石祠，隋代四门塔，唐代龙虎塔、九顶塔、灵岩寺、宋代塑像、千佛山、黄石崖等名胜古迹。

安　阳

位于河南省北部，是商代的殷都，秦筑城，隋至清历为州、郡、路、府治所。市区西北部的"殷墟"出土有大量甲骨文、青铜器，其中有著名的"司母戊"大方鼎。旧城基本保持传统格局并有许多传统民居。文物古迹有文峰塔、高阁寺、小白塔等，城北有袁世凯陵墓，城西水冶镇有珍珠泉风景区。

南　阳

位于河南省西南部，古称宛，战国时为楚国重邑，东汉称陪京，后历为府治。文物古迹有2000年前的冶铁遗址、战国时宛城遗址、汉代画像石刻，还有玄妙观、武侯祠、医圣祠、张仲景墓、张衡墓等。

商　丘(县)

位于河南省东部，舜封契于商，契后裔汤在此建商国，北魏、南宋短时做过帝都，秦置睢阳县，自汉代以后历为郡、州、府治。现县城始建于明，称归德府，城池内方外园，城墙及城河、城堤保存较完整，城内棋盘式道路、四合院民居基本保持传统格局与风貌。文物古迹有阏伯台、三陵台、文庙、壮悔堂、清凉寺等，还有梁园、文雅台等遗址。

襄　樊

位于湖北省北部，周属樊国，战国时为楚国要邑，三国时置郡，后历代多为州、郡、府治。襄阳城墙始建于汉，自唐至清多次修整，现基本完好，樊城保存有两座城门和部分城墙。文物古迹有邓城、鹿门寺、夫人城、隆中诸葛亮故居、多宝佛塔、绿影壁、米公(芾)祠、杜甫墓等。

潮　州

位于广东省东部，是著名侨乡。古城始建于宋，现东门城楼及部分城墙保存完好。城内南门一带有很多明、清民居及祠宇，反映了潮州建筑的传统风貌。市区有开元寺、葫芦山摩崖石刻，宋代瓷窑遗址，凤凰塔、文庙、韩文公祠、涵碧楼等文物古迹。市区西南有以桑浦山为中心的名胜古迹区。传统的潮州音乐、戏曲及手工艺品对台湾、东南亚均有影响。

阆　中

位于四川省北部，是古代巴蜀军事重镇，汉为巴郡，宋以后称阆中，历代多为州、郡、府治所，清兵初入川时曾为四川首府。古城内有许多会馆等古建筑，还保留着主要的历史街区，传统风貌保存较好。汉、唐为天文研究中心之一，现存唐代观星台遗址，文物古迹还有张飞庙、桓侯祠、巴巴寺、观音寺、白塔等，城东大佛山有唐代摩崖大佛及石刻题记。丝绸是著名的传统产品。

宜　宾

位于四川省南部，金沙江，岷江交汇处，有"万里长江第一城"之称。曾为古西南夷僰侯国，汉为僰道，北宋始称宜宾，历为州、郡、府治所。文物古迹有翠屏山、流杯池、旧州塔、汉代墓葬、唐代花台寺、大佛沱石刻以及赵一曼纪念馆等。

自　贡

位于四川省南部，生产井盐已有2000年历史，为著名"盐都"。现存南北朝时的大公井遗址，有的清代盐井至今仍在生产，杉木井架高达百米，蔚为壮观。自贡还以"恐龙之乡"著称，在大山铺出土大量恐龙化石，建有恐龙博物馆。此外还有西秦会馆、王爷庙、桓侯馆、镇南塔等文物古迹。

镇　远

位于贵州省西部，汉设无阳县，宋置镇远州，后历为州、府、道治，是古代东南亚入京城的主要通道。潕阳河穿城而过，北为府城，南为卫城，皆明代建，现保留有部分城墙。城内基本保持着传统风貌，四合院民居及沿河建筑富有地方特色。文物古迹有青龙洞古建筑群、四宫殿、文笔塔、天后宫、谭家公馆、祝圣桥等。城西16公里处有潕阳河风景区。

丽 江

位于云南省西北部，是纳西族聚居地，战国时属秦国蜀郡，南北朝时纳西族先民羌人迁此，南宋时建城，元至清初为纳西族土司府所在地，后为丽江府治。现老城区仍保存传统格局与风貌，具有浓郁的地方特色，新建民居亦就地取材，采用传统形式。文物古迹有木氏土司府邸、明代创建五凤楼、保存有纳西族古代壁画的大宝积宫琉璃殿、玉峰寺、普济寺，还有纳西族古代象形文字的"东巴经"、纳西古乐等。附近有玉龙雪山、长江第一湾、虎跳峡等风景名胜。

日喀则

位于西藏中南部，古称"年曲麦"，很早就是藏族聚居地，交通方便，环境优美，是后藏地区的政治、经济和文化中心。该地建城已有500余年历史，14世纪初，大司徒绛曲坚赞建立帕竹王朝，得到元、明中央政府的支持，当时日喀则为13个大宗谿(行政机构名称)之一。噶玛王朝时期，西藏首府设此。现基本保存藏式传统建筑风貌。有西藏三大宗谿之一扎什伦布寺，雄伟壮丽，为历世班禅驻锡之地。城东南有珍贵的宋、元建筑夏鲁寺等。

韩 城

位于陕西省东部，西周时为韩侯封地，春秋称韩源，秦、汉为夏阳县，隋代称韩城县。旧城内保存大量具有传统风貌的街道及四合院民居，还有文庙、城隍庙等古建筑群，城郊有旧石器洞穴遗址、战国魏长城、司马迁祠墓、汉墓群、法王庙、普照寺、金代砖塔等名胜古迹。

榆 林

位于陕西省北部，古长城边，著名的沙漠城市，是古代军事重镇和蒙汉贸易交往地。古城建于明代，现城墙大部分尚存，城内古建筑很多，有新明楼、万佛楼、戴兴寺、关岳庙以及牌坊等。城北有古长城、镇北台、易马城、红石峡雄山寺，还有凌霄塔、青云寺、永济桥等。榆林传统手工业发达，民间音乐"榆林小曲"脍炙人口。

武 威

位于甘肃省中部，古称凉州，六朝时的前凉、后凉、南凉、北凉，唐初的大凉都曾在此建都，以后历为郡、州、府治。是古代中原与西域经济、文化交流的重镇，是"丝绸之路"的要隘，一度曾为北方的佛教中心。著名的凉州祠、曲，西凉乐，西凉伎都在这里形成和发展。文物古迹有皇娘娘台新石器文化遗址，唐大云寺铜钟、海藏寺、罗什塔、文庙、钟楼、雷台观及碑刻等。雷乡汉墓出土的铜奔马为国家文物珍品。

张 掖

张掖位于甘肃河西走廊的中部，水草丰茂，物产富饶，因有"金张掖"之称。自汉武帝元鼎六年(公元前111年)开设河西四郡以来，张掖一直为通往西域欧亚各国的"丝绸之路"的重要城市。现存的文物古迹丰富，有大佛寺、木塔、西来寺、鼓楼、大土塔、黑水国汉墓群等。大佛寺内的大卧佛身长34.5米，为全国最大的卧佛。市内还保存有不少明、清时期的民居，具有明显的地方特点。

敦 煌

位于甘肃省西部，周以前为戎地，秦为大月氏地，汉武帝时设置敦煌郡，为古代"丝绸之路"上的重镇。自宋至清雍正年间称沙州，乾隆年间改名敦煌县。文物古迹有莫高窟千佛洞，是中外闻名的艺术宝库；城南月牙泉，在茫茫沙漠中泉水澄碧，有"沙漠第一泉"之称。还有敦煌古城遗址和白马塔、古阳关遗址、汉代烽隧遗址、玉门关等。县境内有汉代长城遗址300华里、烽火台70余座，还有寿昌城、河仓城等古城遗址。

银 川

秦为北地郡所辖，南北朝时屯田建北典农城。自古引黄灌溉，有"塞上江南"之称。现银川旧城为唐始建，新城前身为清代建的满城。西夏时名兴州，在此建都达190年。保存有承天寺塔、拜寺口双塔、西夏王陵等。其他文物古迹还有海宝塔、玉皇阁、鼓楼、南门楼、清真寺以及阿文古兰经、古代岩画等。

喀 什

位于新疆西部，古称疏勒、喀什噶尔，汉为疏勒属国都城，自汉至清均为历代中央政府管辖，是古代"丝绸之路"的重镇。文物古迹有艾提尕尔清真寺、阿巴克和卓陵墓、经教学院、艾日斯拉罕陵墓、斯坎德尔陵墓、玉素甫·哈斯·哈吉甫麻扎儿及佛教石窟三仙洞等。喀什是维吾尔族聚居地，街道、民居、集市以及音乐、舞蹈、手工艺品都有浓郁的民族特色。

**第三批国家历史文化名城(1994年)(37个)**

正定　邯郸　新绛　代县　祁县　哈尔滨　吉林　集安　衢州　临海　长汀　赣州　青岛　聊城　邹城　临淄　郑州　浚县　随州　钟祥　岳阳　肇庆　佛山　梅州　海康　柳州　琼山　乐山　都江堰　泸州　建水　巍山　江孜　咸阳　汉中　天水　同仁

**新增的两个历史文化名城(2001年)**

凤凰城　山海关

# 5.2 历史文化名城保护规划

## 5.2.1 编制的原则

—— 《历史文化名城保护规划编制要求》(1994年建设部、国家文物局发布)

1.历史文化名城应该保护城市的文物古迹和历史地段，保护和延续古城的风貌特点，继承和发扬城市的传统文化，保护规划要根据城市的具体情况编制和落实；

2.编制保护规划应当分析城市历史演变及性质、规模、现状和特点，并根据历史文化遗存的性质、形态、分布等特点，因地制宜地确定保护原则和工作重点；

3.编制保护规划要从城市总体上采取规划措施，为保护城市历史文化遗存创造有利条件，同时又要注意满足城市经济、社会发展和改善人民生活和工作环境的需要，使保护与建设协调发展；

4.编制保护规划应当注意对城市传统文化内涵的发掘与继承，促进城市物质文明和精神文明的协调发展；

5.编制保护规划应当突出保护重点，即：保护文物古迹、风景名胜及其环境；对于具有传统风貌的商业、手工业、居住以及其他性质的街区，需要保护整体环境的文物古迹、革命纪念建筑集中连片的地区，或在城市发展史上有历史、科学、艺术价值的近代建筑群等，要划定为"历史文化保护区"予以重点保护。特别要注意对濒临破坏的历史实物遗存的抢救和保护，不使继续破坏。对已不存在的"文物古迹"一般不提倡重建。

## 5.2.2 编制所需的基础资料

—— 《历史文化名城保护规划编制要求》(1994年建设部、国家文物局发布)

1.城市历史演变、建制沿革、城址兴废变迁；

2.城市现存地上地下文物古迹、历史街区、风景名胜、古树名木、革命纪念地、近代代表性建筑,以及有历史价值的水系、地貌遗迹等;

3.城市特有的传统文化、手工艺、传统产业及民俗精华等;

4.现存历史文化遗产及其环境遭受破坏威胁的状况。

### 5.2.3 规划成果

—— 《城市规划编制办法实施细则》(1995年建设部发布)

第二十一条 各级历史文化名城要做专门的历史文化名城保护规划。

(一)文本内容

1.历史文化价值概述;

2.保护原则和重点;

3.总体规划层次的保护措施:保护地区人口规模控制,占据文物古迹风景名胜的单位的搬迁,调整用地布局改善古城功能的措施,古城规划格局、空间形态、视觉通廊的保护;

4.确定文物古迹保护项目、划定保护范围和建设控制地带、提出保护要求;

5.确定需要保护的历史地段、划定范围并提出整治要求;

6.重要历史文化遗产修整、利用、展示的规划意见;

7.规划实施管理的措施。

(二)图纸

1.文物古迹、历史地段、风景名胜分布图。图纸比例1/5000~1/25000,在城市现状图上标绘名称和范围;

2.历史文化名城保护规划图。标绘各类保护控制地区的范围,有不同保护要求的要分别表示。文物古迹、历史街区、风景名胜及其他需保护地区的保护范围、建设控制地带范围、近期实施保护修整项目的位置、范围,古城建筑高度控制,其他保护措施示意。

—— 《历史文化名城保护规划编制要求》(1994年建设部、国家文物局发布)

历史文化名城保护规划成果一般由规划文本、规划图纸和附件三部分组成。

1.规划文本:表述规划的意图、目标和对规划的有关内容提出的规定性要求,文字表达应当规范、准确、肯定、含义清楚。它一般包括以下内容:

1)城市历史文化价值概述;

2)历史文化名城保护原则和保护工作重点;

3)城市整体层次上保护历史文化名城的措施,包括古城功能的改善、用地布局的选择或调整、古城空间形态或视廊的保护等;

4)各级重点文物保护单位的保护范围、建设控制地带以及各类历史文化保护区的范围界线,保护和整治的措施要求;

5)对重要历史文化遗存修整、利用和展示的规划意见;

6)重点保护、整治地区的详细规划意向方案;

7)规划实施管理措施。

2.规划图纸:用图象表达现状和规划内容。

1)文物古迹、传统街区、风景名胜分布图。比例尺为1/5000~1/10000。可以将市域和古城按不同比例尺分别绘制。图中标注名称、位置、范围(图面尺寸小于5毫米者可只标位置);

2)历史文化名城保护规划总图。比例尺 1/5000～1/10000。图中标绘各类保护控制区域，包括古城空间保护区的位置、界线和保护控制范围，对重点保护的要以图例区别表示，还要标绘规划实施修整项目的位置、范围和其他保护措施示意；

3)重点保护区域保护界线图。比例尺 1/500～1/2000。在绘有现状建筑和地形地物的底图上，逐个分张画出重点文物的保护范围和建设控制地带的具体界线；逐片、分张画出历史文化保护区、风景名胜保护区的具体范围；

4)重点保护、整治地区的详细规划意向方案图。

3. 附件：包括规划说明书和基础资料汇编，规划说明书的内容是分析现状、论证规划意图、解释规划文本等。

### 5.2.4　规划审批

—— 《中华人民共和国城市规划法》解说

二十七、城市规划的审批（节选）

单独编制的国家级历史文化名城的保护规划，由国务院审批其总体规划的城市，报建设部、国家文物局审批；其他国家级历史文化名城的保护规划报省、自治区人民政府审批，报建设部、国家文物局备案；省、自治区、直辖市级历史文化名城的保护规划由省、自治区、直辖市人民政府审批。

# 5.3　文物保护

## 5.3.1　受国家保护的文物种类

—— 《中华人民共和国文物保护法》(2002 年 10 月 28 日第九届全国人民代表大会常务委员会第三十次会议通过)

第二条　在中华人民共和国境内，下列文物受国家保护：

(一)具有历史、艺术、科学价值的古文化遗址、古墓葬、古建筑、石窟寺和石刻、壁画；

(二)与重大历史事件、革命运动或者著名人物有关的以及具有重要纪念意义、教育意义或者史料价值的近代现代重要史迹、实物、代表性建筑；

(三)历史上各时代珍贵的艺术品、工艺美术品；

(四)历史上各时代重要的文献资料以及具有历史、艺术、科学价值的手稿和图书资料等；

(五)反映历史上各时代、各民族社会制度、社会生产、社会生活的代表性实物。

文物认定的标准和办法由国务院文物行政部门制定，并报国务院批准。

具有科学价值的古脊椎动物化石和古人类化石同文物一样受国家保护。

## 5.3.2　文物分级

—— 《中华人民共和国文物保护法》(2002 年 10 月 28 日第九届全国人民代表大会常务委员会第三十次会议通过)

第三条　古文化遗址、古墓葬、古建筑、石窟寺、石刻、壁画、近代现代重要史迹和代表性建筑等不可移动文物，根据它们的历史、艺术、科学价值，可以分别确定为全国重点文物保护单位，省级文物保护单位，市、县级文物保护单位。

历史上各时代重要实物、艺术品、文献、手稿、图书资料、代表性实物等可移动文物，分为珍贵文物和一般文物；珍贵文物分为一级文物、二级文物、三级文物。

### 5.3.3 文物保护的方针

——《中华人民共和国文物保护法》(2002 年 10 月 28 日第九届全国人民代表大会常务委员会第三十次会议通过)

第四条 文物工作贯彻保护为主、抢救第一、合理利用、加强管理的方针。

### 5.3.4 保护经费

——《中华人民共和国文物保护法》(2002 年 10 月 28 日第九届全国人民代表大会常务委员会第三十次会议通过)

第十条 国家发展文物保护事业。县级以上人民政府应当将文物保护事业纳入本级国民经济和社会发展规划，所需经费列入本级财政预算。

国家用于文物保护的财政拨款随着财政收入增长而增加。

国有博物馆、纪念馆、文物保护单位等的事业性收入，专门用于文物保护，任何单位或者个人不得侵占、挪用。

国家鼓励通过捐赠等方式设立文物保护社会基金，专门用于文物保护，任何单位或者个人不得侵占、挪用。

### 5.3.5 规划中的文物保护措施

——《中华人民共和国文物保护法》(2002 年 10 月 28 日第九届全国人民代表大会常务委员会第三十次会议通过)

第十六条 各级人民政府制定城乡建设规划，应当根据文物保护的需要，事先由城乡建设规划部门会同文物行政部门商定对本行政区域内各级文物保护单位的保护措施，并纳入规划。

### 5.3.6 不可移动文物的保护范围

——《中华人民共和国文物保护法》(2002 年 10 月 28 日第九届全国人民代表大会常务委员会第三十次会议通过)

第十五条 各级文物保护单位，分别由省、自治区、直辖市人民政府和市、县级人民政府划定必要的保护范围，作出标志说明，建立记录档案，并区别情况分别设置专门机构或者专人负责管理。全国重点文物保护单位的保护范围和记录档案，由省、自治区、直辖市人民政府文物行政部门报国务院文物行政部门备案。

县级以上地方人民政府文物行政部门应当根据不同文物的保护需要，制定文物保护单位和未核定为文物保护单位的不可移动文物的具体保护措施，并公告施行。

### 5.3.7 涉及文物保护的建设工程管理

——《中华人民共和国文物保护法》(2002 年 10 月 28 日第九届全国人民代表大会常务委员会第三十次会议通过)

第十七条 文物保护单位的保护范围内不得进行其他建设工程或者爆破、钻探、挖掘等作业。但是，因特殊情况需要在文物保护单位的保护范围内进行其他建设工程或者爆破、钻探、挖掘等作业的，必须保证文物保护单位的安全，并经核定公布该文物保护单位的人民政府批准，在批准前应当征得上一级人民政府文物行政部门同意；在全国重点文物保护单位的保护范围内进行其他建设工程或者爆破、钻探、挖掘等作业的，必须经省、自治区、直辖市人民政府批准，在批准前应当征得国务院文物行政部门同意。

### 5.3.8　文物保护的建筑控制地带

——《中华人民共和国文物保护法》(2002 年 10 月 28 日第九届全国人民代表大会常务委员会第三十次会议通过)

第十八条　根据保护文物的实际需要，经省、自治区、直辖市人民政府批准，可以在文物保护单位的周围划出一定的建设控制地带，并予以公布。

在文物保护单位的建设控制地带内进行建设工程，不得破坏文物保护单位的历史风貌；工程设计方案应当根据文物保护单位的级别，经相应的文物行政部门同意后，报城乡建设规划部门批准。

第十九条　在文物保护单位的保护范围和建设控制地带内，不得建设污染文物保护单位及其环境的设施，不得进行可能影响文物保护单位安全及其环境的活动。对已有的污染文物保护单位及其环境的设施，应当限期治理。

### 5.3.9　建设工程选址与不可移动文物

——《中华人民共和国文物保护法》(2002 年 10 月 28 日第九届全国人民代表大会常务委员会第三十次会议通过)

第二十条　建设工程选址，应当尽可能避开不可移动文物；因特殊情况不能避开的，对文物保护单位应当尽可能实施原址保护。

实施原址保护的，建设单位应当事先确定保护措施，根据文物保护单位的级别报相应的文物行政部门批准，并将保护措施列入可行性研究报告或者设计任务书。

无法实施原址保护，必须迁移异地保护或者拆除的，应当报省、自治区、直辖市人民政府批准；迁移或者拆除省级文物保护单位的，批准前须征得国务院文物行政部门同意。全国重点文物保护单位不得拆除；需要迁移的，须由省、自治区、直辖市人民政府报国务院批准。

依照前款规定拆除的国有不可移动文物中具有收藏价值的壁画、雕塑、建筑构件等，由文物行政部门指定的文物收藏单位收藏。

本条规定的原址保护、迁移、拆除所需费用，由建设单位列入建设工程预算。

### 5.3.10　不可移动文物的重建和文物建筑的用途变更

——《中华人民共和国文物保护法》(2002 年 10 月 28 日第九届全国人民代表大会常务委员会第三十次会议通过)

第二十二条　不可移动文物已经全部毁坏的，应当实施遗址保护，不得在原址重建。但是，因特殊情况需要在原址重建的，由省、自治区、直辖市人民政府文物行政部门征得国务院文物行政部门同意后，报省、自治区、直辖市人民政府批准；全国重点文物保护单位需要在原址重建的，由省、自治区、直辖市人民政府报国务院批准。

第二十三条　核定为文物保护单位的属于国家所有的纪念建筑物或者古建筑，除可以建立博物馆、保管所或者辟为参观游览场所外，如果必须作其他用途的，应当经核定公布该文物保护单位的人民政府文物行政部门征得上一级文物行政部门同意后，报核定公布该文物保护单位的人民政府批准；全国重点文物保护单位作其他用途的，应当由省、自治区、直辖市人民政府报国务院批准。国有未核定为文物保护单位的不可移动文物作其他用途的，应当报告县级人民政府文物行政部门。

# 6 村 镇 规 划

## 6.1　村庄、集镇规划与管理

### 6.1.1　村庄、集镇的定义和村庄、集镇规划区的定义

——《村庄和集镇规划建设管理条例》(1993 年 6 月 29 日国务院令第 116 号发布)

第三条　本条例所称村庄，是指农村村民居住和从事各种生产的聚居点。

本条例所称集镇，是指乡、民族乡人民政府所在地和经县级人民政府确认由集市发展而成的作为农村一定区域经济、文化和生活服务中心的非建制镇。

本条例所称村庄、集镇规划区，是指村庄、集镇建成区和因村庄、集镇建设及发展需要实行规划控制的区域。村庄、集镇规划区的具体范围，在村庄、集镇总体规划中划定。

### 6.1.2　组织编制、规划期限和规划阶段

——《村庄和集镇规划建设管理条例》(1993 年 6 月 29 日国务院令第 116 号发布)

第八条　村庄、集镇规划由乡级人民政府负责组织编制，并监督实施。

第十六条　村庄、集镇规划期限，由省、自治区、直辖市人民政府根据本地区实际情况规定。

第十一条　编制村庄、集镇规划，一般分为村庄、集镇总体规划和村庄、集镇建设规划两个阶段进行。

### 6.1.3　规划编制的原则

——《村庄和集镇规划建设管理条例》(1993 年 6 月 29 日国务院令第 116 号发布)

第十条　村庄、集镇规划的编制，应当以县域规划、农业区划、土地利用总体规划为依据，并同有关部门的专业规划相协调。

县级人民政府组织编制的县域规划，应当包括村庄、集镇建设体系规划。

第五条　地处洪涝、地震、台风、滑坡等自然灾害易发地区的村庄和集镇，应当按照国家和地方的有关规定，在村庄、集镇总体规划中制定防灾措施。

第九条　村庄、集镇规划的编制，应当遵循下列原则：

(一)根据国民经济和社会发展计划，结合当地经济发展的现状和要求，以及自然环境、资源条件和历史情况等，统筹兼顾，综合部署村庄和集镇的各项建设；

(二)处理好近期建设与远景发展、改造与新建的关系，使村庄、集镇的性质和建设的规模、速度和标准，同经济发展和农民生活水平相适应；

(三)合理用地，节约用地，各项建设应当相对集中，充分利用原有建设用地，新建、扩建工程及住宅应当尽量不占用耕地和林地；

(四)有利生产，方便生活，合理安排住宅、乡(镇)村企业、乡(镇)村公共设施和公益事业等的建设布局，促进农村各项事业协调发展，并适当留有发展余地；

(五)保护和改善生态环境，防治污染和其他公害，加强绿化和村容镇貌、环境卫生建设。

### 6.1.4　村庄和集镇总体规划的任务和主要内容

——《村庄和集镇规划建设管理条例》(1993 年 6 月 29 日国务院令第 116 号发布)

第十二条　村庄、集镇总体规划，是乡级行政区域内村庄和集镇布点规划及相应的各项建设的整体部署。

村庄、集镇总体规划的主要内容包括：乡级行政区域的村庄、集镇布点，村庄和集镇的位置、性质、规模和发展方向，村庄和集镇的交通、供水、供电、邮电、商业、绿化等生产和生活服务设施的配置。

### 6.1.5　村庄和集镇建设规划的任务和主要内容

——《村庄和集镇规划建设管理条例》(1993 年 6 月 29 日国务院令第 116 号发布)

第十三条　村庄、集镇建设规划，应当在村庄、集镇总体规划指导下，具体安排村庄、集镇的各项建设。

集镇建设规划的主要内容包括：住宅、乡(镇)村企业、乡(镇)村公共设施、公益事业等各项建设的用地布点、用地规模，有关的技术经济指标，近期建设工程以及重点地段建设具体安排。

村庄建设规划的主要内容，可以根据本地区经济发展水平，参照集镇建设规划的编制内容，主要对住宅和供水、供电、道路、绿化、环境卫生以及生产配套设施作出具体安排。

### 6.1.6　村庄、集镇规划的审批与调整

——《村庄和集镇规划建设管理条例》(1993 年 6 月 29 日国务院令第 116 号发布)

第十四条　村庄、集镇总体规划和集镇建设规划，须经乡级人民代表大会审查同意，由乡级人民政府报县级人民政府批准。

村庄建设规划，须经村民会议讨论同意，由乡级人民政府报县级人民政府批准。

第十五条　根据社会经济发展需要，依照本条例第十四条的规定，经乡级人民代表大会或者村民会议同意，乡级人民政府可以对村庄、集镇规划进行局部调整，并报县级人民政府备案。涉及村庄、集镇的性质、规模、发展方向和总体布局重大变更的，依照本条例第十四条规定的程序办理。

### 6.1.7　村镇住宅建设的审批程序

——《村庄和集镇规划建设管理条例》(1993 年 6 月 29 日国务院令第 116 号发布)

第十八条　农村村民在村庄、集镇规划区内建住宅的，应当先向村集体经济组织或者村民委员会提出建房申请，经村民会议讨论通过后，按照下列审批程序办理：

(一)需要使用耕地的，经乡级人民政府审核、县级人民政府建设行政主管部门审查同意并出具选址意见书后，方可依照《土地管理法》向县级人民政府土地管理部门申请用地，经县级人民政府批准后，由县级人民政府土地管理部门划拨土地；

(二)使用原有宅基地、村内空闲地和其他土地的，由乡级人民政府根据村庄、集镇规划和土地利用规划批准。

城镇非农业户口居民在村庄、集镇规划区内需要使用集体所有的土地建住宅的，应当经其所在单位或者居民委员会同意后，依照前款第(一)项规定的审批程序办理。

回原籍村庄、集镇落户的职工、退伍军人和离休、退休干部以及回乡定居的华侨、港澳台同胞，在村庄、集镇规划区内需要使用集体所有的土地建住宅的，依照本条第一款第(一)项规定的审批程序办理。

### 6.1.8　村镇企业建设的审批程序

——《村庄和集镇规划建设管理条例》(1993 年 6 月 29 日国务院令第 116 号发布)

第十九条　兴建乡(镇)村企业,必须持县级以上地方人民政府批准的设计任务书或者其他批准文件,向县级人民政府建设行政主管部门申请选址定点,县级人民政府建设行政主管部门审查同意并出具选址意见书后,建设单位方可依法向县级人民政府土地管理部门申请用地,经县级以上人民政府批准后,由土地管理部门划拨土地。

### 6.1.9　村镇公共设施建设的审批程序

——《村庄和集镇规划建设管理条例》(1993 年 6 月 29 日国务院令第 116 号发布)

第二十条　乡(镇)村公共设施、公益事业建设,须经乡级人民政府审核、县级人民政府建设行政主管部门审查同意并出具选址意见书后,建设单位方可依法向县级人民政府土地管理部门申请用地,级县级以上人民政府批准后,由土地管理部门划拨土地。

## 6.2　建制镇规划与管理

### 6.2.1　建制镇的定义和建制镇规划区的定义

——《建制镇规划建设管理办法》(1995 年 6 月 29 日建设部令第 44 号发布)

第三条　本办法所称建制镇,是指国家按行政建制设立的镇,不含县城关镇。

本办法所称建制镇规划区,是指镇政府驻地的建成区和因建设及发展需要实行规划控制的区域。建制镇规划区的具体范围,在建制镇总体规划中划定。

### 6.2.2　建制镇建设行政主管部门的主要职责

——《建制镇规划建设管理办法》(1995 年 6 月 29 日建设部令第 44 号发布)

第八条　建制镇建设行政主管部门主要职责是:

(一)贯彻和执行国家及地方有关法律、行政法规、规章;

(二)负责编制建制镇的规划,并负责组织和监督规划的实施;

(三)负责县级建设行政主管部门授权的建设工程项目的设计管理与施工管理;

(四)负责县级建设行政主管部门授权的房地产管理;

(五)负责建制镇镇容和环境卫生、园林、绿化管理,市政公用设施的维护与管理;

(六)负责建筑市场、建筑队伍和个体工匠的管理;

(七)负责技术服务和技术咨询;

(八)负责建设统计、建设档案管理及法律、法规规定的其他职责。

### 6.2.3　组织编制和编制依据

——《建制镇规划建设管理办法》(1995 年 6 月 29 日建设部令第 44 号发布)

第九条　在县级以上地方人民政府城市规划行政主管部门指导下,建制镇规划由建制镇人民政府负责组织编制。

建制镇在设市城市规划区内的,其规划应服从设市城市的总体规划。

编制建制镇规划应当依照《村镇规划标准》进行。

## 6.2.4 规划审批和规划调整

——《建制镇规划管理办法》(1995 年 6 月 29 日建设部令第 44 号发布)

第十条 建制镇的总体规划报县级人民政府审批,详细规划报建制镇人民政府审批。建制镇人民政府在向县级人民政府报请审批建制镇总体规划前,须经建制镇人民代表大会审查同意。

第十一条 任何组织和个人不得擅自改变已经批准的建制镇规划。确需修改时,由建制镇人民政府根据当地经济和社会发展需要进行调整,并报原审批机关审批。

## 6.2.5 建制镇规划的主要内容

——《中华人民共和国城市规划法》解说

二十六、有关建制镇规划

建制镇一般只需编制总体规划和修建性详细规划;实行镇管村体制的建制镇,其总体规划应包括镇辖区范围内的村镇布局。

建制镇总体规划内容和文件图纸,可根据当地实际情况参照设市城市的要求执行。图纸一般应包括:总体规划图、道路交通规划图、专业规划图、近期建设规划图。图纸比例为 1/5000,其中县域城镇布局图和镇域村镇布局图图纸比例根据实际情况确定。

## 6.2.6 规划区内建设用地的申请程序

——《建制镇规划建设管理办法》(1995 年 6 月 29 日建设部令第 44 号发布)

第十四条 在建制镇规划区内进行建设需要申请用地的,必须持建设项目的批准文件,向建制镇建设行政主管部门申请定点,由建制镇建设行政主管部门根据规划核定其用地位置和界限,并提出规划设计条件的意见,报县级人民政府建设行政主管部门审批。县级人民政府建设行政主管部门审核批准的,发给建设用地规划许可证。建设单位和个人在取得建设用地规划许可证后,方可依法申请办理用地批准手续。

## 6.2.7 工程设施(建筑物、构筑物、道路、管线和 其他工程设施)新建、扩建和改建的申请程序

——《建制镇规划建设管理办法》(1995 年 6 月 29 日建设部令第 44 号发布)

第十六条 在建制镇规划区内新建、扩建和改建建筑物、构筑物、道路、管线和其他工程设施,必须持有关批准文件向建制镇建设行政主管部门提出建设工程规划许可证的申请,由建制镇建设行政主管部门对工程项目施工图进行审查,并提出是否发给建设工程规划许可证的意见,报县级人民政府建设行政主管部门审批。县级人民政府建设行政主管部门审核批准的,发给建设工程规划许可证。建设单位和个人在取得建设工程规划许可证件和其他有关批准文件后,方可申请办理开工手续。

## 6.2.8 规划区内临时建筑的规划管理

——《建制镇规划建设管理办法》(1995 年 6 月 29 日建设部令第 44 号发布)

第十七条 在建制镇规划区内建临时建筑,必须经建制镇建设行政主管部门批准。临时建筑必须在批准的使用期限内拆除。如国家或集体需要用地,必须在规定期限内拆除。

禁止在批准临时使用的土地上建设永久性建筑物、构筑物和其他设施。

# 6.3 村镇规划技术标准

## 6.3.1 村镇规划的人口预测

—— 《村镇规划标准》(GB50188—93)

2.2.1 村镇总人口应为村镇所辖地域范围内常住人口的总和,其发展预测应按下式计算:

$$Q=Q_0(1+K)^n+P$$

式中 $Q$ —— 《城市规划编制办法实施细则》(1995年建设部发布)总人口预测数(人);

$Q_0$ —— 《城市规划编制办法实施细则》(1995年建设部发布)总人口现状数(人);

$K$ —— 《城市规划编制办法实施细则》(1995年建设部发布)规划期内人口的自然增长率(%);

$P$ —— 《城市规划编制办法实施细则》(1995年建设部发布)规划期内人口的机械增长数(人);

$n$ —— 《城市规划编制办法实施细则》(1995年建设部发布)规划期限(年)。

2.2.3 集镇规划期内的人口分类预测,应按表2.2.3的规定计算。

**集镇规划期内人口分类预测** 表2.2.3

| 人 口 类 别 | | 统 计 范 围 | 预 测 计 算 |
|---|---|---|---|
| 常住人口 | 村 民 | 规划范围内的农业户人口 | 按自然增长计算 |
| | 居 民 | 规范范围内的非农业户人口 | 按自然增长和机械增长计算 |
| | 集 体 | 单身职工、寄宿学生等 | 按机械增长计算 |
| 通 勤 人 口 | | 劳动、学习在集镇内,住在规划范围外的职工、学生等 | 按机械增长计算 |
| 流 动 人 口 | | 出差、探亲、旅游、赶集等临时参与集镇活动的人员 | 进行估算 |

2.2.4 集镇规划期内人口的机械增长,应按下列方法进行计算。

2.2.4.1 建设项目尚未落实的情况下,宜按平均增长法计算人口的发展规模。计算时应分析近年来人口的变化情况,确定每年的人口增长数或增长率。

2.2.4.2 建设项目已经落实、规划期内人口机械增长稳定的情况下,且按带眷系数法计算人口发展规模。计算时应分析从业者的来源、婚育、落户等状况,以及村镇的生活环境和建设条件等因素,确定增加从业人数及其带眷人数。

2.2.4.3 根据土地的经营情况,预测农业劳力转移时,宜按劳力转化法对村镇所辖地域范围的土地和劳动力进行平衡,计算规划期内农业剩余劳力的数量,分析村镇类型、发展水平、地方优势、建设条件和政策影响等因素,确定进镇的劳力比例和人口数量。

2.2.4.4 根据村镇的环境条件,预测发展的合理规模时,宜按环境容量法综合分析当地的发展优势、建设条件,以及环境、生态状况等因素,计算村镇的适宜人口规模。

2.2.5 村庄规划中,在进行人口的现状统计和规划预测时,可不进行分类,其人口规模应按人口的自然增长和农业剩余劳力的转移因素进行计算。

## 6.3.2 公共设施的配置和用地面积指标

—— 《村镇规划标准》(GB50188—93)

6.0.1 公共建筑项目的配置应符合表6.0.1的规定。

6.0.2 各类公共建筑的用地面积指标应符合表6.0.2的规定。

## 村镇公共建筑项目配置

表6.0.1

| 类　别 | 项　　　　　　目 | 中心镇 | 一般镇 | 中心村 | 基层村 |
|---|---|---|---|---|---|
| 一、行政管理 | 1.人民政府、派出所 | ● | ● | — | — |
| | 2.法庭 | ○ | — | — | — |
| | 3.建设、土地管理机构 | ● | ● | — | — |
| | 4.农、林、水、电管理机构 | ● | ● | — | — |
| | 5.工商、税务所 | ● | ● | — | — |
| | 6.粮管所 | ● | ● | — | — |
| | 7.交通监理站 | ● | — | — | — |
| | 8.居委会、村委会 | ● | ● | ● | — |
| 二、教育机构 | 9.专科院校 | ○ | — | — | — |
| | 10.高级中学、职业中学 | ● | ○ | — | — |
| | 11.初级中学 | ● | ● | ○ | — |
| | 12.小学 | ● | ● | ● | — |
| | 13.幼儿园、托儿所 | ● | ● | ● | ○ |
| 三、文体科技 | 14.文化站(室)、青少年之家 | ● | ● | ○ | ○ |
| | 15.影剧院 | ● | ○ | — | — |
| | 16.灯光球场 | ● | ● | — | — |
| | 17.体育场 | ● | ○ | — | — |
| | 18.科技站 | ● | ○ | — | — |
| 四、医疗保健 | 19.中心卫生院 | ● | — | — | — |
| | 20.卫生院(所、室) | — | ● | ○ | ○ |
| | 21.防疫、保健站 | ● | ○ | — | — |
| | 22.计划生育指导站 | ● | ● | ○ | — |
| 五、商业金融 | 23.百货店 | ● | ● | ○ | ○ |
| | 24.食品店 | ● | ● | ○ | — |
| | 25.生产资料、建材、日杂店 | ● | ● | — | — |
| | 26.粮店 | ● | ● | — | — |
| | 27.煤店 | ● | ● | — | — |
| | 28.药店 | ● | ● | — | — |
| | 29.书店 | ● | ● | — | — |
| | 30.银行、信用社、保险机构 | ● | ● | ○ | — |
| | 31.饭店、饮食店、小吃店 | ● | ● | ○ | ○ |
| | 32.旅馆、招待所 | ● | ● | — | — |
| | 33.理发、浴室、洗染店 | ● | ● | ○ | — |
| | 34.照相馆 | ● | ● | — | — |
| | 35.综合修理、加工、收购店 | ● | ● | ○ | — |
| 六、集贸设施 | 36.粮油、土特产市场 | ● | ● | — | — |
| | 37.蔬菜、副食市场 | ● | ● | ○ | — |
| | 38.百货市场 | ● | ● | — | — |
| | 39.燃料、建材、生产资料市场 | ● | ○ | — | — |
| | 40.畜禽、水产市场 | ● | ○ | — | — |

注：表中●—应设的项目；○—可设的项目。

各类公共建筑人均用地面积指标　　　　　　　　　　　　表6.0.2

| 村镇层次 | 规模分级 | 各类公共建筑人均用地面积指标(m²/人) | | | | |
|---|---|---|---|---|---|---|
| | | 行政管行 | 教育机构 | 文体科技 | 医疗保健 | 商业金融 |
| 中心镇 | 大　型 | 0.3~1.5 | 2.6~10.0 | 0.8~6.5 | 0.3~1.3 | 1.6~4.6 |
| | 中　型 | 0.4~2.0 | 3.1~12.0 | 0.9~5.3 | 0.3~1.6 | 1.8~5.5 |
| | 小　型 | 0.5~2.2 | 4.3~14.0 | 1.0~4.2 | 0.3~1.9 | 2.0~6.4 |
| 一般镇 | 大　型 | 0.2~1.9 | 3.0~9.0 | 0.8~4.1 | 0.3~1.2 | 0.8~4.4 |
| | 中　型 | 0.3~2.2 | 3.2~10.0 | 0.9~3.7 | 0.3~1.5 | 0.9~4.6 |
| | 小　型 | 0.4~2.5 | 3.4~11.0 | 1.1~3.3 | 0.3~1.8 | 1.0~4.8 |
| 中心村 | 大　型 | 0.1~0.4 | 1.5~5.0 | 0.3~1.6 | 0.1~0.3 | 0.2~0.6 |
| | 中　型 | 0.12~0.5 | 2.6~6.0 | 0.3~2.0 | 0.1~0.3 | 0.2~0.6 |

注：集贸设施的用地面积应按赶集人数、经营品类计算。

### 6.3.3　生产建筑用地选址的原则

——《村镇规划标准》(GB50188—93)

7.0.1　生产建筑用地应根据其对生活环境的影响状况进行选址和布置，并应符合下列规定：

7.0.1.1　本标准用地分类中的一类工业用地可选择在居住建筑或公共建筑用地附近。

7.0.1.2　本标准用地分类中的二类工业用地应选择在常年最小风向频率的上风侧及河流的下游，并应符合现行的国家标准《工业企业设计卫生标准》的有关规定。

7.0.1.3　本标准用地分类中的三类工业用地应按环境保护的要求进行选址，并严禁在该地段内布置居住建筑。

7.0.1.4　对已造成污染的二类、三类工业，必须治理或调整。

7.0.2　工业生产用地应选择在靠近电源、水源，对外交通方便的地段。协作密切的生产项目应邻近布置，相互干扰的生产项目应予以分隔。

### 6.3.4　农业生产设施用地选址的原则

——《村镇规划标准》(GB50188—93)

7.0.3　农业生产设施用地的选择，应符合下列规定：

7.0.3.1　农机站(场)、打谷场等的选址，应方便田间运输和管理。

7.0.3.2　大中型饲养场地的选址，应满足卫生和防疫要求，宜布置在村镇常年盛行风向的侧风位，以及通风、排水条件良好的地段，并应与村镇保持防护距离。

7.0.3.3　兽医站宜布置在村镇边缘。

### 6.3.5　仓储及堆场用地选址的原则

——《村镇规划标准》(GB50188—93)

7.0.4　仓库及堆场用地的选址，应按存储物品的性质确定，并应设在村镇边缘、交通运输方便的地段。粮、棉、木材、油类、农药等易燃易爆和危险品仓库与厂房、打谷场、居住建筑的距离应符合防火和安全的有关规定。

### 6.3.6　道路规划的原则和规划技术指标

——《村镇规划标准》(GB50188—93)

8.1.4  集镇道路应根据其道路现状和规划布局的要求，按道路的功能性质进行合理布置。并应符合下列规定：

8.1.4.1  连接工厂、仓库、车站、码头、货场等的道路，不应穿越集镇的中心地段。

8.1.4.2  位于文化娱乐、商业服务等大型公共建筑前的路段，应设置必要的人流集散场地、绿地和停车场地。

8.1.4.3  商业、文化、服务设施集中的路段，可布置为商业步行街，禁止机动车穿越；路口处应设置停车场地。

8.1.5  汽车专用公路，一般公路中的二、三级公路，不应从村镇内部穿过；对于已在公路两侧形成的村镇，应进行调整。

8.1.2  村镇所辖地域范围内的道路,按主要功能和使用特点应划分为公路和村镇道路两类,其规划应符合下列规定：

8.1.2.1  公路规划应符合国家现行的《公路工程技术标准》的有关规定。

8.1.2.2  村镇道路可分为四级，其规划的技术指标应符合表8.1.2的规定。

8.1.3  村镇道路系统的组成，应符合表8.1.3的规定。

**村 镇 道 路 规 划 技 术 指 标**                    表8.1.2

| 规 划 技 术 指 标 | 村　镇　道　路　级　别 | | | |
|---|---|---|---|---|
| | 一 | 二 | 三 | 四 |
| 计算行车速度(km/h) | 40 | 30 | 20 | — |
| 道路红线宽度(m) | 24～32 | 16～24 | 10～14 | — |
| 车行道宽度(m) | 14～20 | 10～14 | 6～7 | 3.5 |
| 每侧人行道宽度(m) | 4～6 | 3～5 | 0～2 | 0 |
| 道路间距(m) | ≥500 | 250～500 | 120～300 | 60～150 |

注：表中一、二、三级道路用地按红线宽度计算，四级道路按车行道宽度计算。

**村 镇 道 路 系 统 组 成**                    表8.1.3

| 村镇层次 | 规模规模分级 | 道　路　分　级 | | | |
|---|---|---|---|---|---|
| | | 一 | 二 | 三 | 四 |
| 中心镇 | 大型 | ● | ● | ● | ● |
| | 中型 | ○ | ● | ● | ● |
| | 小型 | — | ● | ● | ● |
| 一般镇 | 大型 | — | ● | ● | ● |
| | 中型 | — | ● | ● | ● |
| | 小型 | — | ○ | ○ | ● |
| 中心村 | 大型 | — | ○ | ● | ● |
| | 中型 | — | — | ● | ● |
| | 小型 | — | — | ● | ● |
| 基层村 | 大型 | — | — | ● | ● |
| | 中型 | — | — | ○ | ● |
| | 小型 | — | — | — | ● |

注：①表中●—应设的级别；○—可设的级别。
　②当大型中心镇规划人口大于30000人时，其主要道路红线宽度可大于32m。

## 6.3.7 竖向规划的原则和内容

——《村镇规划标准》(GB50188—93)

8.2.2 村镇建设用地的竖向规划,应符合下列规定:

1.充分利用自然地形,保留原有绿地和水面;

2.有利于地面水排除;

3.符合道路、广场的设计坡度要求;

4.减少土方工程量。

8.2.3 建筑用地的标高应与道路标高相协调,高于或等于邻近道路的中心标高。

8.2.4 村镇建筑用地的地面排水,应根据地形特点、降水量和汇水面积等因素,划分排水区域、确定坡向、坡度和管沟系统。

8.2.1 村镇建设用地的竖向规划,应包括下列内容:

1.确定建筑物、构筑物、场地、道路、排水沟等的规划标高;

2.确定地面排水方式及排水构筑物;

3.进行土地平衡及挖方、填方的合理调配,确定取土和弃土的地点。

## 6.3.8 给水工程规划的内容

——《村镇规划标准》(GB50188—93)

9.1.1 给水工程规划中,集中式给水应包括确定用水量、水质标准,水源及卫生防护、水质净化、给水设施、管网布置;分散式给水应包括确定用水量、水质标准、水源及卫生防护、取水设施。

## 6.3.9 给水工程用水量的计算

——《村镇规划标准》(GB50188—93)

9.1.2.1 生活用水量的计算,应符合下列要求:

(1)居住建筑的生活用水量应按现行的有关国家标准进行计算。

(2)公共建筑的生活用水量,应符合现行的国家标准(建筑给水排水设计规范)的有关规定,也可按居住建筑生活用水量的8%~25%进行估算。

9.1.2.2 生产用水量应包括乡镇工业用水量、畜禽饲养用水量和农业机械用水量,可按所在省、自治区、直辖市政府的有关规定进行计算。

9.1.2.3 消防用水量应符合现行的国家标准《村镇建筑设计防火规范》第6.0.2条,第6.0.4条,第6.0.5条的有关规定见附文。

9.1.2.4 浇洒道路和绿地的用水量,可根据当地条件确定。

9.1.2.5 管网漏失水量及未预见水量,可按最高日用水量的15%~25%计算。

**附文（《村镇建筑设计防火规范》(GBJ39—90))**

第6.0.2条 无给水管网的村镇,其消防给水应充分利用江河、湖泊、堰塘、水渠等天然水源,并应设置通向水源地的消防车通道和可靠的取水设施。利用天然水源时,应保证枯水期最低水位和冬季消防用水的可靠性。

第6.0.4条 室外消防用水量,应按需水量最大的一座建筑物计算,且不宜小于表6.0.4的规定。

第6.0.5条 易燃、可燃材料堆场的室外消防用水量,不宜小于表6.0.5的规定。

**建筑物的室外消防用水量**

表6.0.4

| 建筑物的耐火等级 | 消防用水量(l/s) ＼ 建筑物体积(m³) 建筑物名称及类别 | | | ≤ 1500 | 1501～3000 | 3001～5000 | ＞ 5000 |
|---|---|---|---|---|---|---|---|
| 一、二级 | 厂房 | 甲、乙 | | 10 | 15 | 20 | 25 |
| | | 丙 | | 10 | 15 | 20 | 25 |
| | | 丁、戊 | | 10 | 10 | 10 | 15 |
| | 库房 | 甲、乙 | | 15 | 15 | 25 | — |
| | | 丙 | | 15 | 15 | 25 | 25 |
| | | 丁、戊 | | 10 | 10 | 10 | 15 |
| | 民　用　建　筑 | | | 10 | 15 | 15 | 20 |
| 三级 | 厂房或库房 | 丙 | | 15 | 20 | 30 | 40 |
| | | 丁、戊 | | 10 | 10 | 15 | 20 |
| | 民　用　建　筑 | | | 10 | 15 | 20 | 25 |
| 四级 | 丁、戊类厂(库)房 | | | 10 | 15 | 20 | — |
| | 民　用　建　筑 | | | 10 | 15 | 20 | — |

**易燃、可燃材料堆场的室外消防用水量**

表6.0.5

| 堆　场　名　称 | 一个堆场总储量 | 消防用水量(l/s) |
|---|---|---|
| 粮食土圆仓、席芡囤 | 30～500(t) | 20 |
| | 501～5000(t) | 25 |
| 棉、麻、毛、化纤、百货等 | 10～100(t) | 20 |
| | 101～500(t) | 35 |
| 稻草、麦秸、芦苇等 | 50～500(t) | 20 |
| | 501～5000(t) | 35 |
| 木材等 | 50～500(m³) | 20 |
| | 501～5000(m³) | 35 |

## 6.3.10　给水工程水源选择的要求

——《村镇规划标准》(GB50188—93)

9.1.4　水源的选择应符合下列要求：

1.水量充足，水源卫生条件好、便于卫生防护；

2.原水水质符合要求，优先选用地下水；

3.取水、净水、输配水设施安全经济、具备施工条件；

4.选择地下水作为给水水源时，不得超量开采；选择地表水作为给水水源时，其枯水期的保证率不得低于90%。

## 6.3.11　给水工程管网系统的布置

——《村镇规划标准》(GB50188—93)

9.1.5　给水管网系统的布置，干管的方向应与给水的主要流向一致，并应以最短距离向用水大户供水。给水干管最不利点的最小服务水头，单层建筑物可按5～10m计算，建筑物每增加一层应增压3m。

分散式给水应符合现行的有关国家标准的规定。

### 6.3.12　排水工程规划的内容和排水体制的选择

——《村镇规划标准》(GB50188—93)

9.2.1　排水工程规划应包括确定排水量、排水体制、排放标准、排水系统布置、污水处理方式。

9.2.3　排水体制宜选择分流制。条件不具备的小型村镇可选择合流制，但在污水排入系统前，应采用化粪池、生活污水净化沼气池等方法进行预处理。

9.2.6　分散式与合流制中的生活污水，宜采用净化沼气池、双层沉淀池或化粪池等进行处理；集中式生活污水，宜采用活性污泥法、生物膜法等技术处理。生产污水的处理设施，应与生产设施建设同步进行。

污水采用集中处理时，污水处理厂的位置应选在村镇的下游，靠近受纳水体或农田灌溉区。

### 6.3.13　排水工程排水量的计算和排水管渠的布置

——《村镇规划标准》(GB50188—93)

9.2.2　排水量应包括污水量、雨水量，污水量应包括生活污水量和生产污水量，并应按下列要求计算。

9.2.2.1　生活污水量可按生活用水量的75%~90%进行计算。

9.2.2.2　生产污水量及变化系数应按产品种类、生产工艺特点和用水量确定，也可按生产用水量的75%~90%进行计算。

9.2.2.3　雨水量宜按邻近城市的标准计算。

9.2.5　布置排水管渠时，雨水应充分利用地面迳流和沟渠排除；污水应通过管道或暗渠排放，雨水、污水的管、渠均应按重力流设计。

### 6.3.14　供电工程规划的内容和供电负荷的计算

——《村镇规划标准》(GB50188—93)

9.3.1　供电工程规划应包括预测村镇所辖地域范围内的供电负荷、确定电源和电压等级，布置供电线路、配置供电设施。

9.3.2　村镇所辖地域范围供电负荷的计算，应包括生活用电、乡镇企业用电和农业用电的负荷。

### 6.3.15　供电电源、变电站站址的选择和供电线路的布置

——《村镇规划标准》(GB50188—93)

9.3.3　供电电源和变电站站址的选择应以县域供电规划为依据，并符合建站的建设条件，线路进出方便和接近负荷中心。

9.3.6　供电变压器容量的选择，应根据生活用电、乡镇企业用电和农业用电的负荷确定。

9.3.7　重要公用设施、医疗单位或用电大户应单独设置变压设备或供电电源。

9.3.5　供电线路的布置，应符合下列规定：

1.宜沿公路、村镇道路布置；

2.宜采用同杆并架的架设方式；

3.线路走廊不应穿过村镇住宅、森林、危险品仓库等地段；

4.应减少交叉、跨越、避免对弱电的干扰；

5.变电站出线宜将工业线路和农业线路分开设置。

### 6.3.16 邮电工程规划的内容和邮电设施规划的依据

——《村镇规划标准》(GB50188—93)

9.4.1 邮电工程规划应包括确定邮政、电信设施的位置、规模设施水平和管线布置。

9.4.2 邮电设施的规划应依据县域邮政、电信规划制定。

### 6.3.17 电信局(所)选址的原则和电信线路的布置

——《村镇规划标准》(GB50188—93)

9.4.4 电信局(所)的选址,应符合下列规定:

9.4.4.1 宜靠近上一级电信局来线一侧。

9.4.4.2 应设在用户密度中心。

9.4.4.3 应设在环境安全、交通方便,符合建设条件的地段。

9.4.6 电信线路布置,应符合下列规定:

9.4.6.1 应避开易受洪水淹没、河岸塌陷、土坡塌方以及有严重污染等地区。

9.4.6.2 应便于架设、巡察和检修。

9.4.6.3 宜设在电力线走向的道路另一侧。

### 6.3.18 村镇防洪规划的依据和乡村就地避洪设施的安全标高

——《村镇规划标准》(GB50188—93)

9.5.1 村镇所辖地域范围的防洪规划,应按现行的国家标准《防洪标准》的有关规定执行。

邻近大型工矿企业、交通运输设施、文物古迹和风景区等防护对象的村镇,当不能分别进行防护时,应按就高不就低的原则,按现行的国家标准《防洪标准》的有关规定执行。

(乡村防洪标准、工矿企业的防洪标准、交通运输设施的防洪标准、文物古迹和风景区的防洪标准参见本书10.10.8,10.10.9,10.10.10的内容。)

9.5.2 村镇的防洪规划,应与当地江河流域、农田水利建设、水土保持、绿化造林等的规划相结合,统一整治河道,修建堤坝、圩垸和蓄、滞洪区等防洪工程设施。

9.5.3 位于蓄、滞洪区内的村镇,当根据防洪规划需要修建围村埝(保庄圩)、安全庄台、避水台等就地避洪安全设施时,其位置应避开分洪口、主流顶冲和深水区,其安全超高宜符合表9.5.3的规定。

9.5.4 在蓄、滞洪区的村镇建筑内设置安全层时,应统一进行规划,并应符合现行的国家标准《蓄滞洪区建筑工程技术规范》的有关规定。

就地避洪安全设施的安全超高                        表9.5.3

| 安 全 设 施 | 安 置 人 口(人) | 安 全 超 高(m) |
|---|---|---|
| 围村埝(保庄圩) | 地位重要、防护面大、人口≥10000的密集区 | >2.0 |
| | ≥10000 | 2.0~1.5 |
| | ≥1000  <10000 | 1.5~1.0 |
| | <1000 | 1.0 |
| 安全庄台、避水台 | ≥1000 | 1.5~1.0 |
| | <1000 | 1.0~0.5 |

注:安全超高是指在蓄、滞洪时的最高洪水以上,考虑水面浪高等因素,避洪安全设施需要增加的富裕高度。

# 6.4 乡镇集贸市场规划设计标准

## 6.4.1 乡镇集贸市场规划设计的内容

——《乡镇集贸市场规划设计标准》(CJJ/T87—2000)

1.0.4 乡镇集贸市场的规划设计应包括：依据市场发展的需要，在县域城镇体系规划中确定集贸市场的布点和规模；在乡镇域规划和镇区规划中确定集贸市场的位置和用地范围；编制集贸市场的详细规划，为集贸市场建筑及其附属设施的设计提供依据。

## 6.4.2 乡镇集贸市场的定义和集贸市场用地的定义

——《乡镇集贸市场规划设计标准》(CJJ/T87—2000)

2.0.1 乡镇集贸市场

在乡和县城以外建制镇的行政辖区范围内，定期聚集进行商品交易的场所。

2.0.9 集贸市场用地

集贸市场专用的各项设施和通道占地面积的总和，不包括用地外兼为其他使用的公共服务设施和停车场等用地。

## 6.4.3 乡镇集贸市场的类别和规模分级

——《乡镇集贸市场规划设计标准》(CJJ/T87—2000)

3.0.1 乡镇集贸市场的类别，按交易品类分为综合型和专业型市场；按经营方式分为零售型和批发型市场，以及批零兼营型市场；按布局形式分为集中式和分散式市场；按设施类型分为固定型和临时型市场；按服务范围分为镇区型、镇域型和域外型市场。

3.0.2 以零售为主的乡镇集贸市场的规模，应按平集日入集人次划分为小型、中型、大型和特大型四级，其规模分级应符合表3.0.2的规定。批发市场的规模应根据经营内容的实际情况分级。

**乡镇集贸市场规模分级**　　　　　　　　　　　　表3.0.2

| 集贸市场规模分级 | 小 型 | 中 型 | 大 型 | 特 大 型 |
|---|---|---|---|---|
| 平集日入集人次 | ≤3000 | 3001～10000 | 10001～50000 | >50000 |

## 6.4.4 乡镇集贸市场的规模预测

——《乡镇集贸市场规划设计标准》(CJJ/T87—2000)

4.0.2 集贸市场的规划应根据市场的现状和市场区位、交通条件、商品类型、资源状况等因素进行综合分析，预测其发展的趋势和规模。预测的内容应包括：集市服务的地域范围、交易商品的种类和数量、入集人次和交易额、市场占地面积、设施选型以及分期建设的内容和要求等。

4.0.3 对于临近行政辖区边界和沿交通要道的乡镇集贸市场，在进行布点时，应充分考虑影响范围内区域发展经贸活动的需要。

4.0.4 乡镇集贸市场规模预测的期限应与县域城镇体系规划及镇区规划的规划期限相一致。

## 6.4.5 集贸市场规划用地面积的计算

——《乡镇集贸市场规划设计标准》(CJJ/T87—2000)

5.0.1 确定集贸市场的用地规模应以规划预测的平集日高峰人数为计算依据。大集日增加临时交易场地等措施时，不得占用公路和镇区主干道。

5.0.2 集贸市场的规划用地面积应为人均市场用地指标乘以平集日高峰人数。平集日高峰人数是平集日入集人次乘以平集日高峰系数。

集贸市场用地应按下式计算：

集贸市场用地面积＝人均市场用地指标×平集日入集人次×平集日高峰系数

人均市场用地指标应为 $0.8\sim1.2m^2$/人。经营品类占地大的、大型运输工具出入量大的市场宜取大值，以批发为主的固定型市场宜取小值。

平集日高峰系数可取 $0.3\sim0.6$。集日频率小的、交易时间短的、专业型的市场以及经济欠发达地区宜取大值，每日有集的、交易时间长的、综合型的市场以及经济发达地区宜取小值。

2.0.4 平集日

一年中一般情况下的集市日期。

2.0.5 大集日

节日和传统商品交易季节等特殊情况下，聚集人多、交易量大的集市日期。

2.0.6 入集人次

集日全天内参与集市活动的人次总数。

2.0.7 平集日高峰人数

平集日在集贸市场内人流高峰时容纳的人数。

2.0.8 平集日高峰系数

平集日高峰人数与入集人次的比值。

## 6.4.6 集贸市场选址的原则

——《乡镇集贸市场规划设计标准》(CJJ/T87—2000)

6.1.1 新建集贸市场选址应根据其经营类别、市场规模、服务范围的特点，综合考虑自然条件、交通运输、环境质量、建设投资、使用效益、发展前景等因素，进行多方案技术经济比较，择优确定。当现有集贸市场位置合理，交通顺畅，并有一定发展余地时，应合理利用现有场地和设施进行改建和扩建。

6.1.2 集贸市场选址应有利市场人流和货流的集散，确保内外交通顺畅安全，并与镇区公共设施联系方便，互不干扰。

6.1.3 集贸市场用地严禁跨越公路、铁路进行布置，并不得占用公路、桥头、码头、车站等重要交通地段的用地。

6.1.4 小型集市的各类商品交易场地宜集中选址；商品种类较多的大、中型的集市，宜根据交易要求分开选址。

6.1.5 为镇区居民日常生活服务的市场应与集中的居住区临近布置，但不得与学校、托幼设施相邻。运输量大的商品市场应根据货源来向选择场址。

6.1.6 影响镇区环境和易燃、易爆以及影响环境卫生的商品市场，应在镇区边缘，位于常年最小风向频率的上风侧及水系的下游选址，并应设置不小于50m宽的防护绿地。

## 6.4.7 集贸市场的场地布置

——《乡镇集贸市场规划设计标准》(CJJ/T87—2000)

6.2.2  集贸市场的场地布置应利于集散，确保安全。商场型市场场地的规划设计应符合国家现行标准《建筑设计防火规范》(GBJ16)、《村镇建筑设计防火规范》(GBJ39)、《商店建筑设计规范》(JGJ48)等的有关规定。

6.2.3  集贸市场的所在地段应设置不少于表6.2.3规定数量的独立出口。每一独立出口的宽度不应小于5m、净高不应小于4m，应有两个以上不同方向的出口联结镇区道路或公路。出口的总宽度应按平集日高峰人数的疏散要求计算确定，疏散宽度指标不应小于0.32m/百人。

集贸市场地段出口数量                表6.2.3

| 集  市  规  模 | 小  型 | 中  型 | 大型、特大型 |
|---|---|---|---|
| 独立出口数(个) | 2～3 | 3～4 | $3 + \dfrac{市场规划人次}{10000}$ |

6.2.4  集贸市场布置应确保内外交通顺畅，避免布置回头路和尽端路。市场出口应退入道路红线，并应设置宽度大于出口、向前延伸大于6m的人流集散场地，该地段不得停车和设摊。大、中型市场的主要出口与公路、镇区主干道的交叉口以及桥头、车站、码头的距离不应小于70m。

6.2.5  集贸市场的场地应做好竖向设计，保证雨水顺利排出。场地内的道路、给排水、电力、电讯、防灾等的规划设计应符合国家现行有关标准的规定。

6.2.6  集贸市场规划宜采取一场多用、设计为多层建筑、兼容其他功能等措施，提高用地使用效率。

6.2.7  停车场地应根据集贸市场的规模与布置，在镇区规划中统一进行定量、定位。

### 6.4.8  集贸市场设施分类和选型依据

——《乡镇集贸市场规划设计标准》(CJJ/T87—2000)

7.1.1  集贸市场设施按建造和布置形式分为摊棚设施、商场建筑和坐商街区等三种形式。

7.1.2  集贸市场设施的选型应根据商品特点、使用要求、场地状况、经营方式、建设规模和经济条件等因素确定。

7.1.3  集贸市场设施的选型，可采取单一形式或多种形式组成；多种形式组成的市场宜分区设置。

### 6.4.9  摊棚式市场设施的规划设计要求

——《乡镇集贸市场规划设计标准》(CJJ/T87—2000)

7.2.1  摊棚设施分为临时摊床和固定摊棚。摊棚设施的规划设计应符合下列规定：

(1)摊棚设施规划设计指标宜符合表7.2.1的规定；

(2)应符合国家现行的有关卫生、防火、防震、安全疏散等标准的有关规定；

(3)应设置供电、供水和排水设施。

2.0.13  临时摊床

为行商临时使用，集市过后不存储货品的摊位。

2.0.14  固定摊棚

为坐商使用，设有防护设施的摊棚。

摊 棚 设 施 规 划 设 计 指 标 表7.2.1

| 商品类别<br>摊位指标 | | 粮油、<br>副食 | 蔬菜、<br>果品、<br>鲜活 | 百货、<br>服装、<br>土特、<br>日杂 | 小型建材、<br>家具、<br>生产资料 | 小型餐饮、<br>服务 | 废旧物品 | 牲畜 |
|---|---|---|---|---|---|---|---|---|
| 摊位面宽(m/摊) | | 1.5~2.0 | 2.0~2.5 | 2.0~3.0 | 2.5~4.0 | 2.5~3.0 | 2.5~4.0 | — |
| 摊位进深(m/摊) | | 1.8~2.5 | 1.5~2.0 | 1.5~2.0 | 2.5~3.0 | 2.5~3.5 | 2.0~3.0 | — |
| 购物通道宽<br>度(m/摊) | 单侧摊位 | 1.8~2.2 | 1.8~2.2 | 1.8~2.2 | 2.5~3.5 | 1.8~2.2 | 2.5~3.5 | 1.8~2.2 |
| | 双侧摊位 | 2.5~3.0 | 2.5~3.0 | 2.5~3.0 | 4.0~4.5 | 2.5~3.0 | 4.0~4.5 | 2.5~3.0 |
| 摊位占地指<br>标(m²/摊) | 单侧摊位 | 5.5~9.0 | 6.5~10.5 | 6.5~12.5 | 15.5~26.0 | 11.0~17.0 | 12.5~26.0 | 6.5~18.0 |
| | 双侧摊位 | 3.5~5.5 | 4.0~6.0 | 4.0~7.5 | 11.0~21.0 | 6.5~10.0 | 11.0~21.0 | 4.0~10.5 |
| 摊位容纳人数(人/摊) | | 4~8 | 6~12 | 8~15 | 4~8 | 6~12 | 6~10 | 3~6 |
| 人均占地指标(m²/人) | | 0.9~1.2 | 0.7~0.9 | 0.5~0.9 | 1.5~3.0 | 1.1~1.7 | 1.3~2.6 | 1.3~3.0 |

注：1. 本表面积指标主要用于零售摊点；
 2. 市场内共用的通道面积不计算在内；
 3. 摊位容纳人数包括购物、售货和管理等人员。

## 6.4.10 商场建筑式市场设施的规划设计要求

—— 《乡镇集贸市场规划设计标准》(CJJ/T87—2000)

7.2.2 商场建筑分为柜台式和店铺式两种布置形式。商场建筑的规划设计应符合下列规定：

(1)应符合国家现行标准《商店建筑设计规范》(JGJ48)等的有关规定；

(2)每一店铺均应设置独立的启闭设施；

(3)每一店铺均应分别配置消防设施，柜台式商场应统一设置消防设施；

(4)宜设计为多层建筑，以利节约用地。

## 6.4.11 坐商街区式市场设施的规划设计要求

—— 《乡镇集贸市场规划设计标准》(CJJ/T87—2000)

7.2.3 坐商街区以及附有居住用房或生产用房的营业性建筑的规划设计，应符合下列规定：

(1)应符合镇区规划，充分考虑周围条件，满足经营交易、日照通风、安全防灾、环境卫生、设施管理等要求；

(2)应合理组织人流、车流，对外联系顺畅，利于消防、救护、货运、环卫等车辆的通行；

(3)地段内应采用暗沟(管)排除地面水；

(4)应结合市场设施、购物休憩和景观环境的要求，充分利用街区内现有的绿化，规划公共绿地和道路绿地。公共绿地面积不小于市场用地的4%。

2.0.11 行商

无固定营业地点的经商人员。

2.0.12 坐商

有固定营业地点的经商人员。

## 6.4.12 集贸市场主要附属设施的内容和配置指标

—— 《乡镇集贸市场规划设计标准》(CJJ/T87—2000)

8.0.1 集贸市场主要附属设施应包括下列内容：

(1)服务设施：市场管理、咨询、维修、寄存用房；

(2)安全设施：消防、保安、救护、卫生检疫用房；

(3)环卫设施：垃圾站、公厕；

(4)休憩设施：休息廊、绿地。

8.0.2 集贸市场主要附属设施配置指标应符合表8.0.2的规定。

**集贸市场主要附属设施配置指标** 表8.0.2

| 集市规模 设施项目 / 设施标准 | 小型 | | 中型 | | 大型 | | 特大型 | |
|---|---|---|---|---|---|---|---|---|
| | 数量 | 建筑面积 (m²) | 数量 | 建筑面积 (m²) | 数量 | 建筑面积 (m²) | 数量 | 建筑面积 (m²) |
| 市场服务管理 | <10人 | 50~100 | 10~25人 | 100~180 | 25~40人 | 180~240 | >40人 | 240~300 |
| 保卫救护医疗 | 2~5人 | 30 | 5~8人 | 50 | 8~12人 | 70 | >12人 | 90 |
| 休息廊亭 | 1处 | 40 | 1~2处 | 60~100 | 3~4处 | 120~200 | >4处 | >300 |
| 公共厕所 | 1~2处 | 20~30 | 2~3处 | 30~50 | 3~4处 | 50~100 | >4处 | >100 |
| 垃圾站 | 1处 | 100 | 1~2处 | 100~200 | 2~3处 | 200~300 | >3处 | >300 |
| 垃圾箱 | 服务距离不得大于70m | | | | | | | |
| 消火栓 | 按《建筑设计防火规范》(GBJ16)设置 | | | | | | | |
| 灭火器 | 按《建筑灭火器配置设计规范》(GBJ140)配置 | | | | | | | |

注：1.表中所列附属设施的面积，皆为市场中该类设施多处面积的总和；
　　2.垃圾站一栏为场地面积，与周围建筑距离不得小于5m。

# 7 道路交通规划

## 7.1 道路系统

### 7.1.1 城市道路系统规划的任务和规划指标

**——《城市道路交通规划设计规范》(GB50220—95)**

7.1.1 城市道路系统规划应满足客、货车流和人流的安全与畅通；反映城市风貌、城市历史和文化传统；为地上地下工程管线和其他市政公用设施提供空间；满足城市救灾避难和日照通风的要求。

7.1.3 城市道路应分为快速路、主干路、次干路和支路四类。

7.1.4 城市道路用地面积应占城市建设用地面积的8%～15%。对规划人口在200万以上的大城市，宜为15%～20%。

7.1.5 规划城市人口人均占有道路用地面积宜为7～15m²。其中：道路用地面积宜为6.0～13.5m²/人，广场面积宜为0.2～0.5m²/人，公共停车场面积宜为0.8～1.0m²/人。

7.1.6 城市道路中各类道路的规划指标应符合表7.1.6—1和表7.1.6—2的规定。

**大中城市道路网规划指标**    表 7.1.6—1

| 项　目 | 城市规模与人口<br>(万人) | | 快 速 路 | 主 干 路 | 次 干 路 | 支　路 |
|---|---|---|---|---|---|---|
| 机动车设计速度<br>(km/h) | 大城市 | ＞200 | 80 | 60 | 40 | 30 |
| | | ≤200 | 60～80 | 40～60 | 40 | 30 |
| | 中等城市 | | — | 40 | 40 | 30 |
| 道路网密度<br>(km/km²) | 大城市 | ＞200 | 0.4～0.5 | 0.8～1.2 | 1.2～1.4 | 3～4 |
| | | ≤200 | 0.3～0.4 | 0.8～1.2 | 1.2～1.4 | 3～4 |
| | 中等城市 | | — | 1.0～1.2 | 1.2～1.4 | 3～4 |
| 道路中机动车车道<br>条数(条) | 大城市 | ＞200 | 6～8 | 6～8 | 4～6 | 3～4 |
| | | ≤200 | 4～6 | 4～6 | 4～6 | 2 |
| | 中等城市 | | — | 4 | 2～4 | 2 |
| 道路宽度(m) | 大城市 | ＞200 | 40～45 | 45～55 | 40～50 | 15～30 |
| | | ≤200 | 35～40 | 40～50 | 30～45 | 15～20 |
| | 中等城市 | | — | 35～45 | 30～40 | 15～20 |

**小城市道路网规划指标**    表 7.1.6—2

| 项　目 | 城市人口(万人) | 干　路 | 支　路 |
|---|---|---|---|
| 机动车设计速度<br>(km/h) | ＞5 | 40 | 20 |
| | 1～5 | 40 | 20 |
| | ＜1 | 40 | 20 |
| 道路网密度<br>(km/km²) | ＞5 | 3～4 | 3～5 |
| | 1～5 | 4～5 | 4～6 |
| | ＜1 | 5～6 | 6～8 |
| 道路中机动车车道<br>条数(条) | ＞5 | 2～4 | 2 |
| | 1～5 | 2～4 | 2 |
| | ＜1 | 2～3 | 2 |
| 道路宽度(m) | ＞5 | 25～35 | 12～15 |
| | 1～5 | 25～35 | 12～15 |
| | ＜1 | 25～30 | 12～15 |

## 7.1.2 城市道路网布局

(1)城市道路网布局的一般原则

——《城市道路交通规划设计规范》(GB50220—95)

7.2.2 城市道路网的形式和布局，应根据土地使用、客货交通源和集散点的分布、交通流量流向，并结合地形、地物、河流走向、铁路布局和原有道路系统，因地制宜地确定。

7.2.4 分片区开发的城市，各相邻片区之间至少应有两条道路相贯通。

7.2.5 城市主要出入口每个方向应有两条对外放射的道路。七度地震设防的城市每个方向应有不少于两条对外放射的道路。

7.2.10 市中心区的建筑容积率达到8时，支路网密度宜为12～16km/km²；一般商业集中地区的支路网密度宜为10～12km/km²。

7.2.11 次干路和支路网宜划成1：2～1：4的长方格；沿交通主流方向应加大交叉口的间距。

7.2.12 道路网节点上相交道路的条数宜为4条，并不得超过5条。道路宜垂直相交，最小夹角不得小于45°。

7.2.13 应避免设置错位的T字型路口。已有的错位T字型路口，在规划时应改造。

(2)城市环路的布局要求

——《城市道路交通规划设计规范》(GB50220—95)

7.2.6 城市环路应符合以下规定：

7.2.6.1 内环路应设置在老城区或市中心区的外围；

7.2.6.2 外环路宜设置在城市用地的边界内1～2km处，当城市放射的干路与外环路相交时，应规划好交叉口上的左转交通；

7.2.6.3 大城市的外环路应是汽车专用道路，其他车辆应在环路外的道路上行驶；

7.2.6.4 环路设置，应根据城市地形、交通的流量流向确定，可采用半环或全环；

7.2.6.5 环路的等级不宜低于主干路。

(3)河网地区道路网的布局要求

——《城市道路交通规划设计规范》(GB50220—95)

7.2.7 河网地区城市道路网应符合下列规定：

7.2.7.1 道路宜平行或垂直于河道布置；

7.2.7.2 对跨越通航河道的桥梁，应满足桥下通航净空要求，并应与滨河路的交叉口相协调；

7.2.7.3 城市桥梁的车行道和人行道宽度应与道路的车行道和人行道等宽。在有条件的地方，城市桥梁可建双层桥，将非机动车道、人行道和管线设置在桥的下层通过；

7.2.7.4 客货流集散码头和渡口应与城市道路统一规划。码头附近的民船停泊和岸上农贸市场的人流集散和公共停车场车辆出入，均不得干扰城市主干路的交通。

(4)山区道路网的布局要求

——《城市道路交通规划设计规范》(GB50220—95)

7.2.8 山区城市道路网规划应符合下列规定：

7.2.8.1 道路网应平行等高线设置，并应考虑防洪要求。主干路宜设在谷地或坡面上。双向交通的道路宜分别设置在不同的标高上；

7.2.8.2 地形高差特别大的地区，宜设置人、车分开的两套道路系统；

7.2.8.3 山区城市道路网的密度宜大于平原城市，并应采用表7.1.6-1、表7.1.6-2(参见第179页)中规定的上限值。

## 7.1.3 城市道路规划

(1)快速路规划的要求

——《城市道路交通规划设计规范》(GB50220—95)

7.3.1 快速路规划应符合下列要求：

7.3.1.1 规划人口在200万以上的大城市和长度超过30km的带形城市应设置快速路。快速路应与其他干路构成系统，与城市对外公路有便捷的联系；

7.3.1.2 快速路上的机动车道两侧不应设置非机动车道。机动车道应设置中央隔离带；

7.3.1.3 与快速路交汇的道路数量应严格控制；

7.3.1.4 快速路两侧不应设置公共建筑出入口。快速路穿过人流集中的地区，应设置人行天桥或地道。


(2)主干路规划的要求

——《城市道路交通规划设计规范》(GB50220—95)

7.3.2 主干路规划应符合下列要求：

7.3.2.1 主干路上的机动车与非机动车应分道行驶；交叉口之间分隔机动车与非机动车的分隔带宜连续；

7.3.2.2 主干路两侧不宜设置公共建筑物出入口。


(3)次干路规划的要求

——《城市道路交通规划设计规范》(GB50220—95)

7.3.3 次干路两侧可设置公共建筑物，并可设置机动车和非机动车的停车场、公共交通站点和出租汽车服务站。


(4)支路规划的要求

——《城市道路交通规划设计规范》(GB50220—95)

7.3.4 支路规划应符合下列要求：

7.3.4.1 支路应与次干路和居住区、工业区、市中心区、市政公用设施用地、交通设施用地等内部道路相连接；

7.3.4.2 支路可与平行快速路的道路相接，但不得与快速路直接相接。在快速路两侧的支路需要联接时，应采用分离式立体交叉跨过或穿过快速路；

7.3.4.3 支路应满足公共交通线路行驶的要求；

7.3.4.4 在市区建筑容积率大于4的地区，支路网的密度应为表7.1.6-1和表7.1.6-2(参见第179页)中所规定数值的一倍。

(5)地震设防城市的道路规划要求

**——《城市道路交通规划设计规范》**(GB50220—95)

7.3.5.1 地震设防的城市，应保证震后城市道路和对外公路的交通畅通，并应符合下列要求：

(1)干路两侧的高层建筑应由道路红线向后退10~15m；

(2)新规划的压力主干管不宜设在快速路和主干路的车行道下面；

(3)路面宜采用柔性路面；

(4)道路立体交叉口宜采用下穿式；

(5)道路网中宜设置小广场和空地，并应结合道路两侧的绿地，划定疏散避难用地。

(6)定期受洪水侵害城市的道路规划要求

**——《城市道路交通规划设计规范》**(GB50220—95)

7.3.5.2 山区或湖区定期受洪水侵害的城市，应设置通向高地的防灾疏散道路，并适当增加疏散方向的道路网密度。

## 7.1.4 城市道路交叉口

(1)城市道路交叉口形式选择的规定

**——《城市道路交通规划设计规范》**(GB50220—95)

7.2.14 大、中、小城市道路交叉口的形式应符合表7.2.14-1和表7.2.14-2的规定。

**大中城市道路交叉口的形式** 表7.2.14-1

| 相 交 道 路 | 快 速 路 | 主 干 路 | 次 干 路 | 支 路 |
|---|---|---|---|---|
| 快 速 路 | A | A | A，B | — |
| 主 干 路 | | A，B | B，C | B，D |
| 次 干 路 | | | C，D | C，D |
| 支 路 | | | | D，E |

注：A为立体交叉口；B为展宽式信号灯管理平面交叉口；C为平面环形交叉口；D为信号灯管理平面交叉口；E为不设信号灯的平面交叉口。

**小城市的道路交叉口的形式** 表7.2.14-2

| 规 划 人 口(万人) | 相 交 道 路 | 干 路 | 支 路 |
|---|---|---|---|
| >5 | 干 路 | C，D，B | D，E |
| | 支 路 | | E |
| 1~5 | 干 路 | C，D，E | E |
| | 支 路 | | E |
| <1 | 干 路 | D，E | E |
| | 支 路 | | E |

注：同表7.2.14-1。

(2)城市道路交叉口设计的一般原则

**——《城市道路交通规划设计规范》**(GB50220—95)

7.4.3 道路交叉口的通行能力应与路段的通行能力相协调。

7.4.5 当城市道路网中整条道路实行联动的信号灯管理时，其间不应夹设环形交叉口。

7.4.6 中、小城市的干路与干路相交的平面交叉口，可采用环形交叉口。

7.4.9 规划交通量超过2700辆/h当量小汽车数的交叉口不宜采用环形交叉口。环形交叉口上的任一交织段上，规划的交通量超过1500辆/h当量小汽车数时，应改建交叉口。

7.4.11 在原有道路网改造规划中，当交叉口的交通量达到其最大通行能力的80%时，应首先改善道路网，调低其交通量，然后在该处设置立体交叉口。

7.4.12　城市中建造的道路立体交叉口，应与相邻交叉口的通行能力和车速相协调。

7.4.13　在城市立体交叉口和跨河桥梁的坡道两端，以及隧道进出口外30m的范围内，不宜设置平面交叉口和非港湾式公共交通停靠站。

(3)平面交叉口的规划通行能力设计

——《城市道路交通规划设计规范》(GB50220—95)

7.4.2　无信号灯和有信号灯管理的T字型和十字型平面交叉口的规划通行能力，可按表7.4.2的规定采用。

平面交叉口的规划通行能力(千辆/h)　　　表7.4.2

| 相交道路等级 | 交叉口形式 | | | |
|---|---|---|---|---|
| | T字型 | | 十字型 | |
| | 无信号灯管理 | 有信号灯管理 | 无信号灯管理 | 有信号灯管理 |
| 主干路与主干路 | — | 3.3~3.7 | — | 4.4~5.0 |
| 主干路与次干路 | — | 2.8~3.3 | — | 3.5~4.4 |
| 次干路与次干路 | 1.9~2.2 | 2.2~2.7 | 2.5~2.8 | 2.8~3.4 |
| 次干路与支路 | 1.5~1.7 | 1.7~2.2 | 1.7~2.0 | 2.0~2.6 |
| 支路与支路 | 0.8~1.0 | — | 1.0~1.2 | — |

注：①表中相交道路的进口道车道条数：主干路为3~4条，次干路为2~3条，支路为2条；
　　②通行能力按当量小汽车计算。

(4)平面交叉口的规划用地面积规定

——《城市道路交通规划设计规范》(GB50220—95)

7.4.10　城市道路平面交叉口的规划用地面积宜符合表7.4.10的规定：

平面交叉口规划用地面积(万m²)　　　表7.4.10

| 相交道路等级 ＼ 城市人口(万人) | T字型交叉口 | | | 十字型交叉口 | | | 环形交叉口 | | |
|---|---|---|---|---|---|---|---|---|---|
| | >200 | 50~200 | <50 | >200 | 50~200 | <50 | 中心岛直径(m) | 环道宽度(m) | 用地面积(万m²) |
| 主干路与主干路 | 0.60 | 0.50 | 0.45 | 0.80 | 0.65 | 0.60 | — | — | — |
| 主干路与次干路 | 0.50 | 0.40 | 0.35 | 0.65 | 0.55 | 0.50 | 40~60 | 20~40 | 1.0~1.5 |
| 次干路与次干路 | 0.40 | 0.30 | 0.25 | 0.55 | 0.45 | 0.40 | 30~50 | 16~20 | 0.8~1.2 |
| 次干路与支路 | 0.33 | 0.27 | 0.22 | 0.45 | 0.35 | 0.30 | 30~40 | 14~18 | 0.6~0.9 |
| 支路与支路 | 0.20 | 0.16 | 0.12 | 0.27 | 0.22 | 0.17 | 25~35 | 12~15 | 0.5~0.7 |

(5)平面交叉口的进出口展宽段设计规定

——《城市道路交通规划设计规范》(GB50220—95)

7.4.4　平面交叉口的进出口应设展宽段，并增加车道条数；每条车道宽度宜为3.5m，并应符合下列规定：

7.4.4.1　进口道展宽段的宽度，应根据规划的交通量和车辆在交叉口进口停车排队的长度确定。在缺乏交通量的情况下，可采用下列规定，预留展宽段的用地。

(1)当路段单向三车道时，进口道至少四车道；

(2)当路段单向两车道或双向三车道时，进口道至少三车道；

(3)当路段单向一车道时，进口道至少两车道。

7.4.4.2 展宽段的长度，在交叉口进口道外侧自缘石半径的端点向后展宽50～80m。

7.4.4.3 出口道展宽段的宽度，根据交通量和公共交通设站的需要确定，或与进口道展宽段的宽度相同；其展宽的长度在交叉口出口道外侧自缘石半径的端点向前延伸30～60m。当出口道车道条数达3条时，可不展宽。

7.4.4.4 经展宽的交叉口应设置交通标志、标线和交通岛。

(6)平面环形交叉口的设计要求

—— 《城市道路交通规划设计规范》(GB50220—95)

7.4.7 平面环形交叉口设计应符合下列规定：

7.4.7.1 相交于环形交叉口的两相邻道路之间的交织段长度，其上行驶货运拖挂车和铰接式机动车的交织段长度不应小于30m；只行驶非机动车的交织段长度不应小于15m；

7.4.7.2 环形交叉口的中心岛直径小于60m时，环道的外侧缘石不应做成与中心岛相同的同心圆；

7.4.7.3 在交通繁忙的环形交叉口的中心岛，不宜建造小公园。中心岛的绿化不得遮挡交通的视线；

7.4.7.4 环形交叉口进出口道路中间应设置交通导向岛，并延伸到道路中央分隔带。

7.4.8 机动车与非机动车混行的环形交叉口，环道总宽度宜为18～20m，中心岛直径宜取30～50m，其规划通行能力宜按表7.4.8的规定采用。

**环形交叉口的规划通行能力** 表7.4.8

| 机动车的通行能力(千辆/h) | 2.6 | 2.3 | 2.0 | 1.6 | 1.2 | 0.8 | 0.4 |
|---|---|---|---|---|---|---|---|
| 同时通过的自行车数(千辆/h) | 1 | 4 | 7 | 11 | 15 | 18 | 21 |

注：机动车换算成当量小汽车数，非机动车换算成当量自行车数。换算系数应符合本规范附录A的规定。

(7)各种形式立体交叉口的用地面积和规划通行能力规定

—— 《城市道路交通规划设计规范》(GB50220—95)

7.4.15 各种形式立体交叉口的用地面积和规划通行能力宜符合表7.4.15的规定：

**立体交叉口规划用地面积和通行能力** 表7.4.15

| 立体交叉口层数 | 立体交叉口中匝道的基本形式 | 机动车与非机动车交通有无冲突点 | 用 地 面 积 (万m²) | 通 行 能 力(千辆/h) | |
|---|---|---|---|---|---|
| | | | | 当量小汽车 | 当量自行车 |
| 二 | 菱 形 | 有 | 2.0～2.5 | 7～9 | 10～13 |
| | 苜蓿叶形 | 有 | 6.5～12.0 | 6～13 | 16～20 |
| | 环 形 | 有 | 3.0～4.5 | 7～9 | 15～20 |
| | | 无 | 2.5～3.0 | 3～4 | 12～15 |
| 三 | 十字路口形 | 有 | 4.0～5.0 | 11～14 | 13～16 |
| | 环 形 | 有 | 5.0～5.5 | 11～14 | 13～14 |
| | | 无 | 4.5～5.5 | 8～10 | 13～15 |
| | 苜蓿叶形与环形① | 无 | 7.0～12.0 | 11～13 | 13～15 |
| | 环形与苜蓿叶形② | 无 | 5.0～6.0 | 11～14 | 20～30 |
| 四 | 环 形 | 无 | 6.0～8.0 | 11～14 | 13～15 |

注：①三层立体交叉口中的苜蓿叶形为机动车匝道，环形为非机动车匝道；
②三层立体交叉口中的环形为机动车匝道，苜蓿叶形为非机动车匝道。

(8)立体交叉口形式选择的一般规定

—— 《城市道路交通规划设计规范》(GB50220—95)

7.4.14 城市道路立体交叉口形式的选择，应符合下列规定：

7.4.14.1 在整个道路网中，立体交叉口的形式应力求统一，其结构形式应简单，占地面积少；

7.4.14.2 交通主流方向应走捷径，少爬坡和少绕行；非机动车应行驶在地面层上或路堑内；

7.4.14.3 当机动车与非机动车分开行驶时，不同的交通层面应相互套叠组合在一起，减少立体交叉口的层数和用地。

## 7.1.5 城市广场

(1)车站、码头的交通集散广场的一般规定

—— 《城市道路交通规划设计规范》(GB50220—95)

7.5.1 全市车站、码头的交通集散广场用地总面积，可按规划城市人口每人0.07~0.10m²计算。

7.5.2 车站、码头前的交通集散广场的规模由聚集人流量决定，集散广场的人流密度宜为1.0~1.4人/m²。

7.5.3 车站、码头前的交通集散广场上供旅客上下车的停车点，距离进出口不宜大于50m；允许车辆短暂停留，但不得长时间存放。机动车和非机动车的停车场应设置在集散广场外围。

(2)游憩集会广场的一般规定

—— 《城市道路交通规划设计规范》(GB50220—95)

7.5.4 城市游憩集会广场用地的总面积，可按规划城市人口每人0.13~0.40m²计算。

7.5.5 城市游憩集会广场不宜太大。市级广场每处宜为4万~10万m²；区级广场每处宜为1万~3万m²。

# 7.2 道路交通

## 7.2.1 城市公共交通

(1)城市公共交通规划的任务

—— 《城市道路交通规划设计规范》(GB50220—95)

3.1.1 城市公共交通规划，应根据城市发展规模、用地布局和道路网规划，在客流预测的基础上，确定公共交通方式、车辆数、线路网、换乘枢纽和场站设施用地等，并应使公共交通的客运能力满足高峰客流的需求。

(2)城市公共交通规划的一般规定

—— 《城市道路交通规划设计规范》(GB50220—95)

3.1.2 大、中城市应优先发展公共交通，逐步取代远距离出行的自行车；小城市应完善市区至郊区的公共交通线路网。

3.1.3 城市公共交通规划应在客运高峰时，使95%的居民乘用下列主要公共交通方式时，单程最大出行时耗应符合表3.1.3的规定。

3.1.4 城市公共汽车和电车的规划拥有量，大城市应每800~1000人一辆标准车，中、小城市应每1200~1500人一辆标准车。

**不同规模城市的最大出行时耗和主要公共交通方式**　　　　表3.1.3

| 城　市　规　模 | | 最大出行时耗(min) | 主要公共交通方式 |
|---|---|---|---|
| 大 | ＞200万人 | 60 | 大、中运量快速轨道交通<br>公共汽车、电车 |
| | 100～200万人 | 50 | 中运量快速轨道交通<br>公共汽车、电车 |
| | ＜100万人 | 40 | 公共汽车、电车 |
| 中 | | 35 | 公共汽车 |
| 小 | | 25 | 公共汽车 |

3.1.5　城市出租汽车规划拥有量根据实际情况确定，大城市每千人不宜少于2辆；小城市每千人不宜少于0.5辆；中等城市可在其间取值。

3.1.6　规划城市人口超过200万人的城市，应控制预留设置快速轨道交通的用地。

3.1.7　选择公共交通方式时，应使其客运能力与线路上的客流量相适应。常用的公共交通方式单向客运能力宜符合表3.1.7的规定。

**公共交通方式单向客运能力**　　　　表3.1.7

| 公　共　交　通　方　式 | 运送速度(km/h) | 发车频率(车次/h) | 单向客运能力(千人次/h) |
|---|---|---|---|
| 公　共　汽　车 | 16～25 | 60～90 | 8～12 |
| 无　轨　电　车 | 15～20 | 50～60 | 8～10 |
| 有　轨　电　车 | 14～18 | 40～60 | 10～15 |
| 中运量快速轨道交通 | 20～35 | 40～60 | 15～30 |
| 大运量快速轨道交通 | 30～40 | 20～30 | 30～60 |

(3)城市公共交通线路网布局的原则

——《城市道路交通规划设计规范》(GB50220—95)

3.2.1　城市公共交通线路网应综合规划。市区线、近郊线和远郊线应紧密衔接。各线的客运能力应与客流量相协调。线路的走向应与客流的主流向一致；主要客流的集散点应设置不同交通方式的换乘枢纽，方便乘客停车与换乘。

3.2.2　在市中心区规划的公共交通线路网的密度，应达到3～4km/km²；在城市边缘地区应达到2～2.5km/km²。

3.2.3　大城市乘客平均换乘系数不应大于1.5；中、小城市不应大于1.3。

3.2.4　公共交通线路非直线系数不应大于1.4。

3.2.5　市区公共汽车与电车主要线路的长度宜为8～12km；快速轨道交通的线路长度不宜大于40min的行程。

(4)公共交通车站设置的一般规定

——《城市道路交通规划设计规范》(GB50220—95)

3.3.1　公共交通的站距应符合表3.3.1的规定。

3.3.4　公共交通车站的设置应符合下列规定：

3.3.4.1　在路段上，同向换乘距离不应大于50m，异向换乘距离不应大于100m；对置设站，应在车辆前进方向迎面错开30m；

3.3.4.2　在道路平面交叉口和立体交叉口上设置的车站，换乘距离不宜大于150m，并不得大

公　共　交　通　站　距　　　　　　　　　表3.3.1

| 公　共　交　通　方　式 | 市　区　线(m) | 郊　区　线(m) |
|---|---|---|
| 公共汽车与电车 | 500～800 | 800～1000 |
| 公共汽车大站快车 | 1500～2000 | 1500～2500 |
| 中运量快速轨道交通 | 800～1000 | 1000～1500 |
| 大运量快速轨道交通 | 1000～1200 | 1500～2000 |

于220m；

3.3.4.3　长途客运汽车站、火车站、客运码头主要出入口50m范围内应设公共交通车站；

3.3.4.4　公共交通车站应与快速轨道交通车站换乘。

3.3.5　快速轨道交通车站和轮渡站应设自行车存车换乘停车场(库)。

3.3.6　快速路和主干路及郊区的双车道公路，公共交通停靠站不应占用车行道。停靠站应采用港湾式布置，市区的港湾式停靠站长度，应至少有两个停车位。

## 7.2.2　自行车交通

(1)自行车交通规划的一般规定

——《城市道路交通规划设计规范》(GB50220—95)

4.1.1　计算自行车交通出行时耗时，自行车行程速度宜按11～14km/h计算。交通拥挤地区和路况较差的地区，其行程速度宜取低限值。

4.1.2　自行车最远的出行距离，在大、中城市应按6km计算，小城市应按10km计算。

4.1.3　在城市居民出行总量中，使用自行车与公共交通的比值，应控制在表4.1.3规定的范围内。

不同规模城市的居民使用自行车与公共交通出行量的比值　　　　表4.1.3

| 城　　市　　规　　模 | | 自行车出行量：公共交通出行量 |
|---|---|---|
| 大城市 | ＞100万人 | 1：1～3：1 |
| | ≤100万人 | 3：1～9：1 |
| 中等城市 | | 9：1～16：1 |
| 小城市 | | 不控制 |

(2)自行车道路网的构成和布局规定

——《城市道路交通规划设计规范》(GB50220—95)

4.2.1　自行车道路网规划应由单独设置的自行车专用路、城市干路两侧的自行车道、城市支路和居住区内的道路共同组成一个能保证自行车连续交通的网络。

4.2.3　自行车单向流量超过10000辆/h时的路段，应设平行道路分流。在交叉口，当每个路口进入的自行车流量超过5000辆/h时，应在道路网规划中采取自行车的分流措施。

4.2.4　自行车道路网密度与道路间距，宜按表4.2.4的规定采用。

自行车道路网密度与道路间距　　　　表4.2.4

| 自行车道路与机动车道的分隔方式 | 道路网密度 (km/km²) | 道路间距 (m) |
|---|---|---|
| 自行车专用路 | 1.5～2.0 | 1000～1200 |
| 与机动车道间用设施隔离 | 3～5 | 400～600 |
| 路面划线 | 10～15 | 150～200 |

(3)自行车道路设计的一般规定

——《城市道路交通规划设计规范》(GB50220—95)

4.2.5 自行车道路与铁路相交遇下列三种情况之一时,应设分离式立体交叉:

4.2.5.1 与Ⅱ级铁路正线相交、高峰小时自行车双向流量超过10000辆;

4.2.5.2 与Ⅰ级铁路正线相交、高峰小时自行车双向流量超过6000辆;

4.2.5.3 火车调车作业中断自行车专用路的交通,日均累计2h以上,且在交通高峰时中断交通15min以上。

4.2.6 自行车专用路应按设计速度20km/h的要求进行线型设计。

4.2.7 自行车道路的交通环境设计,应设置安全、照明、遮荫等设施。

(4)自行车道路的宽度和通行能力

——《城市道路交通规划设计规范》(GB50220—95)

4.3.1 自行车道路路面宽度应按车道数的倍数计算,车道数应按自行车高峰小时交通量确定。自行车道路每条车道宽度宜为1m,靠路边的和靠分隔带的一条车道侧向净空宽度应加0.25m。自行车道路双向行驶的最小宽度宜为3.5m,混有其他非机动车的,单向行驶的最小宽度应为4.5m。

4.3.2 自行车道路的规划通行能力的计算应符合下列规定:

4.3.2.1 路段每条车道的规划通行能力应按1500辆/h计算;平面交叉口每条车道的规划通行能力应按1000辆/h计算;

4.3.2.2 自行车专用路每条车道的规划通行能力应按第4.3.2.1条的规定乘以1.1~1.2;

4.3.2.3 在自行车道内混有人力三轮车、板车等,应按附表的规定乘非机动车的换算系数,当这部分的车流量与总体车流量之比大于30%时,每条车道的规划通行能力应乘折减系数0.4~0.7。

## 7.2.3 步行交通

(1)人行道、人行横道、人行天桥、人行地道的设计

——《城市道路交通规划设计规范》(GB50220—95)

5.2.3 人行道宽度应按人行带的倍数计算,最小宽度不得小于1.5m。人行带的宽度和通行能力应符合表5.2.3的规定。

**人行带宽度和最大通行能力** 表5.2.3

| 所 在 地 点 | 宽 度(m) | 最大通行能力(人/h) |
| --- | --- | --- |
| 城市道路上 | 0.75 | 1800 |
| 车站码头、人行天桥和地道 | 0.90 | 1400 |

5.2.4 在城市的主干路和次干路的路段上,人行横道或过街通道的间距宜为250~300m。

5.2.5 当道路宽度超过四条机动车道时,人行横道应在车行道的中央分隔带或机动车道与非机动车道之间的分隔带上设置行人安全岛。

5.2.6 属于下列情况之一时,宜设置人行天桥或地道:

5.2.6.1 横过交叉口的一个路口的步行人流量大于5000人次/h,且同时进入该路口的当量小汽车交通量大于1200辆/h时;

5.2.6.2 通过环形交叉口的步行人流总量达18000人次/h,且同时进入环形交叉的当量小汽车交通量达到2000辆/h时;

5.2.6.3　行人横过城市快速路时；

5.2.6.4　铁路与城市道路相交道口,因列车通过一次阻塞步行人流超过1000人次或道口关闭的时间超过15min时。

5.2.7　人行天桥或地道设计应符合城市景观的要求,并与附近地上或地下建筑物密切结合;人行天桥或地道的出入口处应规划人流集散用地,其面积不宜小于50m²。

5.2.8　地震多发地区的城市,人行立体过街设施宜采用地道。

(2)商业步行区的设计

——《城市道路交通规划设计规范》(GB50220—95)

5.3.1　商业步行区的紧急安全疏散出口间隔距离不得大于160m。区内道路网密度可采用13～18km/km²。

5.3.2　商业步行区的道路应满足送货车、清扫车和消防车通行的要求。道路的宽度可采用10～15m,其间可配置小型广场。

5.3.3　商业步行区内步行道路和广场的面积,可按每平方米容纳0.8～1.0人计算。

5.3.4　商业步行区距城市次干路的距离不宜大于200m;步行区进出口距公共交通停靠站的距离不宜大于100m。

5.3.5　商业步行区附近应有相应规模的机动车和非机动车停车场或多层停车库,其距步行区进出口的距离不宜大于100m,并不得大于200m。

## 7.2.4　城市货运交通

(1)货运交通的内容

——《城市道路交通规划设计规范》(GB50220—95)

6.1.2　城市货运交通应包括过境货运交通、出入市货运交通与市内货运交通三个部分。

(2)货运方式的选择

——《城市道路交通规划设计规范》(GB50220—95)

6.2.1　城市货运方式的选择应符合节约用地、方便用户、保护环境的要求,并应结合城市自然地理和环境特征,合理选择道路、铁路、水运和管道等运输方式。

6.2.2　企业运量大于5万t/年的大宗散装货物运输,宜采用铁路或水运方式。

6.2.3　运输线路固定的气体、液化燃料和液化化工制品,运量大于50万t/年时,宜采用管道运输方式。

6.2.4　当城市对外货物运输距离小于200km时,宜采用公路运输方式。

6.2.5　大、中城市的零担货物,宜采用专用货车或厢式货车运输,适当发展集装箱运输。

6.2.6　城市货运汽车的需求量应根据规划的年货物周转量计算确定,或按规划城市人口每30～40人配置一辆标准货车估算。

(3)货物流通中心的规划

——《城市道路交通规划设计规范》(GB50220—95)

6.3.1　货运交通规划应组织储、运、销为一体的社会化运输网络,发展货物流通中心。

6.3.2　货物流通中心应根据其业务性质及服务范围划分为地区性、生产性和生活性三种类型,并应合理确定规模与布局。

6.3.3 货物流通中心用地总面积不宜大于城市规划用地总面积的2%。

6.3.4 大城市的地区性货物流通中心应布置在城市边缘地区，其数量不宜少于两处；每处用地面积宜为50万~60万 m²。中、小城市货物流通中心的数量和规模宜根据实际货运需要确定。

6.3.5 生产性货物流通中心，应与工业区结合，服务半径宜为3~4km。其用地规模应根据储运货物的工作量计算确定，或宜按每处6万~10万 m² 估算。

6.3.6 生活性货物流通中心的用地规模，应根据其服务的人口数量计算确定，但每处用地面积不宜大于5万 m²，服务半径宜为2~3km。

(4)货运道路的设计

—— 《城市道路交通规划设计规范》(GB50220—95)

6.4.2 当城市道路上高峰小时货运交通量大于600辆标准货车，或每天货运交通量大于5000辆标准货车时，应设置货运专用车道。

6.4.3 货运专用车道，应满足特大货物运输的要求。

6.4.4 大、中城市的重要货源点与集散点之间应有便捷的货运道路。

6.4.5 大型工业区的货运道路，不宜少于两条。

6.4.6 当昼夜过境货运车辆大于5000辆标准货车时，应在市区边缘设置过境货运专用车道。

# 7.3 道路交通设施

## 7.3.1 城市公共停车场的分类和布局

—— 《城市道路交通规划设计规范》(GB50220—95)

8.1.1 城市公共停车场应分为外来机动车公共停车场、市内机动车公共停车场和自行车公共停车场三类，其用地总面积可按规划城市人口每人0.8~1.0m²计算。其中：机动车停车场的用地宜为80%~90%，自行车停车场的用地宜为10%~20%。市区宜建停车楼或地下停车库。

8.1.2 外来机动车公共停车场，应设置在城市的外环路和城市出入口道路附近，主要停放货运车辆。市内公共停车场应靠近主要服务对象设置，其场址选择应符合城市环境和车辆出入又不妨碍道路畅通的要求。

8.1.4 机动车公共停车场的服务半径，在市中心地区不应大于200m；一般地区不应大于300m；自行车公共停车场的服务半径宜为50~100m，并不得大于200m。

## 7.3.2 城市公共停车场的设计

—— 《城市道路交通规划设计规范》(GB50220—95)

8.1.3 市内机动车公共停车场停车位数的分布：在市中心和分区中心地区，应为全部停车位数的50%~70%；在城市对外道路的出入口地区应为全部停车位数的5%~10%；在城市其他地区应为全部停车位数的25%~40%。

8.1.6 机动车每个停车位的存车量以一天周转3~7次计算；自行车每个停车位的存车量以一天周转5~8次计算。

8.1.7 机动车公共停车场用地面积，宜按当量小汽车停车位数计算。地面停车场用地面积，每个停车位宜为25~30m²；停车楼和地下停车库的建筑面积，每个停车位宜为30~35m²。摩托车停车场用地面积，每个停车位宜为 $2.5\sim2.7m^2$。自行车公共停车场用地面积，每个停车位宜为 $1.5\sim1.8m^2$。

8.1.8　机动车公共停车场出入口的设置应符合下列规定：

8.1.8.1　出入口应符合行车视距的要求，并应右转出入车道；

8.1.8.2　出入口应距离交叉口、桥隧坡道起止线50m以外；

8.1.8.3　少于50个停车位的停车场，可设一个出入口，其宽度宜采用双车道；50～300个停车位的停车场，应设两个出入口；大于300个停车位的停车场，出口和入口应分开设置，两个出入口之间的距离应大于20m。

8.1.9　自行车公共停车场应符合下列规定：

8.1.9.1　长条形停车场宜分成15～20m长的段，每段应设一个出入口，其宽度不得小于3m；

8.1.9.2　500个车位以上的停车场，出入口数不得少于两个；

8.1.9.3　1500个车位以上的停车场，应分组设置，每组应设500个停车位，并应各设有一对出入口；

8.1.9.4　大型体育设施和大型文娱设施的机动车停车场和自行车停车场应分组布置。其停车场出口的机动车和自行车的流线不应交叉，并应与城市道路顺向衔接；

8.1.9.5　分场次活动的娱乐场所的自行车公共停车场，宜分成甲乙两个场地，交替使用，各有自己的出入口。

## 7.3.3　公共加油站的布局和设计

——《城市道路交通规划设计规范》(GB50220—95)

8.2.3　城市公共加油站的选址，应符合现行国家标准《小型石油库及汽车加油站设计规范》(已废止，此处应符合《汽车加油加气站设计与施工规范》(GB50156—2002))的有关规定。

8.2.1　城市公共加油站的服务半径宜为0.9～1.2km。

8.2.2　城市公共加油站应大、中、小相结合，以小型站为主，其用地面积应符合表8.2.2的规定。

公共加油站的用地面积(万 $m^2$)　　　　　　　　　　　　　表8.2.2

| 昼夜加油的车次数 | 300 | 500 | 800 | 1000 |
|---|---|---|---|---|
| 用地面积(万 $m^2$) | 0.12 | 0.18 | 0.25 | 0.30 |

8.2.4　城市公共加油站的进出口宜设在次干路上，并附设车辆等候加油的停车道。

8.2.5　附设机械化洗车的加油站，应增加用地面积160～200m²。

## 7.3.4　城市公共客运渡轮站的规划选址

——《城市公共交通站场、厂设计规范》(CJJ15—87)

第2.4.1条　城市公共客运轮渡码头简称渡轮站。渡轮站的选址要考虑岸线的建设条件和对两岸道路的运行条件，并要有人流集散、设置回车、停车场、公交车站等条件，城市规划部门应充分发挥渡轮站在城市交通中的作用，从规划上保证渡轮站的水域和陆上用地。渡轮站的间距，客流、交通密度较大的地区为500～1000m，较疏的地区为1000～2000m，近郊区视具体情况确定，一般约为5000m左右。

第2.4.2条　渡轮站应与货运、长途客运码头隔开，一般宜不小于50m。

第2.4.3条　渡轮站必须选在水位落差最大时也能使用、两岸坡度比较平缓的地方。

# 7.4 城市道路无障碍设计

## 7.4.1 城市道路无障碍实施范围

——《城市道路和建筑物无障碍设计规范》(JGJ50—2001)

3.1 道路与桥梁

3.1.1 城市道路与桥梁无障碍设计的范围应符合表3.1.1的规定。

3.2 人行道路

3.2.1 人行道路的无障碍设施与设计要求应符合表3.2.1的规定。

城市道路与桥梁无障碍设计的范围 表3.1.1

| 道 路 类 别 | | 设 计 部 位 |
|---|---|---|
| 城市道路 | • 城市市区道路<br>• 城市广场<br>• 卫星城道路、广场<br>• 经济开发区道路<br>• 旅游景点道路等 | 1.人行道<br>2.人行横道<br>3.人行天桥、人行地道<br>4.公交车站<br>5.桥梁、隧道<br>6.立体交叉 |

人行道路无障碍设施与设计要求 表3.2.1

| 序号 | 设施类别 | 设 计 要 求 |
|---|---|---|
| 1 | 缘石坡道 | 人行道在交叉路口、街坊路口、单位出口、广场入口、人行横道及桥梁、隧道、立体交叉等路口应设缘石坡道。 |
| 2 | 坡道与梯道 | 城市主要道路、建筑物和居住区的人行天桥和人行地道,应设轮椅坡道和安全梯道;在坡道和梯道两侧应设扶手。城市中心地区可设垂直升降梯取代轮椅坡道。 |
| 3 | 盲道 | 1.城市中心区道路、广场、步行街、商业街、桥梁、隧道、立体交叉及主要建筑物地段的人行道应设盲道。<br>2.人行天桥、人行地道、人行横道及主要公交车站应设提示盲道。 |
| 4 | 人行横道 | 1.人行横道的安全岛应能使轮椅通行。<br>2.城市主要道路的人行横道宜设过街音响信号。 |
| 5 | 标志 | 1.在城市广场、步行街、商业街、人行天桥、人行地道等无障碍设施的位置,应设国际通用无障碍标志牌。<br>2.城市主要地段的道路和建筑物宜设盲文位置图。 |

## 7.4.2 缘石坡道的设计要求

——《城市道路和建筑物无障碍设计规范》(JGJ50—2001)

4.1 缘石坡道

4.1.1 缘石坡道设计应符合下列规定:

1.人行道的各种路口必须设缘石坡道;

2.缘石坡道应设在人行道的范围内,并应与人行横道相对应;

3.缘石坡道可分为单面坡缘石坡道和三面坡缘石坡道;

4.缘石坡道的坡面应平整,且不应光滑;

5.缘石坡道下口高出车行道的地面不得大于20mm。

4.1.2 单面坡缘石坡道设计应符合下列规定:

1.单面坡缘石坡道可采用方形、长方形或扇形;

2.方形、长方形单面坡缘石坡道应与人行道的宽度相对应(图4.1.2-1,图4.1.2-2,图4.1.2-3);

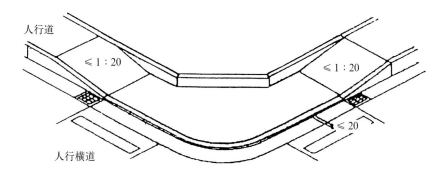

图 4.1.2-1 交叉路口单面坡缘石坡道

3.扇形单面坡缘石坡道下口宽度不应小于1.50m(图4.1.2-4);

4.设在道路转角处单面坡缘石坡道上口宽度不宜小于2.00m(图4.1.2-5);

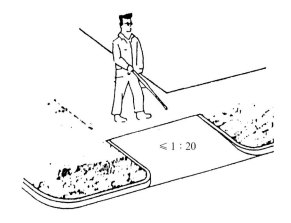

图 4.1.2-2 街坊路口单面坡缘石坡道

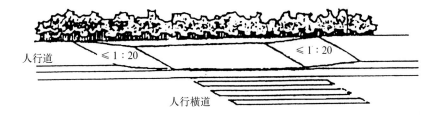

图 4.1.2-3 人行横道单面坡缘石坡道

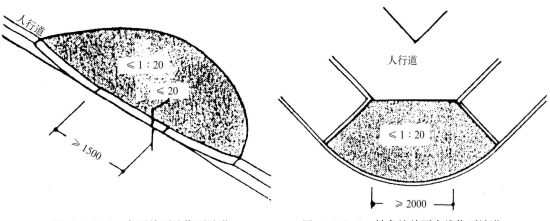

图 4.1.2-4 扇形单面坡缘石坡道　　图 4.1.2-5 转角处单面直线缘石坡道

5.单面坡缘石坡道的坡度不应大于1∶20。

4.1.3　三面坡缘石坡道设计应符合下列规定：

1.三面坡缘石坡道的正面坡道宽度不应小于1.20m(图4.1.3)；

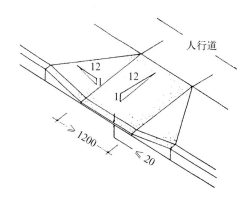

图 4.1.3　三面坡缘石坡道

2.三面坡缘石坡道的正面及侧面的坡度不应大于1∶12(图4.1.3)。

### 7.4.3　盲道的设计要求

——《城市道路和建筑物无障碍设计规范》(JGJ50—2001)

4.2　盲道

4.2.1　盲道设计应符合下列规定：

1.人行道设置的盲道位置和走向，应方便视残者安全行走和顺利到达无障碍设施位置；

2.指引残疾者向前行走的盲道应为条形的行进盲道(图4.2.1-1)；在行进盲道的起点、终点及拐弯处应设圆点形的提示盲道(图4.2.1-2)；

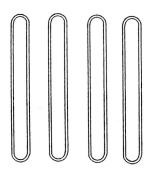

图 4.2.1-1　行进盲道

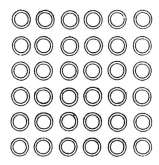

图 4.2.1-2　提示盲道

3.盲道表面触感部分以下的厚度应与人行道砖一致(图4.2.1-3)；

4.盲道应连续，中途不得有电线杆、拉线、树木等障碍物；

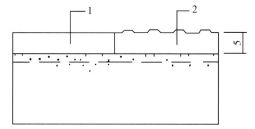

图 4.2.1-3　人行道砖与盲道砖的连接

1—人行道砖；2—盲道砖的触感部分凸出表面

5.盲道宜避开井盖铺设;

6.盲道的颜色宜为中黄色。

4.2.2 行进盲道的位置选择应按下列顺序,并符合下列规定:

1.人行道外侧有围墙、花台或绿地带,行进盲道宜设在距围墙、花台、绿地带0.25～0.50m处(图4.2.2-1);

图 4.2.2-1 缘花台的行进盲道

2.人行道内侧有树池,行进盲道可设在距树池0.25～0.50m处;

3.人行道没有树池,行进盲道距立缘石不应小于0.50m;

4.行进盲道的宽度宜为0.30～0.60m,可根据道路宽度选择低限或高限;

5.人行道成弧线形路线时,行进盲道宜与人行道走向一致(图4.2.2-2);

6.行进盲道触感条规格应符合表4.2.2-1的规定(图4.2.2-3)。

盲 道 触 感 条 规 格　　　　　　表 4.2.2-1

| 部　　　　　位 | 设 计 要 求(mm) |
| --- | --- |
| 面　　宽 | 25 |
| 底　　宽 | 35 |
| 高　　度 | 5 |
| 中 心 距 | 62～75 |

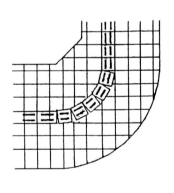

图 4.2.2-2 弧线形盲道

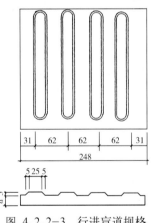

图 4.2.2-3 行进盲道规格

4.2.3 提示盲道的设置应符合下列规定:

1.行进盲道的起点和终点处应设提示盲道,其长度应大于行进盲道的宽度(图4.2.3-1);

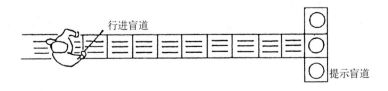

图 4.2.3-1 盲道起点与终点提示盲道

2.行进盲道在转弯处应设提示盲道，其长度应大于行进盲道的宽度(图4.2.3-2)；

3.人行道中有台阶、坡道和障碍物等，在相距0.25~0.50m处，应设提示盲道(图4.2.3-3)；

4.距人行横道入口、广场入口、地下铁道入口等0.25~0.50m处，应设提示盲道，提示盲道长度与各入口的宽度应相对应(图4.2.3-4a，图4.2.3-4b)；

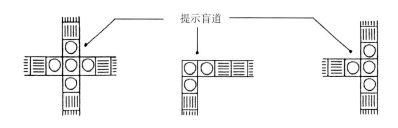

图 4.2.3-2 盲道交叉提示盲道

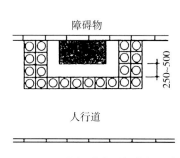

图 4.2.3-3 人行道障碍物的提示盲道

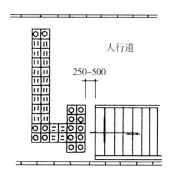

图 4.2.3-4a 地下铁道入口提示盲道

5.提示盲道的宽度宜为0.30~0.60m；

6.提示盲道触感圆点规格应符合表4.2.3-1的规定(图4.2.3-5)。

表4.2.3-1

| 部 位 | 设 计 要 求(mm) |
|---|---|
| 表 面 直 径 | 25 |
| 底 面 直 径 | 35 |
| 圆 点 高 度 | 5 |
| 圆 点 中 心 距 | 50 |

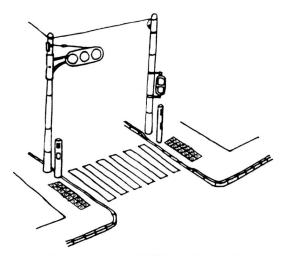

图 4.2.3-4b 人行横道入口提示盲道

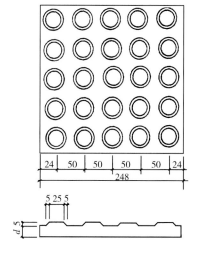

图 4.2.3-5 提示盲道触感圆点规格(mm)

### 7.4.4　人行天桥和人行地道的设计要求

——《城市道路和建筑物无障碍设计规范》(JGJ50—2001)

4.4　人行天桥、人行地道

4.4.1　城市中心区、商业区、居住区及公共建筑设置的人行天桥与人行地道，应设坡道和提示盲道；当设坡道有困难时可设垂直升降梯(图4.4.1)。

4.4.2　人行天桥、人行地道的坡道应适合乘轮椅者通行；梯道应适合挂拐杖者及老年人通行。在坡道和梯道两侧应设扶手。

4.4.3　人行天桥、人行地道的坡道设计应符合下列规定：

1.坡道的坡度不应大于1：12；在困难地段的坡度不得大于1：8(需要协助推动轮椅行进)；

2.弧线形坡道的坡度，应以弧线内缘的坡度进行计算；

3.坡道的高度每升高1.50m时，应设深度不小于2m的中间平台；

4.坡道的坡面应平整且不应光滑。

4.4.4　人行天桥、人行地道的梯道设计应符合下列规定：

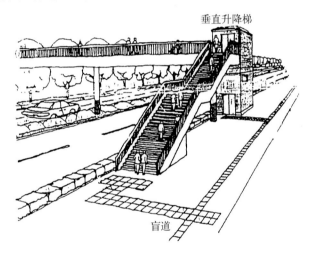

图 4.4.1　人行天桥升降梯

1.梯道宽度不应小于3.50m，中间平台深度不应小于2m；

2.在梯道中间部位应设自行车坡道；

3.踏步的高度不应大于0.15m，宽度不应小于0.30m；

4.踏面应平整且不光滑，前缘不应有突出部分。

4.4.5　距坡道与梯道0.25～0.50m处应设提示盲道。提示盲道的长度应与坡道、梯道的宽度相对应，提示盲道的宽度应为0.30～0.60m(图4.4.5)。

4.4.6　人行道中有行进盲道时，应与人行天桥、人行地道及地铁入口的提示盲道相连接。

4.4.7　人行天桥、人行地道的扶手设计应符合下列规定：

1.扶手高应为0.90m。设上、下两层扶手时，下层扶手高应为0.70m；

2.扶手应保持连贯，在起点和终点处应延伸0.40m；

3.扶手截面直径尺寸宜为45～50mm，扶手托架的高度、扶手与墙面的距离宜为45～50mm；

4.在扶手起点水平段应安装盲文标志牌；

5.扶手下方为落空栏杆时，应设高不小于0.10m的安全挡台。

4.4.8　人行地道的坡道和梯道入口两侧的护墙低于0.85m时，在墙顶应安装护栏或扶手。

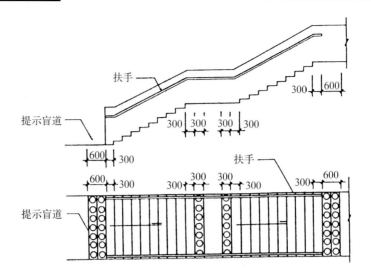

图 4.4.5 梯道中的提示盲道

4.4.9 人行地道的坡道入口平台与人行道地面有高差时，应采用坡道连接。

4.4.10 人行天桥下面的三角空间区，在2m高度以下应安装防护栅栏，并应在结构边缘外设宽0.30～0.60m提示盲道(图4.4.10-1，图4.4.10-2)。

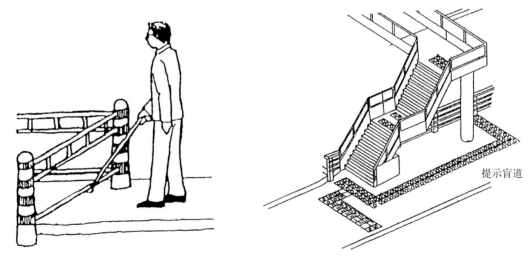

图 4.4.10-1 人行天桥防护栅栏　　　图 4.4.10-2 人行天桥防护提示盲道

### 7.4.5 桥梁、隧道和立体交叉的设计要求

—— 《城市道路和建筑物无障碍设计规范》(JGJ50—2001)

4.5 桥梁、隧道、立体交叉

4.5.1 桥梁、隧道无障碍设计应符合下列规定：

1.桥梁、隧道的人行道应与道路的人行道衔接，当地面有高差时，应设轮椅坡道，坡道的坡度不应大于1：20；

2.桥梁、隧道入口处的人行道应设缘石坡道，缘石坡道应与人行横道相对应；

3.桥梁、隧道的人行道应设盲道。

4.5.2 立体交叉人行道的缘石坡道、人行横道及盲道的位置应相互对应和衔接(图4.5.2-1，图4.5.2-2，图4.5.2-3)。

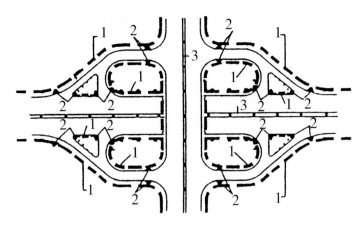

图 4.5.2-1 立体交叉无障碍设施布置
1—盲道；2—缘石坡道；3—隔离带

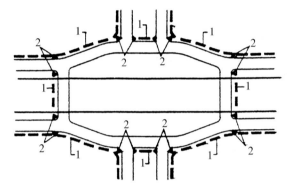

图 4.5.2-2 立体交叉中非机动车道的无障碍设施
1—盲道；2—缘石坡道

图 4.5.2-3 菱形立交中无障碍设施布置
1—缘石坡道；2—盲道；3—桥下盲道
4—辅路；5—人行横道

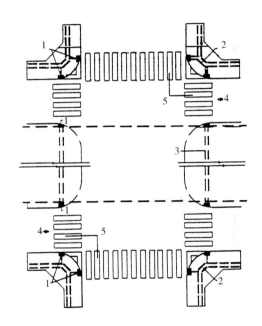

4.5.3 立体交叉桥孔的人行道设计应符合下列规定：

1.桥孔内人行道的地面与桥孔外人行道的地面有高差时，应设轮椅坡道，坡道的坡度不应大于 1：20；

2.桥孔外的人行道口应设缘石坡道，缘石坡道与人行横道应相对应；

3.桥孔内的人行道应设盲道，并应与桥孔外设有的盲道相连接。

4.5.4 桥梁、隧道和立体交叉的缘石坡道与盲道的设计应符合相应的无障碍设计要求。

## 7.4.6 公交车站的设计要求

——《城市道路和建筑物无障碍设计规范》(JGJ50—2001)

### 4.3 公交车站

4.3.1 城市主要道路和居住区的公交车站，应设提示盲道和盲文站牌。

4.3.2 沿人行道的公交车站，提示盲道应符合下列规定(图4.3.2)：

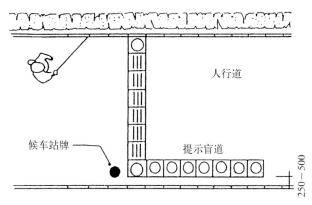

图 4.3.2　公交车站提示盲道

1. 在候车站牌一侧应设提示盲道，其长度宜为 4.00~6.00m；

2. 提示盲道的宽度应为 0.30~0.60m；

3. 提示盲道距路边应为 0.25~0.50m；

4. 人行道中有行进盲道时，应与公交车站的提示盲道相连接。

4.3.3　在车道之间的分隔带设公交车站应符合下列规定：

1. 由人行道通往分隔带的公交车站，设宽度不应小于1.50m，坡度不应大于1∶12的缘石坡道；

2. 在候车站牌一侧应设提示盲道，其长度宜为4.00~6.00m；

3. 提示盲道的宽度应为0.30~0.60m；

4. 提示盲道距路边宜为0.25~0.50m。

4.3.4　公交车站设置盲文站牌的位置、高度、形式与内容，应方便视力残疾者使用。

### 7.4.7　停车车位的设计要求

——《城市道路和建筑物无障碍设计规范》(JGJ50—2001)

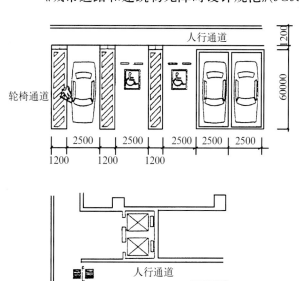

图 7.11.3　停车车位及轮椅通道

7.11　停车车位

7.11.1　距建筑入口及车库最近的停车位置，应划为残疾人专用停车车位。

7.11.2　残疾人停车车位的地面应平整、坚固和不积水，地面坡度不应大于1∶50。

7.11.3　停车车位的一侧，应设宽度不小于1.20m的轮椅通道，应使乘轮椅者从轮椅通道直接进入人行通道到达建筑入口(图7.11.3)。

7.11.4　停车车位一侧的轮椅通道与人行通道地面有高差时，应设宽1.00m的轮椅坡道。

7.11.5　停车车位的地面，应涂有停车线、轮椅通道线和无障碍标志，在停车车位的尽端宜设无障碍标志碑。

## 附录A 城市公共汽车和无轨电车工程项目建设标准

### (建标 [1996] 298 号)

第一章 总 则

第一条 为适应社会主义市场经济发展的需要，加强国家固定资产投资与建设的宏观调控，提高城市公共汽车和无轨电车工程项目决策和建设科学管理的水平，合理确定和掌握建设标准，推动技术进步，充分发挥投资效益和社会效益，促进城市公共交通事业建设的发展，制定本建设标准。

第二条 本建设标准是为项目决策服务和控制项目建设水平的全国统一标准，是编制、评估和审批城市公共汽车和无轨电车工程项目（以下简称汽、电车工程项目）可行性研究报告的重要依据，也是有关部门审查工程项目初步设计和监督、检查整个建设过程建设标准的尺度。

第三条 本建设标准适用于新建汽、电车工程项目。改、扩建工程项目可参照执行。

第四条 汽、电车工程项目的建设，必须遵守国家有关经济建设的法律、法规，贯彻执行节约能源、节约用地、环境保护的规定和行业发展的技术经济政策。

第五条 汽、电车工程项目的建设，应与城市社会经济发展水平相适应。以当地城市目前的经济技术水平为基础，根据生产建设、科学技术发展的需要，合理确定建设规模和装备水平。

第六条 汽、电车工程项目的建设，应符合城市规划（含城市交通规划或公共交通规划）的要求。场站设施建设必须与车辆发展规模相协调。车辆、首末站、枢纽站、停车场、保养场等项目建设必须统一规划、系统建设、逐步实施。以安全、方便、迅速、舒适的服务，满足城市居民出行的需求。

第七条 汽、电车工程项目的建设应落实场站选址、资金等建设条件。建设资金的筹措应明确资金来源及其构成。引进外资项目应按国家有关规定执行。

第八条 场站设施的建设应坚持专业化协作、社会化服务的原则，改扩建项目应充分利用原有设施。

第九条 汽、电车工程项目的建设，除执行本建设标准外，尚应符合国家现行有关标准和定额、指标的规定。

第二章 建设规模与项目构成

第十条 汽、电车工程项目建设规模按下列标准车的数量可划分为三级：

一级为 601辆及以上；

二级为 201～600辆；

三级为 100～200辆。

100辆以下城市参照三级建设规模执行。

注：车辆指规划确定的城市公共汽车和无轨电车年度标准运营车辆总数。按车长9m作为标准车换算单位。

即换算系数=1.0，其它类别车辆按车长折算。

第十一条 汽、电车工程项目由运营车辆、场站设施和职工住宅构成。

一、运营车辆包括市区与郊区（含开通至市域的公交线路）运营的各种类型的公共汽车、无轨电车。

二、场站设施包括中途站、首末站、枢纽站、停车场、保养场；无轨电车系统还包括整流站、线网、供电管理设施。

第十二条 首末站、枢纽站主要包括：停车坪、回车道、候车廊、运营调度、司售休息、机修备件、厨房、厕所、浴室等站房设施。中途站设候车廊、路牌。

第十三条 停车场主要包括下列设施:

一、停车设施:停车坪(库)、洗车台(间)、试车道、场区道路、防冻防滑设施等;无轨电车停车场增设线网和专路馈线供电设施,距整流站较远时,应建小型单机组整流站。

二、运营管理设施:调度、票务、车队管理、行政办公、路务修缮等。

三、生产及辅助设施:低保车库及附属工间、库房、配电室、锅炉房、加油站、警卫、消防、环保、劳保后勤库、防暑降温等。

四、生活服务设施:单身宿舍、文娱室、医务室、托幼班、食堂、浴厕、女工卫生间等。

第十四条 保养场主要包括下列设施:

一、生产及辅助设施:保养车库、修理工间(含车身中整修)、车辆检测线、材料仓库(含轮胎库)、危险品库、动力系统(变压器室、配电室、空压机房、锅炉房、乙炔氧气站)、加油站、警卫、消防、房屋修缮、劳保后勤库、防暑降温等。

二、生产管理设施:技术管理、保修机务调度、行政办公、职工培训等。

三、停车设施:待保停车坪(库)、洗车台(间)、试车道、场区道路等;无轨电车保养场增设线网和专路馈线供电设施,距整流站较远时,应建单机组整流站。

四、生活服务设施:单身宿舍、文体、医务保健、托儿所、食堂、浴厕、女工卫生间等。

五、安全、环保设施等。

第十五条 兼运营、低保功能的保养场,应参照第十三条增加相应的设施。

第十六条 职工住宅和生活服务设施应根据项目建设的实际情况,充分利用当地的社会协作条件进行建设。

第三章 车辆与装备水平

第十七条 汽、电车工程项目运营车辆配备不应低于下列规定:

一、200万人口以上的特大城市由7.7辆／万人争取逐步提高到11.0辆／万人;

二、100万人口至200万人口的特大城市由5.3辆／万人争取逐步提高到10.0辆／万人;

三、大城市由3.9辆／万人争取逐步提高到9.0辆／万人;

四、中等城市争取逐步提高到7.0辆／万人。

注:①城市人口指城市行政区划范围内的非农业人口。

②辆／万人指标车／万人。

第十八条 城市公共汽车和无轨电车的车辆宜按下列三类结构合理配置。具体选型可结合各城市的形态、道路设施水平和市场需求等条件合理确定。

一类:以大型客车为主,中、小型客车为辅;

二类:以大、中型客车并举,小型客车为辅;

三类:以中型客车为主,小型客车为辅。

第十九条 汽、电车工程项目的车辆选择应符合下列原则:

一、安全可靠、经济耐用、操纵灵活、维修方便、配件易购;

二、舒适、美观,车型应尽可能统一;

三、与客车车辆生产的大型化、柴油化、标准化、专用底盘化的生产发展方向一致;

四、立足国内。

第二十条 不同建设规模的汽、电车工程项目的场、站设施,宜按下列组织管理形式系统建设:

一、一级建设规模宜采用高级保养集中、低级保养分散,建设保养场、停车场、首末站、枢纽站及综合运营管理设施。

二、二级建设规模宜建保养场、首末站、枢纽站和相应运营管理设施。

三、三级建设规模宜建以运营、停车为主要功能，保修合一的综合性保养场及首末站和相应的运营管理设施。

第二十一条 保养设备的配备应执行国家《城市公共交通主要保修设备配置》的有关规定。保修设备主要包括金属切削、清洗、举升、拆装、修理专用、检测、锻压、焊接切割、木工缝纫、起重运输、动力、喷漆、热处理和环境保护等设备。

第二十二条 一级建设规模的汽、电车工程项目应相对集中设置车辆检测线，二级建设规模的汽、电车工程项目也可设置车辆检测线。

第二十三条 汽、电车工程项目运营调度与管理设施水平应按以下三类合理配置：

一类：应实行计算机辅助管理。运营调度采取有线与无线相结合的中心调度方式，逐步向车辆监控以及与计算机结合的"示踪"调度系统发展。

二类：可实行计算机辅助管理。运营调度采取有线中心调度，在主要线路上可配备无线报话设施，逐步向有线与无线相结合的中心调度发展。

三类：可逐步实行计算机辅助管理。运营调度一般采取有线调度，有条件的可采用有线中心调度。

第二十四条 首都、直辖市、省会城市、跨省区中心城市与经济特区城市的汽、电车工程项目车辆配置及运营调度与管理设施水平均应按一类确定。

大城市、国家重点旅游城市与大、中历史文化名城的汽、电车工程项目车辆配置及运营调度与管理设施水平均应按二类确定。

其它城市的汽、电车工程项目车辆配置及运营调度与管理设施水平均应按三类确定。

第四章 线路与场站选址

第二十五条 城市汽、电车线路应综合规划。市区、郊区间的线路必须紧密衔接。线路的衔接应方便乘客乘车和换乘。辅助线路应采取各种灵活的服务方式，深入到交通条件较差的地区。

市区主要线路的长度宜为8～12km，不宜超过13km。

第二十六条 汽、电车线路通过商业繁华、人口密集、客流集中的道路狭窄地区或地段，城市建设和交通管理应保障公共汽、电车线路的道路行驶、站点设立等使用权。

第二十七条 新建居住区必须设置公共汽车或无轨电车线路，3～5万人口规模的居住区应设置公共汽、电车首站或末站，并应与小区开发同步建设。

第二十八条 汽、电车工程项目的场站应具有良好的工程地质条件，其附近应有较完善的市政设施。

第二十九条 中途站应纳入城市道路、交通工程项目统一规划、建设。中途站选址应充分考虑乘客乘车方便，一般应选择在客流集散点附近。在干道上设站应注意与人行天桥、存车处、停车场相结合。

第三十条 中途站平均站距宜符合下列规定：

市区线 500～800m

郊区线 800～1000m

第三十一条 首末站、枢纽站选址应纳入旧城改造、新区开发、城市大型客运交通枢纽规划，并应便于与其它客运交通方式衔接。

第三十二条 停车场宜选在所辖线网的重心处，保养场应尽量避免设在城市繁华地带或居民稠密地区。

第三十三条 无轨电车工程项目必须有充足的电源，整流站选址应接近负荷中心，馈电距离以

1.0～2.5km 为宜，供电最大半径不应超过 3.5km。馈电距离应根据负荷大小、触线网的划分和馈线网的配置综合考虑，保证系统整体的可靠性和技术经济的合理性。每座整流站应有两个独立电源供电。

第三十四条　职工住宅的选址宜临近场站或集中安排。

第五章　场站建筑与建设用地

第三十五条　汽、电车工程项目场站建筑应贯彻有利生产、方便生活、安全适用、经济合理的原则，并应符合工艺流程的要求。

第三十六条　汽、电车工程项目场站建设每标车综合建筑面积可参照下列指标：

一、公共汽车

100～200辆：58～60m²/标车

201～600辆：60～63m²/标车

601辆及以上：63～66m²/标车

二、无轨电车(含整流站)

70～80m²/标车

注：① 本指标未包括车辆检测线、公共汽车停车库、无轨电车供电系统管理设施、环保设施以及职工住宅建筑面积。职工住宅的建筑面积指标应根据新增劳动定员总数，执行国家及地方现行标准。

② 按第十条、第二十条确定项目的建设规模和保养组织形式，据此选定本条相应的规模。建设规模大者取上限，小者取下限，其余用插入法计算确定。

第三十七条　公共汽车、无轨电车首末站、枢纽站、停车场、保养场分项建设时，其建筑面积指标宜符合表1的规定。

**场站建筑面积指标** (m²/标车)　　　　　　　　　表1

| 单项工程／建设规模 | 100～200辆 | 201～600辆 | 601辆及以上 |
|---|---|---|---|
| 首末站、枢纽站 | 8～10 | 8～10 | 7～9 |
| 停车场 | | | 21 |
| 保养场 | 50 | 52～53 | 35～36 |

注：① 按第十条、第二十条确定项目的建设规模和保养组织形式，据此选定本表相应的规模。建设规模大者取上限，小者取下限，其余用插入法计算确定。

② 首末站、枢纽站、停车场、保养场分项建设时，可按运营管理特点及单项工程的使用功能，对建筑面积合并或调剂使用。

第三十八条　无轨电车整流站建筑面积指标宜符合表2的规定：

**整流站建筑面积指标** (m²/座)　　　　　　　　　表2

| 总装器组台数(台) | 1 | 2 | 3 | 4 |
|---|---|---|---|---|
| 户内式 | 100 | 260 | 300 | 380 |
| 半户内式 | 100 | 210 | 230 | 300 |

第三十九条　停车场、保养场的生产车间按工艺要求，宜采取顺车进、顺车出的平面布局。

第四十条　停车场、保养场的生产车间应按生产性质及工艺确定建筑层数与层高，辅助工间不宜高于三层。

第四十一条　停车场、保养场的主车间应采用钢筋混凝土结构，附属建筑宜采用砖混结构。

第四十二条　停车场、保养场的生产车间应对地面和墙面进行耐油、耐碱、耐酸的防腐处理，地沟墙面应选用光洁的饰面材料。

第四十三条　不同地区的城市汽、电车停车坪(库)建设宜按以下规定：

一、在高寒地区应修建公共汽车停车库，入库率不宜低于45%。无轨电车不考虑停车库；

二、在寒冷地区的露天停车坪应设有预热设施；

三、在用地特别紧张的城市宜修建多层停车坪。

第四十四条　整流站设置在多层建筑中时，必须设在底层，采用干式变压器，并设有专用出入口。

第四十五条　中途站、首末站、枢纽站应设置标识、标志。建筑形式、风格、色彩应与周围环境相协调，并应符合当地有关建筑标准的要求。

第四十六条　停车坪(库)宜采用水泥混凝土地坪。

第四十七条　汽、电车工程项目的建设用地必须坚持科学合理、节约用地的原则，提高土地利用率。

第四十八条　汽、电车工程项目系统建设时，公共汽车每标车有效的综合建设用地指标不应超过下列规定。

100～200辆：220～210m²/标车；

201～600辆：210～200m²/标车；

601辆及以上：200m²/标车。

注：① 无轨电车每标车有效的综合建设用地指标应乘以1.2的系数(含整流站)。

　　② 车辆检测线、无轨电车供电系统管理设施、环保设施、中途站以及职工住宅用地面积另行计入。

　　③ 按第十条、第二十条确定项目的建设规模和保养组织形式，据此选定本条相应的规模。建设规模大者取下限，小者取上限，其余用插入法计算确定。

第四十九条　首末站、枢纽站、停车场、保养场的分项建设用地指标应符合下列规定：

一、场站建筑用地指标应符合表3的规定。

场站建筑用地指标（m²/标车）　　　　　表3

| 单项工程／建设规模 | 100～200辆 | 201～600辆 | 601辆及以上 |
|---|---|---|---|
| 首末站、枢纽站 | 35～25 | 25～20 | 17～13 |
| 停车场 | | | 30 |
| 保养场 | 90～85 | 85～80 | 53～52 |
| 小计 | 125～110 | 110～100 | 100～95 |

注：①无轨电车每标车有效的综合建设用地指标应乘以1.2的系数(含整流站)。
　　②车辆检测线、无轨电车供电系统管理设施、环保设施、中途站以及职工住宅用地面积另行计入。
　　③依照表中所列数值按建设规模大者取下限，小者取上限，其余用插入法计算确定。

二、首末站、枢纽站应建回车道。停车场、保养场应建回车道和试车道。首末站、枢纽站、停车场、保养场的回车道、试车道用地总指标为26～30m²/标车。无轨电车可适当增加回车道、试车道用地。分项建设时，首末站、枢纽站、停车场、保养场的回车道和试车道，按停放车辆数每标车用地指标取12～13m²/标车。首站、末站或枢纽站在不考虑夜间驻车或驻车数少于5辆时，首站、末站或枢纽站回车道用地不应少于750m²。

三、停车坪用地应根据车辆的停放规模和停放方式合理确定，一般情况下用地指标应为65～80m²/标车。无轨电车可适当增加停车用地。首末站、枢纽站、停车场、保养场分项建设时，可按运营管理特点及单项工程的使用功能，对建设用地的面积合并或调剂使用。

第五十条　无轨电车整流站建设用地指标应符合表4的规定。

第五十一条　场站用地按生产工艺和使用功能宜划分为生产区、停车区(含回车道、试车道)、运营管理和生活服务区。生产区的建筑系数宜为45%～50%，运营管理及生活服务区的建筑系数不宜低于28%。

第五十二条　场站内应有良好的厂区环境和安全视距。生产区和停车区应充分利用边角空地绿

**整流站建设用地指标**（m²／座）　　　　　　　　　　　　　　表4

| 总装器组台数(台) | 1 | 2 | 3 | 4 |
| --- | --- | --- | --- | --- |
| 户内式 | 220 | 580 | 660 | 840 |
| 半户内式 | 300 | 630 | 690 | 900 |

化，运营管理和生活服务区的绿地率不应低于20%，有特殊要求的城市应另行增加用地。

## 第六章　环境保护与安全卫生

第五十三条　汽、电车工程项目的环境保护、职业安全与卫生技术措施和设施应与主体工程同时设计、同时施工、同时投产使用。

第五十四条　汽、电车工程项目的车辆选择应符合城市环境保护的要求。

第五十五条　洗件碱、蓄电池电解液、洗车油污等废水应根据国家现行的《污水综合排放标准》的有关规定经过处理后排放。

第五十六条　锅炉烟尘排放应符合国家现行的《锅炉烟尘排放标准》。

第五十七条　蓄电池间的充电酸雾、喷漆间的漆雾应有相应的环保和劳保措施。

第五十八条　产生噪声的机电设备应采取减震或隔音措施，噪声值不应超过国家现行的《工业企业噪声卫生标准》的有关规定。

第五十九条　燃煤、废料、废渣垃圾堆放应专设堆放区，堆放区的设置应符合国家现行的《工业企业设计卫生标准》的有关规定。

第六十条　动力系统、加油站、危险品库和整流站的位置与建筑必须符合国家现行的《汽车库设计防火规范》以及其它有关安全防护规定。对油库、油罐、漆库、漆工间、氧气瓶、乙炔瓶和锅炉、压力容器等危险和易燃、易爆设备必须按有关规定采取有效的防范措施。

第六十一条　停车场、保养场的进出口处必须安装限速、引导、警告、禁行和单行等明显标志。

停车场、保养场必须设置安全备用出入口及消防通道。

生产车间地沟必须配有安全的照明设施。

多层停车坪(库)上下车道的纵坡不应大于7%，必要时应采取防滑措施。

停车坪(库)应有良好的雨水、污水排放系统，排水系统进水口处应设置沉沙地。

停车坪(库)必须设有相应的行车标志和照明设施。

停车场、保养场必须有完善的供电、给水和消防供水系统。与城市道路直接连通的进出通路(或出入口)不宜少于两条，应保证车辆出入方便。

## 第七章　主要技术经济指标

第六十二条　汽、电车工程项目的投资估算，应按国家现行有关规定编制。评估或审批汽、电车工程项目可行性报告时可参照本章的指标，但应根据工程内容与工程价格有关变化的情况，并按动态管理的原则调整后使用。

第六十三条　汽、电车工程项目单位基本建设投资估算指标可参照下列规定：

一、公共汽车和无轨电车的购置费按当年市场价格确定。

二、汽、电车场站单位工程投资估算指标可参照下列数值：

100～200辆：16.02～15.49万元／标车

201～600辆：15.29～13.95万元／标车

601辆及以上：16.59～16.25万元／标车

注：①场站工程投资估算指标是按1993年北京地区价格制定的,使用时应按当地当年以及建设期末与1993年的价格差进行调整。

②场站工程投资估算指标包括场站用地内的建筑安装工程、设备购置、室外工程、人员培训等和达到正常运营生产的直接建设费用。

③场站工程投资估算指标不包括征用土地、青苗等补偿费、安置补偿费及地区规定的收费内容。

④场站工程投资估算指标不包括车辆检测线、运营管理设备、公共汽车停车库、无轨电车供电系统管理设施、环保设施、水气电的增容费以及职工住宅投资。

⑤无轨电车场站应另增线网、整流站等供电设施投资（见第六十四条中第三款）。

第六十四条 汽、电车场站分项建设时工程估算指标宜参照下列数值：

一、公共汽车场站建筑安装、设备、室外工程及其它建设投资估算指标参照表5所列数值。

**公共汽车场站建安、设备、室外工程建设投资估算指标**（万元／标车） 表5

| 建设规模 | 项 目 | 建 安 | 设 备 | 室外工程 | 其 它 | 小 计 | 总 计 |
|---|---|---|---|---|---|---|---|
| 100～200辆 | 首末枢纽站 | 0.69～0.87 | 0.24～0.20 | 0.21～0.26 | | 1.14～1.33 | |
| | 保养场 | 5.39～5.52 | 3.81～3.05 | 1.02 | | 10.22～9.59 | |
| | 合 计 | 6.08～6.39 | 4.05～3.25 | 1.23～1.28 | 2.68～2.59 | | 14.04～13.51 |
| 201～600辆 | 首末枢纽站 | 0.69～0.87 | 0.24～0.20 | 0.21～0.26 | | 1.14～1.33 | |
| | 保养场 | 5.50～5.58 | 3.05～1.65 | 1.07～1.08 | | 9.62～8.31 | |
| | 合 计 | 6.19～6.45 | 3.29～1.85 | 1.28～1.34 | 2.55～2.33 | | 13.31～11.97 |
| 601辆及以上 | 首末枢纽站 | 0.61～0.78 | 0.23～0.17 | 0.18～0.23 | | 1.02～1.18 | |
| | 停车场 | 2.30 | 1.07 | 0.43 | | 3.80 | |
| | 保养场 | 4.57～4.69 | 1.74～1.14 | 0.72～0.73 | | 7.03～6.56 | |
| | 合 计 | 7.48～7.77 | 3.04～2.38 | 1.33～1.39 | 2.76～2.73 | | 14.61～14.27 |

注：①本表指标是按1993年北京地区价格制订的，使用时应按当地当年以及建设期末与北京地区1993年的价格差进行调整。

②投资指标未包含征用土地、青苗等补偿费、安置补偿费及地区规定的收费内容。

③其它一栏仅包括办公和生活家具与器具购置费、建设单位管理费、勘察设计费、生产职工培训费四项。

④场站工程投资估算指标不包括车辆检测线、运营管理设备、公共汽车停车库、无轨电车供电系统管理设施、环保设施、水气电增容费以及职工住宅投资。

⑤不包括中途站和场站外建设工程的配套费用及各项集资。

⑥一级建设规模中按三分之二的建筑为框架结构，三分之一为砖混结构测算；二级、三级建设规模中按生产及辅助建筑的三分之二为框架结构，三分之一为砖混结构，运营管理和生活建筑均为砖混结构测算。具体指标按建设规模依表中所列数值范围顺序取值。

二、公共汽车场站停车坪、回车道、试车道建设投资估算指标为1.80～2.16万元／标车。

三、无轨电车场站另外增加线网、整流站等供电设施投资，其投资估算指标可参照下列数值：

线网(含馈线)每直线公里投资60～70万元。

整流站按二台(油浸变压器)机组配置时投资160万元。

第六十五条 汽、电车工程项目主要材料消耗指标可参照下列规定：

一、汽、电车场站建筑主要材料消耗指标可参照表6所列数值。

二、汽、电车场站停车坪、回车道、试车道主要材料水泥消耗指标为6.10～7.37t／标车。

三、无轨电车每直线公里线网主要材料消耗指标可参照表7所列数值据。

第六十六条 汽、电车工程项目投入运营的能源消耗可参照下列指标：

一、公共汽车油耗(汽油)可参照国家现行的《载客汽车运行燃料消耗量》规定计算。解放单车空驶基本燃料消耗量为23.5l/100km。

无轨电车电耗参照国家现行的《城市无轨电车运行耗电计算通则》规定计算。

二、场站(首末站、枢纽站、停车场、保养场)每标车年能源综合消耗指标应按节约能源的原则根据各地实际情况确定。

第六十七条 汽、电车工程项目劳动定员应按国家现行的标准或各地实际情况确定,公共汽车、

场站建筑每标车三材消耗指标　　　　　　　　　　　　　表6

| 建　设　规　模 | | 100～200辆 | 201～600辆 | 601辆及以上 |
|---|---|---|---|---|
| 首末站 枢纽站 | 钢材(t) | 0.24～0.30 | 0.24～0.30 | 0.42～0.54 |
| | 水泥(t) | 1.20～1.50 | 1.20～1.50 | 1.43～1.83 |
| | 木材(m³) | 0.24～0.30 | 0.24～0.30 | 0.26～0.33 |
| 停车场 | 钢材(t) | | | 1.26 |
| | 水泥(t) | | | 4.27 |
| | 木材(m³) | | | 0.77 |
| 保养场 | 钢材(t) | 2.25～2.26 | 2.24～2.30 | 2.10～2.16 |
| | 水泥(t) | 8.82～8.85 | 9.00～9.19 | 7.12～7.32 |
| | 木材(m³) | 1.67 | 1.71～1.75 | 1.28～1.32 |

注：本表一级建设规模中按三分之二的建筑为框架结构，三分之一为砖混结构测算；二级、三级建设规模中按生产与辅助建筑的三分之二为框架结构，三分之一为砖混结构，运营管理和生活建筑均为砖混结构测算。具体指标按同档次建设规模选取，大者取上限，小者取下限，其余用插入法计算确定。

无轨电车每直线公里线网主要材料消耗指标（t）　　　　　　表7

| 水　泥　杆 | | 水泥 | 触线(铜) | 馈线(铝) | 镀锌钢绞线 (吊线) | 其它零件材料 | | | |
|---|---|---|---|---|---|---|---|---|---|
| 双行 | 单行 | | | | | 钢材 | 铝材 | 铜材 | 杂铜 |
| 50根 | 25根 | 0.3 | 3.5 | 3.8 | 1.0 | 1.5 | 0.1 | 0.5 | 0.5 |

注：非正常情况的材料消耗另行计入。

无轨电车每标车综合定员不得超过下列规定：

100～200辆：8.0～8.5人／标车

201～600辆：8.5～9.0人／标车

601辆及以上：9.0～10.0人／标车

注：具体指标选用建设规模大者取上限，小者取下限，其余用插入法计算确定。

第六十八条　汽、电车工程项目场站建设工期不宜超过表8的规定。

场　站　建　设　工　期　　　　　　　　　　　　　　表8

| 类　　别 | 建设规模(标车) | 建设工期(月) |
|---|---|---|
| 首末站、枢纽站 | 10～15 | 12 |
| 停车场 | 100 | 18 |
| 保养场 | ≤200 | 24 |
| | 201～400 | 24 |
| | 401～600 | 30 |
| 整流站 | 12台 | 12 |

第六十九条　汽、电车工程项目应按城市公共运输项目建设和评估，经济评价应按国家现行的《建设项目经济评价方法与参数》的规定执行。

# 附录B　城市道路交通相关术语

**标准货车**

以载重量4～5t的汽车为标准车，其他型号的载重汽车，按其车型的大小分别乘以相应的换算系数，折算成标准货车，其换算系数宜按本规范附录B.0.1的规定取值。

**乘客平均换乘系数**

衡量乘客直达程度的指标，其值为乘车出行人次与换乘人次之和除以乘车出行人次。

**存车换乘**

将自备车辆存放后，改乘公共交通工具而到达目的地的交通方式。

**出行时耗**

居民从甲地到乙地在交通行为中所耗费的时间。

**当量小汽车**

以4～5座的小客车为标准车，作为各种型号车辆换算道路交通量的当量车种。其换算系数宜按附录B.0.2取值。

**道路红线**

规划的城市道路路幅的边界线。

**港湾式停靠站**

在道路车行道外侧，采取局部拓宽路面的公共交通停靠站。

**公共交通线路网密度**

每平方公里城市用地面积上有公共交通线路经过的道路中心线长度，单位为km/km²。

**公共交通线路重复系数**

公共交通线路总长度与线路网长度之比。

**公共交通标准车**

以车身长度7～10m的640型单节公共汽车为标准车。其他各种型号的车辆，按其不同的车身长度，分别乘以相应的换算系数，折算成标准车数。换算系数宜按附录B.0.3取值。

**公共停车场**

为社会公众存放车辆而设置的免费或收费的停车场地，也称社会停车场。

**货物流通中心**

将城市货物的储存、批发、运输组合在一起的机构。

**货物周转量**

在某一时间(年或日)内，各种货物重量与该货物从出发地到目的地的距离乘积之和，单位为t·km。

**交通方式**

从甲地到乙地完成出行目的所采用的交通手段。

**交通结构**

居民出行采用步行、骑车、乘公共交通、出租汽车等交通方式，由这些方式分别承担出行量在总量中所占的百分比。

**交通需求管理**

抑制城市交通总量的政策性措施。

**客运能力**

公共交通工具在单位时间(h)内所能运送的客位数。单位为人次／h。

**快速轨道交通**

以电能为动力，在轨道上行驶的快速交通工具的总称。通常可按每小时运送能力是否超过3万人次，分为大运量快速轨道交通和中运量快速轨道交通。

**路抛制**

出租汽车不设固定的营业站，而在道路上流动，招揽乘客，采取招手即停的服务方式。

**线路非直线系数**

公共交通线路首末站之间实地距离与空间直线距离之比。环行线的非直线系数按主要集散点之间的实地距离与空间直线距离之比。

**运送速度**

衡量公共交通服务质量的指标。公共交通车辆在线路首末站之间的行程时间(包括各站间的行驶时间与各站停站时间)除行程长度所得的平均速度，单位为km/h。

## 附录C　车型换算系数

B.0.1　标准货车换算系数宜符合表B.0.1的规定。

B.0.2　当量小汽车换算系数宜符合表B.0.2的规定。

B.0.3　公共交通标准汽车换算系数宜符合表B.0.3的规定。

B.0.4　非机动车换算系数宜符合表B.0.4的规定。

货运车型换算系数　表B.0.1

| 车型大小 | 载重量(t) | 换算系数 |
|---|---|---|
| 小 | ＜0.6 | 0.3 |
| | 0.6～3.0 | 0.5 |
| 中 | 3.1～9.0 | 1.0(标准货车) |
| | 9.1～15.0 | 1.5 |
| 大 | ＞15 | 2.0 |
| | 拖挂车 | 2.0 |

当量小汽车换算系数　表B.0.2

| 车种 | 换算系数 | 车种 | 换算系数 |
|---|---|---|---|
| 自行车 | 0.2 | 旅行车 | 1.2 |
| 二轮摩托 | 0.4 | 大客车或小于9t的货车 | 2.0 |
| 三轮摩托或微型汽车 | 0.6 | 9～15t货车 | 3.0 |
| 小客车或小于3t的货车 | 1.0 | 铰接客车或大平板拖挂货车 | 4.0 |

公共交通标准汽车换算系数　表B.0.3

| 车种 | 车长范围(m) | 换算系数 |
|---|---|---|
| 微型汽车 | ≤3.5 | 0.3 |
| 出租小汽车 | 3.6～5.0 | 0.5 |
| 小公共汽车 | 5.1～7.0 | 0.6 |
| 640型单节公共汽车 | 7.1～10.0 | 1.0(标准车) |
| 650型单节公共汽车 | 10.1～14.0 | 1.5 |
| ≥660型铰接公共汽车 | ＞14 | 2.0 |
| 双层公共汽车 | 10～12 | 1.8 |

注：无轨电车的换算系数与等长的公共汽车相同。

非机动车换算系数　表B.0.4

| 车种 | 换算系数 |
|---|---|
| 自行车 | 1 |
| 三轮车 | 3 |
| 人力板车或畜力车 | 5 |

# 8　风景名胜区规划

## 8.1　基本概念、编制和审批

### 8.1.1　风景名胜区的定义和分类

—— 《风景名胜区规划规范》(GB50298—1999)

2.0.1　风景名胜区

也称风景区，海外的国家公园相当于国家级风景区。

指风景资源集中、环境优美、具有一定规模和游览条件，可供人们游览欣赏、休憩娱乐或进行科学文化活动的地域。

1.0.3　风景区按用地规模可分为小型风景区(20km²以下)、中型风景区(21～100km²)、大型风景区(101～500km²)、特大型风景区(500km²以上)。

—— 《风景名胜区管理暂行条例》(1985年6月7日国务院发布)

第三条　风景名胜区按其景物的观赏、文化、科学价值和环境质量、规模大小、游览条件等，划分为三级：

(一)市、县级风景名胜区，由市、县主管部门组织有关部门提出风景名胜资源调查评价报告，报市、县人民政府审定公布，并报省级主管部门备案；

(二)省级风景名胜区，由市、县人民政府提出风景名胜资源调查评价报告，报省、自治区、直辖市人民政府审定公布，并报城乡建设环境保护部备案；

(三)国家重点风景名胜区，由省、自治区、直辖市人民政府提出风景名胜资源调查评价报告，报国务院审定公布。

### 8.1.2　风景名胜区规划的定义和原则

—— 《风景名胜区规划规范》(GB50298—1999)

2.0.2　风景名胜区规划

也称风景区规划。是保护培育、开发利用和经营管理风景区，并发挥其多种功能作用的统筹部署和具体安排。经相应的人民政府审查批准后的风景区规划，具有法律权威，必须严格执行。

1.0.5　风景区规划必须符合我国国情，因地制宜地突出本风景区特性。并应遵循下列原则：

1.应当依据资源特征、环境条件、历史情况、现状特点以及国民经济和社会发展趋势，统筹兼顾，综合安排。

2.应严格保护自然与文化遗产，保护原有景观特征和地方特色，维护生物多样性和生态良性循环，防止污染和其他公害，充实科教审美特征，加强地被和植物景观培育。

3.应充分发挥景源的综合潜力，展现风景游览欣赏主体，配置必要的服务设施与措施，改善风景区运营管理机能，防止人工化、城市化、商业化倾向，促使风景区有度、有序、有节律地持续发展。

4.应合理权衡风景环境、社会、经济三方面的综合效益，权衡风景区自身健全发展与社会需求之间关系，创造风景优美、设施方便、社会文明、生态环境良好、景观形象和游赏魅力独特，人与自然协调发展的风景游憩境域。

### 8.1.3 风景名胜区规划的阶段和内容

—— 《风景名胜区规划规范》(GB50298 — 1999)

1.0.4 风景区规划应分为总体规划、详细规划二个阶段进行。大型而又复杂的风景区，可以增编分区规划和景点规划。一些重点建设地段，也可以增编控制性详细规划或修建性详细规划。

—— 《风景名胜区管理暂行条例》(1985 年 6 月 7 日国务院发布)

第六条 各级风景名胜区都应当制定包括下列内容的规划：

(一)确定风景名胜区性质；

(二)划定风景名胜区范围及其外围保护地带；

(三)划分景区和其他功能区；

(四)确定保护和开发利用风景名胜资源的措施；

(五)确定游览接待容量和游览活动的组织管理措施；

(六)统筹安排公用、服务及其他设施；

(七)估算投资和效益；

(八)其他需要规划的事项。

### 8.1.4 风景名胜区规划的编制和审批

—— 《风景名胜区管理暂行条例》(1985 年 6 月 7 日国务院发布)

第七条 风景名胜区规划，在所属人民政府领导下，由主管部门会同有关部门组织编制。

编制规划应当广泛征求有关部门、专家和人民群众的意见，进行多方案的比较和论证。

风景名胜区规划经主管部门审查后，报审定该风景名胜区的人民政府审批，并报上级主管部门备案。

# 8.2 风景名胜区规划的准备工作

## 8.2.1 基础资料及现状分析

—— 《风景名胜区规划规范》(GB50298 — 1999)

3.1.1 基础资料应依据风景区的类型、特征和实际需要，提出相应的调查提纲和指标体系，进行统计和典型调查。

3.1.2 应在多学科综合考察或深入调查研究的基础上，取得完整、正确的现状和历史基础资料，并做到统计口径一致或具有可比性。

3.1.3 基础资料调查类别，应符合表3.1.3的规定；

3.1.4 现状分析应包括：自然和历史人文特点；各种资源的类型、特征、分布及其多重性分析；资源开发利用的方向、潜力、条件与利弊；土地利用结构、布局和矛盾的分析；风景区的生态、环境、社会与区域因素等五个方面。

3.1.5 现状分析结果，必须明确提出风景区发展的优势与动力、矛盾与制约因素、规划对策与规划重点等三方面内容。

基础资料调查类别表 表3.1.3

| 大类 | 中 类 | 小 类 |
|---|---|---|
| 一、测量资料 | 1.地形图 | 小型风景区图纸比例为1/2000~1/10000；中型风景区图纸比例为1/10000~1/25000；大型风景区图纸比例为1/25000~1/50000；特大型风景区图纸比例为1/50000~1/200000 |
| | 2.专业图 | 航片、卫片、遥感影像图、地下岩洞与河流测图、地下工程与管网等专业测图 |
| 二、自然与资源条件 | 1.气象资料 | 温度、湿度、降水、蒸发、风向、风速、日照、冰冻等 |
| | 2.水文资料 | 江河湖海的水位、流量、流速、流向、水量、水温、洪水淹没线；江河区的流域情况、流域规划、河道整治规划、防洪设施；海滨区的潮汐、海流、浪涛；山区的山洪、泥石流、水土流失等 |
| | 3.地质资料 | 地质、地貌、土层、建设地段承载力；地震或重要地质灾害的评估；地下水存在形式、储量、水质、开采及补给条件 |
| | 4.自然资源 | 景源、生物资源、水土资源、农林牧副渔资源、能源、矿产资源等的分布、数量、开发利用价值等资料；自然保护对象及地段 |
| 三、人文与经济条件 | 1.历史与文化 | 历史沿革及变迁、文物、胜迹、风物、历史与文化保护对象及地段 |
| | 2.人口资料 | 历来常住人口的数量、年龄构成、劳动构成、教育状况、自然增长和机械增长；服务职工和暂住人口及其结构变化；游人及结构变化；居民、职工、游人分布状况 |
| | 3.行政区划 | 行政建制及区划、各类居民点及分布、城镇辖区、村界、乡界及其他相关地界 |
| | 4.经济社会 | 有关经济社会发展状况、计划及其发展战略；风景区范围的国民生产总值、财政、产业产值状况；国土规划、区域规划、相关专业考察报告及其规划 |
| | 5.企事业单位 | 主要农林牧副渔和教科文卫军与工矿企事业单位的现状及发展资料。风景区管理现状 |
| 四、设施与基础工程条件 | 1.交通运输 | 风景区及其可依托的城镇的对外交通运输和内部交通运输的现状、规划及发展资料 |
| | 2.旅游设施 | 风景区及其可以依托的城镇的旅行、游览、饮食、住宿、购物、娱乐、保健等设施的现状及发展资料 |
| | 3.基础工程 | 水电气热、环保、环卫、防灾等基础工程的现状及发展资料 |
| 五、土地与其他资料 | 1.土地利用 | 规划区内各类用地分布状况，历史上土地利用重大变更资料，土地资源分析评价资料 |
| | 2.建筑工程 | 各类主要建筑物、工程物、园景、场馆场地等项目的分布状况、用地面积、建筑面积、体量、质量、特点及资料 |
| | 3.环境资料 | 环境监测成果，三废排放的数量和危害情况；垃圾、灾变及其他影响环境的有害因素的分布及危害情况；地方病及其他有害公民健康的环境资料 |

## 8.2.2 风景资源的定义和评价

——《风景名胜区规划规范》(GB50298—1999)

2.0.3 风景资源

也称景源、景观资源、风景名胜资源、风景旅游资源。是指能引起审美与欣赏活动，可以作为风景游览对象和风景开发利用的事物与因素的总称。是构成风景环境的基本要素，是风景区产生环境效益、社会效益、经济效益的物质基础。

3.2.1 风景资源评价应包括：景源调查；景源筛选与分类；景源评分与分级；评价结论四部分。

3.2.2 风景资源评价原则应符合下列规定：

1. 风景资源评价必须在真实资料的基础上，把现场踏查与资料分析相结合，实事求是地进行；

2. 风景资源评价应采取定性概括与定量分析相结合的方法，综合评价景源的特征；

3. 根据风景资源的类别及其组合特点，应选择适当的评价单元和评价指标，对独特或濒危景源，宜作单独评价。

3.2.3 风景资源调查内容的分类，应符合表3.2.3的规定。

**风 景 资 源 分 类 表**　　　　　表3.2.3

| 大类 | 中类 | 小　　　　　　类 |
|------|------|------|
| 一、自然景源 | 1.天景 | (1)日月星光 (2)虹霞蜃景 (3)风雨阴晴 (4)气候景象 (5)自然声象 (6)云雾景观 (7)冰雪霜露 (8)其他天景 |
| | 2.地景 | (1)大尺度山地 (2)山景 (3)奇峰 (4)峡谷 (5)洞府 (6)石林石景 (7)沙景沙漠 (8)火山熔岩 (9)蚀余景观 (10)洲岛屿礁 (11)海岸景观 (12)海底地形 (13)地质珍迹 (14)其他地景 |
| | 3.水景 | (1)泉井 (2)溪流 (3)江河 (4)湖泊 (5)潭池 (6)瀑布跌水 (7)沼泽滩涂 (8)海湾海域 (9)冰雪冰川 (10)其他水景 |
| | 4.生景 | (1)森林 (2)草地草原 (3)古树名木 (4)珍稀生物 (5)植物生态类群 (6)动物群栖息地 (7)物候季相景观 (8)其他生物景观 |
| 二、人文景源 | 1.园景 | (1)历史名园 (2)现代公园 (3)植物园 (4)动物园 (5)庭宅花园 (6)专类游园 (7)陵园墓园 (8)其他园景 |
| | 2.建筑 | (1)风景建筑 (2)民居宗祠 (3)文娱建筑 (4)商业服务建筑 (5)宫殿衙署 (6)宗教建筑 (7)纪念建筑 (8)工交建筑 (9)工程构筑物 (10)其他建筑 |
| | 3.胜迹 | (1)遗址遗迹 (2)摩崖题刻 (3)石窟 (4)雕塑 (5)纪念地 (6)科技工程 (7)游娱文体场地 (8)其他胜迹 |
| | 4.风物 | (1)节假庆典 (2)民族民俗 (3)宗教礼仪 (4)神话传说 (5)民间文艺 (6)地方人物 (7)地方物产 (8)其他风物 |

3.2.4　风景资源评价单元应以景源现状分布图为基础，根据规划范围大小和景源规模、内容、结构及其游赏方式等特征，划分若干层次的评价单元，并作出等级评价。

3.2.5　在省域、市域的风景区体系规划中，应对风景区、景区或景点作出等级评价。

3.2.6　在风景区的总体、分区、详细规划中，应对景点或景物作出等级评价。

3.2.7　风景资源评价应对所选评价指标进行权重分析，评价指标的选择应符合表3.2.7的规定，并应符合下列规定：

**风景资源评价指标层次表**　　　　　表3.2.7

| 综合评价层 | 赋值 | 项目评价层 | 权重 | 因　子　评　价　层 | | | 权重 |
|-----------|------|-----------|------|------|------|------|------|
| 1.景源价值 | 70～80 | (1)欣赏价值<br>(2)科学价值<br>(3)历史价值<br>(4)保健价值<br>(5)游憩价值 | | ①景感度　　②奇特度　　③完整度<br>①科技值　　②科普值　　③科教值<br>①年代值　　②知名度　　③人文值<br>①生理值　　②心理值　　③应用值<br>①功利性　　②舒适度　　③承受力 | | | |
| 2.环境水平 | 20～10 | (1)生态特征<br>(2)环境质量<br>(3)设施状况<br>(4)监护管理 | | ①种类值　　②结构值　　③功能值<br>①要素值　　②等级值　　③灾变率<br>①水电能源　②工程管网　③环保设施<br>①监测机能　②法规配置　③机构设置 | | | |
| 3.利用条件 | 5 | (1)交通通讯<br>(2)食宿接待<br>(3)客源市场<br>(4)运营管理 | | ①便捷性　　②可靠性　　③效能<br>①能力　　　②标准　　　③规模<br>①分布　　　②结构　　　③消费<br>①职能体系　②经济结构　③居民社会 | | | |
| 4.规模范围 | 5 | (1)面积<br>(2)体量<br>(3)空间<br>(4)容量 | | | | | |

1.对风景区或部分较大景区进行评价时，宜选用综合评价层指标；

2.对景点或景群进行评价时，宜选用项目评价层指标；

3.对景物进行评价时，宜在因子评价层指标中选择。

3.2.8　风景资源分级标准，必须符合下列规定：

1.景源评价分级必须分为特级、一级、二级、三级、四级等五级；

2.应根据景源评价单元的特征，及其不同层次的评价指标分值和吸引力范围，评出风景资源等级；

3.特级景源应具有珍贵、独特、世界遗产价值和意义，有世界奇迹般的吸引力；

4.一级景源应具有名贵、罕见、国家重点保护价值和国家代表性作用，在国内外著名和有国际吸引力；

5.二级景源应具有重要、特殊、省级重点保护价值和地方代表性作用，在省内外闻名和有省际吸引力；

6.三级景源应具有一定价值和游线辅助作用，有市县级保护价值和相关地区的吸引力；

7.四级景源应具有一般价值和构景作用，有本风景区或当地的吸引力。

3.2.9　风景资源评价结论应由景源等级统计表、评价分析、特征概括等三部分组成。评价分析应表明主要评价指标的特征或结果分析；特征概括应表明风景资源的级别数量、类型特征及其综合特征。

### 8.2.3　风景区的范围、性质和发展目标

—— **《风景名胜区规划规范》**(GB50298—1999)

3.3.1　确定风景区规划范围及其外围保护地带，应依据以下原则：景源特征及其生态环境的完整性；历史文化与社会的连续性；地域单元的相对独立性；保护、利用、管理的必要性与可行性。

3.3.2　划定风景区范围的界限必须符合下列规定：

1.必须有明确的地形标志物为依托，既能在地形图上标出，又能在现场立桩标界；

2.地形图上的标界范围，应是风景区面积的计量依据；

3.规划阶段的所有面积计量，均应以同精度的地形图的投影面积为准。

3.3.3　风景区的性质，必须依据风景区的典型景观特征、游览欣赏特点、资源类型、区位因素，以及发展对策与功能选择来确定。

3.3.4　风景区的性质应明确表述风景特征、主要功能、风景区级别等三方面内容，定性用词应突出重点、准确精炼。

3.3.5　风景区的发展目标，应依据风景区的性质和社会需求，提出适合本风景区的自我健全目标和社会作用目标两方面的内容，并应遵循以下原则：

1.贯彻严格保护、统一管理、合理开发、永续利用的基本原则；

2.充分考虑历史、当代、未来三个阶段的关系，科学预测风景区发展的各种需求；

3.因地制宜地处理人与自然的和谐关系；

4.使资源保护和综合利用、功能安排和项目配置、人口规模和建设标准等各项主要目标，同国家与地区的社会经济技术发展水平、趋势及步调相适应。

### 8.2.4　风景区的分区、结构和布局

—— **《风景名胜区规划规范》**(GB50298—1999)

3.4.1　风景区应依据规划对象的属性、特征及其存在环境进行合理区划，并应遵循以下原则：

1.同一区内的规划对象的特性及其存在环境应基本一致；

2.同一区内的规划原则、措施及其成效特点应基本一致；

3.规划分区应尽量保持原有的自然、人文、线状等单元界限的完整性。

3.4.2　根据不同需要而划分的规划分区应符合下列规定：

1.当需调节控制功能特征时，应进行功能分区；

2.当需组织景观和游赏特征时，应进行景区划分；

3.当需确定保护培育特征时，应进行保护区划分；

4.在大型或复杂的风景区中，可以几种方法协调并用。

3.4.3 风景区应依据规划目标和规划对象的性能、作用及其构成规律来组织整体规划结构或模型，并应遵循下列原则：

1.规划内容和项目配置应符合当地的环境承载能力、经济发展状况和社会道德规范，并能促进风景区的自我生存和有序发展；

2.有效调节控制点、线、面等结构要素的配置关系；

3.解决各枢纽或生长点、走廊或通道、片区或网格之间的本质联系和约束条件。

3.4.4 凡含有一个乡或镇以上的风景区，或其人口密度超过100人/km²时，应进行风景区的职能结构分析与规划，并应遵循下列原则：

1.兼顾外来游人、服务职工和当地居民三者的需求与利益；

2.风景游览欣赏职能应有独特的吸引力和承受力；

3.旅游接待服务职能应有相应的效能和发展动力；

4.居民社会管理职能应有可靠的约束力和时代活力；

5.各职能结构应自成系统并有机组成风景区的综合职能结构网络。

3.4.5 风景区应依据规划对象的地域分布、空间关系和内在联系进行综合部署，形成合理、完善而又有自身特点的整体布局，并应遵循下列原则：

1.正确处理局部、整体、外围三层次的关系；

2.解决规划对象的特征、作用、空间关系的有机结合问题；

3.调控布局形态对风景区有序发展的影响，为各组成要素、各组成部分能共同发挥作用创造满意条件；

4.构思新颖，体现地方和自身特色。

## 8.2.5　风景区的容量、人口及生态原则

——《风景名胜区规划规范》(GB50298—1999)

2.0.12　游人容量

在保持景观稳定性，保障游人游赏质量和舒适安全，以及合理利用资源的限度内，单位时间、一定规划单元内所能容纳的游人数量。是限制某时、某地游人过量集聚的警戒值。

2.0.13　居民容量

在保持生态平衡与环境优美、依靠当地资源与维护风景区正常运转的前提下，一定地域范围内允许分布的常住居民数量。是限制某个地区过量发展生产或聚居人口的特殊警戒值。

3.5.1　风景区游人容量应随规划期限的不同而有变化。对一定规划范围的游人容量，应综合分析并满足该地区的生态允许标准、游览心理标准、功能技术标准等因素而确定。并应符合下列规定：

1.生态允许标准应符合表3.5.1-1的规定；

2.游人容量应由一次性游人容量、日游人容量、年游人容量三个层次表示：

(1)一次性游人容量(亦称瞬时容量)，单位以"人/次"表示；

(2)日游人容量，单位以"人次/日"表示；

(3)年游人容量，单位以"人次/年"表示。

3.游人容量的计算方法宜分别采用：线路法、卡口法、面积法、综合平衡法，并将计算结果填入表3.5.1-2；

游憩用地生态容量 表3.5.1-1

| 用地类型 | 允许容人量和用地指标 | |
| --- | --- | --- |
| | (人/ha) | (m²/人) |
| (1)针叶林地 | 2~3 | 5000~3300 |
| (2)阔叶林地 | 4~8 | 2500~1250 |
| (3)森林公园 | <15~20 | >660~500 |
| (4)疏林草地 | 20~25 | 500~400 |
| (5)草地公园 | <70 | >140 |
| (6)城镇公园 | 30~200 | 330~50 |
| (7)专用浴场 | <500 | >20 |
| (8)浴场水域 | 1000~2000 | 20~10 |
| (9)浴场沙滩 | 1000~2000 | 10~5 |

游人容量计算一览表 表3.5.1-2

| (1)游览用地名称 | (2)计算面积(m²) | (3)计算指标(m²/人) | (4)一次性容量(人/次) | (5)日周转率(次) | (6)日游人容量(人次/日) | (7)备注 |
| --- | --- | --- | --- | --- | --- | --- |
| | | | | | | |

4.游人容量计算宜采用下列指标:

(1)线路法:以每个游人所占平均道路面积计,5~10m²/人。

(2)面积法:以每个游人所占平均游览面积计。其中:

主景景点:50~100m²/人(景点面积);

一般景点:100~400m²/人(景点面积);

浴场海域:10~20m²/人(海拔0~-2m以内水面);

浴场沙滩:5~10m²/人(海拔0~+2m以内沙滩)。

(3)卡口法:实测卡口处单位时间内通过的合理游人量。单位以"人次/单位时间"表示。

5.游人容量计算结果应与当地的淡水供水、用地、相关设施及环境质量等条件进行校核与综合平衡,以确定合理的游人容量。

3.5.2 风景区总人口容量测算应包括外来游人、服务职工、当地居民三类人口容量,并应符合下列规定:

1.当规划地区的居住人口密度超过50人/km²时,宜测定用地的居民容量;

2.当规划地区的居住人口密度超过100人/km²时,必须测定用地的居民容量;

3.居民容量应依据最重要的要素容量分析来确定,其常规要素应是:淡水、用地、相关设施等。

3.5.3 风景区人口规模的预测应符合下列规定:

1.人口发展规模应包括外来游人、服务职工、当地居民三类人口;

2.一定用地范围内的人口发展规模不应大于其总人口容量;

3.职工人口应包括直接服务人口和维护管理人口;

4.居民人口应包括当地常住居民人口。

3.5.4 风景区内部的人口分布应符合下列原则:

1.根据游赏需求、生境条件、设施配置等因素对各类人口进行相应的分区分期控制;

2.应有合理的疏密聚散变化,使其各得其所;

3.防止因人口过多或不适当集聚而不利于生态与环境;

4.防止因人口过少或不适当分散而不利于管理与效益。

3.5.5　风景区的生态原则应符合下列规定：

1. 制止对自然环境的人为消极作用，控制和降低人为负荷，应分析游览时间、空间范围、游人容量、项目内容、开发强度等因素，并提出限制性规定或控制性指标；

2. 保持和维护原有生物种群、结构及其功能特征，保护典型而有示范性的自然综合体；

3. 提高自然环境的复苏能力，提高氧、水、生物量的再生能力与速度，提高其生态系统或自然环境对人为负荷的稳定性或承载力。

3.5.6　风景区的生态分区应符合下列原则：

1. 应将规划用地的生态状况按四个等级分别加以标明；

2. 生态分区的一般标准应符合表3.5.6的规定；

**生态分区及其利用与保护措施**　　　　　　　　　　　　　表3.5.6

| 生态分区 | 环境要素状况 | | | 利 用 与 保 护 措 施 |
| --- | --- | --- | --- | --- |
| | 大　气 | 水　域 | 土壤植被 | |
| 危 机 区 | × | × | × | 应完全限制发展，并不再发生人为压力，实施综合的自然保育措施 |
| | － 或 + | × | × | |
| | × | － 或 + | × | |
| | × | × | － 或 + | |
| 不 利 区 | × | － 或 + | － 或 + | 应限制发展，对不利状态的环境要素要减轻其人为压力，实施针对性的自然保护措施 |
| | － 或 + | × | － 或 + | |
| | － 或 + | － 或 + | × | |
| 稳 定 区 | － | － | － | 要稳定对环境要素造成的人为压力，实施对其适用的自然保护措施 |
| | － | － | + | |
| | － | + | － | |
| 有 利 区 | + | + | + | 需规定人为压力的限度，根据需要而确定自然保护措施 |
| | － | + | + | |
| | + | － | + | |
| | + | + | － | |

注：×不利；－稳定；+有利。

3. 按其他生态因素划分的专项生态危机区应包括热污染、噪声污染、电磁污染、放射性污染、卫生防疫条件、自然气候因素、振动影响、视觉干扰等内容；

4. 生态分区应对土地使用方式、功能分区、保护分区和各项规划设计措施的配套起重要作用。

3.5.7　风景区规划应控制和降低各项污染程度，其环境质量标准应符合下列规定：

1. 大气环境质量标准应符合GB3095—1996中规定的一级标准；

2. 地面水环境质量一般应按GB3838—88中规定的第一级标准执行，游泳用水应执行GB9667—88中规定的标准，海水浴场水质标准不应低于GB3097—82中规定的二类海水水质标准，生活饮用水标准应符合GB5749—85中的规定；

3. 风景区室外允许噪声级应低于GB3096—93中规定的"特别住宅区"的环境噪声标准值；

4. 放射防护标准应符合GBJ8—74中规定的有关标准。

# 8.3　风景名胜区规划的成果和专项规划

## 8.3.1　规划成果与深度规定

—— 《风景名胜区规划规范》(GB50298—1999)

5.0.1　风景区规划的成果应包括风景区规划文本、规划图纸、规划说明书、基础资料汇编等四个部分。

5.0.2 规划文本应以法规条文方式，直接叙述规划主要内容的规定性要求。

5.0.3 规划图纸应清晰准确，图文相符，图例一致，并应在图纸的明显处标明图名、图例、风玫瑰、规划期限、规划日期、规划单位及其资质图签编号等内容。

5.0.4 规划设计的主要图纸应符合表5.0.4的规定。

5.0.5 规划说明书应分析现状，论证规划意图和目标，解释和说明规划内容。

风景区总体规划图纸规定 表5.0.4

| 图 纸 资 料 名 称 | 比　例　尺 | | | | 制图选择 | | | 图 纸 特 征 | 有些图纸可与下列编号的图纸合并 |
| --- | --- | --- | --- | --- | --- | --- | --- | --- | --- |
| | 风 景 区 面 积(km²) | | | | 综合型 | 复合型 | 单一型 | | |
| | 20以下 | 20～100 | 100～500 | 500以上 | | | | | |
| 1.现状(包括综合现状图) | 1:5000 | 1:10000 | 1:25000 | 1:50000 | ▲ | ▲ | ▲ | 标准地形图上制图 | |
| 2.景源评价与现状分析 | 1:5000 | 1:10000 | 1:25000 | 1:50000 | ▲ | △ | △ | 标准地形图上制图 | 1 |
| 3.规划设计总图 | 1:5000 | 1:10000 | 1:25000 | 1:50000 | ▲ | ▲ | ▲ | 标准地形图上制图 | |
| 4.地理位置或区域分析 | 1:25000 | 1:50000 | 1:100000 | 1:200000 | ▲ | △ | △ | 可以简化制图 | |
| 5.风景游赏规划 | 1:5000 | 1:10000 | 1:25000 | 1:50000 | ▲ | ▲ | ▲ | 标准地形图上制图 | |
| 6.旅游设施配套规划 | 1:5000 | 1:10000 | 1:25000 | 1:50000 | ▲ | ▲ | △ | 标准地形图上制图 | 3 |
| 7.居民社会调控规划 | 1:5000 | 1:10000 | 1:25000 | 1:50000 | ▲ | △ | △ | 标准地形图上制图 | 3 |
| 8.风景保护培育规划 | 1:10000 | 1:25000 | 1:50000 | 1:100000 | ▲ | △ | △ | 可以简化制图 | 3 或 5 |
| 9.道路交通规划 | 1:10000 | 1:25000 | 1:50000 | 1:100000 | ▲ | △ | △ | 可以简化制图 | 3 或 6 |
| 10.基础工程规划 | 1:10000 | 1:25000 | 1:50000 | 1:100000 | ▲ | △ | △ | 可以简化制图 | 3 或 6 |
| 11.土地利用协调规划 | 1:10000 | 1:25000 | 1:50000 | 1:100000 | ▲ | ▲ | ▲ | 标准地形图上制图 | 3 或 7 |
| 12.近期发展规划 | 1:10000 | 1:25000 | 1:50000 | 1:100000 | ▲ | △ | △ | 标准地形图上制图 | 3 |

　　说明：▲应单独出图；△可作图纸。

## 8.3.2　保护培育规划

**——《风景名胜区规划规范》(GB50298—1999)**

4.1.1　保护培育规划应包括查清保育资源，明确保育的具体对象，划定保育范围，确定保育原则和措施等基本内容。

4.1.2　风景保护的分类应包括生态保护区、自然景观保护区、史迹保护区、风景恢复区、风景游览区和发展控制区等，并应符合以下规定：

1.生态保护区的划分与保护规定：

(1)对风景区内有科学研究价值或其他保存价值的生物种群及其环境,应划出一定的范围与空间作为生态保护区。

(2)在生态保护区内,可以配置必要的研究和安全防护性设施,应禁止游人进入,不得搞任何建筑设施,严禁机动交通及其设施进入。

2.自然景观保护区的划分与保护规定：

(1)对需要严格限制开发行为的特殊天然景源和景观,应划出一定的范围与空间作为自然景观保护区。

(2)在自然景观保护区内,可以配置必要的步行游览和安全防护设施,宜控制游人进入,不得安排与其无关的人为设施,严禁机动交通及其设施进入。

3.史迹保护区的划分与保护规定：

(1)在风景区内各级文物和有价值的历代史迹遗址的周围,应划出一定的范围与空间作为史迹保护区。

(2)在史迹保护区内,可以安置必要的步行游览和安全防护设施,宜控制游人进入,不得安排旅宿床位,严禁增设与其无关的人为设施,严禁机动交通及其设施进入,严禁任何不利于保护的因素进入。

4.风景恢复区的划分与保护规定:

(1)对风景区内需要重点恢复、培育、抚育、涵养、保持的对象与地区,例如森林与植被、水源与水土、浅海及水域生物、珍稀濒危生物、岩溶发育条件等,宜划出一定的范围与空间作为风景恢复区。

(2)在风景恢复区内,可以采用必要技术措施与设施;应分别限制游人和居民活动,不得安排与其无关的项目与设施,严禁对其不利的活动。

5.风景游览区的划分与保护规定:

(1)对风景区的景物、景点、景群、景区等各级风景结构单元和风景游赏对象集中地,可以划出一定的范围与空间作为风景游览区。

(2)在风景游览区内,可以进行适度的资源利用行为,适宜安排各种游览欣赏项目;应分级限制机动交通及旅游设施的配置。并分级限制居民活动进入。

6.发展控制区的划分与保护规定:

(1)在风景区范围内,对上述五类保育区以外的用地与水面及其他各项用地,均应划为发展控制区。

(2)在发展控制区内,可以准许原有土地利用方式与形态,可以安排同风景区性质与容量相一致的各项旅游设施及基地,可以安排有序的生产、经营管理等设施,应分别控制各项设施的规模与内容。

4.1.3  风景保护的分级应包括特级保护区、一级保护区、二级保护区和三级保护区等四级内容,并应符合以下规定:

1.特级保护区的划分与保护规定:

(1)风景区内的自然保护核心区以及其他不应进入游人的区域应划为特级保护区。

(2)特级保护区应以自然地形地物为分界线,其外围应有较好的缓冲条件,在区内不得搞任何建筑设施。

2.一级保护区的划分与保护规定:

(1)在一级景点和景物周围应划出一定范围与空间作为一级保护区,宜以一级景点的视域范围作为主要划分依据。

(2)一级保护区内可以安置必需的步行游赏道路和相关设施,严禁建设与风景无关的设施,不得安排旅宿床位,机动交通工具不得进入此区。

3.二级保护区的划分与保护规定:

(1)在景区范围内,以及景区范围之外的非一级景点和景物周围应划为二级保护区。

(2)二级保护区内可以安排少量旅宿设施,但必须限制与风景游赏无关的建设,应限制机动交通工具进入本区。

4.三级保护区的划分与保护规定:

(1)在风景区范围内,对以上各级保护区之外的地区应划为三级保护区。

(2)在三级保护区内,应有序控制各项建设与设施,并应与风景环境相协调。

4.1.4  保护培育规划应依据本风景区的具体情况和保护对象的级别而择优实行分类保护或分级保护,或两种方法并用,应协调处理保护培育、开发利用、经营管理的有机关系,加强引导性规划措施。

### 8.3.3 风景游赏规划

**——《风景名胜区规划规范》(GB50298—1999)**

4.2.1 风景游览欣赏规划应包括景观特征分析与景象展示构思；游赏项目组织；风景单元组织；游线组织与游程安排；游人容量调控；风景游赏系统结构分析等基本内容。

4.2.2 景观特征分析和景象展示构思，应遵循景观多样化和突出自然美的原则，对景物和景观的种类、数量、特点、空间关系、意趣展示及其观览欣赏方式等进行具体分析和安排；并对欣赏点选择及其视点、视角、视距、视线、视域和层次进行分析和安排。

4.2.3 游赏项目组织应包括项目筛选、游赏方式、时间和空间安排、场地和游人活动等内容，并遵循以下原则：

1.在与景观特色协调，与规划目标一致的基础上，组织新、奇、特、优的游赏项目；

2.权衡风景资源与环境的承受力，保护风景资源永续利用；

3.符合当地用地条件、经济状况及设施水平；

4.尊重当地文化习俗、生活方式和道德规范。

4.2.4 游赏项目内容可在表4.2.4中择优并演绎。

游 赏 项 目 类 别 表 表4.2.4

| 游　赏　类　别 | 游 | 赏 | 项 | 目 | |
|---|---|---|---|---|---|
| 1.野外游憩 | ①消闲散步 | ②郊游野游 | ③垂钓 | ④登山攀岩 | ⑤骑驭 |
| 2.审美欣赏 | ①揽胜 | ②摄影 | ③写生 | ④寻幽 | ⑤访古 |
| | ⑥寄情 | ⑦鉴赏 | ⑧品评 | ⑨写作 | ⑩创作 |
| 3.科技教育 | ①考察 | ②探胜探险 | ③观测研究 | ④科普 | ⑤教育 |
| | ⑥采集 | ⑦寻根回归 | ⑧文博展览 | ⑨纪念 | ⑩宣传 |
| 4.娱乐体育 | ①游戏娱乐 | ②健身 | ③演艺 | ④体育 | ⑤水上水下运动 |
| | ⑥冰雪活动 | ⑦沙草场活动 | ⑧其他体智技能运动 | | |
| 5.休养保健 | ①避暑避寒 | ②野营露营 | ③休养 | ④疗养 | ⑤温泉浴 |
| | ⑥海水浴 | ⑦泥沙浴 | ⑧日光浴 | ⑨空气浴 | ⑩森林浴 |
| 6.其　　他 | ①民俗节庆 | ②社交聚会 | ③宗教礼仪 | ④购物商贸 | ⑤劳作体验 |

4.2.5 风景单元组织应把游览欣赏对象组织成景物、景点、景群、园苑、景区等不同类型的结构单元，并应遵循以下原则：

1.依据景源内容与规模、景观特征分区、构景与游赏需求等因素进行组织；

2.使游赏对象在一定的结构单元和结构整体中发挥良好作用；

3.应为各景物间和结构单元间相互因借创造有利条件。

4.2.6 景点组织应包括：景点的构成内容、特征、范围、容量；景点的主、次、配景和游赏序列组织；景点的设施配备；景点规划一览表等四部分。

4.2.7 景区组织应包括：景区的构成内容、特征、范围、容量；景区的结构布局、主景、景观多样化组织；景区的游赏活动和游线组织；景区的设施和交通组织要点等四部分。

4.2.8 游线组织应依据：景观特征、游赏方式、游人结构、游人体力与游兴规律等因素，精心组织主要游线和多种专项游线，并应包括下列内容：

1.游线的级别、类型、长度、容量和序列结构；

2.不同游线的特点差异和多种游线间的关系；

3.游线与游路及交通的关系。

4.2.9 游程安排应由游赏内容、游览时间、游览距离限定。游程的确定宜符合下列规定：

1.一日游：不需住宿，当日往返；

2.二日游：住宿一夜；

3.多日游：住宿二夜以上。

2.0.6 景点

由若干相互关联的景物所构成、具有相对独立性和完整性、并具有审美特征的基本境域单位。

2.0.7 景群

由若干相关景点所构成的景点群落或群体。

2.0.8 景区

在风景区规划中，根据景源类型、景观特征或游赏需求而划分的一定用地范围，包含有较多的景物和景点或若干景群，形成相对独立的分区特征。

2.0.9 风景线

也称景线。由一连串相关景点所构成的线性风景形态或系列。

2.0.10 游览线

也称游线。为游人安排的游览欣赏风景的路线。

## 8.3.4 典型景观规划

—— 《风景名胜区规划规范》(GB50298 — 1999)

2.0.5 景观

指可以引起视觉感受的某种景象，或一定区域内具有特征的景象。

4.3.1 风景区应依据其主体特征景观或有特殊价值的景观进行典型景观规划。应包括典型景观的特征与作用分析；规划原则与目标；规划内容、项目、设施与组织；典型景观与风景区整体的关系等内容。

4.3.2 典型景观规划必须保护景观本体及其环境，保持典型景观的永续利用；应充分挖掘与合理利用典型景观的特征及价值，突出特点，组织适宜的游赏项目与活动；应妥善处理典型景观与其他景观的关系。

4.3.3 植物景观规划应符合以下规定：

1.维护原生种群和区系，保护古树名木和现有大树，培育地带性树种和特有植物群落；

2.因境制宜地恢复、提高植被覆盖率，以适地适树的原则扩大林地，发挥植物的多种功能优势，改善风景区的生态和环境；

3.利用和创造多种类型的植物景观或景点，重视植物的科学意义，组织专题游览环境和活动；

4.对各类植物景观的植被覆盖率、林木郁闭度、植物结构、季相变化、主要树种、地被与攀缘植物、特有植物群落、特殊意义植物等，应有明确的分区分级的控制性指标及要求；

5.植物景观分布应同其他内容的规划分区相互协调；在旅游设施和居民社会用地范围内，应保持一定比例的高绿地率或高覆盖率控制区。

4.3.4 建筑景观规划应符合以下规定：

1.应维护一切有价值的原有建筑及其环境，严格保护文物类建筑，保护有特点的民居、村寨和乡土建筑及其风貌；

2. 风景区的各类新建筑，应服从风景环境的整体需求，不得与大自然争高低，在人工与自然协调融合的基础上，创造建筑景观和景点；

3. 建筑布局与相地立基，均应因地制宜，充分顺应和利用原有地形，尽量减少对原有地物与环境的损伤或改造；

4. 对风景区内各类建筑的性质与功能、内容与规模、标准与档次、位置与高度、体量与体形、色彩与风格等，均应有明确的分区分级控制措施；

5. 在景点规划或景区详细规划中，对主要建筑宜提出：(1)总平面布置；(2)剖面标高；(3)立面标高总框架；(4)同自然环境和原有建筑的关系等四项控制措施。

4.3.5 溶洞景观规划应符合以下规定：

1. 必须维护岩溶地貌、洞穴体系及其形成条件，保护溶洞的各种景物及其形成因素，保护珍稀、独特的景物及其存在环境；

2. 在溶洞功能选择与游人容量控制、游赏对象确定与景象意趣展示、景点组织与景区划分、游赏方式与游线组织、导游与赏景点组织等方面，均应遵循自然与科学规律及其成景原理，兼顾洞景的欣赏、科学、历史、保健等价值，有度有序地利用与发挥洞景潜力，组织适合本溶洞特征的景观特色；

3. 应统筹安排洞内与洞外景观，培育洞顶植被，禁止对溶洞自然景物滥施人工；

4. 溶洞的石景与土石方工程、水景与给排水工程、交通与道桥工程、电源与电缆工程、防洪与安全设备工程等，均应服从风景整体需求，并同步规划设计；

5. 对溶洞的灯光与灯具配置、导游与电器控制，以及光象、音响、卫生等因素，均应有明确的分区分级控制要求及配套措施。

4.3.6 竖向地形规划应符合以下规定：

1. 维护原有地貌特征和地景环境，保护地质珍迹、岩石与基岩、土层与地被、水体与水系，严禁炸山采石取土、乱挖滥填盲目整平、剥离及覆盖表土，防止水土流失、土壤退化、污染环境；

2. 合理利用地形要素和地景素材，应随形就势、因高就低地组织地景特色，不得大范围地改变地形或平整土地，应把未利用的废弃地、洪泛地纳入治山理水范围加以规划利用；

3. 对重点建设地段，必须实行在保护中开发、在开发中保护的原则，不得套用"几通一平"的开发模式，应统筹安排地形利用、工程补救、水系修复、表土恢复、地被更新、景观创意等各项技术措施；

4. 有效保护与展示大地标志物、主峰最高点、地形与测绘控制点，对海拔高度高差、坡度坡向、海河湖岸、水网密度、地表排水与地下水系、洪水潮汐淹没与浸蚀、水土流失与崩塌、滑坡与泥石流灾变等地形因素，均应明确的分区分级控制；

5. 竖向地形规划应为其他景观规划、基础工程、水体水系流域整治及其他专项规划创造有利条件，并相互协调。

## 8.3.5 游览设施规划

—— 《风景名胜区规划规范》(GB50298 — 1999)

4.4.1 旅行游览接待服务设施规划应包括游人与游览设施现状分析；客源分析预测与游人发展规模的选择；游览设施配备与直接服务人口估算；旅游基地组织与相关基础工程；游览设施系统及其环境分析等五部分。

4.4.2 游人现状分析，应包括游人的规模、结构、递增率、时间和空间分布及其消费状况。

4.4.3 游览设施现状分析，应表明供需状况、设施与景观及其环境的相互关系。

4.4.4 客源分析与游人发展规模选择应符合以下规定：

1. 分析客源地的游人数量与结构、时空分布、出游规律、消费状况等；

2. 分析客源市场发展方向和发展目标；

3. 预测本地区游人、国内游人、海外游人递增率和旅游收入；

4. 游人发展规模、结构的选择与确定，应符合表4.4.4的内容要求；

### 游 人 统 计 与 预 测

表4.4.4

| 项目 | 年度 | 海外游人 | | 国内游人 | | 本地游人 | | 三项合计 | | 年游人规模（万人／年） | 年游人容量（万人／年） | 备注 |
|---|---|---|---|---|---|---|---|---|---|---|---|---|
| | | 数量 | 增率 | 数量 | 增率 | 数量 | 增率 | 数量 | 增率 | | | |
| 统计 | | | | | | | | | | | | |
| 预测 | | | | | | | | | | | | |

5. 合理的年、日游人发展规模不得大于相应的游人容量。

4.4.5 游览设施配备应包括旅行、游览、饮食、住宿、购物、娱乐、保健和其他等八类相关设施。应依据风景区、景区、景点的性质与功能，游人规模与结构，以及用地、淡水、环境等条件，配备相应种类、级别、规模的设施项目。

1. 旅宿床位应是游览设施的调控指标，应严格限定其规模和标准，应做到定性、定量、定位、定用地范围，并按(4.4.5-1)式计算。

$$床位数 = \frac{平均停留天数 \times 年住宿人数}{年旅游天数 \times 床位利用率} \qquad (4.4.5-1)$$

2. 直接服务人员估算应以旅宿床位或饮食服务两类游览设施为主，其中，床位直接服务人员估算可按(4.4.5-2)计算：

直接服务人员＝床位数×直接服务人员与床位数比例 (4.4.5-2)

(式中，直接服务人口与床位数比例：1：2～1：10)

4.4.6 游览设施布局应采用相对集中与适当分散相结合的原则，应方便游人，利于发挥设施效益，便于经营管理与减少干扰。应依据设施内容、规模、等级、用地条件和景观结构等，分别组成服务部、旅游点、旅游村、旅游镇、旅游城、旅游市等六级旅游服务基地，并提出相应的基础工程原则和要求。

4.4.7 旅游基地选择应符合以下原则：

1. 应有一定的用地规模，既应接近游览对象又应有可靠的隔离，应符合风景保护的规定，严禁将住宿、饮食、购物、娱乐、保健、机动交通等设施布置在有碍景观和影响环境质量的地段；

2. 应具备相应的水、电、能源、环保、抗灾等基础工程条件，靠近交通便捷的地段，依托现有游览设施及城镇设施；

3. 避开有自然灾害和不利于建设的地段。

4.4.8 依风景区的性质、布局和条件的不同，各项游览设施既可配置在各级旅游基地中，也可以配置在所依托的各级居民点中，其总量和级配关系应符合风景区规划的需求，应符合表4.4.8的规定。

游览设施与旅游基地分级配置表　　　　　　　　　　表4.4.8

| 设施类型 | 设施项目 | 服务部 | 旅游点 | 旅游村 | 旅游镇 | 旅游城 | 备　　注 |
|---|---|---|---|---|---|---|---|
| 一、旅行 | 1.非机动交通 | ▲ | ▲ | ▲ | ▲ | ▲ | 步道、马道、自行车道、存车、修理 |
| | 2.邮电通讯 | △ | △ | ▲ | ▲ | ▲ | 话亭、邮亭、邮电所、邮电局 |
| | 3.机动车船 | × | △ | △ | ▲ | ▲ | 车站、车场、码头、油站、道班 |
| | 4.火车站 | × | × | × | △ | △ | 对外交通，位于风景区外缘 |
| | 5.机场 | × | × | × | × | △ | 对外交通，位于风景区外缘 |
| 二、游览 | 1.导游小品 | ▲ | ▲ | ▲ | ▲ | ▲ | 标示、标志、公告牌、解说图片 |
| | 2.休憩庇护 | △ | ▲ | ▲ | ▲ | ▲ | 坐椅桌、风雨亭、避难屋、集散点 |
| | 3.环境卫生 | △ | ▲ | ▲ | ▲ | ▲ | 废弃物箱、公厕、盥洗处、垃圾站 |
| | 4.宣讲咨询 | × | △ | △ | ▲ | ▲ | 宣讲设施、模型、影视、游人中心 |
| | 5.公安设施 | × | △ | △ | ▲ | ▲ | 派出所、公安局、消防站、巡警 |
| 三、饮食 | 1.饮食点 | ▲ | ▲ | ▲ | ▲ | ▲ | 冷热饮料、乳品、面包、糕点、糖果 |
| | 2.饮食店 | △ | ▲ | ▲ | ▲ | ▲ | 包括快餐、小吃、野餐烧烤点 |
| | 3.一般餐厅 | × | △ | △ | ▲ | ▲ | 饭馆、饭铺、食堂 |
| | 4.中级餐厅 | × | × | △ | △ | ▲ | 有停车车位 |
| | 5.高级餐厅 | × | × | × | △ | ▲ | 有停车车位 |
| 四、住宿 | 1.简易旅宿点 | × | ▲ | ▲ | ▲ | ▲ | 包括野营点、公用卫生间 |
| | 2.一般旅馆 | × | △ | ▲ | ▲ | ▲ | 六级旅馆、团体旅舍 |
| | 3.中级旅馆 | × | × | ▲ | ▲ | ▲ | 四、五级旅馆 |
| | 4.高级旅馆 | × | × | △ | △ | ▲ | 二、三级旅馆 |
| | 5.豪华旅馆 | × | × | △ | △ | △ | 一级旅馆 |
| 五、购物 | 1.小卖部、商亭 | ▲ | ▲ | ▲ | ▲ | ▲ | |
| | 2.商摊集市墟场 | × | △ | △ | ▲ | ▲ | 集散有时、场地稳定 |
| | 3.商店 | × | × | △ | ▲ | ▲ | 包括商业买卖街、步行街 |
| | 4.银行、金融 | × | × | △ | △ | ▲ | 储蓄所、银行 |
| | 5.大型综合商场 | × | × | × | △ | ▲ | |
| 六、娱乐 | 1.文博展览 | × | △ | △ | ▲ | ▲ | 文化、图书、博物、科技、展览等馆 |
| | 2.艺术表演 | × | △ | △ | ▲ | ▲ | 影剧院、音乐厅、杂技场、表演场 |
| | 3.游戏娱乐 | × | × | △ | △ | ▲ | 游乐场、歌舞厅、俱乐部、活动中心 |
| | 4.体育运动 | × | × | △ | △ | ▲ | 室内外各类体育运动健身竞赛场地 |
| | 5.其他游娱文体 | × | × | × | △ | △ | 其他游娱文体台站团体训练基地 |
| 七、保健 | 1.门诊所 | △ | △ | ▲ | ▲ | ▲ | 无床位、卫生站 |
| | 2.医院 | × | × | △ | ▲ | ▲ | 有床位 |
| | 3.救护站 | × | × | △ | △ | ▲ | 无床位 |
| | 4.休养度假 | × | × | △ | △ | ▲ | 有床位 |
| | 5.疗养 | × | × | △ | △ | ▲ | 有床位 |
| 八、其他 | 1.审美欣赏 | ▲ | ▲ | ▲ | ▲ | ▲ | 景观、寄情、鉴赏、小品类设施 |
| | 2.科技教育 | △ | △ | ▲ | ▲ | ▲ | 观测、试验、科教、纪念设施 |
| | 3.社会民俗 | × | △ | △ | △ | ▲ | 民俗、节庆、乡土设施 |
| | 4.宗教礼仪 | × | × | △ | △ | △ | 宗教设施、坛庙堂祠、社交礼制设施 |
| | 5.宜配新项目 | × | × | △ | △ | △ | 演化中的德智体技能和功能设施 |

限定说明：禁止设置×；可以设置△；应该设置▲。

### 8.3.6 基础工程规划

**——《风景名胜区规划规范》(GB50298—1999)**

4.5.1 风景区基础工程规划,应包括交通道路、邮电通讯、给水排水和供电能源等内容,根据实际需要,还可进行防洪、防火、抗灾、环保、环卫等工程规划。

4.5.2 风景区基础工程规划,应符合下列规定:

1.符合风景区保护、利用、管理的要求;

2.同风景区的特征、功能、级别和分区相适应,不得损坏景源、景观和风景环境;

3.要确定合理的配套工程、发展目标和布局,并进行综合协调;

4.对需要安排的各项工程设施的选址和布局提出控制性建设要求;

5.对于大型工程或干扰性较大的工程项目及其规划,应进行专项景观论证、生态与环境敏感性分析,并提交环境影响评价报告。

4.5.3 风景区交通规划,应分为对外交通和内部交通两方面内容。应进行各类交通流量和设施的调查、分析、预测,提出各类交通存在的问题及其解决措施等内容。

1.对外交通应要求快速便捷,布置于风景区以外或边缘地区;

2.内部交通应具有方便可靠和适合风景区特点,并形成合理的网络系统;

3.对内部交通的水、陆、空等机动交通的种类选择、交通流量、线路走向、场站码头及其配套设施,均应提出明确而有效的控制要求和措施。

4.5.4 风景区道路规划,应符合以下规定:

1.合理利用地形,因地制宜地选线,同当地景观和环境相配合;

2.对景观敏感地段,应用直观透视演示法进行检验,提出相应的景观控制要求;

3.不得因追求某种道路等级标准而损伤景源与地貌,不得损坏景物和景观;

4.应避免深挖高填,因道路通过而形成的竖向创伤面的高度或竖向砌筑面的高度,均不得大于道路宽度。并应对创伤面提出恢复性补救措施。

4.5.5 邮电通讯规划,应提供风景区内外通讯设施的容量、线路及布局,并应符合以下规定:

1.各级风景区均应配备能与国内联系的通讯设施;

2.国家级风景区还应配备能与海外联系的现代化通讯设施;

3.在景点范围内,不得安排架空电线穿过,宜采用隐蔽工程。

4.5.6 风景区给水排水规划,应包括现状分析;给、排水量预测;水源地选择与配套设施;给、排水系统组织;污染源预测及污水处理措施;工程投资框算。给、排水设施布局还应符合以下规定:

1.在景点和景区范围内,不得布置暴露于地表的大体量给水和污水处理设施;

2.在旅游村镇和居民村镇宜采用集中给水、排水系统,主要给水设施和污水处理设施可安排在居民村镇及其附近。

4.5.7 风景区供电规划,应提供供电及能源现状分析,负荷预测,供电电源点和电网规划三项基本内容。并应符合以下规定:

1.在景点和景区内不得安排高压电缆和架空电线穿过;

2.在景点和景区内不得布置大型供电设施;

3.主要供电设施宜布置于居民村镇及其附近。

4.5.8 风景区内供水、供电及床位用地标准,应在表4.5.8中选用,并以下限标准为主。

供水供电及床位用地标准　　　　　　　　　　　　表4.5.8

| 类　　　别 | 供　水(L/床·日) | 供　电(W/床) | 用　地(m²/床) | 备　　注 |
|---|---|---|---|---|
| 简易宿点 | 50～100 | 50～100 | 50以下 | 公用卫生间 |
| 一般旅馆 | 100～200 | 100～200 | 50～100 | 六级旅馆 |
| 中级旅馆 | 200～400 | 200～400 | 100～200 | 四五级旅馆 |
| 高级旅馆 | 400～500 | 400～1000 | 200～400 | 二三级旅馆 |
| 豪华旅馆 | 500以上 | 1000以上 | 300以上 | 一级旅馆 |
| 居　　民 | 60～150 | 100～500 | 50～150 | |
| 散　　客 | 10～30L/人·日 | | | |

## 8.3.7 居民社会调控规划

—— 《风景名胜区规划规范》(GB50298 — 1999)

4.6.1 凡含有居民点的风景区，应编制居民点调控规划；凡含有一个乡或镇以上的风景区，必须编制居民社会系统规划。

4.6.2 居民社会调控规划应包括现状、特征与趋势分析；人口发展规模与分布；经营管理与社会组织；居民点性质、职能、动因特征和分布；用地方向与规划布局；产业和劳力发展规划等内容。

4.6.3 居民社会调控规划应遵循下列基本原则：

1.严格控制人口规模，建立适合风景区特点的社会运转机制；

2.建立合理的居民点或居民点系统；

3.引导淘汰型产业的劳力合理转向。

4.6.4 居民社会调控规划应科学预测和严格限定各种常住人口规模及其分布的控制性指标；应根据风景区需要划定无居民区、居民衰减区和居民控制区。

4.6.5 居民点系统规划，应与城市规划和村镇规划相互协调，对已有的城镇和村点提出调整要求，对拟建的旅游村、镇和管理基地提出控制性规划纲要。

4.6.6 对农村居民点应划分为搬迁型、缩小型、控制型和聚居型等四种基本类型，并分别控制其规模布局和建设管理措施。

4.6.7 居民社会用地规划严禁在景点和景区内安排工业项目、城镇建设和其他企事业单位用地，不得在风景区内安排有污染的工副业和有碍风景的农业生产用地，不得破坏林木而安排建设项目。

## 8.3.8 经济发展引导规划

—— 《风景名胜区规划规范》(GB50298 — 1999)

4.7.1 经济发展引导规划，应以国民经济和社会发展规划、风景与旅游发展战略为基本依据，形成独具风景区特征的经济运行条件。

4.7.2 经济发展引导规划应包括经济现状调查与分析；经济发展的引导方向；经济结构及其调整；空间布局及其控制；促进经济合理发展的措施等内容。

4.7.3 风景区经济引导方向，应以经济结构和空间布局的合理化结合为原则，提出适合风景区经济发展的模式及保障经济持续发展的步骤和措施。

4.7.4 经济结构的合理化应包括以下内容：

1.明确各主要产业的发展内容、资源配置、优化组合及其轻重缓急变化；

2.明确旅游经济、生态农业和工副业的合理发展途径；

3.明确经济发展应有利于风景区的保护、建设和管理。

4.7.5　空间布局合理化应包括以下内容：

1.应明确风景区内部经济、风景区周边经济、风景区所在地经济等三者的空间关系和内在联系；应有节律的调控区内经济、发展边缘经济、带动地区经济；

2.明确风景区内部经济的分区分级控制和引导方向；

3.明确综合农业生产分区、农业生产基地、工副业布局及其与风景保护区、风景游览地、旅游基地的关系。

## 8.3.9　土地利用协调规划

——《风景名胜区规划规范》(GB50298—1999)

4.8.1　土地利用协调规划应包括土地资源分析评估；土地利用现状分析及其平衡表；土地利用规划及其平衡表等内容。

4.8.2　土地资源分析评估，应包括对土地资源的特点、数量、质量与潜力进行综合评估或专项评估。

4.8.3　土地利用现状分析，应表明土地利用现状特征，风景用地与生产生活用地之间关系，土地资源演变、保护、利用和管理存在的问题。

4.8.4　土地利用规划，应在土地利用需求预测与协调平衡的基础上，表明土地利用规划分区及其用地范围。

4.8.5　土地利用规划应遵循下列基本原则：

1.突出风景区土地利用的重点与特点，扩大风景用地；

2.保护风景游赏地、林地、水源地和优良耕地；

3.因地制宜的合理调整土地利用，发展符合风景区特征的土地利用方式与结构。

4.8.6　风景区土地利用平衡应符合表4.8.6的规定，并表明规划前后土地利用方式和结构变化。

4.8.7　风景区的用地分类应按土地使用的主导性质进行划分，应符合表4.8.7的规定。

4.8.8　在具体使用表4.8.6和表4.8.7时，可依据工作性质、内容、深度的不同要求，采用其分类的全部或部分类别，但不得增设新的类别。

### 风景区用地平衡表　　表4.8.6

| 序号 | 用地代号 | 用 地 名 称 | 面积(km²) | 占总用地% | | 人均(m²/人) | | 备注 |
|---|---|---|---|---|---|---|---|---|
| | | | | 现状 | 规划 | 现状 | 规划 | |
| 00 | 合计 | 风景区规划用地 | | 100 | 100 | | | |
| 01 | 甲 | 风景游赏用地 | | | | | | |
| 02 | 乙 | 游览设施用地 | | | | | | |
| 03 | 丙 | 居民社会用地 | | | | | | |
| 04 | 丁 | 交通与工程用地 | | | | | | |
| 05 | 戊 | 林　　地 | | | | | | |
| 06 | 己 | 园　　地 | | | | | | |
| 07 | 庚 | 耕　　地 | | | | | | |
| 08 | 辛 | 草　　地 | | | | | | |
| 09 | 壬 | 水　　域 | | | | | | |
| 10 | 癸 | 滞 留 用 地 | | | | | | |
| 备注 | | ＿＿年，现状总人口＿＿万人。其中：(1)游人＿＿　(2)职工＿＿　(3)居民＿＿<br>＿＿年，规划总人口＿＿万人。其中：(1)游人＿＿　(2)职工＿＿　(3)居民＿＿ | | | | | | |

## 风景区用地分类表　　表4.8.7

| 类别代号 大类 中类 小类 | | | 用地名称 | 范围 | 规划限定 |
|---|---|---|---|---|---|
| 甲 | | | 风景游赏用地 | 游览欣赏对象集中区的用地。向游人开放 | ▲ |
| | 甲1 | | 风景点建设用地 | 各级风景结构单元(如景物、景点、景群、园院、景区等)的用地 | ▲ |
| | 甲2 | | 风景保护用地 | 独立于景点以外的自然景观、史迹、生态等保护区用地 | ▲ |
| | 甲3 | | 风景恢复用地 | 独立于景点以外的需要重点恢复、培育、涵养和保持的对象用地 | ▲ |
| | 甲4 | | 野外游憩用地 | 独立于景点之外，人工设施较少的大型自然露天游憩场所 | ▲ |
| | 甲5 | | 其他观光用地 | 独立于上述四类用地之外的风景游赏用地。如宗教、风景林地等 | △ |
| 乙 | | | 游览设施用地 | 直接为游人服务而又独立于景点之外的旅行游览接待服务设施用地 | ▲ |
| | 乙1 | | 旅游点建设用地 | 独立设置的各级旅游基地(如部、点、村、镇、城等)的用地 | ▲ |
| | 乙2 | | 游娱文体用地 | 独立于旅游点外的游戏娱乐、文化体育、艺术表演用地 | ▲ |
| | 乙3 | | 休养保健用地 | 独立设置的避暑避寒、休养、疗养、医疗、保健、康复等用地 | ▲ |
| | 乙4 | | 购物商贸用地 | 独立设置的商贸、金融保险、集贸市场、食宿服务等设施用地 | △ |
| | 乙5 | | 其他游览设施用地 | 上述四类之外，独立设置的游览设施用地，如公共浴场等用地 | △ |
| 丙 | | | 居民社会用地 | 间接为游人服务而又独立设置的居民社会、生产管理等用地 | △ |
| | 丙1 | | 居民点建设用地 | 独立设置的各级居民点(如组、点、村、镇、城等)的用地 | △ |
| | 丙2 | | 管理机构用地 | 独立设置的风景区管理机构、行政机构用地 | ▲ |
| | 丙3 | | 科技教育用地 | 独立地段的科技教育用地。如观测科研、广播、职教等用地 | △ |
| | 丙4 | | 工副业生产用地 | 为风景区服务而独立设置的各种工副业及附属设施用地 | △ |
| | 丙5 | | 其他居民社会用地 | 如殡葬设施等 | ○ |
| 丁 | | | 交通与工程用地 | 风景区自身需求的对外、内部交通通讯与独立的基础工程用地 | ▲ |
| | 丁1 | | 对外交通通讯用地 | 风景区入口同外部沟通的交通用地。位于风景区外缘 | ▲ |
| | 丁2 | | 内部交通通讯用地 | 独立于风景点、旅游点、居民点之外的风景区内部联系交通 | ▲ |
| | 丁3 | | 供应工程用地 | 独立设置的水、电、气、热等工程及其附属设施用地 | △ |
| | 丁4 | | 环境工程用地 | 独立设置的环保、环卫、水保、垃圾、污物处理设施用地 | △ |
| | 丁5 | | 其他工程用地 | 如防洪水利、消防防灾、工程施工、养护管理设施等工程用地 | △ |
| 戊 | | | 林地 | 生长乔木、竹类、灌木、沿海红树林等林木的土地，风景林不包括在内 | △ |
| | 戊1 | | 成林地 | 有林地，郁闭度大于30%的林地 | △ |
| | 戊2 | | 灌木林 | 覆盖度大于40%的灌木林地 | △ |
| | 戊3 | | 竹林 | 生长竹类的林地 | △ |
| | 戊4 | | 苗圃 | 固定的育苗地 | △ |
| | 戊5 | | 其他林地 | 如迹地、未成林造林地、郁闭度小于30%的林地 | ○ |
| 己 | | | 园地 | 种植以采集果、叶、根、茎为主的集约经营的多年生作物 | △ |
| | 己1 | | 果园 | 种植果树的园地 | △ |
| | 己2 | | 桑园 | 种植桑树的园地 | △ |
| | 己3 | | 茶园 | 种植茶树的园地 | ○ |
| | 己4 | | 胶园 | 种植橡胶树的园地 | △ |
| | 己5 | | 其他园地 | 如花圃苗圃、热作园地及其他多年生作物园地 | ○ |
| 庚 | | | 耕地 | 种植农作物的土地 | ○ |
| | 庚1 | | 菜地 | 种植蔬菜为主的耕地 | ○ |
| | 庚2 | | 旱地 | 无灌溉设施、靠降水生长作物的耕地 | ○ |
| | 庚3 | | 水田 | 种植水生作物的耕地 | ○ |
| | 庚4 | | 水浇地 | 指水田菜地以外，一般年景能正常灌溉的耕地 | ○ |
| | 庚5 | | 其他耕地 | 如季节性、一次性使用的耕地、望天田等 | ○ |
| 辛 | | | 草地 | 生长各种草本植物为主的土地 | △ |
| | 辛1 | | 天然牧草地 | 用于放牧或割草的草地、花草地 | ○ |
| | 辛2 | | 改良牧草地 | 采用灌排水、施肥、松耙、补植进行改良的草地 | ○ |
| | 辛3 | | 人工牧草地 | 人工种植牧草的草地 | ○ |
| | 辛4 | | 人工草地 | 人工种植铺装的草地、草坪、花草地 | △ |
| | 辛5 | | 其他草地 | 如荒草地、杂草地 | △ |
| 壬 | | | 水域 | 未列入各景点或单位的水域 | △ |
| | 壬1 | | 江、河 | | △ |
| | 壬2 | | 湖泊、水库 | 包括坑塘 | △ |
| | 壬3 | | 海域 | 海湾 | △ |
| | 壬4 | | 滩涂 | 包括沼泽、水中苇地 | △ |
| | 壬5 | | 其他水域用地 | 冰川及永久积雪地、沟渠水工建筑地 | △ |
| 癸 | | | 滞留用地 | 非风景区需求，但滞留在风景区内的各项用地 | × |
| | 癸1 | | 滞留工厂仓储用地 | | × |
| | 癸2 | | 滞留事业单位用地 | | × |
| | 癸3 | | 滞留交通工程用地 | | × |
| | 癸4 | | 未利用地 | 因各种原因尚未使用的土地 | ○ |
| | 癸5 | | 其他滞留用地 | | × |

规划限定说明：应该设置▲；可以设置△；可保留不宜新置○；禁止设置×。

4.8.9  土地利用规划应扩展甲类用地，控制乙类、丙类、丁类、庚类用地，缩减癸类用地。

## 8.3.10  分期发展规划

——《风景名胜区规划规范》(GB50298 — 1999)

4.9.1  风景区总体规划分期应符合以下规定：

1.第一期或近期规划：5年以内；

2.第二期或远期规划：5～20年；

3.第三期或远景规划：大于20年。

4.9.2  在安排每一期的发展目标与重点项目时，应兼顾风景游赏、游览设施、居民社会的协调发展，体现风景区自身发展规律与特点。

4.9.3  近期发展规划应提出发展目标、重点、主要内容，并应提出具体建设项目、规模、布局、投资估算和实施措施等。

4.9.4  远期发展规划的目标应使风景区内各项规划内容初具规模。并应提出发展期内的发展重点、主要内容、发展水平、投资框算、健全发展的步骤与措施。

4.9.5  远景规划的目标应提出风景区规划所能达到的最佳状态和目标。

4.9.6  近期规划项目与投资估算应包括风景游赏、游览设施、居民社会三个职能系统的内容以及实施保育措施所需的投资。

4.9.7  远期规划的投资框算应包括风景游赏、游览设施两个系统的内容。

# 9 城市绿地系统规划

## 9.1 建设部关于印发
### 《城市绿地系统规划编制纲要(试行)》的通知

(建城〔2002〕240号)

各省、自治区建设厅，直辖市、计划单列市规划委(局)、园林局，深圳市城管办，新疆建设兵团建设局，解放军总后勤部营房部：

为更好地制定城市绿地系统规划，我部制定了《城市绿地系统规划编制纲要(试行)》，现印发给你们，请在今后城市园林绿化管理工作中按照执行。执行中的问题，请及时告我部城建司。

附件：城市绿地系统规划编制纲要(试行)

中华人民共和国建设部
二〇〇二年十月十六日

### 城市绿地系统规划编制纲要(试行)编制说明

为贯彻落实《城市绿化条例》(国务院〔1992〕100号令)和《国务院关于加强城市绿化建设的通知》(国发〔2001〕20号)，加强我国《城市绿地系统规划》编制的制度化和规范化，确保规划质量，充分发挥城市绿地系统的生态环境效益、社会经济效益和景观文化功能，特制定本《纲要》。

《城市绿地系统规划》是《城市总体规划》的专业规划，是对《城市总体规划》的深化和细化。《城市绿地系统规划》由城市规划行政主管部门和城市园林行政主管部门共同负责编制，并纳入《城市总体规划》。

《城市绿地系统规划》的主要任务，是在深入调查研究的基础上，根据《城市总体规划》中的城市性质、发展目标、用地布局等规定，科学制定各类城市绿地的发展指标，合理安排城市各类园林绿地建设和市域大环境绿化的空间布局，达到保护和改善城市生态环境、优化城市人居环境、促进城市可持续发展的目的。

《城市绿地系统规划》成果应包括：规划文本、规划说明书、规划图则和规划基础资料四个部分。其中，依法批准的规划文本与规划图则具有同等法律效力。

本《纲要》由建设部负责解释，自发布之日起生效。全国各地城市在《城市绿地系统规划》的编制和评审工作中，均应遵循本《纲要》。在实践中，各地城市可本着"与时俱投"的原则积极探索，发现新问题及时上报，以便进一步充实完善本《纲要》的内容。

### 规划文本

一、总则

包括规划范围、规划依据、规划指导思想与原则、规划期限与规模等

二、规划目标与指标

三、市域绿地系统规划

四、城市绿地系统规划结构、布局与分区

五、城市绿地分类规划

简述各类绿地的规划原则、规划要点和规划指标

六、树种规划

规划绿化植物数量与技术经济指标

七、生物多样性保护与建设规划

包括规划目标与指标、保护措施与对策

八、古树名木保护

古树名木数量、树种和生长状况

九、分期建设规划

分近、中、远三期规划，重点阐明近期建设项目、投资与效益估算

十、规划买施措施

包括法规性、行政性、技术性、经济性和政策性等措施

十一、附录

## 规划说明书

第一章　概况及现状分析

一、概况。包括自然条件、社会条件、环境状况和城市基本概况等

二、绿地现状与分析。包括各类绿地现状统计分析，城市绿地发展优势与动力，存在的主要问题与制约因素等

第二章　规划总则

一、规划编制的意义

二、规划的依据、期限、范围与规模

三、规划的指导思想与原则

第三章　规划目标

一、规划目标

二、规划指标

第四章　市域绿地系统规划

阐明市域绿地系统规划结构与布局和分类发展规划，构筑以中心城区为核心，覆盖整个市域，城乡一体化的绿地系统。

第五章　城市绿地系统规划结构布局与分区

一、规划结构

二、规划布局

三、规划分区

第六章　城市绿地分类规划

一、城市绿地分类(按国际《城市绿地分类标准入》GJJ/T85 — 2002执行)

二、公园绿地(G1)规划

三、生产绿地(G2)规划

四、防护绿地(G3)规划

五、附属绿地(G4)规划

六、其他绿地(G5)规划

分述各类绿地的规划原则、规划内容(要点)和规划指标并确定相应的基调树种、骨于树种和一般树种的种类。

第七章　树种规划

一、树种规划的基本原则

二、确定城市所处时植物地理位置。包括植被气候区域与地带、地带性植被类型、建群种、地带性土壤与非地带性土壤类型。

三、技术经济指标

确定裸子植物与被子植物比例、常绿树种与落叶树种比例、乔木与灌木比例、木本植物与草本植物比例、乡土树种与外来树种比例(并进行生态安全性分析)、速生与中生和慢生树种比例,确定绿地植物名录(科、属、种及种以下单位)。

四、基调树种、骨干树种和一般树种的选定

五、市花、市树的选择与建议

第八章　生物(重点是植物)多样性保护与建设规划

一、总体现状分析

二、生物多样性的保护与建设的目标与指标

三、生物多样性保护的层次与规划(含物种、基因、生态系统、景观多样性规划)

四、生物多样性保护的措施与生态管理对策

五、珍稀濒危植物的保护与对策

第九章　古树名本保护

第十章　分期建设规划

城市绿地系统规划分期建设可分为近、中、远三期。在安排各期规划目标和重点项目时,应依城市绿地自身发展规律与特点而定。近期规划应提出规划目标与重点,具体建设项目、规模和投资估算;中、远期建设规划的主要内容应包括建设项目、规划和投资匡算等。

第十一章　实施措施

分别按法规性、行政性、技术性、经济性和政策性等措施进行论述

第十二章　附录、附件

## 规划图则

一、城市区位关系图

二、现状图

包括城市综合现状图、建成区现状图和各类绿地现状图以及古树名木和文物古迹分布图等。

三、城市绿地现状分析图

四、规划总图

五、市域大环境绿化规划图

六、绿地分类规划图

包括公园绿地、生产绿地、防护绿地、附属绿地和其他绿地规划图等。

七、近期绿地建设规划图

注:图纸比例与城市总体规划图基本一致,一般采用1:5000~1:25000;城市区位关系图宜缩小(1:10000~1:50000);绿地分类规划图可放大(1:2000~1:10000);并标明风玫瑰绿地分类现状和规划图如生产绿地、防护绿地和其他绿地等可适当合并表达。

## 基础资料汇编

第一章　城市概况

第一节　自然条件

地理位置、地质地貌、气候、土壤、水文、植被与主要动、植物状况

第二节　经济及社会条件

经济、社会发展水平、城市发展目标、人口状况、各类用地状况

第三节 环境保护资料

城市主要污染源、重污染分布区、污染治理情况与其他环保资料

第四节 城市历史与文化资料

第二章 城市绿化现状

第一节 绿地及相关用地资料

一、现有各类绿地的位置、面积及其景观结构

二、各类人文景观的位置、面积及可利用程度

三、主要水系的位置、面积、流量、深度、水质及利用程度

第二节 技术经济指标

一、绿化指标

1、人均公园绿地面积；2、建成区绿化覆盖率；3、建成区绿地率；4、人均绿地面积；5、公园绿地的服务半径

2、公园绿地、风景林地的日常和节假日的客流量

二、生产绿地的面积、苗木总量、种类、规格、苗木自给率

三、古树名木的数量、位置、名称、树龄、生长情况等

第三节 园林植物、动物资料

一、现有园林植物名录、动物名录

二、主要植物常见病虫害情况

第三章 管理资料

第一节 管理机构

一、机构名称、性质、归口

二、编制设置

三、规章制度建设

第二节 人员状况

一、职工总人数(万人职工比)

二、专业人员配备、工人技术等级情况

第三节 园林科研

第四节 资金与设备

第五节 城市绿地养护与管理情况

# 9.2 城市绿地分类标准(CJJ/T85—2002)

## 1 总 则

1.0.1 为统一全国城市绿地(以下简称为"绿地")分类，科学地编制、审批、实施城市绿地系统(以下简称为"绿地系统")规划，规范绿地的保护、建设和管理，改善城市生态环境，促进城市的可持续发展，制定本标准。

1.0.2 本标准适用于绿地的规划、设计、建设、管理和统计等工作。

1.0.3 绿地分类除执行本标准外，尚应符合国家现行有关强制性标准的规定。

## 2 城市绿地分类

2.0.1 绿地应按主要功能进行分类，并与城市用地分类相对应。

2.0.2 绿地分类应采用大类、中类、小类三个层次。

2.0.3 绿地类别应采用英文字母与阿拉伯数字混合型代码表示。

2.0.4 绿地具体分类应符合表2.0.4的规定。

绿 地 分 类　　　　　　　　　表2.0.4

| 类别代码 大类 | 类别代码 中类 | 类别代码 小类 | 类别名称 | 内 容 与 范 围 | 备 注 |
|---|---|---|---|---|---|
| | | | 公园绿地 | 向公众开放，以游憩为主要功能，兼具生态、美化、防灾等作用的绿地 | |
| | G11 | | 综合公园 | 内容丰富，有相应设施，适合于公众开展各类户外活动的规模较大的绿地 | |
| | | G111 | 全市性公园 | 为全市居民服务，活动内容丰富、设施完善的绿地 | |
| | | G112 | 区域性公园 | 为市区内一定区域的居民服务，具有较丰富的活动内容和设施完善的绿地 | |
| | G12 | | 社区公园 | 为一定居住用地范围内的居民服务，具有一定活动内容和设施的集中绿地 | 不包括居住组团绿地 |
| | | G121 | 居住区公园 | 服务于一个居住区的居民，具有一定活动内容和设施，为居住区配套建设的集中绿地 | 服务半径：0.5~1.0km |
| | | G122 | 小区游园 | 为一个居住小区的居民服务、配套建设的集中绿地 | 服务半径：0.3~0.5km |
| G1 | G13 | | 专类公园 | 具有特定内容或形式，有一定游憩设施的绿地 | |
| | | G131 | 儿童公园 | 单独设置，为少年儿童提供游戏及开展科普、文体活动，有安全、完善设施的绿地 | |
| | | G132 | 动物园 | 在人工饲养条件下，移地保护野生动物，供观赏、普及科学知识，进行科学研究和动物繁育，并具有良好设施的绿地 | |
| | | G133 | 植物园 | 进行植物科学研究和引种驯化，并供观赏、游憩及开展科普活动的绿地 | |
| | | G134 | 历史名园 | 历史悠久，知名度高，体现传统造园艺术并被审定为文物保护单位的园林 | |
| | | G135 | 风景名胜公园 | 位于城市建设用地范围内，以文物古迹、风景名胜点(区)为主形成的具有城市公园功能的绿地 | |
| | | G136 | 游乐公园 | 具有大型游乐设施，单独设置，生态环境较好的绿地 | 绿化占地比例应大于等于65% |
| | | G137 | 其他专类公园 | 除以上各种专类公园外具有特定主题内容的绿地。包括雕塑园、盆景园、体育公园、纪念性公园等 | 绿化占地比例应大于等于65% |
| | G14 | | 带状公园 | 沿城市道路、城墙、水滨等，有一定游憩设施的狭长形绿地 | |
| | G15 | | 街旁绿地 | 位于城市道路用地之外，相对独立成片的绿地，包括街道广场绿地、小型沿街绿化用地等 | 绿化占地比例应大于等于65% |
| G2 | | | 生产绿地 | 为城市绿化提供苗木、花草、种子的苗圃、花圃、草圃等圃地 | |
| G3 | | | 防护绿地 | 城市中具有卫生、隔离和安全防护功能的绿地。包括卫生隔离带、道路防护绿地、城市高压走廊绿带、防风林、城市组团隔离带等 | |
| | | | 附属绿地 | 城市建设用地中绿地之外各类用地中的附属绿化用地。包括居住地、公共设施用地、工业用地、仓储用地、对外交通用地、道路广场用地、市政设施用地和特殊用地中的绿地 | |
| | G41 | | 居住绿地 | 城市居住地内社区公园以外的绿地，包括组团绿地、宅旁绿地、配套公建绿地、小区道路绿地等 | |
| | G42 | | 公共设施绿地 | 公共设施用地内的绿地 | |
| G4 | G43 | | 工业绿地 | 工业用地内的绿地 | |
| | G44 | | 仓储绿地 | 仓储用地内的绿地 | |
| | G45 | | 对外交通绿地 | 对外交通用地内的绿地 | |
| | G46 | | 道路绿地 | 道路广场用地内的绿地，包括行道树绿带、分车绿带、交通岛绿地、交通广场和停车场绿地等 | |
| | G47 | | 市政设施绿地 | 市政公用设施用地内的绿地 | |
| | G48 | | 特殊绿地 | 特殊用地内的绿地 | |
| G5 | | | 其他绿地 | 对城市生态环境质量、居民休闲生活、城市景观和生物多样性保护有直接影响的绿地。包括风景名胜区、水源保护区、郊野公园、森林公园、自然保护区、风景林地、城市绿化隔离带、野生动植物园、湿地、垃圾填埋场恢复绿地等 | |

3 城市绿地的计算原则与方法

3.0.1 计算城市现状绿地和规划绿地的指标时，应分别采用相应的城市人口数据和城市用地数据；规划年限、城市建设用地面积、规划人口应与城市总体规划一致，统一进行汇总计算。

3.0.2 绿地应以绿化用地的平面投影面积为准，每块绿地只应计算一次。

3.0.3 绿地计算的所用图纸比例、计算单位和统计数字精确度均应与城市规划相应阶段的要求一致。

3.0.4 绿地的主要统计指标应按下列公式计算。

$$A_{g1m} = A_{g1}/N_p \qquad (3.0.4-1)$$

式中 $A_{g1m}$ —— 人均公园绿地面积（m²/人）；

$A_{g1}$ —— 公园绿地面积（m²）；

$N_p$ —— 城市人口数量（人）。

$$A_{gm} = (A_{g1}+A_{g2}+A_{g3}+A_{g4})/N_p \qquad (3.0.4-2)$$

式中 $A_{gm}$ —— 人均绿地面积（m²/人）；

$A_{g1}$ —— 公园绿地面积（m²）；

$A_{g2}$ —— 生产绿地面积（m²）；

$A_{g3}$ —— 防护绿地面积（m²）；

$A_{g4}$ —— 附属绿地面积（m²）；

$N_p$ —— 城市人口数量（人）。

$$\lambda_g = [(A_{g1}+A_{g2}+A_{g3}+A_{g4})/A_c] \times 100\% \qquad (3.0.4-3)$$

式中 $\lambda_g$ —— 绿地率（%）；

$A_{g1}$ —— 公园绿地面积（m²）；

$A_{g2}$ —— 生产绿地面积（m²）；

$A_{g3}$ —— 防护绿地面积（m²）；

$A_{g4}$ —— 附属绿地面积（m²）；

$A_c$ —— 城市的用地面积（m²）。

3.0.5 绿地的数据统计应按表3.0.5的格式汇总。

3.0.6 城市绿地覆盖率应作为绿地建设的考核指标。

**城市绿地统计表**　　　　　　　　　　　　　　　　　　　　　表3.0.5

| 序号 | 类别代码 | 类别名称 | 绿地面积(hm²) | | 绿地率(%)(绿地占城市建设用地比例) | | 人均绿地面积(m²/人) | | 绿地占城市总体规划用地比例(%) | |
|---|---|---|---|---|---|---|---|---|---|---|
| | | | 现状 | 规划 | 现状 | 规划 | 现状 | 规划 | 现状 | 规划 |
| 1 | G₁ | 公园绿地 | | | | | | | | |
| 2 | G₂ | 生产绿地 | | | | | | | | |
| 3 | G₃ | 防护绿地 | | | | | | | | |
| | | 小 计 | | | | | | | | |
| 4 | G₄ | 附属绿地 | | | | | | | | |
| | | 中 计 | | | | | | | | |
| 5 | G₅ | 其他绿地 | | | | | | | | |
| | | 合 计 | | | | | | | | |

备注：＿＿＿年现状城市建设用地＿＿＿hm²，现状人口＿＿＿万人；
　　　＿＿＿年规划城市建设用地＿＿＿hm²，规划人口＿＿＿万人；
　　　＿＿＿年城市总体规划用地＿＿＿hm²。

# 9.3　道路绿化相关术语

**道路绿地**

道路及广场用地范围内的可进行绿化的用地。道路绿地分为道路绿带、交通岛绿地、广场绿地和停车场绿地。

**道路绿带**

道路红线范围内的带状绿地。道路绿带分为分车绿带、行道树绿带和路侧绿带。

**分车绿带**

车行道之间可以绿化的分隔带，其位于上下行机动车道之间的为中间分车绿带；位于机动车道与非机动车道之间或同方向机动车道之间的为两侧分车绿带。

**行道树绿带**

布设在人行道与车行道之间，以种植行道树为主的绿带。

**路侧绿带**

在道路侧方，布设在人行道边缘至道路红线之间的绿带。

**交通岛绿地**

可绿化的交通岛用地。交通岛绿地分为中心岛绿地、导向岛绿地和立体交叉绿岛。

**中心岛绿地**

位于交叉路口上可绿化的中心岛用地。

**导向岛绿地**

位于交叉路口上可绿化的导向岛用地。

**立体交叉绿岛**

互通式立体交叉干道与匝道围合的绿化用地。

**广场、停车场绿地**

广场、停车场用地范围内的绿化用地。

**道路绿地率**

道路红线范围内各种绿带宽度之和占总宽度的百分比。

**园林景观路**

在城市重点路段，强调沿线绿化景观，体现城市风貌、绿化特色的道路。

**装饰绿地**

以装点、美化街景为主，不让行人进入的绿地。

**开放式绿地**

绿地中铺设游览步道，设置坐凳等，供行人进入游览休息的绿地。

**通透式配置**

绿地上配植的树木，在距相邻机动车道路面高度0.9m至3.0m之间的范围内，其树冠不遮挡驾驶员视线的配置方式。

# 9.4 城市绿化规划

## 9.4.1 绿化规划组织编制

—— 《城市绿化条例》(1992 年 6 月 22 日国务院令第 100 号发布)

第八条 城市人民政府应当组织城市规划行政主管部门和城市绿化行政主管部门等共同编制城市绿化规划，并纳入城市总体规划。

## 9.4.2 绿化规划的原则

—— 《城市绿化条例》(1992 年 6 月 22 日国务院令第 100 号发布)

第十条 城市绿化规划应当根据当地的特点，利用原有的地形、地貌、水体、植被和历史文化遗址等自然、人文条件，以方便群众为原则，合理设置公共绿地、居住区绿地、防护绿地、生产绿地和风景林地等。

## 9.4.3 绿化工程设计的原则与审批

—— 《城市绿化条例》(1992 年 6 月 22 日国务院令第 100 号发布)

第十二条 城市绿化工程的设计，应当借鉴国内外先进经验，体现民族风格和地方特色。城市公共绿地和居住区绿地的建设，应当以植物造景为主，选用适合当地自然条件的树木花草，并适当配置泉、石、雕塑等景物。

第十一条 城市绿化工作的设计，应当委托持有相应资格证书的设计单位承担。

工程建设项目的附属绿化工程设计方案，按照基本建设程序审批时，必须有城市人民政府城市绿化行政主管部门参加审查。

城市的公共绿地、居住区绿地、风景林地和干道绿化带等绿化工程的设计方案，必须按照规定报城市人民政府城市绿化行政主管部门或者其上级行政主管部门审批。

建设单位必须按照批准的设计方案进行施工。设计方案确需改变时，须经原批准机关审批。

## 9.4.4 绿化规划的成果文本与图纸

—— 《城市规划编制办法实施细则》(1995 年建设部发布)

第十六条 园林绿化、文物古迹及风景名胜规划(必要时可分别编制)

(一)文本内容：

1.公共绿地指标；

2.市、区级公共绿地布置；

3.防护绿地、生产绿地位置范围；

4.主要林荫道布置；

5.文物古迹、历史地段、风景名胜区保护范围、保护控制要求。

(二)图纸内容：

1.市、区级公共绿地(公园、动物园、植物园、陵园，大于 2000m² 的街头、居住区级绿地、滨河绿地、主要林荫道)用地范围；

2.苗圃、花圃、专业植物等绿地范围；

3.防护林带、林地范围；

4.文物古迹、历史地段、风景名胜区位置和保护范围；

5.河湖水系范围。

### 9.4.5 城市绿线及其在各阶段规划中的体现

—— 《城市绿线管理办法》(2002年9月13日建设部发布)

第二条 本办法所称城市绿线，是指城市各类绿地范围的控制线。

本办法所称城市，是指国家按行政建制设立的直辖市、市、镇。

第五条 城市规划、园林绿化等行政主管部门应当密切合作，组织编制城市绿地系统规划。

城市绿地系统规划是城市总体规划的组成部分，应当确定城市绿化目标和布局，规定城市各类绿地的控制原则，按照规定标准确定绿化用地面积，分层次合理布局公共绿地，确定防护绿地、大型公共绿地等的绿线。

第六条 控制性详细规划应当提出不同类型用地的界线、规定绿化率控制指标和绿化用地界线的具体坐标。

第七条 修建性详细规划应当根据控制性详细规划，明确绿地布局，提出绿化配置的原则或者方案，划定绿地界线。

### 9.4.6 城市绿线内的用地保障

—— 《城市绿线管理办法》(2002年9月13日建设部发布)

第十条 城市绿线范围内的公共绿地、防护绿地、生产绿地、居住区绿地、单位附属绿地、道路绿地、风景林地等，必须按照《城市用地分类与规划建设用地标准》、《公园设计规范》等标准，进行绿地建设。

第十一条 城市绿线内的用地，不得改作他用，不得违反法律法规、强制性标准以及批准的规划进行开发建设。

有关部门不得违反规定，批准在城市绿线范围内进行建设。

因建设或者其他特殊情况，需要临时占用城市绿线内用地的，必须依法办理相关审批手续。

在城市绿线范围内，不符合规划要求的建筑物、构筑物及其他设施应当限期迁出。

第十二条 任何单位和个人不得在城市绿地范围内进行拦河截溪、取土采石、设置垃圾堆场、排放污水以及其他对生态环境构成破坏的活动。

近期不进行绿化建设的规划绿地范围内的建设活动，应当进行生态环境影响分析，并按照《城市规划法》的规定，予以严格控制。

## 9.5 城市绿化规划建设指标

### 9.5.1 指标分类和统计口径

—— 《城市绿化规划建设指标的规定》(1993年11月4日建设部发布)

第二条 本规定所称城市绿化规划指标包括人均公共绿地面积、城市绿化覆盖率和城市绿地率。

—— 《城市绿化规划建设指标的规定》的说明(1993年11月4日建设部发布)

城市绿化规划指标的统计口径

1.公共绿地是指向公众开放的市级、区级、居住区级公园，小游园、街道广场绿地，以及植物园、动物园、特种公园等。公共绿地面积系指城市各类公共绿地总面积之和。

2.城市建成区内绿化覆盖面积应包括各类绿地(公共绿地、居住区绿地、单位附属绿地、防护绿地、生产绿地、风景林地六类绿地)的实际绿化种植覆盖面积(含被绿化种植包围的水面)、街道绿化覆盖面积、屋顶绿化覆盖面积以及零散树木的覆盖面积。这些面积数据可以通过遥感、普查、抽样调查估算等办法来获得。

3.根据《城市绿化条例》规定,城市绿地包括公共绿地、居住区绿地、单位附属绿地、防护绿地、生产绿地、风景林地六类,在计算城市绿地率时,应用全部六类绿地面积同城市总面积之比。

4.垂直绿化、阳台绿化及室内绿化不计入以上三项指标,可以作为工作成绩单独考核统计。

5.城市绿化指标的考核范围,对于绿化规划应为城市规划建成区;对于现状应为城市建成区。绿地面积和绿化覆盖面积均应以相应区域为依据。

## 9.5.2 人均公共绿地面积

—— 《城市绿化规划建设指标的规定》(1993 年 11 月 4 日建设部发布)

第三条 人均公共绿地面积,是指城市中每个居民平均占有公共绿地的面积。

计算公式:人均公共绿地面积(平方米)=城市公共绿地总面积÷城市非农业人口。

人均公共绿地面积指标根据城市人均建设用地指标而定:

(一)人均建设用地指标不足75平方米的城市,人均公共绿地面积到2000年应不少于5平方米;到2010年应不少于6平方米。

(二)人均建设用地指标75～105平方米的城市,人均公共绿地面积到2000年应不少于6平方米;到2010年应不少于7平方米。

(三)人均建设用地指标超过105平方米的城市,人均公共绿地面积到2000年应不少于7平方米;到2010年应不少于8平方米。

## 9.5.3 城市绿化覆盖率

—— 《城市绿化规划建设指标的规定》(1993 年 11 月 4 日建设部发布)

第四条 城市绿化覆盖率,是指城市绿化覆盖面积占城市面积的比率。

计算公式:城市绿化覆盖率(%)=(城市内全部绿化种植垂直投影面积÷城市面积)×100%。

城市绿化覆盖率到2000年应不少于30%,到2010年应不少于35%。

## 9.5.4 城市绿地率

—— 《城市绿化规划建设指标的规定》(1993 年 11 月 4 日建设部发布)

第五条 城市绿地率,是指城市各类绿地(含公共绿地、居住区绿地、单位附属绿地、防护绿地、生产绿地、风景林地等六类)总面积占城市面积的比率。

计算公式:城市绿地率(%)=(城市六类绿地面积之和÷城市总面积)×100%。

城市绿地率到2000年应不少于25%,到2010年应不少于30%。

为保证城市绿地率指标的实现,各类绿地单项指标应符合下列要求:

(一)新建居住区绿地占居住区总用地比率不低于30%。

(二)城市道路均应根据实际情况搞好绿化。其中主干道绿带面积占道路总用地比率不低于20%,次干道绿带面积所占比率不低于15%。

(三)城市内河、海、湖等水体及铁路旁的防护林带宽度应不少于30米。

(四)单位附属绿地面积占单位总用地面积比率不低于30%，其中工业企业、交通枢纽、仓储、商业中心等绿地率不低于20%；产生有害气体及污染工厂的绿地率不低于30%，并根据国家标准设立不少于50米的防护林带；学校、医院、休疗养院所、机关团体、公共文化设施、部队等单位的绿地率不低于35%。因特殊情况不能按上述标准进行建设的单位，必须经城市园林绿化行政主管部门批准，并根据《城市绿化条例》第十七条规定，将所缺面积的建设资金交给城市园林绿化行政主管部门统一安排绿化建设作为补偿，补偿标准应根据所处地段绿地的综合价值由所在城市具体规定。

(五)生产绿地面积占城市建成区总面积比率不低于2%。

(六)公共绿地中绿化用地所占比率，应参照CJJ48—92《公园设计规范》执行。

属于旧城改造区的，可对本条(一)、(二)、(三)、(四)项规定的指标降低5个百分点。

### 9.5.5 绿化规划指标的适用和质量要求

——《城市绿化规划建设指标的规定》(1993年11月4日建设部发布)

第六条 各城市应根据自身的性质、规模、自然条件、基础情况等分别按上述规定具体确定指标，制定规划，确定发展速度，在规划的期限内达到规定指标。

城市绿化指标的确定应报省、自治区、直辖市建设行政主管部门核准，报建设部备案。

第七条 各地城市规划行政主管部门及城市园林绿化行政主管部门应按上述标准审核及审批各类开发区建设项目绿地规划、审定规划指标和建设计划，依法监督城市绿化各项规划指标的实施。

城市绿化现状的统计指标和数据以城市园林绿化行政主管部门提供、发布或上报统计行政主管部门的数据为准。

——《城市绿化规划建设指标的规定》的说明(1993年11月4日建设部发布)

城市绿化规划指标的质量要求

首先，由于本规定中三项指标是低水平标准，因此达到指标的城市还应该进一步提高绿地数量和绿化质量，不能因城市发展和人口增加使环境质量有所下降。其次，还要注意相关指标，如人均绿地、植树成活率、保存率、苗木自给率、绿化种植层次结构、垂直绿化等指标的变化情况，逐步建立更加完善的城市绿化指标体系。第三，还要同时考虑绿地系统的合理布局、景观艺术特色、绿化植物群落合理性及抗污染、抗灾害、坑盐碱、抗风沙等特殊功能。

# 9.6 城市道路绿化

## 9.6.1 道路绿化规划与设计的原则

——《城市道路绿化规划与设计规范》(CJJ75—97)

1.0.3 道路绿化规划与设计应遵循下列基本原则：

1.0.3.1 道路绿化应以乔木为主，乔木、灌木、地被植物相结合，不得裸露土壤；

1.0.3.2 道路绿化应符合行车视线和行车净空要求；

1.0.3.3 绿化树木与市政公用设施的相互位置应统筹安排，并应保证树木有需要的立地条件与生长空间；

1.0.3.4 植物种植应适地适树，并符合植物间伴生的生态习性；不适宜绿化的土质，应改善土壤进行绿化；

1.0.3.5 修建道路时，宜保留有价值的原有树木，对古树名木应予以保护；

1.0.3.6 道路绿地应根据需要配备灌溉设施；道路绿地的坡向、坡度应符合排水要求并与城市排水系统结合，防止绿地内积水和水土流失；

1.0.3.7 道路绿化应远近期结合。

## 9.6.2 道路绿地率指标

—— 《城市道路绿化规划与设计规范》(CJJ75 — 97)

3.1.1 在规划道路红线宽度时，应同时确定道路绿地率。

3.1.2 道路绿地率应符合下列规定：

3.1.2.1 园林景观路绿地率不得小于40%；

3.1.2.2 红线宽度大于50m的道路绿地率不得小于30%；

3.1.2.3 红线宽度在40～50m的道路绿地率不得小于25%；

3.1.2.4 红线宽度小于40m的道路绿地率不得小于20%。

## 9.6.3 道路绿地布局与景观规划

—— 《城市道路绿化规划与设计规范》(CJJ75 — 97)

3.2.1 道路绿地布局应符合下列规定：

3.2.1.1 种植乔木的分车绿带宽度不得小于1.5m；主干路上的分车绿带宽度不宜小于2.5m；行道树绿带宽度不得小于1.5m；

3.2.1.2 主、次干路中间分车绿带和交通岛绿地不得布置成开放式绿地；

3.2.1.3 路侧绿带宜与相邻的道路红线外侧其他绿地相结合；

3.2.1.4 人行道毗邻商业建筑的路段，路侧绿带可与行道树绿带合并；

3.2.1.5 道路两侧环境条件差异较大时，宜将路侧绿带集中布置在条件较好的一侧。

3.2.2 道路绿化景观规划应符合下列规定：

3.2.2.1 在城市绿地系统规划中，应确定园林景观路与主干路的绿化景观特色。园林景观路应配置观赏价值高、有地方特色的植物，并与街景结合；主干路应体现城市道路绿化景观风貌；

3.2.2.2 同一道路的绿化宜有统一的景观风格；不同路段的绿化形式可有所变化；

3.2.2.3 同一路段上的各类绿带，在植物配置上应相互配合，并应协调空间层次、树形组合、色彩搭配和季相变化的关系；

3.2.2.4 毗邻山、河、湖、海的道路，其绿化应结合自然环境，突出自然景观特色。

## 9.6.4 树种和地被植物选择

—— 《城市道路绿化规划与设计规范》(CJJ75 — 97)

3.3.1 道路绿化应选择适应道路环境条件、生长稳定、观赏价值高和环境效益好的植物种类。

3.3.2 寒冷积雪地区的城市，分车绿带、行道树绿带种植的乔木，应选择落叶树种。

3.3.3 行道树应选择深根性、分枝点高、冠大荫浓、生长健壮、适应城市道路环境条件，且落果对行人不会造成危害的树种。

3.3.4 花灌木应选择花繁叶茂、花期长、生长健壮和便于管理的树种。

3.3.5 绿篱植物和观叶灌木应选用萌芽力强、枝繁叶密、耐修剪的树种。

3.3.6 地被植物应选择茎叶茂密、生长势强、病虫害少和易管理的木本或草本观叶、观花植物。其中草坪地被植物尚应选择萌蘖力强、覆盖率高、耐修剪和绿色期长的种类。

### 9.6.5 道路绿带设计

**——《城市道路绿化规划与设计规范》(CJJ75 — 97)**

4.1 分车绿带设计

4.1.1 分车绿带的植物配置应形式简洁，树形整齐，排列一致。乔木树干中心至机动车道路缘石外侧距离不宜小于0.75m。

4.1.2 中间分车绿带应阻挡相向行驶车辆的眩光，在距相邻机动车道路面高度0.6m至1.5m之间的范围内，配置植物的树冠应常年枝叶茂密，其株距不得大于冠幅的5倍。

4.1.3 两侧分车绿带宽度大于或等于1.5m的，应以种植乔木为主，并宜乔木、灌木、地被植物相结合。其两侧乔木树冠不宜在机动车道上方搭接。

分车绿带宽度小于1.5m的，应以种植灌木为主，并应灌木、地被植物相结合。

4.1.4 被人行横道或道路出入口断开的分车绿带，其端部应采取通透式配置。

4.2 行道树绿带设计

4.2.1 行道树绿带种植应以行道树为主，并宜乔木、灌木、地被植物相结合，形成连续的绿带。

在行人多的路段，行道树绿带不能连续种植时，行道树之间宜采用透气性路面铺装。树池上宜覆盖池箅子。

4.2.2 行道树定植株距，应以其树种壮年期冠幅为准，最小种植株距应为4m。行道树树干中心至路缘石外侧最小距离宜为0.75m。

4.2.3 种植行道树其苗木的胸径：快长树不得小于5cm；慢长树不宜小于8cm。

4.2.4 在道路交叉口视距三角形范围内，行道树绿带应采用通透式配置。

4.3 路侧绿带设计

4.3.1 路侧绿带应根据相邻用地性质、防护和景观要求进行设计，并应保持在路段内的连续与完整的景观效果。

4.3.2 路侧绿带宽度大于8m时，可设计成开放式绿地。开放式绿地中，绿化用地面积不得小于该段绿带总面积的70%。路侧绿带与毗邻的其他绿地一起辟为街旁游园时，其设计应符合现行行业标准《公园设计规范》(CJJ48)的规定。

4.3.3 濒临江、河、湖、海等水体的路侧绿地，应结合水面与岸线地形设计成滨水绿带。滨水绿带的绿化应在道路和水面之间留出透景线。

4.3.4 道路护坡绿化应结合工程措施栽植地被植物或攀缘植物。

### 9.6.6 交通岛、广场和停车场绿地设计

**——《城市道路绿化规划与设计规范》(CJJ75 — 97)**

5.1 交通岛绿地设计

5.1.1 交通岛周边的植物配置宜增强导向作用，在行车视距范围内应采用通透式配置。

5.1.2 中心岛绿地应保持各路口之间的行车视线通透，布置成装饰绿地。

5.1.3 立体交叉绿岛应种植草坪等地被植物。草坪上可点缀树丛、孤植树和花灌木，以形成疏朗开阔的绿化效果。桥下宜种植耐荫地被植物。墙面宜进行垂直绿化。

5.1.4 导向岛绿地应配置地被植物。

5.2 广场绿化设计

5.2.1 广场绿化应根据各类广场的功能、规模和周边环境进行设计。广场绿化应利于人流、车

流集散。

5.2.2　公共活动广场周边宜种植高大乔木。集中成片绿地不应小于广场总面积的25%，并宜设计成开放式绿地，植物配置宜疏朗通透。

5.2.3　车站、码头、机场的集散广场绿化应选择具有地方特色的树种。集中成片绿地不应小于广场总面积的10%。

5.2.4　纪念性广场应用绿化衬托主体纪念物，创造与纪念主题相应的环境气氛。

5.3　停车场绿化设计

5.3.1　停车场周边应种植高大庇荫乔木，并宜种植隔离防护绿带；在停车场内宜结合停车间隔带种植高大庇荫乔木。

5.3.2　停车场种植的庇荫乔木可选择行道树种。其树木枝下高度应符合停车位净高度的规定：小型汽车为2.5m；中型汽车为3.5m；载货汽车为4.5m。

## 9.6.7　道路绿化与架空线、地下管线及其他设施

—— 《城市道路绿化规划与设计规范》(CJJ75—97)

6.1　道路绿化与架空线

6.1.1　在分车绿带和行道树绿带上方不宜设置架空线。必须设置时，应保证架空线下有不小于9m的树木生长空间。架空线下配置的乔木应选择开放形树冠或耐修剪的树种。

树木与架空电力线路导线的最小垂直距离　　　　　　　　　　　表6.1.2

| 电压(kV) | 1~10 | 35~110 | 154~220 | 330 |
|---|---|---|---|---|
| 最小垂直距离(m) | 1.5 | 3.0 | 3.5 | 4.5 |

6.1.2　树木与架空电力线路导线的最小垂直距离应符合表6.1.2的规定。

6.2　道路绿化与地下管线

6.2.1　新建道路或经改建后达到规划红线宽度的道路，其绿化树木与地下管线外缘的最小水平距离宜符合表6.2.1的规定；行道树绿带下方不得敷设管线。

树木与地下管线外缘最小水平距离　　　　　　　　　　　　　　表6.2.1

| 管　线　名　称 | 距乔木中心距离(m) | 距灌木中心距离(m) |
|---|---|---|
| 电力电缆 | 1.0 | 1.0 |
| 电信电缆(直埋) | 1.0 | 1.0 |
| 电信电缆(管道) | 1.5 | 1.0 |
| 给水管道 | 1.5 | — |
| 雨水管道 | 1.5 | — |
| 污水管道 | 1.5 | — |
| 燃气管道 | 1.2 | 1.2 |
| 热力管道 | 1.5 | 1.5 |
| 排水盲沟 | 1.0 | — |

6.2.2　当遇到特殊情况不能达到表6.2.1中规定的标准时，其绿化树木根颈中心至地下管线外缘的最小距离可采用表6.2.2的规定。

6.3　道路绿化与其他设施

6.3.1　树木与其他设施的最小水平距离应符合表6.3.1的规定。

**树木根颈中心至地下管线外缘最小距离**         表 6.2.2

| 管 线 名 称 | 距乔木根颈中心距离(m) | 距灌木根颈中心距离(m) |
|:---:|:---:|:---:|
| 电力电缆 | 1.0 | 1.0 |
| 电信电缆(直埋) | 1.0 | 1.0 |
| 电信电缆(管道) | 1.5 | 1.0 |
| 给水管道 | 1.5 | 1.0 |
| 雨水管道 | 1.5 | 1.0 |
| 污水管道 | 1.5 | 1.0 |

**树木与其他设施最小水平距离**         表 6.3.1

| 设 施 名 称 | 至乔木中心距离(m) | 至灌木中心距离(m) |
|:---:|:---:|:---:|
| 低于 2m 的围墙 | 1.0 | — |
| 挡土墙 | 1.0 | — |
| 路灯杆柱 | 2.0 | — |
| 电力、电信杆柱 | 1.5 | — |
| 消防龙头 | 1.5 | 2.0 |
| 测量水准点 | 2.0 | 2.0 |

# 10 市政工程规划

## 10.1 给水工程

### 10.1.1 城市给水工程规划的主要内容

——《城市给水工程规划规范》(GB50282—98)

1.0.3 城市给水工程规划的主要内容应包括：预测城市用水量，并进行水资源与城市用水量之间的供需平衡分析；选择城市给水水源并提出相应的给水系统布局框架；确定给水枢纽工程的位置和用地；提出水资源保护以及开源节流的要求和措施。

### 10.1.2 城市水资源

——《城市给水工程规划规范》(GB50282—98)

2.1.1 城市水资源应包括符合各种用水的水源水质标准的淡水(地表水和地下水)、海水及经过处理后符合各种用水水质要求的淡水(地表水和地下水)、海水、再生水等。

2.1.2 城市水资源和城市用水量之间应保持平衡，以确保城市可持续发展。在几个城市共享同一水源或水源在城市规划区以外时，应进行市域或区域、流域范围的水资源供需平衡分析。

2.1.3 根据水资源的供需平衡分析，应提出保持平衡的对策，包括合理确定城市规模和产业结构，并应提出水资源保护的措施。水资源匮乏的城市应限制发展用水量大的企业，并应发展节水农业。针对水资源不足的原因，应提出开源节流和水污染防治等相应措施。

### 10.1.3 城市用水量组成和预测

——《城市给水工程规划规范》(GB50282—98)

2.2.1 城市用水量应由下列两部分组成：

第一部分应为规划期内由城市给水工程统一供给的居民生活用水、工业用水、公共设施用水及其他用水水量的总和。

第二部分应为城市给水工程统一供给以外的所有用水水量的总和。其中应包括：工业和公共设施自备水源供给的用水、河湖环境用水和航道用水、农业灌溉和养殖及畜牧业用水、农村居民和乡镇企业用水等。

2.2.3 城市给水工程统一供给的用水量预测宜采用表2.2.3-1和表2.2.3-2中的指标。

2.2.4 城市给水工程统一供给的综合生活用水量的预测，应根据城市特点、居民生活水平等因素确定。人均综合生活用水量宜采用表2.2.4中的指标。

2.2.5 在城市总体规划阶段，估算城市给水工程统一供水的给水干管管径或预测分区的用水量时，可按照下列不同性质用地用水量指标确定。

1.城市居住用地用水量应根据城市特点、居民生活水平等因素确定。单位居住用地用水量可采用表2.2.5-1中的指标。

2.城市公共设施用地用水量应根据城市规模、经济发展状况和商贸繁荣程度以及公共设施的类别、规模等因素确定。单位公共设施用地用水量可采用表2.2.5-2中的指标。

城市单位人口综合用水量指标(万 m³/万人·d)　　　　表 2.2.3-1

| 区　　域 | 城　　市　　规　　模 | | | |
|---|---|---|---|---|
| | 特 大 城 市 | 大 城 市 | 中 等 城 市 | 小 城 市 |
| 一　　区 | 0.8~1.2 | 0.7~1.1 | 0.6~1.0 | 0.4~0.8 |
| 二　　区 | 0.6~1.0 | 0.5~0.8 | 0.35~0.7 | 0.3~0.6 |
| 三　　区 | 0.5~0.8 | 0.4~0.7 | 0.3~0.6 | 0.25~0.5 |

注：1. 特大城市指市区和近郊区非农业人口 100 万及以上的城市；大城市指市区和近郊区非农业人口 50 万及以上不满 100 万的城市；中等城市指市区和近郊区非农业人口 20 万及以上不满 50 万的城市；小城市指市区和近郊区非农业人口不满 20 万的城市。
2. 一区包括：贵州、四川、湖北、湖南、江西、浙江、福建、广东、广西、海南、上海、云南、江苏、安徽、重庆；
二区包括：黑龙江、吉林、辽宁、北京、天津、河北、山西、河南、山东、宁夏、陕西、内蒙古河套以东和甘肃黄河以东的地区；
三区包括：新疆、青海、西藏、内蒙古河套以西和甘肃黄河以西的地区。
3. 经济特区及其他有特殊情况的城市，应根据用水实际情况，用水指标可酌情增减(下同)。
4. 用水人口为城市总体规划确定的规划人口数(下同)。
5. 本表指标为规划期最高日用水量指标(下同)。
6. 本表指标已包括管网漏失水量。

城市单位建设用地综合用水量指标(万 m³/(km²·d))　　　　表 2.2.3-2

| 区　　域 | 城　　市　　规　　模 | | | |
|---|---|---|---|---|
| | 特 大 城 市 | 大 城 市 | 中 等 城 市 | 小 城 市 |
| 一　　区 | 1.0~1.6 | 0.8~1.4 | 0.6~1.0 | 0.4~0.8 |
| 二　　区 | 0.8~1.2 | 0.6~1.0 | 0.4~0.7 | 0.3~0.6 |
| 三　　区 | 0.6~1.0 | 0.5~0.8 | 0.3~0.6 | 0.25~0.5 |

注：本表指标已包括管网漏失水量。

人均综合生活用水量指标(L/(人·d))　　　　表 2.2.4

| 区　　域 | 城　　市　　规　　模 | | | |
|---|---|---|---|---|
| | 特 大 城 市 | 大 城 市 | 中 等 城 市 | 小 城 市 |
| 一　　区 | 300~540 | 290~530 | 280~520 | 240~450 |
| 二　　区 | 230~400 | 210~380 | 190~360 | 190~350 |
| 三　　区 | 190~330 | 180~320 | 170~310 | 170~300 |

注：综合生活用水为城市居民日常生活用水和公共建筑用水之和，不包括浇洒道路、绿地、市政用水和管网漏失水量。

单位居住用地用水量指标(万 m³/(km²·d))　　　　表 2.2.5-1

| 用地代号 | 区　域 | 城　　市　　规　　模 | | | |
|---|---|---|---|---|---|
| | | 特 大 城 市 | 大 城 市 | 中 等 城 市 | 小 城 市 |
| R | 一　区 | 1.70~2.50 | 1.50~2.30 | 1.30~2.10 | 1.10~1.90 |
| | 二　区 | 1.40~2.10 | 1.25~1.90 | 1.10~1.70 | 0.95~1.50 |
| | 三　区 | 1.25~1.80 | 1.10~1.60 | 0.95~1.40 | 0.80~1.30 |

注：1. 本表指标已包括管网漏失水量。
2. 用地代号引用现行国家标准《城市用地分类与规划建设用地标准》(GBJ137)(下同)。

单位公共设施用地用水量指标(万 m³/(km²·d))　　　　表 2.2.5-2

| 用　地　代　号 | 用　地　名　称 | 用　水　量　指　标 |
|---|---|---|
| C | 行政办公用地 | 0.50~1.00 |
| | 商贸金融用地 | 0.50~1.00 |
| | 体育、文化娱乐用地 | 0.50~1.00 |
| | 旅馆、服务业用地 | 1.00~1.50 |
| | 教 育 用 地 | 1.00~1.50 |
| | 医疗、休疗养用地 | 1.00~1.50 |
| | 其他公共设施用地 | 0.80~1.20 |

注：本表指标已包括管网漏失水量。

3.城市工业用地用水量应根据产业结构、主体产业、生产规模及技术先进程度等因素确定。单位工业用地用水量可采用表2.2.5-3中的指标。

单位工业用地用水量指标(万 m³/(km² · d))　　　　　　　表2.2.5-3

| 用　地　代　号 | 工　业　用　地　类　型 | 用　水　量　指　标 |
| --- | --- | --- |
| M1 | 一类工业用地 | 1.20～2.00 |
| M2 | 二类工业用地 | 2.00～3.50 |
| M3 | 三类工业用地 | 3.00～5.00 |

注：本表指标包括了工业用地中职工生活用水及管网漏失水量。

4.城市其他用地用水量可采用表2.2.5-4中的指标。

单位其他用地用水量指标(万 m³/(km² · d))　　　　　　　表2.2.5-4

| 用　地　代　号 | 用　地　名　称 | 用　水　量　指　标 |
| --- | --- | --- |
| W | 仓储用地 | 0.20～0.50 |
| T | 对外交通用地 | 0.30～0.60 |
| S | 道路广场用地 | 0.20～0.30 |
| U | 市政公用设施用地 | 0.25～0.50 |
| G | 绿　地 | 0.10～0.30 |
| D | 特殊用地 | 0.50～0.90 |

注：本表指标已包括管网漏失水量。

2.2.6　进行城市水资源供需平衡分析时，城市给水工程统一供水部分所要求的水资源供水量为城市最高日用水量除以日变化系数再乘上供水天数。各类城市的日变化系数可采用表2.2.6中的数值。

日　变　化　系　数　　　　　　　　表2.2.6

| 特　大　城　市 | 大　城　市 | 中　等　城　市 | 小　城　市 |
| --- | --- | --- | --- |
| 1.1～1.3 | 1.2～1.4 | 1.3～1.5 | 1.4～1.8 |

2.2.7　自备水源供水的工矿企业和公共设施的用水量应纳入城市用水量中，由城市给水工程进行统一规划。

2.2.8　城市河湖环境用水和航道用水、农业灌溉和养殖及畜牧业用水、农村居民和乡镇企业用水等的水量应根据有关部门的相应规划纳入城市用水量中。

## 10.1.4　给水范围和规模

——《城市给水工程规划规范》(GB50282—98)

3.0.1　城市给水工程规划范围应和城市总体规划范围一致。

3.0.2　当城市给水水源地在城市规划区以外时，水源地和输水管线应纳入城市给水工程规划范围。当输水管线途经的城镇需由同一水源供水时，应进行统一规划。

3.0.3　给水规模应根据城市给水工程统一供给的城市最高日用水量确定。

## 10.1.5　水源选择

——《城市给水工程规划规范》(GB50282—98)

5.0.1　选择城市给水水源应以水资源勘察或分析研究报告和区域、流域水资源规划及城市供水水源开发利用规划为依据，并应满足各规划区城市用水量和水质等方面的要求。

5.0.2 选用地表水为城市给水水源时，城市给水水源的枯水流量保证率应根据城市性质和规模确定，可采用90%～97%。建制镇给水水源的枯水流量保证率应符合现行国家标准《村镇规划标准》(GB50188)的有关规定。当水源的枯水流量不能满足上述要求时，应采取多水源调节或调蓄等措施。

5.0.3 选用地表水为城市给水水源时，城市生活饮用水给水水源的卫生标准应符合现行国家标准《生活饮用水卫生标准》(GB5749)以及国家现行标准《生活饮用水水源水质标准》(CJ3020)的规定。当城市水源不符合上述各类标准，且限于条件必需加以利用时，应采取预处理或深度处理等有效措施。

5.0.4 符合现行国家标准《生活饮用水卫生标准》(GB5749)的地下水宜优先作为城市居民生活饮用水水源。开采地下水应以水文地质勘察报告为依据，其取水量应小于允许开采量。

5.0.5 低于生活饮用水水源水质要求的水源，可作为水质要求低的其他用水的水源。

5.0.6 水资源不足的城市宜将城市污水再生处理后用作工业用水、生活杂用水及河湖环境用水、农业灌溉用水等，其水质应符合相应标准的规定。

5.0.7 缺乏淡水资源的沿海或海岛城市宜将海水直接或经处理后作为城市水源，其水质应符合相应标准的规定。

### 10.1.6 水源地选址和保护

—— 《城市给水工程规划规范》(GB50282 — 98)

7.0.1 水源地应设在水量、水质有保证和易于实施水源环境保护的地段。

7.0.2 选用地表水为水源时，水源地应位于水体功能区划规定的取水段或水质符合相应标准的河段。饮用水水源地应位于城镇和工业区的上游。饮用水水源地一级保护区应符合现行国家标准《地面水环境质量标准》(GB3838)中规定的Ⅱ类标准。

7.0.3 选用地下水水源时，水源地应设在不易受污染的富水地段。

7.0.4 水源为高浊度江河时，水源地应选在浊度相对较低的河段或有条件设置避砂峰调蓄设施的河段，并应符合国家现行标准《高浊度水给水设计规范》(CJJ40)的规定。

7.0.5 当水源为感潮江河时，水源地应选在氯离子含量符合有关标准规定的河段或有条件设置避咸潮调蓄设施的河段。

7.0.6 水源为湖泊或水库时，水源地应选在藻类含量较低、水位较深和水域开阔的位置，并应符合国家现行标准《含藻水给水处理设计规范》(CJJ32)的规定。

### 10.1.7 给水系统布局与安全性

—— 《城市给水工程规划规范》(GB50282 — 98)

6.1 给水系统布局

6.1.1 城市给水系统应满足城市的水量、水质、水压及城市消防、安全给水的要求，并应按城市地形、规划布局、技术经济等因素经综合评价后确定。

6.1.2 规划城市给水系统时，应合理利用城市已建给水工程设施，并进行统一规划。

6.1.3 城市地形起伏大或规划给水范围广时，可采用分区或分压给水系统。

6.1.4 根据城市水源状况、总体规划布局和用户对水质的要求，可采用分质给水系统。

6.1.5 大、中城市有多个水源可供利用时，宜采用多水源给水系统。

6.1.6 城市有地形可供利用时，宜采用重力输配水系统。

6.2 给水系统的安全性

6.2.1 给水系统中的工程设施不应设置在易发生滑坡、泥石流、塌陷等不良地质地区及洪水淹没和内涝低洼地区。地表水取水构筑物应设置在河岸及河床稳定的地段。工程设施的防洪及排涝等级不应低于所在城市设防的相应等级。

6.2.2 规划长距离输水管线时，输水管不宜少于两根。当其中一根发生事故时，另一根管线的事故给水量不应小于正常给水量的70%。当城市为多水源给水或具备应急水源、安全水池等条件时，亦可采用单管输水。

6.2.3 市区的配水管网应布置成环状。

6.2.4 给水系统主要工程设施供电等级应为一级负荷。

6.2.5 给水系统中的调蓄水量宜为给水规模的10%～20%。

6.2.6 给水系统的抗震要求应按国家现行标准《室外给水排水和煤气热力工程抗震设计规范》(TJ32)及现行国家标准《室外给水排水工程设施抗震鉴定标准》(GBJ43)执行。

## 10.1.8 水厂选址和用地

—— 《城市给水工程规划规范》(GB50282—98)

8.0.1 地表水水厂的位置应根据给水系统的布局确定。宜选择在交通便捷以及供电安全可靠和水厂生产废水处置方便的地方。

8.0.2 地表水水厂应根据水源水质和用户对水质的要求采取相应的处理工艺，同时应对水厂的生产废水进行处理。

8.0.3 水源为含藻水、高浊水或受到不定期污染时，应设置预处理设施。

8.0.4 地下水水厂的位置根据水源地的地点和不同的取水方式确定，宜选择在取水构筑物附近。

8.0.5 地下水中铁、锰、氟等无机盐类超过规定标准时，应设置处理设施。

8.0.6 水厂用地应按规划期给水规模确定，用地控制指标应按表8.0.6采用。水厂厂区周围应设置宽度不小于10m的绿化地带。

水 厂 用 地 控 制 指 标　　　　　　　　　表8.0.6

| 建设规模(万 m³/d) | 地表水水厂(m²·d/m³) | 地下水水厂(m²·d/m³) |
| --- | --- | --- |
| 5～10 | 0.7～0.50 | 0.40～0.30 |
| 10～30 | 0.50～0.30 | 0.30～0.20 |
| 30～50 | 0.30～0.10 | 0.20～0.08 |

注：1. 建设规模大的取下限，建设规模小的取上限。
　　2. 地表水水厂建设用地按常规处理工艺进行，厂内设置预处理或深度处理构筑物以及污泥处理设施时，可根据需要增加用地。
　　3. 地下水水厂建设用地按消毒工艺进行，厂内设置特殊水质处理工艺时，可根据需要增加用地。
　　4. 本表指标未包括厂区周围绿化地带用地。

## 10.1.9 输配水

—— 《城市给水工程规划规范》(GB50282—98)

9.0.1 城市应采用管道或暗渠输送原水。当采用明渠时，应采取保护水质和防止水量流失的措施。

9.0.2 输水管(渠)的根数及管径(尺寸)应满足规划期给水规模和近期建设的要求，宜沿现有或规划道路铺设，并应缩短线路长度，减少跨越障碍次数。

9.0.3　城市配水干管的设置及管径应根据城市规划布局、规划期给水规模并结合近期建设确定。其走向应沿现有或规划道路布置，并宜避开城市交通主干道。管线在城市道路中的埋设位置应符合现行国家标准《城市工程管线综合规划规范》的规定。

9.0.4　输水管和配水干管穿越铁路、高速公路、河流、山体时，应选择经济合理线路。

9.0.5　当配水系统中需设置加压泵站时，其位置宜靠近用水集中地区。泵站用地应按规划期给水规模确定，其用地控制指标应按表9.0.5采用。泵站周围应设置宽度不小于10m的绿化地带，并宜与城市绿化用地相结合。

泵 站 用 地 控 制 指 标　　　　　　　　　表9.0.5

| 建设规模(万 m³/d) | 用地指标(m² · d/m³) |
| --- | --- |
| 5～10 | 0.25～0.20 |
| 10～30 | 0.20～0.10 |
| 30～50 | 0.10～0.03 |

注：1.建设规模大的取下限，建设规模小的取上限。
　　2.加压泵站设有大容量的调节水池时，可根据需要增加用地。
　　3.本指标未包括站区周围绿化地带用地。

# 10.2　排水工程

## 10.2.1　城市排水工程规划的内容

——《城市排水工程规划规范》(GB50318—2000)

1.0.4　城市排水工程规划的主要内容应包括：划定城市排水范围、预测城市排水量、确定排水体制、进行排水系统布局；原则确定处理后污水污泥出路和处理程度；确定排水枢纽工程的位置、建设规模和用地。

## 10.2.2　排水范围和排水体制

——《城市排水工程规划规范》(GB50318—2000)

2.1　排水范围

2.1.1　城市排水工程规划范围应与城市总体规划范围一致。

2.1.2　当城市污水处理厂或污水排出口设在城市规划区范围以外时，应将污水处理厂或污水排出口及其连接的排水管渠纳入城市排水工程规划范围。涉及邻近城市时，应进行协调，统一规划。

2.1.3　位于城市规划区范围以外的城镇，其污水需要接入规划城市污水系统时，应进行统一规划。

2.2　排水体制

2.2.1　城市排水体制应分为分流制与合流制两种基本类型。

2.2.2　城市排水体制应根据城市总体规划、环境保护要求，当地自然条件(地理位置、地形及气候)和废水受纳体条件，结合城市污水的水质、水量及城市原有排水设施情况，经综合分析比较确定。同一个城市的不同地区可采用不同的排水体制。

2.2.3　新建城市、扩建新区、新开发区或旧城改造地区的排水系统应采用分流制。在有条件的城市可采用截流初期雨水的分流制排水系统。

2.2.4　合流制排水体制应适用于条件特殊的城市，且应采用截流式合流制。

### 10.2.3　城市污水量计算

—— 《城市排水工程规划规范》(GB50318 — 2000)

3.1.1　城市污水量应由城市给水工程统一供水的用户和自备水源供水的用户排出的城市综合生活污水量和工业废水量组成。

3.1.2　城市污水量宜根据城市综合用水量(平均日)乘以城市污水排放系数确定。

3.1.3　城市综合生活污水量宜根据城市综合生活用水量(平均日)乘以城市综合生活污水排放系数确定。

3.1.4　城市工业废水量宜根据城市工业用水量(平均日)乘以城市工业废水排放系数，或由城市污水量减去城市综合生活污水量确定。

3.1.5　污水排放系数应是在一定的计量时间(年)内的污水排放量与用水量(平均日)的比值。

按城市污水性质的不同可分为：城市污水排放系数、城市综合生活污水排放系数和城市工业废水排放系数。

3.1.6　当规划城市供水量、排水量统计分析资料缺乏时，城市分类污水排放系数可根据城市居住、公共设施和分类工业用地的布局，结合以下因素，按表3.1.6的规定确定。

1.城市污水排放系数应根据城市综合生活用水量和工业用水量之和占城市供水总量的比例确定。

2.城市综合生活污水排放系数应根据城市规划的居住水平、给水排水设施完善程度与城市排水设施规划普及率，结合第三产业产值在国内生产总值中的比重确定。

3.城市工业废水排放系数应根据城市的工业结构和生产设备、工艺先进程度及城市排水设施普及率确定。

城市分类污水排放系数　　　　　　　　　　　表3.1.6

| 城 市 污 水 分 类 | 污 水 排 放 系 数 |
| --- | --- |
| 城市污水 | 0.70～0.80 |
| 城市综合生活污水 | 0.80～0.90 |
| 城市工业废水 | 0.70～0.90 |

注：工业废水排放系数不含石油、天然气开采业和煤炭与其他矿采选业以及电力蒸汽热水产供业废水排放系数，其数据应按厂、矿区的气候、水文地质条件和废水利用、排放方式确定。

3.1.7　在城市总体规划阶段城市不同性质用地污水量可按照《城市给水工程规划规范》(GB50282)中不同性质用地用水量乘以相应的分类污水排放系数确定。

### 10.2.4　城市雨水量计算

—— 《城市排水工程规划规范》(GB50318 — 2000)

3.2.2　雨水量应按下式计算确定：

$$Q=q \cdot \psi \cdot F \qquad (3.2.2)$$

式中　$Q$——雨水量(L/s)；

　　　$q$——暴雨强度(L/(s·ha))；

　　　$\psi$——径流系数；

　　　$F$——汇水面积(ha)。

3.2.3　城市暴雨强度计算应采用当地的城市暴雨强度公式。当规划城市无上述资料时，可采用地理环境及气候相似的邻近城市的暴雨强度公式。

3.2.4 径流系数($\psi$)可按表3.2.4确定。

径 流 系 数

表3.2.4

| 区 域 情 况 | 径流系数($\psi$) |
|---|---|
| 城市建筑密集区(城市中心区) | 0.60~0.85 |
| 城市建筑较密集区(一般规划区) | 0.45~0.60 |
| 城市建筑稀疏区(公园、绿地等) | 0.20~0.45 |

3.2.5 城市雨水规划重现期,应根据城市性质、重要性以及汇水地区类型(广场、干道、居住区)、地形特点和气候条件等因素确定。在同一排水系统中可采用同一重现期或不同重现期。

重要干道、重要地区或短期积水能引起严重后果的地区,重现期宜采用3~5年,其他地区重现期宜采用1~3年。特别重要地区和次要地区或排水条件好的地区规划重现期可酌情增减。

3.2.6 当生产废水排入雨水系统时,应将其水量计入雨水量中。

## 10.2.5 城市合流水量计算

—— 《城市排水工程规划规范》(GB50318 — 2000)

3.3.2 截流初期雨水的分流制排水系统的污水干管总流量应按下列公式估算:

$$Q_z = Q_s + Q_g + Q_{cy} \tag{3.3.2}$$

式中 $Q_z$ ——总流量(L/s);

$Q_s$ ——综合生活污水量(L/s);

$Q_g$ ——工业废水量(L/s);

$Q_{cy}$ ——初期雨水量(L/s)。

## 10.2.6 城市废水受纳体和排水分区

—— 《城市排水工程规划规范》(GB50318 — 2000)

4.1.1 城市废水受纳体应是接纳城市雨水和达标排放污水的地域,包括水体和土地。

受纳水体应是天然江、河、湖、海和人工水库、运河等地面水体。

受纳土地应是荒地、废地、劣质地、湿地以及坑、塘、淀洼等。

4.1.2 城市废水受纳体应符合下列条件:

1.污水受纳水体应符合经批准的水域功能类别的环境保护要求,现有水体或采取引水增容后水体应具有足够的环境容量。

雨水受纳水体应有足够的排泄能力或容量。

2.受纳土地应具有足够的容量,同时不应污染环境、影响城市发展及农业生产。

4.2.1 排水分区应根据城市总体规划布局,结合城市废水受纳体位置进行划分。

## 10.2.7 排水系统布局和安全性

—— 《城市排水工程规划规范》(GB50318 — 2000)

4.2 排水系统布局

4.2.2 污水系统应根据城市规划布局,结合竖向规划和道路布局、坡向以及城市污水受纳体和污水处理厂位置进行流域划分和系统布局。

城市污水处理厂的规划布局应根据城市规模、布局及城市污水系统分布,结合城市污水受纳体位置、环境容量和处理后污水、污泥出路,经综合评价后确定。

4.2.3 雨水系统应根据城市规划布局、地形，结合竖向规划和城市废水受纳体位置，按照就近分散、自流排放的原则进行流域划分和系统布局。

应充分利用城市中的洼地、池塘和湖泊调节雨水径流，必要时可建人工调节池。

城市排水自流排放困难地区的雨水，可采用雨水泵站或与城市排涝系统相结合的方式排放。

4.2.4 截流式合流制排水系统应综合雨、污水系统布局的要求进行流域划分和系统布局，并应重视截流干管(渠)和溢流井位置的合理布局。

4.3 排水系统的安全性

4.3.1 排水工程中的厂、站不宜设置在不良地质地段和洪水淹没、内涝低洼地区。当必须在上述地段设置厂、站时，应采取可靠防护措施，其设防标准不应低于所在城市设防的相应等级。

4.3.2 污水处理厂和排水泵站供电应采用二级负荷。

4.3.3 雨水管道、合流管道出水口当受水体水位顶托时，应根据地区重要性和积水所造成的后果，设置潮门、闸门或排水泵站等设施。

4.3.4 污水管渠系统应设置事故出口。

## 10.2.8 排水管渠的布置原则

——《城市排水工程规划规范》(GB50318—2000)

5.0.1 排水管渠应以重力流为主，宜顺坡敷设，不设或少设排水泵站。当排水管遇有翻越高地、穿越河流、软土地基、长距离输送污水等情况，无法采用重力流或重力流不经济时，可采用压力流。

5.0.2 排水干管应布置在排水区域内地势较低或便于雨、污水汇集的地带。

5.0.3 排水管宜沿规划城市道路敷设，并与道路中心线平行。

5.0.4 排水管道穿越河流、铁路、高速公路、地下建(构)筑物或其他障碍时，应选择经济合理路线。

5.0.5 截流式合流制的截流干管宜沿受纳水体岸边布置。

5.0.6 排水管道在城市道路下的埋设位置应符合《城市工程管线综合规划规范》(GB50289)的规定。

## 10.2.9 排水泵站用地

——《城市排水工程规划规范》(GB50318—2000)

6.0.2 排水泵站结合周围环境条件，应与居住、公共设施建筑保持必要的防护距离。

6.0.1 当排水系统中需设置排水泵站时，泵站建设用地按建设规模、泵站性质确定，其用地指标宜按表6.0.1-1和6.0.1-2规定。

**雨水泵站规划用地指标**($m^2 \cdot s/L$)　　　　　　　表6.0.1-1

| 建设规模 | 雨 水 流 量 (L/s) | | | |
|---|---|---|---|---|
| | 20000以上 | 10000~20000 | 5000~10000 | 1000~5000 |
| 用地指标 | 0.4~0.6 | 0.5~0.7 | 0.6~0.8 | 0.8~1.1 |

注：1.用地指标是按生产必须的土地面积。
　　2.雨水泵站规模按最大秒流量计。
　　3.本指标未包括站区周围绿化带用地。
　　4.合流泵站可参考雨水泵站指标。

污水泵站规划用地指标(m² · s/L)      表6.0.1-2

| 建 设 规 模 | 污 水 流 量 (L/s) | | | | |
|---|---|---|---|---|---|
| | 20000以上 | 10000～20000 | 600～1000 | 300～600 | 100～300 |
| 用 地 指 标 | 1.5～3.0 | 2.0～4.0 | 2.5～5.0 | 3.0～6.0 | 4.0～7.0 |

注：1.用地指标是按生产必须的土地面积。
    2.污水泵站规模按最大秒流量计。
    3.本指标未包括站区周围绿化带用地。

## 10.2.10 污水处理和城市污水处理厂布局

**—— 《城市排水工程规划规范》**(GB50318—2000)

7.2 污水处理

7.2.1 城市综合生活污水与工业废水排入城市污水系统的水质均应符合《污水排入城市下水道水质标准》(CJ3082)的要求。

7.2.2 城市污水的处理程度应根据进厂污水的水质、水量和处理后污水的出路(利用或排放)确定。污水利用应按用户用水的水质标准确定处理程度。

污水排入水体应视受纳水体水域使用功能的环境保护要求，结合受纳水体的环境容量，按污染物总量控制与浓度控制相结合的原则确定处理程度。

7.2.3 污水处理的方法应根据需要处理的程度确定,城市污水处理一般应达到二级生化处理标准。

7.3 城市污水处理厂

7.3.1 城市污水处理厂位置的选择宜符合下列要求：

1.在城市水系的下游并应符合供水水源防护要求；

2.在城市夏季最小频率风向的上风侧；

3.与城市规划居住、公共设施保持一定的卫生防护距离；

4.靠近污水、污泥的排放和利用地段；

5.应有方便的交通、运输和水电条件。

7.3.2 城市污水处理厂规划用地指标宜根据规划期建设规模和处理级别按照表7.3.2的规定确定。

城市污水处理厂规划用地指标(m² · d/m³)      表7.3.2

| 建 设 规 模 | 污 水 量 (m³/d) | | | | |
|---|---|---|---|---|---|
| | 20万以上 | 10～20万 | 5～10万 | 2～5万 | 1～2万 |
| 用 地 指 标 | 一级污水处理指标 | | | | |
| | 0.3～0.5 | 0.4～0.6 | 0.5～0.8 | 0.6～1.0 | 0.6～1.4 |
| | 二级污水处理指标(一) | | | | |
| | 0.5～0.8 | 0.6～0.9 | 0.8～1.2 | 1.0～1.5 | 1.0～2.0 |
| | 二级污水处理指标(二) | | | | |
| | 0.6～1.0 | 0.8～1.2 | 1.0～2.5 | 2.5～4.0 | 4.0～6.0 |

注：1.用地指标是按生产必须的土地面积计算。
    2.本指标未包括厂区周围绿化带用地。
    3.处理级别以工艺流程划分。
      一级处理工艺流程大体为泵房、沉砂、沉淀及污泥浓缩、干化处理等。
      二级处理(一),其工艺流程大体为泵房、沉砂、初次沉淀、曝气、二次沉淀及污泥浓缩、干化处理等。
      二级处理(二),其工艺流程大体为泵房、沉砂、初次沉淀、曝气、二次沉淀、消毒及污泥提升、浓缩、消化、脱水及沼气利用等。
    4.本用地指标不包括进厂污水浓度较高及深度处理的用地，需要时可视情况增加。

7.3.3 污水处理厂周围应设置一定宽度的防护距离，减少对周围环境的不利影响。

# 10.3 电力工程

## 10.3.1 城市电力规划的原则

—— 《城市电力规划规范》(GB/50293 — 1999)

3.1.1 编制城市电力规划应遵循下列原则：

3.1.1.1 应符合城市规划和地区电力系统规划总体要求；

3.1.1.2 城市电力规划编制阶段和期限的划分，应与城市规划相一致；

3.1.1.3 近、远期相结合，正确处理近期建设和远期发展的关系；

3.1.1.4 应充分考虑规划新建的电力设施运行噪声、电磁干扰及废水、废气、废渣三废排放对周围环境的干扰和影响；并应按国家环境保护方面的法律、法规有关规定，提出切实可行的防治措施；

3.1.1.5 规划新建的电力设施应切实贯彻安全第一、预防为主、防消结合的方针，满足防火、防爆、防洪、抗震等安全设防要求；

3.1.1.6 应从城市全局出发，充分考虑社会、经济、环境的综合效益。

## 10.3.2 城市电力规划应收集的基础资料

—— 《城市电力规划规范》(GB/50293 — 1999)

3.2.1 城市电力规划的编制，应在调查研究、收集分析有关基础资料的基础上进行。规划编制的阶段不同，调研、收集的基础资料宜符合下列要求：

3.2.1.1 城市总体规划阶段中的电力规划(以下简称城市电力总体规划阶段)需调研、收集以下资料：地区动力资源分布、储量、开采程度资料；城市综合资料，包括：区域经济、城市人口、土地面积、国内生产总值、产业结构及国民经济各产业或各行业产值、产量及大型工业企业产值、产量的近5年或10年的历史及规划综合资料；城市电源、电网资料，包括：地区电力系统地理接线图、城市供电电源种类、装机容量及发电厂位置、城网供电电压等级、电网结构、各级电压变电所容量、数量、位置及用地，高压架空线路路径、走廊宽度等现状资料及城市电力部门制订的城市电力网行业规划资料；城市用电负荷资料，包括：近5年或10年的全市及市区(市中心区)最大供电负荷、年总用电量、用电构成、电力弹性系数、城市年最大综合利用小时数、按行业用电分类或产业用电分类的各类负荷年用电量、城乡居民生活用电量等历史、现状资料；其他资料，包括：城市水文、地质、气象、自然地理资料和城市地形图，总体规划图及城市分区土地利用图等。

3.2.1.2 城市详细规划阶段中的电力规划(以下简称城市电力详细规划阶段)需调研、收集以下资料：城市各类建筑单位建筑面积负荷指标(归算至10kV电源侧处)的现状资料或地方现行采用的标准或经验数据；详细规划范围内的人口、土地面积、各类建筑用地面积、容积率(或建筑面积)及大型工业企业或公共建筑群的用地面积，容积率(或建筑面积)现状及规划资料；工业企业生产规模、主要产品产量、产值等现状及规划资料；详细规划区道路网、各类设施分布的现状及规划资料；详细规划图等。

## 10.3.3 城市电力总体规划阶段的编制内容

—— 《城市电力规划规范》(GB/50293 — 1999)

3.2.2.1 编制城市电力总体规划纲要，内容宜包括：

(1)预测城市规划目标年的用电负荷水平；

(2)确定城市电源、电网布局方案和规划原则；

(3)绘制市域和市区(或市中心区)电力总体规划布局示意图。编写城市总体规划纲要中的电力专项规划要点。

3.2.2.2 应在城市电力总体规划纲要的基础上,编制城市电力总体规划,内容宜包括:

(1)预测市域和市区(或市中心区)规划用电负荷;

(2)电力平衡;

(3)确定城市供电电源种类和布局;

(4)确定城网供电电压等级和层次;

(5)确定城网中的主网布局及其变电所容量、数量;

(6)确定35kV及以上高压送、配电线路走向及其防护范围;

(7)提出城市规划区内的重大电力设施近期建设项目及进度安排;

(8)绘制市域和市区(或市中心区)电力总体规划图。编写电力总体规划的说明书。

### 10.3.4 城市电力分区规划阶段的编制内容

—— 《城市电力规划规范》(GB/50293 — 1999)

3.2.3 大、中城市可在城市电力总体规划的基础上,编制电力分区规划,内容宜包括:

(1)预测分区规划用电负荷;

(2)落实分区规划中供电电源的容量、数量及位置、用地;

(3)布置分区规划内高压配电网或高、中压配电图;

(4)确定分区规划高、中压电力线路的路径,敷设方式及高压线走廊(或地下电缆通道)宽度;

(5)绘制电力分区规划图。编写电力分区规划说明书。

### 10.3.5 城市电力详细规划阶段的编制内容

—— 《城市电力规划规范》(GB/50293 — 1999)

3.2.4 应在电力分区规划或电力总体规划的基础上,编制城市详细规划阶段中的电力规划,其编制内容宜符合下列要求:

3.2.4.1 编制电力控制性详细规划,内容宜包括:

(1)确定详细规划区中各类建筑的规划用电指标,并进行负荷预测;

(2)确定详细规划区供电电源的容量、数量及其位置、用地;

(3)布置详细规划区内中压配电网或中、高压配电网,确定其变电所、开关站的容量、数量、结构型式及位置、用地;

(4)确定详细规划区的中、高压电力线路的路径、敷设方式及高压线走廊(或地下电缆通道)宽度;

(5)绘制电力控制性详细规划图。编写电力控制性详细规划说明书。

3.2.4.2 在城市开发、修建地区,应与城市修建性详细规划配套编制电力修建性详细规划,其内容宜包括:

(1)估算详细规划区用电负荷;

(2)确定详细规划区供电电源点的数量、容量及位置、用地面积(或建筑面积);

(3)布置详细规划区的中、低压配电网及其开关站、10kV公用配电所的容量、数量、结构型式及位置、用地面积(或建筑面积);

(4)确定详细规划区的中、低压配电线路的路径、敷设方式及线路导线截面;

(5)投资估算;

(6)绘制电力修建性详细规划图。编写电力修建性详细规划说明书。

### 10.3.6  城市用电负荷分类

**——《城市电力规划规范》(GB/50293—1999)**

4.1.1  按城市全社会用电分类，城市用电负荷宜分为下列八类：农、林、牧、副、渔、水利业用电，工业用电，地质普查和勘探业用电，建筑业用电，交通运输、邮电通信业用电，商业、公共饮食、物资供销和金融业用电，其他事业用电，城乡居民生活用电。

也可分为以下四类：第一产业用电，第二产业用电，第三产业用电，城乡居民生活用电。

4.1.2  城市建设用地用电负荷分类，应符合表4.1.2规定。

**城市建设用地用电负荷分类和代码表**　　　　　　　　表4.1.2

| 大　类 | 小　类 | 适　应　范　围 |
|---|---|---|
| 居住用地用电(Rd) | 一类居住(Rd1) | 以低层住宅为主的用地用电 |
| | 二类居住(Rd2) | 以多、中、高层住宅为主的用地用电 |
| | 三类居住(Rd3) | 住宅与工业用地有混合交义的用地用电 |
| 公共设施用地用电(Cd) | 行政办公(Cd1) | 行政、党派和团体等机构办公的用地用电 |
| | 金融贸易(Cd2) | 金融、保险、贸易、咨询、信息和商社等机构的用地用电 |
| | 商业、服务业(Cd3) | 百货商店、超级市场、饮食、旅馆、招待所、商贸市场等的用地用电 |
| | 文化娱乐(Cd4) | 文化娱乐设施的用地用电 |
| | 体育(Cd5) | 体育场馆和体育训练基地等的用地用电 |
| | 医疗卫生(Cd6) | 医疗、保健、卫生、防疫和急救等设施的用地用电 |
| | 教育科研设施(Cd7) | 高等学校、中等专业学校、科学研究和勘测设计机构等设施的用地用电 |
| | 其他(Cdn) | 不包括以上设施的其他设施的用地用电 |
| 工业用地用电(Md) | 一类工业(Md1) | 对居住和公共设施等的环境基本无干扰和污染的工业用地用电 |
| | 二类工业(Md2) | 对居住和公共设施等的环境有一定干扰和污染的工业用地用电 |
| | 三类工业(Md3) | 对居住和公共设施等的环境有严重干扰和污染的工业用地用电 |
| 仓储用地用电(Wd) | | 仓储业的仓库房、堆场、加工车间及其附属设施等用地用电 |
| 对外交通用地用电(Td) | 铁路(Td1) | 铁路站场等用地用电 |
| | 港口(Td4) | 海港和河港的陆地部分，包括码头作业区、辅助生产区及客运站用地用电 |
| | 机场(Td5) | 民用及军民合用机场的飞行区(不含净空区)、航站区和服务区等用地用电 |
| 市政公用设施用地用电(Ud) | | 供水、供电、燃气、供热、公共交通、邮电通信及排水等设施的用地用电 |
| 其他事业用地用电(Y) | | 除以上各大类用地之外的用地用电 |

4.1.3  城市建筑用电负荷分类，应符合表4.1.3的规定。

**城市建筑用电负荷分类表**　　　　　　　　表4.1.3

| 大　类 | 小　类 |
|---|---|
| 居住建筑用电 | 普通住宅 |
| | 高级住宅 |
| | 别墅 |
| 公共建筑用电 | 行政办公楼 |
| | 综合商住楼 |
| | 银行 |
| | 商场 |
| | 高级宾馆、饭店 |
| | 一般旅馆 |
| 公共建筑用电 | 图书馆 |
| | 影剧院 |
| | 中、小学 |
| | 托幼园所 |
| | 大专院校 |
| | 科研设计单位 |
| | 体育场馆 |
| | 医院 |
| | 疗养院 |
| | 其他 |
| 工业建筑用电 | 一类工业标准厂房 |
| | 二类工业标准厂房 |
| | 三类工业标准厂房 |
| 仓储建筑用电 | 一般仓库 |
| | 冷冻仓库、危险品仓库 |
| 对外交通设施用电 | 火车站场、市内、长途公路客运站、海港、河港码头作业区、客运站、民用及军民合用机场港区、服务区等 |
| 市政公用设施用电 | 水厂及其附属构筑物、变电所、储气站、调压站、大型锅炉房等 |
| 其他建筑用电 | 上述建筑以外的其他建筑 |

4.1.4 按城市用电负荷分布特点,可分为一般负荷(均布负荷)和点负荷两类。

## 10.3.7 城市用电负荷预测

—— 《城市电力规划规范》(GB/50293 — 1999)

4.2.1 城市用电负荷预测(以下简称负荷预测)内容宜符合下列要求:

4.2.1.1 城市电力总体规划负荷预测内容宜包括:

(1)全市及市区(或市中心区)规划最大负荷;

(2)全市及市区(或市中心区)规划年总用电量;

(3)全市及市区(或市中心区)居民生活及第一、二、三产业各分项规划年用电量;

(4)市区及其各分区规划负荷密度。

4.2.1.2 电力分区规划负荷预测内容宜包括:

(1)分区规划最大负荷;

(2)分区规划年用电量。

4.2.1.3 城市电力详细规划负荷预测内容宜包括:

(1)详细规划区内各类建筑的规划单位建筑面积负荷指标;

(2)详细规划区规划最大负荷;

(3)详细规划区规划年用电量。

4.2.2 负荷预测应符合下列要求:

4.2.2.1 预测应建立在经常性收集、积累负荷预测所需资料的基础上,从调查研究入手,了解所在城市的人口及国民经济、社会发展规划,分析、研究影响城市用电负荷增长的各种因素;

4.2.2.2 应根据不同规划阶段预测内容的具体要求,对所掌握的基础资料进行整理、分析、校核后,选择有代表性的资料、数据作为预测的基础;

4.2.2.3 应选择和确定主要的预测方法进行预测,并用其他预测方法进行补充、校核;

4.2.2.4 应在用电现状水平的基础上进行分期预测。负荷预测期限及各期限年份的划分,应与城市规划相一致;

4.2.2.5 预测所得的规划用电负荷,在向供电电源侧归算时,应逐级乘以负荷同时率;

4.2.2.6 负荷同时率的大小,应根据各地区电网负荷具体情况确定,但均应小于1。

4.2.3 预测方法的选择宜符合下列原则:

4.2.3.1 城市电力总体规划阶段负荷预测方法,宜选用电力弹性系数法、回归分析法、增长率法、人均用电指标法、横向比较法、负荷密度法、单耗法等;

4.2.3.2 城市电力详细规划阶段的负荷预测方法宜选用:

(1)一般负荷宜选用单位建筑面积负荷指标法等;

(2)点负荷宜选用单耗法,或由有关专业部门、设计单位提供负荷、电量资料。

## 10.3.8 规划用电指标

—— 《城市电力规划规范》(GB/50293 — 1999)

4.3.1 当编制或修订各规划阶段中的电力规划时,应以本规划制定的各项规划用电指标作为预测或校核远期规划负荷预测值的控制标准。本规范规定的规划用电指标包括:规划人均综合用电量指标、规划人均居民生活用电量指标、规划单位建设用地负荷指标和规划单位建筑面积负荷指标四部分。

4.3.2 城市总体规划阶段,当采用人均用电指标法或横向比较法预测或校核某城市的城市总用电量(不含市辖市、县)时，其规划人均综合用电量指标的选取，应根据所在城市的性质、人口规模、地理位置、社会经济发展、国内生产总值、产业结构、地区动力资源和能源消费结构、电力供应条件、居民生活水平及节能措施等因素，以该城市的人均综合用电量现状水平为基础，对照表4.3.2中相应指标分级内的规划人均综合用电量幅值范围，进行综合研究分析、比较后，因地制宜选定。

**规划人均综合用电量指标**(不含市辖市、县)　　　　表4.3.2

| 指　标　分　级 | 城市用电水平分类 | 人均综合用电量(kWh/(人·a)) | |
| :---: | :---: | :---: | :---: |
| | | 现　状 | 规　划 |
| Ⅰ | 用电水平较高城市 | 3500～2501 | 8000～6001 |
| Ⅱ | 用电水平中上城市 | 2500～1501 | 6000～4001 |
| Ⅲ | 用电水平中等城市 | 1500～701 | 4000～2501 |
| Ⅳ | 用电水平较低城市 | 700～250 | 2500～1000 |

注：当不含市辖市、县的城市人均综合用电量现状水平高于或低于表中规定的现状指标最高或最低限值的城市。其规划人均综合用电量指标的选取，应视其城市具体情况因地制宜确定。

4.3.3　城市总体规划阶段，当采用人均用电指标法或横向比较法，预测或校核某城市的城乡居民生活用电量(不含市辖市、县)时，其规划人均居民生活用电量指标的选取，应结合所在城市的地理位置、人口规模、居民收入、居民家庭生活消费水平、居住条件、家庭能源消费构成、气候条件、生活习惯、能源供应政策及节能措施等因素进行综合分析、比较后，以该城市的现状人均居民生活用电量水平为基础，对照表4.3.3中相应指标分级中的规划人均居民生活用电量指标幅值范围，因地制宜选定。

**规划人均居民生活用电量指标**(不含市辖市、县)　　　　表4.3.3

| 指　标　分　级 | 城市居民生活用电水平分类 | 人均居民生活用电量 (kWh/(人·a)) | |
| :---: | :---: | :---: | :---: |
| | | 现　状 | 规　划 |
| Ⅰ | 生活用电水平较高城市 | 400～201 | 2500～1501 |
| Ⅱ | 生活用电水平中上城市 | 200～101 | 1500～801 |
| Ⅲ | 生活用电水平中等城市 | 100～51 | 800～401 |
| Ⅳ | 生活用电水平较低城市 | 50～20 | 400～250 |

注：当不含市辖市、县的城市人均居民生活用电量现状水平高于或低于表中规定的现状指标最高或最低限值的城市，其规划人均居民生活用电量指标的选取，应视其城市的具体情况，因地制宜确定。

4.3.4　城市电力总体规划或电力分区规划，当采用负荷密度法进行负荷预测时，其居住、公共设施、工业三大类建设用地的规划单位建设用地负荷指标的选取，应根据三大类建设用地中所包含的建设用地小类类别、数量、负荷特征，并结合所在城市三大类建设用地的单位建设用地用电现状水平和表4.3.4规定，经综合分析比较后选定。

**规划单位建设用地负荷指标**　　　　表4.3.4

| 城市建设用地用电类别 | 单位建设用地负荷指标(kW/ha) | 城市建设用地用电类别 | 单位建设用地负荷指标(kW/ha) |
| :---: | :---: | :---: | :---: |
| 居住用地用电 | 100～400 | 工业用地用电 | 200～800 |
| 公共设施用地用电 | 300～1200 | | |

注：1.城市建设用地包括：居住用地、公共设施用地、工业用地、仓储用地、对外交通用地、道路广场用地、市政公用设施用地、绿化用地和特殊用地八大类。不包括水域和其他用地；
　　2.超出表中三大类建设用地以外的其他各类建设用地的规划单位建设用地负荷指标的选取，可根据所在城市的具体情况确定。

4.3.5　城市电力详细规划阶段的负荷预测，当采用单位建筑面积负荷指标法时，其居住建筑、公共建筑、工业建筑三大类建筑的规划单位建筑面积负荷指标的选取，应根据三大类建筑中所包含的建筑小类类别、数量、建筑面积(或用地面积、容积率)、建筑标准、功能及各类建筑用电设备配置的品种、数量、设施水平等因素，结合当地各类建筑单位建筑面积负荷现状水平和表4.3.5规定，经综合分析比较后选定。

规划单位建筑面积负荷指标 表4.3.5

| 建筑用电类别 | 单位建筑面积负荷指标(W/m²) | 建筑用电类别 | 单位建筑面积负荷指标(W/m²) |
|---|---|---|---|
| 居住建筑用电 | 20～60W/m²<br>(1.4～4kW/户) | 工业建筑用电 | 20～80 |
| 公共建筑用电 | 30～120 | | |

注：超出表中三大类建筑以外的其他各类建筑的规划单位建筑面积负荷指标的选取，可结合当地实际情况和规划要求，因地制宜确定。

## 10.3.9　城市供电电源的种类、选择和布局

**——《城市电力规划规范》**(GB/50293—1999)

5.1　城市供电电源种类和选择

5.1.1　城市供电电源可分为城市发电厂和接受市域外电力系统电能的电源变电所两类。

5.1.2　城市供电电源的选择，除应遵守国家能源政策外，尚应符合下列原则：

5.1.2.1　综合研究所在地区的能源资源状况和可开发利用条件，进行统筹规划，经济合理地确定城市供电电源；

5.1.2.2　以系统受电或以水电供电为主的城市，应规划建设适当容量的火电厂，作为城市保安、补充电源，以保证城市用电需要；

5.1.2.3　有足够稳定热负荷的城市，电源建设宜与热源建设相结合，贯彻以热定电的原则，规划建设适当容量的热电联产火电厂。

5.2　电力平衡与电源布局

5.2.1　应根据城市总体规划和地区电力系统中长期规划，在负荷预测的基础上，考虑合理的备用容量进行电力平衡，以确定不同规划期限内的城市电力余缺额度，确定在市域范围内需要规划新建、扩建城市发电厂的规模及装机进度；同时应提出地区电力系统需要提供该城市的电能总容量。

5.2.2　应根据所在城市的性质、人口规模和用地布局，合理确定城市电源点的数量和布局，大、中城市应组成多电源供电系统。

5.2.3　应根据负荷分布和城网与地区电力系统的连接方式，合理配置城市电源点，协调好电源布点与城市港口、国防设施和其他工程设施之间的关系和影响。

## 10.3.10　城市发电厂和电源变电所布置

**——《城市电力规划规范》**(GB/50293—1999)

5.3　城市发电厂规划设计原则

5.3.1　布置城市发电厂，应符合下列原则：

5.3.1.1　应满足发电厂对地形、地貌、水文地质、气象、防洪、抗震、可靠水源等建厂条件要求；

5.3.1.2　发电厂的厂址宜选用城市非耕地或安排在国家现行标准《城市用地分类与规划建设用地标准》中规定的三类工业用地内；

5.3.1.3　应有方便的交通运输条件。大、中型火电厂应接近铁路、公路或港口等城市交通干线布置；

5.3.1.4　火电厂应布置在城市主导风向的下风向。电厂与居民区之间距离，应满足国家现行的安全防护及卫生标准的有关规定；

5.3.1.5 热电厂宜靠近热负荷中心。

5.3.2 燃煤电厂应考虑灰渣的综合利用,在规划厂址的同时,规划贮灰场和水灰管线等。贮灰场宜利用荒、滩地或山谷。

5.3.3 应根据发电厂与城网的连接方式,规划出线走廊。

5.3.4 条件许可的大城市,宜规划一定容量的主力发电厂。

5.3.5 燃煤电厂排放的粉尘、废水、废气、灰渣、噪声等污染物对周围环境的影响,应符合现行国家标准的有关规定;严禁将灰渣排入江、河、湖、海。

5.4 城市电源变电所布置原则

5.4.1 应根据城市总体规划布局、负荷分布及其与地区电力系统的连接方式、交通运输条件、水文地质、环境影响和防洪、抗震要求等因素进行技术经济比较后,合理确定变电所的位置。

5.4.2 对用电量很大,负荷高度集中的市中心高负荷密度区,经技术经济比较论证后,可采用220kV及以上电源变电所深入负荷中心布置。

5.4.3 除本规范第5.4.2条情况外,规划新建的110kV以上电源变电所应布置在市区边缘或郊区、县。

5.4.4 规划新建的电源变电所,不得布置在国家重点保护的文化遗址或有重要开采价值的矿藏上,除此之外,应征得有关部门的书面协议。

### 10.3.11 城市电网电压等级层次和电网规划原则

—— 《城市电力规划设计规范》(GB/50293 — 1999)

6.1 城市电网电压等级和层次

6.1.1 城市电网电压等级应符合国家电压标准的下列规定:500、330、220、110、66、35、10kV和380/220V。

6.1.2 城市电网应简化电压等级、减少变压层次,优化网络结构;大、中城市的城市电网电压等级宜为4~5级、四个变压层次;小城市宜为3~4级、三个变压层次。

6.1.3 城市电网中的最高一级电压,应根据城市电网远期的规划负荷量和城市电网与地区电力系统的连接方式确定。

6.1.4 对现有城市电网存在的非标准电压等级,应采取限制发展、合理利用、逐步改造的原则。

6.2 城市电网规划原则

6.2.1 根据城市的人口规划、社会经济发展目标,用地布局和地区电力系统中长期规划,结合城市供电部门制定的城市电网建设发展规划要求,通过协商和综合协调后,从城市全局出发,将电力设施的位置和用地落实到城市总体规划的用地布局图上。

6.2.2 城市电网规划应贯彻分层分区原则,各分层分区应有明确的供电范围,避免重叠、交错。

6.2.3 城市电网规模应与城市电源同步配套规划建设,达到电网结构合理、安全可靠、经济运行的要求,保证电能质量,满足城市用电需要。

6.2.5 城市电网的规划建设和改造,应按城市规划布局和道路综合管线的布置要求,统筹安排、合理预留城网中各级电压变电所、开关站、配电所、电力线路等供电设施和营业网点的位置和用地(或建筑面积)。

### 10.3.12　城市变电所分类、选址与用地

—— 《城市电力规划规范》(GB/50293 — 1999)

**7.2.1**　城市变电所按其结构型式分类，应符合表7.2.1的规定。

城市变电所结构型式分类

表7.2.1

| 大　类 | 结　构　型　式 | 小　类 | 结　构　型　式 |
|:---:|:---:|:---:|:---:|
| 1 | 户外式 | 1 | 全户外式 |
| | | 2 | 半户外式 |
| 2 | 户内式 | 3 | 常规户内式 |
| | | 4 | 小型户内式 |
| 3 | 地下式 | 5 | 全地下式 |
| | | 6 | 半地下式 |
| 4 | 移动式 | 7 | 箱体式 |
| | | 8 | 成套式 |

**7.2.2**　城市变电所按其一次电压等级可分为500、330、220、110、66、35kV 六类变电所。

**7.2.4**　规划新建城市变电所的结构型式选择，宜符合下列规定：

**7.2.4.1**　布设在市区边缘或郊区、县的变电所，可采用布置紧凑、占地较少的全户外式或半户外式结构；

**7.2.4.2**　市区内规划新建的变电所，宜采用户内式或半户外式结构；

**7.2.4.3**　市中心地区规划新建的变电所，宜采用户内式结构；

**7.2.4.4**　在大、中城市的超高层公共建筑群区、中心商务区及繁华金融、商贸街区规划新建的变电所，宜采用小型户内式结构；变电所可与其他建筑物混合建设，或建设地下变电所。

**7.2.3**　城市变电所规划选址，应符合下列要求：

(1)符合城市总体规划用地布局要求；

(2)靠近负荷中心；

(3)便于进出线；

(4)交通运输方便；

(5)应考虑对周围环境和邻近工程设施的影响和协调，如：军事设施、通讯电台、电信局、飞机场、领(导)航台、国家重点风景旅游区等，必要时，应取得有关协议或书面文件；

(6)宜避开易燃、易爆区和大气严重污秽区及严重盐雾区；

(7)应满足防洪标准要求：220～500kV 变电所的所址标高，宜高于洪水频率为1%的高水位；35～110kV 变电所的所址标高，宜高于洪水频率为2%的高水位；

(8)应满足抗震要求：35～500kV 变电所抗震要求，应符合国家现行标准《220～500kV 变电所设计规程》和《35～110kV 变电所设计规范》中的有关规定；

(9)应有良好的地质条件，避开断层、滑坡、塌陷区、溶洞地带、山区风口和易发生滚石场所等不良地质构造。

**7.2.6**　城市变电所的运行噪声对周围环境的影响，应符合国家现行标准《城市各类区域环境保护噪声标准》的有关规定。

**7.2.7**　城市变电所的用地面积(不含生活区用地)，应按变电所最终规模规划预留；规划新建的35～500kV 变电所用地面积的预留，可根据表7.2.7-1和表7.2.7-2的规定，结合所在城市的实际用地条件，因地制宜选定。

35～110kV 变电所规划用地面积控制指标　　　　　　　　　　表 7.2.7-1

| 序　号 | 变压等级(kV) 一次电压／二次电压 | 主变压器容量 [MVA／台(组)] | 变电所结构型式及用地面积(m²) | | |
| --- | --- | --- | --- | --- | --- |
| | | | 全户外式用地面积 | 半户外式用地面积 | 户内式用地面积 |
| 1 | 110(66)/10 | 20～63/2～3 | 3500～5500 | 1500～3000 | 800～1500 |
| 2 | 35/10 | 5.6～31.5/2～3 | 2000～3500 | 1000～2000 | 500～1000 |

220～500kV 变电所规划用地面积控制指标　　　　　　　　　　表 7.2.7-2

| 序　号 | 变压等级(kV) 一次电压／二次电压 | 主变压器容量 [MVA／台(组)] | 变电所结构型式 | 用地面积(m²) |
| --- | --- | --- | --- | --- |
| 1 | 500/220 | 750/2 | 户外式 | 98000～110000 |
| 2 | 330/220 及 330/110 | 90～240/2 | 户外式 | 45000～55000 |
| 3 | 330/110 及 330/10 | 90～240/2 | 户外式 | 40000～47000 |
| 4 | 220/110(66,35) 及 220/10 | 90～180/2～3 | 户外式 | 12000～30000 |
| 5 | 220/110(66, 35) | 90～180/2～3 | 户外式 | 8000～20000 |
| 6 | 220/110(66, 35) | 90～180/2～3 | 半户外式 | 5000～8000 |
| 7 | 220/110(66, 35) | 90～180/2～3 | 户内式 | 2000～4500 |

## 10.3.13　开关站和公用配电所

—— 《城市电力规划规范》(GB／50293 — 1999)

7.3　开关站

7.3.1　当 66～220kV 变电所的二次侧 35kV 或 10kV 出线走廊受到限制，或者 35kV 或 10kV 配电装置间隔不足，且无扩建余地时，宜规划建设开关站。

7.3.2　根据负荷分布，开关站宜均匀布置。

7.3.3　10kV 开关站宜与 10kV 配电所联体建设。

7.3.4　10kV 开关站最大转供容量不宜超过 15000kVA。

7.4　公用配电所

7.4.1　规划新建公用配电所(以下简称配电所)的位置，应接近负荷中心。

7.4.2　配电所的配电变压器安装台数宜为两台，单台配电变压器容量不宜超过 1000kVA。

7.4.3　在负荷密度较高的市中心地区，住宅小区、高层楼群、旅游网点和对市容有特殊要求的街区及分散的大用电户，规划新建的配电所，宜采用户内型结构。

7.4.4　在公共建筑楼内规划新建的配电所，应有良好的通风和消防措施。

7.4.5　当城市用地紧张、选址困难或因环境要求需要时，规划新建配电所可采用箱体移动式结构。

## 10.3.14　城市架空电力线路和地下电缆线路的选择及规范

—— 《城市电力规划规范》(GB／50293 — 1999)

7.5.1　城市电力线路分为架空线路和地下电缆线路两类。

7.5.2　城市架空电力线路的路径选择，应符合下列规定：

7.5.2.1　应根据城市地形、地貌特点和城市道路网规划，沿道路、河渠、绿化带架设。路径做到短捷、顺直，减少同道路、河流、铁路等的交叉，避免跨越建筑物；对架空电力线路跨越或接近建筑物的安全距离，应符合本规范附录 B.0.1 和附录 B.0.2 的规定；

7.5.2.2　35kV 及以上高压架空电力线路应规划专用通道，并应加以保护；

7.5.2.3　规划新建的 66kV 及以上高压架空电力线路，不应穿越市中心地区或重要风景旅游区；

7.5.2.4 宜避开空气严重污秽区或有爆炸危险品的建筑物、堆场、仓库，否则应采取防护措施；

7.5.2.5 应满足防洪、抗震要求。

7.5.3 市区内35kV及以上高压架空电力线路的新建、改造、应符合下列规定：

7.5.3.1 市区高压架空电力线路宜采用占地较少的窄基杆塔和多回路同杆架设的紧凑型线路结构。为满足线路导线对地面和树木间的垂直距离，杆塔应适当增加高度、缩小档距，在计算导线最大弧垂情况下，架空电力线路导线与地面、街道行道树之间最小垂直距离，应符合本规范附录 C.0.1 和附录 C.0.2 的规定；

7.5.3.2 按国家现行有关标准、规范的规定，应注意高压架空电力线路对邻近通信设施的干扰和影响，并满足与电台、领(导)航台之间的安全距离。

7.5.4 市区内的中、低压架空电力线路应同杆架设，做到一杆多用。

7.5.5 城市高压架空电力线路走廊宽度的确定，应符合下列要求：

7.5.5.1 应综合考虑所在城市的气象条件、导线最大风偏、边导线与建筑物之间安全距离、导线最大弧垂、导线排列方式以及杆塔型式、杆塔档距等因素，通过技术经济比较后确定；

7.5.5.2 市区内单杆单回水平排列或单杆多回垂直排列的35～500kV高压架空电力线路的规划走廊宽度，应根据所在城市的地理位置、地形、地貌、水文、地质、气象等条件及当地用地条件，结合表7.5.5的规定，合理选定。

**市区 35～500kV 高压架空电力线路规划走廊宽度**

（单杆单回水平排列或单杆多回垂直排列）                表 7.5.5

| 线路电压等级(kV) | 高压线走廊宽度(m) | 线路电压等级(kV) | 高压线走廊宽度(m) |
|---|---|---|---|
| 500 | 60～75 | 66、110 | 15～25 |
| 330 | 35～45 | 35 | 12～20 |
| 220 | 30～40 | | |

7.5.6 市区内规划新建的35kV以上电力线路，在下列情况下，应采用地下电缆：

7.5.6.1 在市中心地区、高层建筑群区、市区主干道、繁华街道等；

7.5.6.2 重要风景旅游景区和对架空裸导线有严重腐蚀性的地区。

7.5.7 布设在大、中城市的市区主次干道、繁华街区、新建高层建筑群区及新建居住区的中、低压配电线路，宜逐步采用地下电缆或架空绝缘线。

7.5.8 敷设城市地下电缆线路应符合下列规定：

7.5.8.1 地下电缆线路的路径选择，除应符合国家现行《电力工程电缆设计规范》的有关规定外，尚应根据道路网规划，与道路走向相结合，并应保证地下电缆线路与城市其他市政公用工程管线间的安全距离；

7.5.8.2 城市地下电缆线路经技术经济比较后，合理且必要时，宜采用地下共用通道；

7.5.8.3 同一路段上的各级电压电缆线路，宜同沟敷设；

7.5.8.4 城市电力电缆线路需要通过城市桥梁时，应符合国家现行标准《电力工程电缆设计规范》中对电力电缆敷设的技术要求，并应满足城市桥梁设计、安全消防的技术标准规定。

7.5.9 城市地下电缆敷设方式的选择，应遵循下列原则：

7.5.9.1 应根据地下电缆线路的电压等级，最终敷设电缆的根数、施工条件、一次投资、资金来源等因素，经技术经济比较后确定敷设方案；

7.5.9.2 当同一路径电缆根数不多，且不宜超过6根时，在城市人行道下、公园绿地、建筑物的边沿地带或城市郊区等不易经常开挖的地段，宜采用直埋敷设方式。直埋电力电缆之间及直埋电力电缆与控制电缆、通信电缆、地下管沟、道路、建筑物、构筑物、树木等之间的安全距离，不应小于本规范附表D的规定；

7.5.9.3 在地下水位较高的地方和不宜直埋且无机动荷载的人行道等处，当同路径敷设电缆根数不多时，可采用浅槽敷设方式；当电缆根数较多或需要分期敷设而开挖不便时，宜采用电缆沟敷设方式；

7.5.9.4 地下电缆与公路、铁路、城市道路交叉处，或地下电缆需通过小型建筑物及广场区段，当电缆根数较多，且为6~20根时，宜采用排管敷设方式；

7.5.9.5 同一路径地下电缆数量在30根以上，经技术经济比较合理时，可采用电缆隧道敷设方式。

## 附录A 城市电力规划相关术语

**城市用电负荷** urban customers' load

在城市内或城市局部片区内，所有用电户在某一时刻实际耗用的有功功率之总和。

**城市供电电源** urban power supply sources

为城市提供电能来源的发电厂和接受市域外电力系统电能的电源变电所总称。

**城市发电厂** urban power plant

在市域范围内规划建设的各类发电厂。

**城市主力发电厂** urban main forces power plant

能提供城网基本负荷电能的发电厂。

**城市电网(简称城网)** urban electric power network

为城市送电和配电的各级电压电力网的总称。

**城市变电所** urban substation

城网中起变换电压，并起集中电力和分配电力作用的供电设施。

**开关站(开闭所)** switching station

城网中起接受电力并分配电力作用的配电设施。

**高压深入供电方式** high voltege deepingtypes of electric power supply

城网中66kV及以上电压的电源送电线路及变电所深入市中心高负荷密度区布置，就近供应电能的方式。

**高压线走廊(高压架空线路走廊)** high-tension line corridor

在计算导线最大风偏和安全距离情况下，35kV及以上高压架空电力线路两边导线向外侧延伸一定距离所形成的两条平行线之间的专用通道。

## 附录B 35~500kV变电所主变压器单台(组)容量

35~500kV变电所主变压器单台(组)容量表 　　　　附表B

| 变电所电压等级 | 单台(组)主变压器容量(MVA) | 变电所电压等级 | 单台(组)主变压器容量(MVA) |
|---|---|---|---|
| 500kV | 500、750、1000、1500 | 110kV | 20、31.5、40、50、63 |
| 330kV | 90、120、150、180、240 | 66kV | 20、31.5、40、50 |
| 220kV | 90、120、150、180、240 | 35kV | 5.6、7.5、10、15、20、31.5 |

### 附录 C  城市架空电力线路接近或跨越建筑物的安全距离

C.0.1  在导线最大计算弧垂情况下，1～330kV 架空电力线路导线与建筑物之间垂直距离不应小于附表 C.0.1 的规定值。

**1～330kV 架空电力线路导线与建筑物之间的垂直距离**

(在导线最大计算弧垂情况下)

附表 C.0.1

| 线路电压(kV) | 1～10 | 35 | 66～110 | 220 | 330 |
|---|---|---|---|---|---|
| 垂直距离(m) | 3.0 | 4.0 | 5.0 | 6.0 | 7.0 |

C.0.2  城市架空电力线路边导线与建筑物之间，在最大计算风偏情况下的安全距离不应小于附表 C.0.2 的规定值。

**架空电力线路边导线与建筑物之间安全距离**

(在最大计算风偏情况下)

附表 C.0.2

| 线路电压(kV) | ＜1 | 1～10 | 35 | 66～110 | 220 | 330 |
|---|---|---|---|---|---|---|
| 安全距离(m) | 1.0 | 1.5 | 3.0 | 4.0 | 5.0 | 6.0 |

### 附录 D  城市架空电力线路导线与地面、街道行道树之间最小垂直距离

D.0.1  在最大计算弧垂情况下，架空电力线路导线与地面的最小垂直距离应符合附表 D.0.1 的规定。

**架空电力线路导线与地面间最小垂直距离(m)**

(在最大计算导线弧垂情况下)

附表 D.0.1

| 线路经过地区 | 线  路  电  压(kV) | | | | |
|---|---|---|---|---|---|
|  | ＜1 | 1～10 | 35～110 | 220 | 330 |
| 居 民 区 | 6.0 | 6.5 | 7.5 | 8.5 | 14.0 |
| 非居民区 | 5.0 | 5.0 | 6.0 | 6.5 | 7.5 |
| 交通困难地区 | 4.0 | 4.5 | 5.0 | 5.5 | 6.5 |

注：1.居民区：指工业企业地区、港口、码头、火车站、城镇、集镇等人口密集地区；
　　2.非居民区：指居民区以外的地区，虽然时常有人、车辆或农业机械到达，但房屋稀少的地区；
　　3.交通困难地区：指车辆、农业机械不能到达的地区。

D.0.2  架空电力线路与街道行道树(考虑自然生长高度)之间最小垂直距离应符合附表 D.0.2 的规定。

**架空电力线路导线与街道行道树之间最小垂直距离**

(考虑树木自然生长高度)

附表 D.0.2

| 线路电压(kV) | ＜1 | 1～10 | 35～110 | 220 | 330 |
|---|---|---|---|---|---|
| 最小垂直距离(m) | 1.0 | 1.5 | 3.0 | 3.5 | 4.5 |

### 附录E　直埋电力电缆之间及直埋电力电缆与控制电缆、通信电缆、地下管沟、道路、建筑物、构筑物、树木之间安全距离

直埋电力电缆之间及直埋电力电缆与控制电缆、通信电缆、
地下管沟、道路、建筑物、构筑物、树木之间安全距离　　　　　　　　附表E

| 项　　　　　　目 | 安　全　距　离(m) | |
| --- | --- | --- |
| | 平　行 | 交　叉 |
| 建筑物、构筑物基础 | 0.50 | — |
| 电杆基础 | 0.60 | — |
| 乔木树主干 | 1.50 | — |
| 灌木丛 | 0.50 | — |
| 10kV以上电力电缆之间，以及10kV及以下电力电缆与控制电缆之间 | 0.25(0.10) | 0.50(0.25) |
| 通信电缆 | 0.50(0.10) | 0.50(0.25) |
| 热力管沟 | 2.00 | (0.50) |
| 水管、压缩空气管 | 1.00(0.25) | 0.50(0.25) |
| 可燃气体及易燃液体管道 | 1.00 | 0.50(0.25) |
| 铁路(平行时与轨道，交叉时与轨底，电气化铁路除外) | 3.00 | 1.00 |
| 道路(平行时与侧石，交叉时与路面) | 1.50 | 1.00 |
| 排水明沟(平行时与沟边，交叉时与沟底) | 1.00 | 0.50 |

注：1.表中所列安全距离，应自各种设施(包括防护外层)的外缘算起；
　　2.路灯电缆与道路灌木丛平行距离不限；
　　3.表中括号内数字，是指局部地段电缆穿管，加隔板保护或加隔热层保护后允许的最小安全距离；
　　4.电缆与水管、压缩空气管平行，电缆与管道标高差不大于0.5m时，平行安全距离可减小至0.5m。

# 10.4　供热工程

## 10.4.1　适用范围

—— 《城市热力网设计规范》(CJJ34—2002)

1.0.2　本规范适用于供热热水介质设计压力小于或等于2.5MPa，设计温度小于或等于200℃；供热蒸汽介质设计压力小于或等于1.6MPa，设计温度小于或等于350℃的下列热力网的设计：

1.由供热企业经营，以热电厂或区域锅炉房为热源，对多个用户供热，自热源至热力站的城市热力网；

2.城市热力网新建、扩建或改建的管道、中继泵站和热力站等工艺系统设计。

## 10.4.2　热负荷

—— 《城市热力网设计规范》(CJJ34—2002)

3.1.1　热力网支线及用户热力站设计时，采暖、通风、空调及生活热水热负荷，宜采用经核实的建筑物设计热负荷。

3.1.2　当无建筑物设计热负荷资料时，民用建筑的采暖、通风、空调及生活热水热负荷，可按下列方法计算：

1.采暖热负荷

$$Q_h = q_h A \cdot 10^{-3} \tag{3.1.2-1}$$

式中　$Q_h$——采暖设计热负荷(kW)；

　　　$q_h$——采暖热指标(W/m²)，可按表3.1.2-1取用；

　　　$A$——采暖建筑物的建筑面积(m²)。

**采 暖 热 指 标 推 荐 值** $q_h$ (W/m²)　　　　表 3.1.2-1

| 建筑物<br>类型 | 住 宅 | 居住区<br>综合 | 学 校<br>办 公 | 医 院<br>托 幼 | 旅 馆 | 商 店 | 食 堂<br>餐 厅 | 影剧院<br>展览馆 | 大礼堂<br>体育馆 |
|---|---|---|---|---|---|---|---|---|---|
| 未采取<br>节能措施 | 58~64 | 60~67 | 60~80 | 65~80 | 60~70 | 65~80 | 115~140 | 95~115 | 115~165 |
| 采取节能<br>措施 | 40~45 | 45~55 | 50~70 | 55~70 | 50~60 | 55~70 | 100~130 | 80~105 | 100~150 |

注：1. 表中数值适用于我国东北、华北、西北地区；
　　2. 热指标中已包括约5%的管网热损失。

**2. 通风热负荷**

$$Q_v = K_v Q_h \qquad (3.1.2-2)$$

式中　　$Q_v$——通风设计热负荷(kW)；

　　　　$Q_h$——采暖设计热负荷(kW)；

　　　　$K_v$——建筑物通风热负荷系数，可取0.3~0.5。

**3. 空调热负荷**

1) 空调冬季热负荷

$$Q_a = q_a A \cdot 10^{-3} \qquad (3.1.2-3)$$

式中　　$Q_a$——空调冬季设计热负荷(kW)；

　　　　$q_a$——空调热指标(W/m²)，可按表3.1.2-2取用；

　　　　$A$——空调建筑物的建筑面积(m²)。

2) 空调夏季热负荷

$$Q_c = \frac{q_c A \cdot 10^{-3}}{COP} \qquad (3.1.2-4)$$

式中　　$Q_c$——空调夏季设计热负荷(kW)；

　　　　$q_c$——空调冷指标(W/m²)，可按表3.1.2-2取用；

　　　　$A$——空调建筑物的建筑面积(m²)；

　　　　$COP$——吸收式制冷机的制冷系数，可取0.7~1.2。

**空调热指标** $q_a$ **、冷指标** $q_c$ **推荐值** (W/m²)　　　　表 3.1.2-2

| 建筑物<br>类 型 | 办 公 | 医 院 | 旅馆、宾馆 | 商店、<br>展览馆 | 影剧院 | 体育馆 |
|---|---|---|---|---|---|---|
| 热指标 | 80~100 | 90~120 | 90~120 | 100~120 | 115~140 | 130~190 |
| 冷指标 | 80~110 | 70~100 | 80~110 | 125~180 | 150~200 | 140~200 |

注：1. 表中数值适用于我国东北、华北、西北地区；
　　2. 寒冷地区热指标取较小值，冷指标取较大值；严寒地区热指标取较大值，冷指标取较小值。

**4. 生活热水热负荷**

1) 生活热水平均热负荷

$$Q_{w.a} = q_w A \cdot 10^{-3} \qquad (3.1.2-5)$$

式中　　$Q_{w.a}$——生活热水平均热负荷(kW)；

　　　　$q_w$——生活热水热指标(W/m²)，应根据建筑物类型，采用实际统计资料，居住区可按表

3.1.2-3取用；

$A$——总建筑面积($m^2$)。

**居住区采暖期生活热水日平均热指标推荐值** $q_w$($W/m^2$)    表3.1.2-3

| 用 水 设 备 情 况 | 热 指 标 |
|---|---|
| 住宅无生活热水设备，只对公共建筑供热水时 | 2~3 |
| 全部住宅有沐浴设备，并供给生活热水时 | 5~15 |

注：1. 冷水温度较高时采用较小值，冷水温度较低时采用较大值；
　　2. 热指标中已包括约10%的管网热损失在内。

2）生活热水最大热负荷

$$Q_{w.max} = K_h Q_{w.a} \qquad (3.1.2-6)$$

式中　$Q_{w.max}$——生活热水最大热负荷（kW）；

　　　$Q_{w.a}$——生活热水平均热负荷（kW）；

　　　$K_h$——小时变化系数，根据用热水计算单位数按《建筑给水排水设计规范》(GBJ15)规定取用。

3.1.6　计算热力网设计热负荷时，生活热水设计热负荷应按下列规定取用：

1. 干线

应采用生活热水平均热负荷；

2. 支线

当用户有足够容积的储水箱时，应采用生活热水平均热负荷；当用户无足够容积的储水箱时，应采用生活热水最大热负荷，最大热负荷叠加时应考虑同时使用系数。

3.1.7　以热电厂为热源的城市热力网，应发展非采暖期热负荷，包括制冷热负荷和季节性生产热负荷。

## 10.4.3　年耗热量

—— 《城市热力网设计规范》(CJJ34—2002)

3.2.1　民用建筑的全年耗热量应按下列公式计算：

1. 采暖全年耗热量

$$Q_h^a = 0.0864 N Q_h \frac{t_i - t_a}{t_i - t_{o \cdot h}} \qquad (3.2.1-1)$$

式中　$Q_h^a$——采暖全年耗热量（GJ）；

　　　$N$——采暖期天数；

　　　$Q_h$——采暖设计热负荷（kW）；

　　　$t_i$——采暖室内计算温度（℃）；

　　　$t_a$——采暖期平均室外温度（℃）；

　　　$t_{o \cdot h}$——采暖室外计算温度（℃）。

2. 采暖期通风耗热量

$$Q_v^a = 0.0036 T_v N Q_v \frac{t_i - t_a}{t_i - t_{o \cdot v}} \qquad (3.2.1-2)$$

式中　$Q_v^a$——采暖期通风耗热量(GJ);

$T_v$——采暖期内通风装置每日平均运行小时数(h);

$N$——采暖期天数;

$Q_v$——通风设计热负荷(kW);

$t_i$——通风室内计算温度(℃);

$t_a$——采暖期平均室外温度(℃);

$t_{o \cdot v}$——冬季通风室外计算温度(℃)。

3.空调采暖耗热量

$$Q_a^a = 0.0036 T_a N Q_a \frac{t_i - t_a}{t_i - t_{o \cdot a}} \qquad (3.2.1-3)$$

式中　$Q_a^a$——空调采暖耗热量(GJ);

$T_a$——采暖期内空调装置每日平均运行小时数(h);

$N$——采暖期天数;

$Q_a$——空调冬季设计热负荷(kW);

$t_i$——空调室内计算温度(℃);

$t_a$——采暖期室外平均温度(℃);

$t_{o \cdot a}$——冬季空调室外计算温度(℃)。

4.供冷期制冷耗热量

$$Q_c^a = 0.0036 Q_c T_{c.max} \qquad (3.2.1-4)$$

式中　$Q_c^a$——供冷期制冷耗热量(GJ);

$Q_c$——空调夏季设计热负荷(kW);

$T_{c.max}$——空调夏季最大负荷利用小时数(h)。

5.生活热水全年耗热量

$$Q_w^a = 30.24 Q_{w.a} \qquad (3.2.1-5)$$

式中　$Q_w^a$——生活热水全年耗热量(GJ);

$Q_{w.a}$——生活热水平均热负荷(kW)。

## 10.4.4　供热介质

—— 《城市热力网设计规范》(CJJ34 — 2002)

4.1.1　对民用建筑物采暖、通风、空调及生活热水热负荷供热的城市热力网应采用水作供热介质。

4.1.2　同时对生产工艺热负荷和采暖、通风、空调、生活热水热负荷供热的城市热力网供热介质按下列原则确定:

1.当生产工艺热负荷为主要负荷,且必须采用蒸汽供热时,应采用蒸汽作供热介质;

2.当以水为供热介质能够满足生产工艺需要(包括在用户处转换为蒸汽),且技术经济合理时,应采用水作供热介质;

3.当采暖、通风、空调热负荷为主要负荷,生产工艺又必须采用蒸汽供热,经技术经济比较认为合理时，可采用水和蒸汽两种供热介质。

4.2.1　热水热力网最佳设计供、回水温度，应结合具体工程条件，考虑热源、热力网、热用户系统等方面的因素，进行技术经济比较确定。

4.2.2　当不具备条件进行最佳供、回水温度的技术经济比较时，热水热力网供、回水温度可按下列原则确定：

1.以热电厂或大型区域锅炉房为热源时，设计供水温度可取110～150℃，回水温度不应高于70℃。热电厂采用一级加热时，供水温度取较小值；采用二级加热（包括串联尖峰锅炉）时，取较大值；

2.以小型区域锅炉房为热源时，设计供回水温度可采用户内采暖系统的设计温度；

3.多热源联网运行的供热系统中，各热源的设计供回水温度应一致。当区域锅炉房与热电厂联网运行时，应采用以热电厂为热源的供热系统的最佳供、回水温度。

## 10.4.5　热力网型式

——《城市热力网设计规范》（CJJ34—2002）

5.0.1　热水热力网宜采用闭式双管制。

5.0.2　以热电厂为热源的热水热力网，同时有生产工艺、采暖、通风、空调、生活热水多种热负荷，在生产工艺热负荷与采暖热负荷所需供热介质参数相差较大，或季节性热负荷占总热负荷比例较大，且技术经济合理时，可采用闭式多管制。

5.0.3　当热水热力网满足下列条件，且技术经济合理时，可采用开式热力网：

1.具有水处理费用较低的丰富的补给水资源；

2.具有与生活热水热负荷相适应的廉价低位能热源。

5.0.4　开式热水热力网在生活热水热负荷足够大且技术经济合理时，可不设回水管。

5.0.5　蒸汽热力网的蒸汽管道，宜采用单管制。当符合下列情况时，可采用双管或多管制：

1.各用户间所需蒸汽参数相差较大或季节性热负荷占总热负荷比例较大且技术经济合理；

2.热负荷分期增长。

5.0.8　供热建筑面积大于1000×10⁴m²的供热系统应采用多热源供热，且各热源热力干线应连通。在技术经济合理时，热力网干线宜连接成环状管网。

5.0.9　供热系统的主环线或多热源供热系统中热源间的连通干线设计时，应使各种事故工况下的供热量保证率不低于表5.0.9的规定。应考虑不同事故工况下的切换手段。

事故工况下的最低供热量保证率　　　　　　　　　　　　　　　表5.0.9

| 采暖室外计算温度（℃） | ＞−10 | −10～−20 | ＜−20 |
|---|---|---|---|
| 最低供热量保证率（%） | 40 | 55 | 65 |

5.0.10　自热源向同一方向引出的干线之间宜设连通管线。连通管线应结合分段阀门设置。连通管线可作为输配干线使用。

连通管线设计时，应使切除故障段后其余热用户的供热量保证率不低于表5.0.9的规定。

5.0.11　对供热可靠性有特殊要求的用户，有条件时应由两个热源供热，或者设自备热源。

## 10.4.6　管网布置与敷设

**——《城市热力网设计规范》(CJJ34—2002)**

8.1.1　城市热力网的布置应在城市规划的指导下,考虑热负荷分布,热源位置,与各种地上、地下管道及构筑物、园林绿地的关系和水文、地质条件等多种因素,经技术经济比较确定。

8.1.2　热力网管道的位置应符合下列规定:

1.城市道路上的热力网管道应平行于道路中心线,并宜敷设在车行道以外的地方,同一条管道应只沿街道的一侧敷设;

2.穿过厂区的城市热力网管道应敷设在易于检修和维护的位置;

3.通过非建筑区的热力网管道应沿公路敷设;

4.热力网管道选线时宜避开土质松软地区、地震断裂带、滑坡危险地带以及高地下水位区等不利地段。

8.1.3　管径小于或等于300mm的热力网管道,可穿过建筑物的地下室或用开槽施工法自建筑物下专门敷设的通行管沟内穿过。用暗挖法施工穿过建筑物时不受管径限制。

8.1.4　热力网管道可与自来水管道、电压10kV以下的电力电缆、通讯线路、压缩空气管道、压力排水管道和重油管道一起敷设在综合管沟内。但热力管道应高于自来水管道和重油管道,并且自来水管道应做绝热层和防水层。

8.1.5　地上敷设的城市热力网管道可与其他管道敷设在同一管架上,但应便于检修,且不得架设在腐蚀性介质管道的下方。

8.2.1　城市街道上和居住区内的热力网管道宜采用地下敷设。当地下敷设困难时,可采用地上敷设,但设计时应注意美观。

8.2.2　工厂区的热力网管道,宜采用地上敷设。

8.2.3　热水热力网管道地下敷设时,应优先采用直埋敷设;热水或蒸汽管道采用管沟敷设时,应首选不通行管沟敷设;穿越不允许开挖检修的地段时,应采用通行管沟敷设;当采用通行管沟困难时,可采用半通行管沟敷设。蒸汽管道采用管沟敷设困难时,可采用保温性能良好、防水性能可靠、保护管耐腐蚀的预制保温管直埋敷设,其设计寿命不应低于25年。

8.2.5　管沟敷设有关尺寸应符合表8.2.5的规定。

**管沟敷设有关尺寸**　　　　表8.2.5

| 管沟类型 | 有关尺寸名称 | | | | | |
|---|---|---|---|---|---|---|
| | 管沟净高(m) | 人行通道宽(m) | 管道保温表面与沟墙净距(m) | 管道保温表面与沟顶净距(m) | 管道保温表面与沟底净距(m) | 管道保温表面间的净距(m) |
| 通行管沟 | ≥1.8 | ≥0.6 | ≥0.2 | ≥0.2 | ≥0.2 | ≥0.2 |
| 半通行管沟 | ≥1.2 | ≥0.5 | ≥0.2 | ≥0.2 | ≥0.2 | ≥0.2 |
| 不通行管沟 | — | — | ≥0.1 | ≥0.05 | ≥0.15 | ≥0.2 |

注:当必须在沟内更换钢管时,人行通道宽度还不应小于管子外径加0.1m。

8.2.8　地下敷设热力网管道的管沟外表面,直埋敷设热水管道或地上敷设管道的保温结构表面与建筑物、构筑物、道路、铁路、电缆、架空电线和其他管道的最小水平净距、垂直净距应符合表8.2.8的规定。

**热力网管道与建筑物(构筑物)或其他管线的最小距离**　　　　　　表8.2.8

| 建筑物、构筑物或管线名称 | 与热力网管道最小水平净距(m) | 与热力网管道最小垂直净距(m) |
|---|---|---|
| 地下敷设热力网管道 | | |
| 建筑物基础：对于管沟敷设热力网管道 | 0.5 | — |
| 　　　　　对于直埋闭式热水热力网管道　DN≤250 | 2.5 | — |
| 　　　　　　　　　　　　　　　　　　DN≥300 | 3.0 | — |
| 　　　　　对于直埋开式热水热力网管道 | 5.0 | — |
| 铁路钢轨 | 钢轨外侧3.0 | 轨底1.2 |
| 电车钢轨 | 钢轨外侧2.0 | 轨底1.0 |
| 铁路、公路路基边坡底脚或边沟的边缘 | 1.0 | — |
| 通讯、照明或10kV以下电力线路的电杆 | 1.0 | — |
| 桥墩(高架桥、栈桥)边缘 | 2.0 | — |
| 架空管道支架基础边缘 | 1.5 | — |
| 高压输电线铁塔基础边缘35~220kV | 3.0 | — |
| 通讯电缆管块 | 1.0 | 0.15 |
| 直埋通讯电缆(光缆) | 1.0 | 0.15 |
| 电力电缆和控制电缆35kV以下 | 2.0 | 0.5 |
| 　　　　　　　　　　　110kV | 2.0 | 1.0 |
| 燃气管道 | | |
| 压力<0.005MPa　对于管沟敷设热力网管道 | 1.0 | 0.15 |
| 压力≤0.4MPa　对于管沟敷设热力网管道 | 1.5 | 0.15 |
| 压力≤0.8MPa　对于管沟敷设热力网管道 | 2.0 | 0.15 |
| 压力>0.8MPa　对于管沟敷设热力网管道 | 4.0 | 0.15 |
| 压力≤0.4MPa　对于直埋敷设热水热力网管道 | 1.0 | 0.15 |
| 压力≤0.8MPa　对于直埋敷设热水热力网管道 | 1.5 | 0.15 |
| 压力>0.8MPa　对于直埋敷设热水热力网管道 | 2.0 | 0.15 |
| 给水管道 | 1.5 | 0.15 |
| 排水管道 | 1.5 | 0.15 |
| 地　铁 | 5.0 | 0.8 |
| 电气铁路接触网电杆基础 | 3.0 | — |
| 乔　木(中心) | 1.5 | — |
| 灌　木(中心) | 1.5 | — |
| 车行道路面 | — | 0.7 |
| 地上敷设热力网管道 | | |
| 铁路钢轨 | 轨外侧3.0 | 轨顶一般5.5 电气铁路6.55 |
| 电车钢轨 | 轨外侧2.0 | — |
| 公路边缘 | 1.5 | — |
| 公路路面 | — | 4.5 |
| 架空输电线 1kV以下 | 导线最大风偏时1.5 | 热力网管道在下面交叉通过导线最大垂度时1.0 |
| 　　　　　　1~10kV | 导线最大风偏时2.0 | 同上2.0 |
| 　　　　　　35~110kV | 导线最大风偏时4.0 | 同上4.0 |
| 　　　　　　220kV | 导线最大风偏时5.0 | 同上5.0 |
| 　　　　　　330kV | 导线最大风偏时6.0 | 同上6.0 |
| 　　　　　　500kV | 导线最大风偏时6.5 | 同上6.5 |
| 树冠 | 0.5(到树中不小于2.0) | — |

注：1. 表中不包括直埋敷设蒸汽管道与建筑物(构筑物)或其他管线的最小距离的规定；
　　2. 当热力网管道的埋设深度大于建(构)筑物基础深度时，最小水平净距应按土壤内摩擦角计算确定；
　　3. 热力网管道与电力电缆平行敷设时，电缆处的土壤温度与月平均土壤自然温度比较，全年任何时候对于电压10kV的电缆不高出10℃，对于电压35~110kV的电缆不高出5℃时，可减小表中所列距离；
　　4. 在不同深度并列敷设各种管道时，各种管道间的水平净距不应小于其深度差；
　　5. 热力网管道检查室、方形补偿器壁龛与燃气管道最小水平净距亦应符合表中规定；
　　6. 在条件不允许时，可采取有效技术措施并经有关单位同意后，可以减小表中规定的距离，或采用埋深较大的暗挖法、盾构法施工。

8.2.9 地上敷设热力网管道穿越行人过往频繁地区，管道保温结构下表面距地面不应小于2.0m；在不影响交通的地区，应采用低支架，管道保温结构下表面距地面不应小于0.3m。

8.2.10 管道跨越水面、峡谷地段时，在桥梁主管部门同意的条件下，可在永久性的公路桥上架设。

管道架空跨越通航河流时，应保证航道的净宽与净高符合《内河通航标准》(GB139)的规定。

管道架空跨越不通航河流时，管道保温结构表面与50年一遇的最高水位垂直净距不应小于0.5m。跨越重要河流时，还应符合河道管理部门的有关规定。

河底敷设管道必须远离浅滩、锚地，并应选择在较深的稳定河段，埋设深度应按不妨碍河道整治和保证管道安全的原则确定。对于一至五级航道河流，管道(管沟)应敷设在航道底设计标高2m以下；对于其他河流，管道(管沟)应敷设在稳定河底1m以下。对于灌溉渠道，管道(管沟)应敷设在渠底设计标高0.5m以下。管道河底直埋敷设或管沟敷设时，应进行抗浮计算。

8.2.11 热力网管道同河流、铁路、公路等交叉时应垂直相交。特殊情况下，管道与铁路或地下铁路交叉不得小于60度角；管道与河流或公路交叉不得小于45度角。

8.2.14 地下敷设热力网管道和管沟应有一定坡度，其坡度不应小于0.002。进入建筑物的管道宜坡向干管。地下敷设的管道可不设坡度。

8.2.15 地下敷设热力网管道的覆土深度应符合下列规定：

1.管沟盖板或检查室盖板覆土深度不应小于0.2m。

2.直埋敷设管道的最小覆土深度应考虑土壤和地面活荷载对管道强度的影响并保证管道不发生纵向失稳。具体规定应按《城镇直埋供热管道工程技术规程》(CJJ/T81)的规定执行。

8.2.16 燃气管道不得进入热力网管沟。当自来水，排水管道或电缆与热力网管道交叉必须穿入热力网管沟时，应加套管或用厚度不小于100mm的混凝土防护层与管沟隔开，同时不得妨碍热力管道的检修及地沟排水。套管应伸出管沟以外，每侧不应小于1m。

8.2.17 热力网管沟与燃气管道交叉当垂直净距小于300mm时，燃气管道应加套管。套管两端应超出管沟1m以上。

8.2.18 热力网管道进入建筑物或穿过构筑物时，管道穿墙处应封堵严密。

8.2.19 地上敷设的热力网管道同架空输电线或电气化铁路交叉时，管道的金属部分(包括交叉点两侧5m范围内钢筋混凝土结构的钢筋)应接地。接地电阻不应大于10Ω。

## 10.4.7 中继泵站及热力站

—— 《城市热力网设计规范》(CJJ34—2002)

10.1.1 中继泵站、热力站应降低噪声，不应对环境产生干扰。当中继泵站、热力站设备的噪声较高时，应加大与周围建筑物的距离，或采取降低噪声的措施，使受影响建筑物处的噪声符合《城市区域环境噪声标准》(GB3096)的规定。当中继泵站、热力站所在场所有隔振要求时，水泵基础和连接水泵的管道应采取隔振措施。

10.1.3 站房设备间的门应向外开。当热水热力站站房长度大于12m时应设两个出口，热力网设计水温小于100℃时可只设一个出口。蒸汽热力站不论站房尺寸如何，都应设置两个出口。安装孔或门的大小应保证站内需检修更换的最大设备出入。多层站房应考虑用于设备垂直搬运的安装孔。

10.1.4 站内地面宜有坡度或采取措施保证管道和设备排出的水引向排水系统。当站内排水不能直接排入室外管道时，应设集水坑和排水泵。

10.1.7 站内宜设集中检修场地，其面积应根据需检修设备的要求确定，并在周围留有宽度不小于 0.7m 的通道。当考虑设备就地检修时，可不设集中检修场地。

10.2.1 中继泵站的位置、泵站数量及中继水泵的扬程，应在管网水力计算和对管网水压图详细分析的基础上，通过技术经济比较确定。中继泵站不应建在环状管网的环线上。中继泵站应优先考虑采用回水加压方式。

10.2.2 中继泵应采用调速泵且应减少中继泵的台数。设置三台或三台以上中继泵并联运行时应设备用泵，设置四台或四台以上中继泵并联运行时可不设备用泵。

10.2.3 水泵机组的布置应符合下列规定：

1.相邻两个机组基础间的净距

1)当电动机容量小于或等于 55kW 时，不小于 0.8m；

2)当电动机容量大于 55kW 时，不小于 1.2m；

2.当考虑就地检修时，至少在每个机组一侧留有大于水泵机组宽度加 0.5m 的通道；

3.相邻两个机组突出部分的净距以及突出部分与墙壁间的净距，应保证泵轴和电动机转子在检修时能拆卸，并不应小于 0.7m；当电动机容量大于 55kW 时，则不应小于 1.0m；

4.中继泵站的主要通道宽度不应小于 1.2m；

5.水泵基础应高出站内地坪 0.15m 以上。

10.2.6 中继泵站水泵入口处应设除污装置。

10.3.1 热水热力网民用热力站最佳供热规模，应通过技术经济比较确定。当不具备技术经济比较条件时，热力站的规模宜按下列原则确定：

1.对于新建的居住区，热力站最大规模以供热范围不超过本街区为限。

2.对已有采暖系统的小区，在减少原有采暖系统改造工程量的前提下，宜减少热力站的个数。

10.3.2 用户采暖系统与热力网连接的方式应按下列原则确定：

1.有下列情况之一时，用户采暖系统应采用间接连接：

1)大型城市集中供热热力网；

2)建筑物采暖系统高度高于热力网水压图供水压力线或静水压线；

3)采暖系统承压能力低于热力网回水压力或静水压力；

4)热力网资用压头低于用户采暖系统阻力，且不宜采用加压泵；

5)由于直接连接，而使管网运行调节不便、管网失水率过大及安全可靠性不能有效保证。

2.当热力网水力工况能保证用户内部系统不汽化，不超过用户内部系统的允许压力，热力网资用压头大于用户系统阻力，用户系统可采用直接连接。直接连接时，用户采暖系统设计供水温度等于热力网设计供水温度时，应采用不降温的直接连接；当用户采暖系统设计供水温度低于热力网设计供水温度时，应采用有混水降温装置的直接连接。

10.3.4 当生活热水热负荷较小时，生活热水换热器与采暖系统可采用并联连接；当生活热水热负荷较大时，生活热水换热器与采暖系统宜采用两级串联或两级混合连接。

10.3.6 采暖系统混水装置的选择应符合下列规定：

1.混水装置的设计流量按下式计算：

$$G_{h}^{'} = uG_{h} \qquad (10.3.6-1)$$

$$u = \frac{t_1 - \theta_1}{\theta_1 - t_2} \qquad (10.3.6-2)$$

式中　$G_h'$——混水装置设计流量(t/h);

$\quad\quad\quad G_h$——采暖热负荷热力网设计流量(t/h);

$\quad\quad\quad u$——混水装置设计混合比;

$\quad\quad\quad t_1$——热力网设计供水温度(℃);

$\quad\quad\quad \theta_1$——用户采暖系统设计供水温度(℃);

$\quad\quad\quad t_2$——采暖系统设计回水温度(℃)。

2.混水装置的扬程不应小于混水点以后用户系统的总阻力;

3.采用混合水泵时,不应少于二台,其中一台备用。

10.3.7　当热力站入口处热力网资用压头不满足用户需要时,可设加压泵;加压泵宜布置在热力站总回水管道上。

当热力网末端需设加压泵的热力站较多,且热力站自动化水平较低时,应设热力网中继泵站,取代分散的加压泵;当热力站自动化水平较高能保证用户不发生水力失调时,仍可采用分散的加压泵且应采用调速泵。

10.4.1　蒸汽热力站应根据生产工艺、采暖、通风、空调及生活热负荷的需要设置分汽缸,蒸汽主管和分支管上应装设阀门。当各种负荷需要不同的参数时,应分别设置分支管、减压减温装置和独立安全阀。

10.4.4　蒸汽热力网用户宜采用闭式凝结水回收系统,热力站中应采用闭式凝结水箱。当凝结水量小于10t/h或距热源小于500m时,可采用开式凝结水回收系统,此时凝结水温度不应低于95℃。

10.4.5　凝结水箱的总储水量宜按10~20min最大凝结水量计算。

10.4.6　全年工作的凝结水箱宜设两个,每个容积为50%;当凝结水箱季节工作且凝结水量在5t/h以下时,可只设一个。

10.4.7　凝结水泵不应少于两台,其中一台备用。选择凝结水泵时,应考虑泵的适用温度,其流量应按进入凝结水箱的最大凝结水流量计算;扬程应按凝结水管网水压图的要求确定,并留有30~50kPa的富裕压力。

凝结水泵的吸入口压力应符合本规范第7.5.4条的规定。

凝结水泵的布置应符合本规范第10.3.15条的规定。

10.4.8　热力站内应设凝结水取样点。取样管宜设在凝结水箱最低水位以上、中轴线以下。

# 10.5　燃气工程

## 10.5.1　用气量和燃气质量

—— 《城镇燃气设计规范》(GB50028—93)(2002年版)

用气量:

2.1.1　设计用气量应根据当地供气原则和条件确定,包括下列各种用气量:

(1)居民生活用气量;

(2)商业用气量;

(3)工业企业生产用气量;

(4)采暖通风和空调用气量;

(5)燃气汽车用气量;

(6)其他气量。

注：当电站采用城镇燃气发电或供热时，尚应包括电站用气量。

2.1.1A 各种用户的燃气设计用气量，应根据燃气发展规划和用气量指标确定。

2.1.2 居民生活和商业的用气量指标，应根据当地居民生活和商业用气量的统计数据分析确定。

2.1.3 工业企业生产的用气量指标，可根据实际燃料消耗量折算，或按同行业的用气量指标分析确定。

2.1.3A 采暖和空调用气量指标，可按国家现行标准《城市热力网设计规范》CJJ34或当地建筑物耗热量指标确定。

2.1.3B 燃气汽车用气量指标，应根据当地燃气汽车种类、车型和使用量的统计数据分析确定。当缺乏用气量的实际统计资料时，可按已有燃气汽车城镇的用气量指标分析确定。

燃气质量：

2.2.1A 城镇燃气质量指标应符合下列要求：

(1)城镇燃气(应按基准气分类)的发热量和组分的波动应符合城镇燃气互换的要求；

(2)城镇燃气偏离基准气的波动范围宜按现行的国家标准《城市燃气分类》GB/T13611的规定采用，并应适当留有余地。

2.2.1 采用不同种类的燃气做城镇燃气除应符合第2.2.1A条外，还应分别符合下列第1～4款的规定。

(1)天然气的质量指标应符合下列规定：

1)天然气发热量、总硫和硫化氢含量、水露点指标应符合现行国家标准《天然气》GB17820的一类气或二类气的规定；

2)在天然气交接点的压力和温度条件下：天然气的烃露点应比最低环境温度低5℃；天然气中不应有固态、液态或胶状物质。

(2)液化石油气质量指标应符合现行国家标准《油气田液化石油气》GB9052.1或《液化石油气》GB11174的规定；

(3)人工煤气质量指标应符合现行国家标准《人工煤气》GB13612的规定；

(4)液化石油气与空气的混合气做主气源时，液化石油气的体积分数应高于其爆炸上限的2倍，且混合气的露点温度应低于管道外壁温度5℃。硫化氢含量不应大于20mg/m³。

注：本条各款指标的气体体积的标准参比条件是101.325kPa，0℃。

2.2.3 城镇燃气应具有可以察觉的臭味，燃气中加臭剂的最小量应符合下列规定：

(1)无毒燃气泄漏到空气中，达到爆炸下限的20%时，应能察觉；

(2)有毒燃气泄漏到空气中，达到对人体允许的有害浓度时，应能察觉；

对于以一氧化碳为有毒成分的燃气，空气中一氧化碳含量达到0.02%(体积分数)时，应能察觉。

2.2.3A 城镇燃气加臭剂应符合下列要求：

(1)加臭剂和燃气混合在一起后应具有特殊的臭味。

(2)加臭剂不应对人体、管道或与其接触的材料有害。

(3)加臭剂的燃烧产物不应对人体呼吸有害，并不应腐蚀或伤害与此燃烧产物经常接触的材料。

(4)加臭剂溶解于水的程度不应大于2.5%(质量分数)。

(5)加臭剂应有在空气中能察觉的加臭剂含量指标。

### 10.5.2　燃气输配系统

——《城镇燃气设计规范》(GB50028—93)(2002年版)

一般规定:

5.1.2　城镇燃气输配系统一般由门站、燃气管网、储气设施、调压设施、管理设施、监控系统等组成。城镇燃气输配系统设计,应符合城镇燃气总体规划,在可行性研究的基础上,做到远、近期结合,以近期为主,经技术经济比较后确定合理的方案。

5.1.3　城镇燃气输配系统压力级制的选择,门站、储配站、调压站、燃气干管的布置,应根据燃气供应来源、用户的用气量及其分布、地形地貌、管材设备供应条件、施工和运行等因素,经过多方案比较,择优选取技术经济合理、安全可靠的方案。

城镇燃气干管的布置,应根据用户用量及其分布,全面规划,宜按逐步形成环状管网供气进行设计。

5.1.3A　采用天然气做气源时,平衡城镇燃气逐月、逐日的用气不均匀性,应由气源方(即供气方)统筹调度解决。

需气方对城镇燃气用户应做好用气量的预测,在各类用户全年的综合用气负荷资料的基础上,制定逐月、逐日用气量计划。

5.1.4　平衡城镇燃气逐小时的用气不均匀性,除应符合5.1.3A条要求外,城镇燃气输配系统尚应具有合理的调度供气措施,并应符合下列要求:

(1)城镇燃气输配系统的调度气总容量,应根据计算月平均日用气总量、气源的可调量大小、供气和用气不均匀情况和运行经验等因素综合确定。

(2)确定调度气总容量时,应充分利用气源的可调量(如主气源的可调节供气能力,调峰气源能力和输气干线的调峰能力等措施)。采用天然气做气源时,平衡小时的用气不均所需调度气量宜由供气方解决,不足时由城镇燃气输配系统解决。

(3)储气方式的选择应因地制宜,经方案比较,择优选取技术经济合理、安全可靠的方案。对来气压力较高的天然气系统宜采用管道储气的方式。

5.1.5　城镇燃气管道应按燃气设计压力 $P$ 分为7级,并应符合表5.1.5的要求。

城镇燃气设计压力(表压)分级　　　　　　　　　　　　表5.1.5

| 名　　　　称 | | 压　　力(MPa) |
|---|---|---|
| 高压燃气管道 | A | $2.5 < P \leqslant 4.0$ |
| | B | $1.6 < P \leqslant 2.5$ |
| 次高压燃气管道 | A | $0.8 < P \leqslant 1.6$ |
| | B | $0.4 < P \leqslant 0.8$ |
| 中压燃气管道 | A | $0.2 < P \leqslant 0.4$ |
| | B | $0.01 \leqslant P \leqslant 0.20$ |
| 低压燃气管道 | | $P < 0.01$ |

5.1.6　燃气输配系统各种压力级制的燃气管道之间应通过调压装置相连。当有可能超过最大允许工作压力时,应设置防止管道超压的安全保护设备。

压力不大于1.6MPa的室外燃气管道:

5.3.1　中压和低压燃气管道宜采用聚乙烯管、机械接口球墨铸铁管、钢管或钢骨架聚乙烯塑料复合管,并应符合下列要求:

(1)聚乙烯燃气管应符合现行国家标准《燃气用埋地聚乙烯管材》GB15558.1和《燃气用埋地聚

乙烯管件》GB15558.2的规定；

(2)机械接口球墨铸铁管应符合现行国家标准《水及燃气管道用球墨铸铁管、管件和附件》GB/T13295的规定；

(3)钢管采用焊接钢管、镀锌钢管或无缝钢管时，应分别符合现行的国家标准《低压流体输送用焊接钢管》GB/T3091、《输送流体用无缝钢管》GB/T8163的规定；

(4)钢骨架聚乙烯塑料复合管应符合国家现行标准《燃气用钢骨架聚乙烯塑料复合管》CJ/T125和《燃气用钢骨架聚乙烯塑料复合管件》CJ/T126的规定。

5.3.1A 次高压燃气管道应采用钢管，其管材和附件应符合本规范第5.9.4条的要求。次高压钢质燃气管道直管段计算壁厚应按公式(5.9.6)计算确定。最小公称壁厚不应小于表5.3.1A的规定。

钢质燃气管道最小公称壁厚　　　　　　　　　表5.3.1A

| 钢管公称直径(mm) | 公称壁厚(mm) |
|---|---|
| 100～150 | 4.0 |
| 200～300 | 4.8 |
| 350～450 | 5.2 |
| 500～550 | 6.4 |
| 600～900 | 7.1 |
| 950～1000 | 8.7 |
| 1050 | 9.5 |

5.3.2 地下燃气管道不得从建筑物和大型构筑物的下面穿越。

注：不包括架空的建筑物和大型构筑物(如立交桥等)。

地下燃气管道与建筑物、构筑物或相邻管道之间的水平和垂直净距，不应小于表5.3.2-1和表5.3.2-2的规定。

地下燃气管道与建筑物、构筑物或相邻管道之间的水平净距(m)　　　表5.3.2-1

| 项　　　　目 | | 地下燃气管道 | | | | |
|---|---|---|---|---|---|---|
| | | 低压 | 中压B | 中压A | 次高压B | 次高压A |
| 建筑物的 | 基础 | 0.7 | 1.0 | 1.5 | — | — |
| | 外墙面(出地面处) | — | — | — | 4.5 | 6.5 |
| 给水管 | | 0.5 | 0.5 | 0.5 | 1.0 | 1.5 |
| 污水、雨水排水管 | | 1.0 | 1.2 | 1.2 | 1.5 | 2.0 |
| 电力电缆(含电车电缆) | 直埋 | 0.5 | 0.5 | 0.5 | 1.0 | 1.5 |
| | 在导管内 | 1.0 | 1.0 | 1.0 | 1.0 | 1.5 |
| 通信电缆 | 直埋 | 0.5 | 0.5 | 0.5 | 1.0 | 1.5 |
| | 在导管内 | 1.0 | 1.0 | 1.0 | 1.0 | 1.5 |
| 其他燃气管道 | DN≤300mm | 0.4 | 0.4 | 0.4 | 0.4 | 0.4 |
| | DN>300mm | 0.5 | 0.5 | 0.5 | 0.5 | 0.5 |
| 热力管 | 直埋 | 1.0 | 1.0 | 1.0 | 1.5 | 2.0 |
| | 在管沟内(至外壁) | 1.0 | 1.5 | 1.5 | 2.0 | 4.0 |
| 电杆(塔)的基础 | ≤35kV | 1.0 | 1.0 | 1.0 | 1.0 | 1.0 |
| | >35kV | 2.0 | 2.0 | 2.0 | 5.0 | 5.0 |
| 通讯照明电杆(至电杆中心) | | 1.0 | 1.0 | 1.0 | 1.0 | 1.0 |
| 铁路路堤坡脚 | | 5.0 | 5.0 | 5.0 | 5.0 | 5.0 |
| 有轨电车钢轨 | | 2.0 | 2.0 | 2.0 | 2.0 | 2.0 |
| 街树(至树中心) | | 0.75 | 0.75 | 0.75 | 1.20 | 1.20 |

地下燃气管道与构筑物或相邻管道之间垂直净距(m)　　　表5.3.2-2

| 项　　　　目 | 地下燃气管道(当有套管时,以套管计) |
|---|---|
| 给水管、排水管或其他燃气管道 | 0.15 |
| 热力管的管沟底(或顶) | 0.15 |
| 电　缆　　直　　埋 | 0.50 |
| 电　缆　　在导管内 | 0.15 |
| 铁路轨底 | 1.20 |
| 有轨电车轨底 | 1.00 |

注：①如受地形限制无法满足表5.3.2-1和表5.3.2-2时,经与有关部门协商,采取行之有效的防护措施后,表5.3.2-1和表5.3.2-2规定的净距,均可适当缩小,但次高压燃气管道距建筑物外墙面不应小于3.0m,中压管道距建筑物基础不应小于0.5m且距建筑物外墙面不应小于1.0m,低压管道应不影响建(构)筑物和相邻管道基础的稳固性。且次高压A燃气管道距建筑物外墙面6.5m时,管道壁厚不应小于9.5mm;管壁厚度不小于11.9mm或小于9.5mm时,距外墙面分别不应小于表5.9.12中地下燃气管道压力为1.61MPa的有关规定。

②表5.3.2-1和表5.3.2-2规定除地下燃气管道与热力管的净距不适于聚乙烯燃气管道和钢骨架聚乙烯塑料复合管外,其他规定也均适用于聚乙烯燃气管道和钢骨架聚乙烯塑料复合管道。聚乙烯燃气管道与热力管道的净距应按国家现行标准《聚乙烯燃气管道工程技术规程》CJJ63执行。

5.3.3　地下燃气管道埋设的最小覆土厚度(路面至管顶)应符合下列要求：

(1)埋设在车行道下时,不得小于0.9m;

(2)埋设在非车行道(含人行道)下时,不得小于0.6m;

(3)埋设在庭院(指绿化地及载货汽车不能进入之地)内时,不得小于0.3m;

(4)埋设在水田下时,不得小于0.8m。

注：当采取行之有效的防护措施后,上述规定均可适当降低。

5.3.4　输送湿燃气的燃气管道,应埋设在土壤冰冻线以下。

燃气管道坡向凝水缸的坡度不宜小于0.003。

5.3.5　地下燃气管道的地基宜为原土层。凡可能引起管道不均匀沉降的地段,其地基应进行处理。

5.3.6　地下燃气管道不得在堆积易燃、易爆材料和具有腐蚀性液体的场地下面穿越,并不宜与其他管道或电缆同沟敷设。当需要同沟敷设时,必须采取防护措施。

5.3.7　地下燃气管道穿过排水管、热力管沟、联合地沟、隧道及其他各种用途沟槽时,应将燃气管道敷设于套管内。套管伸出构筑物外壁不应小于表5.3.2-1中燃气管道与该构筑物的水平净距。套管两端应采用柔性的防腐、防水材料密封。

5.3.9　燃气管道通过河流时,可采用穿越河底或采用管桥跨越的形式。当条件许可也可利用道路桥梁跨越河流,并应符合下列要求：

(1)利用道路桥梁跨越河流的燃气管道,其管道的输送压力不应大于0.4MPa。

(2)当燃气管道随桥梁敷设或采用管桥跨越河流时,必须采取安全防护措施。

5.3.10　燃气管道穿越河底时,应符合下列要求：

(2)燃气管道至规划河底的覆土厚度,应根据水流冲刷条件确定,对不通航河流不应小于0.5m;对通航的河流不应小于1.0m,还应考虑疏浚和投锚深度;

(4)在埋设燃气管道位置的河流两岸上、下游应设立标志。

5.3.15　室外架空的燃气管道,可沿建筑物外墙或支柱敷设。并应符合下列要求：

(1)中压和低压燃气管道，可沿建筑耐火等级不低于二级的住宅或公共建筑的外墙敷设；次高压B、中压和低压燃气管道，可沿建筑耐火等级不低于二级的丁、戊类生产厂房的外墙敷设。

(2)沿建筑物外墙的燃气管道距住宅或公共建筑门、窗洞口的净距：中压管道不应小于0.5m，低压管道不应小于0.3m。燃气管道距生产厂房建筑物门、窗洞口的净距不限。

(3)架空燃气管道与铁路、道路、其他管线交叉时的垂直净距不应小于表5.3.15的规定。

**架空燃气管道与铁路、道路、其他管线交叉时的垂直净距**　　　　　　表5.3.15

| 建 筑 物 和 管 线 名 称 | | 最 小 垂 直 净 距 （m） | |
| --- | --- | --- | --- |
| | | 燃气管道下 | 燃气管道上 |
| 铁路轨顶 | | 6.00 | — |
| 城市道路路面 | | 5.50 | — |
| 厂区道路路面 | | 5.00 | — |
| 人行道路路面 | | 2.20 | — |
| 架空电力线，电压 | 3kV以下 | — | 1.50 |
| | 3～10kV | — | 3.00 |
| | 35～66kV | — | 4.00 |
| 其他管道；管径 | ≤300mm | 同管道直径，但不小于0.10 | 同管道直径，但不小于0.10 |
| | ＞300mm | 0.30 | 0.30 |

注：①厂区内部的燃气管道，在保证安全的情况下，管底至道路路面的垂直净距可取4.5m；管底至铁路轨顶的垂直净距，可取5.5m。在车辆和人行道以外的地区，可在从地面到管底高度不小于0.35m的低支柱上敷设燃气管道。
②电气机车铁路除外。
③架空电力线与燃气管道的交叉垂直净距尚应考虑导线的最大垂度。

(4)输送湿燃气的管道应采取排水措施，在寒冷地区还应采取保温措施。燃气管道坡向凝水缸的坡度不宜小于0.002。

（5）工业企业内燃气管道沿支柱敷设时，尚应符合现行国家标准《工业企业煤气安全规程》GB6222的规定。

门站和储配站：

5.4.2　门站和储配站站址选择应符合下列要求：

(1)站址应符合城市规划的要求；

(2)站址应具有适宜的地形、工程地质、供电、给排水和通信等条件；

(3)门站和储配站应少占农田、节约用地并应注意与城市景观等协调；

(4)门站站址应结合长输管线位置确定；

(5)根据输配系统具体情况，储配站与门站可合建；

(6)储配站内的储气罐与站外的建、构筑物的防火间距应符合现行国家标准《建筑设计防火规范》GBJ16的有关规定。

5.4.7　高压储气罐工艺设计，应符合下列要求：

(6)当高压储气罐罐区设置检修用集中放散装置时，集中放散装置的放散管与站外建、构筑物的防火间距不应小于表5.4.7-1的规定；集中放散装置的放散管与站内建、构筑物的防火间距不应小于表5.4.7-2的规定；放散管管口高度应高出距其25m内的建构筑物2m以上，且不得小于10m；

集中放散装置的放散管与站外建、构筑物的防火间距　　　　　表5.4.7-1

| 项　　　　目 | | 防火间距(m) |
|---|---|---|
| 明火或散发火花地点 | | 30 |
| 民　用　建　筑 | | 25 |
| 甲乙类液体储罐、易燃材料堆场 | | 30 |
| 室外变配电站 | | 30 |
| 甲乙类物品库房、甲乙类生产厂房 | | 25 |
| 其　他　厂　房 | | 20 |
| 铁路用地界 | | 30 |
| 公路用地界 | 高速、Ⅰ、Ⅱ级 | 15 |
| | Ⅲ、Ⅳ级 | 10 |
| 架空电力线 | ＞380V | 2.0倍杆高 |
| | ≤380V | 1.5倍杆高 |
| 架空通信线 | 国家Ⅰ、Ⅱ级 | 1.5倍杆高 |
| | Ⅲ、Ⅳ级 | 1.5倍杆高 |

集中放散装置的放散管与站内建、构筑物的防火间距　　　　　表5.4.7-2

| 项　　　　目 | 防火间距(m) |
|---|---|
| 明火或散发火花地点 | 30 |
| 综合办公生活建筑 | 25 |
| 可燃气体储气罐 | 20 |
| 室外变配电站 | 30 |
| 调压间、压缩机间、计量间及工艺装置区 | 20 |
| 控制室、配电间、汽车库、机修间和其他辅助建筑 | 25 |
| 燃气锅炉房 | 25 |
| 消防泵房、消防水池取水口 | 20 |
| 站内道路(路边) | 2 |
| 站区围墙 | 2 |

5.4.12A　门站和储配站内的消防设施设计应符合现行国家标准《建筑设计防火规范》GBJ 16的规定，并符合下列要求：

(1)储配站在同一时间内的火灾次数应按一次考虑。储罐区的消防用水量不应小于表5.4.12A的规定。

储罐区的消防用水量表　　　　　表5.4.12A

| 储罐容积(m³) | ＞500至≤10000 | ＞10000至≤50000 | ＞50000至≤100000 | ＞100000至≤200000 | ＞200000 |
|---|---|---|---|---|---|
| 消防用水量(L/s) | 15 | 20 | 25 | 30 | 35 |

注：固定容积的可燃气体储罐以组为单位，总容积按其几何容积(m³)和设计压力(绝对压力，10²kPa)的乘积计算。

(2)当设置消防水池时，消防水池的容量应按火灾延续时间3h计算确定。当火灾情况下能保证连续向消防水池补水时，其容量可减去火灾延续时间内的补水量。

调压站：

5.6.2　调压装置的设置，应符合下列要求：

(1)自然条件和周围环境许可时，宜设置在露天，但应设置围墙、护栏或车挡；

(2)设置在地上单独的调压箱(悬挂式)内时，对居民和商业用户燃气进口压力不应大于0.4MPa；对工业用户(包括锅炉)燃气进口压力不应大于0.8MPa；

(3)设置在地上单独的调压柜(落地式)内时，对居民、商业用户和工业用户(包括锅炉)燃气进口压力不宜大于 1.6MPa；

(4)符合本规范第 5.6.10 条的要求时，可设置在地上单独的建筑物内；

(5)当受到地上条件限制，且调压装置进口压力不大于 0.4MPa 时，可设置在地下单独的建筑物内或地下单独的箱内，并应分别符合本规范第 5.6.12 条和 5.6.4A 条的要求；

(6)液化石油气和相对密度大于 0.75 的燃气调压装置不得设于地下室、半地下室内和地下单独的箱内。

5.6.3　调压站(含调压柜)与其他建筑物、构筑物的水平净距应符合表 5.6.3 的规定。

调压站(含调压柜)与其他建筑物、构筑物水平净距(m)　　　　表 5.6.3

| 设置形式 | 调压装置入口燃气压力级制 | 建筑物外墙面 | 重要公共建筑物 | 铁路(中心线) | 城镇道路 | 公共电力变配电柜 |
|---|---|---|---|---|---|---|
| 地上单独建筑 | 高压(A) | 18.0 | 30.0 | 25.0 | 5.0 | 6.0 |
| | 高压(B) | 13.0 | 25.0 | 20.0 | 4.0 | 6.0 |
| | 次高压(A) | 9.0 | 18.0 | 15.0 | 3.0 | 4.0 |
| | 次高压(B) | 6.0 | 12.0 | 10.0 | 3.0 | 4.0 |
| | 中压(A) | 6.0 | 12.0 | 10.0 | 2.0 | 4.0 |
| | 中压(B) | 6.0 | 12.0 | 10.0 | 2.0 | 4.0 |
| 调压柜 | 次高压(A) | 7.0 | 14.0 | 12.0 | 2.0 | 4.0 |
| | 次高压(B) | 4.0 | 8.0 | 8.0 | 2.0 | 4.0 |
| | 中压(A) | 4.0 | 8.0 | 8.0 | 1.0 | 4.0 |
| | 中压(B) | 4.0 | 8.0 | 8.0 | 1.0 | 4.0 |
| 地下单独建筑 | 中压(A) | 3.0 | 6.0 | 6.0 | — | 3.0 |
| | 中压(B) | 3.0 | 6.0 | 6.0 | — | 3.0 |
| 地下调压箱 | 中压(A) | 3.0 | 6.0 | 6.0 | — | 3.0 |
| | 中压(B) | 3.0 | 6.0 | 6.0 | — | 3.0 |

注：①当调压装置露天设置时，则指距离装置的边缘。

②当建筑物(含重要公共建筑物)的某外墙为无门、窗洞口的实体墙，且建筑物耐火等级不低于二级时，燃气进口压力级制为中压(A)或中压(B)的调压柜一侧或两侧(非平行)，可贴靠上述外墙设置。

③当达不到上表净距要求时，采取有效措施，可适当缩小净距。

5.6.4　调压箱(和调压柜)的设置应符合下列要求：

(1)调压箱(悬挂式)。

1)调压箱的箱底距地坪的高度宜为 1.0～1.2m，可安装在用气建筑物的外墙壁上或悬挂于专用的支架上；当安装在用气建筑物的外墙上时，调压器进出口管径不宜大于 DN50。

2)调压箱到建筑物的门、窗或其他通向室内的孔槽的水平净距应符合下列规定：

当调压器进口燃气压力不大于 0.4MPa 时，不应小于 1.5m；

当调压器进口燃气压力大于 0.4MPa 时，不应小于 3.0m；

调压箱不应安装在建筑物的门、窗的上、下方墙上及阳台的下方；不应安装在室内通风机进风口墙上。

3)安装调压箱的墙体应为永久性的实体墙，其建筑物耐火等级不应低于二级。

4)调压箱上应有自然通风孔。

(2)调压柜(落地式)。

1)调节柜应单独设置在牢固的基础上，柜底距地坪高度宜为 0.30m。

2)距其他建筑物、构筑物的水平净距应符合表 5.6.3 的规定。

3)体积大于 1.5m³ 的调压柜应有爆炸泄压口，爆炸泄压口不应小于上盖或最大柜壁面积的 50%(以较大者为准)。爆炸泄压口宜设在上盖上。通风口面积可包括在计算爆炸泄压口面积内。

4)调压柜上应有自然通风口，其设置应符合下列要求：

当燃气相对密度大于0.75时，应在柜体上、下各设1%柜底面积通风口；调压柜四周应设护栏；当燃气相对密度不大于0.75时，可仅在柜体上部设4%柜底面积通风口；调压柜四周宜设护栏。

(3)安装调压箱(或柜)的位置应能满足调压器安全装置的安装要求。

(4)安装调压箱(或柜)的位置应使调压箱(或柜)不被碰撞，不影响观瞻并在开箱(或柜)作业时不影响交通。

5.6.4A 地下调压箱的设置应符合下列要求：

(1)地下调压箱不宜设置在城镇道路下，距其他建筑物、构筑物的水平净距应符合表5.6.3的规定；

(2)地下调压箱上应有自然通风口，其设置应符合本规范第5.6.4条第二款4)项规定；

5.6.5 单独用户的专用调压装置除按本规范第5.6.2、5.6.3、5.6.4条设置外，尚可按下列形式设置，但应符合下列要求：

(1)当商业用户调压装置进口压力不大于0.4MPa，或工业用户(包括锅炉)调压装置进口压力不大于0.8MPa时，可设置在用气建筑物专用单层毗连建筑物内：

1)该建筑物与相邻建筑应用无门窗和洞口的防火墙隔开，与其他建筑物、构筑物水平净距应符合表5.6.3的规定。

2)该建筑物耐火等级应符合现行的国家标准《建筑设计防火规范》GBJ16的不低于"二级"设计的规定，并应具有轻型结构屋顶爆炸泄压口及向外开启的门窗。

3)地面应采用不会产生火花的材料。

4)室内通风换气次数每小时不应小于2次。

5)室内电气、照明装置应符合现行的国家标准《爆炸和火灾危险环境电力装置设计规范》GB50058的"1区"设计的规定。

(2)当调压装置进口压力不大于0.2MPa时，可设置在公共建筑的顶层房间内：

1)房间应靠建筑外墙，不应布置在人员密集房间的上面或贴邻，并满足本条第一款2)、3)、5)项要求。

2)房间内应设有连续通风装置，并能保证每小时通风换气次数大于3次。

3)房间内应设置可燃气体浓度检测监控仪表及声、光报警装置。该装置应与通风设施和紧急切断阀联锁，并将信号引入该建筑物监控室。

4)调压装置应设有超压自动切断保护装置。

5)室外进口管道应设有阀门，并能在地面操作。

6)调压装置和燃气管道应采用钢管焊接和法兰连接。

(3)当调压装置进口压力不大于0.4MPa，且调压器进出口管径不大于$DN100$时，可设置在用气建筑物的平屋顶上，但应符合下列条件：

1)应在屋顶承重结构受力允许的条件下，且建筑物耐火等级不应低于二级。

2)建筑物应有通向屋顶的楼梯。

3)调压箱、柜(或露天调压装置)与建筑物烟囱的水平净距不应小于5m。

(4)当调压装置进口压力不大于0.4MPa时，可设置在单层建筑的生产车间、锅炉房和其他工业生产用气房间内，或当调压装置进口压力不大于0.8MPa时，可设置在单独、单层建筑的生产车间或锅炉房内，但应符合下列条件：

1)应满足本条第一款2)、4)项要求。

2)调压器进出口管径不应大于$DN80$。

3)调压装置宜设不燃烧体护栏。

4)调压装置除在室内设进口阀门外，还应在室外引入管上设置阀门。

注：当调压器进出口管径大于DN80时，应将调压装置设置在用气建筑物的专用单层房间内，其设计应符合本条第一款的要求。

5.6.10 地上式调压站的建筑物设计应符合下列要求：

(1)建筑耐火等级应符合现行的国家标准《建筑设计防火规范》GBJ16的不低于"二级"设计的规定；

(2)调压器室与毗连房间之间应用实体隔墙隔开，其设计应符合下列要求：

1)隔墙厚度不应小于24cm，且应两面抹灰。

2)隔墙内不得设置烟道和通风设备。

3)隔墙有管道通过时，应采用填料箱密封或将墙洞用混凝土等材料填实。

4)调压器室的其他墙壁也不得设有烟道；

(3)调压器室及其他有漏气危险的房间，应采取自然通风措施，每小时换气次数不应小于2次；

(4)调压器室及其他有燃气泄漏可能的房间电气防爆等级应符合现行的国家标准《爆炸和火灾危险环境电力装置设计规范》GB50058"1区"设计的规定；

(5)调压器室内的地坪应采用不会产生火花的材料；

(6)调压器室应有泄压措施，其设计应符合现行的国家标准《建筑设计防火规范》GBJ16的规定；

(7)调压器室的门、窗应向外开启，窗应设防护栏和防护网；当门采用木质材料制成时，则应包敷铁皮或以其他防火材料涂覆；

(8)重要调压站宜设保护围墙；

(9)设于空旷地带的调压站及采用高架遥测天线的调压站应单独设置避雷装置，其接地电阻值应小于10 Ω。

压力大于1.6MPa的室外燃气管道：

5.9.1 本节适用于压力大于1.6MPa(表压)但不大于4.0MPa(表压)的城镇燃气(不包括液态燃气)室外管道工程的设计。

5.9.2 城镇燃气管道通过的地区，应按沿线建筑物的密集程度，划分为四个地区等级，并依据地区等级作出相应的管道设计。

5.9.3 城镇燃气管道地区等级的划分应符合下列规定：

(1)沿管道中心线两侧各200m范围内，任意划分为1.6km长并能包括最多供人居住的独立建筑物数量的地段，按划定地段内的房屋建筑密集程度，划分为四个等级。

注：在多单元住宅建筑物内，每个独立住宅单元按一个供人居住的独立建筑物计算。

(2)地区等级的划分：

1)一级地区：有12个或12个以下供人居住建筑物的任一地区分级单元。

2)二级地区：有12个以上，80个以下供人居住建筑物的任一地区分级单元。

3)三级地区：介于二级和四级之间的中间地区。有80个和80个以上供人居住建筑物的任一地区分级单元；或距人员聚集的室外场所90m内铺设管线的区域。

4)四级地区：地上4层或4层以上建筑物普遍且占多数的任一地区分级单元(不计地下室层数)。

(3)二、三、四级地区的长度可按如下规定调整：

1)四级地区的边界线与最近地上4层或4层以上建筑物相距200m。

2)二、三级地区的边界线与该级地区最近建筑物相距200m。

(4)确定城镇燃气管道地区等级应为该地区的今后发展留有余地，宜按城市规划划分地区等级。

5.9.11 一级或二级地区地下燃气管道与建筑物之间的水平净距不应小于表5.9.11的规定。

一级或二级地区地下燃气管道与建筑物之间的水平净距 (m) 表5.9.11

| 燃气管道公称直径 DN (mm) | 地下燃气管道压力(MPa) | | |
| --- | --- | --- | --- |
| | 1.61 | 2.50 | 4.00 |
| 900 < DN ≤ 1050 | 53 | 60 | 70 |
| 750 < DN ≤ 900 | 40 | 47 | 57 |
| 600 < DN ≤ 750 | 31 | 37 | 45 |
| 450 < DN ≤ 600 | 24 | 28 | 35 |
| 300 < DN ≤ 450 | 19 | 23 | 28 |
| 150 < DN ≤ 300 | 14 | 18 | 22 |
| DN ≤ 150 | 11 | 13 | 15 |

注：①如果燃气管道强度设计系数不大于0.4时，一级或二级地区地下燃气管道与建筑物之间的水平净距可按表5.9.12确定。
②水平净距是指管道外壁到建筑物出地面处外墙面的距离。建筑物是指供人使用的建筑物。
③当燃气管道压力与表中数不相同时，可采用直线方程内插法确定水平净距。

5.9.12 三级地区地下燃气管道与建筑物之间的水平净距不应小于表5.9.12的规定。

三级地区地下燃气管道与建筑物之间的水平净距 (m) 表5.9.12

| 燃气管道公称直径和壁厚 $\delta$ (mm) | 地下燃气管道压力(MPa) | | |
| --- | --- | --- | --- |
| | 1.61 | 2.50 | 4.00 |
| A.所有管径 $\delta < 9.5$ | 13.5 | 15.0 | 17.0 |
| B.所有管径 $9.5 \leq \delta < 11.9$ | 6.5 | 7.5 | 9.0 |
| C.所有管径 $\delta \geq 11.9$ | 3.0 | 3.0 | 3.0 |

注：①如果对燃气管道采取行之有效的保护措施，$\delta < 9.5$mm的燃气管道也可采用表中B行的水平净距。
②水平净距是指管道外壁到建筑物出地面处外墙面的距离。建筑物是指供人使用的建筑物。
③当燃气管道压力与表中数不相同时，可采用直线方程内插法确定水平净距。
④管道材料钢级不低于现行的国家标准GB/T9711.1或GB/T9711.2规定的L245。

5.9.13 高压地下燃气管道与构筑物或相邻管道之间的水平和垂直净距，不应小于表5.3.2-1和表5.3.2-2次高压A的规定。但高压A和高压B地下燃气管道与铁路路堤坡脚的水平净距分别不应小于8m和6m；与有轨电车钢轨的水平净距分别不应小于4m和3m。

注：当达不到本条净距要求时，采取行之有效的防护措施后，净距可适当缩小。

5.9.14 四级地区地下燃气管道输配压力不宜大于1.6MPa(表压)。其设计应遵守本规范5.3节的有关规定。

5.9.15 高压燃气管道的布置应符合下列要求：

(1)高压燃气管道不宜进入城市四级地区；不宜从县城、卫星城、镇或居民居住区中间通过。当受条件限制需要进入或通过本款所列区域时，应遵守下列规定：

1)高压A地下燃气管道与建筑物外墙面之间的水平净距不应小于30m(当管道材料钢级不低于GB/T9711.1、GB/T9711.2标准规定的L245，管壁厚度$\delta \geq 9.5$mm且对燃气管道采取行之有效的保护措施时，不应小于20m)；

2)高压B地下燃气管道与建筑物外墙面之间的水平净距不应小于16m(当管道材料钢级不低于GB/T9711.1、GB/T9711.2标准规定的L245，管壁厚度$\delta \geq 9.5$mm且对燃气管道采取行之有效的保护措施时，不应小于10m)；

3)管道分段阀门应采用遥控或自动控制。

(2)高压燃气管道不应通过军事设施、易燃易爆仓库、国家重点文物保护单位的安全保护区、飞机场、火车站、海(河)港码头。当受条件限制管道必须在本款所列区域内通过时，必须采取安全防护措施。

(3)高压燃气管道宜采用埋地方式敷设。当个别地段需要采用架空敷设时，必须采取安全防护措施。

5.9.22　高压燃气管道的地基、埋设的最小覆土厚度、穿越铁路和电车轨道、穿越高速公路和城镇主要干道、通过河流的形式和要求等应符合本规范5.3节有关条款的规定。

5.9.23　市区外地下高压燃气管道沿线应设置里程桩、转角桩、交叉和警示牌等永久性标志。市区内地下高压燃气管道应设立管位警示标志。在距管顶不小于500mm处应埋设警示带。

## 10.5.3　液化石油气供应

—— 《城镇燃气设计规范》(GB50028—93)(2002年版)

液化石油气管道：

6.2.2　液态液化石油气管道应按设计压力P分为3级，并应符合表6.2.2的要求。

**液态液化石油气管道设计压力(表压)分级**　　　　　表6.2.2

| 名　　称 | 压　力 (MPa) |
|---|---|
| Ⅰ级管道 | $P > 4.0$ |
| Ⅱ级管道 | $1.6 \leqslant P \leqslant 4.0$ |
| Ⅲ级管道 | $P < 1.6$ |

6.2.7　液态液化石油气输送管线不得穿越居住区和公共建筑群。

6.2.8　液态液化石油气管道宜采用埋地敷设，其埋设深度应在土壤冰冻线以下，且覆土厚度(路面至管顶)不应小于0.8m。

6.2.9　地下液态液化石油气管道与建、构筑物和相邻管道等之间的水平净距和垂直净距不应小于表6.2.9-1和表6.2.9-2的规定。

**地下液态液化石油气管道与建、构筑物和相邻管道等之间的水平净距(m)**　　表6.2.9-1

| 项　　　　目 | | 管　道　级　别 | | |
|---|---|---|---|---|
| | | Ⅰ级 | Ⅱ级 | Ⅲ级 |
| 特殊建、构筑物(危险品库、军事设施等) | | 200 | | |
| 居民区、村镇、重要公共建筑 | | 75 | 50 | 30 |
| 一般建、构筑物 | | 25 | 15 | 10 |
| 给　水　管 | | 2 | 2 | 2 |
| 排　水　管 | | 2 | 2 | 2 |
| 暖气管、热力管等管沟外壁 | | 2 | 2 | 2 |
| 埋地电缆 | 电　力 | 10 | 10 | 10 |
| | 通　讯 | 2 | 2 | 2 |
| 其他燃料管道 | | 2 | 2 | 2 |
| 公路路边 | 高速、ⅠⅡ级 | 10 | 10 | 10 |
| | Ⅲ、Ⅳ级 | 5 | 5 | 5 |
| 国家铁路(中心线) | 干　线 | 25 | 25 | 25 |
| | 支　线 | 10 | 10 | 10 |
| 架空 | 电力线(中心线) | 1倍杆高，且不小于10 | | |
| | 通讯线(中心线) | 2 | 2 | 2 |
| 树　　木 | | 2 | 2 | 2 |

注：执行本表有困难时，采取有效的安全措施后，其间距可适当减少。

地下液态液化石油气管道与构筑物和相邻管道等之间的垂直净距（m）　　表6.2.9-2

| 项　　目 | 垂直净距 |
|---|---|
| 给水管、排水管 | 0.20 |
| 暖气管、热力管(管沟) | 0.20 |
| 直埋电缆 | 0.50 |
| 铠装电缆 | 0.20 |
| 其他燃料管道 | 0.20 |
| 铁路(轨底) | 1.2 |
| 公路(路面) | 0.80 |

液化石油气供应基地：

6.3.1　液化石油气供应基地按其功能可分为储存站、储配站和灌瓶站。

6.3.2　液化石油气供应基地的规模应以城镇燃气总体规划为依据，根据供应用户类别、户数和用气量指标等因素确定。

6.3.3　液化石油气供应基地的贮罐设计总容量应根据其规模、气源情况、运输方式和运距等因素确定。

6.3.4　当液化石油气供应基地贮罐设计总容量超过3000m³时，宜将贮罐分别设置在储存站和灌瓶站。灌瓶站的贮罐设计容量宜为1周左右的计算月平均日供应量，其余为储存站的贮罐设计容量。

当贮罐设计总容量小于3000m³时，可将贮罐全部设置在储配站。

6.3.5　液化石油气供应基地的布局应符合城市总体规划的要求，且应远离城市居住区、村镇、学校、工业区和影剧院、体育馆等人员集中的地区。

6.3.6　液化石油气供应基地的站址应选择在所在地区全年最小频率风向的上风侧，且应是地势平坦、开阔、不易积存液化石油气的地段。同时，应避开地震带、地基沉陷、废弃矿井和雷区等地区。

6.3.7　液化石油气供应基地的贮罐与基地外建、构筑物的防火间距应符合下列规定：

(1)液化石油气供应基地的全压力式贮罐与基地外建、构筑物的防火间距不应小于表6.3.7-1的规定；半冷冻式贮罐的防火间距可按表6.3.7-1的规定执行；

(2)液化石油气供应基地的全冷冻式贮罐与基地外建、构筑物的防火间距不应小于表6.3.7-2的规定；

(3)液化石油气全冷冻式贮罐与基地外建、构筑物、堆场的防火间距不应小于表6.3.7-3的规定。

液化石油气供应基地的全压力式贮罐与基地外建、构筑物的防火间距(m)　　表6.3.7-1

| 间距(m)＼名称　　　 总容积(m³) 单罐容积(m³) | ≤50 ≤20 | 51~200 ≤50 | 201~500 ≤100 | 501~1000 ≤200 | 1001~2500 ≤400 | 2501~5000 ≤1000 | >5000 — |
|---|---|---|---|---|---|---|---|
| 居住区、村镇、学校、影剧院、体育馆等人员集中的地区(最外侧建、构筑物外墙) | 60 | 70 | 90 | 120 | 150 | 180 | 200 |
| 工业区(最外侧建、构筑物外墙) | 50 | 60 | 70 | 90 | 120 | 150 | 180 |
| 铁路 (中心线) 国家线 | 60 | 70 | | 80 | | 100 | |
| 铁路 (中心线) 企业专用线 | 25 | 30 | | 35 | | 40 | |
| 公路 (路肩) 高速、Ⅰ、Ⅱ级 | 20 | 25 | | | | | 30 |
| 公路 (路肩) Ⅲ、Ⅳ级 | 15 | 20 | | | | | 25 |
| 架空电力线路(中心线) | 1.5倍杆高 | 1.5倍杆高，但35kV及以上架空电力线应大于40m | | | | | |
| Ⅰ、Ⅱ级通讯线路(中心线) | 30 | 40 | | | | | |

注：①防火间距应按本表总容积和单罐容积较大者确定。

②居住区系指1000人或300户以上居民区。与零星民用建筑的防火间距可按本规范第6.3.8条执行。

③地下贮罐防火间距可按本表减少50%。

④地下贮罐单罐容积应小于或等于50m³，总容积应小于或等于400m³。

⑤与本表以外的其他建、构筑物的防火间距应按现行的国家标准《建筑设计防火规范》GBJ16执行。

⑥间距的计算应以贮罐的最外侧为准。

**液化石油气供应基地的全冷冻式贮罐与基地外建、构筑物的防火间距(m)** 表 6.3.7-2

| 间距(m) 名称<br>单罐容积 | 居住区、村镇、学校、影剧院、体育馆等人员集中的地区(最外侧建、构筑物的外墙) | 工业区(最外侧建、构筑物外墙) | 铁路(中心线) | | 公路(路肩) | | 架空电力线路(中心线) | Ⅰ、Ⅱ级通讯线路(中心线) |
|---|---|---|---|---|---|---|---|---|
| | | | 国家线 | 企业专用线 | 高速、Ⅰ、Ⅱ级 | Ⅲ、Ⅳ级 | | |
| > 5000m³ | 200 | 180 | 100 | 40 | 30 | 25 | 1.5倍杆高但35kV及以上架空电力线应大于40m | 40 |

注：① 本表所指贮罐为设有防液堤的全冷冻式液化石油气贮罐。当单罐容积小于或等于5000m³时，其防火间距可按表6.3.7-1中总容积小于或等于5000m³的防火间距执行。
② 居住区系指1000人或300户以上的居民区。

**液化石油气全冷冻式贮罐与基地外建、构筑物、堆场的防火间距(m)** 表 6.3.7-3

| 间距(m) 名称<br>单罐容积 | 明火、散发火花地点和民用建筑 | 甲、乙类液体贮罐、甲类物品库房、易燃材料堆场 | 丙类液体贮罐可燃气体贮罐 | 助燃气体贮罐可燃材料堆场 | 其他建筑 | | |
|---|---|---|---|---|---|---|---|
| | | | | | 耐火等级 | | |
| | | | | | 一、二级 | 三级 | 四级 |
| > 5000m³ | 120 | 95 | 85 | 75 | 50 | 65 | 75 |

注：① 本表所指贮罐为设有防液堤的全冷冻式液化石油气贮罐，当单罐容积小于或等于5000m³时，应按现行国家标准《建筑设计防火规范》GBJ16执行。
② 民用建筑系指零星民用建筑。

6.3.8 液化石油气供应基地贮罐与明火、散发火花地点和基地内建、构筑物的防火间距应符合下列规定：

(1)全压力式贮罐的防火间距不应小于表6.3.8的规定；

(2)半冷冻式贮罐的防火间距可按表6.3.8的规定执行；

(3)全冷冻式贮罐与基地围墙的防火间距可按表6.3.8的有关规定执行。

**液化石油气供应基地的全压力式贮罐与明火、<br>散发火花地点和基地内建、构筑物的防火间距(m)** 表 6.3.8

| 间距(m) 总容积(m³)<br>项 目 单罐容积(m³) | ≤ 50<br>≤ 20 | 51~200<br>≤ 50 | 201~500<br>≤ 100 | 501~1000<br>≤ 200 | 1001~2500<br>≤ 400 | 2501~5000<br>≤ 1000 | > 5000<br>— |
|---|---|---|---|---|---|---|---|
| 明火、散发火花地点 | 45 | 50 | 55 | 60 | 70 | 80 | 120 |
| 民用建筑<br>(最外侧建、构筑物外墙) | 40 | 45 | 50 | 55 | 65 | 75 | 100 |
| 罐瓶间、瓶库、压缩机室、汽车槽车库(外墙) | 18 | 20 | 25 | | 30 | 40 | 50 |
| 空压机室、变配电室、仪表间、汽车库、机修间、新瓶库、门卫、值班室(外墙) | 18 | 20 | 25 | | 30 | 40 | 50 |
| 汽车槽车装卸台(柱)<br>(装卸口) | 18 | 20 | 25 | | 30 | | 40 |
| 基地内铁路槽车装卸线<br>(中心线) | 20 | | | | | | 30 |
| 消防泵房、消防水池(外墙) | 40 | | | | 50 | | 60 |
| 基地内道路<br>(路肩) | 主 要 | 10 | 15 | | | | 20 |
| | 次 要 | 5 | 10 | | | | 15 |
| 基地围墙 | 10 | 15 | | | | | 20 |

注：①防火间距应按本表总容积和单罐容积较大者确定。
②地下贮罐的防火间距可按本表减少50%。
③地下贮罐单罐容积应小于或等于50m³，总容积应小于或等于400m³。
④与本表以外的其他建、构筑物的防火间距应按现行的国家标准《建筑设计防火规范》GBJ16执行。

气化站和混气站：

**6.4.2** 气化站和混气站站址的选择应按本规范第6.3.6条的规定执行。

站区四周应设置高度不小于2m的非燃烧实体围墙。

**6.4.3** 气化站和混气站的液化石油气贮罐与明火、散发火花地点和建、构筑物的防火间距不应小于表6.4.3的规定。

**气化站和混气站的液化石油气贮罐与明火、
散发火花地点和建、构筑物的防火间距(m)** 表6.4.3

| 间 距 (m) 总容积 (m³) 项 目 | | ≤10 | 11～30 |
|---|---|---|---|
| 明火、散发火花地点、重要公共建筑 | | 35 | 40 |
| 站外民用建筑 | | 30 | 35 |
| 站内生活、办公用房 | | 15 | 20 |
| 气化间、混气间、调压室、配电室、仪表间、值班间等非明火建筑 | | 12 | 15 |
| 明火气化间、供气化器用的燃气热水炉间 | | 12 | 18 |
| 站内道路(路肩) | 主 要 | 10 | 10 |
| | 次 要 | 5 | 5 |

注：①当贮罐总容积超过30m³或单罐容积超过10m³时，与建、构筑物的防火间距应按本规范第6.3.7条和6.3.8条的规定执行。
②与本表之外的其他建、构筑物的防火间距应符合现行的国家标准《建筑设计防火规范》GBJ16的规定。
③地下贮罐的防火间距可按本表规定减少50%。
④供气化器用燃气热水间的门不得面向贮罐。
⑤采用气瓶组向气化器供应液化石油气时，瓶组间与建、构筑物的防火间距应按本规范第6.6.8条执行。其瓶组间与气化间的间距不限。

瓶装供应站：

**6.5.1** 液化石油气瓶装供应站的供应范围宜为5000～10000户。

**6.5.2** 瓶装供应站的四周应设置高度不低于2m的非燃烧体实体围墙。

**6.5.5** 瓶装供应站的瓶库与站外建、构筑物的防火间距不应小于表6.5.5的规定。

**瓶装供应站的瓶库与站外建、构筑物的防火间距（m）** 表6.5.5

| 总存瓶容积(m³) 项 目 | ≤10 | ＞10 |
|---|---|---|
| 明火、散发火花地点 | 30 | 35 |
| 民 用 建 筑 | 10 | 15 |
| 重要公共建筑 | 20 | 25 |
| 主 要 道 路 | 10 | 10 |
| 次 要 道 路 | 5 | 5 |

注：总存瓶容积应按实瓶个数与单瓶几何容积的乘积计算。

瓶组供应：

**6.6.4** 瓶组供应系统的气瓶组应由使用瓶组和备用瓶组成。

注：备用瓶组可由临时供气瓶组代替。

**6.6.8** 独立瓶组间与建、构筑物的防火间距不应小于表6.6.8的规定。

**独立瓶组间与建、构筑物的防火间距（m）** 表6.6.8

| 瓶组间的总容积(m³) 项 目 | ＜2 | 2～4 |
|---|---|---|
| 明火、散发火花地点 | 25 | 30 |
| 民 用 建 筑 | 8 | 10 |
| 重要公共建筑 | 15 | 20 |
| 道 路 | 5 | 5 |

注：瓶组总容积大于4m³时，其防火间距应符合本规范第6.5.5条的规定。

## 10.5.4 防火与防爆

——《城镇燃气设计规范》(GB50028—93)(2002 年版)

6.8.1 具有爆炸危险的建、构筑物的防火、防爆设计应符合下列要求：

(1)建筑耐火等级应符合现行的国家标准《建筑设计防火规范》GBJ16的不低于"二级"设计的规定；

(2)门、窗应向外开；

(3)封闭式建筑物应采取泄压措施，其设计应符合现行的国家标准《建筑设计防火规范》GBJ16的规定；

(4)封闭式建筑物的长度小于18m，宽度小于6m时，其顶棚和其中任一对面两侧的内墙宜设置金属防爆减压板；

(5)地面应采用不会产生火花的材料，其技术要求应符合现行的国家标准《地面与楼面工程施工及验收规范》GBJ209的规定。

6.8.2 具有爆炸危险的封闭式建筑物应采取良好的通风措施。

当采用强制通风时，其装置通风能力，在工作期间按每小时换气10次，非工作期间按每小时换气3次计算。

当采用自然通风时，通风口总面积不应小于300cm²/m²地面。通风口不应少于2个，并应靠近地面设置。

6.8.6 在地震烈度为7度或7度以上的地区建设液化石油气站时，其建筑物、构筑物的抗震设计，应符合现行的国家标准《室外给水排水和煤气热力工程抗震设计规范》TJ32的规定。

6.9.1 液化石油气供应基地在同一时间内的火灾次数应按一次考虑，其消防用水量应按贮罐区一次消防用水量确定。

液化石油气贮罐区消防用水量应按其贮罐固定喷淋装置和水枪用水量之和计算，其设计应符合下列要求：

(1)总容积超过50m³或单罐容积超过20m³的液化石油气贮罐或贮罐区和设置在贮罐室内的小型贮罐应设置固定喷淋装置。喷淋装置的供水强度不应小于0.15L/s·m²。着火贮罐的保护面积按其全表面积计算；距着火贮罐直径(卧式贮罐按其直径和长度之和的一半)1.5倍范围内的相邻贮罐按其表面积的一半计算；

(2)水枪用水量不应少于表6.9.1的规定。

表6.9.1

水 枪 用 水 量

| 总 容 积(m³) | < 500 | 501~2500 | > 2500 |
|---|---|---|---|
| 单罐容积(m³) | ≤ 100 | ≤ 400 | > 400 |
| 水枪用水量(L/s) | 20 | 30 | 45 |

注：①水枪用水量应按本表总容积和单罐容积较大者确定。
　　②总容积小于50m³或单罐容积小于或等于20m³的贮罐或贮罐区，可单独设置固定喷淋装置或移动式水枪，其消防用水量应按水枪用水量计算。

6.9.2 液化石油气供应基地的消防给水系统应包括：消防水池或其他水源、消防水泵房、给水管网、地上式消火栓和贮罐固定喷淋装置等。

液化石油气供应基地的消防给水管网应采用环形管网，其给水干管不应少于两条。当其中一条发生事故时，其余干管仍能供给消防总用水量。

6.9.3 消防水池的容量应按火灾连续时间6h计算确定。但总容积小于220m³且单罐容积小于或等于50m³的贮罐或罐区其消防水池的容量可按3h计算确定。当火灾情况下能保证连续向消防水池补水时，其容量可减去火灾连续时间内的补水量。

6.9.6 贮罐固定喷淋装置的供水压力不应小于0.2MPa。水枪的供水压力对球形贮罐不应小于0.35MPa，对卧式贮罐不应小于0.25MPa。

6.9.7 液化石油气供应基地生产区的排水系统应采取防止液化石油气排入其他地下管道或低洼部位的措施。

6.9.8 液化石油气站内具有火灾和爆炸危险的建、构筑物应设置小型干粉灭火器和其他简易消防器材。

小型干粉灭火器的设置数量可按表6.9.8规定。

小型干粉灭火器的设置数量 表6.9.8

| 场　　所 | 干粉灭火器数量 |
|---|---|
| 铁路装卸栈桥 | 按栈桥长度，每12m设置1个，分两处 |
| 贮罐区 | 按贮罐台数，每台设置2个，每个放置点不应超过5个 |
| 贮罐室 | 按贮罐台数，每台设置2个 |
| 汽车装卸台(柱) | 2个 |
| 罐瓶间及附属瓶库、压缩机室、烃泵房、汽车槽车库、气化间、混气间、调压间、瓶装供应站的瓶库和瓶组间 | 按建筑面积，每50m²设置1个，但不应少于2个，每个放置点不应超过5个 |
| 其他建筑 | 按建筑面积，每80m²设置1个 |

注：①小型干粉灭火器指8kg手提式干粉型、卤代烷型灭火器。
②根据场所危险程度可设置部分35kg手推式干粉灭火器。
③生产区的门卫附近应设置适当数量的干粉灭火器和简易消防器材。

# 10.6 工程管线综合

## 10.6.1 城市工程管线综合规划的主要内容

——《城市工程管线综合规划规范》(GB50289—98)

1.0.3 城市工程管线综合规划的主要内容包括：确定城市工程管线在地下敷设时的排列顺序和工程管线间的最小水平净距、最小垂直净距；确定城市工程管线在地下敷设时的最小覆土深度；确定城市工程管线在架空敷设时管线及杆线的平面位置及周围建(构)筑物、道路、相邻工程管线间的最小水平净距和最小垂直净距。

## 10.6.2 地下敷设的一般规定

——《城市工程管线综合规划规范》(GB50289—98)

2.1.1 城市工程管线宜地下敷设。

2.1.2 工程管线的平面位置和竖向位置均应采用城市统一的坐标系统和高程系统。

2.1.3 工程管线综合规划要符合下列规定：

2.1.3.1 应结合城市道路网规划，在不妨碍工程管线正常运行、检修和合理占用土地的情况下，使线路短捷。

2.1.3.2 应充分利用现状工程管线。当现状工程管线不能满足需要时，经综合技术、经济比较后，可废弃或抽换。

2.1.3.3 平原城市宜避开土质松软地区、地震断裂带、沉陷区以及地下水位较高的不利地带；

起伏较大的山区城市，应结合城市地形的特点合理布置工程管线位置，并应避开滑坡危险地带和洪峰口。

2.1.3.4　工程管线的布置应与城市现状及规划的地下铁道、地下通道、人防工程等地下隐蔽性工程协调配合。

2.1.4　编制工程管线综合规划设计时，应减少管线在道路交叉口处交叉。当工程管线竖向位置发生矛盾时，宜按下列规定处理：

2.1.4.1　压力管线让重力自流管线；

2.1.4.2　可弯曲管线让不易弯曲管线；

2.1.4.3　分支管线让主干管线；

2.1.4.4　小管径管线让大管径管线。

### 10.6.3　直埋敷设的技术规定

——《城市工程管线综合规划规范》(GB50289—98)

2.2.1　严寒或寒冷地区给水、排水、燃气等工程管线应根据土壤冰冻深度确定管线覆土深度；热力、电信、电力电缆等工程管线以及严寒或寒冷地区以外的地区的工程管线应根据土壤性质和地面承受荷载的大小确定管线的覆土深度。

工程管线的最小覆土深度应符合表2.2.1的规定。

工程管线的最小覆土深度(m)　　　　　　　　　表2.2.1

| 序　　　号 | | 1 | | 2 | | 3 | | 4 | 5 | 6 | 7 |
|---|---|---|---|---|---|---|---|---|---|---|---|
| 管线名称 | | 电力管线 | | 电信管线 | | 热力管线 | | 燃气管线 | 给水管线 | 雨水排水管线 | 污水排水管线 |
| | | 直埋 | 管沟 | 直埋 | 管沟 | 直埋 | 管沟 | | | | |
| 最小覆土深度(m) | 人行道下 | 0.50 | 0.40 | 0.70 | 0.40 | 0.50 | 0.20 | 0.60 | 0.60 | 0.60 | 0.60 |
| | 车行道下 | 0.70 | 0.50 | 0.80 | 0.70 | 0.70 | 0.20 | 0.80 | 0.70 | 0.70 | 0.70 |

注：10kV以上直埋电力电缆管线的覆土深度不应小于1.0m。

2.2.2　工程管线在道路下面的规划位置，应布置在人行道或非机动车道下面。电信电缆、给水输水、燃气输气、污雨水排水等工程管线可布置在非机动车道或机动车道下面。

2.2.3　工程管线在道路下面的规划位置宜相对固定。从道路红线向道路中心线方向平行布置的次序，应根据工程管线的性质、埋设深度等确定。分支线少、埋设深、检修周期短和可燃、易燃和损坏时对建筑物基础安全有影响的工程管线应远离建筑物。布置次序宜为：电力电缆、电信电缆、燃气配气、给水配水、热力干线、燃气输气、给水输水、雨水排水、污水排水。

2.2.4　工程管线在庭院内建筑线向外方向平行布置的次序，应根据工程管线的性质和埋设深度确定，其布置次序宜为：电力、电信、污水排水、燃气、给水、热力。

当燃气管线可在建筑物两侧中任一侧引入均满足要求时，燃气管线应布置在管线较少的一侧。

2.2.5　沿城市道路规划的工程管线应与道路中心线平行，其主干线应靠近分支管线多的一侧，工程管线不宜从道路一侧转到另一侧。

道路红线宽度超过30m的城市干道宜两侧布置给水配水管线和燃气配气管线；道路红线宽度超过50m的城市干道应在道路两侧布置排水管线。

2.2.6　各种工程管线不应在垂直方向上重叠直埋敷设。

2.2.7　沿铁路、公路敷设的工程管线应与铁路、公路线路平行。当工程管线与铁路、公路交叉时宜采用垂直交叉方式布置；受条件限制，可倾斜交叉布置，其最小交叉角宜大于30°。

2.2.8 河底敷设的工程管线应选择在稳定河段，埋设深度应按不妨碍河道的整治和管线安全的原则确定。当在河道下面敷设工程管线时应符合下列规定：

2.2.8.1 在一至五级航道下面敷设，应在航道底设计高程2m以下；

2.2.8.2 在其他河道下面敷设，应在河底设计高程1m以下；

2.2.8.3 当在灌溉渠道下面敷设，应在渠底设计高程0.5m以下。

2.2.9 工程管线之间及其与建(构)筑物之间的最小水平净距应符合表2.2.9的规定。当受道路宽度、断面以及现状工程管线位置等因素限制难以满足要求时，可根据实际情况采取安全措施后减少其最小水平净距。

2.2.10 对于埋深大于建(构)筑物基础的工程管线，其与建(构)筑物之间的最小水平距离，应按下式计算，并折算成水平净距后与表2.2.9的数值比较，采用其较大值。

$$L=\frac{(H-h)}{tg\partial}+\frac{a}{2} \qquad (2.2.10)$$

式中 $L$——管线中心至建(构)筑物基础边水平距离(m)；

$H$——管线敷设深度(m)；

$h$——建(构)筑物基础底砌置深度(m)；

$a$——开挖管沟宽度(m)；

$\partial$——土壤内摩擦角(°)。

**工程管线之间及其与建(构)筑物之间的最小水平净距(m)** 表2.2.9

| 序号 | 管线名称 | | 1 建筑物 | 2 给水管 d≤200mm | 给水管 d>200mm | 3 污水雨水排水管 | 4 燃气管 低压 | 中压 B | 中压 A | 高压 B | 高压 A | 5 热力管 直埋 | 热力管 地沟 | 6 电力电缆 直埋 | 电力电缆 缆沟 | 7 电信电缆 直埋 | 电信电缆 管道 | 8 乔木 | 9 灌木 | 10 通信照明及<10kV | 10 高压铁塔基础边 ≤35kV | >35kV | 11 道路侧石边缘 | 12 铁路钢轨(或坡脚) |
|---|---|---|---|---|---|---|---|---|---|---|---|---|---|---|---|---|---|---|---|---|---|---|---|---|
| 1 | 建筑物 | | | 1.0 | 3.0 | 2.5 | 0.7 | 1.5 | 2.0 | 4.0 | 6.0 | 2.5 | 0.5 | | 0.5 | | 1.0 | 1.5 | 3.0 | 1.5 | * | | | 6.0 |
| 2 | 给水管 | d≤200mm | 1.0 | | | 1.0 | | 0.5 | | 1.0 | 1.5 | 1.5 | | 0.5 | | 1.0 | | 1.5 | 0.5 | 3.0 | | | 1.5 | |
| | | d>200mm | 3.0 | | | 1.5 | | | | | | | | | | | | | | | | | | |
| 3 | 污水、雨水排水管 | | 2.5 | 1.0 | 1.5 | | 1.0 | 1.2 | 1.5 | 2.0 | | 1.5 | | 0.5 | | 1.5 | | 1.5 | | 1.5 | | | 1.5 | |
| 4 | 燃气管 低压 P≤0.05MPa | | 0.7 | | 1.0 | 1.0 | | | | | | 1.0 | | 0.5 | 0.5 | 1.0 | | | | 0.5 | 1.0 | | 1.5 | 5.0 |
| | 中压 0.005MPa<P≤0.2MPa | | 1.5 | 0.5 | | 1.2 | DN≤300mm 0.4 | | | | | 1.0 | 1.5 | | | | 1.2 | 1.0 | 1.0 | 5.0 | | | | |
| | 中压 0.2MPa<P≤0.4MPa | | 2.0 | | | | DN>300mm 0.5 | | | | | | | | | | | | | | | | | |
| | 高压 0.4MPa<P≤0.8MPa | | 4.0 | 1.0 | 1.5 | | | | | | | 1.5 | 2.0 | 1.0 | 1.0 | | | | | | | 2.5 | |
| | 高压 0.8MPa<P≤1.6MPa | | 6.0 | 1.5 | 2.0 | | | | | | | 2.0 | 4.0 | 1.5 | 1.5 | | | | | | | | |
| 5 | 热力管 直埋 | | 2.5 | 1.5 | 1.5 | 1.0 | | 1.0 | 1.5 | 2.0 | | | | 2.0 | | 1.5 | | 1.0 | | 2.0 | 3.0 | | 1.5 | 1.0 |
| | 热力管 地沟 | | 0.5 | | | | | 1.5 | 2.0 | 4.0 | | | | | | | | | | | | | | |
| 6 | 电力电缆 直埋 | | 0.5 | 0.5 | | 0.5 | 0.5 | 0.5 | 1.0 | 1.5 | 2.0 | | | | 0.5 | | 1.0 | | 0.6 | | | 1.5 | 3.0 |
| | 电力电缆 缆沟 | | | | | | | | | | | | | | | | | | | | | | |
| 7 | 电信电缆 直埋 | | 1.0 | 1.0 | 1.0 | 0.5 | 1.0 | | 1.0 | 1.5 | | 0.5 | | 0.5 | | 1.0 1.5 | 1.0 | 0.5 | | 0.6 | | 1.5 | 2.0 |
| | 电信电缆 管道 | | 1.5 | | | 1.0 | | | | | | | | | | | | | | | | | |
| 8 | 乔木(中心) | | 3.0 | | | | | | | | | | | | | | 1.0 1.5 | | | 1.5 | | 0.5 | |
| 9 | 灌木 | | 1.5 | 1.5 | 1.5 | 1.2 | | | | | | 1.5 | | 1.0 | | 1.0 | | | | 1.5 | | 0.5 | |
| 10 | 地上杆柱 通信照明及<10kV | | * | 0.5 | 0.5 | 1.0 | | | | | | 1.0 | | 0.5 | | 1.5 | | | | 0.5 | |
| | 高压铁塔基础边 ≤35kV | | | 3.0 | 1.5 | 1.0 | | | | | | 2.0 | | 0.6 | 0.6 | | | | | | | 0.5 | |
| | >35kV | | | | | 5.0 | | | | | | 3.0 | | | | | | | | | | |
| 11 | 道路侧石边缘 | | | 1.5 | 1.5 | 1.5 | | 2.5 | | | | 1.5 | 1.5 | | | 0.5 | | | | | | |
| 12 | 铁路钢轨(或坡脚) | | 6.0 | | | 5.0 | | | | | | 1.0 | 3.0 | | 2.0 | | | | | | |

注：* 见表3.0.9。

2.2.11 当工程管线交叉敷设时，自地表面向下的排列顺序宜为：电力管线、热力管线、燃气管线、给水管线、雨水排水管线、污水排水管线。

2.2.12 工程管线在交叉点的高程应根据排水管线的高程确定。

工程管线交叉时的最小垂直净距，应符合表2.2.12的规定。

**工程管线交叉时的最小垂直净距(m)** 　　　　　表2.2.12

| 序号 | 上面的管线名称 | | 1 给水管线 | 2 污、雨水排水管线 | 3 热力管线 | 4 燃气管线 | 5 电信管线 直埋 | 5 电信管线 管块 | 6 电力管线 直埋 | 6 电力管线 管沟 |
|---|---|---|---|---|---|---|---|---|---|---|
| 1 | 给水管线 | | 0.15 | | | | | | | |
| 2 | 污、雨水排水管线 | | 0.40 | 0.15 | | | | | | |
| 3 | 热力管线 | | 0.15 | 0.15 | 0.15 | | | | | |
| 4 | 燃气管线 | | 0.15 | 0.15 | 0.15 | 0.15 | | | | |
| 5 | 电信管线 | 直埋 | 0.50 | 0.50 | 0.15 | 0.50 | 0.25 | 0.25 | | |
| 5 | 电信管线 | 管块 | 0.15 | 0.15 | 0.15 | 0.15 | 0.25 | 0.25 | | |
| 6 | 电力管线 | 直埋 | 0.15 | 0.50 | 0.50 | 0.50 | 0.50 | 0.50 | 0.50 | 0.50 |
| 6 | 电力管线 | 管沟 | 0.15 | 0.50 | 0.50 | 0.15 | 0.50 | 0.50 | 0.50 | 0.50 |
| 7 | 沟渠(基础底) | | 0.50 | 0.50 | 0.50 | 0.50 | 0.50 | 0.50 | 0.50 | 0.50 |
| 8 | 涵洞(基础底) | | 0.15 | 0.15 | 0.15 | 0.15 | 0.20 | 0.25 | 0.50 | 0.50 |
| 9 | 电车(轨底) | | 1.00 | 1.00 | 1.00 | 1.00 | 1.00 | 1.00 | 1.00 | 1.00 |
| 10 | 铁路(轨底) | | 1.00 | 1.20 | 1.20 | 1.20 | 1.00 | 1.00 | 1.00 | 1.00 |

注：大于35kV直埋电力电缆与热力管线最小垂直净距应为1.00m。

## 10.6.4 综合管沟敷设的技术规定

—— 《城市工程管线综合规划规范》(GB50289—98)

2.3.1 当遇下列情况之一时，工程管线宜采用综合管沟集中敷设。

2.3.1.1 交通运输繁忙或工程管线设施较多的机动车道、城市主干道以及配合兴建地下铁道、立体交叉等工程地段。

2.3.1.2 不宜开挖路面的路段。

2.3.1.3 广场或主要道路的交叉处。

2.3.1.4 需同时敷设两种以上工程管线及多回路电缆的道路。

2.3.1.5 道路与铁路或河流的交叉处。

2.3.1.6 道路宽度难以满足直埋敷设多种管线的路段。

2.3.2 综合管沟内宜敷设电信电缆管线、低压配电电缆管线、给水管线、热力管线、污雨水排水管线。

2.3.3 综合管沟内相互无干扰的工程管线可设置在管沟的同一个小室；相互有干扰的工程管线应分别设在管沟的不同小室。

电信电缆管线与高压输电电缆管线必须分开设置；给水管线与排水管线可在综合管沟一侧布置，排水管线应布置在综合管沟的底部。

2.3.4 工程管线干线综合管沟的敷设，应设置在机动车道下面，其覆土深度应根据道路施工、行车荷载和综合管沟的结构强度以及当地的冰冻深度等因素综合确定；敷设工程管线支线的综合管沟，应设置在人行道或非机动车道下，其埋设深度应根据综合管沟的结构强度以及当地的冰冻深度等因素综合确定。

### 10.6.5  架空敷设的一般规定

——《城市工程管线综合规划规范》(GB50289 — 98)

3.0.2  沿城市道路架空敷设的工程管线，其位置应根据规划道路的横断面确定，并应保障交通畅通、居民的安全以及工程管线的正常运行。

3.0.3  架空线线杆宜设置在人行道上距路缘石不大于1m 的位置；有分车带的道路，架空线线杆宜布置在分车带内。

3.0.4  电力架空杆线与电信架空杆线宜分别架设在道路两侧，且与同类地下电缆位于同侧。

3.0.5  同一性质的工程管线宜合杆架设。

3.0.6  架空热力管线不应与架空输电线、电气化铁路的馈电线交叉敷设。当必须交叉时，应采取保护措施。

3.0.7  工程管线跨越河流时，宜采用管道桥或利用交通桥梁进行架设，并应符合下列规定：

3.0.7.1  可燃、易燃工程管线不宜利用交通桥梁跨越河流。

3.0.7.2  工程管线利用桥梁跨越河流时，其规划设计应与桥梁设计相结合。

3.0.8  架空管线与建(构)筑物等的最小水平净距应符合表3.0.8的规定。

3.0.9  架空管线交叉时的最小垂直净距应符合表3.0.9的规定。

架空管线之间及其与建(构)筑物的之间的最小水平净距(m)　　　　表3.0.8

| 名　　　　称 | | 建筑物(凸出部分) | 道　路(路缘石) | 铁　路(轨道中心) | 热　力　管　线 |
|---|---|---|---|---|---|
| 电力 | 10kV 边导线 | 2.0 | 0.5 | 杆高加3.0 | 2.0 |
| | 35kV 边导线 | 3.0 | 0.5 | 杆高加3.0 | 4.0 |
| | 110kV 边导线 | 4.0 | 0.5 | 杆高加3.0 | 4.0 |
| 电信杆线 | | 2.0 | 0.5 | 4/3杆高 | 1.5 |
| 热　力　管　线 | | 1.0 | 1.5 | 3.0 | — |

架空管线之间及其与建(构)筑物之间交叉时的最小垂直净距(m)　　　　表3.0.9

| 名　　　称 | | 建筑物(顶端) | 道　路(地面) | 铁　路(轨顶) | 电　信　线 电力线有防雷装置 | 电力线无防雷装置 | 热力管线 |
|---|---|---|---|---|---|---|---|
| 电力管线 | 10kV 及以下 | 3.0 | 7.0 | 7.5 | 2.0 | 4.0 | 2.0 |
| | 35~110kV | 4.0 | 7.0 | 7.5 | 3.0 | 5.0 | 3.0 |
| 电　信　线 | | 1.5 | 4.5 | 7.0 | 0.6 | 0.6 | 1.0 |
| 热　力　管　线 | | 0.6 | 4.5 | 6.0 | 1.0 | 1.0 | 0.25 |

注：横跨道路或与无轨电车馈电线平行的架空电力线距地面应大于9m。

# 10.7  环境卫生设施规划

## 10.7.1  环境卫生设施规划的成果内容

——《城市规划编制办法实施细则》(1995 年建设部发布)

第十七条  环境卫生设施规划

(一)文本内容：

1.环境卫生设施设置原则和标准；

2.生活废弃物总量，垃圾收集方式、堆放及处理，消纳场所的规模及布局；

3.公共厕所布局原则、数量。

(二)图纸应标明主要环卫设施的布局和用地范围,可和环境保护规划图合并。

## 10.7.2 环境卫生设施分类和设置的一般规定

—— 《城市环境卫生设施设置标准》(CJJ27—89)

凡具有从整体上改善环境卫生和限制生活废弃物影响范围功能的容器,构筑物和建筑物等统称环境卫生设施。

环境卫生设施可分为以下几类:

1.环境卫生公共设施;

2.环境卫生工程设施;

3.基层环境卫生机构和工作场所等。

环境卫生公共设施

凡供人们在公共场所使用并具有收集和临时存贮生活废弃物功能的容器,构筑物和建筑物统称环境卫生公共设施。

环境卫生公共设施可分为以下几类:

1.公共厕所;

2.化粪池;

3.垃圾管道;

4.垃圾容器、垃圾容器间;

5.废物箱等。

环境卫生工程设施

凡是环境卫生专业队伍在收集、运输、转运、处理、综合利用和最终处置生活废弃物所需的构筑物、建筑物和基地统称环境卫生工程设施。环境卫生工程设施可分为以下几类:

1.垃圾转运站;

2.垃圾、粪便码头;

3.垃圾、粪便无害化处理厂(场);

4.垃圾最终处置场;

5.贮粪池;

6.洒水(冲洗)车供水器;

7.进城车辆清洗站等。

环境卫生基层机构和工作场所

凡是在城市或其某一区域内负责环境卫生的行政管理和环境卫生专业业务管理的组织称为环境卫生机构。环境卫生基层机构一般是指按街道设置的环境卫生机构。

环境卫生基层机构为完成其所承担的管理和业务职责所需的各种场所称为环境卫生基层机构的工作场所。

—— 《城市环境卫生设施设置标准》(CJJ27—89)

第2.0.1条 生活垃圾、商业垃圾、建筑垃圾、其他垃圾和粪便的收集、中转、运输、处理、利用等所需的设施和基地,必须统一规划、设计和设置。其规模与型式由日产量、收集方式和处理工艺确定。

第2.0.2条　在居住区域内、商业文化大街、城镇道路以及商场、影剧院、体育场(馆)、车站、客运码头、街心花园等附近及其他群众活动频繁处，均应设置公共厕所、废物箱等环境卫生公共设施。

### 10.7.3　公共厕所设置和建筑面积规划指标

—— 《城市环境卫生设施设置标准》(CJJ27—89)

第3.1.1条　选择建造公共厕所的地点应因地制宜，合理规划，并符合公共卫生要求。厕所间距和数量根据以下不同情况确定：

一、按城镇道路人流量确定设置间距：

流动人口高度密集的街道和商业闹市区道路，间距为300~500m。一般街道间距不大于800m。

二、按地区面积确定设置数量；

旧区成片改造地段和新建小区，每平方公里不少于3座。

第3.1.3条　房产及其他单位经环境卫生部门核准在街巷内建造供没有卫生设施住宅的居民使用的厕所。一般按服务半径70~100m设置一座。厕所建筑面积按所服务的人口数量确定。

第3.1.2条　公共厕所建筑面积应根据人口流动量因地制宜，统筹考虑。一般建筑面积规划指标规定如下：

一、居住小区内6~10m²/千人；

二、车站、码头、体育场(馆)：15~25m²/千人；

三、广场、街道：2~4m²/千人；

四、商业大街、购物中心：10~20m²/千人；

五、城镇公共厕所一般按常住人口2500~3000人设置一座。其建筑面积一般为30~50m²。

### 10.7.4　化粪池

—— 《城市环境卫生设施设置标准》(CJJ27—89)

第3.2.1条　城市工业与民用建筑中，装有水冲式大小便器的粪便污水，应纳入城市污水管道系统。在没有污水管道的地区，应建造化粪池。粪便污水和生活污水在户内应采用分流系统。

第3.2.2条　化粪池的构造、容积根据现行《室内给水排水和热水供应设计规范》中的规定进行设计，应防止化粪池渗漏。

一、化粪池的进口要做污水窨井，设计单位应周密估算建筑物的沉降量，并采取措施保证室内外管道正常连接和使用，不得泛水。

二、化粪池的清粪孔盖应与地面相平，与吸粪车停车作业点的距离不得大于2m。

### 10.7.5　垃圾容器、垃圾容器间和废物箱

—— 《城市环境卫生设施设置标准》(CJJ27—89)

第3.4.1条　供居民使用的生活垃圾容器，以及袋装垃圾收集堆放点的位置要固定，既应符合方便居民和不影响市容观瞻等要求，又要利于垃圾的分类收集和机械化清除。

第3.4.2条　生活垃圾收集点的服务半径一般不应超过70m。在规划建造新住宅区时，未设垃圾管道的多层住宅一般每四幢设置一个垃圾收集点。并建造生活垃圾容器间，安置活动垃圾箱(桶)。生活垃圾容器间内应设通向污水窨井的排水沟。

第3.4.3条　医疗废弃物和其他特种垃圾必须单独存放。垃圾容器要密闭并具有便于识别的

标志。

第3.5.1条 废物箱一般设置在道路的两旁和路口。废物箱应美观、卫生、耐用，并有防雨、阻燃。

第3.5.2条 废物箱的设置间隔规定如下：

一、商业大街设置间隔25～50m；

二、交通干道设置间隔50～80m；

三、一般道路设置间隔80～100m。

### 10.7.6 垃圾转运站

—— 《城市环境卫生设施设置标准》(CJJ27—89)

第4.1.1条 垃圾转运站一般在居住区或城市的工业、市政用地中设置。

垃圾转运站的设置数量和规模取决于收集车的类型、收集范围和垃圾转运量，并应符合下列要求：

一、小型转运站每0.7～1km²设置一座，用地面积不小于100m²与周围建筑物的间隔不小于5m。

二、大、中型转运站每10～15km²设置一座，其用地面积根据日转运量确定(详见表4.1.1)。

垃圾转运站用地标准　　　　　　　　　　　　　　　　　　　　表4.1.1

| 转　运　量(t/d) | 用　地　面　积(m²) | 附属建筑面积(m²) |
| --- | --- | --- |
| 150 | 1000～1500 | 100 |
| 150～300 | 1500～3000 | 100～200 |
| 300～450 | 3000～4500 | 200～300 |
| > 450 | > 4500 | > 300 |

注：表中"转运量"按每日工作一班制计算。

第4.1.2条 供居民直接倾倒垃圾的小型垃圾收集、转运站，其收集服务半径不大于200m、占地面积不小于40m²。

第4.1.3条 垃圾转运站外型应美观，操作应封闭，设备力求先进。其飘尘、噪音、臭气、排水等指标应符合环境监测标准，其中绿化面积为10～30%。

第4.1.4条 当垃圾处置基地距离市区路程大于50km时，可设置铁路运输转运站，转运站内必须设备装卸垃圾的专用站台以及与铁路系统衔接的调度、通讯、信号等系统。

第4.1.5条 在城市生活垃圾处理系统没有完善以前，在垃圾高峰和自然气候变异情况下，应设置固定的应急生活垃圾堆积转运场。

第4.1.6条 固定的应急生活垃圾堆积转运场可设置在近郊，并按专业工作区域和垃圾流向设置。其用地面积计算公式见附表二。

第4.1.7条 固定的应急生活垃圾堆积转运场应有围墙、道路、绿化和管理用房，应有环境保护措施。

### 10.7.7 垃圾、粪便无害化处理厂和垃圾最终处置场

—— 《城市环境卫生设施设置标准》(CJJ27—89)

第4.3.1条 处理厂(场)应设置在水陆交通方便的地方。并充分采用综合处理技术。处理后应达到有关卫生标准。

第4.3.2条 处理厂(场)用地面积根据处理量、处理工艺确定。用地面积按表4.3.2规定计算：

垃圾、粪便无害化处理厂(场)用地指标      表4.3.2

| 垃圾处理方式 | 用地指标(m²/t) | 粪便处理方式 | 用地指标(m²/t) |
|---|---|---|---|
| 静 态 堆 肥 | 260~330 | 厌氧(高温) | 20 |
| 动 态 堆 肥 | 180~250 | 厌氧——好氧 | 12 |
| 焚 烧 | 90~120 | 稀释——好氧 | 25 |

第4.4.1条　垃圾最终处置场应符合下列要求:

一、防止污水渗透;

二、防止沼气燃烧;

三、防止病虫害;

四、设置卫生防护区;

五、使用时间不少于十年。

第4.4.2条　卫生填埋最终处置场一般应选择在地质情况较好的远郊,并与围海造田,造山置景等综合利用相结合。

垃圾最终处置场用地面积计算公式

$$S=365 \cdot y \cdot (\frac{Q_1}{D_1}+\frac{Q_2}{D_2}) \cdot \frac{1}{L \cdot c \cdot k_1 k_2}$$

式中　　$S$——最终处置场的用地面积(m²);

　　　365——年的天数;

　　　$y$——处置场使用期限($y$);

　　　$Q_1$——日处置垃圾重量($t/d$);

　　　$D_1$——垃圾平均容量($t/m^3$);

　　　$Q_2$——日覆土重量($t/d$);

　　　$D_2$——覆盖土的平均容重($t/m^3$);

　　　$L$——处置场允许堆积(填埋)高度(m);

　　　$c$——垃圾压实(自缩)系数,$c=1.25~1.8$;

　　　$k_1$——堆积(填埋)系数,与作业方式有关,$k_1=0.35~0.7$;

　　　$k_2$——处置场的利用系数 $k_2=0.75~0.9$。

## 10.7.8 基层环境卫生机构的用地

—— 《城市环境卫生设施设置标准》(CJJ27 — 89)

第5.1.1条　基层环境卫生机构的用地面积和建筑面积按管辖范围和居住人口确定。

基层环境卫生机构的用地指标按表5.1.1确定:

基层环境卫生机构用地指标      表5.1.1

| 基层机构设置(个/万人) | 万人指标(m²/万人) | | |
|---|---|---|---|
| | 用地规模 | 建筑面积 | 修理工面积 |
| 1/1~5 | 310~470 | 160~240 | 120~170 |

注:表中"万人指标"中的"万人"系指居住地区的人口数量。

### 10.7.9　水上环境卫生工作场所

—— 《城市环境卫生设施设置标准》(CJJ27—89)

第5.5.1条　水上环境卫生工作场所按生产、管理需要设置，应有水上岸线和陆上用地。

第5.5.2条　水上专业运输应按港道或行政区域设船队、船队规模根据废弃物运输量等因素确定，每队使用岸线为200～250m，陆上用地面积为1200～1500m²，且内设生产和生活用房。

第5.5.3条　水上环境卫生管理机构应按航道分段设管理站，环境卫生水上管理站每处应有趸船、浮桥等。使用岸线每处为150～180m，陆上用地面积不少于1200m²。

# 10.8　竖向规划

## 10.8.1　城市用地竖向规划的内容

—— 《城市用地竖向规划规范》(CJJ83—93)

1.0.4　城市用地竖向规划根据城市规划各阶段的要求，应包括下列主要内容：

1.制定利用与改造地形的方案；

2.确定城市用地坡度、控制点高程、规划地面形式及场地高程；

3.合理组织城市用地的土石方工程和防护工程；

4.提出有利于保护和改善城市环境景观的规划要求。

## 10.8.2　城市用地竖向规划的原则

—— 《城市用地竖向规划规范》(CJJ83—93)

1.0.3　城市用地竖向规划应遵循下列原则：

1.安全、适用、经济、美观；

2.充分发挥土地潜力，节约用地；

3.合理利用地形、地质条件，满足城市各项建设用地的使用要求；

4.减少土石方及防护工程量；

5.保护城市生态环境，增强城市景观效果。

## 10.8.3　一般规定

—— 《城市用地竖向规划规范》(CJJ83—93)

3.0.1　城市用地竖向规划应与城市用地选择及用地布局同时进行，使各项建设在平面上统一和谐、竖向上相互协调。

3.0.2　城市用地竖向规划应有利于建筑布置及空间环境的规划和设计。

3.0.3　城市用地竖向规划应满足下列要求：

1.各项工程建设场地及工程管线敷设的高程要求；

2.城市道路、交通运输、广场的技术要求；

3.用地地面排水及城市防洪、排涝的要求。

3.0.4　城市用地竖向规划在满足各项用地功能要求的条件下，应避免高填、深挖，减少土石方、建(构)筑物基础、防护工程等的工程量。

3.0.5　城市用地竖向规划应合理选择规划地面形式与规划方法，应进行方案比较，优化方案。

3.0.6 城市用地竖向规划对起控制作用的坐标及高程不得任意改动。

3.0.7 同一城市的用地竖向规划应采用统一的坐标和高程系统。水准高程系统换算应符合表3.0.7的规定。

水 准 高 程 系 统 换 算　　　　　表3.0.7

| 转换者<br>被转换者 | 56黄海高程 | 85高程基准 | 吴淞高程基准 | 珠江高程基准 |
|---|---|---|---|---|
| 56黄海高程 | | +0.029m | −1.688m | +0.586m |
| 85高程基准 | −0.029m | | −1.717m | +0.557m |
| 吴淞高程基准 | +1.688m | +1.717m | | +2.274m |
| 珠江高程基准 | −0.586m | −0.557m | −2.274m | |

备注：高程基准之间的差值为各地区精密水准网点之间的差值平均值。

## 10.8.4　规划地面形式

—— 《城市用地竖向规划规范》(CJJ83—93)

4.0.1 根据城市用地的性质、功能,结合自然地形,规划地面形式可分为平坡式、台阶式和混合式。

4.0.2 用地自然坡度小于5%时,宜规划为平坡式;用地自然坡度大于8%时,宜规划为台阶式。

4.0.3 台阶式和混合式中的台地规划应符合下列规定:

1.台地划分应与规划布局和总平面布置相协调,应满足使用性质相同的用地或功能联系密切的建(构)筑物布置在同一台地或相邻台地的布局要求;

2.台地的长边应平行于等高线布置;

3.台地高度、宽度和长度应结合地形并满足使用要求确定。台地的高度宜为1.5～3.0m。

4.0.4 城市主要建设用地适宜规划坡度应符合表4.0.4的规定。

城市主要建设用地适宜规划坡度　　　　表4.0.4

| 用 地 名 称 | 最 小 坡 度(%) | 最 大 坡 度(%) |
|---|---|---|
| 工 业 用 地 | 0.2 | 10 |
| 仓 储 用 地 | 0.2 | 10 |
| 铁 路 用 地 | 0 | 2 |
| 港 口 用 地 | 0.2 | 5 |
| 城市道路用地 | 0.2 | 8 |
| 居 住 用 地 | 0.2 | 25 |
| 公共设施用地 | 0.2 | 20 |
| 其 他 | — | — |

## 10.8.5　竖向与城市用地布局

—— 《城市用地竖向规划规范》(CJJ83—93)

5.0.1 城市用地选择及用地布局应充分考虑竖向规划的要求,并应符合下列规定:

1.城市中心区用地应选择地质及防洪排涝条件较好且相对平坦和完整的用地,自然坡度宜小于15%;

2.居住用地宜选择向阳、通风条件好的用地,自然坡度宜小于30%;

3.工业、仓储用地宜选择便于交通组织和生产工艺流程组织的用地,自然坡度宜小于15%;

4.城市开敞空间用地宜利用填方较大的区域。

5.0.2 街区竖向规划应与用地的性质和功能相结合，并应符合下列规定：

1.建设用地分台应考虑地形坡度、坡向和风向等因素的影响，以适应建筑布置的要求；

2.公共设施用地分台布置时，台地间高差宜与建筑层高成倍数关系；

3.居住用地分台布置时，宜采用小台地形式；

4.防护工程宜与具有防护功能的专用绿地结合设置。

5.0.3 挡土墙、护坡与建筑的最小间距应符合下列规定：

1.居住区内的挡土墙与住宅建筑的间距应满足住宅日照和通风的要求；

2.高度大于2m的挡土墙和护坡的上缘与建筑间水平距离不应小于3m，其下缘与建筑间的水平距离不应小于2m。

### 10.8.6 竖向与城市景观

——《城市用地竖向规划规范》(CJJ83—93)

6.0.1 城市用地竖向规划应有明确的景观规划设想，并应符合下列规定：

1.保留城市规划用地范围内的制高点、俯瞰点和有明显特征的地形、地物；

2.保持和维护城市绿化、生态系统的完整性，保护有价值的自然风景和有历史文化意义的地点、区段和设施；

3.保护和强化城市有特色的、自然和规划的边界线；

4.构筑美好的城市天际轮廓线。

6.0.2 城市用地分台应重视景观要求，并应符合下列规定：

1.城市用地作分台处理时，挡土墙、护坡的尺度和线型应与环境协调；有条件时宜少采用挡土墙；

2.城市公共活动区宜将挡土墙、护坡、踏步和梯道等室外设施与建筑作为一个有机整体进行规划；

3.地形复杂的山区城市，挡土墙、护坡、梯道等室外设施较多，其形式和尺度宜有韵律感；

4.公共活动区内挡土墙高于1.5m、生活生产区内挡土墙高于2m时，宜作艺术处理或以绿化遮蔽。

6.0.3 城市滨水地区的竖向规划应规划和利用好近水空间。

### 10.8.7 竖向与道路广场设计

——《城市用地竖向规划规范》(CJJ83—93)

7.0.1 道路竖向规划应符合下列规定：

1.与道路的平面规划同时进行；

2.结合城市用地中的控制高程、沿线地形地物、地下管线、地质和水文条件等作综合考虑；

3.与道路两侧用地的竖向规划相结合，并满足塑造城市街景的要求；

4.步行系统应考虑无障碍交通的要求。

7.0.2 道路规划纵坡和横坡的确定，应符合下列规定：

1.机动车车行道规划纵坡应符合表7.0.2-1的规定；海拔3000～4000m的高原城市道路的最大纵坡不得大于6%；

2.非机动车车行道规划纵坡宜小于2.5%。大于或等于2.5%时，应按表7.0.2-2的规定限制坡长。机动车与非机动车混行道路，其纵坡应按非机动车车行道的纵坡取值；

3.道路的横坡应为1%～2%。

7.0.3 道路跨越江河、明渠、暗沟等过水设施时，路高应与过水设施的净空高度要求相协调；有通航条件的江河应保证通航河道的桥下净空高度要求。

7.0.4 广场竖向规划除满足自身功能要求外，尚应与相邻道路和建筑物相衔接。广场的最小坡度应为0.3%；最大坡度平原地区应为1%，丘陵和山区应为3%。

7.0.5 山区城市竖向规划应满足建设完善的步行系统的要求，并应符合下列规定：

1.人行梯道按其功能和规模可分为三级：一级梯道为交通枢纽地段的梯道和城市景观性梯道；二级梯道为连接小区间步行交通的梯道；三级梯道为连接组团间步行交通或入户的梯道；

2.梯道每升高1.2～1.5m宜设置休息平台；二、三级梯道连续升高超过5.0m时，除应设置休息平台外，还应设置转折平台，且转折平台的宽度不宜小于梯道宽度；

3.各级梯道的规划指标宜符合表7.0.5-3的规定。

机动车车行道规划纵坡　　　　　　　　　　　表7.0.2-1

| 道 路 类 别 | 最 小 纵 坡(%) | 最 大 纵 坡(%) | 最 小 坡 长(m) |
|---|---|---|---|
| 快 速 路 | 0.2 | 4 | 290 |
| 主 干 路 | | 5 | 170 |
| 次 干 路 | | 6 | 110 |
| 支(街坊)路 | | 8 | 60 |

非机动车车行道规划纵坡与限制坡长(m)　　　　　表7.0.2-2

| 坡度(%) \ 车种 限制坡长(m) | 自行车 | 三轮车、板车 |
|---|---|---|
| 3.5 | 150 | — |
| 3.0 | 200 | 100 |
| 2.5 | 300 | 150 |

梯 道 的 规 划 指 标　　　　　　　　　　表7.0.5-3

| 级别 \ 项目 规划指标 | 宽 度(m) | 坡 比 值 | 休息平台宽度(m) |
|---|---|---|---|
| 一 | ≥10.0 | ≤0.25 | ≥2.0 |
| 二 | 4.0～10.0 | ≤0.30 | ≥1.5 |
| 三 | 1.5～4.0 | ≤0.35 | ≥1.2 |

### 10.8.8 竖向与地面排水

—— 《城市用地竖向规划规范》(CJJ83—93)

8.0.1 城市用地应结合地形、地质、水文条件及年均降雨量等因素合理选择地面排水方式，并与用地防洪、排涝规划相协调。

8.0.2 城市用地地面排水应符合下列规定：

1.地面排水坡度不宜小于0.2%，坡度小于0.2%时宜采用多坡向或特殊措施排水；

2.地块的规划高程应比周边道路的最低路段高程高出0.2m以上；

3.用地的规划高程应高于多年平均地下水位。

8.0.3 雨水排出口内顶高程宜高于受纳水体的多年平均水位。有条件时宜高于设计防洪(潮)

水位。

8.0.4 城市用地防洪(潮)应符合下列规定:

1.城市防洪应符合现行国家标准《防洪标准》GB50201的规定;

2.设防洪(潮)堤时的堤顶高程和不设防洪(潮)堤时的用地地面高程均应按设防标准的规定所推算的洪(潮)水位加安全超高确定;有波浪影响或壅水现象时,应加波浪侵袭高度或壅水高度。

8.0.5 有内涝威胁的城市用地应采取适宜的防内涝措施。

8.0.6 当城市用地外围有较大汇水汇入或穿越城市用地时,宜用边沟或排(截)洪沟组织用地外围的地面雨水排除。

## 10.8.9 土石方工程与防护工程

—— 《城市用地竖向规划规范》(CJJ83—93)

9.0.1 竖向规划中的土石方与防护工程应遵循满足用地使用要求、节省土石方和防护工程量的原则进行多方案比较,合理确定。

9.0.2 土石方工程包括用地的场地平整、道路及室外工程等的土石方估算与平衡。土石方平衡应遵循"就近合理平衡"的原则,根据规划建设时序,分工程或分地段充分利用周围有利的取土和弃土条件进行平衡。

9.0.3 用地的防护工程设置,宜根据规划地面形式及所防护的灾害类别确定,主要采用护坡、挡土墙或堤、坝等。防护工程的设置应符合下列规定:

1.街区用地的防护应与其外围道路工程的防护相结合;

2.台阶式用地的台阶之间应用护坡或挡土墙联接,相邻台地间高差大于1.5m时,应在挡土墙或坡比值大于0.5的护坡顶加设安全防护设施;

3.土质护坡的坡比值应小于或等于0.5;砌筑型护坡的坡比值宜为0.5~1.0;

4.在建(构)筑物密集、用地紧张区域及有装卸作业要求的台阶应采用挡土墙防护;人口密度大、工程地质条件差、降雨量多的地区,不宜采用土质护坡;

5.挡土墙的高度宜为1.5~3.0m,超过6.0m时宜退台处理,退台宽度不应小于1.0m;在条件许可时,挡土墙宜以1.5m左右高度退台。

9.0.4 土石方与防护工程应按表9.0.4的规定列出其主要指标。

土石方与防护工程主要项目指标     表9.0.4

| 序 号 | 项 目 | | 单 位 | 数 量 | 备 注 |
|---|---|---|---|---|---|
| 1 | 土石方工程量 | 挖 方 | $m^3$ | | |
| | | 填 方 | $m^3$ | | |
| | | 总 量 | $m^3$ | | |
| 2 | 单位面积土石方量 | 挖 方 | $m^3/10^4m^2$ | | |
| | | 填 方 | $m^3/10^4m^2$ | | |
| | | 总 量 | $m^3/10^4m^2$ | | |
| 3 | 土石方平衡余缺量 | 余 方 | $m^3$ | | |
| | | 缺 方 | $m^3$ | | |
| 4 | 挖方最大深度 | | m | | |
| 5 | 填方最大高度 | | m | | |
| 6 | 护坡工程量 | | $m^2$ | | |
| 7 | 挡土墙工程量 | | $m^3$ | | |
| 备 注 | | | | | |

**附录 城市用地竖向规划相关术语**

**城市用地竖向规划** vertical planning on urban field

城市开发建设地区(或地段),为满足道路交通、地面排水、建筑布置和城市景观等方面的综合要求,对自然地形进行利用、改造,确定坡度、控制高程和平衡土石方等而进行的规划设计。

**高程** elevation

以大地水准面作为基准面,并作零点(水准原点)起算地面各测量点的垂直高度。

**土石方平衡** equal of cut and fill

在某一地域内挖方数量与填方数量平衡。

**防护工程** protection engineering

防止用地受自然危害或人为活动影响造成土体破坏而设置的保护性工程。如护坡、挡土墙、堤坝等。

**护坡** slope protection

防止用地土体边坡变迁而设置的斜坡式防护工程,如土质或砌筑型等护坡工程。

**挡土墙** retaining wall

防止用地土体边坡坍塌而砌筑的墙体。

**平坡式** tiny slope style

用地经改造成为平缓斜坡的规划地面形式。

**台阶式** stage style

用地经改造成为阶梯式的规划地面形式。

**混合式** comprehensive style

用地经改造成平坡和台阶相结合的规划地面形式。

**台地** stage

台阶式用地中每块阶梯内的用地。

**场地平整** field engineering

使用地达到建设工程所需的平整要求的工程处理过程。

**坡比值** grade of side slope

两控制点间垂直高差与其水平距离的比值。

# 10.9 地下空间利用与人防工程

## 10.9.1 城市地下空间定义与开发利用的原则

——建设部关于修改《城市地下空间开发利用管理规定》的决定(2001年11月20日建设部令第108号发布)

第二条 本规定所称的城市地下空间,是指城市规划区内地表以下的空间。

第三条 城市地下空间的开发利用应贯彻统一规划、综合开发、合理利用、依法管理的原则,坚持社会效益、经济效益和环境效益相结合,考虑防灾和人民防空等需要。

## 10.9.2 主管部门

——建设部关于修改《城市地下空间开发利用管理规定》的决定(2001年11月2日建设部令第108号发布)

第四条　国务院建设行政主管部门负责全国城市地下空间的开发利用管理工作。

省、自治区人民政府建设行政主管部门负责本行政区域内城市地下空间的开发利用管理工作。

直辖市、市、县人民政府建设行政主管部门和城市规划行政主管部门按照职责分工，负责本行政区域内城市地下空间的开发利用管理工作。

### 10.9.3　城市地下空间规划的主要内容

——建设部关于修改《城市地下空间开发利用管理规定》的决定(2001 年 11 月 2 日建设部令第 108 号发布)

第六条　城市地下空间开发利用规划的主要内容包括：地下空间现状及发展预测，地下空间开发战略，开发层次、内容、期限、规模与布局，以及地下空间开发实施步骤。

### 10.9.4　城市地下空间规划的编制要求

——建设部关于修改《城市地下空间开发利用管理规定》的决定(2001 年 11 月 2 日建设部令第 108 号发布)

第七条　城市地下空间的规划编制应注意保护和改善城市的生态环境，科学预测城市发展的需要，坚持因地制宜，远近兼顾，全面规划，分步实施，使城市地下空间的开发利用同国家和地方的经济技术发展水平相适应。城市地下空间规划应实行竖向分层立体综合开发，横向相关空间互相连通，地面建筑与地下工程协调配合。

第八条　编制城市地下空间规划必备的城市勘察、测量、水文、地质等资料应当符合国家有关规定。承担编制任务的单位，应当符合国家规定的资质要求。

### 10.9.5　城市地下空间规划的审批

——建设部关于修改《城市地下空间开发利用管理规定》的决定(2001 年 11 月 2 日建设部令第 108 号发布)

第九条　城市地下空间规划作为城市规划的组成部分，依据《城市规划法》的规定进行审批和调整。

城市地下空间建设规划由城市人民政府城市规划行政主管部门负责审查后，报城市人民政府批准。城市地下空间规划需要变更的，须经原批准机关审批。

### 10.9.6　城市人防工程规划与地下空间利用

——《中华人民共和国人民防空法》(1996 年 10 月 29 日第八届全国人民代表大会常务委员会第二十二次会议通过)

第十三条　城市人民政府应当制定人民防空工程建设规划，并纳入城市总体规划。

第十四条　城市的地下交通干线以及其他地下工程的建设，应当兼顾人民防空需要。

### 10.9.7　人防工程的组成、地下空间开发利用及人防规划的内容

——《中华人民共和国人民防空法》(1996 年 10 月 29 日第八届全国人民代表大会常务委员会第二十三次会议通过)

第十八条　人民防空工程包括为保障战时人员与物资掩蔽、人民防空指挥、医疗救护等而单独

修建的地下防护建筑，以及结合地面建筑修建的战时可用于防空的地下室。

—— **《城市规划编制办法实施细则》**(1995年建设部发布)

第二十条　地下空间开发利用及人防规划(必要时可分开编制)

重点设防城市要编制地下空间开发利用及人防与城市建设相结合规划，对地下防灾(包括人防)设施、基础工程设施、公共设施、交通设施、贮备设施等进行综合规划，统筹安排。

(一)文本内容：

1.城市战略地位概述；

2.地下空间开发利用和人防工程建设的原则和重点；

3.城市总体防护布局；

4.人防工程规划布局；

5.交通、基础设施的防空、防灾规划；

6.贮备设施布局。

(二)图纸：

1.城市总体防护规划图。图纸比例1/5000～1/25000。标绘防护分区、疏散区位置，贮备设施位置，主要疏散道路等。

2.城市人防工程建设和地下空间开发利用规划图。标绘各类人防工程及与城市建设相结合工程位置及范围。

### 10.9.8　城市人防建设规划的审批

—— **《中华人民共和国城市规划法》**解说

二十七、城市规划的审批（节选）

单独编制的城市人防建设规划，直辖市要报国家人民防空委员会和建设部审批；一类人防重点城市中的省会城市，要经省、自治区人民政府和大军区人民防空委员会审查同意后，报国家人民防空委员会和建设部审批；一类人防重点城市中的非省会城市及二类人防重点城市需报省、自治区人民政府审批，并报国家人民防空委员会、建设部备案；三类人防重点城市报市人民政府审批，并报省、自治区人民防空办公室、建委(建设厅)备案。

### 10.9.9　人防建设与城市建设相结合规划的内容

—— **《人防建设与城市建设相结合规划编制办法》**(1988年3月23日国家人防委、建设部发布)

第七条　规划的主要内容：城市总体防护与措施；人防工程建设规划；地下空间开发规划等。

第八条　城市总体防护与措施

1.确定城市总体(规模、布局、建筑密度等)防护方案，城市防空工程建设体系和分区结构；

2.城市主要疏散道路的位置和控制要求；

3.广场、绿地、水面的分布和控制要求；

4.重要目标的防护措施；

5.人防警报器的布局和选点；

6.供水、供电、煤气、通信等基础设施的防护措施；

7.对生产、储存危险有害物资的工厂、仓库，提出选址、迁移疏散方案；降低次生灾害程度的应急措施。

第九条 人防工程建设规划

1.确定城市人防工程的总体规模、防护等级和配套布局；

2.确定人防指挥通信、人员掩蔽、医疗救护、物资储备、防空专业队、疏散干道等工程的布局和规模；

3.已建人防工程加固改造和平时利用方案；制订城市现有地下空间战时利用和改造方案。

第十条 人防工程建设与城市地下空间开发相结合

1.确定人防工程建设与城市地下空间开发相结合的主要方面和项目；

2.确定规划期内相结合项目的性质、规模和布局；

3.提出相结合项目的实施措施。

### 10.9.10 人防建设与城市建设相结合规划的编制程序

—— 《人防建设与城市建设相结合规划编制办法》(1988 年 3 月 23 日国家人防委、建设部发布)

第十一条 编制规划首先要全面收集资料进行综合分析。资料一般包括：城市的性质、自然条件；人口发展规模和分布；现有地下建筑物的分布和规模；重要目标的分布；交通运输系统的现状和布局；地下基础设施的现状和布局；已建人防工程现状和布局等。

第十二条 对城市进行核武器、常规武器和主要自然灾害毁伤效应分析，合理确定设防分区、工程布局、工程防护标准、人口疏散比例，选择最佳的综合防护方案。

第十三条 规划方案要广泛征求意见，组织有关部门和专家论证、评审、选优和技术鉴定。

第十四条 特大城市一般应先编制总体规划纲要，确定规划的总体格局后再进行规划的编制工作。

第十五条 人防建设与城市建设相结合规划，可参照城市详细规划的编制办法编制。

### 10.9.11 人防建设与城市建设相结合规划的成果

—— 《人防建设与城市建设相结合规划编制办法》(1988 年 3 月 23 日国家人防委、建设部发布)

第十六条 规划成果包括主体、附件两部分。主体包括规划图和文字说明；附件包括指标选择和数据说明等，其深度应达到为编制实施计划提供依据的要求。

图纸包括：城市总体防护规划图；人防工程建设规划图；人防建设与城市开发地下空间相结合规划图及近期建设项目规划图。图纸比例一般应为五千分之一至二万分之一。文字说明中应附必要的缩图。

# 10.10 城市抗震、防洪和消防规划

## 10.10.1 抗震防灾规划的基本目标和适用城市

—— 《城市抗震防灾规划编制工作暂行规定》(1985 年 1 月 23 日建设部发布)

城市抗震防灾规划的基本目标是：逐步提高城市的综合抗震能力，最大限度地减轻城市地震灾害，保障地震时人民生命财产的安全和经济建设的顺利进行。使城市在遭遇相当于基本烈度的地震影响时，要害系统不遭较重破坏，重要工矿企业能正常或很快恢复生产，人民生活基本正常。

—— 《城市抗震防灾规划编制工作补充规定》(1987 年 9 月 26 日建设部发布)

第一条 根据我国工程建设从地震基本烈度六度开始设防的规定,对六度和六度以上的城市都应编制抗震防灾规划。

## 10.10.2 抗震防灾规划的基础资料

—— 《城市抗震防灾规划编制工作暂行规定》(1985 年 1 月 23 日建设部发布)

抗震防灾规划的基础资料,必须服从于编制规划的需要,不要贪多求全,各自成为独立系统,避免造成浪费,主要应包括以下五个方面的资料。

一、与抗震防灾有关的城市基本情况

1.城市环境、历史变迁及其发展概况;

2.城市人口、密度及地区分布、季节和昼夜人流分布,人口年龄构成及老、幼龄人口的分布;

3.城市公园、绿地、空旷场地和人防工程的分布及其可利用情况;

4.城市生活必需品的储备能力及其分布;

5.市、区指挥机构及重要公共建筑的分布;

6.重要文物、古迹分布及防灾能力;

7.环境污染源的分布及危害情况。

二、有关城市及附近地区的历史地震与地震地质资料

1.历史地震记载及震害资料;

2.断层分布,特别是活动断层及发震断层的分布、走向及规模;

3.卫星影象照片和解析结果;

4.本地区的地震预报及震情背景。

三、工程地质和水文地质资料

1.城市及周围地区的工程地质勘探资料和典型地质剖面图;

2.第四系等厚线图;

3.市区填土分布图;

4.地下水位及分布;

5.古河道分布;

6.可液化土层分布。

四、地形地貌资料

1.规划区内的地形测量图;

2.可能出现震陷、滑坡、崩塌的地区及分布;

3.地面沉降或隆起的观测资料;

4.城市的海岸线变化的观测资料。

五、城市建筑物、工程设施和设备的抗震能力

1.建筑物、工程设施的分布、结构和抗震能力;

2.不同时期的建筑特点、设防情况和施工质量;

3.水利工程及其防灾能力;

4.工业构筑物及设备的抗震能力分析;

5.生命线工程的抗震能力分析;

6.有可能发生地震次生灾害的分析。

### 10.10.3 抗震防灾规划的工作重点

——《城市抗震防灾规划编制工作补充规定》(1987年9月26日建设部发布)

第三条 抗震防灾规划编制工作的重点应放在规划部分,即着重提出减轻城市地震灾害的措施和对策。对规划的基础资料可因地制宜地适当简化。

### 10.10.4 抗震防灾规划的模式

——《城市抗震防灾规划编制工作补充规定》(1987年9月26日建设部发布)

第二条 抗震防灾规划按其内容和深度等不同要求,分为甲、乙、丙三类模式。

国家和省重点抗震城市、百万人口以上的城市和省(自治区、直辖市)会所在城市按甲类模式编制;

位于地震基本烈度六度的大城市和七度以上(含七度)的大、中城市按乙类模式编制;

其他小城市和县、镇按丙类模式编制;

### 10.10.5 抗震防灾规划的内容

——《城市抗震防灾规划编制工作补充规定》(1987年9月26日建设部发布)

第十一条 甲类模式抗震防灾规划的主要内容:

1.总说明:即规划纲要。应包括城市抗震防灾的现状和防灾能力,抗震防灾规划的防御目标及其根据,地震对城市的影响及危害程度估计,规划的指导思想、目标和措施等。

2.抗震设防区划(含土地利用规划):主要根据地震地质、地形地貌、场地条件和历史地震震害提出城市不同地区的地震影响或破坏势(可以用烈度或地震动参数来表达),区划出对抗震有利和不利的区域范围,不同地区适于建筑的结构类型和建筑层数。

3.避震疏散规划:规划出市、区、街坊级的避震通道、防灾据点以及避震疏散场地(如绿地、广场等)。防灾据点的建设应结合新建工程和抗震加固规划统筹安排。

4.城市生命线工程防灾规划:包括城市交通、通讯、供电、供水、供气、热力、医疗卫生、消防等系统的提高抗震能力和防灾措施规划。

5.防止地震次生灾害规划:主要包括水灾、火灾、爆炸、溢毒、细菌漫延、放射性辐射和海啸等次生灾害的危害程度、防灾对策和措施。

6.抗震加固规划:包括提高城市现有工程设施、建(构)筑物和设备抗震能力的规划。

7.震前应急准备及震后抢险救灾规划:包括应急预案和抢险救灾两个部分。

8.抗震防灾人才培训、宣传教育、防灾训练和防灾演习的规划。

第十二条 乙类模式抗震防灾规划的主要内容:

1.总说明:包括城市抗震防灾的现状和防灾能力分析,遭遇城市防御目标地震影响时的主要震害预测,规划指导思想、目标和措施。

2.避震疏散和临震应急措施规划。

3.城市生命线工程防灾规划。

4.防止地震次生灾害规划。

5.抗震加固规划。

第十三条 丙类模式抗震防灾规划的主要内容:

1.总说明:包括城市抗震防灾的现状和防灾能力分析。

2.根据城市建筑物、工程设施和人口分布状况，阐明遭遇城市防御目标地震影响时，可能出现的主要灾害、城市抗震防灾的主要薄弱环节和急待解决的主要问题。

现的主要灾害、城市抗震防灾的主要薄弱环节和急待解决的主要问题。

3.减轻地震灾害的主要对策和措施。

### 10.10.6 抗震防灾规划的组织编制和审批

—— 《建设工程抗御地震灾害管理规定》(1994年11月10日建设部令第38号发布)

第九条 城市和大型工矿企业都必须编制抗震防灾规划。城市抗震防灾规划是城市总体规划的专业规划，应与城市总体规划相协调。城市抗震防灾规划由城市建设行政主管部门会同有关部门共同编制。大型工矿企业抗震防灾规划由企业组织编制，并应纳入企业发展规划。

第十一条 省会城市、百万人口以上大城市的抗震防灾规划由国务院建设行政主管部门审批；国家重点抗震城市的抗震防灾规划由省、自治区建设行政主管部门审批，报国务院建设行政主管部门备案；其他城市的抗震防灾规划由当地人民政府审批；大型工矿企业的抗震防灾规划由企业主管部门审批。

### 10.10.7 城市防洪标准

—— 《防洪标准》(GB50201—94)

2.0.1 城市应根据其社会经济地位的重要性或非农业人口的数量分为四个等级。各等级的防洪标准按表2.0.1的规定确定。

2.0.2 城市可以分为几部分单独进行防护的，各防护区的防洪标准，应根据其重要性、洪水危害程度和防护区非农业人口的数量，按表2.0.1的规定分别确定。

2.0.3 位于山丘区的城市，当城区分布高程相差较大时，应分析不同量级洪水可能淹没的范围，并根据淹没区非农业人口和损失的大小，按表2.0.1的规定确定其防洪标准。

2.0.4 位于平原、湖洼地区的城市，当需要防御持续时间较长的江河洪水或湖泊高水位时，其防洪标准可取表2.0.1规定中的较高者。

2.0.5 位于滨海地区中等及以上城市，当按表2.0.1的防洪标准确定的设计高潮位低于当地历史最高潮位时，应采用当地历史最高潮位进行校核。

城市的等级和防洪标准　　　　　　　　　　表2.0.1

| 等　　　级 | 重　　要　　性 | 非农业人口(万人) | 防洪标准〔重现期(年)〕 |
|---|---|---|---|
| I | 特别重要的城市 | ≥150 | ≥200 |
| II | 重要的城市 | 150~50 | 200~100 |
| III | 中等城市 | 50~20 | 100~50 |
| IV | 一般城镇 | ≤20 | 50~20 |

### 10.10.8 乡村防洪标准

—— 《防洪标准》(GB50201—94)

3.0.1 以乡村为主的防护区(简称乡村防护区)，应根据其人口或耕地面积分为四个等级，各等级的防洪标准按表3.0.1的规定确定。

3.0.2 人口密集、乡镇企业较发达或农作物高产的乡村防护区，其防洪标准可适当提高。地广人稀或淹没损失较小的乡村防护区，其防洪标准可适当降低。

**乡村防护区的等级和防洪标准**　　　　　　　表 3.0.1

| 等　　　级 | 防护区人口(万人) | 防护区耕地面积(万亩) | 防洪标准〔重现期(年)〕 |
|:---:|:---:|:---:|:---:|
| I | ≥150 | ≥300 | 100～50 |
| II | 150～50 | 300～100 | 50～30 |
| III | 50～20 | 100～30 | 30～20 |
| IV | ≤20 | ≤30 | 20～10 |

## 10.10.9　工矿企业和交通运输设施的防洪标准

—— 《防洪标准》(GB50201—94)

4　工矿企业

4.0.1　冶金、煤炭、石油、化工、林业、建材、机械、轻工、纺织、商业等工矿企业，应根据其规模分为四个等级，各等级的防洪标准按表4.0.1的规定确定。

**工矿企业的等级和防洪标准**　　　　　　　表 4.0.1

| 等　　　级 | 工　矿　企　业　规　模 | 防　洪　标　准〔重现期(年)〕 |
|:---:|:---:|:---:|
| I | 特　大　型 | 200～100 |
| II | 大　　　型 | 100～50 |
| III | 中　　　型 | 50～20 |
| IV | 小　　　型 | 20～10 |

注：①各类工矿企业的规模，按国家现行规定划分。
　　②如辅助厂区(或车间)和生活区单独进行防护的，其防洪标准可适当降低。

4.0.2　滨海的中型及以上的工矿企业，当按表4.0.1的防洪标准确定的设计高潮位低于当地历史最高潮位时，应采用当地历史最高潮位进行校核。

4.0.3　当工矿企业遭受洪水淹没后，损失巨大，影响严重，恢复生产所需时间较长的，其防洪标准可取表4.0.1规定的上限或提高一等。

工矿企业遭受洪灾后，其损失和影响较小，很快可恢复生产的，其防洪标准可按表4.0.1规定的下限确定。

地下采矿业的坑口、井口等重要部位，应按表4.0.1规定的防洪标准提高一等进行校核，或采取专门的防护措施。

4.0.4　当工矿企业遭受洪水淹没后，可能引起爆炸或会导致毒液、毒气、放射性等有害物质大量泄漏、扩散时，其防洪标准应符合下列的规定：

4.0.4.1　对于中、小型工矿企业，其规模应提高两等后，按表4.0.1的规定确定其防洪标准。

4.0.4.2　对于特大、大型工矿企业，除采用表4.0.1中I等的最高防洪标准外，尚应采取专门的防护措施。

4.0.4.3　对于核工业与核安全有关的厂区、车间及专门设施，应采用高于200年一遇的防洪标准。对于核污染危害严重的，应采用可能最大洪水校核。

5.1　铁路

5.1.1　国家标准轨距铁路的各类建筑物、构筑物，应根据其重要程度或运输能力分为三个等级，各等级的防洪标准按表5.1.1的规定，并结合所在河段、地区的行洪和蓄、滞洪的要求确定。

国家标准轨距铁路各类建筑物、构筑物的等级和防洪标准　　　　表5.1.1

| 等级 | 重要程度 | 运输能力<br>(10⁴t／年) | 防　洪　标　准〔重现期(年)〕 | | | |
|---|---|---|---|---|---|---|
| | | | 设　　　计 | | | 校　　　核 |
| | | | 路基 | 涵洞 | 桥梁 | 技术复杂、修复困难或重要的大桥和特大桥 |
| Ⅰ | 骨干铁路和准高速铁路 | ≥1500 | 100 | 50 | 100 | 300 |
| Ⅱ | 次要骨干铁路和联络铁路 | 1500～750 | 100 | 50 | 100 | 300 |
| Ⅲ | 地区(包括地方)铁路 | ≤750 | 50 | 50 | 50 | 100 |

注：①运输能力为重车方向的运量。
　　②每对旅客列车上下行各按每年70×10⁴t折算。
　　③经过蓄、滞洪区的铁路，不得影响蓄、滞洪区的正常运用。

5.1.2　工矿企业专用标准轨距铁路的防洪标准，应根据工矿企业的防洪要求确定。

5.2　公路

5.2.1　汽车专用公路的各类建筑物、构筑物，应根据其重要性和交通量分为高速、Ⅰ、Ⅱ三个等级，各等级的防洪标准按表5.2.1的规定确定。

5.2.2　一般公路的各类建筑物、构筑物，应根据其重要性和交通量分为Ⅱ～Ⅳ三个等级，各等级的防洪标准按表5.2.2的规定确定。

汽车专用公路各类建筑物、构筑物的等级和防洪标准　　　　表5.2.1

| 等级 | 重　　　　要　　　　性 | 防　洪　标　准〔重现期(年)〕 | | | | |
|---|---|---|---|---|---|---|
| | | 路基 | 特大桥 | 大、中桥 | 小桥 | 涵洞及小型排水构筑物 |
| 高速 | 政治、经济意义特别重要的，专供汽车分道高速行驶，并全部控制出入的公路 | 100 | 300 | 100 | 100 | 100 |
| Ⅰ | 连接重要的政治、经济中心，通往重点工矿区、港口、机场等地，专供汽车分道行驶，并部分控制出入的公路 | 100 | 300 | 100 | 100 | 100 |
| Ⅱ | 连接重要的政治、经济中心或大工矿区、港口、机场等地，专供汽车行驶的公路 | 50 | 100 | 50 | 50 | 50 |

注：经过蓄、滞洪区的公路，不得影响蓄、滞洪区的正常运用。

一般公路各类建筑物、构筑物的等级和防洪标准　　　　表5.2.2

| 等级 | 重　　　　要　　　　性 | 防　洪　标　准〔重现期(年)〕 | | | | |
|---|---|---|---|---|---|---|
| | | 路基 | 特大桥 | 大、中桥 | 小桥 | 涵洞及小型排水构筑物 |
| Ⅱ | 连接重要的政治、经济中心或大工矿区、港口、机场等地的公路 | 50 | 100 | 100 | 50 | 50 |
| Ⅲ | 沟通县城以上等地的公路 | 25 | 100 | 50 | 25 | 25 |
| Ⅳ | 沟通县、乡(镇)、村等地的公路 | | 100 | 50 | 25 | |

注：①Ⅳ级公路的路基、涵洞及小型排水构筑物的防洪标准，可视具体情况确定。
　　②经过蓄、滞洪区的公路，不利影响蓄、滞洪区的正常运用。

5.3　航运

5.3.1　江河港口主要港区的陆域，应根据所在城镇的重要性和受淹损失程度分为三个等级，各等级主要港区陆域的防洪标准按表5.3.1的规定确定。

5.3.2　当港区陆域的防洪工程是城镇防洪工程的组成部分时，其防洪标准应与该城镇的防洪标准相适应。

5.3.4　海港主要港区的陆域，应根据港口的重要性和受淹损失程度分为三个等级，各等级主要港区陆域的防洪标准按表5.3.4的规定确定。

5.3.5 当按表5.3.4的防洪标准确定的海港主要港区陆域的设计高潮位低于当地历史最高潮位时，应采用当地历史最高潮位进行校核。有掩护的Ⅲ等海港主要港区陆域的防洪标准，可按50年一遇的高潮位进行校核。

**江河港口主要港区陆域的等级和防洪标准**　　　　　　　表5.3.1

| 等级 | 重 要 性 和 受 淹 损 失 程 度 | 防 洪 标 准〔重现期(年)〕 | |
| --- | --- | --- | --- |
| | | 河网、平原河流 | 山区河流 |
| Ⅰ | 直辖市、省会、首府和重要的城市的主要港区陆域，受淹后损失巨大 | 100～50 | 50～20 |
| Ⅱ | 中等城市的主要港区陆域，受淹后损失较大 | 50～20 | 20～10 |
| Ⅲ | 一般城镇的主要港区陆域，受淹后损失较小 | 20～10 | 10～5 |

**海港主要港区陆域的等级和防洪标准**　　　　　　　表5.3.4

| 等 级 | 重 要 性 和 受 淹 损 失 程 度 | 防 洪 标 准〔重现期(年)〕 |
| --- | --- | --- |
| Ⅰ | 重要的港区陆域、受淹后损失巨大 | 200～100 |
| Ⅱ | 中等港区陆域、受淹后损失较大 | 100～50 |
| Ⅲ | 一般港区陆域、受淹后损失较小 | 50～20 |

注：海港的安全主要是防潮水，为统一起见，本标准将防潮标准统称防洪标准。

### 5.4 民用机场

5.4.1 民用机场应根据其重要程序分为三个等级，各等级的防洪标准按表5.4.1的规定确定。

**民用机场的等级和防洪标准**　　　　　　　表5.4.1

| 等 级 | 重 要 程 度 | 防 洪 标 准〔重现期(年)〕 |
| --- | --- | --- |
| Ⅰ | 特别重要的国际机场 | 200～100 |
| Ⅱ | 重要的国内干线机场及一般的国际机场 | 100～50 |
| Ⅲ | 一般的国内支线机场 | 50～20 |

5.4.2 当跑道和机场的重要设施可分开单独防护时，跑道的防洪标准可适当降低。

## 10.10.10 文物古迹和旅游设施的防洪标准

—— 《防洪标准》(GB50201—94)

9.0.1 不耐淹的文物古迹，应根据其文物保护的级别分为三个等级，各等级的防洪标准按表9.0.1的规定确定，对于特别重要的文物古迹，其防洪标准可适当提高。

**文物古迹的等级和防洪标准**　　　　　　　表9.0.1

| 等 级 | 文 物 保 护 的 级 别 | 防 洪 标 准〔重现期(年)〕 |
| --- | --- | --- |
| Ⅰ | 国家级 | ≥100 |
| Ⅱ | 省(自治区、直辖市)级 | 100～50 |
| Ⅲ | 县(市)级 | 50～20 |

9.0.2 受洪灾威胁的旅游设施，应根据其旅游价值、知名度和受淹损失程序分为三个等级，各等级的防洪标准按表9.0.2的规定确定。

旅游设施的等级和防洪标准　　　　　　　　　　　表 9.0.2

| 等　　级 | 旅游价值、知名度和受淹损失程度 | 防洪标准〔重现期(年)〕 |
|---|---|---|
| I | 国线景点，知名度高，受淹后损失巨大 | 100～50 |
| II | 国线相关景点，知名度较高，受淹后损失较大 | 50～30 |
| III | 一般旅游设施，知名度较低，受淹后损失较小 | 30～10 |

## 10.10.11　城市防洪规划的依据和组成

——《城市防洪规划编制大纲》(1990 年 12 月 11 日水利部发布)

城市防洪规划的依据：

城市所在江河流域的防洪规划，本城市防洪在该防洪规划中的地位和安排。

城市总体规划对防洪的要求。

——《关于加快城市防洪规划和建设工作的通知》(1995 年 7 月 2 日国家防汛抗旱总指挥部、国家计委、建设部、水利部发布)

城市防洪规划的组成：

城市防洪规划应包括防洪和排涝两部分内容。城市排涝标准可参照国家标准《室内排水设计规范》，对特别重要的和重要的城市可适当提高标准。

## 10.10.12　城市防洪规划的内容

——《城市防洪规划编制大纲》(1990 年 12 月 11 日水利部发布)

1.城市防洪总体规划

历史上本城市防洪方针、对策和防治措施(泄、蓄、分、滞等)研究概况。

防洪总体规划方案的拟定(几种可能的方案、近远期结合)。

防洪计算(洪水调节、洪水演进等)。

总体规划方案的分析比较、推荐的方案。

主要防洪工程设施(水库、堤防、分洪道、滞蓄洪区、河道整治、闸涵等)的规模和主要参数。

防洪规划的实施安排。

超标准洪水的对策和措施。

2.防洪工程设施

主要防洪工程的等级和设计标准。

主要防洪工程设施(水库、堤防、分洪道、滞蓄洪区、蓄纳潮区、挡潮闸、涵闸等)的设计方案。

江河河道(沿海城市的海岸)演变规律，与防洪工程安全有关河段整治和防护设计方案。

防洪工程工程量估算，主要工程材料数量，挖压占地和淹没面积移民数量、拆迁的经济设施等。

3.清障规划

河道、行洪区主要阻水物及对泄洪、行洪的影响。清障原则和规划，处理方案及措施。

有关政策。

4.非工程防洪措施

洪泛区、洲滩开发利用规划和管理。

分蓄洪区安全建设规划。

洪水预报警报系统规划。

洪泛区、洲滩居民的撤退转移、救灾措施。

防汛抢险的安排。

关于防洪基金、防洪保险的意见。

### 10.10.13　城市治涝规划的内容

—— 《城市防洪规划编制大纲》(1990 年 12 月 11 日水利部发布)

1.城市治涝总体规划

涝情分析。洪涝关系。排涝排污关系。

治涝的对策和措施(蓄涝、自排、提排等)。

治涝的总体规划方案的拟定(几种可能的方案，近远期相结合)。

治涝分区和治涝计算(高水拦截、涝水调蓄、排泄、提排等的安排)。

主要治涝工程设施(截流沟渠、排水管渠、排水涵闸、排涝站、滞蓄涝区)的规模和主要参数(包括承泄区)。

治涝总体规划方案的分析论证，推荐的现实可行的方案。

治涝工程实施规划。

2.治涝工程设施

主要治涝工程设施(截流沟渠、排水渠、闸涵、排涝站、蓄涝区)的等级和设计标准。

主要治涝工程设施的设计方案(新建、扩建、改建、加固、隐患、处理等)。

治涝工程设施的工程量，主要工程材料数量，挖压占地和淹没面积移民数量，拆迁经济设施。

### 10.10.14　城市防洪规划的成果

—— 《城市规划编制办法实施细则》(1995 年建设部发布)

第十九条　防洪规划

(一)文本内容：

1.城市需设防地区(防江河洪水、防山洪、防海潮、防泥石流)范围，设防等级、防洪标准；

2.防洪区段安全泄洪量；

3.设防方案，防洪堤坝走向，排洪设施位置和规模；

4.防洪设施与城市道路、公路、桥梁交叉方式；

5.排涝防渍的措施。

(二)图纸内容：

1.各类防洪工程设施(水库、堤坝闸门、泵站、泄洪道等)位置、走向；

2.防洪设防地区范围、洪水流向；

3.排洪设施位置、规模。

### 10.10.15　城市消防规划的基本内容与组织编制

—— 《城市消防规划建设管理规定》(1989 年 9 月 10 日公安部、建设部等发布)

第二条　城市消防安全布局和消防站、消防给水、消防车通道、消防通讯等公共消防设施，应当纳入城市规划，与其他市政基础设施统一规划、统一设计、统一建设。

第三条　城市消防规划由城市公安消防监督机构会同城市规划主管部门及其他有关部门共同编

制。与消防安全有关的城市规划建设工程项目的设计审查和竣工验收工作，应当吸收公安消防监督机构参加。

### 10.10.16 城市总体布局的消防安全要求

**——《城市消防规划建设管理规定》**(1989 年 9 月 10 日公安部、建设部等发布)

第五条　在城市总体布局中，必须将生产、储存易燃易爆化学物品的工厂、仓库设在城市边缘的独立安全地区，并与人员密集的公共建筑保持规定的防火安全距离。

位于旧城区严重影响城市消防安全的工厂、仓库，必须纳入改造规划，采取限制迁移或改变生产使用性质等措施，消除不安全因素。

第六条　在城市规划中应合理选择液化石油气供应站的瓶库、汽车加油站和煤气、天然气调压站的位置，并采取有效的消防措施，确保安全。

合理选择城市输送甲、乙、丙类液体，可燃气体管道的位置，严禁在其干管上修建任何建筑物、构筑物或堆放物资。管道和阀门井盖应当有标志。

第七条　装运易燃易爆化学物品的专用车站、码头，必须布置在城市或港区的独立安全地段。

第八条　城区内新建的各种建筑，应当建造一级、二级耐火等级的建筑，控制三级建筑，严格限制四级建筑。

第九条　原有耐火等级低，相互毗连的建筑密集区或大面积棚户区，应当纳入城市改造规划，积极采取防火分隔、提高耐火性能、开辟防火间距和消防车通道等措施，改善消防条件。

第十条　贸易市场或营业摊点的设置，不得堵塞消防车通道和影响消火栓的使用。

### 10.10.17 消防站的布局

**——《城市消防规划建设管理规定》**(1989 年 9 月 10 日公安部、建设部等发布)

第十一条　在城市总体规划中，应当按照国家有关规定，确定城市消防站的位置和用地。

已确定的消防站位置和用地，由城市规划部门进行控制，任何个人和单位不得占用。如其他工程建设确需占用，必须经当地城市规划部门和公安消防监督机构同意，并按照规划另行确定适当地点。

第十二条　消防站的布局，应当以接到报警五分钟内消防队可以到达责任区边缘为原则，每个消防站责任区面积宜为四至七平方公里。

第十三条　高层建筑、地下工程、易燃易爆化学物品企业、古建筑比较多的城市，应当建设特种消防站。

第十四条　物资集中、运输量大、火灾危险性大的沿海、内河城市，应当建设水上消防站。

第十五条　基本抗震烈度在六度(含)以上的城市，消防站建筑应当按该城市的基本抗震烈度提高一度进行设防。

第十六条　合理利用高层建筑或电视发射塔等高度大的建筑物、构筑物建设消防瞭望台，并配备监视和通讯报警设备。

### 10.10.18 消防给水的规定

**——《城市消防规划建设管理规定》**(1989 年 9 月 10 日公安部、建设部等发布)

第十七条　供水部门应当根据城市的具体条件，建设合用的或单独的消防给水管道、消防水池、水井或加水柱。

第十八条　城市规划部门应当充分利用江河、湖泊、水塘等天然水源，并修建通向天然水源的消防车通道和取水设施。未经规划部门批准不得破坏天然水源。

第十九条　消防给水管道的管径、消火栓的间距应当符合国家防火设计规划的规定。市政消火栓规格必须统一，尚未统一的，应当逐步更换。拆除或移动市政消火栓时，必须征得当地公安消防监督机构同意。

第二十条　消防给水管道陈旧或水量、水压不足的，供水部门应当结合管道的扩建、改建和更新，满足消防供水的要求。

第二十一条　大面积棚户区或建筑耐火等级低的建筑密集区，无市政消火栓或消防给水不足、无消防车通道的，应由城市建设部门根据具体条件修建消防蓄水池，其容量宜为一百至二百立方米。

第二十二条　市政消火栓被损坏时，应当由供水部门及时修复。

## 10.10.19　消防车通道的规定

——《城市消防规划建设管理规定》(1989 年 9 月 10 日公安部、建设部等发布)

第二十三条　街区内应当合理规划建设和改造消防车通道。消防车通道的宽度、间距和转弯半径等应当符合国家有关规定。

第二十四条　有河流、铁路通过的城市，应当采取增设桥梁等措施，保证消防车道的畅通。

第二十五条　任何单位或个人，不准挖掘或占用消防车通道。必须临时挖掘或占用时，批准单位必须及时通知公安消防监督机构。

## 10.10.20　火灾报警与消防通讯指挥

——《城市消防规划建设管理规定》(1989 年 9 月 10 日公安部、建设部等发布)

第二十六条　城市应当规划和逐步建设比较先进的有线、无线火灾报警和消防通讯指挥系统。

一百万人口以上的城市和有条件的其他城市，应当规划和逐步建成由电子计算机控制的火灾报警和消防通讯、调度指挥的自动化系统。

第二十七条　小城市的电话局和大中城市的电话分局至城市火警总调度台，应当设置不少于两对的火警专线。建制镇、独立工矿区的电话分局至消防队火警接警室的火警专用线，不宜少于两对。

第二十八条　一级消防重点保卫单位至城市火警总调度台或责任区消防队，应当设有线或无线火灾报警设备。

城市火警总调度台与城市的供水、供电、供气、急救、交通、环保等部门之间，应当设有专线通讯。

(注：因尚未颁布《城市通信工程规划规范》，市政工程规划中暂缺"通信工程规划"的内容。相关设计要求请参见《城市规划资料集》第十一分册《工程规划》)

## 11  居住区规划与建筑工程防火

# 11.1  居住区规划

### 11.1.1  规划原则和空间环境设计原则

—— 《城市居住区规划设计规范》(GB50180 — 93)(2002 年版)

1.0.5  居住区的规划设计，应遵循下列基本原则：

1.0.5.1  符合城市总体规划的要求；

1.0.5.2  符合统一规划、合理布局、因地制宜、综合开发、配套建设的原则；

1.0.5.3  综合考虑所在城市的性质、社会经济、气候、民族、习俗和传统风貌等地方特点和规划用地周围的环境条件，充分利用规划用地内有保留价值的河湖水域、地形地物、植被、道路、建筑物与构筑物等，并将其纳入规划；

1.0.5.4  适应居民的活动规律，综合考虑日照、采光、通风、防灾、配建设施及管理要求，创造安全、卫生、方便、舒适、优美的居住生活环境；

1.0.5.5  为老年人、残疾人的生活和社会活动提供条件；

1.0.5.6  为工业化生产、机械化施工和建筑群体、空间环境多样化创造条件；

1.0.5.7  为商品化经营、社会化管理及分期实施创造条件；

1.0.5.8  充分考虑社会、经济和环境三方面的综合效益。

4.0.2  居住区的空间与环境设计，应遵循下列原则：

4.0.2.1  规划布局和建筑应体现地方特色，与周围环境相协调；

4.0.2.2  合理设置公共服务设施，避免烟、气(味)、尘及噪声对居民的污染和干扰；

4.0.2.3  精心设置建筑小品，丰富与美化环境；

4.0.2.4  注重景观和空间的完整性，市政公用站点等宜与住宅或公建结合安排；供电、电讯、路灯等管线宜地下埋设；

4.0.2.5  公共活动空间的环境设计，应处理好建筑、道路、广场、院落、绿地和建筑小品之间及其与人的活动之间的相互关系。

### 11.1.2  居住区分级

—— 《城市居住区规划设计规范》(GB50180 — 93)(2002 年版)

1.0.3  居住区按居住户数或人口规模可分为居住区、小区、组团三级。各级标准控制规模，应符合表 1.0.3 的规定。

居 住 区 分 级 控 制 规 模　　　　　　　　　　　　表 1.0.3

|  | 居　住　区 | 小　区 | 组　团 |
|---|---|---|---|
| 户数(户) | 10000～16000 | 3000～5000 | 300～1000 |
| 人口(人) | 30000～50000 | 10000～15000 | 1000～3000 |

1.0.3a　居住区的规划布局形式可采用居住区－小区－组团、居住区－组团、小区－组团及独立式组团等多种类型。

1.0.4　居住区的配建设施，必须与居住人口规模相对应。其配建设施的面积总指标，可根据规划布局形式统一安排、灵活使用。

### 11.1.3　用地分类与用地指标

用地分类(参见 2.4.1 第 2 项的内容)

用地指标(参见 2.4.2 第 5 项和第 6 项的内容)

### 11.1.4　住宅

—— 《城市居住区规划设计规范》(GB50180—93)(2002 年版)

5.0.1　住宅建筑的规划设计，应综合考虑用地条件、选型、朝向、间距、绿地、层数与密度、布置方式、群体组合、空间环境和不同使用者的需要等因素确定。

5.0.1A　宜安排一定比例的老年人居住建筑。

5.0.2　住宅间距，应以满足日照要求为基础，综合考虑采光、通风、消防、防灾、管线埋设、视觉卫生等要求确定。

5.0.2.1　住宅日照标准应符合表 5.0.2-1 规定；对于特定情况还应符合下列规定：

(1)老年人居住建筑不应低于冬至日日照 2 小时的标准；

(2)在原设计建筑外增加任何设施不应使相邻住宅原有日照标准降低；

(3)旧区改建的项目内新建住宅日照标准可酌情降低，但不应低于大寒日日照 1 小时的标准。

**住 宅 建 筑 日 照 标 准**　　　　　　表 5.0.2-1

| 建 筑 气 候 区 划 | Ⅰ、Ⅱ、Ⅲ、Ⅶ气候区 | | Ⅳ气候区 | | Ⅴ、Ⅵ气候区 |
|---|---|---|---|---|---|
| | 大 城 市 | 中 小 城 市 | 大 城 市 | 中 小 城 市 | |
| 日照标准日 | 大 寒 日 | | | 冬 至 日 | |
| 日照时数(h) | ≥2 | ≥3 | | ≥1 | |
| 有效日照时间带(h) | 8～16 | | | 9～15 | |
| 日照时间计算起点 | 底 层 窗 台 面 | | | | |

注：①建筑气候区划应符合本规范附录 A 第 A.0.1 条的规定。
　　②底层窗台面是指距室内地坪 0.9m 高的外墙位置。

5.0.2.2　正面间距，可按日照标准确定的不同方位的日照间距系统控制，也可采用表 5.0.2-2 不同方位间距折减系数换算。

5.0.2.3　住宅侧面间距，应符合下列规定：

(1)条式住宅，多层之间不宜小于 6m；高层与各种层数住宅之间不宜小于 13m；

(2)高层塔式住宅、多层和中高层点式住宅与侧面有窗的各种层数住宅之间应考虑视觉卫生因素，适当加大间距。

5.0.3　住宅布置，应符合下列规定：

5.0.3.1　选用环境条件优越的地段布置住宅，其布置应合理紧凑；

5.0.3.2　面街布置的住宅，其出入口应避免直接开向城市道路和居住区级道路；

不同方位间距折减换算表

表5.0.2-2

| 方　位 | 0°～15°（含） | 15°～30°（含） | 30°～45°（含） | 45°～60°（含） | ＞60 |
|---|---|---|---|---|---|
| 折减值 | 1.00L | 0.90L | 0.80L | 0.90L | 0.95L |

注：①表中方位为正南向(0°)偏东、偏西的方位角。
　　②L为当地正南向住宅的标准日照间距(m)。
　　③本表指标仅适用于无其他日照遮挡的平行布置条式住宅之间。

5.0.3.3　在Ⅰ、Ⅱ、Ⅵ、Ⅶ建筑气候区，主要应利于住宅冬季的日照、防寒、保温与防风沙的侵袭；在Ⅲ、Ⅳ建筑气候区，主要应考虑住宅夏季防热和组织自然通风、导风入室的要求；

5.0.3.4　在丘陵和山区，除考虑住宅布置与主导风向的关系外，尚应重视因地形变化而产生的地方风对住宅建筑防寒、保温或自然通风的影响；

5.0.3.5　老年人居住建筑宜靠近相关服务设施和公共绿地。

5.0.4　住宅的设计标准，应符合现行国家标准《住宅设计规范》GB50096—99的规定，宜采用多种户型和多种面积标准。

5.0.5　住宅层数，应符合下列规定：

5.0.5.1　根据城市规划要求和综合经济效益，确定经济的住宅层数与合理的层数结构；

5.0.5.2　无电梯住宅不应超过六层。在地形起伏较大的地区，当住宅分层入口时，可按进入住宅后的单程上或下的层数计算。

5.0.6　住宅净密度，应符合下列规定：

5.0.6.1　住宅建筑净密度的最大值，不应超过表5.0.6-1规定；

5.0.6.2　住宅建筑面积净密度的最大值，不宜超过表5.0.6-2规定。

住宅建筑净密度控制指标(%)

表5.0.6-1

| 住　宅　层　数 | 建　筑　气　候　区　别 | | |
|---|---|---|---|
| | Ⅰ、Ⅱ、Ⅵ、Ⅶ | Ⅲ、Ⅴ | Ⅳ |
| 低　层 | 35 | 40 | 43 |
| 多　层 | 28 | 30 | 32 |
| 中　高　层 | 25 | 28 | 30 |
| 高　层 | 20 | 20 | 22 |

注：混合层取两者的指标值作为控制指标的上、下限值。

住宅建筑面积净密度控制指标(万 m²/hm²)

表5.0.6-2

| 住　宅　层　数 | 建　筑　气　候　区　别 | | |
|---|---|---|---|
| | Ⅰ、Ⅱ、Ⅵ、Ⅶ | Ⅲ、Ⅴ | Ⅳ |
| 低　层 | 1.10 | 1.20 | 1.30 |
| 多　层 | 1.70 | 1.80 | 1.90 |
| 中　高　层 | 2.00 | 2.20 | 2.40 |
| 高　层 | 3.50 | 3.50 | 3.50 |

注：①混合层取两者的指标值作为控制指标的上、下限值；
　　②本表不计入地下层面积。

## 11.1.5 公共服务设施

—— **《城市居住区规划设计规范》**(GB50180—93)(2002 年版)

6.0.1 居住区公共服务设施(也称配套公建),应包括:教育、医疗卫生、文化体育、商业服务、金融邮电、社区服务、市政公用和行政管理及其他八类设施。

6.0.2 居住区配套公建的配建水平,必须与居住人口规模相对应。并应与住宅同步规划、同步建设和同时投入使用。

6.0.3 居住区配套公建的项目,应符合附录 C 的规定。配建指标,应以表 6.0.3 规定的千人总指标和分类指标控制,并应遵循下列原则:

6.0.3.1 各地应按表 6.0.3 中规定所确定的本规范附录 C 中有关项目及其具体指标控制;

6.0.3.2 附录 C 和表 6.0.3 在使用时可根据规划布局形式和规划用地四周的设施条件,对配建项目进行合理的归并、调整,但不应少于与其居住人口规模相对应的千人总指标;

6.0.3.3 当规划用地内的居住人口规模界于组团和小区之间或小区和居住区之间时,除配建下一级应配建的项目外,还应根据所增人数及规划用地周围的设施条件,增配高一级的有关项目及增加有关指标;

6.0.3.6 旧区改建和城市边缘的居住区,其配建项目与千人总指标可酌情增减,但应符合当地城市规划行政主管部门的有关规定;

6.0.3.7 凡国家确定的一、二类人防重点城市均应按国家人防部门的有关规定配建防空地下室,并应遵循平战结合的原则,与城市地下空间规划相结合,统筹安排。将居住区使用部分的面积,按其使用性质纳入配套公建;

6.0.3.8 居住区配套公建各项目的设置要求,应符合附录 D 的规定。对其中的服务内容可酌情选用。

公共服务设施控制指标(m²/千人) 表 6.0.3

| 类 别＼居住规模 | 居 住 区 建筑面积 | 居 住 区 用地面积 | 小 区 建筑面积 | 小 区 用地面积 | 组 团 建筑面积 | 组 团 用地面积 |
|---|---|---|---|---|---|---|
| 总 指 标 | 1668～3293 (2228～4213) | 2172～5559 (2762～6329) | 968～2397 (1338～2977) | 1091～3835 (1491～4585) | 362～856 (703～1356) | 488～1058 (868～1578) |
| 其 中 教 育 | 600～1200 | 1000～2400 | 330～1200 | 700～2400 | 160～400 | 300～500 |
| 其 中 医疗卫生 (含医院) | 78～198 (178～398) | 138～378 (298～548) | 38～98 | 78～228 | 6～20 | 12～40 |
| 其 中 文 体 | 125～245 | 225～645 | 45～75 | 65～105 | 18～24 | 40～60 |
| 其 中 商业服务 | 700～910 | 600～940 | 450～570 | 100～600 | 150～370 | 100～400 |
| 其 中 社区服务 | 59～464 | 76～668 | 59～292 | 76～328 | 19～32 | 16～28 |
| 其 中 金融邮电 (含银行、邮电局) | 20～30 (60～80) | 25～50 | 16～22 | 22～34 | — | — |
| 其 中 市政公用 (含居民存车处) | 40～150 (460～820) | 70～360 (500～960) | 30～140 (400～720) | 50～140 (450～760) | 9～10 (350～510) | 20～30 (400～550) |
| 其 中 行政管理及其他 | 46～96 | 37～72 | — | — | — | — |

注:①居住区级指标含小区和组团级指标,小区级含组团级指标;
　　②公共服务设施总用地的控制指标应符合表 3.0.2 规定;
　　③总指标未含其他类,使用时应根据规划设计要求确定本类面积指标;
　　④小区医疗卫生类未含门诊所;
　　⑤市政公用类未含锅炉房,在采暖地区应自选确定。

6.0.4 居住区配套公建各项目的规划布局，应符合下列规定：

6.0.4.1 根据不同项目的使用性质和居住区的规划布局形式，应采用相对集中与适当分散相结合的方式合理布局。并应利于发挥设施效益，方便经营管理、使用和减少干扰；

6.0.4.2 商业服务与金融邮电、文体等有关项目宜集中布置，形成居住区各级公共活动中心；

6.0.4.3 基层服务设施的设置应方便居民，满足服务半径的要求；

6.0.4.4 配套公建的规划布局和设计应考虑发展需要。

6.0.5 居住区内公共活动中心、集贸市场和人流较多的公共建筑，必须相应配建公共停车场(库)，并应符合下列规定：

6.0.5.1 配建公共停车场(库)的停车位控制指标，应符合表6.0.5规定；

6.0.5.2 配建公共停车场(库)应就近设置，并宜采用地下或多层车库。

**配建公共停车场(库)停车位控制指标** 表6.0.5

| 名 称 | 单 位 | 自 行 车 | 机 动 车 |
|---|---|---|---|
| 公 共 中 心 | 车位/100m²建筑面积 | ≥7.5 | ≥0.45 |
| 商 业 中 心 | 车位/100m²营业面积 | ≥7.5 | ≥0.45 |
| 集 贸 市 场 | 车位/100m²营业场地 | ≥7.5 | ≥0.30 |
| 饮 食 店 | 车位/100m²营业面积 | ≥3.6 | ≥0.30 |
| 医院、门诊所 | 车位/100m²建筑面积 | ≥1.5 | ≥0.30 |

注：①本表机动车停车车位以小型汽车为标准当量表示；
②其他各型车辆停车位的换算办法，应符合本规范第11章中有关规定。

## 11.1.6 绿地

—— 《城市居住区规划设计规范》(GB50180—93)(2002年版)

7.0.1 居住区内绿地，应包括公共绿地、宅旁绿地、配套公建所属绿地和道路绿地，其中包括了满足当地植树绿化覆土要求、方便居民出入的地下或半地下建筑的屋顶绿地。

7.0.2 居住区内绿地应符合下列规定：

7.0.2.1 一切可绿化的用地均应绿化，并宜发展垂直绿化；

7.0.2.2 宅间绿地应精心规划与设计；宅间绿地面积的计算办法应符合本规范第11章中有关规定；

7.0.2.3 绿地率：新区建设不应低于30%；旧区改建不宜低于25%。

7.0.3 居住区内的绿地规划，应根据居住区的规划布局形式、环境特点及用地的具体条件，采用集中与分散相结合，点、线、面相结合的绿地系统。并宜保留和利用规划范围内的已有树木和绿地。

7.0.4 居住区内的公共绿地，应根据居住区不同的规划布局形式设置相应的中心绿地，以及老年人、儿童活动场地和其他的块状、带状公共绿地等，并应符合下列规定：

7.0.4.1 中心绿地的设置应符合下列规定：

(1)符合表7.0.4-1规定，表内"设置内容"可视具体条件选用；

(2)至少应有一个边与相应级别的道路相邻；

(3)绿化面积(含水面)不宜小于70%；

(4)便于居民休憩、散步和交往之用，宜采用开敞式，以绿篱或其他通透式院墙栏杆作分隔；

(5)组团绿地的设置应满足有不少于1/3的绿地面积在标准的建筑日照阴影线范围之外的要求，并便于设置儿童游戏设施和适于成人游憩活动。其中院落式组团绿地的设置还应同时满足表

7.0.4-2中的各项要求，其面积计算起止界可参见本书2.4.3用地计算第5项居住区绿地面积的确定中的内容。

　　7.0.4.2　其他块状带状公共绿地应同时满足宽度不小于8m，面积不小于400m²和本条第1款(2)、(3)、(4)项及第(5)项中的日照环境要求；

　　7.0.4.3　公共绿地的位置和规模，应根据规划用地周围的城市级公共绿地的布局综合确定。

　　7.0.5　居住区内公共绿地的总指标，应根据居住人口规模分别达到：组团不少于0.5m²／人，小区(含组团)不少于1m²／人，居住区(含小区与组团)不少于1.5m²／人，并应根据居住区规划布局形式统一安排、灵活使用。

　　旧区改建可酌情降低，但不得低于相应指标的70%。

各级中心绿地设置规定　　　　　　　　　　　　　　　表7.0.4-1

| 中心绿地名称 | 设　置　内　容 | 要　　　求 | 最小规模(hm²) |
|---|---|---|---|
| 居住区公园 | 花木草坪、花坛水面、凉亭雕塑、小卖茶座、老幼设施、停车场地和铺装地面等 | 园内布局应有明确的功能划分 | 1.00 |
| 小游园 | 花木草坪、花坛水面、雕塑、儿童设施和铺装地面等 | 园内布局应有一定的功能划分 | 0.40 |
| 组团绿地 | 花木草坪、桌椅、简易儿童设施等 | 灵　活　布　局 | 0.04 |

院落式组团绿地设置规定　　　　　　　　　　　　　　表7.0.4-2

| 封　闭　型　绿　地 | | 开　敞　型　绿　地 | |
|---|---|---|---|
| 南侧多层楼 | 南侧高层楼 | 南侧多层楼 | 南侧高层楼 |
| $L \geqslant 1.5L_2$ | $L \geqslant 1.5L_2$ | $L \geqslant 1.5L_2$ | $L \geqslant 1.5L_2$ |
| $L \geqslant 30m$ | $L \geqslant 50m$ | $L \geqslant 30m$ | $L \geqslant 50m$ |
| $S_1 \geqslant 800m²$ | $S_1 \geqslant 1800m²$ | $S_1 \geqslant 500m²$ | $S_1 \geqslant 1200m²$ |
| $S_2 \geqslant 1000m²$ | $S_2 \geqslant 2000m²$ | $S_2 \geqslant 600m²$ | $S_2 \geqslant 1400m²$ |

　　注：$L$——南北两楼正面间距(m)；
　　　　$L_2$——当地住宅的标准日照间距(m)；
　　　　$S_1$——北侧为多层楼的组团绿地面积(m²)；
　　　　$S_2$——北侧为高层楼的组团绿地面积(m²)。

## 11.1.7　道路

—— **《城市居住区规划设计规范》**(GB50180—93)(2002 年版)

　　8.0.1　居住区的道路规划，应遵循下列原则：

　　8.0.1.1　根据地形、气候、用地规模、用地四周的环境条件、城市交通系统以及居民的出行方式，应选择经济、便捷的道路系统和道路断面形式；

　　8.0.1.2　小区内应避免过境车辆的穿行，道路通而不畅、避免往返迂回，并适于消防车、救护车、商店货车和垃圾车等的通行；

　　8.0.1.3　有利于居住区内各类用地的划分和有机联系，以及建筑物布置的多样化；

　　8.0.1.4　当公共交通线路引入居住区级道路时，应减少交通噪声对居民的干扰；

　　8.0.1.5　在地震烈度不低于六度的地区，应考虑防灾救灾要求；

　　8.0.1.6　满足居住区的日照通风和地下工程管线的埋设要求；

　　8.0.1.7　城市旧区改建，其道路系统应充分考虑原有道路特点，保留和利用有历史文化价值的街道；

8.0.1.8　应便于居民汽车的通行，同时保证行人、骑车人的安全便利。

8.0.2　居住区内道路可分为：居住区道路、小区路、组团路和宅间小路四级。其道路宽度，应符合下列规定：

8.0.2.1　居住区道路：红线宽度不宜小于20m；

8.0.2.2　小区路：路面宽6～9m，建筑控制线之间的宽度，需敷设供热管线的不宜小于14m；无供热管线的不宜小于10m；

8.0.2.3　组团路：路面宽3～5m；建筑控制线之间的宽度，需敷设供热管线的不宜小于10m；无供热管线的不宜小于8m；

8.0.2.4　宅间小路：路面宽不宜小于2.5m；

8.0.2.5　在多雪地区，应考虑堆积清扫道路积雪的面积，道路宽度可酌情放宽，但应符合当地城市规划行政主管部门的有关规定。

8.0.3　居住区内道路纵坡规定，应符合下列规定：

8.0.3.1　居住区内道路纵坡控制指标应符合表8.0.3的规定；

居住区内道路纵坡控制指标(%)　　　　　　　表8.0.3

| 道　路　类　别 | 最　小　纵　坡 | 最　大　纵　坡 | 多雪严寒地区最大纵坡 |
|---|---|---|---|
| 机动车道 | ≥0.2 | ≤8.0<br>$L \leq 200m$ | ≤5.0<br>$L \leq 600m$ |
| 非机动车道 | ≥0.2 | ≤3.0<br>$L \leq 50m$ | ≤2.0<br>$L \leq 100m$ |
| 步　行　道 | ≥0.2 | ≤8.0 | ≤4.0 |

注：$L$为坡长(m)。

8.0.3.2　机动车与非机动车混行的道路，其纵坡宜按非机动车道要求，或分段按非机动车道要求控制。

8.0.4　山区和丘陵地区的道路系统规划设计，应遵循下列原则：

8.0.4.1　车行与人行宜分开设置自成系统；

8.0.4.2　路网格式应因地制宜；

8.0.4.3　主要道路宜平缓；

8.0.4.4　路面可酌情缩窄，但应安排必要的排水边沟和会车位，并应符合当地城市规划行政主管部门的有关规定。

8.0.5　居住区内道路设置，应符合下列规定：

8.0.5.1　小区内主要道路至少应有两个出入口；居住区内主要道路至少应有两个方向与外围道路相连；机动车道对外出入口间距不应小于150m。沿街建筑物长度超过150m时，应设不小于4m×4m的消防车通道。人行出口间距不宜超过80m，当建筑物长度超过80m时，应在底层加设人行通道；

8.0.5.2　居住区内道路与城市道路相接时，其交角不宜小于75°；当居住区内道路坡度较大时，应设缓冲段与城市道路相接；

8.0.5.3　进入组团的道路，既应方便居民出行和利于消防车、救护车的通行，又应维护院落的完整性和利于治安保卫；

8.0.5.4　在居住区内公共活动中心，应设置为残疾人通行的无障碍通道。通行轮椅车的坡道宽度不应小于2.5m，纵坡不应大于2.5%；

8.0.5.5　居住区内尽端式道路的长度不宜大于120m，并应在尽端设不小于12m×12m的回车场地；

8.0.5.6　当居住区内用地坡度大于8%时，应辅以梯步解决竖向交通，并宜在梯步旁附设推行自行车的坡道；

8.0.5.7　在多雪严寒的山坡地区，居住区内道路路面应考虑防滑措施；在地震设防地区，居住区内的主要道路，宜采用柔性路面；

8.0.5.8　居住区内道路边缘至建筑物、构筑物的最小距离，应符合表8.0.5规定。

道路边缘至建构筑物最小距离（m）　　　　　　　　　　　　　表8.0.5

| 与建、构筑物关系 | | 道 路 级 别 | 居 住 区 道 路 | 小 区 路 | 组 团 路 及 宅 间 小 路 |
|---|---|---|---|---|---|
| 建筑物 面向道路 | 无 出 入 口 | 高　层 | 5.0 | 3.0 | 2.0 |
| | | 多　层 | 3.0 | 3.0 | 2.0 |
| | 有 出 入 口 | | — | 5.0 | 2.5 |
| 建筑物山墙面向道路 | | 高　层 | 4.0 | 2.0 | 1.5 |
| | | 多　层 | 2.0 | 2.0 | 1.5 |
| 围 墙 面 向 道 路 | | | 1.5 | 1.5 | 1.5 |

注：居住区道路的边缘指红线；小区、组团路及宅间小路的边缘指路面边线。当小区路设有人行便道时，其道路边缘指便道边线。

8.0.6　居住区内必须配套设置居民汽车(含通勤车)停车场、停车库，并应符合下列规定：

8.0.6.1　居民汽车停车率不应小于10%；

8.0.6.2　居住区内地面停车率(居住区内居民汽车的停车位数量与居住户数的比率)不宜超过10%；

8.0.6.3　居民停车场、库的布置应方便居民使用，服务半径不宜大于150m；

8.0.6.4　居民停车场、库的布置应留有必要的发展余地。

11.0.2.7　停车场车位数的确定以小型汽车为标准当量表示，其他各型车辆的停车位，应按表11.0.2中相应的换算系数折算。

各型车辆停车位换算系数　　　　　　　　　　　　　表11.0.2

| 车　　　　　　　型 | 换 算 系 数 |
|---|---|
| 微型客、货汽车机动三轮车 | 0.7 |
| 卧车、两吨以下货运汽车 | 1.0 |
| 中型客车、面包车、2～4t货运汽车 | 2.0 |
| 铰接车 | 3.5 |

### 11.1.8　竖向规划

——《城市居住区规划设计规范》(GB50180—93)(2002年版)

9.0.1　居住区的竖向规划，应包括地形地貌的利用、确定道路控制高程和地面排水规划等内容。

9.0.2　居住区竖向规划设计，应遵循下列原则：

9.0.2.1　合理利用地形地貌，减少土方工程量；

9.0.2.2　各种场地的适用坡度，应符合表9.0.1规定；

**各种场地的适用坡度（%）** 表 9.0.1

| 场 地 名 称 | 适 用 坡 度 |
|---|---|
| 密实性地面和广场 | 0.3~3.0 |
| 广场兼停车场 | 0.2~0.5 |
| 室外场地<br>1.儿童游戏场<br>2.运动场<br>3.杂用场地 | 0.3~2.5<br>0.2~0.5<br>0.3~2.9 |
| 绿 地 | 0.5~1.0 |
| 湿陷性黄土地面 | 0.5~7.0 |

9.0.2.3　满足排水管线的埋设要求；

9.0.2.4　避免土壤受冲刷；

9.0.2.5　有利于建筑布置与空间环境的设计；

9.0.2.6　对外联系道路的高程应与城市道路标高相衔接。

9.0.3　当自然地形坡度大于8%，居住区地面连接形式宜选用台地式，台地之间应用挡土墙或护坡连接。

9.0.4　居住区内地面水的排水系统，应根据地形特点设计。在山区和丘陵地区还必须考虑排洪要求。地面水排水方式的选择，应符合以下规定：

9.0.4.1　居住区内应采用暗沟(管)排除地面水；

9.0.4.2　在埋设地下暗沟(管)极不经济的陡坎、岩石地段，或在山坡冲刷严重，管沟易堵塞的地段，可采用明沟排水。

## 11.1.9　管线综合

—— 《城市居住区规划设计规范》(GB50180 — 93)(2002 年版)

10.0.1　居住区内应设置给水、污水、雨水和电力管线，在采用集中供热居住区内还应设置供热管线，同时还应考虑燃气、通讯、电视公用天线、闭路电视、智能化等管线的设置或预留埋设位置。

10.0.2　居住区内各类管线的设置，应编制管线综合规划确定，并应符合下列规定：

10.0.2.1　必须与城市管线衔接；

10.0.2.2　应根据各类管线的不同特性和设置要求综合布置。各类管线相互间的水平与垂直净距，宜符合表 10.0.2-1 和表 10.0.2-2 的规定；

**各种地下管线之间最小水平净距（m）** 表 10.0.2-1

| 管 线 名 称 | | 给水管 | 排水管 | 燃 气 管③ | | | 热力管 | 电力电缆 | 电信电缆 | 电信管道 |
|---|---|---|---|---|---|---|---|---|---|---|
| | | | | 低 压 | 中 压 | 高 压 | | | | |
| 排 水 管 | | 1.5 | 1.5 | — | — | — | — | — | — | — |
| 燃 气 管③ | 低 压 | 0.5 | 1.0 | — | — | — | — | — | — | — |
| | 中 压 | 1.0 | 1.5 | — | — | — | — | — | — | — |
| | 高 压 | 1.5 | 2.0 | — | — | — | — | — | — | — |
| 热 力 管 | | 1.5 | 1.5 | 1.0 | 1.5 | 2.0 | — | — | — | — |
| 电 力 电 缆 | | 0.5 | 0.5 | 0.5 | 1.0 | 1.5 | 2.0 | — | — | — |
| 电 信 电 缆 | | 1.0 | 1.0 | 0.5 | 1.0 | 1.5 | 1.0 | 0.5 | — | — |
| 电 信 管 道 | | 1.0 | 1.0 | 1.0 | 1.0 | 2.0 | 1.0 | 1.2 | 0.2 | — |

注：①表中给水管与排水管之间的净距适用于管径小于或等于200mm，当管径大于200mm时应大于或等于3.0m；

②大于或等于10kV的电力电缆与其他任何电力电缆之间应大于或等于0.25m，如加套管，净距可减至0.1m；小于10kV电力电缆之间应大于或等于0.1m；

③低压燃气管的压力为小于或等于0.005MPa，中压为0.005~0.3MPa，高压为0.3~0.8MPa。

各种地下管线之间最小垂直净距(m)　　　　表10.0.2-2

| 管线名称 | 给水管 | 排水管 | 燃气管 | 热力管 | 电力电缆 | 电信电缆 | 电信管道 |
|---|---|---|---|---|---|---|---|
| 给水管 | 0.15 | — | — | — | — | — | — |
| 排水管 | 0.40 | 0.15 | — | — | — | — | — |
| 燃气管 | 0.15 | 0.15 | 0.15 | — | — | — | — |
| 热力管 | 0.15 | 0.15 | 0.15 | 0.15 | — | — | — |
| 电力电缆 | 0.15 | 0.50 | 0.50 | 0.50 | 0.50 | — | — |
| 电信电缆 | 0.20 | 0.50 | 0.50 | 0.15 | 0.50 | 0.25 | 0.25 |
| 电信管道 | 0.10 | 0.15 | 0.15 | 0.15 | 0.50 | 0.25 | 0.25 |
| 明沟沟底 | 0.50 | 0.50 | 0.50 | 0.50 | 0.50 | 0.50 | 0.50 |
| 涵洞基底 | 0.15 | 0.15 | 0.15 | 0.15 | 0.50 | 0.20 | 0.25 |
| 铁路轨底 | 1.00 | 1.20 | 1.00 | 1.20 | 1.00 | 1.00 | 1.00 |

10.0.2.3　宜采用地下敷设的方式。地下管线的走向，宜沿道路或与主体建筑平行布置，并力求线型顺直、短捷和适当集中，尽量减少转弯，并应使管线之间及管线与道路之间尽量减少交叉；

10.0.2.4　应考虑不影响建筑物安全和防止管线受腐蚀、沉陷、震动及重压。各种管线与建筑物和构筑物之间的最小水平间距，应符合表10.0.2-3规定；

各种管线与建、构筑物之间的最小水平间距（m）　　　　表10.0.2-3

| 管线名称 | | 建筑物基础 | 地上杆柱(中心) | | | 铁路(中心) | 城市道路侧石边缘 | 公路边缘 |
|---|---|---|---|---|---|---|---|---|
| | | | 通信、照明及＜10kV | ≤35kV | ＞35kV | | | |
| 给水管 | | 3.00 | 0.50 | 3.00 | | 5.00 | 1.50 | 1.00 |
| 排水管 | | 2.50 | 0.50 | 1.50 | | 5.00 | 1.50 | 1.00 |
| 燃气管 | 低压 | 1.50 | 1.00 | 1.00 | 5.00 | 3.75 | 1.50 | 1.00 |
| | 中压 | 2.00 | | | | 3.75 | 1.50 | 1.00 |
| | 高压 | 4.00 | | | | 5.00 | 2.50 | 1.00 |
| 热力管 | 直埋2.5 地沟0.5 | | 1.00 | 2.00 | 3.00 | 3.75 | 1.50 | 1.00 |
| 电力电缆 | | 0.60 | 0.60 | 0.60 | 0.60 | 3.75 | 1.50 | 1.00 |
| 电信电缆 | | 0.60 | 0.50 | 0.60 | 0.60 | 3.75 | 1.50 | 1.00 |
| 电信管道 | | 1.50 | 1.00 | 1.00 | 1.00 | 3.75 | 1.50 | 1.00 |

注：①表中给水管与城市道路侧石边缘的水平间距1.00m适用于管径小于或等于200m，当管径大于200mm时应大于或等于1.50m；
②表中给水管与围墙或篱笆的水平间距1.50m是适用于管径小于或等于200mm，当管径大于200mm时应大于或等于2.50m；
③排水管与建筑物基础的水平间距，当埋深浅于建筑物基础时应大于或等于2.50m；
④表中热力管与建筑物基础的最小水平间距对于管沟敷设的热力管道为0.50m，对于直埋闭式热力管道管径小于或等于250mm时为2.50m，管径大于或等于300mm时为3.00m对于直埋开式热力管道为5.00m。

10.0.2.5　各种管线的埋设顺序应符合下列规定：

(1)离建筑物的水平排序，由近及远宜为：电力管线或电信管线、燃气管、热力管、给水管、雨水管、污水管；

(2)各类管线的垂直排序，由浅入深宜为：电信管线、热力管、小于10kV电力电缆、大于10kV电力电缆、燃气管、给水管、雨水管、污水管。

10.0.2.6　电力电缆与电信管、缆宜远离，并按照电力电缆在道路东侧或南侧、电信电缆在道路西侧或北侧的原则布置；

10.0.2.7　管线之间遇到矛盾时，应按下列原则处理：

(1)临时管线避让永久管线；

(2)小管线避让大管线；

(3)压力管线避让重力自流管线；

(4)可弯曲管线避让不可弯曲管线。

10.0.2.8　地下管线不宜横穿公共绿地和庭院绿地。与绿化树种间的最小水平净距，宜符合表10.0.2-4中的规定。

管线、其他设施与绿化树种间的最小水平净距（m）　　　　表 10.0.2-4

| 管　线　名　称 | 最 小 水 平 净 距 | |
|---|---|---|
| | 至 乔 木 中 心 | 至 灌 木 中 心 |
| 给水管、闸井 | 1.5 | 1.5 |
| 污水管、雨水管、探井 | 1.5 | 1.5 |
| 燃气管、探井 | 1.2 | 1.2 |
| 电力电缆、电信电缆 | 1.0 | 1.0 |
| 电信管道 | 1.5 | 1.0 |
| 热 力 管 | 1.5 | 1.5 |
| 地上杆柱(中心) | 2.0 | 2.0 |
| 消防龙头 | 1.5 | 1.2 |
| 道路侧石边缘 | 0.5 | 0.5 |

## 11.1.10　综合经济技术指标

—— 《城市居住区规划设计规范》(GB50180—93)(2002 年版)

11.0.1　居住区综合技术经济指标的项目应包括必要指标和可选用指标两类,其项目及计量单位应符合表11.0.1规定。

综合技术经济指标系列一览表　　　　表 11.0.1

| 项　　　　　目 | 计 量 单 位 | 数　值 | 所占比重 (%) | 人均面积(m²/人) |
|---|---|---|---|---|
| 居住区规划总用地 | hm² | ▲ | — | — |
| 1.居住区用地(R) | hm² | ▲ | 100 | ▲ |
| ①住宅用地(R01) | hm² | ▲ | ▲ | ▲ |
| ②公建用地(R02) | hm² | ▲ | ▲ | ▲ |
| ③道路用地(R03) | hm² | ▲ | ▲ | ▲ |
| ④公共绿地(R04) | hm² | ▲ | ▲ | ▲ |
| 2.其他用地 | hm² | ▲ | — | — |
| 居住户(套)数 | 户(套) | ▲ | — | — |
| 居 住 人 数 | 人 | ▲ | — | — |
| 户 均 人 口 | 人／户 | ▲ | — | — |
| 总建筑面积 | 万 m² | ▲ | — | — |
| 1.居住用地内建筑总面积 | 万 m² | ▲ | 100 | ▲ |
| ①住宅建筑面积 | 万 m² | ▲ | ▲ | ▲ |
| ②公建面积 | 万 m² | ▲ | ▲ | ▲ |
| 2.其他建筑面积 | 万 m² | △ | — | — |
| 住宅平均层数 | 层 | ▲ | — | — |
| 高层住宅比例 | % | △ | — | — |
| 中高层住宅比例 | % | △ | — | — |
| 人口毛密度 | 人／hm² | ▲ | — | — |
| 人口净密度 | 人／hm² | △ | — | — |
| 住宅建筑套密度(毛) | 套／hm² | ▲ | — | — |
| 住宅建筑套密度(净) | 套／hm² | ▲ | — | — |
| 住宅建筑面积毛密度 | 万 m²/hm² | ▲ | — | — |
| 住宅建筑面积净密度 | 万 m²/hm² | ▲ | — | — |
| 居住区建筑面积毛密度(容积率) | 万 m²/hm² | ▲ | — | — |
| 停 车 率 | % | ▲ | — | — |
| 停 车 位 | 辆 | ▲ | — | — |
| 地面停车率 | % | ▲ | — | — |
| 地面停车位 | 辆 | ▲ | — | — |
| 住宅建筑净密度 | % | ▲ | — | — |
| 总建筑密度 | % | ▲ | — | — |
| 绿 地 率 | % | ▲ | — | — |
| 拆 建 比 | — | △ | — | — |

注：▲必要指标；△选用指标。

11.0.2 各项指标的计算。规划总用地范围、底层公建住宅或住宅公建综合楼用地面积、底层架空建筑用地面积、绿地面积、居住区用地内道路用地面积和其他用地面积的确定可参见本书2.4.3用地计算中第2项～第7项的内容。

## 11.1.11 道路和公共绿地的无障碍设计

——《城市道路和建筑无障碍设计规范》(JGJ50—2001)

6.1 道 路

6.1.1 居住区道路进行无障碍设计应包括以下范围：

1.居住区路的人行道(居住区级)；

2.小区路的人行道(小区级)；

3.组团路的人行道(组团级)；

4.宅间小路的人行道。

6.1.2 居住区各级道路的人行道纵坡不宜大于2.5%。在人行步道中设台阶，应同时设轮椅坡道和扶手。

6.1.3 居住区道路无障碍实施范围，应符合本规范第3章的有关规定。

6.1.4 居住区道路无障碍设计内容，应符合本规范第4章的有关规定。

6.1.5 设有红绿灯的路口，宜设盲人过街音响装置(图6.1.5)。

6.2 公共绿地

6.2.1 居住区公共绿地进行无障碍设计应包括以下范围：

1.居住区公园(居住区级)；

2.小游园(小区级)；

3.组团绿地(组团级)；

4.儿童活动场。

6.2.2 各级公共绿地的入口与通路及休息凉亭等设施的平面应平缓防滑；地面有高差时，应设轮椅坡道和扶手。

6.2.3 在休息坐椅旁应设轮椅停留位置(图6.2.3)。

6.2.4 居住区级和小区级公共绿地入口地段应设盲道，绿地内的台阶、坡道和其他无障碍设施的位置应设提示盲道。

图 6.1.5 盲人过街音响装置

图 6.2.3 轮椅停留空间

## 附录 A　居住区规划相关术语

**城市居住区**

一般称居住区,泛指不同居住人口规模的居住生活聚居地和特指城市干道或自然分界线所围合,并与居住人口规模(30000～50000人)相对应,配建有一整套较完善的、能满足该区居民物质与文化生活所需的公共服务设施的居住生活聚居地。

**居住小区**

一般称小区,是指被城市道路或自然分界线所围合,并与居住人口规模(10000～15000人)相对应,配建有一套能满足该区居民基本的物质与文化生活所需的公共服务设施的居住生活聚居地。

**居住组团**

一般称组团,指一般被小区道路分隔,并与居住人口规模(1000～3000人)相对应,配建有居民所需的基层公共服务设施的居住生活聚居地。

**居住区用地(R)**

住宅用地、公建用地、道路用地和公共绿地等四项用地的总称。

**住宅用地(R01)**

住宅建筑基底占地及其四周合理间距内的用地(含宅间绿地和宅间小路等)的总称。

**公共服务设施用地(R02)**

一般称公建用地,是与居住人口规模相对应配建的、为居民服务和使用的各类设施的用地,应包括建筑基底占地及其所属场院、绿地和配建停车场等。

**道路用地(R03)**

居住区道路、小区路、组团路及非公建配建的居民汽车地面停放场地。

**居住区(级)道路**

一般用以划分小区的道路。在大城市中通常与城市支路同级。

**小区(级)路**

一般用以划分组团的道路。

**组团(级)路**

上接小区路、下连宅间小路的道路。

**宅间小路**

住宅建筑之间连接各住宅入口的道路。

**公共绿地(R04)**

满足规定的日照要求、适合于安排游憩活动设施的、供居民共享的集中绿地,包括居住区公园、小游园和组团绿地及其他块状带状绿地等。

**配建设施**

与人口规模或与住宅规模相对应配套建设的公共服务设施、道路和公共绿地的总称。

**其他用地(E)**

规划范围内除居住区用地以外的各种用地,应包括非直接为本区居民配建的道路用地、其他单位用地、保留的自然村或不可建设用地等。

**公共活动中心**

配套公建相对集中的居住区中心、小区中心和组团中心等。

**道路红线**

城市道路(含居住区级道路)用地的规划控制线。

**建筑线**

一般称建筑控制线,是建筑物基底位置的控制线。

**日照间距系数**

根据日照标准确定的房屋间距与遮挡房屋檐高的比值。

**建筑小品**

既有功能要求,又具有点缀、装饰和美化作用的、从属于某一建筑空间环境的小体量建筑、游憩观赏设施和指示性标志物等的统称。

**住宅平均层数**

住宅总建筑面积与住宅基底总面积的比值(层)。

**高层住宅(大于等于10层)比例**

高层住宅总建筑面积与住宅总建筑面积的比率(%)。

**中高层住宅(7~9层)比例**

中高层住宅总建筑面积与住宅总建筑面积的比率(%)。

**人口毛密度**

每公顷居住区用地上容纳的规划人口数量(人/hm²)。

**人口净密度**

每公顷住宅用地上容纳的规划人口数量(人/hm²)。

**住宅建筑套密度(毛)**

每公顷居住区用地上拥有的住宅建筑套数(套/hm²)。

**住宅建筑套密度(净)**

每公顷住宅用地上拥有的住宅建筑套数(套/hm²)。

**住宅建筑面积毛密度**

每公顷居住区用地上拥有的住宅建筑面积(万m²/hm²)。

**住宅建筑面积净密度**

每公顷住宅用地上拥有的住宅建筑面积(万m²/hm²)。

**建筑面积毛密度**

也称容积率,是每公顷居住区用地上拥有的各类建筑的建筑面积(万m²/hm²)或以居住区总建筑面积(万m²)与居住区用地(万m²)的比值表示。

**住宅建筑净密度**

住宅建筑基底总面积与住宅用地面积的比率(%)。

**建筑密度**

居住区用地内,各类建筑的基底总面积与居住区用地面积的比率(%)。

**绿地率**

居住区用地范围内各类绿地面积的总和占居住区用地面积的比率(%)。

绿地应包括:公共绿地、宅旁绿地、公共服务设施所属绿地和道路绿地(即道路红线内的绿地),其中包括满足当地植树绿化覆土要求、方便居民出入的地下或半地下建筑的屋顶绿地,不应包括其他屋顶、晒台的人工绿地。

**停车率**

指居住区内居民汽车的停车位数量与居住户数的比率(%)。

**地面停车率**

居民汽车的地面停车位数量与居住户数的比率(%)。

**拆建比**

拆除的原有建筑总面积与新建的建筑总面积的比值。

## 附录 B 中国建筑气候区划图

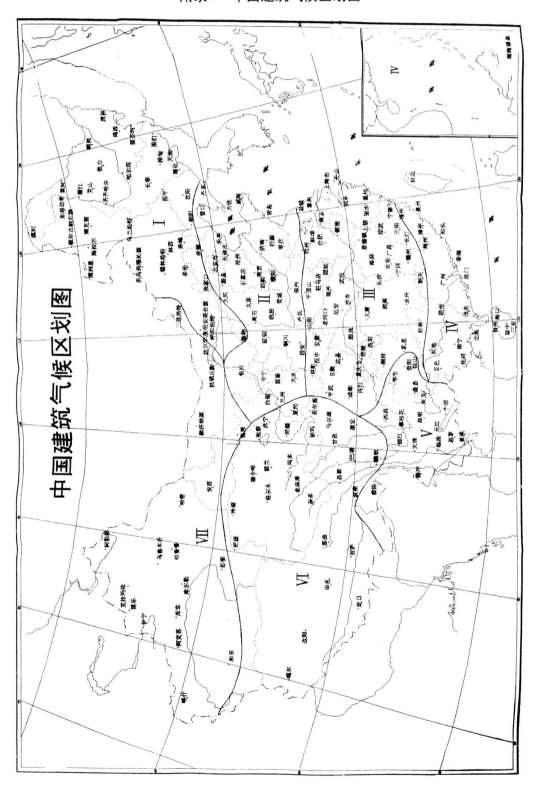

## 附录C 居住区公共服务设施分级配建表

| 类别 | 项目 | 居住区 | 小区 | 组团 |
|---|---|---|---|---|
| 教育 | 托儿所 | — | ▲ | △ |
| | 幼儿园 | — | ▲ | — |
| | 小学 | — | ▲ | — |
| | 中学 | ▲ | — | — |
| 医疗卫生 | 医院(200—300床) | ▲ | — | — |
| | 门诊所 | ▲ | — | — |
| | 卫生站 | — | ▲ | — |
| | 护理院 | △ | — | — |
| 文化体育 | 文化活动中心(含青少年、老年活动中心) | ▲ | — | — |
| | 文化活动站(含青少年、老年活动站) | — | ▲ | — |
| | 居民运动场、馆 | △ | — | — |
| | 居民健身设施(含老年户外活动场地) | — | ▲ | △ |
| 商业服务 | 综合食品店 | ▲ | ▲ | — |
| | 综合百货店 | ▲ | ▲ | — |
| | 餐饮 | ▲ | ▲ | — |
| | 中西药店 | ▲ | △ | — |
| | 书店 | ▲ | △ | — |
| | 市场 | ▲ | △ | — |
| | 便民店 | — | — | ▲ |
| | 其他第三产业设施 | ▲ | ▲ | — |
| 金融邮电 | 银行 | △ | — | — |
| | 储蓄所 | — | ▲ | — |
| | 电信支局 | △ | — | — |
| | 邮电所 | — | ▲ | — |
| 社区服务 | 社区服务中心(含老年人服务中心) | — | ▲ | — |
| | 养老院 | △ | — | — |
| | 托老所 | — | △ | — |
| | 残疾人托养所 | △ | — | — |
| | 治安联防站 | — | — | ▲ |
| | 居(里)委会(社区用房) | — | — | ▲ |
| | 物业管理 | — | ▲ | — |
| 市政公用 | 供热站或热交换站 | △ | △ | △ |
| | 变电室 | — | ▲ | △ |
| | 开闭所 | ▲ | — | — |
| | 路灯配电室 | — | ▲ | — |
| | 燃气调压站 | △ | △ | — |
| | 高压水泵房 | — | — | △ |
| | 公共厕所 | ▲ | ▲ | △ |
| | 垃圾转运站 | △ | △ | — |
| | 垃圾收集点 | — | — | ▲ |
| | 居民存车处 | — | — | ▲ |
| | 居民停车场、库 | △ | △ | △ |
| | 公交始末站 | △ | △ | — |
| | 消防站 | △ | — | — |
| | 燃料供应站 | △ | △ | — |

续表

| 类　别 | 项　　　目 | 居住区 | 小　区 | 组　团 |
|---|---|---|---|---|
| 行政管理及其他 | 街道办事处 | ▲ | — | — |
| | 市政管理机构(所) | ▲ | — | — |
| | 派出所 | ▲ | — | — |
| | 其他管理用房 | ▲ | △ | — |
| | 防空地下室 | △② | △② | △② |

　　注：①▲为应配建的项目；△为宜设置的项目。
　　　　②在国家确定的一、二类人防重点城市，应按人防有关规定配建防空地下室。

## 附录 D　居住区公共服务设施各项目的设置规定

| 类别 | 项目名称 | 服务内容 | 设　置　规　定 | 每处一般规模 | |
|---|---|---|---|---|---|
| | | | | 建筑面积(m²) | 用地面积(m²) |
| 教育 | (1)托儿所 | 保教小于3周岁儿童 | (1)设于阳光充足，接近公共绿地，便于家长接送的地段<br>(2)托儿所每班按25座计；幼儿园每班按30座计<br>(3)服务半径不宜大于300m；层数不宜高于3层<br>(4)三班和三班以下的托、幼园所，可混合设置，也可附设于其他建筑，但应有独立院落和出入口，四班和四班以上的托、幼园所，其用地均应独立设置<br>(5)八班和八班以上的托、幼园所，其用地应分别按每座不小于7m²或9m²计<br>(6)托、幼建筑宜布置于可挡寒风的建筑物的背风面，但其生活用房应满足底层满窗冬至日不小于3h的日照标准<br>(7)活动场地应有不少于1/2的活动面积在标准的建筑日照阴影线之外 | — | 4班≥1200<br>6班≥1400<br>8班≥1600 |
| | (2)幼儿园 | 保教学龄前儿童 | | | 4班≥1500<br>6班≥2000<br>8班≥2400 |
| | (3)小学 | 6～12周岁儿童入学 | (1)学生上下学穿越城市道路时，应有相应的安全措施<br>(2)服务半径不宜大于500m<br>(3)教学楼应满足冬至日不小于2h的日照标准 | — | 12班≥6000<br>18班≥7000<br>24班≥8000 |
| | (4)中学 | 12～18周岁青少年入学 | (1)在拥有3所或3所以上中学的居住区内，应有一所设置400m环行跑道的运动场<br>(2)服务半径不宜大于1000m<br>(3)教学楼应满足冬至日不小于2h的日照标准 | — | 18班≥11000<br>24班≥12000<br>30班≥14000 |
| 医疗卫生 | (5)医院 | 含社区卫生服务中心 | (1)宜设于交通方便，环境较安静地段<br>(2)10万人左右则应设一所300～400床医院<br>(3)病房楼应满足冬至日不小于2h的日照标准 | 12000～18000 | 1500～25000 |
| | (6)门诊所 | 或社区卫生服务中心 | (1)一般3～5万人设一处，设医院的居住区不再设独立门诊<br>(2)设于交通便捷、服务距离适中的地段 | 2000～3000 | 3000～5000 |
| | (7)卫生站 | 社区卫生服务站 | 1～1.5万人设一处 | 300 | 500 |
| | (8)护理院 | 健康状况较差或恢复期老年人日常护理 | (1)最佳规模为100～150床位<br>(2)每床位建筑面积≥30m²<br>(3)可与社区卫生服务中心合设 | 3000～4500 | — |

**337**

| 类别 | 项目名称 | 服务内容 | 设 置 规 定 | 每 处 一 般 规 模 | |
|---|---|---|---|---|---|
| | | | | 建筑面积(m²) | 用地面积(m²) |
| 文化体育 | (9)文化活动中心 | 小型图书馆、科普知识宣传与教育；影视厅、舞厅、游艺厅、球类、棋类活动室；科技活动各类艺术训练班及青少年和老年人学习活动场地、用房等 | 宜结合或靠近同级中心绿地安排 | 4000～6000 | 8000～12000 |
| | (10)文化活动站 | 书报阅览、书画、文娱、健身、音乐欣赏、茶座等主要供青少年和老年人活动 | (1)宜结合或靠近同级中心绿地安排<br>(2)独立性组团也应设置本站 | 400～600 | 400～600 |
| | (11)居民运动场、馆 | 健身场地 | 宜设置60～100m直跑道和200m环形跑道及简单的运动设施 | — | 10000～15000 |
| | (12)居民健身设施 | 篮、排球及小型球类场地，儿童及老年人活动场地和其他简单运动设施等 | 宜结合绿地安排 | — | — |
| 商业服务 | (13)综合食品店 | 粮油、副食、糕点、干鲜果品等 | (1)服务半径：居住区不宜大于500m；居住小区不宜大于300m<br>(2)地处山坡地的居住区，其商业服务设施的布点，除满足服务半径的要求外，还应考虑上坡空手，下坡负重的原则 | 居住区：1500～2500<br>小区：800～1500 | |
| | (14)综合百货店 | 日用百货、鞋帽、服装、布匹、五金及家用电器等 | | 居住区：2000～3000<br>小区：400～600 | |
| | (15)餐饮 | 主食、早点、快餐、正餐等 | | — | |
| | (16)中西药店 | 汤药、中成药及西药等 | (1)服务半径：居住区不宜大于500m；居住小区不宜大于300m<br>(2)地处山坡地的居住区，其商业服务设施的布点，除满足服务半径的要求外，还应考虑上坡空手，下坡负重的原则 | 200～500 | — |
| | (17)书店 | 书刊及音像制品 | | 300～1000 | — |
| | (18)市场 | 以销售农副产品和小商品为主 | 设置方式应根据气候特点与当地传统的集市要求而定 | 居住区：1000～1200<br>小区：500～1000 | 居住区：1500～2000<br>小区：800～1500 |
| | (19)便民店 | 小百货、小日杂 | 宜设于组团的出入口附近 | — | — |
| | (20)其他第三产业设施 | 零售、洗染、美容美发、照相、影视文化、休闲娱乐、洗浴、旅店、综合修理以及辅助就业设施等 | 具体项目、规模不限 | — | — |

续表

| 类 别 | 项目名称 | 服务内容 | 设 置 规 定 | 每 处 一 般 规 模 | |
|---|---|---|---|---|---|
| | | | | 建筑面积(m²) | 用地面积(m²) |
| 金融邮电 | (21)银行 | 分理处 | 宜与商业服务中心结合或邻近设置 | 800~1000 | 400~500 |
| | (22)储蓄所 | 储蓄为主 | | 100~150 | — |
| | (23)电信支局 | 电话及相关业务等 | 根据专业规划需要设置 | 1000~2500 | 600~1500 |
| | (24)邮电所 | 邮电综合业务包括电报、电话、信函、包裹、兑汇和报刊零售等 | 宜与商业服务中心结合或邻近设置 | 100~150 | — |
| 社 区 服 务 | (25)社区服务中心 | 家政服务、就业指导、中介、咨询服务、代客定票、部分老年人服务设施等 | 每小区设置一处,居住区也可合并设置 | 200~300 | 300~500 |
| | (26)养老院 | 老年人全托式护理服务 | (1)一般规模为150~200床位<br>(2)每床位建筑面积≥40m² | — | — |
| | (27)托老所 | 老年人日托(餐饮、文娱、健身、医疗保健等) | (1)一般规模为30~50床位<br>(2)每床位建筑面积20m²<br>(3)宜靠近集中绿地安排,可与老年活动中心合并设置 | — | — |
| | (28)残疾人托养所 | 残疾人全托式护理 | — | — | — |
| | (29)治安联防站 | — | 可与居(里)委会合设 | 18~30 | 12~30 |
| | (30)居(里)委会(社区用房) | — | 300~1000户设一处 | 30~50 | — |
| | (31)物业管理 | 建筑与设备维修、保安、绿化、环卫管理等 | — | 300~500 | 300 |
| 市 政 公 用 | (32)供热站或热交换站 | — | — | 根据采暖方式确定 | |
| | (33)变电室 | — | 每个变电室负荷半径不应大于250m;尽可能设于其他建筑内 | 30~50 | — |
| | (34)开闭所 | — | 1.2~2.0万户设一所;独立设置 | 200~300 | ≥500 |
| | (35)路灯配电室 | — | 可与变电室合设于其他建筑内 | 20~40 | — |
| | (36)燃气调压站 | — | 按每个中低调压站负荷半径500m设置;无管道燃气地区不设 | 50 | 100~120 |
| | (37)高压水泵房 | — | 一般为低水压区住宅加压供水附属工程 | 40~60 | — |

续表

| 类　别 | 项目名称 | 服务内容 | 设　置　规　定 | 每处一般规模 | |
|---|---|---|---|---|---|
| | | | | 建筑面积(m²) | 用地面积(m²) |
| 市政公用 | (38)公共厕所 | — | 每1000～1500户设一处；宜设于人流集中处 | 30～60 | 60～100 |
| | (39)垃圾转运站 | — | 应采用封闭式设施，力求垃圾存放和转运不外露，当用地规模为0.7～1km²设一处，每处面积不应小于100m²，与周围建筑物的间隔不应小于5m | — | — |
| | (40)垃圾收集点 | — | 服务半径不应大于70m，宜采用分类收集 | — | — |
| | (41)居民存车处 | 存放自行车、摩托车 | 宜设于组团内或靠近组团设置，可与居(里)委会合设于组团的入口处 | 1～2辆／户；地上0.8～1.2m²/辆；地下1.5～1.8m²/辆 | |
| | (42)居民停车场、库 | 存放机动车 | 服务半径不宜大于150m | — | — |
| | (43)公交始末站 | — | 可根据具体情况设置 | — | — |
| | (44)消防站 | — | 可根据具体情况设置 | — | — |
| | (45)燃料供应站 | 煤或罐装燃气 | 可根据具体情况设置 | — | — |
| 行政管理及其他 | (46)街道办事处 | — | 3～5万人设一处 | 700～1200 | 300～500 |
| | (47)市政管理机构(所) | 供电、供水、雨污水、绿化、环卫等管理与维修 | 宜合并设置 | — | — |
| | (48)派出所 | 户籍治安管理 | 3～5万人设一处；应有独立院落 | 700～1000 | 600 |
| | (49)其他管理用房 | 市场、工商税务、粮食管理等 | 3～5万人设一处；可结合市场或街道办事处设置 | 100 | — |
| | (50)防空地下室 | 掩蔽体、救护站、指挥所等 | 在国家确定的一、二类人防重点城市中，凡高层建筑下设满堂人防，另以地面建筑面积2%配建。出入口宜设于交通方便的地段，考虑平战结合 | — | — |

# 11.2　建筑工程防火

## 11.2.1　高层建筑防火的一般规定

—— 《高层民用建筑设计防火规范》(GB50045—95)(1997年版)

4.1.1　在进行总平面设计时，应根据城市规划，合理确定高层建筑的位置、防火间距、消防车道和消防水源等。

高层建筑不宜布置在火灾危险性为甲、乙类厂(库)房，甲、乙、丙类液体和可燃气体储罐以及可燃材料堆场附近。

**生产的火灾危险性分类**

| 生产类别 | 火 灾 危 险 性 特 征 |
|---|---|
| 甲 | 使用或产生下列物质的生产: <br> 1.闪点＜28℃的液体 <br> 2.爆炸下限＜10%的气体 <br> 3.常温下能自行分解或在空气中氧化即能导致迅速自燃或爆炸的物质 <br> 4.常温下受到水或空气中水蒸汽的作用，能产生可燃气体并引起燃烧或爆炸的物质 <br> 5.遇酸、受热、撞击、摩擦、催化以及遇有机物或硫磺等易燃的无机物，极易引起燃烧或爆炸的强氧化剂 <br> 6.受撞击、摩擦或与氧化剂、有机物接触时能引起燃烧或爆炸的物质 <br> 7.在密闭设备内操作温度等于或超过物质本身自燃点的生产 |
| 乙 | 使用或产生下列物质的生产: <br> 1.闪点≥28℃至＜60℃的液体 <br> 2.爆炸下限≥10%的气体 <br> 3.不属于甲类的氧化剂 <br> 4.不属于甲类的化学易燃危险固体 <br> 5.助燃气体 <br> 6.能与空气形成爆炸性混合物的浮游状态的粉尘、纤维、闪点≥60℃的液体雾滴 |
| 丙 | 使用或产生下列物质的生产: <br> 1.闪点≥60℃的液体 <br> 2.可燃固体 |
| 丁 | 具有下列情况的生产: <br> 1.对非燃烧物质进行加工，并在高热或熔化状态下经常产生强辐射热、火花或火焰的生产 <br> 2.利用气体、液体、固体作为燃料或将气体、液体进行燃烧作其他用的各种生产 <br> 3.常温下使用或加工难燃烧物质的生产 |
| 戊 | 常温下使用或加工非燃烧物质的生产 |

**储存物品的火灾危险性分类**

| 储存物品类别 | 火 灾 危 险 性 特 征 |
|---|---|
| 甲 | 1.闪点＜28℃的液体 <br> 2.爆炸下限＜10%的气体，以及受到水或空气中水蒸汽的作用，能产生爆炸下限＜10%气体的固体物质 <br> 3.常温下能自行分解或在空气中氧化即能导致迅速自燃或爆炸的物质 <br> 4.常温下受到水或空气中水蒸汽的作用能产生可燃气体并引起燃烧或爆炸的物质 <br> 5.遇酸、受热、撞击、摩擦以及遇有机物或硫磺等易燃的无机物，极易引起燃烧或爆炸的强氧化剂 <br> 6.受撞击、摩擦或与氧化剂、有机物接触时能引起燃烧或爆炸的物质 |
| 乙 | 1.闪点≥28℃至＜60℃的液体 <br> 2.爆炸下限≥10%的气体 <br> 3.不属于甲类的氧化剂 <br> 4.不属于甲类的化学易燃危险固体 <br> 5.助燃气体 <br> 6.常温下与空气接触能缓慢氧化，积热不散引起自燃的物品 |
| 丙 | 1.闪点≥60℃的液体 <br> 2.可燃固体 |
| 丁 | 难燃烧物品 |
| 戊 | 非燃烧物品 |

## 11.2.2 高层建筑防火间距

—— 《高层民用建筑设计防火规范》(GB50045—95)(1997年版)

3.0.1　高层建筑应根据其使用性质、火灾危险性、疏散和扑救难度等进行分类。并宜符合表3.0.1的规定。

3.0.2　高层建筑的耐火等级应分为一、二两级，其建筑构件的燃烧性能和耐火极限不应低于表3.0.2的规定。各类建筑构件的燃烧性能和耐火极限可按附录A确定。

4.2.1　高层建筑之间及高层建筑与其他民用建筑之间的防火间距，不应小于表4.2.1的规定。

4.2.7　高层建筑与厂(库)房、煤气调压站、液化石油气气化站、混气站和城市液化石油气供应站瓶库的防火间距，不应小于表4.2.7的规定，且液化石油气气化站、混气站储罐的单罐容积不宜超过10m³。

**建　筑　分　类**　　　　　　　　　　　　　　　表3.0.1

| 名　称 | 一　　　　　　　　类 | 二　　　类 |
|---|---|---|
| 居住建筑 | 高级住宅<br>十九层及十九层以上的普通住宅 | 十层至十八层的普通住宅 |
| 公共建筑 | 1.医院<br>2.高级旅馆<br>3.建筑高度超过50m或每层建筑面积超过1000m²的商业楼、展览楼、综合楼、电信楼、财贸金融楼<br>4.建筑高度超过50m或每层建筑面积超过1500m²的商住楼<br>5.中央级和省级(含计划单列市)广播电视楼<br>6.网局级和省级(含计划单列市)电力调度楼<br>7.省级(含计划单列市)邮政楼、防灾指挥调度楼<br>8.藏书超过100万册的图书馆、书库<br>9.重要的办公楼、科研楼、档案楼<br>10.建筑高度超过50m的教学楼和普通的旅馆、办公楼、科研楼、档案楼等 | 1.除一类建筑以外的商业楼、展览楼、综合楼、电信楼、财贸金融楼、商住楼、图书馆、书库<br>2.省级以下的邮政楼、防灾指挥调度楼、广播电视楼、电力调度楼<br>3.建筑高度不超过50m的教学楼和普通的旅馆、办公楼、科研楼、档案楼等 |

**建筑构件的燃烧性能和耐火极限**　　　　　　　　表3.0.2

| 构　件　名　称 | | 燃烧性能和耐火极限(h) 耐　火　等　级 | |
|---|---|---|---|
| | | 一　　级 | 二　　级 |
| 墙 | 防火墙 | 不燃烧体3.00 | 不燃烧体3.00 |
| | 承重墙、楼梯间、电梯井和住宅单元之间的墙 | 不燃烧体2.00 | 不燃烧体2.00 |
| | 非承重外墙、疏散走道两侧的隔墙 | 不燃烧体1.00 | 不燃烧体1.00 |
| | 房间隔墙 | 不燃烧体0.75 | 不燃烧体0.50 |
| 柱 | | 不燃烧体3.00 | 不燃烧体2.50 |
| 梁 | | 不燃烧体2.00 | 不燃烧体1.50 |
| 楼板、疏散楼梯、屋顶承重构件 | | 不燃烧体1.50 | 不燃烧体1.00 |
| 吊　顶 | | 不燃烧体0.25 | 难燃烧体0.25 |

**高层建筑之间及高层建筑与其他民用建筑之间的防火间距(m)**　　　表4.2.1

| 建筑类别 | 高层建筑 | 裙房 | 其　他　民　用　建　筑 耐　火　等　级 | | |
|---|---|---|---|---|---|
| | | | 一、二级 | 三　级 | 四　级 |
| 高层建筑 | 13 | 9 | 9 | 11 | 14 |
| 裙　房 | 9 | 6 | 6 | 7 | 9 |

注：防火间距应按相邻建筑外墙的最近距离计算；当外墙有突出可燃构件时，应从其突出的部分外缘算起。

**高层建筑与厂(库)房、煤气调压站等的防火间距**　　　　表4.2.7

| 名　称 \ 防火间距(m) | | | 一　　类 | | 二　　类 | |
|---|---|---|---|---|---|---|
| | | | 高层建筑 | 裙　房 | 高层建筑 | 裙　房 |
| 丙　类 厂(库)房 | 耐火 等级 | 一、二级 | 20 | 15 | 15 | 13 |
| | | 三、四级 | 25 | 20 | 20 | 15 |
| 丁、戊类 厂(库)房 | 耐火 等级 | 一、二级 | 15 | 10 | 13 | 10 |
| | | 三、四级 | 18 | 12 | 15 | 10 |
| 煤气调压站 | 进口 压力 (MPa) | 0.005～<0.15 | 20 | 15 | 15 | 13 |
| | | 0.15～<0.30 | 25 | 20 | 20 | 15 |
| 煤气调压箱 | 进口 压力 (MPa) | 0.005～<0.15 | 15 | 13 | 13 | 6 |
| | | 0.15～<0.30 | 20 | 15 | 15 | 13 |
| 液化石油气 气化站、混气站 | 总 储 量 (m³) | <30 | 45 | 40 | 40 | 35 |
| | | 30～50 | 50 | 45 | 45 | 40 |
| 城市液化石油 气供应站瓶库 | | <15 | 30 | 25 | 25 | 20 |
| | | <10 | 25 | 20 | 20 | 15 |

**厂房的耐火等级、层楼和占地面积**

| 生产 类别 | 耐火等级 | 最多允许层数 | 防火分区最大允许占地面积 (m²) | | | |
|---|---|---|---|---|---|---|
| | | | 单层厂房 | 多层厂房 | 高层厂房 | 厂房的地下室 和半地下室 |
| 甲 | 一级 二级 | 除生产必须采用多层 者外，宜采用单层 | 4000 3000 | 3000 2000 | — — | — — |
| 乙 | 一级 二级 | 不限 6 | 5000 4000 | 4000 3000 | 2000 1500 | — — |
| 丙 | 一级 二级 三级 | 不限 不限 2 | 不限 8000 3000 | 6000 4000 2000 | 3000 2000 — | 500 500 — |
| 丁 | 一、二级 三级 四级 | 不限 3 1 | 不限 4000 1000 | 不限 2000 — | 4000 — — | 1000 — — |
| 戊 | 一、二级 三级 四级 | 不限 3 1 | 不限 5000 1500 | 不限 3000 — | 6000 — — | 1000 — — |

注：①防火分区间应用防火墙分隔。一、二级耐火等级的单层厂房(甲类厂房除外)如面积超过本表规定，设置防火墙有
　　困难时，可用防火水幕带或防火卷帘加水幕分隔。
②一级耐火等级的多层及二级耐火等级的单层、多层纺织厂房(麻纺厂除外)可按本表的规定增加50%，但上述厂房
　　的原棉开包、清花车间均应设防火墙分隔。
③一、二级耐火等级的单层、多层造纸生产联合厂房，其防火分区最大允许占地面积可按本表的规定增加1.5培。
④甲、乙、丙类厂房装有自动灭火设备时，防火分区最大允许占地面积可按本表的规定增加一倍；丁、戊类厂房装
　　设自动灭火设备时，其占地面积不限。局部设置时，增加面积可按该局部面积的一倍计算。
⑤一、二级耐火等级的谷物筒仓工作塔，且每层人数不超过2人时，最多允许层数可不受本表限制。

**库房的耐火等级、层数和建筑面积**

| 储存物品类别 | | 耐火等级 | 最多允许层数 | 最大允许建筑面积（m²） | | | | | | |
|---|---|---|---|---|---|---|---|---|---|---|
| | | | | 单层库房 | | 多层库房 | | 高层库房 | | 库房地下室半地下室 |
| | | | | 每座库房 | 防火墙间 | 每座库房 | 防火墙间 | 每座库房 | 防火墙间 | 防火墙间 |
| 甲 | 3、4项 | 一级 | 1 | 180 | 60 | — | — | — | — | — |
| | 1、2、5、6项 | 一、二级 | 1 | 750 | 250 | — | — | — | — | — |
| 乙 | 1、3、4项 | 一、二级 | 3 | 2000 | 500 | 900 | 300 | — | — | — |
| | | 三级 | 1 | 500 | 250 | — | — | — | — | — |
| | 2、5、6项 | 一、二级 | 5 | 2800 | 700 | 1500 | 500 | — | — | — |
| | | 三级 | 1 | 900 | 300 | — | — | — | — | — |
| 丙 | 1项 | 一、二级 | 5 | 4000 | 1000 | 2800 | 700 | — | — | 150 |
| | | 三级 | 1 | 1200 | 400 | — | — | — | — | — |
| | 2项 | 一、二级 | 不限 | 6000 | 1500 | 4800 | 1200 | 4000 | 1000 | 300 |
| | | 三级 | 3 | 2100 | 700 | 1200 | 400 | — | — | — |
| 丁 | | 一、二级 | 不限 | 不限 | 3000 | 不限 | 1500 | 4800 | 1200 | 500 |
| | | 三级 | 3 | 3000 | 1000 | 1500 | 500 | — | — | — |
| | | 四级 | 1 | 2100 | 700 | — | — | — | — | — |
| 戊 | | 一、二级 | 不限 | 不限 | 不限 | 不限 | 1500 | 2000 | 6000 | 1500 | 1000 |
| | | 三级 | 3 | 3000 | 1000 | 2100 | 700 | — | — | — |
| | | 四级 | 1 | 2100 | 700 | — | — | — | — | — |

注：①高层库房、高架仓库和筒仓的耐火等级不应低于二级；二级耐火等级的筒仓可采用钢板仓。储存特殊贵重物品的库房，其耐火等级宜为一级。

②独立建造的硝酸铵库房、电石库房、聚乙烯库房、尿素库房、配煤库房以及车站、码头、机场内的中转仓库，其建筑面积可按本表的规定增加1.00倍，但耐火等级不应低于二级。

③装有自动灭火设备的库房，其建筑面积可按本表及注②的规定增加1.00倍。

④石油库内桶装油品库房面积可按现行的国家标准《石油库设计规范》执行。

⑤煤均化库防火分区最大允许建筑面积可为12000m²，但耐火等级不应低于二级。

⑥本条和本规范有关条文中规定的"占地面积"均指建筑面积。

## 11.2.3 高层建筑消防车道

——《高层民用建筑设计防火规范》(GB50045—95)(1997年版)

4.3.1 高层建筑的周围，应设环形消防车道。当设环形车道有困难时，可沿高层建筑的两个长边设置消防车道。当高层建筑的沿街长度超过150m或总长度超过220m时，应在适中位置设置穿过高层建筑的消防车道。

高层建筑应设有连通街道和内院的人行通道，通道之间的距离不宜超过80m。

4.3.2 高层建筑的内院或天井，当其短边长度超过24m时，宜设有进入内院或天井的消防车道。

4.3.3 供消防车取水的天然水源和消防水池，应设消防车道。

4.3.4 消防车道的宽度不应小于4.00m。消防车道距高层建筑外墙宜大于5.00m，消防车道上空4.00m以下范围内不应有障碍物。

4.3.5 尽头式消防车道应设有回车道或回车场，回车场不宜小于15m×15m。大型消防车的回车场不宜小于18m×18m。

消防车道下的管道和暗沟等，应能承受消防车辆的压力。

4.3.6 穿过高层建筑的消防车道，其净宽和净空高度均不应小于4.00m。

4.3.7 消防车道与高层建筑之间，不应设置妨碍登高消防车操作的树木、架空管线等。

## 11.2.4 民用建筑防火间距

—— 《建筑设计防火规范》(GBJ16—87)(1997年版)

第5.2.1条 民用建筑之间的防火间距,不应小于表5.2.1的规定。

第5.2.4条 数座一、二级耐火等级且不超过六层的住宅,如占地面积的总和不超过2500m²时,可成组布置,但组内建筑之间的间距不宜小于4m。

组与组或组与相邻建筑之间的防火间距仍不应小于本规范第5.2.1条的规定。

民用建筑的防火间距 表5.2.1

| 防火间距(m) 耐火等级 耐火等级 | 一、二级 | 三级 | 四级 |
|---|---|---|---|
| 一、二级 | 6 | 7 | 9 |
| 三级 | 7 | 8 | 10 |
| 四级 | 9 | 10 | 12 |

注:①两座建筑相邻较高的一面的外墙为防火墙时,其防火间距不限。
②相邻的两座建筑物,较低一座的耐火等级不低于二级、屋顶不设天窗、屋顶承重构件的耐火极限不低于1h,且相邻的较低一面外墙为防火墙时,其防火间距可适当减少,但不应小于3.5m。
③相邻的两座建筑物,较低一座的耐火等级不低于二级,当相邻较高一面外墙的开口部位设有防火门窗或防火卷帘和水幕时,其防火间距可适当减少,但不应小于3.5m。
④两座建筑相邻两面的外墙为非燃烧体如无外露的燃烧体屋檐,当每面外墙上的门窗洞口面积之和不超过该外墙面积的5%,且门窗口不正对开设时,其防火间距可按本表减少25%。
⑤耐火等级低于四级的原有建筑物,其防火间距可按四级确定。

民用建筑的耐火等级、层数、长度和面积

| 耐火等级 | 最多允许层数 | 防火分区间 | | 备 注 |
|---|---|---|---|---|
| | | 最大允许长度(m) | 每层最大允许建筑面积(m²) | |
| 一、二级 | 按本规范第1.0.3条的规定 | 150 | 2500 | 1.体育馆、剧院等的长度和面积可以放宽<br>2.托儿所、幼儿园的儿童用房不应设在四层及四层以上 |
| 三级 | 5层 | 100 | 1200 | 1.托儿所、幼儿园的儿童用房不应设在三层及三层以上<br>2.电影院、剧院、礼堂、食堂不应超过二层<br>3.医院、疗养院不应超过三层 |
| 四级 | 2层 | 60 | 600 | 学校、食堂、菜市场、托儿所、幼儿园、医院等不应超过一层 |

注:①重要的公共建筑应采用一、二级耐火等级的建筑。商店、学校、食堂、菜市场如采用一、二级耐火等级的建筑有困难时,可采用三级耐火等级的建筑。
②建筑物的长度,系指建筑物各分段中线长度的总和。如遇有不规则的平面而有各种不同量法时,应采用较大值。
③建筑内设有自动灭火设备时,每层最大允许建筑面积可按本表增加一倍。局部设置时,增加面积可按该局部面积一倍计算。
④防火分区间应采用防火墙分隔,如有困难时,可采用防火卷帘和水幕分隔。

## 11.2.5 民用建筑消防车道

—— 《建筑设计防火规范》(GBJ16—87)(1997年版)

第6.0.9条 消防车道的宽度不应小于3.5m,道路上空遇有管架、栈桥等障碍物时,其净高不应小于4m。

第6.0.10条　环形消防车道至少应有两处与其他车道连通。尽头式消防车道应设回车道或面积不小于12m×12m的回车场。供大型消防车使用的回车场面积不应小于15m×15m。

消防车道下的管道和暗沟应能承受大型消防车的压力。

消防车道可利用交通道路。

第6.0.1条　街区内的道路应考虑消防车的通行，其道路中心线间距不宜超过160m。当建筑物的沿街部分长度超过150m或总长度超过220m时，均应设置穿过建筑物的消防车道。

第6.0.2条　消防车道穿过建筑物的门洞时，其净高和净宽不应小于4m；门垛之间的净宽不应小于3.5m。

第6.0.3条　沿街建筑应设连通街道和内院的人行通道(可利用楼梯间)，其间距不宜超过80m。

第6.0.4条　工厂、仓库应设置消防车道。一座甲、乙、丙类厂房的占地面积超过3000m²或一座乙、丙类库房的占地面积超过1500m²时，宜设置环形消防车道，如有困难，可沿其两个长边设置消防车道或设置可供消防车通行的且宽度不小于6m的平坦空地。

第6.0.5条　易燃、可燃材料露天堆场区，液化石油气储罐区，甲、乙、丙类液体储罐区，应设消防车道或可供消防车通行的且宽度不小于6m的平坦空地。

一个堆场、储罐区的总储量超过表6.0.5的规定时，宜设置环形消防车道，或四周设置宽度不小于6m且能供消防车通行的平坦空地。

堆场、储罐区的总储量　　　　　　　　　　　　　表6.0.5

| 堆场、储罐<br>名　称 | 棉、麻毛、<br>化纤(t) | 稻草、麦秸、<br>芦苇(t) | 木材<br>(m³) | 甲、乙、丙类<br>液体储罐(m³) | 液化石油<br>气储罐(m³) | 可燃气体<br>储罐(m³) |
|---|---|---|---|---|---|---|
| 总　储　量 | 1000 | 5000 | 5000 | 1500 | 500 | 30000 |

注：一个易燃材料堆场占地面积超过25000m²或一个可燃材料堆场占地面积超过40000m²时，宜增设与环形消防车道相通的中间纵、横消防车道，其间距不宜超过150m。

第6.0.6条　超过3000个座位的体育馆、超过2000个座位的会堂和占地面积超过3000m²的展览馆等公共建筑，宜设环形消防车道。

第6.0.8条　供消防车取水的天然水源和消防水池，应设置消防车道。

## 11.2.6　村镇防火的规划布局

**——《村镇建筑设计防火规范》(GBJ39—90)**

第3.0.1条　村镇的消防站、消防给水、消防车通道和消防通讯等公共消防设施，应纳入村镇的总体和建设规划。

第3.0.2条　村镇规划应按用地功能合理布局。居住区用地宜选择在生产区常年主导风向的上风或侧风向；生产区用地宜选择在村镇的一侧或边缘。

第3.0.3条　生产和贮存有爆炸危险物品的甲、乙类厂(库)房，应在村镇边缘以外单独布置。

甲、乙、丙类液体贮罐或罐区，应单独布置在村镇常年主导风向的下风或侧风方向及地势较低的地带，当采取防止液体流散等安全措施时，也可布置在地势较高的地带。

第3.0.4条　打谷场和易燃、可燃材料堆场，宜布置在村镇的边缘并靠近水源的地方。

打谷场的面积不宜大于2000m²，打谷场之间及其与建筑物(看场房除外)的防火间距，不应小于25m。

第3.0.5条　汽车、大型拖拉机车库宜集中布置，并宜单独建在村镇的边缘。

第3.0.6条　林区的村(镇)和企、事业单位，距成片林边缘的防火安全距离，不宜小于300m。

## 11.2.7  村镇消防车道

—— 《村镇建筑设计防火规范》(GBJ39 — 90)

第3.0.7条  村镇内消防车通道之间的距离，不宜超过160m。消防车通道可利用交通道路，并应与其他公路相连通，其路面宽度不应小于3.5m，转弯半径不应小于8m。当管架、栈桥等障碍物跨越道路时，其净高不应小于4m。

## 11.2.8  村镇农贸市场布置的防火要求

—— 《村镇建筑设计防火规范》(GBJ39 — 90)

第3.0.8条  村镇的农贸市场，不宜布置在影剧院、学校、医院、幼儿园等场所的主要出入口处和影响消防车通行的地段，并与甲、乙类生产建筑的防火间距不宜小于50m。

# 12　城市环境保护

## 12.1　环境保护规划

### 12.1.1　环境的定义和城市规划建设的环境原则

——《中华人民共和国环境保护法》(1989年12月26日中华人民共和国主席令第16号公布)

第二条　本法所称环境,是指影响人类生存和发展的各种天然的和经过人工改造的自然因素的总体,包括大气、水、海洋、土地、矿藏、森林、草原、野生生物、自然遗迹、人文遗迹、自然保护区、风景名胜区、城市和乡村等。

第二十二条　规定城市规划,应当确定保护和改善环境的目标和任务。

第二十三条　城乡建设应当结合当地自然环境的特点,保护植被、水域和自然景观,加强城市园林、绿地和风景名胜区的建设。

第十七条　各级人民政府对具有代表性的各种类型的自然生态系统区域,珍稀、濒危的野生动植物自然分布区域,重要的水源涵养区域,具有重大科学文化价值的地质构造、著名溶洞和化石分布区、冰川、火山、温泉等自然遗迹,以及人文遗迹、古树名木,应当采取措施加以保护,严禁破坏。

第十八条　在国务院、国务院有关主管部门和省、自治区、直辖市人民政府划定的风景名胜区、自然保护区和其他需要特别保护的区域内,不得建设污染环境的工业生产设施;建设其他设施,其污染物排放不得超过规定的排放标准。已经建成的设施,其污染物排放超过规定的排放标准的,限期治理。

### 12.1.2　环境保护规划的编制与审批

——《中华人民共和国环境保护法》(1989年12月26日中华人民共和国主席令第16号公布)

第十二条　县级以上人民政府环境保护行政主管部门,应当会同有关部门对管辖范围内的环境状况进行调查和评价。拟订环境保护规划,经计划部门综合平衡后,报同级人民政府批准实施。

### 12.1.3　环境保护规划的成果文本与图纸

——《中华人民共和国环境保护法》(1989年12月26日中华人民共和国主席令第16号公布)

第十八条　环境保护规划

(一)文本内容:

1.环境质量的规划目标和有关污染物排放标准;

2.环境污染的防护、治理措施。

(二)图纸:

1.环境质量现状评价图:标明主要污染源分布、污染物质扩散范围、主要污染排放单位名称、排放浓度、有害物质指数；

2.环境保护规划图：规划环境标准和环境分区质量要求，治理污染的措施。

# 12.2 建设项目环境保护

## 12.2.1 环境影响报告书(表)与"三同时"制度

—— 《建设项目环境保护管理办法》

第四条 凡从事对环境有影响的建设项目都必须执行环境影响报告书的审批制度；执行防治污染及其他公害的设施与主体工程同时设计、同时施工、同时投产使用的"三同时"制度。

凡改建、扩建和进行技术改造的工程，都必须对与建设项目有关的原有污染，在经济合理的条件下同时进行治理。

建设项目建成后，其污染物的排放必须达到国家或地方规定的标准和符合环境保护的有关法规。

## 12.2.2 环境影响报告书(表)的主要内容

—— 《中华人民共和国环境保护法》(1989年12月26日中华人民共和国主席令第16号公布)

建设项目的环境影响报告书，必须对建设项目产生的污染和对环境的影响作出评价，规定防治措施，经项目主管部门预审并依照规定的程序报环境保护行政主管部门批准。环境影响报告书经批准后，计划部门方可批准建设项目设计任务书。

# 12.3 城市环境标准

## 12.3.1 大气质量标准

—— 《环境空气质量标准》(GB3095—1996)

4 环境空气质量功能区的分类和标准分级

4.1 环境空气质量功能区分类

一类区为自然保护区、风景名胜区和其他需要特殊保护的地区。

二类区为城镇规划中确定的居住区、商业交通居民混合区、文化区、一般工业区和农村地区。

三类区为特定工业区。

4.2 环境空气质量标准分级

环境空气质量标准分为三级。

一类区执行一级标准

二类区执行二级标准

三类区执行三级标准

5 浓度限值

本标准规定了各项污染物不允许超过的浓度限值，见表1。

各项污染物的浓度限值　　　　　　　　　　　　　　　　　　表1

| 污染物名称 | 取值时间 | 浓度限值 | | | 浓度单位 |
|---|---|---|---|---|---|
| | | 一级标准 | 二级标准 | 三级标准 | |
| 二氧化硫 SO$_2$ | 年平均 | 0.02 | 0.06 | 0.10 | mg/m³ (标准状态) |
| | 日平均 | 0.05 | 0.15 | 0.25 | |
| | 1小时平均 | 0.15 | 0.50 | 0.70 | |
| 总悬浮颗粒物 TSP | 年平均 | 0.08 | 0.20 | 0.30 | |
| | 日平均 | 0.12 | 0.30 | 0.50 | |
| 可吸入颗粒物 PM$_{10}$ | 年平均 | 0.04 | 0.10 | 0.15 | |
| | 日平均 | 0.05 | 0.15 | 0.25 | |
| 氮氧化物 NO$_x$ | 年平均 | 0.05 | 0.05 | 0.10 | |
| | 日平均 | 0.10 | 0.10 | 0.15 | |
| | 1小时平均 | 0.15 | 0.15 | 0.30 | |
| 二氧化氮 NO$_2$ | 年平均 | 0.04 | 0.04 | 0.08 | |
| | 日平均 | 0.08 | 0.08 | 0.12 | |
| | 1小时平均 | 0.12 | 0.12 | 0.24 | |
| 一氧化碳 CO | 日平均 | 4.00 | 4.00 | 6.00 | |
| | 1小时平均 | 10.00 | 10.00 | 20.00 | |
| 臭氧 O$_3$ | 1小时平均 | 0.12 | 0.16 | 0.20 | |
| 铅 Pb | 季平均 | 1.50 | | | μg/m³(标准状态) |
| | 年平均 | 1.00 | | | |
| 苯并[a]芘 B[a]P | 日平均 | 0.01 | | | |
| 氟化物 F | 日平均 | 7① | | | |
| | 1小时平均 | 20① | | | |
| | 月平均 | 1.8② | 3.0③ | | μg/(dm²·d) |
| | 植物生长季平均 | 1.2② | 2.0③ | | |

注：①适用于城市地区；②适用于牧业区和以牧业为主的半农半牧区，蚕桑区；③适用于农业和林业区。

## 3　定义

3.1　总悬浮颗粒物(TSP)：指能悬浮在空气中，空气动力学当量直径≤100μm的颗粒物。

3.2　可吸入颗粒物(PM$_{10}$)：指悬浮在空气中，空气动力学当量直径≤10μm的颗粒物。

3.3　氮氧化物(以NO$_2$计)：指空气中主要以一氧化氮和二氧化氮形式存在的氮的氧化物。

3.4　铅(Pb)：指存在于总悬浮颗粒物中的铅及其化合物。

3.5　苯并[a]芘(B[a]P)：指存在于可吸入颗粒物中的苯并[a]芘。

3.6　氟化物(以F计)：以气态及颗粒态形式存在的无机氟化物。

3.7　年平均：指任何一年的日平均浓度的算术均值。

3.8　季平均：指任何一季的日平均浓度的算术均值。

3.9　月平均：指任何一月的日平均浓度的算术均值。

3.10　日平均：指任何一日的平均浓度。

3.11　一小时平均：指任何一小时的平均浓度。

3.12 植物生长季平均：指任何一个植物生长季月平均浓度的算术均值。

3.13 环境空气：指人群、植物、动物和建筑物所暴露的室外空气。

3.14 标准状态：指温度为273K，压力为101.325kPa时的状态。

—— 《大气污染物综合排放标准》(GB16297—1996)

现有污染源大气污染物排放限值　　　　　　　　　　　　　表1

| 序号 | 污染物 | 最高允许排放浓度 mg/m³ | 最高允许排放速率（kg/h） | | | | 无组织排放监控浓度限值 | |
|---|---|---|---|---|---|---|---|---|
| | | | 排气筒高度 m | 一级 | 二级 | 三级 | 监控点 | 浓度 mg/m³ |
| 1 | 二氧化硫 | 1200<br>(硫、二氧化硫、硫酸和其他含硫化合物生产) | 15<br>20<br>30<br>40<br>50 | 1.6<br>2.6<br>8.8<br>15<br>23 | 3.0<br>5.1<br>17<br>30<br>45 | 4.1<br>7.7<br>26<br>45<br>69 | 无组织排放源上风向设参照点，下风向设监控点* | 0.50<br>(监控点与参照点浓度差值) |
| | | 700<br>(硫、二氧化硫、硫酸和其他含硫化合物使用) | 60<br>70<br>80<br>90<br>100 | 33<br>47<br>63<br>82<br>100 | 64<br>91<br>120<br>160<br>200 | 98<br>140<br>190<br>240<br>310 | | |
| 2 | 氮氧化物 | 1700<br>(硝酸、氮肥和火炸药生产) | 15<br>20<br>30<br>40<br>50 | 0.47<br>0.77<br>2.6<br>4.6<br>7.0 | 0.91<br>1.5<br>5.1<br>8.9<br>14 | 1.4<br>2.3<br>7.7<br>14<br>21 | 无组织排放源上风向设参照点，下风向设监控点* | 0.15<br>(监控点与参照点浓度差值) |
| | | 420<br>(硝酸使用和其他) | 60<br>70<br>80<br>90<br>100 | 9.9<br>14<br>19<br>24<br>31 | 19<br>27<br>37<br>47<br>61 | 29<br>41<br>56<br>72<br>92 | | |
| 3 | 颗粒物 | 22<br>(碳黑尘、染料尘) | 15<br>20<br>30<br>40 | 禁<br><br>排 | 0.60<br>1.0<br>4.0<br>6.8 | 0.87<br>1.5<br>5.9<br>10 | 周界外浓度最高点** | 肉眼不可见 |
| | | 80***<br>(玻璃棉尘、石英粉尘、矿渣棉尘) | 15<br>20<br>30<br>40 | 禁<br><br>排 | 2.2<br>3.7<br>14<br>25 | 3.1<br>5.3<br>21<br>37 | 无组织排放源上风向设参照点，下风向设监控点 | 2.0<br>(监控点与参照点浓度差值) |
| | | 150<br>(其他) | 15<br>20<br>30<br>40<br>50<br>60 | 2.1<br>3.5<br>14<br>24<br>36<br>51 | 4.1<br>6.9<br>27<br>46<br>70<br>100 | 5.9<br>10<br>40<br>69<br>110<br>150 | 无组织排放源上风向设参照点，下风向设监控点 | 5.0<br>(监控点与参照点浓度差值) |

\* 一般应于无组织排放源上风向2～50m范围内设参考点，排放源下风向2～50m范围内设监控点，详见本标准附录C。下同。

\*\* 周界外浓度最高点一般应设于排放源下风向的单位周界外10m范围内。如预计无组织排放的最大落地浓度点越出10m范围，可将监控点移至该预计浓度最高点，详见附录C。下同。

\*\*\* 均指含游离二氧化硅10%以上的各种尘。

续表

| 序号 | 污染物 | 最高允许排放浓度 mg/m³ | 最 高 允 许 排 放 速 率 (kg/h) | | | | 无组织排放监控浓度限值 | |
|---|---|---|---|---|---|---|---|---|
| | | | 排气筒高度 m | 一级 | 二级 | 三级 | 监控点 | 浓度 mg/m³ |
| 4 | 氯化氢 | 150 | 15 | 禁<br><br>排 | 0.30 | 0.46 | 周界外浓度最高点 | 0.25 |
| | | | 20 | | 0.51 | 0.77 | | |
| | | | 30 | | 1.7 | 2.6 | | |
| | | | 40 | | 3.0 | 4.5 | | |
| | | | 50 | | 4.5 | 6.9 | | |
| | | | 60 | | 6.4 | 9.8 | | |
| | | | 70 | | 9.1 | 14 | | |
| | | | 80 | | 12 | 19 | | |
| 5 | 铬酸雾 | 0.080 | 15 | 禁<br><br>排 | 0.009 | 0.014 | 周界外浓度最高点 | 0.0075 |
| | | | 20 | | 0.015 | 0.023 | | |
| | | | 30 | | 0.051 | 0.078 | | |
| | | | 40 | | 0.089 | 0.13 | | |
| | | | 50 | | 0.14 | 0.21 | | |
| | | | 60 | | 0.19 | 0.29 | | |
| 6 | 硫酸雾 | 1000<br>(火炸药厂)<br><br>70<br>(其他) | 15 | 禁<br><br>排 | 1.8 | 2.8 | 周界外浓度最高点 | 1.5 |
| | | | 20 | | 3.1 | 4.6 | | |
| | | | 30 | | 10 | 16 | | |
| | | | 40 | | 18 | 27 | | |
| | | | 50 | | 27 | 41 | | |
| | | | 60 | | 39 | 59 | | |
| | | | 70 | | 55 | 83 | | |
| | | | 80 | | 74 | 110 | | |
| 7 | 氟化物 | 100<br>(普钙工业)<br><br>11<br>(其他) | 15 | 禁<br><br>排 | 0.12 | 0.18 | 无组织排放源上风向设参照点,下风向设监控点 | 20 μg/m³<br>(监控点与参照点浓度差值) |
| | | | 20 | | 0.20 | 0.31 | | |
| | | | 30 | | 0.69 | 1.0 | | |
| | | | 40 | | 1.2 | 1.8 | | |
| | | | 50 | | 1.8 | 2.7 | | |
| | | | 60 | | 2.6 | 3.9 | | |
| | | | 70 | | 3.6 | 5.5 | | |
| | | | 80 | | 4.9 | 7.5 | | |
| 8 | 氯气* | 85 | 25 | 禁<br><br>排 | 0.60 | 0.90 | 周界外浓度最高点 | 0.50 |
| | | | 30 | | 1.0 | 1.5 | | |
| | | | 40 | | 3.4 | 5.2 | | |
| | | | 50 | | 5.9 | 9.0 | | |
| | | | 60 | | 9.1 | 14 | | |
| | | | 70 | | 13 | 20 | | |
| | | | 80 | | 18 | 28 | | |
| 9 | 铅及其化合物 | 0.90 | 15 | 禁<br><br>排 | 0.005 | 0.007 | 周界外浓度最高点 | 0.0075 |
| | | | 20 | | 0.007 | 0.011 | | |
| | | | 30 | | 0.031 | 0.048 | | |
| | | | 40 | | 0.055 | 0.083 | | |
| | | | 50 | | 0.085 | 0.13 | | |
| | | | 60 | | 0.12 | 0.18 | | |
| | | | 70 | | 0.17 | 0.26 | | |
| | | | 80 | | 0.23 | 0.35 | | |
| | | | 90 | | 0.31 | 0.47 | | |
| | | | 100 | | 0.39 | 0.60 | | |

\*　排放氯气的排气筒不得低于 25m。

续表

| 序号 | 污染物 | 最高允许排放浓度 mg/m³ | 排气筒高度 m | 最 高 允 许 排 放 速 率 (kg/h) | | | 无组织排放监控浓度限值 | |
|---|---|---|---|---|---|---|---|---|
| | | | | 一级 | 二级 | 三级 | 监控点 | 浓度 mg/m³ |
| 10 | 汞及其化合物 | 0.015 | 15<br>20<br>30<br>40<br>50<br>60 | 禁<br><br><br><br>排 | $1.8 \times 10^{-3}$<br>$3.1 \times 10^{-3}$<br>$10 \times 10^{-3}$<br>$18 \times 10^{-3}$<br>$27 \times 10^{-3}$<br>$39 \times 10^{-3}$ | $2.8 \times 10^{-3}$<br>$4.6 \times 10^{-3}$<br>$16 \times 10^{-3}$<br>$27 \times 10^{-3}$<br>$41 \times 10^{-3}$<br>$59 \times 10^{-3}$ | 周界外浓度最高点 | 0.0015 |
| 11 | 镉及其化合物 | 1.0 | 15<br>20<br>30<br>40<br>50<br>60<br>70<br>80 | 禁<br><br><br><br>排 | 0.060<br>0.10<br>0.34<br>0.59<br>0.91<br>1.3<br>1.8<br>2.5 | 0.090<br>0.15<br>0.52<br>0.90<br>1.4<br>2.0<br>2.8<br>3.7 | 周界外浓度最高点 | 0.050 |
| 12 | 铍及其化合物 | 0.015 | 15<br>20<br>30<br>40<br>50<br>60<br>70<br>80 | 禁<br><br><br><br>排 | $1.3 \times 10^{-3}$<br>$2.2 \times 10^{-3}$<br>$7.3 \times 10^{-3}$<br>$13 \times 10^{-3}$<br>$19 \times 10^{-3}$<br>$27 \times 10^{-3}$<br>$39 \times 10^{-3}$<br>$52 \times 10^{-3}$ | $2.0 \times 10^{-3}$<br>$3.3 \times 10^{-3}$<br>$11 \times 10^{-3}$<br>$19 \times 10^{-3}$<br>$29 \times 10^{-3}$<br>$41 \times 10^{-3}$<br>$58 \times 10^{-3}$<br>$79 \times 10^{-3}$ | 周界外浓度最高点 | 0.0010 |
| 13 | 镍及其化合物 | 5.0 | 15<br>20<br>30<br>40<br>50<br>60<br>70<br>80 | 禁<br><br><br><br>排 | 0.18<br>0.31<br>1.0<br>1.8<br>2.7<br>3.9<br>5.5<br>7.4 | 0.28<br>0.46<br>1.6<br>2.7<br>4.1<br>5.9<br>8.2<br>11 | 周界外浓度最高点 | 0.050 |
| 14 | 锡及其化合物 | 10 | 15<br>20<br>30<br>40<br>50<br>60<br>70<br>80 | 禁<br><br><br><br>排 | 0.36<br>0.61<br>2.1<br>3.5<br>5.4<br>7.7<br>11<br>15 | 0.55<br>0.93<br>3.1<br>5.4<br>8.2<br>12<br>17<br>22 | 周界外浓度最高点 | 0.30 |
| 15 | 苯 | 17 | 15<br>20<br>30<br>40 | 禁<br><br>排 | 0.60<br>1.0<br>3.3<br>6.0 | 0.90<br>1.5<br>5.2<br>9.0 | 周界外浓度最高点 | 0.50 |
| 16 | 甲苯 | 60 | 15<br>20<br>30<br>40 | 禁<br><br>排 | 3.6<br>6.1<br>21<br>36 | 5.5<br>9.3<br>31<br>54 | 周界外浓度最高点 | 3.0 |

续表

| 序号 | 污染物 | 最高允许排放浓度 mg/m³ | 最高允许排放速率（kg/h） | | | | 无组织排放监控浓度限值 | |
|---|---|---|---|---|---|---|---|---|
| | | | 排气筒高度 m | 一级 | 二级 | 三级 | 监控点 | 浓度 mg/m³ |
| 17 | 二甲苯 | 90 | 15<br>20<br>30<br>40 | 禁排 | 1.2<br>2.0<br>6.9<br>12 | 1.8<br>3.1<br>10<br>18 | 周界外浓度最高点 | 1.5 |
| 18 | 酚类 | 115 | 15<br>20<br>30<br>40<br>50<br>60 | 禁排 | 0.12<br>0.20<br>0.68<br>1.2<br>1.8<br>2.6 | 0.18<br>0.31<br>1.0<br>1.8<br>2.7<br>3.9 | 周界外浓度最高点 | 0.10 |
| 19 | 甲醛 | 30 | 15<br>20<br>30<br>40<br>50<br>60 | 禁排 | 0.30<br>0.51<br>1.7<br>3.0<br>4.5<br>6.4 | 0.46<br>0.77<br>2.6<br>4.5<br>6.9<br>9.8 | 周界外浓度最高点 | 0.25 |
| 20 | 乙醛 | 150 | 15<br>20<br>30<br>40<br>50<br>60 | 禁排 | 0.060<br>0.10<br>0.34<br>0.59<br>0.91<br>1.3 | 0.090<br>0.15<br>0.52<br>0.90<br>1.4<br>2.0 | 周界外浓度最高点 | 0.050 |
| 21 | 丙烯腈 | 26 | 15<br>20<br>30<br>40<br>50<br>60 | 禁排 | 0.91<br>1.5<br>5.1<br>8.9<br>14<br>19 | 1.4<br>2.3<br>7.8<br>13<br>21<br>29 | 周界外浓度最高点 | 0.75 |
| 22 | 丙烯醛 | 20 | 15<br>20<br>30<br>40<br>50<br>60 | 禁排 | 0.61<br>1.0<br>3.4<br>5.9<br>9.1<br>13 | 0.92<br>1.5<br>5.2<br>9.0<br>14<br>20 | 周界外浓度最高点 | 0.50 |
| 23 | 氰化氢* | 2.3 | 25<br>30<br>40<br>50<br>60<br>70<br>80 | 禁排 | 0.18<br>0.31<br>1.0<br>1.8<br>2.7<br>3.9<br>5.5 | 0.28<br>0.46<br>1.6<br>2.7<br>4.1<br>5.9<br>8.3 | 周界外浓度最高点 | 0.030 |
| 24 | 甲醇 | 220 | 15<br>20<br>30<br>40<br>50<br>60 | 禁排 | 6.1<br>10<br>34<br>59<br>91<br>130 | 9.2<br>15<br>52<br>90<br>140<br>200 | 周界外浓度最高点 | 15 |

\* 排放氰化氢的排气筒不得低于25m。

续表

续表

| 序号 | 污染物 | 最高允许排放浓度 mg/m³ | 最高允许排放速率（kg/h） | | | | 无组织排放监控浓度限值 | |
|---|---|---|---|---|---|---|---|---|
| | | | 排气筒高度 m | 一级 | 二级 | 三级 | 监控点 | 浓度 mg/m³ |
| 25 | 苯胺类 | 25 | 15 | 禁<br><br><br>排 | 0.61 | 0.92 | 周界外浓度最高点 | 0.50 |
| | | | 20 | | 1.0 | 1.5 | | |
| | | | 30 | | 3.4 | 5.2 | | |
| | | | 40 | | 5.9 | 9.0 | | |
| | | | 50 | | 9.1 | 14 | | |
| | | | 60 | | 13 | 20 | | |
| 26 | 氯苯类 | 85 | 15 | 禁<br><br><br><br><br>排 | 0.67 | 0.92 | 周界外浓度最高点 | 0.50 |
| | | | 20 | | 1.0 | 1.5 | | |
| | | | 30 | | 2.9 | 4.4 | | |
| | | | 40 | | 5.0 | 7.6 | | |
| | | | 50 | | 7.7 | 12 | | |
| | | | 60 | | 11 | 17 | | |
| | | | 70 | | 15 | 23 | | |
| | | | 80 | | 21 | 32 | | |
| | | | 90 | | 27 | 41 | | |
| | | | 100 | | 34 | 52 | | |
| 27 | 硝基苯类 | 20 | 15 | 禁<br><br><br>排 | 0.060 | 0.090 | 周界外浓度最高点 | 0.050 |
| | | | 20 | | 0.10 | 0.15 | | |
| | | | 30 | | 0.34 | 0.52 | | |
| | | | 40 | | 0.59 | 0.90 | | |
| | | | 50 | | 0.91 | 1.4 | | |
| | | | 60 | | 1.3 | 2.0 | | |
| 28 | 氯乙烯 | 65 | 15 | 禁<br><br><br>排 | 0.91 | 1.4 | 周界外浓度最高点 | 0.75 |
| | | | 20 | | 1.5 | 2.3 | | |
| | | | 30 | | 5.0 | 7.8 | | |
| | | | 40 | | 8.9 | 13 | | |
| | | | 50 | | 14 | 21 | | |
| | | | 60 | | 19 | 29 | | |
| 29 | 苯并[a]芘 | 0.50×10⁻³（沥青、碳素制品生产和加工） | 15 | 禁<br><br><br>排 | 0.06×10⁻³ | 0.09×10⁻³ | 周界外浓度最高点 | 0.01 μg/m³ |
| | | | 20 | | 0.10×10⁻³ | 0.15×10⁻³ | | |
| | | | 30 | | 0.34×10⁻³ | 0.51×10⁻³ | | |
| | | | 40 | | 0.59×10⁻³ | 0.89×10⁻³ | | |
| | | | 50 | | 0.90×10⁻³ | 1.4×10⁻³ | | |
| | | | 60 | | 1.3×10⁻³ | 2.0×10⁻³ | | |
| 30 | *光气 | 5.0 | 25 | 禁<br><br>排 | 0.12 | 0.18 | 周界外浓度最高点 | 0.10 |
| | | | 30 | | 0.20 | 0.31 | | |
| | | | 40 | | 0.69 | 1.0 | | |
| | | | 50 | | 1.2 | 1.8 | | |
| 31 | 沥青烟 | 280（吹制沥青）<br><br>80（熔炼、浸涂）<br><br>150（建筑搅拌） | 15 | 0.11 | 0.22 | 0.34 | 生产设备不得有明显无组织排放存在 | |
| | | | 20 | 0.19 | 0.36 | 0.55 | | |
| | | | 30 | 0.82 | 1.6 | 2.4 | | |
| | | | 40 | 1.4 | 2.8 | 4.2 | | |
| | | | 50 | 2.2 | 4.3 | 6.6 | | |
| | | | 60 | 3.0 | 5.9 | 9.0 | | |
| | | | 70 | 4.5 | 8.7 | 13 | | |
| | | | 80 | 6.2 | 12 | 18 | | |
| 32 | 石棉尘 | 2根(纤维)/cm³ 或 20mg/m³ | 15 | 禁<br><br>排 | 0.65 | 0.98 | 生产设备不得有明显的无组织排放存在 | |
| | | | 20 | | 1.1 | 1.7 | | |
| | | | 30 | | 4.2 | 6.4 | | |
| | | | 40 | | 7.2 | 11 | | |
| | | | 50 | | 11 | 17 | | |
| 33 | 非甲烷总烃 | 150（使用溶剂汽油或其他混合烃类物质） | 15 | 6.3 | 12 | 18 | 周界外浓度最高点 | 5.0 |
| | | | 20 | 10 | 20 | 30 | | |
| | | | 30 | 35 | 63 | 100 | | |
| | | | 40 | 61 | 120 | 170 | | |

*排放光气的排气筒不得低于25m。

### 新污染源大气污染物排放限值　　　　　　　　　　　　　　　表2

| 序号 | 污染物 | 最高允许排放浓度 mg/m³ | 最高允许排放速率，kg/h | | | 无组织排放监控浓度限值 | |
|---|---|---|---|---|---|---|---|
| | | | 排气筒高度 m | 二级 | 三级 | 监控点 | 浓度 mg/m³ |
| 1 | 二氧化硫 | 960（硫、二氧化硫、硫酸和其他含硫化合物生产） | 15 | 2.6 | 3.5 | 周界外浓度最高点* | 0.40 |
| | | | 20 | 4.3 | 6.6 | | |
| | | | 30 | 15 | 22 | | |
| | | | 40 | 25 | 38 | | |
| | | | 50 | 39 | 58 | | |
| | | 550（硫、二氧化硫、硫酸和其他含硫化合物使用） | 60 | 55 | 83 | | |
| | | | 70 | 77 | 120 | | |
| | | | 80 | 110 | 160 | | |
| | | | 90 | 130 | 200 | | |
| | | | 100 | 170 | 270 | | |
| 2 | 氮氧化物 | 1400（硝酸、氮肥和火炸药生产） | 15 | 0.77 | 1.2 | 周界外浓度最高点 | 0.12 |
| | | | 20 | 1.3 | 2.0 | | |
| | | | 30 | 4.4 | 6.6 | | |
| | | | 40 | 7.5 | 11 | | |
| | | | 50 | 12 | 18 | | |
| | | 240（硝酸使用和其他） | 60 | 16 | 25 | | |
| | | | 70 | 23 | 35 | | |
| | | | 80 | 31 | 47 | | |
| | | | 90 | 40 | 61 | | |
| | | | 100 | 52 | 78 | | |
| 3 | 颗粒物 | 18（碳黑尘、染料尘） | 15 | 0.51 | 0.74 | 周界外浓度最高点 | 肉眼不可见 |
| | | | 20 | 0.85 | 1.3 | | |
| | | | 30 | 3.4 | 5.0 | | |
| | | | 40 | 5.8 | 8.5 | | |
| | | 60**（玻璃棉尘、石英粉尘、矿渣棉尘） | 15 | 1.9 | 2.6 | 周界外浓度最高点 | 1.0 |
| | | | 20 | 3.1 | 4.5 | | |
| | | | 30 | 12 | 18 | | |
| | | | 40 | 21 | 31 | | |
| | | 120（其他） | 15 | 3.5 | 5.0 | 周界外浓度最高点 | 1.0 |
| | | | 20 | 5.9 | 8.5 | | |
| | | | 30 | 23 | 34 | | |
| | | | 40 | 39 | 59 | | |
| | | | 50 | 60 | 94 | | |
| | | | 60 | 85 | 130 | | |
| 4 | 氯化氢** | 100 | 15 | 0.26 | 0.39 | 周界外浓度最高点 | 0.20 |
| | | | 20 | 0.43 | 0.65 | | |
| | | | 30 | 1.4 | 2.2 | | |
| | | | 40 | 2.6 | 3.8 | | |
| | | | 50 | 3.8 | 5.9 | | |
| | | | 60 | 5.4 | 8.3 | | |
| | | | 70 | 7.7 | 12 | | |
| | | | 80 | 10 | 16 | | |
| 5 | 铬酸雾 | 0.070 | 15 | 0.008 | 0.012 | 周界外浓度最高点 | 0.0060 |
| | | | 20 | 0.013 | 0.020 | | |
| | | | 30 | 0.043 | 0.066 | | |
| | | | 40 | 0.076 | 0.12 | | |
| | | | 50 | 0.12 | 0.18 | | |
| | | | 60 | 0.16 | 0.25 | | |

　*　周界外浓度最高点一般应设置于无组织排放源下风向的单位周界外10m范围内，若预计无组织排放的最大落地浓度点越出10m范围，可将监控点移至该预计浓度最高点，详见附录C。下同。

　**　均指含游离二氧化硅超过10%以上的各种尘。

续表

| 序号 | 污染物 | 最高允许排放浓度 mg/m³ | 最高允许排放速率，kg/h | | | 无组织排放监控浓度限值 | |
|---|---|---|---|---|---|---|---|
| | | | 排气筒高度 m | 二级 | 三级 | 监控点 | 浓度 mg/m³ |
| 6 | 硫酸雾 | 430（火炸药厂） | 15 | 1.5 | 2.4 | 周界外浓度最高点 | 1.2 |
| | | | 20 | 2.6 | 3.9 | | |
| | | | 30 | 8.8 | 13 | | |
| | | | 40 | 15 | 23 | | |
| | | 45（其他） | 50 | 23 | 35 | | |
| | | | 60 | 33 | 50 | | |
| | | | 70 | 46 | 70 | | |
| | | | 80 | 63 | 95 | | |
| 7 | 氟化物 | 90（普钙工业） | 15 | 0.10 | 0.15 | 周界外浓度最高点 | 20 μg/m³ |
| | | | 20 | 0.17 | 0.26 | | |
| | | | 30 | 0.59 | 0.88 | | |
| | | | 40 | 1.0 | 1.5 | | |
| | | 9.0（其他） | 50 | 1.5 | 2.3 | | |
| | | | 60 | 2.2 | 3.3 | | |
| | | | 70 | 3.1 | 4.7 | | |
| | | | 80 | 4.3 | 6.3 | | |
| 8 | 氯*气 | 65 | 25 | 0.52 | 0.78 | 周界外浓度最高点 | 0.40 |
| | | | 30 | 0.87 | 1.3 | | |
| | | | 40 | 2.9 | 4.4 | | |
| | | | 50 | 5.0 | 7.6 | | |
| | | | 60 | 7.7 | 12 | | |
| | | | 70 | 11 | 17 | | |
| | | | 80 | 15 | 23 | | |
| 9 | 铅及其化合物 | 0.70 | 15 | 0.004 | 0.006 | 周界外浓度最高点 | 0.0060 |
| | | | 20 | 0.006 | 0.009 | | |
| | | | 30 | 0.027 | 0.041 | | |
| | | | 40 | 0.047 | 0.071 | | |
| | | | 50 | 0.072 | 0.11 | | |
| | | | 60 | 0.10 | 0.15 | | |
| | | | 70 | 0.15 | 0.22 | | |
| | | | 80 | 0.20 | 0.30 | | |
| | | | 90 | 0.26 | 0.40 | | |
| | | | 100 | 0.33 | 0.51 | | |
| 10 | 汞及其化合物 | 0.012 | 15 | $1.5 \times 10^{-3}$ | $2.4 \times 10^{-3}$ | 周界外浓度最高点 | 0.0012 |
| | | | 20 | $2.6 \times 10^{-3}$ | $3.9 \times 10^{-3}$ | | |
| | | | 30 | $7.8 \times 10^{-3}$ | $13 \times 10^{-3}$ | | |
| | | | 40 | $15 \times 10^{-3}$ | $23 \times 10^{-3}$ | | |
| | | | 50 | $23 \times 10^{-3}$ | $35 \times 10^{-3}$ | | |
| | | | 60 | $33 \times 10^{-3}$ | $50 \times 10^{-3}$ | | |
| 11 | 镉及其化合物 | 0.85 | 15 | 0.050 | 0.080 | 周界外浓度最高点 | 0.040 |
| | | | 20 | 0.090 | 0.13 | | |
| | | | 30 | 0.29 | 0.44 | | |
| | | | 40 | 0.50 | 0.77 | | |
| | | | 50 | 0.77 | 1.2 | | |
| | | | 60 | 1.1 | 1.7 | | |
| | | | 70 | 1.5 | 2.3 | | |
| | | | 80 | 2.1 | 3.2 | | |

\* 排放氯气的排气筒不得低于25m。

续表

| 序号 | 污染物 | 最高允许排放浓度 mg/m³ | 最高允许排放速率，kg/h | | | 无组织排放监控浓度限值 | |
|---|---|---|---|---|---|---|---|
| | | | 排气筒高度 m | 二级 | 三级 | 监控点 | 浓度 mg/m³ |
| 12 | 铍及其化合物 | 0.012 | 15 | $1.1 \times 10^{-3}$ | $1.7 \times 10^{-3}$ | 周界外浓度最高点 | 0.0008 |
| | | | 20 | $1.8 \times 10^{-3}$ | $2.8 \times 10^{-3}$ | | |
| | | | 30 | $6.2 \times 10^{-3}$ | $9.4 \times 10^{-3}$ | | |
| | | | 40 | $11 \times 10^{-3}$ | $16 \times 10^{-3}$ | | |
| | | | 50 | $16 \times 10^{-3}$ | $25 \times 10^{-3}$ | | |
| | | | 60 | $23 \times 10^{-3}$ | $35 \times 10^{-3}$ | | |
| | | | 70 | $33 \times 10^{-3}$ | $50 \times 10^{-3}$ | | |
| | | | 80 | $44 \times 10^{-3}$ | $67 \times 10^{-3}$ | | |
| 13 | 镍及其化合物 | 4.3 | 15 | 0.15 | 0.24 | 周界外浓度最高点 | 0.040 |
| | | | 20 | 0.26 | 0.34 | | |
| | | | 30 | 0.88 | 1.3 | | |
| | | | 40 | 1.5 | 2.3 | | |
| | | | 50 | 2.3 | 3.5 | | |
| | | | 60 | 3.3 | 5.0 | | |
| | | | 70 | 4.6 | 7.0 | | |
| | | | 80 | 6.3 | 10 | | |
| 14 | 锡及其化合物 | 8.5 | 15 | 0.31 | 0.47 | 周界外浓度最高点 | 0.24 |
| | | | 20 | 0.52 | 0.79 | | |
| | | | 30 | 1.8 | 2.7 | | |
| | | | 40 | 3.0 | 4.6 | | |
| | | | 50 | 4.6 | 7.0 | | |
| | | | 60 | 6.6 | 10 | | |
| | | | 70 | 9.3 | 14 | | |
| | | | 80 | 13 | 19 | | |
| 15 | 苯 | 12 | 15 | 0.50 | 0.80 | 周界外浓度最高点 | 0.40 |
| | | | 20 | 0.90 | 1.3 | | |
| | | | 30 | 2.9 | 4.4 | | |
| | | | 40 | 5.6 | 7.6 | | |
| 16 | 甲苯 | 40 | 15 | 3.1 | 4.7 | 周界外浓度最高点 | 2.4 |
| | | | 20 | 5.2 | 7.9 | | |
| | | | 30 | 18 | 27 | | |
| | | | 40 | 30 | 46 | | |
| 17 | 二甲苯 | 70 | 15 | 1.0 | 1.5 | 周界外浓度最高点 | 1.2 |
| | | | 20 | 1.7 | 2.6 | | |
| | | | 30 | 5.9 | 8.8 | | |
| | | | 40 | 10 | 15 | | |
| 18 | 酚类 | 100 | 15 | 0.10 | 0.15 | 周界外浓度最高点 | 0.080 |
| | | | 20 | 0.17 | 0.26 | | |
| | | | 30 | 0.58 | 0.88 | | |
| | | | 40 | 1.0 | 1.5 | | |
| | | | 50 | 1.5 | 2.3 | | |
| | | | 60 | 2.2 | 3.3 | | |
| 19 | 甲醛 | 25 | 15 | 0.26 | 0.39 | 周界外浓度最高点 | 0.20 |
| | | | 20 | 0.43 | 0.65 | | |
| | | | 30 | 1.4 | 2.2 | | |
| | | | 40 | 2.6 | 3.8 | | |
| | | | 50 | 3.8 | 5.9 | | |
| | | | 60 | 5.4 | 8.3 | | |

续表

| 序号 | 污染物 | 最高允许排放浓度 mg/m³ | 最高允许排放速率，kg/h | | | 无组织排放监控浓度限值 | |
|---|---|---|---|---|---|---|---|
| | | | 排气筒高度 m | 二级 | 三级 | 监控点 | 浓度 mg/m³ |
| 20 | 乙醛 | 125 | 15<br>20<br>30<br>40<br>50<br>60 | 0.050<br>0.090<br>0.29<br>0.50<br>0.77<br>1.1 | 0.080<br>0.13<br>0.44<br>0.77<br>1.2<br>1.6 | 周界外浓度最高点 | 0.040 |
| 21 | 丙烯腈 | 22 | 15<br>20<br>30<br>40<br>50<br>60 | 0.77<br>1.3<br>4.4<br>7.5<br>12<br>16 | 1.2<br>2.0<br>6.6<br>11<br>18<br>25 | 周界外浓度最高点 | 0.60 |
| 22 | 丙烯醛 | 16 | 15<br>20<br>30<br>40<br>50<br>60 | 0.52<br>0.87<br>2.9<br>5.0<br>7.7<br>11 | 0.78<br>1.3<br>4.4<br>7.6<br>12<br>17 | 周界外浓度最高点 | 0.40 |
| 23 | 氰化氢* | 1.9 | 25<br>30<br>40<br>50<br>60<br>70<br>80 | 0.15<br>0.26<br>0.88<br>1.5<br>2.3<br>3.3<br>4.6 | 0.24<br>0.39<br>1.3<br>2.3<br>3.5<br>5.0<br>7.0 | 周界外浓度最高点 | 0.024 |
| 24 | 甲醇 | 190 | 15<br>20<br>30<br>40<br>50<br>60 | 5.1<br>8.6<br>29<br>50<br>77<br>100 | 7.8<br>13<br>44<br>70<br>120<br>170 | 周界外浓度最高点 | 12 |
| 25 | 苯胺类 | 20 | 15<br>20<br>30<br>40<br>50<br>60 | 0.52<br>0.87<br>2.9<br>5.0<br>7.7<br>11 | 0.78<br>1.3<br>4.4<br>7.6<br>12<br>17 | 周界外浓度最高点 | 0.40 |
| 26 | 氯苯类 | 60 | 15<br>20<br>30<br>40<br>50<br>60<br>70<br>80<br>90<br>100 | 0.52<br>0.87<br>2.5<br>4.3<br>6.6<br>9.3<br>13<br>18<br>23<br>29 | 0.78<br>1.3<br>3.8<br>6.5<br>9.9<br>14<br>20<br>27<br>35<br>44 | 周界外浓度最高点 | 0.40 |

＊ 排放氰化氢的排气筒不得低于25m。

续表

| 序号 | 污染物 | 最高允许排放浓度 mg/m³ | 最高允许排放速率，kg/h | | | 无组织排放监控浓度限值 | |
|---|---|---|---|---|---|---|---|
| | | | 排气筒高度 m | 二级 | 三级 | 监控点 | 浓度 mg/m³ |
| 27 | 硝基苯类 | 16 | 15<br>20<br>30<br>40<br>50<br>60 | 0.050<br>0.090<br>0.29<br>0.50<br>0.77<br>1.1 | 0.080<br>0.13<br>0.44<br>0.77<br>1.2<br>1.7 | 周界外浓度<br>最高点 | 0.040 |
| 28 | 氯乙烯 | 36 | 30<br>40<br>50<br>60 | 4.4<br>7.5<br>12<br>16 | 6.6<br>11<br>18<br>25 | 周界外浓度<br>最高点 | 0.60 |
| 29 | 苯并[a]芘 | $0.30 \times 10^{-3}$<br>（沥青及碳素制品<br>生产和加工） | 15<br>20<br>30<br>40<br>50<br>60 | $0.050 \times 10^{-3}$<br>$0.085 \times 10^{-3}$<br>$0.29 \times 10^{-3}$<br>$0.50 \times 10^{-3}$<br>$0.77 \times 10^{-3}$<br>$1.1 \times 10^{-3}$ | $0.080 \times 10^{-3}$<br>$0.13 \times 10^{-3}$<br>$0.43 \times 10^{-3}$<br>$0.76 \times 10^{-3}$<br>$1.2 \times 10^{-3}$<br>$1.7 \times 10^{-3}$ | 周界外浓度<br>最高点 | 0.008 $\mu g/m^3$ |
| 30 | 光气* | 3.0 | 25<br>30<br>40<br>50 | 0.10<br>0.17<br>0.59<br>1.0 | 0.15<br>0.26<br>0.88<br>1.5 | 周界外浓度<br>最高点 | 0.080 |
| 31 | 沥青烟 | 140<br>（吹制沥青）<br><br>40<br>（熔炼、浸涂）<br><br>75<br>（建筑搅拌） | 15<br>20<br>30<br>40<br>50<br>60<br>70<br>80 | 0.18<br>0.30<br>1.3<br>2.3<br>3.6<br>5.6<br>7.4<br>10 | 0.27<br>0.45<br>2.0<br>3.5<br>5.4<br>7.5<br>11<br>15 | 生产设备不得有明显的<br>无组织排放存在 | |
| 32 | 石棉尘 | 1根（纤维）/cm³<br>或<br>10mg/m³ | 15<br>20<br>30<br>40<br>50 | 0.55<br>0.93<br>3.6<br>6.2<br>9.4 | 0.83<br>1.4<br>5.4<br>9.3<br>14 | 生产设备不得有明显的<br>无组织排放存在 | |
| 33 | 非甲烷总烃 | 120<br>（使用溶剂汽油或<br>其他混合烃类物质） | 15<br>20<br>30<br>40 | 10<br>17<br>53<br>100 | 16<br>27<br>83<br>150 | 周界外浓度<br>最高点 | 4.0 |

　* 排放光气的排气筒不得低于 25m。

3　定义

本标准采用下列定义：

3.1　标准状态

指温度为 273K，压力为 101.325Pa 时的状态。本标准规定的各项标准值，均以标准状态下的干空气为基准。

3.2 最高允许排放浓度

指处理设施后排气筒中污染物任何1小时浓度平均值不得超过的限值；或指无处理设施排气筒中污染物任何1小时浓度平均值不得超过的限值。

3.3 最高允许排放速率(Maximum allowable emission rate)

指一定高度的排气筒任何1小时排放污染物的质量不得超过的限值。

3.4 无组织排放

指大气污染物不经过排气筒的无规则排放。低矮排气筒的排放属有组织排放，但在一定条件下也可造成与无组织排放相同的后果。因此，在执行"无组织排放监控浓度限值"指标时，由低矮排气筒造成的监控点污染物浓度增加不予扣除。

3.5 无组织排放监控点

依照本标准附录C的规定，为判别无组织排放是否超过标准而设立的监测点。

3.6 无组织排放监控浓度限值

指监控点的污染物浓度在任何1小时的平均值不得超过的限值。

3.7 污染源

指排放大气污染物的设施或指排放大气污染物的建筑构造(如车间等)。

3.8 单位周界

指单位与外界环境接界的边界。通常应依据法定手续确定边界；若无法定手续，则按目前的实际边界确定。

3.9 无组织排放源

指设置于露天环境中具有无组织排放的设施，或指具有无组织排放的建筑构造(如车间、工棚等)。

3.10 排气筒高度

指自排气筒(或其主体建筑构造)所在的地平面至排气筒出口计的高度。

5 排放速率标准分级

本标准规定的最高允许排放速率，现有污染源分为一、二、三级，新污染源分为二、三级。按污染源所在的环境空气质量功能区类别，执行相应级别的排放速率标准，即：

位于一类区的污染源执行一级标准(一类区禁止新、扩建污染源，一类区现有污染源改建时执行现有污染源的一级标准)；

位于二类区的污染源执行二级标准；

位于三类区的污染源执行三级标准。

## 12.3.2 水质标准

—— 《生活饮用水卫生标准》(GB5749—85)

2 水质标准和卫生要求

2.1 生活饮用水水质，不应超过下表所规定的限量。

2.2 集中式给水，除应根据需要具备必要的净化处理设备外，不论其水源是地面水或地下水，均应有消毒设施。取地下水直接供入管网的一次配水井，必要时，还应有除砂、防浑浊设施。

有关蓄水、配水和输水等设备必须严密。且不得与排水设施直接相连，防止倒虹吸。用水单位自建的各类贮水设备要加以防护，定期清洗和消毒，防止污染。

2.3 凡与水接触的给水设备所用原材料及净水剂，均不得污染水质。新材料和净水剂均需经

## 生 活 饮 用 水 水 质 标 准

| 项 目 | | 标 准 |
|---|---|---|
| 感官性状和一般化学指标 | 色 | 色度不超过15度, 并不得呈现其他异色 |
| | 浑浊度 | 不超过3度, 特殊情况不超过5度 |
| | 臭和味 | 不得有异臭、异味 |
| | 肉眼可见物 | 不得含有 |
| | pH | 6.5～8.5 |
| | 总硬度(以碳酸钙计) | 450 mg/L |
| | 铁 | 0.3 mg/L |
| | 锰 | 0.1 mg/L |
| | 铜 | 1.0 mg/L |
| | 锌 | 1.0 mg/L |
| | 挥发酚类(以苯酚计) | 0.002 mg/L |
| | 阴离子合成洗涤剂 | 0.3 mg/L |
| | 硫酸盐 | 250 mg/L |
| | 氯化物 | 250 mg/L |
| | 溶解性总固体 | 1000 mg/L |
| 毒理学指标 | 氟化物 | 1.0 mg/L |
| | 氰化物 | 0.05 mg/L |
| | 砷 | 0.05 mg/L |
| | 硒 | 0.01 mg/L |
| | 汞 | 0.001 mg/L |
| | 镉 | 0.01 mg/L |
| | 铬(六价) | 0.05 mg/L |
| | 铅 | 0.05 mg/L |
| | 银 | 0.05 mg/L |
| | 硝酸盐(以氮计) | 20 mg/L |
| | 氯仿* | 60 μg/L |
| | 四氯化碳* | 3 μg/L |
| | 苯并(a)芘* | 0.01 μg/L |
| | 滴滴涕* | 1 μg/L |
| | 六六六* | 5 μg/L |
| 细菌学指标 | 细菌总数 | 100 个/ml |
| | 总大肠菌群 | 3 个/L |
| | 游离余氯 | 在与水接触30min后应不低于0.3mg/L。集中式给水除出厂水应符合上述要求外, 管网末梢水不应低于0.05mg/L |
| 放射性指标 | 总α放射性 | 0.1 Bq/L |
| | 总β放射性 | 1 Bq/L |

\* 试行标准。

过省、市、自治区卫生厅(局)审批, 并报卫生部备案。

2.4 各单位自备的生活饮用水供水系统, 严禁与城、镇供水系统连接。否则, 责任由连接管道的用水单位承担。

2.5 集中式给水单位, 应不断加强对取水、净化、蓄水、配水和输水等设备的管理, 建立行之有效的放水、清洗、消毒和检修等制度及操作规程, 以保证供水质量。

新设备、新管网投产前或旧设备、旧管网修复后, 必须严格进行冲洗、消毒, 经检验浑浊度、细菌、肉眼可见物等指标合格后方可正式通水。

2.6 直接从事供水工作的人员, 必须建立健康档案, 定期进行体检, 每年不少于一次。如发现有传染病患者或健康带菌者，应立即调离工作岗位。

2.7  分散式给水应加强卫生管理，建立必要的卫生制度，采取切实可行的措施，做好经常维护和管理工作。

3  水源选择

3.1  新建水厂的水源选择，应根据城乡远、近期规划，历年来的水质、水文和水文地质资料，取水点及附近地区的卫生状况，同时考虑到地方病等因素，从卫生、经济、技术、水资源等多方面进行综合评价，选择水质良好、水量充沛、便于防护的水源。宜优先选用地下水，取水点应设在城镇和工矿企业的上游。

3.2  作为生活饮用水水源的水质，应符合下列要求。

3.2.1  若只经过加氯消毒即供作生活饮用的水源水，总大肠菌群平均每升不得超过1000个，经过净化处理及加氯消毒后供作生活饮用的水源水，总大肠菌群平均每升不得超过10000个。

3.2.2  水源水的感官性状和一般化学指标经净化处理后，应符合本标准2.1条的规定。分散式给水水源的水质，应尽量符合本标准2.1条的规定。

3.2.3  水源水的毒理学和放射性指标，必须符合本标准2.1条的规定。

3.2.4  在高氟区或地方性甲状腺肿地区，应分别选用含氟、含碘量适宜的水源水。否则应根据需要，采取预防措施。

3.2.5  水源水中如含有本标准2.1条中未列入的有害物质时，按TJ36—79《工业企业设计卫生标准》有关的要求执行。

3.3  若遇有不得不选用超过上述某项指标的水作为生活饮用水水源时，应取得省、市、自治区卫生厅(局)的同意，并应以不影响健康为原则，根据其超过程度，与有关部门共同研究，采用适当的处理方法，在限定的期间使处理后的水质符合本标准的要求。

4  水源卫生防护

4.1  生活饮用水的水源，必须设置卫生防护地带。

4.2  集中式给水水源卫生防护地带的规定如下。

4.2.1  地面水

4.2.1.1  取水点周围半径100m的水域内，严禁捕捞、停靠船只、游泳和从事可能污染水源的任何活动，并由供水单位设置明显的范围标志和严禁事项的告示牌。

4.2.1.2  取水点上游1000m至下游100m的水域，不得排入工业废水和生活污水，其沿岸防护范围内不得堆放废渣，不得设立有害化学物品仓库、堆栈或装卸垃圾、粪便和有毒物品的码头，不得使用工业废水或生活污水灌溉及施用持久性或剧毒的农药，不得从事放牧等有可能污染该段水域水质的活动。

供生活饮用的水库和湖泊，应根据不同情况的需要，将取水点周围部分水域或整个水域及其沿岸划为卫生防护地带，并按上述要求执行。

受潮汐影响的河流取水点上下游及其沿岸防护范围，由供水单位会同卫生防疫站、环境卫生监测站根据具体情况研究确定。

4.2.1.3  以河流为给水水源的集中式给水，由供水单位会同卫生、环境保护等部门，根据实际需要，可把取水点上游1000m以外的一定范围河段划为水源保护区，严格控制上游污染物排放量。排放污水时应符合TJ36—79《工业企业设计卫生标准》和GB3838—83《地面水环境质量标准》的有关要求，以保证取水点的水质符合饮用水水源水质要求。

4.2.1.4  水厂生产区的范围应明确划定并设立明显标志，在生产区外围不小于10m范围内不得设置生活居住区和修建禽畜饲养场、渗水厕所、渗水坑，不得堆放垃圾、粪便、废渣或铺设污水渠道，应保持良好的卫生状况和绿化。

单独设立的泵站、沉淀池和清水池的外围不小于10m的区域内，其卫生要求与水厂生产区相同。

4.2.2　地下水

4.2.2.1　取水构筑物的防护范围，应根据水文地质条件、取水构筑物的形式和附近地区的卫生状况进行确定，其防护措施与地面水的水厂生产区要求相同。

4.2.2.2　在单井或井群的影响半径范围内，不得使用工业废水或生活污水灌溉和施用持久或剧毒的农药，不得修建渗水厕所、渗水坑、堆放废渣或铺设污水渠道，并不得从事破坏深层土层的活动。如取水层在水井影响半径内不露出地面或取水层与地面水没有互相补充关系时，可根据具体情况设置较小的防护范围。

取水构筑物的防护范围，影响半径的范围以及岩溶地区地下水的水源卫生防护，应由供水部门同规划设计、水文地质、卫生、环境保护等部门研究确定。

4.2.2.3　在水厂生产区的范围内，应按地面水水厂生产区的要求执行。

4.3　分散式给水水源的卫生防护地带，以地面水为水源时参照本标准4.2.1.1和4.2.1.2的规定；以地下水为水源时，水井周围30m的范围内，不得设置渗水厕所、渗水坑和粪坑、垃圾堆和废渣堆等污染源，并建立卫生检查制度。

4.4　集中式给水水源卫生防护地带的范围和具体规定，由供水单位提出，并与卫生、环境保护、公安等部门商议后，报当地人民政府批准公布，书面通知有关单位遵守执行，并在防护地带设置固定的告示牌。

对不符合本标准规定的集中式给水水源的卫生防护地带，由供水单位会同卫生、环境保护、公安等部门提出改造规划、报当地人民政府批准后，责成有关单位限期完成。

分散式给水水源的卫生防护要求由当地卫生防疫站、环境卫生监测站提出，由使用单位执行。

4.5　为保护地下水源，人工回灌的水质，原则上应符合本标准2.1条的规定。工业废水和生活污水不得排入渗坑或渗井。

## ——《地表水环境质量标准》(GB3838—2002)

### 地表水环境质量标准基本项目标准限值（单位mg/L）　　　　表1

| 序号 | 标准值　　分类　　项目 | Ⅰ类 | Ⅱ类 | Ⅲ类 | Ⅳ类 | Ⅴ类 |
|---|---|---|---|---|---|---|
| 1 | 水温(℃) | 人为造成的环境水温变化应限制在：<br>周平均最大温升≤1<br>周平均最大温降≤2 | | | | |
| 2 | pH值(无量纲) | 6~9 | | | | |
| 3 | 溶解氧　　　≥ | 饱和率90%<br>(或7.5) | 6 | 5 | 3 | 2 |
| 4 | 高锰酸盐指数　≤ | 2 | 4 | 6 | 10 | 15 |
| 5 | 化学需氧量(COD)　≤ | 15 | 15 | 20 | 30 | 40 |
| 6 | 五日生化需氧量(BOD₅)≤ | 3 | 3 | 4 | 6 | 10 |
| 7 | 氨氮(NH₃-N)　≤ | 0.15 | 0.5 | 1.0 | 1.5 | 2.0 |

续表

| 序号 | 标准值＼分类＼项目 | | Ⅰ类 | Ⅱ类 | Ⅲ类 | Ⅳ类 | Ⅴ类 |
|---|---|---|---|---|---|---|---|
| 8 | 总磷(以P计) | ≤ | 0.02 (湖、库0.01) | 0.1 (湖、库0.025) | 0.2 (湖、库0.05) | 0.3 (湖、库0.1) | 0.4 (湖、库0.2) |
| 9 | 总氮(湖、库,以N计) | ≤ | 0.2 | 0.5 | 1.0 | 1.5 | 2.0 |
| 10 | 铜 | ≤ | 0.01 | 1.0 | 1.0 | 1.0 | 1.0 |
| 11 | 锌 | ≤ | 0.05 | 1.0 | 1.0 | 2.0 | 2.0 |
| 12 | 氟化物(以F⁻计) | ≤ | 1.0 | 1.0 | 1.0 | 1.5 | 1.5 |
| 13 | 硒 | ≤ | 0.01 | 0.01 | 0.01 | 0.02 | 0.02 |
| 14 | 砷 | ≤ | 0.05 | 0.05 | 0.05 | 0.1 | 0.1 |
| 15 | 汞 | ≤ | 0.00005 | 0.00005 | 0.0001 | 0.001 | 0.001 |
| 16 | 镉 | ≤ | 0.001 | 0.005 | 0.005 | 0.005 | 0.01 |
| 17 | 铬(六价) | ≤ | 0.01 | 0.05 | 0.05 | 0.05 | 0.1 |
| 18 | 铅 | ≤ | 0.01 | 0.01 | 0.05 | 0.05 | 0.1 |
| 19 | 氰化物 | ≤ | 0.005 | 0.05 | 0.2 | 0.2 | 0.2 |
| 20 | 挥发酚 | ≤ | 0.002 | 0.002 | 0.005 | 0.01 | 0.1 |
| 21 | 石油类 | ≤ | 0.05 | 0.05 | 0.05 | 0.5 | 1.0 |
| 22 | 阴离子表面活性剂 | ≤ | 0.2 | 0.2 | 0.2 | 0.3 | 0.3 |
| 23 | 硫化物 | ≤ | 0.05 | 0.1 | 0.2 | 0.5 | 1.0 |
| 24 | 粪大肠菌群(个/L) | ≤ | 200 | 2000 | 10000 | 20000 | 40000 |

集中式生活饮用水地表水源地补充项目标准限值（单位：mg/L）　　表2

| 序　号 | 项　　目 | 标　准　值 |
|---|---|---|
| 1 | 硫酸盐(以SO₄²⁻计) | 250 |
| 2 | 氯化物(以Cl⁻计) | 250 |
| 3 | 硝酸盐(以N计) | 10 |
| 4 | 铁 | 0.3 |
| 5 | 锰 | 0.1 |

集中式生活饮用水地表水源地补充项目标准限值（单位：mg/L）　　表3

| 序号 | 项　　目 | 标准值 | 序号 | 项　　目 | 标准值 |
|---|---|---|---|---|---|
| 1 | 三氯甲烷 | 0.06 | 11 | 四氯乙烯 | 0.04 |
| 2 | 四氯化碳 | 0.002 | 12 | 氯丁二烯 | 0.002 |
| 3 | 三溴甲烷 | 0.1 | 13 | 六氯丁二烯 | 0.0006 |
| 4 | 二氯甲烷 | 0.02 | 14 | 苯乙烯 | 0.02 |
| 5 | 1，2-二氯乙烷 | 0.03 | 15 | 甲醛 | 0.9 |
| 6 | 环氧氯丙烷 | 0.02 | 16 | 乙醛 | 0.05 |
| 7 | 氯乙烯 | 0.005 | 17 | 丙烯醛 | 0.1 |
| 8 | 1，1-二氯乙烯 | 0.03 | 18 | 三氯乙醛 | 0.01 |
| 9 | 1，2-二氯乙烯 | 0.05 | 19 | 苯 | 0.01 |
| 10 | 三氯乙烯 | 0.07 | 20 | 甲苯 | 0.7 |

续表

| 序号 | 项　　目 | 标准值 | 序号 | 项　　目 | 标准值 |
|---|---|---|---|---|---|
| 21 | 乙苯 | 0.3 | 51 | 活性氯 | 0.01 |
| 22 | 二甲苯① | 0.5 | 52 | 滴滴涕 | 0.001 |
| 23 | 异丙苯 | 0.25 | 53 | 林丹 | 0.002 |
| 24 | 氯苯 | 0.3 | 54 | 环氧七氯 | 0.0002 |
| 25 | 1，2-二氯苯 | 1.0 | 55 | 对硫磷 | 0.003 |
| 26 | 1，4-二氯苯 | 0.3 | 56 | 甲基对硫磷 | 0.002 |
| 27 | 三氯苯② | 0.02 | 57 | 马拉硫磷 | 0.05 |
| 28 | 四氯苯③ | 0.02 | 58 | 乐果 | 0.08 |
| 29 | 六氯苯 | 0.05 | 59 | 敌敌畏 | 0.05 |
| 30 | 硝基苯 | 0.017 | 60 | 敌百虫 | 0.05 |
| 31 | 二硝基苯④ | 0.5 | 61 | 内吸磷 | 0.03 |
| 32 | 2，4-二硝基甲苯 | 0.0003 | 62 | 百菌清 | 0.01 |
| 33 | 2，4，6-三硝基甲苯 | 0.5 | 63 | 甲萘威 | 0.05 |
| 34 | 硝基氯苯⑤ | 0.05 | 64 | 溴氰菊酯 | 0.02 |
| 35 | 2，4-二硝基氯苯 | 0.5 | 65 | 阿特拉津 | 0.003 |
| 36 | 2，4-二氯苯酚 | 0.093 | 66 | 苯并(a)芘 | $2.8 \times 10^{-6}$ |
| 37 | 2，4，6-三氯苯酚 | 0.2 | 67 | 甲基汞 | $1.0 \times 10^{-6}$ |
| 38 | 五氯酚 | 0.009 | 68 | 多氯联苯⑥ | $2.0 \times 10^{-5}$ |
| 39 | 苯胺 | 0.1 | 69 | 微囊藻毒素-LR | 0.001 |
| 40 | 联苯胺 | 0.0002 | 70 | 黄磷 | 0.003 |
| 41 | 丙烯酰胺 | 0.0005 | 71 | 钼 | 0.07 |
| 42 | 丙烯腈 | 0.1 | 72 | 钴 | 1.0 |
| 43 | 邻苯二甲酸二丁酯 | 0.003 | 73 | 铍 | 0.002 |
| 44 | 邻苯二甲酸二(2-乙基己基)酯 | 0.008 | 74 | 硼 | 0.5 |
| 45 | 水合肼 | 0.01 | 75 | 锑 | 0.005 |
| 46 | 四乙基铅 | 0.0001 | 76 | 镍 | 0.02 |
| 47 | 吡啶 | 0.2 | 77 | 钡 | 0.7 |
| 48 | 松节油 | 0.2 | 78 | 钒 | 0.05 |
| 49 | 苦味酸 | 0.5 | 79 | 钛 | 0.1 |
| 50 | 丁基黄原酸 | 0.005 | 80 | 铊 | 0.0001 |

　注：①二甲苯：指对-二甲苯、间-二甲苯、邻-二甲苯。
　　　②三氯苯：指1，2，3-三氯苯、1，2，4-三氯苯、1，3，5-三氯苯。
　　　③四氯苯：指1，2，3，4-四氯苯、1，2，3，5-四氯苯、1，2，4，5-四氯苯。
　　　④二硝基苯：指对-二硝基苯、间-二硝基苯、邻-二硝基苯。
　　　⑤硝基氯苯：指对-硝基氯苯、间-硝基氯苯、邻-硝基氯苯。
　　　⑥多氯联苯：指PCB-1016、PCB-1221、PCB-1232、PCB-1242、PCB-1248、PCB-1254、PCB-1260。

3　水域功能和标准分类

依据地表水水域环境功能和保护目标，按功能高低依次划分为五类：

Ⅰ类　主要适用于源头水、国家自然保护区；

Ⅱ类　主要适用于集中式生活饮用水地表水源地一级保护区、珍稀水生生物栖息地、鱼虾类产卵场、仔稚幼鱼的索饵场等；

Ⅲ类　主要适用于集中式生活饮用水地表水源地二级保护区、鱼虾类越冬场、洄游通道、水产养殖区等渔业水域及游泳区；

Ⅳ类　主要适用于一般工业用水区及人体非直接接触的娱乐用水区；

Ⅴ类 主要适用于农业用水区及一般景观要求水域。

对应地表水上述五类水域功能，将地表水环境质量标准基本项目标准值分为五类，不同功能类别分别执行相应类别的标准值。水域功能类别高的标准值严于水域功能类别低的标准值。同一水域兼有多类使用功能的，执行最高功能类别对应的标准值。实现水域功能与达功能类别标准为同一含义。

### 12.3.3 噪声标准

—— 《城市区域噪声标准》(GB3096—93)

城市区域噪声标准（单位：等效声级，dB A） 表1

| 类    别 | 昼    间 | 夜    间 |
|---|---|---|
| 0 | 50 | 40 |
| 1 | 55 | 45 |
| 2 | 60 | 50 |
| 3 | 65 | 55 |
| 4 | 70 | 55 |

注：适用区域如下：

① 0类标准适用于疗养区、高级别墅区、高级宾馆区等特别需要安静的区域，位于城郊和乡村的这一类区域分别按严于0类标准5dB执行。

② 1类标准适用于居住区、文教机关为主的区域，乡村居住环境可参照执行该类标准。

③ 2类标准适用于居住、商业、工业混杂区。

④ 3类标准适用于工业区。

⑤ 4类标准适用于城市中的道路、交通干线道路两侧区域，穿越城区的内河航道两侧区域。穿越城区的铁路主、次干线两侧区域的背景噪声(指不通过列车时的噪声水平)限值也执行该类标准。

⑥ 监测方法按GB/T4623执行。

## 附录A 国家环境保护总局、建设部关于印发
## 《小城镇环境规划编制导则（试行）》的通知

（环发 [2002] 82号）

各省、自治区、直辖市、计划单列市环境保护厅（局）、建设厅（局），新疆建设兵团环境保护局、建设局：

为贯彻落实中共中央、国务院《关于促进小城镇健康发展的若干意见》和《国家环境保护"十五"计划》关于"加强小城镇环境保护规划"的要求，指导和规范小城镇环境规划编制工作，国家环境保护总局和建设部制定了《小城镇环境规划编制导则（试行）》（以下简称《导则》）。现印发给你们，并就有关问题通知如下：

一、提高认识，重视小城镇环境规划编制工作。环境规划是小城镇环境保护的一项重要基础工作。通过环境规划，引导乡镇企业适当集中，建立乡镇工业园区，实行乡镇工业污染的集中控制。各级环保、建设部门应高度重视，并在当地政府的领导下，积极组织开展小城镇环境规划的编制工作。

二、加强指导，积极开展小城镇环境规划编制的培训工作。为搞好小城镇环境规划的编制工作，各省环保部门应会同建设部门，积极组织对县级环保部门主管领导和有关工作人员和技术人员进行专项培训。国家环境保护总局将会同建设部组织对省级环保部门有关人员和技术人员进行培训。

三、抓住重点，搞好试点和典型示范，稳步推进。各地应结合当地实际情况，选择一批具有一定工作基础的小城镇开展试点和典型示范。在总结经验的基础上，逐步推开，不搞一刀切。当前编制环境规划的重点是县级市、县城关镇和省级重点小城镇。

四、在小城镇环境规划编制与管理工作中，各级环保部门、建设部门要加强沟通和协调，密切配合，将小城镇环境规划编制试点、示范和规划管理工作中遇到的具体问题及时报告国家环境保护总局和建设部。

附件：小城镇环境规划编制导则

二〇〇二年五月十七日

附件：

## 小城镇环境规划编制导则（试行）

编制小城镇环境规划是搞好小城镇环境保护的一项基础性工作。为指导和规范小城镇环境规划的编制工作，国家环保总局和建设部制定了《小城镇环境规划编制导则》（以下简称《导则》）。

《导则》适用于各地建制镇（含县、县级市人民政府所在地）环境规划的编制。

一、总则

1.编制依据

（1）国家和地方环境保护法律、法规和标准

（2）国家和地方"国民经济和社会发展五年计划纲要"

（3）国家和地方"环境保护五年计划"

（4）小城镇环境规划编制任务书或有关文件

2.指导思想与基本原则

编制小城镇环境规划的指导思想是：贯彻可持续发展战略，坚持环境与发展综合决策，努力解决小城镇建设与发展中的生态环境问题；坚持以人为本，以创造良好的人居环境为中心，加强城镇生态环境综合整治，努力改善城镇生态环境质量，实现经济发展与环境保护"双赢"。

编制小城镇环境规划应遵循以下原则：

（1）坚持环境建设、经济建设、城镇建设同步规划、同步实施、同步发展的方针，实现环境效益、经济效益、社会效益的统一。

（2）实事求是，因地制宜。针对小城镇所处的特殊地理位置、环境特征、功能定位，正确处理经济发展同人口、资源、环境的关系，合理确定小城镇产业结构和发展规模。

（3）坚持污染防治与生态环境保护并重、生态环境保护与生态环境建设并举。预防为主、保护优先、统一规划、同步实施，努力实现城乡环境保护一体化。

（4）突出重点，统筹兼顾。以建制镇环境综合整治和环境建设为重点，既要满足当代经济和社会发展的需要，又要为后代预留可持续发展空间。

（5）坚持将城镇传统风貌与城镇现代化建设相结合，自然景观与历史文化名胜古迹保护相结合，科学地进行生态环境保护和生态环境建设。

（6）坚持小城镇环境保护规划服从区域、流域的环境保护规划。注意环境规划与其他专业规划的相互衔接、补充和完善，充分发挥其在环境管理方面的综合协调作用。

（7）坚持前瞻性与可操作性的有机统一。既要立足当前实际，使规划具有可操作性，又要充分考虑发展的需要，使规划具有一定的超前性。

3.规划时限

以规划编制的前一年作为规划基准年，近期、远期分别按5年、15-20年考虑，原则上应与当地国民经济与社会发展计划的规划时限相衔接。

二、规划编制工作程序

小城镇环境规划的编制一般按下列程序进行:

1. 确定任务

当地政府委托具有相应资质的单位编制小城镇环境规划,明确编制规划的具体要求,包括规划范围、规划时限、规划重点等。

2. 调查、收集资料

规划编制单位应收集编制规划所必需的当地生态环境、社会、经济背景或现状资料,社会经济发展规划、城镇建设总体规划,以及农、林、水等行业发展规划等有关资料。必要时,应对生态敏感地区、代表地方特色的地区、需要重点保护的地区、环境污染和生态破坏严重的地区、以及其它需要特殊保护的地区进行专门调查或监测。

3. 编制规划大纲

按照附录的有关要求编制规划大纲。

4. 规划大纲论证

环境保护行政主管部门组织对规划大纲进行论证或征询专家意见。规划编制单位根据论证意见对规划大纲进行修改后作为编制规划的依据。

5. 编制规划

按照规划大纲的要求编制规划。

6. 规划审查

环境保护行政主管部门依据论证后的规划大纲组织对规划进行审查,规划编制单位根据审查意见对规划进行修改、完善后形成规划报批稿。

7. 规划批准、实施

规划报批稿报送县级以上人大或政府批准后,由当地政府组织实施。

三、规划的主要内容

规划成果包括规划文本和规划附图。

1. 规划文本(大纲)

规划文本内容详实、文字简练、层次清楚。基本内容包括:

(1)总论

说明规划任务的由来、编制依据、指导思想、规划原则、规划范围、规划时限、技术路线、规划重点等。

(2)基本概况

介绍规划地区自然和生态环境现状、社会、经济、文化等背景情况,介绍规划地区社会经济发展规划和各行业建设规划要点。

(3)现状调查与评价

对规划区社会、经济和环境现状进行调查和评价,说明存在的主要生态环境问题,分析实现规划目标的有利条件和不利因素。

(4)预测与规划目标

对生态环境随社会、经济发展而变化的情况进行预测,并对预测过程和结果进行详细描述和说明。在调查和预测的基础上确定规划目标(包括总体目标和分期目标)及其指标体系,可参照全国环境优美小城镇考核指标。

(5)环境功能区划分

根据土地、水域、生态环境的基本状况与目前使用功能、可能具有的功能,考虑未来社会经济发展、产业结构调整和生态环境保护对不同区域的功能要求，结合小城镇总体规划和其它专项规划，划分不同类型的功能区（如，工业区、商贸区、文教区、居民生活区、混合区等），并提出相应的保护要求。要特别注重对规划区内饮用水源地功能区和自然保护小区、自然保护点的保护。各功能区应合理布局，对在各功能区内的开发、建设提出具体的环境保护要求。严格控制在城镇的上风向和饮用水源地等敏感区内建设有污染的项目（包括规模化畜禽养殖场）。

（6）规划方案制定

①水环境综合整治

在对影响水环境质量的工业、农业和生活污染源的分布、污染物种类、数量、排放去向、排放方式、排放强度等进行调查分析的基础上，制定相应措施，对镇区内可能造成水环境（包括地表水和地下水）污染的各种污染源进行综合整治。加强湖泊、水库和饮用水源地的水资源保护，在农田与水体之间设立湿地、植物等生态防护隔离带，科学使用农药和化肥，大力发展有机食品、绿色食品，减少农业面源污染；按照种养平衡的原则，合理确定畜禽养殖的规模，加强畜禽养殖粪便资源化综合利用，建设必要的畜禽养殖污染治理设施，防治水体富营养化。有条件的地区，应建设污水收集和集中处理设施，提倡处理后的污水回用。重点水源保护区划定后，应提出具体保护及管理措施。

地处沿海地区的小城镇，应同时制定保护海洋环境的规划和措施。

②大气环境综合整治

针对规划区环境现状调查所反映出的主要问题，积极治理老污染源，控制新污染源。结合产业结构和工业布局调整，大力推广利用天然气、煤气、液化气、沼气、太阳能等清洁能源，实行集中供热。积极进行炉灶改造，提高能源利用率。结合当地实际，采用经济适用的农作物秸秆综合利用措施，提高秸秆综合利用率，控制焚烧秸秆造成的大气污染。

③声环境综合整治

结合道路规划和改造，加强交通管理，建设林木隔声带，控制交通噪声污染。加强对工业、商业、娱乐场所的环境管理，控制工业和社会噪声，重点保护居民区、学校、医院等。

④固体废物的综合整治

工业有害废物、医疗垃圾等应按照国家有关规定进行处置。一般工业固体废物、建筑垃圾应首先考虑采取各种措施，实现综合利用。生活垃圾可考虑通过堆肥、生产沼气等途径加以利用。建设必要的垃圾收集和处置设施，有条件的地区应建设垃圾卫生填埋场。制定残膜回收、利用和可降解农膜推广方案。

⑤生态环境保护

根据不同情况，提出保护和改善当地生态环境的具体措施。按照生态功能区划要求，提出自然保护小区、生态功能保护区划分及建设方案。制定生物多样性保护方案。加强对小城镇周边地区的生态保护，搞好天然植被的保护和恢复；加强对沼泽、滩涂等湿地的保护；对重点资源开发活动制定强制性的保护措施，划定林木禁伐区、矿产资源禁采区、禁牧区等。制定风景名胜区、森林公园、文物古迹等旅游资源的环境管理措施。

洪水、泥石流等地质灾害敏感和多发地区，应做好风险评估，并制定相应措施。

（7）可达性分析

从资源、环境、经济、社会、技术等方面对规划目标实现的可能性进行全面分析。

（8）实施方案

①经费概算

按照国家关于工程、管理经费的概算方法或参照已建同类项目经费使用情况，编制按照规划要求，实现规划目标所有工程和管理项目的经费概算。

②实施计划

提出实现规划目标的时间进度安排，包括各阶段需要完成的项目、年度项目实施计划，以及各项目的具体承担和责任单位。

③保障措施

提出实现规划目标的组织、政策、技术、管理等措施，明确经费筹措渠道。规划目标、指标、项目和投资均应纳入当地社会经济发展规划。

2.规划附图

（1）规划附图的组成

①生态环境现状图

图中应注明包括规划区地理位置、规划区范围、主要道路、主要水系、河流与湖泊、土地利用、绿化、水土流失情况等信息。同时，该图应反映规划区环境质量现状。山区或地形复杂的地区，还应反映地形特点。

②主要污染源分布与环境监测点（断面）位置图

图中应标明水、气、固废、噪声等主要污染源的位置、主要污染物排放量以及环境监测点（或断面）的位置。有规模化畜禽养殖场的，应同时标明畜禽种类和养殖规模等信息。生态监测站等有关自然与生态保护的观测站点，也应标明。

③生态环境功能分区图

图中应反映不同类型生态环境功能区分布信息，包括需要重点保护的目标、环境敏感区（点）、居民区、水源保护区、自然保护小区、生态功能保护区，绿化区（带）的分布等。

④生态环境综合整治规划图

图中应包括城镇环境基础设施建设：如污水处理厂、生活垃圾处理（填埋）场、集中供热等设施的位置，以及节水灌溉、新能源、有机食品、绿色食品生产基地、农业废弃物综合利用工程等方面的信息。

⑤环境质量规划图

图中应反映规划实施后规划区环境质量状况。

⑥人居环境与景观建设方案图（选做）

图中应包括人居环境建设、景观建设项目分布等方面的信息。

（2）规划附图编制的技术要求

①规划图的比例尺一般应为1/10000～1/50000。

②规划底图应能反映规划涉及到的各主要因素，规划区与周围环境之间的关系。规划底图中应包括水系、道路网、居民区、行政区域界线等要素。

③规划附图应采用地图学常用方法表示。

附录：规划大纲

规划大纲应根据调查和所收集的资料，对小城镇自然生态环境、区位特点、资源开发利用的情况等进行分析，找出现有和潜在的主要生态环境问题，根据社会、经济发展规划和其它有关规划，预测规划期内社会、经济发展变化情况，以及相应的生态环境变化趋势，确定规划目标和规划重点。

规划大纲一般应包括以下内容：

1.总论

1.1 任务的由来

1.2 编制依据

1.3 指导思想与规划原则

1.4 规划范围与规划时限

1.5技术路线

1.6 规划重点

2.基本概况

2.1 自然地理状况

2.2 经济、社会状况

2.3 生态环境现状

3.现状调查与评价

3.1 调查范围

3.2 调查内容

3.3 调查方法

3.4 评价指标和方法

4.预测与目标确定

4.1 社会经济与环境发展趋势预测方法

4.2 社会经济与环境指标及基准数据

4.3 环境保护目标和指标

5.环境功能区划分

5.1 原则

5.2 方法

5.3 类型

6.规划方案

6.1 措施

6.2 工程方案

6.3 方案比选方法

6.4 可达性分析

6.5 保障措施

7.工作安排

7.1 组织领导

7.2 工作分工

7.3 时间进度

7.4 经费预算

## 附录B 《城市居民生活用水量标准》（GB/T50331—2002）

1 总 则

1.0.1 为合理利用水资源，加强城市供水管理，促进城市居民合理用水、节约用水，保障水资源的可持续利用，科学地制定居民用水价格，制定本标准。

1.0.2 本标准适用于确定城市居民生活用水量指标。各地在制定本地区的城市居民生活用水量地方标准时，应符合本标准的规定。

1.0.3 城市居民生活用水量指标的确定，除应执行本标准外，尚应符合国家现行有关标准的规定。

2 术 语

2.0.1 城市居民 city's residential

在城市中有固定居住地、非经常流动、相对稳定地在某地居住的自然人。

2.0.2 城市居民生活用水 water for city's residential use

指使用公共供水设施或自建供水设施供水的，城市居民家庭日常生活的用水。

2.0.3 日用水量 water quantity of per day, per person

每个居民每日平均生活用水量的标准值。

3 用水量标准

3.0.1 城市居民生活用水量标准应符合表3.0.1的规定。

<h3 style="text-align:center">城市居民生活用水量标准 表3.0.1</h3>

| 地域分区 | 日用水量(L/人·d) | 适 用 范 围 |
|---|---|---|
| 一 | 80~135 | 黑龙江、吉林、辽宁、内蒙古 |
| 二 | 85~140 | 北京、天津、河北、山东、河南、山西、陕西、宁夏、甘肃 |
| 三 | 120~180 | 上海、江苏、浙江、福建、江西、湖北、湖南、安徽 |
| 四 | 150~220 | 广西、广东、海南 |
| 五 | 100~140 | 重庆、四川、贵州、云南 |
| 六 | 75~125 | 新疆、西藏、青海 |

注：1. 表中所列日用水量是满足人们日常生活基本需要的标准值。在核定城市居民用水量时，各地应在标准值区间内直接选定。
2. 城市居民生活用水考核不应以日作为考核周期，日用水量指标应作为月度考核周期计算水量指标的基础值。
3. 指标值中的上限值是根据气温变化和用水高峰月变化参数确定的，一个年度当中对居民用水可分段考核，利用区间值进行调整使用。上限值可作为一个年度当中最高月的指标值。
4. 家庭用水人口的计算，由各地根据本地实际情况自行制定管理规则或办法。
5. 以本标准为指导，各地视本地情况可制定地方标准或管理办法组织实施。

附　件

# 《开发区规划管理办法》

(1995年6月1日建设部令第43号发布)

第一条　为了加强对开发区的规划管理，促进开发区的土地合理利用和各项建设合理发展，根据《中华人民共和国城市规划法》，制定本办法。

第二条　本办法所称开发区是指由国务院和省、自治区、直辖市人民政府批准在城市规划区内设立的经济技术开发区、保税区、高新技术产业开发区、国家旅游度假区等实行国家特定优惠政策的各类开发区。

开发区规划应当纳入城市总体规划，并依法实施规划管理。

第三条　国务院城市规划行政主管部门负责全国开发区的规划管理工作。

省、自治区、直辖市人民政府城市规划行政主管部门负责本行政区内开发区的规划管理工作。

开发区所在地的城市人民政府城市规划行政主管部门负责开发区的规划管理工作。开发区所在城市的城市规划行政主管部门也可以根据城市人民政府的决定在开发区设立派出机构，负责开发区的规划管理工作。

第四条　开发区的立项和选址工作必须有开发区所在地城市人民政府城市规划行政主管部门参加。开发区报请批准时，应当附有所在城市的城市规划行政主管部门核发的选址意见书。

第五条　开发区必须依法编制开发区规划。

开发区规划必须依据城市总体规划进行编制。

开发区规划可以按照开发区总体规划阶段和开发区详细规划阶段进行编制。

第六条　编制开发区规划的单位应当具备城市规划设计资格。

编制开发区规划必须符合国家颁布的有关城市规划和城市勘测的技术规范。

第七条　开发区总体规划由开发区所在城市人民政府审查同意后报省、自治区、直辖市人民政府审批。国务院批准设立的开发区，开发区总体规划经批准后应当报送国务院城市规划行政主管部门备案。

开发区详细规划由开发区所在地的城市人民政府审批。

第八条　修改开发区总体规划，必须报原审批机关批准。

第九条　开发区的土地利用和各项建设必须符合开发区规划，服从统一的规划管理。

第十条　开发区内土地使用权的出让、转让，必须以建设项目为前提，以经批准的控制性详细规划为依据。

开发区内土地使用权出让、转让合同必须附具开发区所在城市的城市规划行政主管部门提出的规划设计条件及附图。在出让、转让过程中确需对规划设计条件及附图变更的，须经开发区所在城市的城市规划行政主管部门批准。

第十一条　已经取得土地使用权出让、转让合同的，受让方必须持合同向开发区所在城市的城市规划行政主管部门领取建设用地规划许可证。

第十二条 在开发区内进行各类工程建设，开发建设单位必须持建设用地规划许可证、土地使用权属证明及其他法定文件，向开发区所在城市的城市规划行政主管部门提出申请，经审查批准并核发建设工程规划许可证后，方可进行建设。

第十三条 在开发区内进行各类建设，开发建设单位必须遵守已经确定的土地使用性质、建筑密度、容积率、建筑高度等各项规划技术指标，确需进行变更的，必须向开发区所在城市的城市规划行政主管部门提出申请，经审查批准后方可变更。

第十四条 任何单位和个人在开发区内未取得或者擅自变更建设用地规划许可证和建设工程规划许可证的规定进行建设的，由开发区所在地城市人民政府城市规划行政主管部门依法进行处罚。

第十五条 在城市规划区外的开发区，参照本办法执行。

第十六条 各省、自治区、直辖市人民政府城市规划行政主管部门可以根据本办法制定实施细则，报同级人民政府批准执行。

第十七条 本办法由国务院城市规划行政主管部门负责解释。

第十八条 本办法自 1995 年 7 月 1 日起施行。

# 各章引据的文件、法规和技术标准目录

## 城镇建设战略与政策

《中共中央十六大会议报告》(2002 年 11 月 8 日)

《中华人民共和国国民经济和社会发展第十个五年计划纲要》(2001 年 3 月 15 日第九届全国人民代表大会第四次会议批准)

《中共中央、国务院关于促进小城镇健康发展的若干意见》(中发〔2000〕11 号)

建设部关于贯彻《中共中央、国务院关于促进小城镇健康发展的若干意见》的通知(建村〔2000〕191 号)

《中共中央、国务院关于进一步加强土地管理切实保护耕地的通知》(中发〔1997〕11 号)

《国务院办公厅关于加强和改进城乡规划工作的通知》(国办发〔2000〕25 号)

《国务院关于加强城乡规划监督管理的通知》(国发〔2002〕13 号)

《国务院关于加强城市规划工作的通知》(国发〔1996〕18 号)

建设部关于贯彻落实《国务院办公厅关于加强和改进城乡规划工作的通知》的通知(建规〔2000〕76 号)

建设部等九部委关于贯彻落实《国务院关于加强城乡规划监督管理的通知》的通知(建规〔2002〕204 号)

关于印发《近期建设规划工作暂行办法》、《城市规划强制性内容暂行规定》的通知(建规〔2002〕218 号)

## 城市规划编制与审批

《中华人民共和国城市规划法》(1989 年 12 月 26 日第七届全国人民代表大会常务委员会第十一次会议通过)

《中华人民共和国城市规划法》解说(群众出版社，1990 年 3 月第一版)

《城市规划编制办法》(1991 年 9 月 3 日建设部令第 14 号发布)

《城镇体系规划编制审批办法》(1994 年 8 月 15 日建设部令第 36 号发布)

建设部关于印发《县域城镇体系规划编制要点》(试行)的通知(建村〔2000〕74 号)

建设部关于印发《省域城镇体系规划审查办法》的通知(建规〔1998〕145 号)

《城市规划编制办法实施细则》(1995 年建设部发布)

国务院办公厅关于批准建设部《城市总体规划审查工作规则》的通知(国办函〔1999〕31 号)

《城市规划编制单位资质管理规定》(2001 年 1 月 23 日建设部令第 84 号发布)

《关于加强省域城镇体系规划实施工作》的通知(建规〔2003〕43 号)

## 城市规划实施与管理

《建设项目选址规划管理办法》(1991 年 8 月 23 日建设部、国家计委发布)

《建设部关于统一印发建设项目选址意见书的通知》(1992 年 1 月 16 日建设部发布)

《中华人民共和国城市规划法》解说(群众出版社，1990年3月第一版)

《中华人民共和国城市规划法》(1989年12月26日第七届全国人民代表大会常务委员会第十一次会议通过)

《中华人民共和国土地管理法实施条例》(1998年12月27日国务院令第256号发布)

《中华人民共和国城镇国有土地使用权出让和转让暂行条例》(1990年5月19日国务院令第55号发布)

《城市国有土地使用权出让转让规划管理办法》(1992年12月4日建设部令第22号发布)

《关于加强国有土地使用权出让规划管理工作的通知》(建规〔2002〕270号)

### 城市用地分类、标准与计算

《城市用地分类与规划建设用地标准》(GBJ137—90)

《城市居住区规划设计规范》(GB50180—93)(2002年版)

《村镇规划标准》(GB50188—93)

《风景名胜区规划规范》(GB50298—1999)

《中华人民共和国土地管理法实施条例》(1998年12月27日国务院发布)

### 历史文化名城保护规划

《中华人民共和国文物保护法》(2002年10月28日第九届全国人民代表大会常务委员会第三十次会议通过)

国务院批转建设部国家文物局《关于审批第三批国家历史文化名城和加强保护管理的请示》的通知(1994年1月4日)

国务院批转城乡建设环境保护部文化部《关于请公布第二批国家历史文化名城名单报告》的通知(1986年12月8日)

国务院批转国家建委等部门《关于保护我国历史文化名城的请示》的通知

《历史文化名城保护规划编制要求》(1994年建设部、国家文物局发布)

《中华人民共和国城市规划法》解说(群众出版社，1990年3月第一版)

### 村镇规划

《村庄和集镇规划建设管理条例》(1993年6月29日国务院令第116号发布)

《建制镇规划建设管理办法》(1995年6月29日建设部令第44号发布)

《村镇规划标准》(GB50188—93)

《乡镇集贸市场规划设计标准》(CJJ/T87—2000)

《中华人民共和国城市规划法》解说(群众出版社，1990年3月第一版)

### 道路交通规划

《城市道路交通规划设计规范》(GB50220—95)

《城市公共交通站场、厂设计规范》(CJJ15—87)

《城市道路和建筑物无障碍设计规范》(JGJ50—2001)

《城市公共汽车和无轨电车工程项目建设标准》(建标〔1996〕298号)

### 风景名胜区规划

《风景名胜区规划规范》(GB50298—1999)

《风景名胜区管理暂行条例》(1985年6月7日国务院发布)

### 城市绿化规划

《城市绿化规划建设指标的规定》的说明(1993年11月4日建设部发布)

《城市绿化条例》(1992年6月22日国务院令第100号发布)

《城市规划编制办法实施细则》(1995年建设部发布)

《城市绿化规划建设指标的规定》(1993年11月4日建设部发布)

《城市绿线管理办法》(2002年9月13日建设部发布)

《城市道路绿化规划与设计规范》(CJJ75—97)

建设部关于印发《城市绿地系统规划编制纲要(试行)》的通知(建城[2002]240号)

《城市绿地分类标准》(CJJ/T85—2002)

### 市政工程规划

《城市给水工程规划规范》(GB50282—98)

《城市排水工程规划规范》(GB50318—2000)

《城市电力规划规范》(GB/50293—1999)

《城市热力网设计规范》(CJJ34—2002)

《城镇燃气设计规范》(GB50028—93)(2002年版)

《城市工程管线综合规划规范》(GB50289—98)

《城市环境卫生设施设置标准》(CJJ27—89)

《城市规划编制办法实施细则》(1995年建设部发布)

《城市用地竖向规划规范》(CJJ83—99)

建设部关于修改《城市地下空间开发利用管理规定》的决定(2001年11月20日建设部令第108号发布)

《中华人民共和国人民防空法》(1996年10月29日第八届全国人民代表大会常务委员会第二十二次会议通过)

《人防建设与城市建设相结合规划编制办法》(1988年3月23日国家人防委、建设部发布)

《城市抗震防灾规划编制工作暂行规定》(1985年1月23日建设部发布)

《城市抗震防灾规划编制工作补充规定》(1987年9月26日建设部发布)

《建设工程抗御地震灾害管理规定》(1994年11月10日建设部令第38号发布)

《防洪标准》(GB50201—94)

《城市防洪规划编制大纲》(1990年12月11日水利部发布)

国家防汛抗旱总指挥部、国家计委、建设部、水利部《关于加快城市防洪规划和建设工作的通知》(1995年7月2日)

《中华人民共和国城市规划法》解说(群众出版社,1990年3月第一版)

《城市消防规划建设管理规定》(1989年9月10日公安部、建设部等发布)

## 居住区规划与建筑工程防火

《城市居住区规划设计规范》(GB50180—93)(2002年版)

《城市道路和建筑物无障碍设计规范》(JGJ50—2001)

《高层民用建筑设计防火规范》(GB50045—95)(1997年版)

《建筑设计防火规范》(GBJ16—87)(1997年版)

《村镇建筑设计防火规范》(GBJ39—90)

## 城市环境保护

《中华人民共和国环境保护法》(1989年12月26日中华人民共和国主席令第16号公布)

《城市规划编制办法实施细则》(1995年建设部发布)

《建设项目环境保护管理办法》

《环境空气质量标准》(GB3095—96)

《大气污染物综合排放标准》(GB16297—1996)

《生活饮用水卫生标准》(GB5749—85)

《地表水环境质量标准》(GB3838—2002)

《城市区域噪声标准》(GB3096—93)

《城市居民生活用水量标准》(GB/T50331—2002)

## 附件

《开发区规划管理办法》(1995年6月1日建设部令第43号发布)

# 后　记

　　总论首先介绍了城市规划的基本概念、发展历程、主要理论、规划思想的演变，以及我国城市规划事业的发展和主要经验。这些内容力求辞目化。其次叙述了城市规划的体系，包括法律体系、行政体系和运行体系(包括规划编制及编后实施审批)，以求建立城市规划一个整体框架概念。最后提供了有关法律法规，重要文献的分类索引，并附上有关的原文或摘录，以方便工作中检索，充分体现资料集、工具书的特点。

　　在编写过程中，中国城市规划设计研究院、建设部城乡规划司赵士修、陈为邦、徐巨洲、陈锋、杨明松等专家提出了许多宝贵意见和建议，建设部城乡规划司、建设部城市规划标准技术归口单位以及中国建筑工业出版社同志们给予了大力支持，并提供了有关资料，借此深表衷心感谢。鉴于水平和时间的限制，无疑必有许多不成熟、不完善之处，以期得到读者指正。

《城市规划资料集》第一分册编辑委员会

2002 年 9 月 5 日